国家科学技术学术著作出版基金资助出版

电性源短偏移距瞬变电磁法理论与应用

薛国强　陈卫营　武　欣　著

科学出版社

北　京

内 容 简 介

为了提高瞬变电磁法对地探测的深度和精度，作者近年来开展了电性源瞬变电磁基础研究，并提出电性源短偏移距瞬变电磁法（SOTEM）。本书介绍了作者在该领域的部分研究成果，主要包括 SOTEM 方法的基本原理、数值模拟方法与响应特征、野外数据采集方式、数据处理技术以及多个 SOTEM 应用实例。

本书可供固体地球物理、地球探测与信息技术、工程勘查技术等相关专业师生、科研单位研究人员以及生产单位工程技术人员参考使用。

图书在版编目(CIP)数据

电性源短偏移距瞬变电磁法理论与应用 / 薛国强，陈卫营，武欣著．—北京：科学出版社，2022.6

ISBN 978-7-03-072537-0

Ⅰ. ①电… Ⅱ. ①薛… ②陈… ③武… Ⅲ. ①瞬变电磁法 Ⅳ. ①P631.3

中国版本图书馆 CIP 数据核字（2022）第 099381 号

责任编辑：张井飞 韩 鹏 / 责任校对：何艳萍

责任印制：吴兆东 / 封面设计：图阅盛世

科学出版社 出版

北京东黄城根北街 16 号

邮政编码：100717

http://www.sciencep.com

北京建宏印刷有限公司 印刷

科学出版社发行 各地新华书店经销

*

2022 年 6 月第 一 版 开本：787×1092 1/16

2022 年 6 月第一次印刷 印张：21 3/4

字数：515 000

定价：298.00 元

（如有印装质量问题，我社负责调换）

序

随着我国进入工业化中期阶段，人均矿产资源消费量持续增长，对外依存度持续增高，加强国内地质找矿工作是从供给侧解决矿产资源安全困局的关键路径。国家《十四五规划和2035年远景目标纲要》明确部署了我国新一轮找矿突破战略行动；科技部《固体矿产资源技术政策要点》指出：发展高精度、大深度勘探技术是构建国家战略性矿产资源勘查评价体系的重大科技需求，对提高矿产资源保障程度、促进我国矿产业可持续发展具有重要意义。

电磁法是矿产资源探查的重要手段，兼顾大深度和高精度是勘探电磁学的世界难题。破解这一难题的根本在于如何创新电磁探测方法技术。两端接地的人工源能够激发天波、地面波和地层波，目前对天波与地面波的研究较为深入，对地层波的研究则比较薄弱。受经典勘探电磁学理论的影响，通常接地源形式的电磁勘探方法主要在远源区观测数据，近源区成为“禁区”。实际上，近源区信号更强、带宽更大，更有利于满足大深度与高精度探测的需求。但近源区是地层波的“主场”，精确求解难度大，长期缺乏实用化理论及方法。《电性源短偏移距瞬变电磁法理论与应用》一书主要围绕地层波传播理论与探测技术这一重要科技问题，深入研究了地层波传播机理及其应用途径，建立了接地源电磁波近源探测理论，提出短偏移距瞬变电磁新方法，拓展了传统的电磁探测理论与技术，是电磁法勘探领域的重要创新。

《电性源短偏移距瞬变电磁法理论与应用》一书是薛国强教授多年来在该领域的研究成果，阐述了电性源瞬变电磁法的基本概念、瞬变电磁场的传播机理、近源场信号特征、地面波与地层波传播机制，分析了短偏移距瞬变电磁新方法的探测能力，给出了正反演计算方法与结果。书中还介绍了数据采集及处理方案，以及作者自主研发的电性源短偏移距瞬变电磁法软件平台，最后通过几个应用实例说明了新方法的有效性。希望该书能够为从事应用地球物理研究的读者提供有益的参考，并对人工源电磁法勘探技术研究起到促进作用。

中国科学院院士 [签名]

2021年4月18日

前　言

瞬变电磁法（transient electromagnetic method，TEM）是一种建立在电磁感应原理基础上的时间域人工源电磁探测方法。它通过不接地回线或接地导线向地下发射一次场，在一次场断开后观测二次场，或者在供电期间、断电后观测混合场（一次场与二次场），来达到寻找地质目标体的目的。该方法发射信号频带宽、频谱信息丰富，一次激发便可覆盖探测所需的频段及对应的深度。

按照发射源形式，TEM 可分为回线源（磁性源）TEM 和电性源（接地源）TEM。回线源 TEM 的主要装置形式包括重叠回线、中心回线、定源回线等，在中浅层勘探中获得了广泛的应用，已成为工程勘察、地下水、煤田水文地质等领域电磁探测的首选方法。电性源 TEM 主要以长偏移距瞬变电磁法（long offset transient electromagnetic method，LOTEM）装置形式进行观测，主要用于石油天然气领域的大深度构造探测。

随着矿产开发力度的加大，浅部矿产资源已大幅减少。目前探明的浅部资源后备储量有限，对大宗矿产品的保障能力不足，我国目前正面临资源紧缺的严重压力，最新的成矿理论研究和深部定位预测结果均表明我国大陆第二深度空间（500～2000m）蕴藏着巨大的成矿潜力。国家在深部地质找矿、地质灾害成灾机理探测等方面的需求对当前的地球物理勘探方法提出了新的要求，电磁法勘探作为地球物理勘探领域的重要方法之一，如何将大体量、大深度的石油天然气探测方法，通过提高信噪比和探测精度，拓展到小体量、大深度的矿产资源勘探中，已经成为我国深地探测战略的重大科学问题。发展一种高效、高精度的深地电磁勘探新方法，对解决我国第二深度空间矿产资源精细探查具有重大的理论意义和迫切的实用价值。

作者依照中心回线 TEM 观测原理，采取在一次场断电后观测的方式，提出了短偏移距瞬变电磁法（short offset transient electromagnetic method，SOTEM），并在国家自然科学基金面上项目的资助下，对 SOTEM 探测近场响应、观测方法、探测精度等关键问题进行了深入研究。此后，在国家 973 项目课题、自然科学基金重点项目、国家重大科研装备研制项目课题、多项院企合作项目资助下，在大量的研究及课题组实施的多个探测实验的基础上，从理论、方法、技术和实践上论证了 SOTEM 探测的可行性，建立了系统的 SOTEM 探测理论方法技术体系，开发了数据处理专用软件，制定了方法的施工技术规程。

本书所述 SOTEM 目前可以使用现有的主流瞬变电磁仪器进行工作，国内开展这种方法研究和应用的单位已有 30 多家，包括西安西北有色物化探总队有限公司、河南省有色金属地质矿产局第一地质大队、山西省煤炭地质物探测绘院、中国矿业大学（北京）、中国矿业大学、陕西省核工业地质局二一四大队、陕西省煤田地质集团有限公司、山东省煤田地质局、山东省物化探勘查院、神华集团有限责任公司、江苏省地质勘查技术院、青海省第三地质勘查院、广东省地球物理探矿大队、安徽省勘查技术院等。还有 8 家单位定制了由作者团队自主开发的 SOTEM 数据处理软件系统（SOTEMsoft）。作者团队在河北围场、安徽颍上、河南崤山、山东齐河、陕西凤太等地的深部隐伏金属矿探测中取得了显著效果，在山西晋城、临汾、大同，以及山东泰安、安徽宿州等地多个煤矿含水结构体探测中获得成功应用。

作为上述工作的总结，在众多研究生的共同努力下，作者编写了本书。

本书共分为 10 章，其中第 1 章由闫述、薛国强完成，第 2 章、第 3 章由武欣和薛国强完成，第 4 ~7 章由陈卫营、陈康、常江浩、薛国强共同完成，第 8 章由薛国强研究团队共同完成，第 9 章由陈卫营完成，第 10 章由薛国强完成。参考文献由宋婉婷核对，部分图件由石金晶描绘。全书由薛国强统稿。

作者在 SOTEM 学术思想形成的过程中，以及在方法技术的推广过程中，都得到了国内外众多同行专家的指导，他们在方法技术咨询、测试场地、地质资料等方面提供的帮助，使笔者受益良多。感谢中国地球物理学会、西北有色地质矿业集团有限公司、河南省有色金属地质矿产局、青海省地质矿产勘查开发局等单位在技术规程方面的支持和帮助。感谢西安西北有色物化探总队有限公司、山西省煤炭地质物探测绘院、江苏省地质勘查技术院、陕西省煤田地质集团有限公司、安徽省勘查技术院、长安大学、青海省第三地质勘查院、北京桔灯地球物理勘探股份有限公司、恒达新创（北京）地球物理技术有限公司、湖南继善高科技有限公司、北京中科地垣科技有限公司等单位在方法技术工程化方面的贡献。

希望本书内容能够给关心瞬变电磁法精细探测的科学研究和工程技术人员提供参考，同时也希望通过地球电磁学与矿产勘查、煤矿防水治水、工程地质等不同学科间的交流，共同为推动电磁勘探方法的发展做出贡献。

目前，SOTEM 的研究和应用有待向纵深发展。针对电磁场地层波的复杂性、观测环境的特殊性以及地质结构体的多变性等问题，我们还需要做进一步的研究工作。

本书得到国家自然科学基金重点项目“电性源瞬变电磁短偏移距精细探测理论与方法研究”（42030106），面上项目“SOTEM 深部探测关键问题”（41474095）以及 2019 年国家科学技术学术著作出版基金的资助。

由于作者知识积累和业务水平有限，一些方法技术内容还需要继续深入研究，书中难免存在疏漏之处，敬请专家和读者批评指正。

薛国强

2021 年 9 月 25 日于北京

目　　录

第1章　绪　　论

在进行瞬变电磁法勘探时，通常利用不接地的中心回线装置（central loop TEM），可实现同点探测（零偏移距观测）。而对接地导线源装置，则采用长偏移距瞬变电磁方式进行观测。本书作者所提出的电性源短偏移距瞬变电磁法（SOTEM），则是采用较小的偏移距观测模式，实现接地导线源瞬变电磁法的近源区测深。本章首先介绍SOTEM的研究意义，以及与SOTEM相关的几种电磁探测方法原理，然后分析了国内外的研究现状。最后列出本书各章的主要研究内容。

1.1　研究SOTEM方法的意义

随着国民经济的快速发展，我国正面临资源紧缺的严重压力，铜、铁、钾等对外依存度达60%～85%。经过近几十年开发，浅部矿产资源已大幅减少，很多矿山可开采的潜力严重不足，成为制约我国经济发展的瓶颈。向地球更深处的“第二空间”（500～2000m）进军已成为当前国家矿产资源勘探开发的主要战略。同时，煤矿开采、重大工程建设、城市地下空间开发、地热资源调查等领域涉及的目标体埋深越来越大，面临的地质、地貌、人文环境也日趋复杂。如何实现大深度、高精度的地球物理探测，为上述资源、工程领域提供有力支撑，是勘探地球物理行业面临的关键挑战之一。

由于具有勘探深度大、不受高阻层屏蔽、成本低、效率高等优点，电磁法已成为深部找矿中最常用的地球物理方法。电磁法中的一个重要分支是时间域电磁法，也称作瞬变电磁法，它是利用不接地回线（磁性源）或接地线源（电性源）向地下发送一次脉冲场，在一次脉冲场的间歇期间，利用线圈或接地电极观测二次感应场的方法（朴化荣，1991；李貅，2002；牛之琏，2007）。时间域电磁法可以在距离发射源很近的区域实现大深度的探测，并可以实现频率域电磁法无法实现的同点观测。时间域电磁法是近年来发展很快的电法勘探分支方法，在国际上有人称作是电法的“二次革命”。目前瞬变电磁法已广泛应用于金属矿勘探、构造填图、油气田、煤田、地下水、冻土带、海洋地质、水文工程地质及工程检测等方面的研究。

按照发射源的性质，可将瞬变电磁法分为磁性源瞬变电磁法和电性源瞬变电磁法。其中磁性源瞬变电磁法以不接地回线为发射源，在框内或框外测量垂直磁场或其随时间的变化率（感应电压）。磁性源瞬变电磁法的装置类型众多，常用的有重叠回线、中心回线、大定回线等。由于具有无须接地发射、信号高阻穿透能力强、与异常耦合性高、施工方便等优点，磁性源瞬变电磁法的各种装置已成为瞬变电磁法的主要工作形式。但是水平线圈形式的发射源在地下仅能产生水平向的感应电流，导致磁性源瞬变电磁法仅对低阻目标体敏感，另外回线源的对称性使场有相互抵消作用，能量在地层中衰减较快，因此磁性源瞬变电磁装置多用于几十米至几百米的中浅深度的勘探。虽然通过增大发送磁矩和提高接收传感器性能，可以达到更大的勘探深度，在特定地质条件下实现深度 1000m 左右的探测（薛国强，2013），但是付出的工作成本和劳动强度也相应大幅度增加。

目前，电性源瞬变电磁法的主要工作形式为长偏移距瞬变电磁法。LOTEM 采用了与可控源声频大地电磁法（controlled source audio- frequencymagnetotelluricmethod，CSAMT）类似的装置形式（图 1.1），即在大于 4 倍探测深度的偏移距范围内观测电磁场响应，实施的是远源观测。该方法在大幅度地提高施工效率的同时，又保留了对高低阻目标体的良好反映。

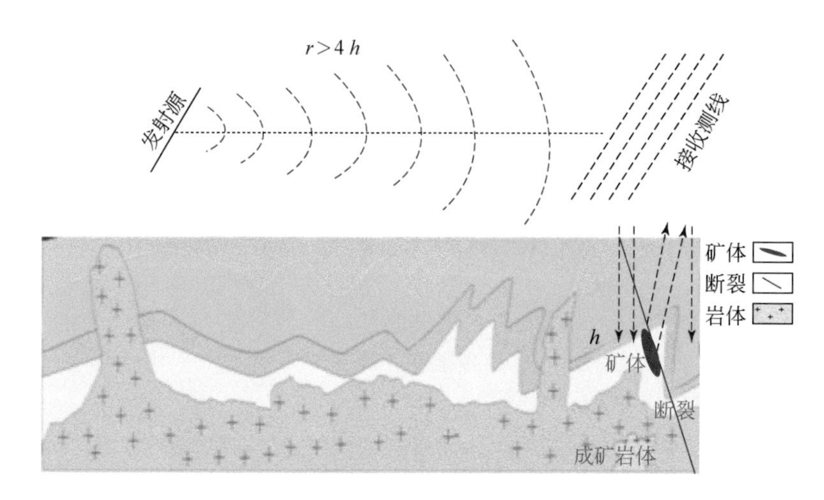

图 1.1　CSAMT 或者 LOTEM 远源探测

r 表示收发距离，*h* 表示探测深度

LOTEM 工作时一般采用长度为 2～4km 的接地导线为发射源，并在发射源供以不关断的双极性方波电流（Strack，1992）。这种波形电流对于 LOTEM 有很多优点，一方面充分利用了波的能量（一个周期可以利用两次电流供电）以达到最大的发送磁矩；另一方面连续的供电保证了大偏移距观测时的信号强度。接收装置一般位于离发射源 3～20km 的扇形区域内，通常采用两组电极观测水平电场或者用水平线圈观测垂直磁场产生的感应电压，可以实施单点测量也可以实施多道同时测量。接地线源在地下可以产生水平向和垂直向两个方向的感应电流，因此 LOTEM 对地下高阻和低阻目标层都有良好的反映，在大深度的地壳研究、油气藏勘查、地热调查等勘探中发挥着重要作用。

在 LOTEM 的基础上，近些年国内外又发展起来一种新型的电磁法工作装置，称为多通道瞬变电磁法（multi transient electromagneticmethod，MTEM）（Wright，2003；Ziolkowski et al.，2010；底青云，2019，2020），该方法由英国爱丁堡大学提出。

首先由系统产生的宽带编码波形对大地进行激励，通过观测阵列（图 1.2），使每一个测点都可以记录多个不同偏移距的大地响应，探测深度由发收距离决定。是一种几何测深的近源装置观测，故装备复杂，主要用于平原地带找油和海洋勘探。

通过以上分析可知，针对我国矿产资源短缺，危机矿山众多的现状，必须加快深部矿产勘探。发展新的理论、方法和技术，提高探测深度和探测精度，对实现深部矿产的高效探测具有重要意义。

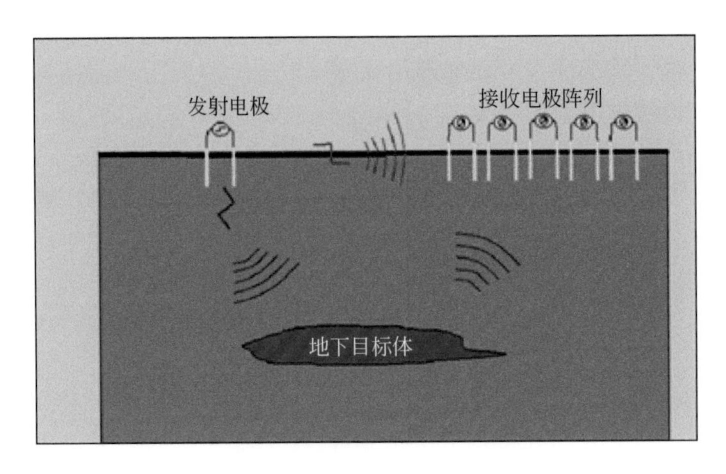

图1.2 MTEM探测装置示意图

为了支撑第二深度空间（500～2000m）精细探测的实际需求，我们在国家973项目、国家自然科学基金项目、中国科学院知识创新项目等资助下，基于时域电磁场近源测深的优越性，提出如图1.3所示的电性源SOTEM，并对其深部探测的相关理论、方法、技术等关键问题进行研究，以期解决地下500～2000m目标矿体的有效探测。

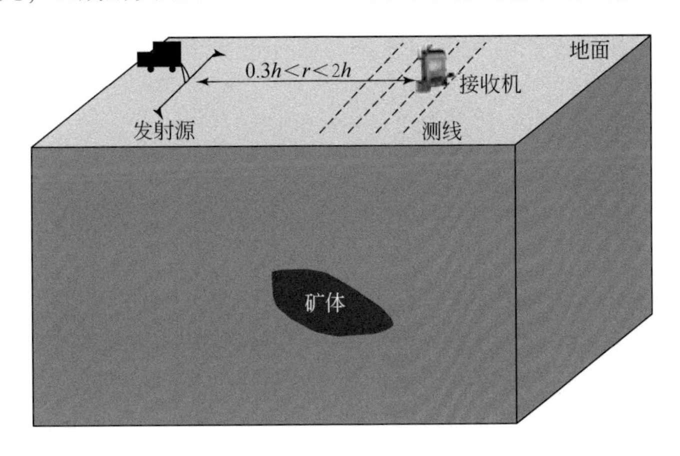

图1.3 地面SOTEM装置示意图
r为收发距离，h为探测深度

根据时变点电荷载流微元积分理论，推导出SOTEM响应的精确表达式；通过分析SOTEM电场、磁场各分量的响应及分布特征，以及各分量与地层相互作用特点、对高低阻层的敏感度等，研究SOTEM深部探测能力；通过对各场量、探测深度、观测时长、地层电性等参数之间的关系研究，形成SOTEM探测方法；采用曲线精细拟合技术，提高定量反演精度；结合实际测试资料的处理与分析，初步实现SOTEM大深度精细探测。

通过近几年的不断深入研究，我们解决了瞬变电磁勘探领域中大探测深度信噪比低的问题，同时实现了在无须增加现有勘探仪器功率的前提下，提高观测数据质量，从而提高了探测精度、增大了探测深度。大量的应用实践证实了SOTEM方法具有以下优越性：

（1）易于在山区施行。常规瞬变电磁法对矩形发射回线四个边的布设要求相对严格，但是在地形复杂地区，矩形回线顺利铺设往往难度较大，有时很难保证矩形回线的形状满足要求。此外，铺设线框的工作强度高，而布设长接地导线则要方便得多，采用接地导线源形式，大大提高工作效率。

（2）适合在矿区使用。当在矿区工作时，电磁干扰一般比较严重，另外，矩形回线的对称性使场有相互抵消作用，激发的能量较小，观测信号弱，信噪比大大降低，最终导致深部信号失真，探测效果变差；而对于接地导线源，由于可以向地下供入强大电流，激发的能量较大，观测信号较强，信噪比大大提高，所观测的深部信号相对可靠，可取得较好的探测效果。

（3）可以使用国内现有的部分主流瞬变电磁仪器进行工作。现有的勘探仪器装备，如加拿大产 V8、美国产 GDP-32Ⅱ等均可用于 SOTEM 数据采集，在不增加发射功率、不改变波形的情况下，通过近源观测抑制噪声，进行全场区的数据解释。必要时经适当的发射与接收组合方式，同样可实现多次覆盖观测。目前，国内一些单位，已尝试采用 V8 和 GDP-32Ⅱ仪器进行数据采集。

（4）可适用于第二深度空间高效探矿。常规回线源瞬变电磁法一般只可以用于探测中浅深度（小于 500m）范围内的目标体，SOTEM 利用现有瞬变电磁勘探仪器，在不增加现有仪器功率的情况下，提高信噪比，获得更强的深部探测能力和对地下目标体的分辨能力。可以实现对地下 2000m 深度范围以浅内目标体的精细探测，已在深部金属、非金属矿，煤田水文地质等深部勘探中产生了积极的效果，为矿产资源开发向第二深度空间发展提供了勘探技术保证。

1.2 国内外研究现状和发展动态

电性源瞬变电磁法于 20 世纪 30 年代作为瞬变电磁法的最初装置形式被发明和利用，由此经历了一段曲折而漫长的发展历程。从 40 年代苏联发展起来的建场法，到 80 年代欧美国家广泛研究和应用瞬变电磁法，电性源瞬变电磁法在此阶段取得了长足发展，在大深度的地壳研究、油气藏勘查、地热调查等领域发挥了重要作用。然而，受探测理论与数据处理手段的限制，该阶段针对电性源瞬变电磁法的研究和应用主要集中于远源模式的长偏移距装置。由于收发距离较大，长偏移距观测信号强度较低且具有相对严重的体积效应，对深部目标体的探测精度不高；另外，偏移距越大施工强度越大，对发射机功率和性能的要求越高，加上采用不关断连续波形电流，增加了数据处理难度，从而导致该方法难以满足诸多探测需求。因此，从 90 年代中后期开始，电性源瞬变电磁法的发展变缓，并逐渐被回线源装置替代，一度成为非主流的瞬变电磁工作形式。

但相较于回线源装置，电性源瞬变电磁探测深度大、激发场量丰富、对高低阻体皆灵敏的优点已被认同。近些年，随着对深部精细探测需求的增加，电性源瞬变电磁法重新引起了地球物理学者的重视。在发展 LOTEM 数值模拟、信号去噪、反演处理等方法技术的同时，研究重点逐渐转向了短偏移距观测模式。针对近源探测开展的理论论证与应用实践表明：将长偏移距远源观测推进至短偏移距近源观测，能够更加充分地利用发射源能量与源信号带宽，从而达到更大的探测深度、更高的分辨率；同时，较小的偏移距可进一步减小体积效应并提升工作效率。

1. 理论方面

在麦克斯韦方程组的基础上，国内外瞬变电磁理论研究主要包括以下两种思路：第一种是Kaufman和Keller（1981）著作中的直接偶极子方式，第二种是纳米吉安（米萨克·纳米吉安著，赵经祥译，1992年）著作中的叠加偶极子方式。早期的瞬变电磁理论大多从偶极子的假设出发，得到谐变场的频率域表达式，然后经过逆傅里叶变换或逆拉普拉斯变换得到时间域的解，对瞬变电磁法的发展起到了重大的作用，并且也确实体现了如磁偶极装置、电偶极装置等观测点位于远场区的TEM场的分布情况。但是对于其他类型的装置，如大定源回线装置，在远区、中区和近区都有观测点，对于观测点处于近区的重叠回线、中心回线等装置（发射回线边长一般为50～800m）偶极子假设对全区探测不能全部成立。

目前的趋势是采用叠加偶极子的方式进行研究，并把结果引入回线内多点观测方式中，以期提高解释精度。对大尺寸激励源的处理方法分为两种：一种是把回线的面积看成无数小垂直磁偶极源的组合，对每个小磁偶极矩产生的场在整个回线面积上进行积分；另一种是取一小段载流导线的边作为电偶极源，然后沿导线积分获得长直电源的场，或者进行环路积分获得回线源的场。通过面积分或线积分求得频域磁场或电场（包括感应电压），再经逆拉普拉斯变换到时域。

在传统TEM理论公式中，将接地导线源作为电偶极子处理。长接地导线和大定回线源的叠加偶极子假设虽然更接近实际使用的发射源，但偶极子近似带来的基础误差不可忽略。以偶极子场为被积函数的面积分和线积分，不能很好地反映位于近区的中心回线测点，和大定源回线中心点附近测点的电磁场响应特征。对于LOTEM勘探，即使传统上认为是远区观测的，由于受激励源功率的限制，并不能保证各测道都处于远区场，因此，研究适合全场区的接地源瞬变电磁响应精确的解析表示式将是精细探测的方法理论发展方向。

薛国强等（2011）提出了以时变点电荷为载流微元的瞬变电磁场直接时域解的思想，以点电荷代替偶极子假设，直接在时域位函数的基础上推导时域瞬变场，以减小误差，并通过计算静态场中偶极子近似解与精确解之间的误差，得出了在近区误差较大的结论。周楠楠（2016）进一步计算了静电场、恒定电流场、辐射场中磁偶极子和电偶极子的近似解与各自对应的非偶极子假设的电流环和载流导线的精确解之间的误差，得出使用偶极子近似时，在近源区和一部分中源区内，会带来较大误差。薛国强等（2014a）通过数学物理方程的格林函数解，进一步给出了全空间有源波动场、扩散场的时域响应解析式，替代了以偶极子为假设的传统方法。在此基础上，王贺元等（2018）研究了均匀半空间瞬变电磁场的直接时域解问题，通过时域格林函数，采用分离变量等方法推导出了上半空间一次有源波动场和反射波的时域解析式和下半空间二次无源波动场的时域解析式，结合均匀半空间瞬变电磁场的边界条件，给出了均匀半空间瞬变电磁场的直接时域解析式。点微元直接时域解析式适用于全场区探测，克服了偶极子假设下只适用远场区的不足。

2. 方法方面

国内外电性源地面电磁法近年来发展迅速，已有多种取得良好探测效果的方法。其中包括时间域的短偏移瞬变电磁法、长偏移距瞬变电磁法、多道瞬变电磁法等和同时在频率域和时间域进行观测的时频电磁法（time-frequency electromagnetic method，TFEM）。

电性源瞬变电磁法采用接地导线作为发射源，勘探工程中通用的LOTEM起源于20世纪70年代，该方法最初被应用于地壳构造调查和地热勘探。Strack（1992）发表著作Exploration with Deep Transient Electromagnetic Method，该书综合了LOTEM的理论基础、数据处理方法、商业仪器等研究内容，并分析大量的野外探测实例，奠定了长偏移距瞬变电磁法的基本理论体系。国内学者采用长偏移距瞬变电磁法对碳酸盐岩覆盖地区的构造探测、油气资源探测和煤田采空区探测等方面取得了良好的效果。何展翔和王绪本（2002）在CSAMT和LOTEM的基础上提出了TFEM，他们将频率域和时间域电磁法相结合，并同时考虑激电效应，在油气田勘探中取得了不错的效果。在深部探测中，LOTEM因收发距离较大，信号强度急剧下降、信噪比降低，在很大程度上降低了探测精度。

实际上，当选择了适当的发射波形时，接地导线源同样可以像回线源的同点观测方式那样，实现近源观测。在点电荷载流微元积分计算基础上，我们提出了SOTEM，该方法的偏移距通常为0.3~2倍探测深度。陈卫营等（2016）详细讨论了SOTEM的响应特征、可行性、工作方法和数据解释方法等，并给出了若干探测实例。由于在源附近观测，该方法信噪比高，适合开展深部探测，目前已得到了广泛应用。

3. 技术方面

电磁法数据的信噪比是提高电磁探测系统的关键。Macnae等（1984）和McCracken等（1984）较早地开展了电磁系统中噪声抑制的研究，通过叠加抑制了时域电磁信号中的尖峰和振荡噪声。Spies（1988）、Buselli和Gameron（1988）随后也开展了相关的研究，通过信号预测和叠加技术实现电磁噪声的去除，并取得了一定的效果，但他们研究的对象仅限于特定的噪声类型或是部分天电噪声。Lemire（2001）采用拉格朗日优化和插值法对航空电磁法噪声干扰进行了压制。Reninger等（2011）采用奇异值分解去除了航空电磁数据中的天电噪声。

国内众多学者对电磁噪声去除方法进行了研究，采用最小二乘和拟合方法，可以实现电磁噪声的抑制，但拟合方法遇到较强的噪声干扰时通常难以收敛。采用基于小波分析的方法，可解决瞬变电磁法对地成像问题。

目前，人工源电磁法三维数值模拟和反演取得了较大的进展。电磁三维数值模拟方法可分为积分方程法和微分方程法两类。其中，基于微分方程的数值模拟方法包括有限元法、谱元法、时域有限差分法和有限体积法等，近年来，时域有限差分法已成为瞬变电磁场正演的主要方法。随着电磁模拟研究的不断深入，可与地电模型有较高模仿度的有限元算法再次在地球物理电磁学数值模拟中发挥作用。

在三维正演计算取得极大发展的基础上，国内外众多学者对频率域电磁法的三维反演也进行了研究，包括非线性共轭梯度MT三维反演、非线性共轭梯度三维CSAMT实测数据反演、线性共轭梯度三维 MT 反演和 CSAMT 反演、基于并行计算的三维大地电磁数据空间反演、带地形的三维 MT 反演以及有限内存拟牛顿三维可控源数据反演。时间域电磁反演方法主要包括共轭梯度法、非线性共轭梯度法、高斯牛顿法和拟牛顿法。非线性共轭梯度法和拟牛顿法是目前认为最适合于求解大规模最优化问题的方法。非线性共轭梯度法和拟牛顿法不需要计算雅克比矩阵，而是直接计算目标函数的梯度，由于目标函数梯度的计算只要一次伴随正演，使得这两种优化方法在三维电磁反演中有巨大优势。

地球物理数据反演的多解性同样是 SOTEM 数据反演中所面临的关键难题之一。为使 SOTEM 在深部地质找矿、地质灾害成灾机理、城市地下深部探测等领域的不同应用场景下均能取得最佳应用效果，需研究兼容各类先验信息的约束反演方法。贝叶斯方法可利用先验分布引入先验地质信息，是一种天然的多元信息约束反演算法。变维贝叶斯反演进一步将模型参数个数也视为随机变量，可在保持精度不变的情况下进一步提高反演效率，已在电磁法反演中得到广泛应用。为此，可在变维贝叶斯框架上，研究先验地质构造信息约束下的 SOTEM 变维贝叶斯反演。一方面，利用先验地质信息约束下的先验分布，减小模型空间、降低多解性；另一方面，利用变维贝叶斯反演的维度变化特性，获得数据驱动下模型的最精细解。

总之，LOTEM 比中心回线装置的探测深度大，工作方式与 CSAMT 基本相似，发收距离数倍于探测深度。由于随着收发距离增大，电磁场强度下降，会一定程度影响探测精度。在国内外同行研究的基础上，为了兼顾大深度和高精度探测的实际需求，笔者提出的短偏移距瞬变电磁法将接地导线源瞬变电磁法的测区由远区扩大到中、近区，即可以将观测点布置在离开场源 0.3 ~2 倍探测深度的地方，在这种情况下，观测信号较强，电磁场在地层中衰减较慢，提高了接地导线源瞬变电磁的深部探测能力和分辨率。多个实践证明，SOTEM 是一种值得进一步发展的深部探测方法。根据勘探任务目的、地质条件和环境条件选择合适的观测场量或者观测场量的组合，可获取更多的地质信息、解决更多的地质问题。

1.3　本书主要内容

全书共分 10 章。第 1 章为绪论，主要介绍电性源瞬变电磁法的基本概念，电性源短偏移距瞬变电磁研究意义、国内外研究现状和本书的主要内容等。

第 2 章为瞬变电磁法理论基础，主要介绍电磁场基本方程和公式，以及电性源瞬变电磁场传播特性。

第 3 章为电性源短偏移距瞬变电磁探测机理。主要介绍近场信号特征、地层波与地面波、MTEM 和 SOTEM 探测机理、SOTEM 的探测能力分析等。

第 4 章为电性源瞬变电磁三维正演方法。根据 SOTEM 方法的特点，介绍了时域三维矢量有限元方法的原理及其求解过程，以及三维时域有限差分方法，作为后续章节高维仿真方法的基础。

第 5 章为 SOTEM 三维响应特性。主要分析了 SOTEM 电磁场各分量对三维目标体的响应及分布特征，以及分辨能力。讨论了不同情况下，场源附近存在三维不均匀体时对各个分量产生的影响。本章分析了阴影效应造成的影响和产生的原因，提出了利用地层波的多源多极化探测方法。

第 6 章为 SOTEM 施工方法。包括 SOTEM 可行性分析、SOTEM 优越性分析、SOTEM 野外施工方法、SOTEM 观测区域选择、数据采集技术等内容。

第 7 章为 SOTEM 数据处理。包括阻尼最小二乘法典型模型试算、截断广义逆矩阵反演法典型模型试算，给出了不同地电模型的多分量反演典型模型试算结果。对于多源多分量反演方法也进行了研究。还给出了基于 V8 系统的 SOTEM 数据采集及处理方案、电性源短偏移距瞬变电磁法软件平台介绍。

第 8 章给出了多个 SOTEM 应用实例。包括河南叶县 SOTEM 试验与盐溶探测、山东华丰煤矿深部富水性调查、安徽霍邱铁矿探测、河北围场银窝沟铜多金属矿探测、峄山矿集区金多金属矿探测、陕西韩城深部煤层含水性调查、安徽桃园煤矿含水体探测、河北顺平城市活断层探测等。

第 9 章为地-井 SOTEM 方法探索性研究成果。包括地-井 SOTEM 方法 介绍、地下电磁场扩散特性、地-井 SOTEM 响应特性分析、地表地质噪声影响分析、探测能力分析、一维反演等内容。

第 10 章为电性源短偏移距瞬变电磁法研究结论与展望。围绕专用装备研发、多元信息融合、拟地震成像、信噪分离、地空短偏移探测等未来发展方向进行讨论。

第 2 章　瞬变电磁法理论基础

作为瞬变电磁场理论研究的基础，本章主要介绍瞬变电磁法的基本原理、观测方法与技术以及正演方法。电磁法探测的物理基础是电磁场在媒质中的传播特性，对其的数学描述即麦克斯韦方程组。在麦克斯韦方程组的基础上，本章以不同源装置形式作为阐述对象，对目前瞬变电磁法的探测方法进行梳理。本章最后还介绍了电性源瞬变电磁场传播特性。

2.1　电磁场基本方程

2.1.1　麦克斯韦方程组与物理量

麦克斯韦方程组是一组描述电场、磁场以及电荷密度、电流密度之间关系的方程组。现在通用的麦克斯韦方程组是由赫兹（Hertz）和赫维赛德（Heaviside）利用数学分析方法，对原方程经过简化整理而得到的。麦克斯韦方程组具有微分和积分两种形式，针对不同的问题需求，采用不同的方程形式。

麦克斯韦方程组中，主要包含电场强度 $\boldsymbol{E}$(V/m)、电位移矢量 $\boldsymbol{D}$(C/m^2)、磁场强度 $\boldsymbol{H}$(A/m) 以及磁感应强度 $\boldsymbol{B}$(Wb/m^2) 4 个物理量。在宏观尺度下，电场和磁场的分立性质都可以忽略，可以认为在空间和时间上都是连续的。即上述 4 个物理量均是位置矢量 $\boldsymbol{r}$ 和时间 t 的连续函数且具有连续导数。此外，无论是作为源还是由电磁场激励产生，电荷密度 ρ（C/m^3）与电流密度 $\boldsymbol{J}$（A/m^2）也都可以假定为位置矢量 $\boldsymbol{r}$ 和时间 t 的连续函数。这样，就可以有麦克斯韦方程组的微分形式：

$$\nabla\times\boldsymbol{E}(\boldsymbol{r},t)=-\frac{\partial}{\partial t}\boldsymbol{B}(\boldsymbol{r},t) \tag{2.1a}$$

$$\nabla\times\boldsymbol{H}(\boldsymbol{r},t)=\frac{\partial}{\partial t}\boldsymbol{D}(\boldsymbol{r},t)+\boldsymbol{J}(\boldsymbol{r},t) \tag{2.1b}$$

$$\nabla\cdot\boldsymbol{D}(\boldsymbol{r},t)=\rho(\boldsymbol{r},t) \tag{2.1c}$$

$$\nabla\cdot\boldsymbol{B}(\boldsymbol{r},t)=0 \tag{2.1d}$$

其中，ρ 和 $\boldsymbol{J}$ 还应满足连续性方程：

$$\nabla\cdot\boldsymbol{J}(\boldsymbol{r},t)+\frac{\partial}{\partial t}\rho(\boldsymbol{r},t)=0 \tag{2.2}$$

麦克斯韦方程组通过式（2.1a）与式（2.1b）两个旋度方程建立起了电场与磁场间的关系：变化的磁场产生电场（电场旋度方程）；电流与变化的电场产生磁场（磁场旋度方程）。式（2.1c）与式（2.1d）两个散度则分别描述磁场和电场各自的性质：电荷产生电场，自由电荷密度 ρ 是电场的发散源（电场散度方程）；磁通连续性，即不存在自由磁荷（磁场散度方程）。式（2.1）和式（2.2）共5个方程，只有3个（可以是任意3个）是独立的，而另2个可由3个独立方程导出。对于时域瞬变电磁场而言，通常认为两个旋度方程和连续性方程是独立的，可以称为基本方程；而两个散度方程则称为辅助方程。

麦克斯韦方程组的微分形式通常认为反映了电磁场的局域性质，仅适用于媒质连续的区域。相比于微分运算，由于积分运算对被积函数的要求更低，因此麦克斯韦方程组的积分形式的使用范围更大。假设空间中一个有限体积 V，其表面设为 S，在表面 S 上存在一个边界为 C 的部分 A，基于高斯定理和斯托克斯定理，麦克斯韦方程组的积分形式如下：

$$\oint_C \boldsymbol{E}(\boldsymbol{r},t)\cdot \mathrm{d}\boldsymbol{l} = -\frac{\partial}{\partial t}\int_A \boldsymbol{B}(\boldsymbol{r},t)\cdot \mathrm{d}\boldsymbol{S} \tag{2.3a}$$

$$\oint_C \boldsymbol{H}(\boldsymbol{r},t)\cdot \mathrm{d}\boldsymbol{l} = \frac{\partial}{\partial t}\int_A \boldsymbol{D}(\boldsymbol{r},t)\cdot \mathrm{d}\boldsymbol{S} + \int_A \boldsymbol{J}(\boldsymbol{r},t)\cdot \mathrm{d}\boldsymbol{S} \tag{2.3b}$$

$$\oint_S \boldsymbol{D}(\boldsymbol{r},t)\cdot \mathrm{d}\boldsymbol{S} = \int_V \rho(\boldsymbol{r},t)\mathrm{d}V \tag{2.3c}$$

$$\oint_S \boldsymbol{B}(\boldsymbol{r},t)\cdot \mathrm{d}\boldsymbol{S} = 0 \tag{2.3d}$$

麦克斯韦方程组的积分形式能够适用于媒质不连续区域，导出各个场量在不连续区域应满足的关系，即电磁场的边界条件。假设媒质存在不连续区域，分界面两侧的媒质分别记作媒质1和媒质2，定义分界面上指向媒质1一侧的单位法向量 $\boldsymbol{n}$，则由式（2.3）可导出不连续界面上各场量应满足的条件如下：

$$\boldsymbol{n}\times(\boldsymbol{E}_1-\boldsymbol{E}_2)=0 \tag{2.4a}$$

$$\boldsymbol{n}\times(\boldsymbol{H}_1-\boldsymbol{H}_2)=\boldsymbol{J}_\mathrm{S} \tag{2.4b}$$

$$\boldsymbol{n}\cdot(\boldsymbol{D}_1-\boldsymbol{D}_2)=\boldsymbol{\rho}_\mathrm{S} \tag{2.4c}$$

$$\boldsymbol{n}\cdot(\boldsymbol{B}_1-\boldsymbol{B}_2)=0 \tag{2.4d}$$

其中，$\boldsymbol{J}_\mathrm{S}$和$\boldsymbol{\rho}_\mathrm{S}$分别为不连续界面上的面电流密度和面电荷密度。

式（2.1）、式（2.2）及式（2.3）涉及大量矢量函数，而独立方程数只有3个，说明仅使用独立方程无法求解电磁场问题，还需要引入描述电磁场与媒质相互关系（本构关系）的辅助方程：

$$\boldsymbol{D}(\boldsymbol{r},t)=\varepsilon_0\boldsymbol{E}(\boldsymbol{r},t)+\boldsymbol{P}(\boldsymbol{r},t) \tag{2.5a}$$

$$\boldsymbol{B}(\boldsymbol{r},t)=\mu_0[\boldsymbol{H}(\boldsymbol{r},t)+\boldsymbol{M}(\boldsymbol{r},t)] \tag{2.5b}$$

$$\boldsymbol{J}(\boldsymbol{r},t)=\sigma(\boldsymbol{r})\boldsymbol{E}(\boldsymbol{r},t) \tag{2.5c}$$

其中，ε_0、μ_0和 σ 分别为真空介电常数（$[1/(36\pi)]\times10^{-9}$F/m）、真空磁导率（$4\pi\times10^{-7}$ H/m）和电性导电媒质的电导率（S/m）；$\boldsymbol{P}$ 和 $\boldsymbol{M}$ 分别为极化强度与磁化强度，对于线性媒质，有

$$\boldsymbol{P}(\boldsymbol{r},t)=\varepsilon_0\chi_\mathrm{e}(\boldsymbol{r})\boldsymbol{E}(\boldsymbol{r},t) \tag{2.6a}$$

$$\boldsymbol{M}(\boldsymbol{r},t)=\chi_\mathrm{m}(\boldsymbol{r})\boldsymbol{H}(\boldsymbol{r},t) \tag{2.6b}$$

其中，χ_e与χ_m分别为极化率与磁化率。结合式（2.5）与式（2.6），可定义：

$$\varepsilon(\boldsymbol{r})=[1+\chi_\mathrm{e}(\boldsymbol{r})]\varepsilon_0=\varepsilon_\mathrm{r}(\boldsymbol{r})\varepsilon_0 \tag{2.7a}$$

$$\mu(\boldsymbol{r})=[1+\chi_\mathrm{m}(\boldsymbol{r})]\mu_0=\mu_\mathrm{r}(\boldsymbol{r})\mu_0 \tag{2.7b}$$

其中，ε 为介电常数；ε_r为相对介电常数；μ 为磁导率；μ_r为相对磁导率。

2.1.2　波动方程

将本构关系代入麦克斯韦方程组中的两个基本方程，可得

$$\nabla\times\boldsymbol{E}(\boldsymbol{r},t)=-\mu(\boldsymbol{r})\frac{\partial}{\partial t}\boldsymbol{H}(\boldsymbol{r},t) \tag{2.8a}$$

$$\nabla\times\boldsymbol{H}(\boldsymbol{r},t)=-\varepsilon(\boldsymbol{r})\frac{\partial}{\partial t}\boldsymbol{E}(\boldsymbol{r},t)+\sigma(\boldsymbol{r})\boldsymbol{E}(\boldsymbol{r},t) \tag{2.8b}$$

这样，未知量（$\boldsymbol{E}$ 和 $\boldsymbol{H}$）的个数就与方程个数相等，可以通过化简得到仅包含 $\boldsymbol{E}$ 和 $\boldsymbol{H}$ 的两个方程。对式（2.8）的两个方程分别取旋度：

$$\begin{aligned}\nabla\times\nabla\times\boldsymbol{E}(\boldsymbol{r},t)&=-\mu(\boldsymbol{r})\frac{\partial}{\partial t}\nabla\times\boldsymbol{H}(\boldsymbol{r},t)\\&=-\mu(\boldsymbol{r})\frac{\partial}{\partial t}\left[\varepsilon(\boldsymbol{r})\frac{\partial}{\partial t}\boldsymbol{E}(\boldsymbol{r},t)+\sigma(\boldsymbol{r})\boldsymbol{E}(\boldsymbol{r},t)\right]\\&=-\mu(\boldsymbol{r})\varepsilon(\boldsymbol{r})\frac{\partial^2}{\partial t^2}\boldsymbol{E}(\boldsymbol{r},t)-\mu(\boldsymbol{r})\sigma(\boldsymbol{r})\frac{\partial}{\partial t}\boldsymbol{E}(\boldsymbol{r},t)\end{aligned} \tag{2.9a}$$

$$\begin{aligned}\nabla\times\nabla\times\boldsymbol{H}(\boldsymbol{r},t)&=\varepsilon(\boldsymbol{r})\frac{\partial}{\partial t}\nabla\times\boldsymbol{E}(\boldsymbol{r},t)+\sigma(\boldsymbol{r})\nabla\times\boldsymbol{E}(\boldsymbol{r},t)\\&=\varepsilon(\boldsymbol{r})\frac{\partial}{\partial t}\left[-\mu(\boldsymbol{r})\frac{\partial}{\partial t}\boldsymbol{H}(\boldsymbol{r},t)\right]+\sigma(\boldsymbol{r})\left[-\mu(\boldsymbol{r})\frac{\partial}{\partial t}\boldsymbol{H}(\boldsymbol{r},t)\right]\\&=-\mu(\boldsymbol{r})\varepsilon(\boldsymbol{r})\frac{\partial^2}{\partial t^2}\boldsymbol{H}(\boldsymbol{r},t)-\mu(\boldsymbol{r})\sigma(\boldsymbol{r})\frac{\partial}{\partial t}\boldsymbol{H}(\boldsymbol{r},t)\end{aligned} \tag{2.9b}$$

利用矢量恒等式$\nabla\times\nabla\times\boldsymbol{F}=\nabla\nabla\cdot F-\nabla^2F$，且对于均匀媒质有$\nabla\cdot\boldsymbol{E}=0$、$\nabla\cdot\boldsymbol{H}=0$，代入式（2.9），得

$$\nabla^2\boldsymbol{E}(\boldsymbol{r},t)-\mu(\boldsymbol{r})\varepsilon(\boldsymbol{r})\frac{\partial^2}{\partial t^2}\boldsymbol{E}(\boldsymbol{r},t)-\mu(\boldsymbol{r})\sigma(\boldsymbol{r})\frac{\partial}{\partial t}\boldsymbol{E}(\boldsymbol{r},t)=0 \tag{2.10a}$$

$$\nabla^2\boldsymbol{H}(\boldsymbol{r},t)-\mu(\boldsymbol{r})\varepsilon(\boldsymbol{r})\frac{\partial^2}{\partial t^2}\boldsymbol{H}(\boldsymbol{r},t)-\mu(\boldsymbol{r})\sigma(\boldsymbol{r})\frac{\partial}{\partial t}\boldsymbol{H}(\boldsymbol{r},t)=0 \tag{2.10b}$$

式（2.10）即为电场波动方程与磁场波动方程。在式（2.10）中，场量都是时间的函数。根据傅里叶变换理论，上述场量可视为时谐场的叠加。因此，可将式（2.10）变换到频率域中。此外，在频率域中，场量的微分过程 $\boldsymbol{F}'=\mathrm{i}\omega\boldsymbol{F}$。则有

$$\nabla^2\boldsymbol{E}(\boldsymbol{r})+[\mu(\boldsymbol{r})\varepsilon(\boldsymbol{r})\omega^2-\mathrm{i}\mu(\boldsymbol{r})\sigma(\boldsymbol{r})\omega]\boldsymbol{E}(\boldsymbol{r})=0 \tag{2.11a}$$

$$\nabla^2\boldsymbol{H}(\boldsymbol{r})+[\mu(\boldsymbol{r})\varepsilon(\boldsymbol{r})\omega^2-\mathrm{i}\mu(\boldsymbol{r})\sigma(\boldsymbol{r})\omega]\boldsymbol{H}(\boldsymbol{r})=0 \tag{2.11b}$$

式（2.11）即为电场与磁场的频率域波动方程。与时域波动方程相比，频域波动方程隐去时间变量，变为亥姆霍兹型方程，从而更易于求解。此外，可以将式中方括号内的部分提取出来：

$$k^2=\mu(\boldsymbol{r})\varepsilon(\boldsymbol{r})\omega^2-\mathrm{i}\mu(\boldsymbol{r})\sigma(\boldsymbol{r})\omega \tag{2.12}$$

式（2.12）所定义的变量 k 即波数。对于地球物理电磁法而言，由于所涉及的频率通常小于 100kHz，式（2.12）右侧第一项将远远小于第二项。因此，对于电磁法，波数通常可以简化为如下形式：

$$k^2 = -\mathrm{i}\mu(\boldsymbol{r})\sigma(\boldsymbol{r})\omega \tag{2.13}$$

2.1.3 时域电磁场基本定理

麦克斯韦方程组是对电磁场发挥作用所遵循的基本规律的总结，随着对麦克斯韦方程组研究的深入，人们得到了一些具有更广泛意义的结论。在本小节中，我们将主要介绍坡印亭定理、唯一性定理以及因果律等在电磁场理论中具有重要意义的定理及规律。为进一步突出重点，本小节将简化推导过程，主要介绍这些原理的物理意义。

1. 坡印亭定理

假设媒质（ε、μ）中存在一区域，体积为 V，其表面为 S，则

$$\int_V \boldsymbol{E}\cdot\boldsymbol{J}\mathrm{d}V = -\oint_S(\boldsymbol{E}\times\boldsymbol{H})\cdot\boldsymbol{n}\mathrm{d}S - \frac{\partial}{\partial t}\int_V\left(\frac{\varepsilon}{2}\boldsymbol{E}\cdot\boldsymbol{E} + \frac{\mu}{2}\boldsymbol{H}\cdot\boldsymbol{H}\right)\mathrm{d}V \tag{2.14}$$

式（2.14）即坡印亭定理的积分形式，其中，等式左侧积分表示体积 V 内总的损耗功率，右侧第一项表示自表面 S 向 V 内部流入的电磁功率，右侧第二项积分内部两项分别代表电场和磁场的能量密度，因此右侧第二项表示 V 内电磁能量随时间的下降率。

坡印亭定理实际上就代表着体积 V 内电磁能量的守恒性。能量不会平白无故出现，也不会平白无故消失；如果外部流入 V 的能量等于 V 内部消耗的能量，则 V 内的能量总体保持不变。

2. 唯一性定理

唯一性定理主要解决了解的唯一性问题，即求解给定区域内的电磁场，其解在什么条件下是唯一的？唯一性定理的内容是：对于有界区域 V（边界为 S），①在 $t=0$ 时刻，其内部电磁场的初值处处给定；②在 $t\geqslant 0$ 时刻，整个 S 上的电场切向分量是给定的，或整个 S 上的磁场切向分量是给定的，或 S 的一部分区域的电场切向分量及此区域外其他区域的磁场切向分量均是给定的，则在 $t>0$ 时，V 内的电磁场就可以通过麦克斯韦方程组唯一确定。

拆解唯一性定理的定义，我们可以看到，若要唯一确定某个有界区域内的电磁场情况，需要：

（1）明确定义一个 $t=0$ 时刻。

（2）在 $t=0$ 时刻，区域 V 内部即有场的存在情况须确定。

（3）当 $t>0$ 时，区域 V 界面上的切向电场、切向磁场条件应该完全给定，它有三种等效的情况。

情况 1：整个边界面上的电场切向分量完全给定；

情况 2：整个边界面上的磁场切向分量完全给定；

情况 3：在界面上，尽管只能给定一部分区域的电场切向分量，但其余部分的磁场切向分量可以给定。

满足上述条件后，区域内的电磁场唯一可解。

由此也可以看出，解的唯一性实际具有两重含义：其一，只要上述条件满足，解就是唯一的；其二，只要给定恰当的求解条件，不同方法得到的解就是等价的。这种理解的一个直接应用，就是“等效原理”：通过设置等效源，改变求解区域部分特征的同时，保证其余部分空间的求解结果不变。所谓“等效源”，关键在于等效，即尽管源的形式不同，但在指定区域内产生的场相同。利用等效原理，将有助于复杂求解问题的简化。

3. 因果律

对于电磁法，因果律简而言之就是在电磁场传播到某个区域之前，这个区域不能出现由该电磁场激励产生的效果。一个线性电磁系统是否能够实现，要受到因果律的约束，要求其响应函数的实部与虚部必须满足特定的关系。设一个线性时不变系统，其冲激响应为 $f(t)$。根据因果律，该系统在 $t=0$ 时刻之前，冲激响应为零，即

$$f(t)=f(t)u(t) \tag{2.15}$$

其中，$u(t)$ 为单位阶跃函数。这样，在频域就有

$$F(\omega)=\int_{-\infty}^{\infty} f(t)\mathrm{e}^{\mathrm{i}\omega t}\mathrm{d}t=R(\omega)+\mathrm{i}X(\omega) \tag{2.16}$$

其中，$R(\omega)$ 和 $X(\omega)$ 分别为系统响应函数 $F(\omega)$ 的实部与虚部，且有

$$R(\omega)=-\frac{1}{\pi}\int_{-\infty}^{\infty}\frac{X(\Omega)}{\omega-\Omega}\mathrm{d}\Omega \tag{2.17a}$$

$$X(\omega)=\frac{1}{\pi}\int_{-\infty}^{\infty}\frac{R(\Omega)}{\omega-\Omega}\mathrm{d}\Omega \tag{2.17b}$$

即系统响应函数 $F(\omega)$ 的实部与虚部之间必须满足希尔伯特变换关系。也就是说，一个可实现的线性时不变系统，它的系统响应函数的实部和虚部不是彼此独立的，而是必须满足一定关系的，否则将不满足因果律。在地球物理电磁法经典著作 *Electromagnetic Methods in Applied Geophysics*（纳米吉安著，赵经祥译，1992 年）中，Nabighian 指出：在电磁法研究范围内，大地可被视为一个线性时不变系统，而所谓的测量，即获取大地的系统响应函数。由此可知，作为线性时不变系统的大地，其系统响应函数的实部与虚部之间，也须满足希尔伯特变换关系。

2.2 瞬变电磁法基本原理

在众多地球物理方法中，电磁法能够较好地实现对地下电性结构的探测。电磁法基于电磁感应定律，通过观测大地在天然或人工电磁场源激励下产生的响应，实现对地下构造空间分布与物性特征的探测。

电磁法探测的整个过程（图 2.1）由“源-传-收-噪-解”五个方面组成。其中，“源”指对大地产生机理作用的过程，激励信号的产生可以是天然的，也可以是由人工装置生成的（如图 2.1 所示情况）；“传”指发射场的传播，实现对大地激励的过程，是探测得以成立的物理基础；“收”指传感器与接收机采集大地响应信号的过程；“噪”指观

测中噪声影响的形成与去除过程；“解”指基于场的传播机理，在去噪数据的基础上，求解大地的电性结构模型的过程。由此可见，“传”代表着探测能够实现的理论基础；“源”和“收”共同奠定了探测的数据基础，其实现效果由探测装备决定；“噪”与“解”将数据中蕴含的地下电性结构信息提取出来，其能够提取的信息上限，则受制于数据容纳信息的能力。

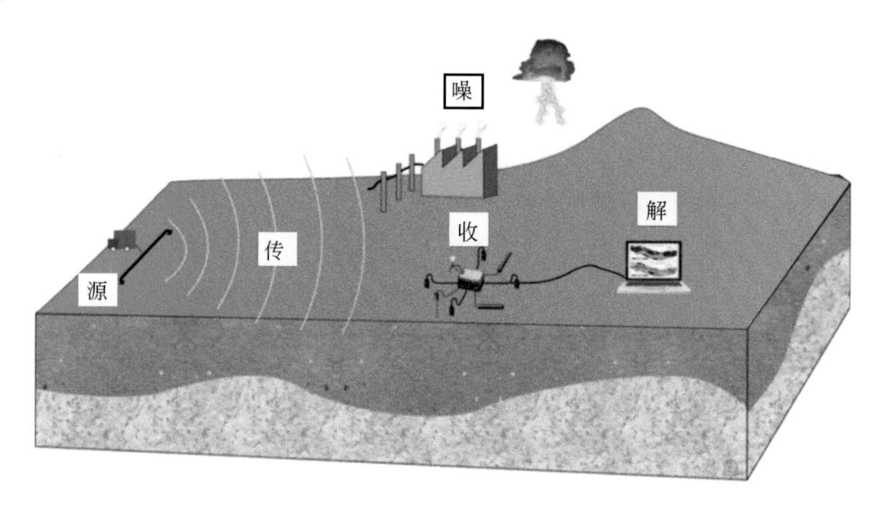

图 2.1　电磁法探测过程示意图

电磁法所能达到的探测效果也由“源-传-收-噪-解”五个方面共同决定。如图 2.2 所示：“传”作为探测机理，决定了方法理论上能够具备的最大探测深度与精度能力；“源”和“收”作为装备，在数据层面上限定了方法实际所能达到的探测能力上限；而“噪”与“解”则最终确定了方法的实际探测能力。因此，如果从下游端向上回溯，“噪”与“解”方面的研究，目的是能够最大限度地挖掘数据潜力，尽可能充分利用数据中所蕴含的探测潜力；而“源”和“收”作为装备，其研究目标则是尽可能贴近方法需求，从而使其产生的数据能够尽可能趋近方法的理论上限；而对于“传”的研究将处于顶层，其研究成果则将从根本上决定方法探测能力理论上限的高度。事实上，在电磁法概念下所包含的诸多不同方法，它们之间的本质区别，也正是建立在对“传”的不同架构上的。

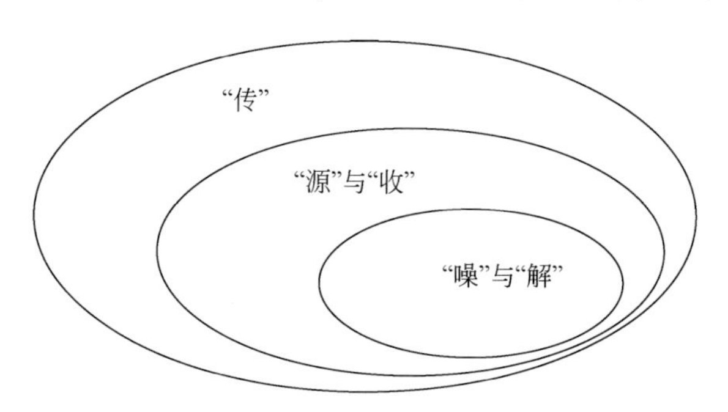

图 2.2　电磁法能力关系示意图

对于电磁法的分类，根据场源分为天然源方法与人工源方法，根据响应性质又可分为频率域方法与时间域方法。

天然源方法，以大地电磁法为代表（Tikhonov，1946；Cagniard，1953），其以包含各类不同源的天然电磁场作为激励源，利用地下流动的交变电流之间的磁耦合作用，通过观测大地在稳态条件下的电磁阻抗，提取地下典型结构信息（Kaufman and Keller，1981），在地壳、上地幔电性结构探测方面具有相当大的优势，是目前除地震方法外可以达到上述大深度的唯一电磁方法（底青云和王若，2008）。然而，由于天然场在 10^{-3}Hz ~ 1kHz 频率范围内，信号非常弱，而这一频率范围在相当程度上又对应着人类目前矿产资源的可开发深度，使得大地电磁法在满足资源勘探需求方面受到限制。

采用人工发射源产生能够覆盖上述频率范围的人工源信号，可以有效克服上述天然源方法的激励源缺陷，并由此建立了人工源电磁法。在人工源方法的初期研究，无论是欧美国家还是苏联，均把研究重点集中在谐波源激发上（Kaufman and Keller，1983）。基于谐波源的方法，即我们通常所说的频率域方法，其成果主要适用于离散的单一频率或窄带电磁信号，其研究分析方法是隐去时间变量，从而大大简化了麦克斯韦方程组中各种时间导数，但解的适用性也仅限于稳态条件（王长青和祝西里，2011）。尽管在 20 世纪 50 年代之前，已经有苏联学者开展时域电磁法的研究，但其兴起却主要源于 60 年代对核爆炸所产生的电磁脉冲的研究。在此人类历史性事件的推动下，地球物理探测领域的时域方法研究，即对大地在短脉冲源激励下产生的瞬态响应的研究，也蓬勃发展起来。对比谐波源与脉冲源，当采用的发射装置功率与辐射效率相同时，谐波源将发射能量聚集在有限的若干个离散频点（或窄带信号）上，对于每一个频点，均能获得较高的信噪比。然而，也因为能量离散地分配在有限个频点上，谱分辨率与整个信号带宽均较为有限。由于这些参数与方法所能达到的探测精度有关，因此，为了提升探测精度，要么花更长的时间激发更多的频点，要么采用更多的装置，实现并行发射。相比谐波源，脉冲源属于宽频信号，谱分辨率天然较谐波源更高，有利于实现精细探测。脉冲源的不足之处也很明显：如果将有限的发射能量分布到一个较宽的频率范围上，则单一频点上能够分到的能量相对较少，在环境噪声水平不变的情况下，信噪比（尤其是晚期信噪比）易受到限制，从而进一步影响探测深度。上述分析可见：在通常意义上，采用谐波源的频率域方法，能实现更大的探测深度，但分辨能力有限；采用脉冲源的时间域方法，能够达到更高的分辨能力，但最大探测深度受到限制。

长期以来，能否最大限度地实现对探测深度与分辨能力的兼顾，成为国际电磁法领域研究的焦点问题。正如前面所介绍的，在“源-传-收-噪-解”架构下，若要从根本上解决这一问题，只有在“传”上下功夫。现有电磁法之所以难以实现探测深度与分辨能力的兼顾，主要问题是在观测中存在过多的能量与带宽损失，而归根到底，这些损失是为降低“解”环节的难度而付出的代价。比如，频率域方法为隐去时间变量，使求解简化，从而仅适用于稳态条件，在实际中损失了有效带宽和谱分辨率；又如，CSAMT（Goldstein and Strangway，1975）、LOTEM（Strack，1992；严良俊等，2001）等目前较为主流的大深度电磁法，为了使激励场能够被视为垂直地表入射的平面波，要求观测点远离发射源，开展远源区观测，从而导致源信号幅度与带宽在传播过程中大幅衰减。由此可见，为了提升方法的探测深度与分辨能力，一方面，要求采用脉冲源（宽带高谱分辨率激励信号），开展时域观测；另一方面，则要求在距离发射源较近的区域进行观测（近源观测），避免源信号的传播损失。

SOTEM 的基本特点是：采用长接地导线作为发射装置，以占空比 1∶1 的双极性脉冲作为主要发射波形，在近源区开展观测。在后续小节中，我们将 SOTEM 按照其来源基础进行拆分，分别介绍传统磁性源瞬变电磁场和电性源瞬变电磁场。

2.3　磁性源瞬变电磁场

对于闭合回线作为发射源的磁性源瞬变电磁装置，设大地为线性、分层均匀的各向同性的导电媒质，低频和良导媒质情况下的麦克斯韦方程组为

$$\left.\begin{aligned} &\nabla\times\boldsymbol{E}=-\mathrm{i}\omega\mu\boldsymbol{H}, \quad \nabla\times\boldsymbol{H}=\boldsymbol{J}+\sigma\boldsymbol{E} \\ &\nabla\cdot\boldsymbol{E}=0, \quad \nabla\cdot\boldsymbol{H}=0 \end{aligned}\right\} \tag{2.18}$$

地层分界面上的边界条件为

$$\left.\begin{aligned} &\hat{n}\times(\boldsymbol{E}^{i}-\boldsymbol{E}^{i+1})=0, \hat{n}\times(\boldsymbol{H}^{i}-\boldsymbol{H}^{i+1})=0 \\ &\hat{n}\cdot(\boldsymbol{E}^{i}-\boldsymbol{E}^{i+1})=\rho_{s}/\varepsilon, \hat{n}\cdot(\boldsymbol{H}^{i}-\boldsymbol{H}^{i+1})=0 \end{aligned}\right\} \tag{2.19}$$

其中，$\boldsymbol{E}$ 为电场（V/m）；$\boldsymbol{H}$ 为磁场（A/m）；$\boldsymbol{J}$ 为源电流密度（A/m^2）；ρ_s 为自由电荷面密度（C/m^2）；ω、μ、σ 分别为圆频率、大地磁导率和电导率；$\hat{n}$ 为界面的单位法向矢量；i 为地层层序。

以上述方程与边界条件为基础，获得的大回线源解析表达式有圆形重叠回线公式、圆形中心回线公式，从磁偶极子或电偶极子微元出发的大定源矩形回线公式等。

2.3.1　重叠回线公式

对式（2.18）的第一式两边取旋度，利用矢量恒等式$\nabla\times\nabla\times\boldsymbol{F}=\nabla\nabla\cdot\boldsymbol{F}-\nabla^2\boldsymbol{F}$，将第二式和第三式代入后，得电场的亥姆霍兹方程：

$$\nabla^2\boldsymbol{E}(\boldsymbol{r})+k_i^2\boldsymbol{E}(\boldsymbol{r})=-\mathrm{i}\omega\mu\boldsymbol{J} \tag{2.20}$$

重叠回线解析式的模型为水平分层大地上的圆形回线，取圆柱坐标系后电场 $\boldsymbol{E}$ 仅有 φ 分量，源电流密度也仅有 φ 分量。电场方程（2.18）变成：

$$\frac{\partial^2 E_\varphi}{\partial z^2}+\frac{\partial^2 E_\varphi}{\partial \rho^2}+\frac{1}{\rho}\frac{\partial E_\varphi}{\partial \rho}+k_i^2 E_\varphi=\frac{\mathrm{i}\omega\mu_0 Ia(\rho-a)\delta(z)}{\rho} \tag{2.21}$$

式中，$k_i^2=-\mathrm{i}\omega\mu_i\sigma_i$ 为各地层中的波数。对式（2.21）两边做汉克尔变换：

$$\int_0^\infty f(r)J_1(\lambda r)r\mathrm{d}r=F[\lambda] \tag{2.22}$$

可得二阶常微分方程：

$$\left[\frac{\partial^2}{\partial z^2}-(\lambda^2 k_i^2)\right]E_\varphi=0 \tag{2.23}$$

其通解为

$$E_{\varphi i}=A_i e^{-u_i z}+B_i e^{u_i z} \tag{2.24}$$

由界面上的边界条件（2.19）确定待定系数，有电场公式：

$$E_{\varphi}=-\frac{\mathrm{i}\omega\mu_0 Ia}{2}\int_0^{\infty}R_n(\lambda)\cdot J_1(\lambda a)J_1(\lambda\rho)\mathrm{d}\lambda \tag{2.25}$$

其中，R_n 为 n 层大地表面上的反射系数；J_1 为一阶贝塞尔函数，是圆柱坐标下二阶偏微分方程的解。当接收线圈与发射回线重合时，作为观测值的感应电动势为

$$\varepsilon(\omega)=-\mathrm{i}\omega\mu_0\pi a^2 I\int_0^{\infty}R_n(\lambda)J_1^2(\lambda a)\mathrm{d}\lambda \tag{2.26}$$

最后利用逆拉普拉斯变换求得时域感应电动势：

$$\varepsilon(t)=\mathcal{L}^{-1}\left[-\mathrm{i}\omega\mu_0\pi a^2 I\int_0^{\infty}R_n(\lambda)J_1^2(\lambda a)\mathrm{d}\lambda\right] \tag{2.27}$$

计算式（2.27）的值，将用到 G-S 算法和 Anderson 提供的滤波系数。

重叠回线装置的体积效应比较大，为了减小这种效应，随着高性能接收探头的出现，重叠回线装置逐渐被中心回线装置取代。

2.3.2　中心回线公式

由式（2.25）可知中心回线装置的感应电动势公式为

$$\varepsilon(t)=\mathcal{L}^{-1}\left[-\mathrm{i}\omega\mu_0\pi abI\int_0^{\infty}R_n(\lambda)\cdot J_1(\lambda a)J_1(\lambda b)\mathrm{d}\lambda\right] \tag{2.28}$$

大回线装置的边长达几百米，只观测线框中心一个点就需移动位置势必大大降低 TEM 的工作效率。实际生产中是在回线中间 1/3 范围内进行观测（图 2.3），即认为在这个区域内场是近似均匀的。

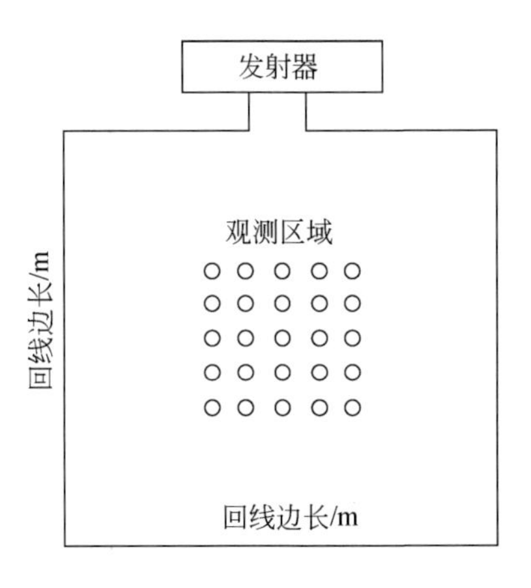

图 2.3　大回线中心装置的观测区域

观测点位置偏离中心点之后，需要解决形如式（2.25）的双贝塞尔函数积分的计算问

题。虽然有这方面的尝试，但是实际应用中的视电阻率计算等数据处理和解释仍然以式(2.27)、式（2.28）为出发点进行。随着物探方法向精确勘探方向的发展，发现1/3观测区的边缘与中心点相比，感应电动势数值偏离达15%～25%，这与某些地质目标体，如埋深几百米的陷落柱、导水小断层，埋深上千米的金属矿床等引起的异常相比，已经不可忽略。况且实际应用中的大回线是矩形的，虽然通过令两者面积相等的办法计算出矩形回线的等效半径，但场的分布差异仍然存在，如此造成的解释误差已不能满足越来越高的对探测精度的要求。因此，将大定源回线理论公式引入中心回线装置中，在此基础上研究正反演、视电阻率算法，回线内场的分布等是当前的主要处理方式之一。

2.3.3　大定源回线理论公式

大定源回线与中心回线的区别，在于大定源回线方法在回线内或回线外都进行观测(图2.4)，中心回线法仅在回线内进行观测。在大定源回线的理论研究中，认为矩形回线不能再看成磁偶极源，而是将回线面积分割成磁偶极微元（图2.4中的dS）或将回线的边分割成电偶极微元（图2.4中的dl)，然后做面积分或线积分，求出大定源回线的解析公式。考夫曼和凯勒在他们的经典著作中，利用矢量位和标量位，通过与恒定电流场的比拟提供了谐变磁偶极源和电偶极源的场公式。

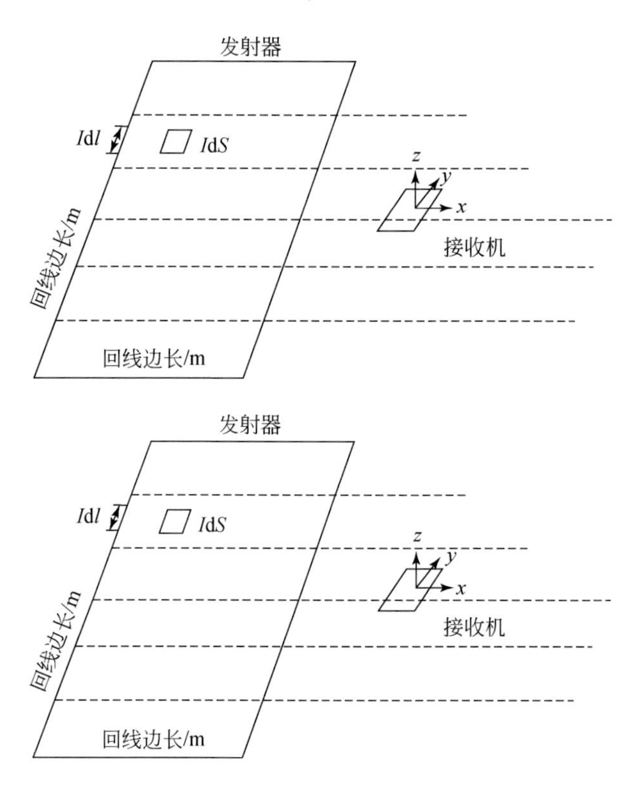

图2.4　大定源回线与偶极子微元

如果引入矢量位 $\boldsymbol{A}^*$ 和标量位U之间的洛伦兹规范条件：

$$\nabla \cdot \boldsymbol{A}^* = -\mathrm{i}\omega\mu U \tag{2.29}$$

根据麦克斯韦方程（2.18）中第三式电场的散度等于零，可以定义矢量位：

$$\boldsymbol{E} = \nabla \times \boldsymbol{A}^* \tag{2.30}$$

由此在无源区有矢量位的亥姆霍兹方程：

$$\nabla^2 \boldsymbol{A}^* + k_i^2 \boldsymbol{A}^* = 0 \tag{2.31}$$

及用矢量位表示的磁场：

$$\mathrm{i}\omega\mu \boldsymbol{H} = k^2 \boldsymbol{A}^* + \nabla\nabla \cdot \boldsymbol{A}^* \tag{2.32}$$

选取具有公共原点的圆球坐标和圆柱坐标系，将偶极源置于原点（图 2.5）。磁偶极源 IS 的矢量位 $\boldsymbol{A}^*$ 仅有 z 分量，在球坐标系中式（2.29）变为

$$\frac{1}{r^2}\frac{\mathrm{d}}{\mathrm{d}r}\left(r^2 \frac{\mathrm{d}A_z^*}{\mathrm{d}r}\right) + k_i^2 A_z^* = 0 \tag{2.33}$$

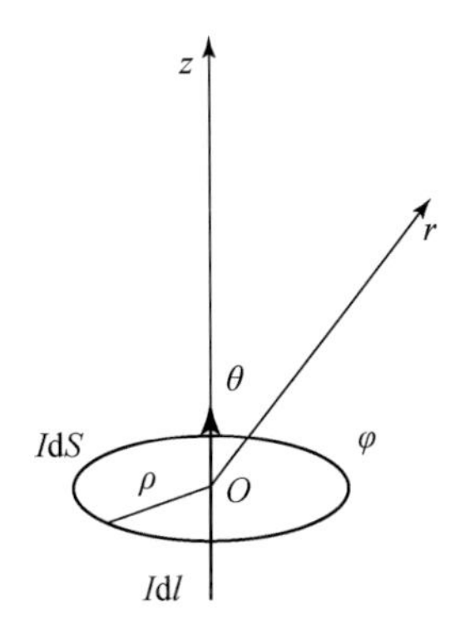

图 2.5　偶极子和坐标系

式（2.33）的一个解为

$$A_z^* = C\frac{\mathrm{e}^{\mathrm{i}kr}}{r} \tag{2.34}$$

其中，C 为待定系数。由式（2.28）：

$$\nabla \cdot \boldsymbol{A}^* = \frac{\partial \boldsymbol{A}_z^*}{\partial z} = C\frac{\mathrm{e}^{\mathrm{i}kr}}{r^2}(1-\mathrm{i}kr)\cos\theta \tag{2.35}$$

根据洛伦兹规范条件［式（2.29）］，得到标量位表达式为

$$U = C\frac{\mathrm{e}^{\mathrm{i}kr}}{\mathrm{i}\omega\mu r^2}(1-\mathrm{i}kr)\cos\theta \tag{2.36}$$

已知圆球坐标系中载有恒定电流的磁偶极源的标量磁位为

$$U_0 = \frac{I\mathrm{d}S}{4\pi r^2}\cos\theta \tag{2.37}$$

当 $\omega \to 0$，$U \to U_0$ 时，比较式（2.36）、式（2.37）得到待定系数：

$$C = \frac{\mathrm{i}\omega\mu I\mathrm{d}S}{4\pi} \tag{2.38}$$

由此得到时谐场矢量位表达式：

$$A_z^* = \frac{\mathrm{i}\omega\mu I\mathrm{d}S}{4\pi}\frac{\mathrm{e}^{\mathrm{i}kr}}{r} \tag{2.39}$$

类似地，对于电偶极源，根据麦克斯韦方程（2.18）中第四式磁场的散度等于零，定义矢量位：

$$\boldsymbol{H} = \nabla\times\boldsymbol{A} \tag{2.40}$$

矢量位 $\boldsymbol{A}$ 和标量位 U 满足的洛伦兹规范为

$$\nabla\cdot\boldsymbol{A} = -\sigma U \tag{2.41}$$

有矢量位的齐次亥姆霍兹方程：

$$\nabla^2\boldsymbol{A} + k_i^2\boldsymbol{A} = 0 \tag{2.42}$$

以及用矢量位表示的电场：

$$\boldsymbol{E} = \mathrm{i}\omega\mu\boldsymbol{A} + \frac{1}{\sigma}\nabla\nabla\cdot\boldsymbol{A} \tag{2.43}$$

由图 2.5 可见，电偶极源的矢量位 $\boldsymbol{A}$ 也只有 z 分量，故在圆球坐标系中方程（2.42）可以化成与式（2.33）相同的形式：

$$\frac{1}{r^2}\frac{\mathrm{d}}{\mathrm{d}r}\left(r^2\frac{\mathrm{d}A_z}{\mathrm{d}r}\right) + k_i^2 A_z = 0 \tag{2.44}$$

解的形式与式（2.34）相同：

$$A_z = C\frac{\mathrm{e}^{\mathrm{i}kr}}{r} \tag{2.45}$$

同样地，根据洛伦兹规范［式（2.41）］有标量位：

$$U = C\frac{\mathrm{e}^{\mathrm{i}kr}}{\sigma r^2}(1-\mathrm{i}kr)\cos\theta \tag{2.46}$$

恒定电流场的标量位：

$$U_0 = \frac{I\mathrm{d}l}{4\pi\sigma r^2}\cos\theta \tag{2.47}$$

同样地，通过比较式（2.43）、式（2.44）$\omega\to 0$，$U\to U_0$ 时的极限，确定式（2.45）中矢量位的系数：

$$A_z = \frac{I\mathrm{d}l}{4\pi}\frac{\mathrm{e}^{\mathrm{i}kr}}{r} \tag{2.48}$$

从式（2.39）和式（2.48）出发，通过边界条件代入、傅里叶变换等步骤，即可求出分层大地表面上磁偶极子微元和电偶极子微元的表达式。然后对磁偶极子微元产生的场在整个回线面积上进行积分；或者对电偶极子微元的场沿回线积分，最终求得大回线源的电磁响应。

2.4 电性源瞬变电磁场

2.4.1 均匀半空间

如图 2.6 所示，有一个水平偶极子位于地面上。笛卡儿坐标系和柱坐标系的坐标原点均选择在偶极子的中心处，使 x 轴与偶极子方向一致，z 轴向下。矢量位 $\boldsymbol{A}$ 满足的方程为（Kaufman and Keller，1983）

$$\nabla^2\boldsymbol{A}-k_1^2\boldsymbol{A}=0 \tag{2.49}$$

其中，k_1 为波数且 $k_1=\sqrt{-\mathrm{i}\omega\mu\sigma}$。

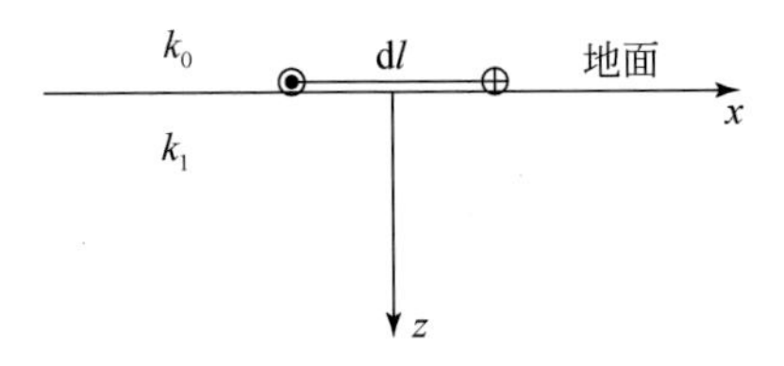

图2.6　均匀大地表面水平电偶极子

由于偶极子方向沿 x 轴，故 $\boldsymbol{A}$ 具有 x 方向分量$\boldsymbol{A}_x$；由于水平不均匀界面（地面）的存在，在界面处存在积累电荷，它的影响使 $\boldsymbol{A}$ 具有 z 方向分量 A_z。

亥姆霍兹方程在柱坐标中可写为

$$\begin{aligned}&\frac{\partial^2 A_x}{\partial r^2}+\frac{1}{r}\frac{\partial A_x}{\partial r}+\frac{1}{r^2}\frac{\partial A_x}{\partial\varphi^2}+\frac{\partial^2 A_x}{\partial z^2}-k^2A_x=0\\&\frac{\partial^2 A_z}{\partial r^2}+\frac{1}{r}\frac{\partial A_z}{\partial r}+\frac{1}{r^2}\frac{\partial A_z}{\partial\varphi^2}+\frac{\partial^2 A_z}{\partial z^2}-k^2A_z=0\end{aligned} \tag{2.50}$$

由分离变量法求解，令

$$A=\sum_{n=0}^{\infty}\cos n\varphi\int_0^{\infty}(C_1\mathrm{e}^{uz}+C_2\mathrm{e}^{-uz})J_n(\lambda r)\mathrm{d}\lambda \tag{2.51}$$

其中，λ 为波长；$r=\sqrt{x^2+y^2}$；$u=\sqrt{\lambda^2+k_1^2}$；J_n（λr）为 n 阶大宗量贝塞尔函数。利用边界条件求出系数 C_1、C_2，回代入式（2.51）得到下半空间的矢量位：

$$A_x=\frac{2P_{\mathrm{E}}}{4\pi r^3k_1^2}[1-(1+k_1r)\mathrm{e}^{-k_1r}] \tag{2.52}$$

$$A_z=\frac{2P_{\mathrm{E}}}{4\pi r^2}xI_1K_1 \tag{2.53}$$

$$\nabla\cdot\boldsymbol{A}=-\frac{2P_{\mathrm{E}}}{4\pi r^3}x \tag{2.54}$$

其中，$P_{\mathrm{E}}=I\mathrm{d}x$ 代表发送磁矩；I_1 和 K_1 为一阶第一、第二类修正贝塞尔函数，其自变量为 kr。

由 $\boldsymbol{H}=\nabla\times\boldsymbol{A}$ 得 $H_x=\frac{\partial A_x}{\partial y}-\frac{\partial A_y}{\partial z}=\frac{\partial A_z}{\partial y}=\frac{\partial A_z}{\partial r}\frac{\partial r}{\partial y}=\frac{y}{r}\frac{\partial A_z}{\partial r}$。式（2.53）对 r 求导，并利用虚宗量贝塞尔函数的导数公式得磁场各分量：

$$H_x=-\frac{P_{\mathrm{E}}}{4\pi r^2}\sin\varphi\cos\varphi[8I_1K_1-k_1r(I_0K_1-I_1K_0)] \tag{2.55}$$

其中，I_0 和 K_0 为零阶第一、第二类修正贝塞尔函数。同理由 $H_y=\frac{\partial Ax}{\partial z}-\frac{\partial A_z}{\partial x}$得：

$$H_y=\frac{P_E}{2\pi r^2}\left[(1-4\sin^2\varphi)I_1K_1+\frac{k_1r}{2}\sin^2\varphi(I_0K_1-I_1K_0)\right] \tag{2.56}$$

同样由 $H_z=\frac{\partial A_y}{\partial x}-\frac{\partial A_x}{\partial y}=\frac{-\partial A_x}{\partial r}\frac{\partial r}{\partial y}=-\frac{y}{r}\frac{\partial A_x}{\partial r}$，得

$$H_z=\frac{2P_E}{4\pi r^4k_1^2}\sin\varphi\left[3-(3+3k_1r+k_1^2r^2)e^{-k_1r}\right] \tag{2.57}$$

可得到电场各分量：

$$E_x=i\omega\mu\left(A_x-\frac{1}{k_1^2}\frac{\partial}{\partial x}\nabla\cdot\boldsymbol{A}\right)=i\omega\mu\left\{\frac{2P_E}{4\pi r^3k_1^2}\left[1-(1+k_1r)e^{-k_1r}\right]+\frac{1}{k_1^2}\frac{2P_E}{4\pi r^3}\right\}$$

$$=\frac{P_E\rho_1}{2\pi r^3}\left[3\cos^2\varphi-2+(1+k_1r)e^{-k_1r}\right] \tag{2.58}$$

由 $E_y=-i\omega\mu\frac{1}{k_1^2}\frac{\partial}{\partial y}\nabla\cdot\boldsymbol{A}$ 得

$$E_y=\frac{P_E\rho_1}{2\pi r^3}3\cos\varphi\sin\varphi \tag{2.59}$$

$$E_z=\frac{i\omega\mu Il}{2\pi r}\cos\varphi I_1K_1 \tag{2.60}$$

利用傅里叶变换将频域的计算结果转换到时间域：

$$H_z(t)=\frac{P_E}{4\pi r^2}\sin\varphi\left[\frac{3}{\sqrt{\pi}}\frac{e^{-u^2}}{u}+\left(1-\frac{3}{u^2}\right)\Phi(u)\right] \tag{2.61}$$

$$H_x(t)=\frac{P_E}{4\pi r^2}\sin2\varphi\left\{e^{-u^2/2}\left[I_0\left(\frac{u^2}{2}\right)+2I_1\left(\frac{u^2}{2}\right)\right]-1\right\} \tag{2.62}$$

$$H_y(t)=-\frac{P_E}{4\pi r^2}\left\{\left\{\left[I_0\left(\frac{u^2}{2}\right)+2I_1\left(\frac{u^2}{2}\right)\right]\cos2\varphi-I_1\left(\frac{u^2}{2}\right)\right\}e^{-u^2/2}-\cos2\varphi\right\} \tag{2.63}$$

$$E_x(t)=\frac{\rho_1P_E}{2\pi r^3}\left[\Phi(u)-\frac{2}{\sqrt{\pi}}ue^{-u^2}\right] \tag{2.64}$$

$$E_y(t)=0 \tag{2.65}$$

$$E_z(t)=\frac{3\rho_1xzP_E}{2\pi R^3}\left[\Phi(u_z)-\frac{2}{\sqrt{\pi}}u_ze^{-u_z^2}\left(1+\frac{2}{3}u_z^2\right)\right] \tag{2.66}$$

式中，$r=\sqrt{x^2+y^2}$，$R=\sqrt{r^2+z^2}$，$u=\frac{2\pi r}{\tau}$，$\tau=2\pi\sqrt{\frac{2\rho t}{\mu_0}}=\sqrt{2\pi\rho t\times10^7}$，$u_z=\frac{R}{2}\sqrt{\frac{\mu_0}{t\rho_1}}$，$\Phi(u)=\frac{2}{\sqrt{\pi}}\int_0^{u(t)}e^{-t^2}dt$ 为概率函数。

2.4.2 层状大地

已知 x 方向电偶极矢量势特解的二维傅里叶变换为

$$\boldsymbol{A}=\frac{P_E}{2u_0}e^{-u_0(z+h)}\vec{u}_x \tag{2.67}$$

从前面分析可以看出，电偶极既产生垂直电场：

$$E_z^{\mathrm{p}}=\frac{1}{\hat{y}_0}\frac{\partial^2 A_x}{\partial x\partial z}=-\frac{P_{\mathrm{E}}}{2\hat{y}_0}\mathrm{i}k_x\mathrm{e}^{-u_0(z+h)} \tag{2.68}$$

也产生垂直磁场：

$$H_z^{\mathrm{p}}=-\frac{\overline{\partial A_x}}{\partial y}=-\frac{P_{\mathrm{E}}}{2}\frac{\mathrm{i}k_y}{u_0}\mathrm{e}^{-u_0(z+h)} \tag{2.69}$$

因此，电偶极源的电磁场既有 TE 分量也有 TM 分量。把一次场分解为 TE 和 TM 分量，我们就可以分别处理 TE 场和 TM 场。

因为只有 TM 极化模式存在垂直电场，且

$$E_z=\frac{1}{\hat{y}}\left(\frac{\partial^2}{\partial z^2}+k^2\right)A_z \tag{2.70}$$

故令式（2.68）等于式（2.70）的 E_z，可得到 TM 系数 A_{p}，即

$$A_{\mathrm{p}}=-\frac{I\mathrm{d}s}{2}\frac{\mathrm{i}k_x}{k_x^2+k_y^2} \tag{2.71}$$

因为只有 TE 极化模式存在垂直磁场，且

$$H_z=\frac{1}{\hat{z}}\left(\frac{\partial^2}{\partial z^2}+k^2\right)F_z \tag{2.72}$$

故而令方程（2.69）的 H_z^{p} 等于式（2.72）的 H_z，可得到 TE 系数 F_{p}，即

$$F_{\mathrm{p}}=-\frac{\hat{z}_0P_{\mathrm{E}}}{2u_0}\frac{\mathrm{i}k_y}{k_x^2+k_y^2} \tag{2.73}$$

把上述 A_{p} 和 F_{p} 表达式代入方程（2.74）便可得到大地和电偶极之间的 TM 和 TE 势的表达式。

$$\begin{aligned}\boldsymbol{A}&=\frac{1}{4\pi^2}\int_{-\infty}^{\infty}\int_{-\infty}^{\infty}A_{\mathrm{p}}\mathrm{e}^{-u_0h}(\mathrm{e}^{-u_0z}+r_{\mathrm{TM}}\mathrm{e}^{u_0z})\mathrm{e}^{\mathrm{i}(k_xx+k_yy)}\mathrm{d}k_x\mathrm{d}k_y\\ \boldsymbol{F}&=\frac{1}{4\pi^2}\int_{-\infty}^{\infty}\int_{-\infty}^{\infty}F_{\mathrm{p}}\mathrm{e}^{-u_0h}(\mathrm{e}^{-u_0z}+r_{\mathrm{TE}}\mathrm{e}^{u_0z})\mathrm{e}^{\mathrm{i}(k_xx+k_yy)}\mathrm{d}k_x\mathrm{d}k_y\end{aligned} \tag{2.74}$$

其中，(x, y, z) 为接收点坐标；r_{TM} 和 r_{TE} 分别为 TM 和 TE 模式下的反射系数，包括 $\hat{y}_0$，$\hat{z}_0$ 和 u_0，具体算法见式（2.75）~式（2.80）。

r_{TE} 和 r_{TM} 分别为

$$r_{\mathrm{TE}}=\frac{Y_0-\hat{Y}_1}{Y_0+\hat{Y}_1} \tag{2.75}$$

$$r_{\mathrm{TM}}=\frac{Z_0-\hat{Z}_1}{Z_0+\hat{Z}_1} \tag{2.76}$$

式中，$Y_0=\frac{u_0}{\hat{z}_0}$，$Z_0=\frac{u_0}{\hat{y}_0}$，且 $\hat{z}_0=\mathrm{i}\omega\mu_0$，$\hat{y}_0=\mathrm{i}\omega\varepsilon_0$；对于 N 层大地，有递推公式

$$\hat{Y}_n = Y_n \frac{\hat{Y}_{n+1} + Y_n \tanh(u_n h_n)}{Y_n + \hat{Y}_{n+1} \tanh(u_n h_n)} \tag{2.77}$$

$$\hat{Y}_n = Y_n \tag{2.78}$$

$$\hat{Z}_n = Z_n \frac{\hat{Z}_{n+1} + \hat{Z}_n \tanh(u_n h_n)}{Z_n + \hat{Z}_{n+1} \tanh(u_n h_n)} \tag{2.79}$$

$$\hat{Z}_n = Z_n \tag{2.80}$$

式中，$Y_n = \frac{u_n}{\hat{z}_n}$，$Z_n = \frac{u_n}{\hat{y}_n}$；$u_n = (k_x^2 + k_y^2 - k_n^2)^{1/2}$，$k_n^2 = -\hat{z}_n \hat{y}_n = \omega^2 \mu_n \varepsilon_n - \mathrm{i}\omega\mu_n\sigma_n$，$k_x^2 + k_y^2 = \lambda^2$。因此，从最底层开始逐步向上递推可得到 $\hat{Y}_1$ 和 $\hat{Z}_1$。

由式（2.63）得到的大地和电偶极之间的 TM 和 TE 势的表达式为

$$A(x,y,z) = -\frac{P_{\mathrm{E}}}{8\pi^2} \int_{-\infty}^{+\infty} \int_{-\infty}^{+\infty} \left[\mathrm{e}^{-u_0(z+h)} + r_{\mathrm{TM}} \mathrm{e}^{u_0(z-h)} \right] \frac{\mathrm{i}k_x}{k_x^2 + k_y^2} \mathrm{e}^{\mathrm{i}(k_x x + k_y y)} \mathrm{d}k_x \mathrm{d}k_y \tag{2.81}$$

$$F(x,y,z) = -\frac{\hat{z}_0 P_{\mathrm{E}}}{8\pi^2} \int_{-\infty}^{+\infty} \int_{-\infty}^{+\infty} \left[\mathrm{e}^{-u_0(z+h)} + r_{\mathrm{TE}} \mathrm{e}^{-u_0(z-h)} \right] \frac{\mathrm{i}k_y}{u_0(k_x^2 + k_y^2)} \mathrm{e}^{\mathrm{i}(k_x x + k_y y)} \mathrm{d}k_x \mathrm{d}k_y \tag{2.82}$$

将式（2.81）和式（2.82）代入方程

$$\begin{aligned}
& E_x = \frac{1}{\hat{y}} \frac{\partial^2 A_z}{\partial x \partial z} && E_x = -\frac{\partial F_z}{\partial y} \\
\mathrm{TM}_z: & E_y = \frac{1}{\hat{y}} \frac{\partial^2 A_z}{\partial y \partial z} & TE_z: & E_y = \frac{\partial F_z}{\partial x} \\
& E_z = \frac{1}{\hat{y}} \left(\frac{\partial^2}{\partial z^2} + k^2 \right) A_z && E_z = 0
\end{aligned} \tag{2.83}$$

即可求得电场的各个分量，当电偶极敷设地面上（$h=0$）时，在地面（$z=0$）或地面以上，电场的 x 分量为

$$\begin{aligned}
E_x = & -\frac{P_{\mathrm{E}}}{8\pi^2 \hat{y}_0} \int_{-\infty}^{+\infty} \int_{-\infty}^{+\infty} [1 - r_{\mathrm{TM}}] \mathrm{e}^{u_0 z} \frac{u_0 k_x^2}{k_x^2 + k_y^2} \mathrm{e}^{\mathrm{i}(k_x x + k_y y)} \mathrm{d}k_x \mathrm{d}k_y \\
& - \frac{\hat{z}_0 P_{\mathrm{E}}}{8\pi^2} \int_{-\infty}^{+\infty} \int_{-\infty}^{+\infty} [1 + r_{\mathrm{TE}}] \mathrm{e}^{u_0 z} \frac{k_y^2}{u_0(k_x^2 + k_y^2)} \mathrm{e}^{\mathrm{i}(k_x x + k_y y)} \mathrm{d}k_x \mathrm{d}k_y
\end{aligned} \tag{2.84}$$

为了简化以下关于长接地导线源的讨论，有必要把电磁响应分解为与电流源有关的项和与电荷源有关的项。为实现这种分解，需作如下代换：

$$\frac{k_y^2}{k_x^2 + k_y^2} = 1 - \frac{k_x^2}{k_x^2 + k_y^2}$$

于是有

$$\begin{aligned}
E_x = & -\frac{P_{\mathrm{E}}}{8\pi^2} \int_{-\infty}^{+\infty} \int_{-\infty}^{+\infty} \left[\frac{u_0}{\hat{y}_0} - \frac{\hat{z}_0}{u_0} - \frac{\hat{z}_0}{u_0} r_{\mathrm{TE}} - \frac{u_0}{\hat{y}_0} r_{\mathrm{TM}} \right] \mathrm{e}^{u_0 z} \frac{k_x^2}{k_x^2 + k_y^2} \mathrm{e}^{\mathrm{i}(k_x x + k_y y)} \mathrm{d}k_x \mathrm{d}k_y \\
& - \frac{\hat{z}_0 P_{\mathrm{E}}}{8\pi^2} \int_{-\infty}^{+\infty} \int_{-\infty}^{+\infty} [1 + r_{\mathrm{TE}}] \mathrm{e}^{u_0 z} \frac{1}{u_0} \mathrm{e}^{\mathrm{i}(k_x x + k_y y)} \mathrm{d}k_x \mathrm{d}k_y
\end{aligned} \tag{2.85}$$

利用方程

$$\int_{-\infty}^{\infty}\int_{-\infty}^{\infty}F(k_x^2+k_y^2)\mathrm{e}^{\mathrm{i}(k_xx+k_yy)}\mathrm{d}k_x\mathrm{d}k_y=2\pi\int_0^{\infty}F(\lambda)\lambda J_0(\lambda\rho)\mathrm{d}\lambda \tag{2.86}$$

将傅里叶变换转化为汉克尔变换，并取 z 为零，得到地表的电场：

$$E_x=-\frac{P_{\mathrm{E}}}{4\pi}\frac{\partial}{\partial x}\frac{x}{r}\int_0^{+\infty}\left[(1-r_{\mathrm{TM}})\frac{u_0}{\hat{y}_0}-(1+r_{\mathrm{TE}})\frac{\hat{z}_0}{u_0}\right]J_1(\lambda r)\mathrm{d}\lambda$$

$$-\frac{\hat{z}_0P_{\mathrm{E}}}{4\pi}\int_0^{+\infty}(1+r_{\mathrm{TE}})\frac{\lambda}{u_0}J_0(\lambda\rho)\mathrm{d}\lambda \tag{2.87}$$

之所以选择解的上述形式，是因为对接地导线这样一种非常重要的激发源来说，沿长导线积分时第一项中对 x 的微分运算不复存在，只要对第一项中的其余部分就两个接地点(取相反符号)进行计算即可。经过类似推导，有

$$E_y=-\frac{P_{\mathrm{E}}}{4\pi}\frac{\partial}{\partial x}\frac{y}{\rho}\int_0^{+\infty}\left[(1-r_{\mathrm{TM}})\frac{u_0}{\hat{y}_0}-(1+r_{\mathrm{TE}})\frac{\hat{z}_0}{u_0}\right]J_1(\lambda\rho)\mathrm{d}\lambda \tag{2.88}$$

同理可得到磁场各分量表达式，磁场的 x 分量为

$$H_x=\frac{P_{\mathrm{E}}}{4\pi}\frac{\partial}{\partial x}\frac{y}{\rho}\int_0^{+\infty}(r_{\mathrm{TM}}+r_{\mathrm{TE}})\mathrm{e}^{u_0z}J_1(\lambda\rho)\mathrm{d}\lambda \tag{2.89}$$

磁场的 y 分量为

$$H_y=-\frac{P_{\mathrm{E}}}{4\pi}\frac{\partial}{\partial x}\frac{x}{\rho}\int_0^{+\infty}(r_{\mathrm{TM}}+r_{\mathrm{TE}})\mathrm{e}^{u_0z}J_1(\lambda\rho)\mathrm{d}\lambda$$

$$-P_{\mathrm{E}}\int_o^{+\infty}(1-r_{\mathrm{TE}})\mathrm{e}^{u_0z}\lambda J_0(\lambda\rho)\mathrm{d}\lambda \tag{2.90}$$

磁场的 z 分量为

$$H_z=\frac{P_{\mathrm{E}}}{4\pi}\frac{y}{\rho}\int_0^{+\infty}(1+r_{\mathrm{TE}})\mathrm{e}^{u_0z}\frac{\lambda^2}{u_0}J_1(\lambda\rho)\mathrm{d}\lambda \tag{2.91}$$

长导线源的场可以分为两部分，一部分是由长导线激发而来，另一部分是两个供电点电极激发而来。对 E_x 沿长导线（x 方向）积分，第一项的 $\partial/\partial x$ 运算不复存在，此项为接地电极产生的场，计算时只需计算正负两个接地项即可；第二项为长导线部分激发的场，进行数值计算时，将沿长导线的积分变为每一小段长度为 Δx、位于（x_n，0，0）处的子单元所产生场的累加。得到计算表达式：

$$E_x=-\frac{I}{4\pi}\sum_{m=1}^{2}(-1)^m\frac{x-x_m^s}{r_m}\int_0^{\infty}\left[(1-r_{\mathrm{TM}})\frac{u_0}{\hat{y}_0}-(1+r_{\mathrm{TE}})\frac{\hat{z}_0}{u_0}\right]J_1(\lambda r_m)\mathrm{d}\lambda$$

$$-\frac{I}{4\pi}\sum_{n=1}^{N}\Delta x\int_0^{\infty}(1+r_{\mathrm{TE}})\frac{\hat{z}_0}{u_0}\lambda J_0(\lambda r_n)\mathrm{d}\lambda \tag{2.92}$$

$$E_y=-\frac{I}{4\pi}\sum_{m=1}^{2}(-1)^m\frac{y}{r_m}\int_0^{\infty}\left[(1-r_{\mathrm{TM}})\frac{u_0}{\hat{y}_0}-(1+r_{\mathrm{TE}})\frac{\hat{z}_0}{u_0}\right]J_1(\lambda r_m)\mathrm{d}\lambda \tag{2.93}$$

$$E_z=\frac{I}{4\pi}\sum_{m=1}^{2}(-1)^m\int_0^{\infty}[(1+r_{\mathrm{TM}})\frac{\lambda}{\hat{y}_0}\mathrm{e}^{u_0z}J_0(\lambda r_m)\mathrm{d}\lambda \tag{2.94}$$

$$H_x=\frac{I}{4\pi}\sum_{m=1}^{2}(-1)^m\frac{y}{r_m}\int_0^{\infty}(r_{\mathrm{TM}}+r_{\mathrm{TE}})\mathrm{e}^{u_0z}J_1(\lambda r_m)\mathrm{d}\lambda \tag{2.95}$$

$$H_y = -\frac{I}{4\pi}\sum_{m=1}^{2}(-1)^m\frac{x}{r_m}\int_0^\infty (r_{\mathrm{TM}}+r_{\mathrm{TE}})\mathrm{e}^{u_0 z}J_1(\lambda r_m)\mathrm{d}\lambda - \frac{I}{4\pi}\sum_{n=1}^{N}\Delta x\int_0^\infty (1-r_{\mathrm{TE}})\mathrm{e}^{u_0 z}\lambda J_0(\lambda r_n)\mathrm{d}\lambda \tag{2.96}$$

$$H_z = \frac{Iy}{4\pi}\sum_{n=1}^{N}\frac{\Delta x}{r_n}\int_0^\infty (1+r_{\mathrm{TE}})\mathrm{e}^{u_0 z}\frac{\lambda^2}{u_0}J_1(\lambda r_n)\mathrm{d}\lambda \tag{2.97}$$

其中，x_m^s 为接地电极的 x 坐标；r_m 为接收点到接地电极的距离。

以上各分量频率域的响应可以通过汉克尔变换进行数字滤波求取，得到频率域响应后，利用逆傅里叶变换即可求得时间域内响应。

2.5　电性源瞬变电磁场传播特性

研究电性源瞬变电磁场的扩散与分布特性，对于深入理解瞬变电磁法原理以及探索电性源瞬变电磁探测方法的有效性和适用性具有重要意义。

2.5.1　地下感应电流扩散特性

地面观测到瞬变电磁场的响应是由大地感应涡流产生的，根据 Nabighian（1991）、闫述等（2002）的研究，我们知道大地中的感应电流可近似地用圆形电流环来等效，即等效电流可以形象地表示为由发射源吹出的“烟圈”。“烟圈”随时间的扩散过程可以用地下电场等值线来描述。在电性源瞬变电磁中，由于接地电极的存在，大地成为发射源的一部分，与长导线共同组成回路。相较于水平或垂直不接地回线源中仅存在沿发射源流动的电流，长导线-大地系统在地下电流方向要复杂得多，不仅存在水平感应电流还存在垂直感应电流，这也就导致了对应电磁场扩散及分布的复杂性。

为了研究这两个方向的感应电流的扩散特性，计算了长度为 200m 的电性源（发射电流 10A）在均匀半空间（电阻率为 100Ω · m）产生的水平感应电流和垂直感应电流。图 2.7 为两个不同时刻（1ms 和 3ms）的水平感应电流的地下扩散图。电性源的水平感应电流由两部分组成：上部水平感应电流和下部水平感应电流（图 2.7（a）中红色虚线圈定区域）。上部水平电流最大值在全期范围内都集中在场源附近。下部感应水平电流又称作“返回电流”，向下扩散速度较快但是振幅要比上部电流小。由于水平电流的最大值一直离场源较近，所以当在场源附近存在不均匀体时电性源的电磁响应会产生静态偏移效应（Newman et al.，1989）。

图 2.8 为电性源在两个不同时刻（1ms 和 3ms）激发的垂直感应电流的地下扩散图。垂直感应电流表现出了许多重要的特性。首先，垂直感应电流极大值集中于两个接地电极的下方，并逐渐向外、向下扩散；而在发射源中点的正下方不存在垂直感应电流，这是由于垂直电场分量仅由相互对称的两个接地项激励，因此在对称点上正负抵消为零。其次，垂直感应电流的强度随时间的衰减速度比水平感应电流更快，3ms 时的垂直电流强度比 1ms 时衰减了近 10 倍，而水平感应电流仅衰减了 7 倍左右。另外，通过

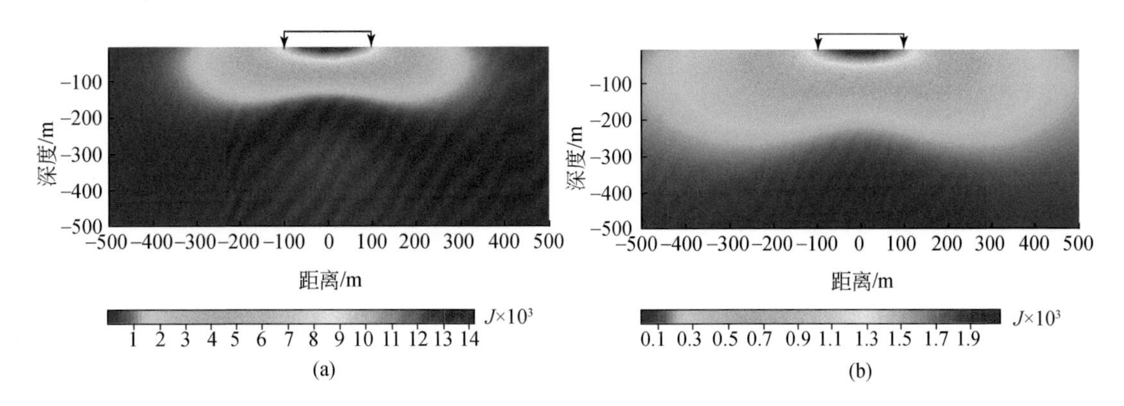

图 2.7　电性源水平感应电流随时间扩散图

（a）1ms；（b）3ms

对比两种感应电流的振幅强度，发现在给定时间，垂直感应电流极大值的振幅差不多仅为水平感应电流的 20%。也就是说垂直感应电流较水平感应电流具有振幅小、衰减快的特性。

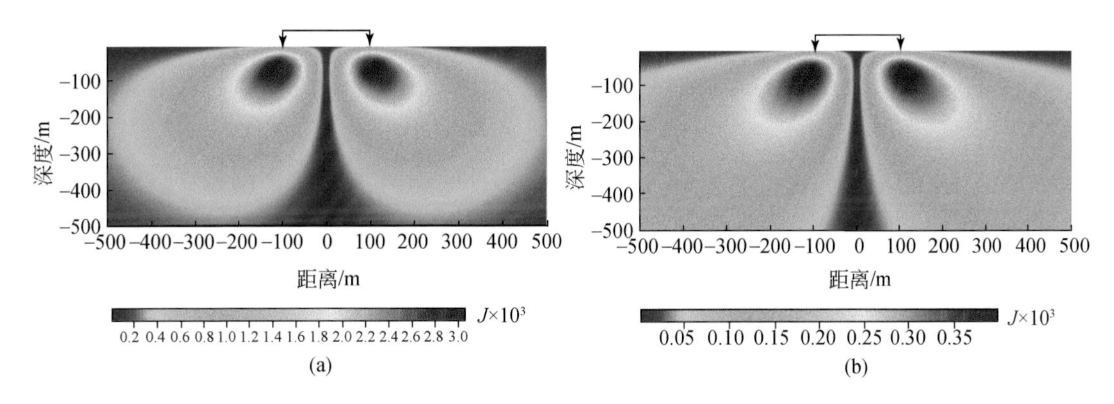

图 2.8　电性源垂直感应电流随时间扩散图

（a）1ms；（b）3ms

图 2.9 为回线源产生的水平感应电流和电性源产生的水平、垂直感应电流在不同时刻的极大值扩散路径图。Nabighian（1991）和牛之琏（2007）对于回线源的感应电流都做了比较详细的研究，指出感应电流的极大值大致沿与地面呈 30°的方向扩散。而图 2.8 所示的电性源垂直感应电流极大值大致沿与地面呈 45°的方向扩散，水平感应电流极大值则是垂直向下扩散。图 2.9 更加形象地显示出在三种感应电流中，电性源的垂直感应电流扩散速度最快，其次为回线源水平感应电流，扩散最慢的为电性源水平感应电流。

2.5.2　地面电磁场分布特性

地下感应电流的扩散特性决定了地面电磁场的扩散与分布，研究电性源瞬变电磁场随

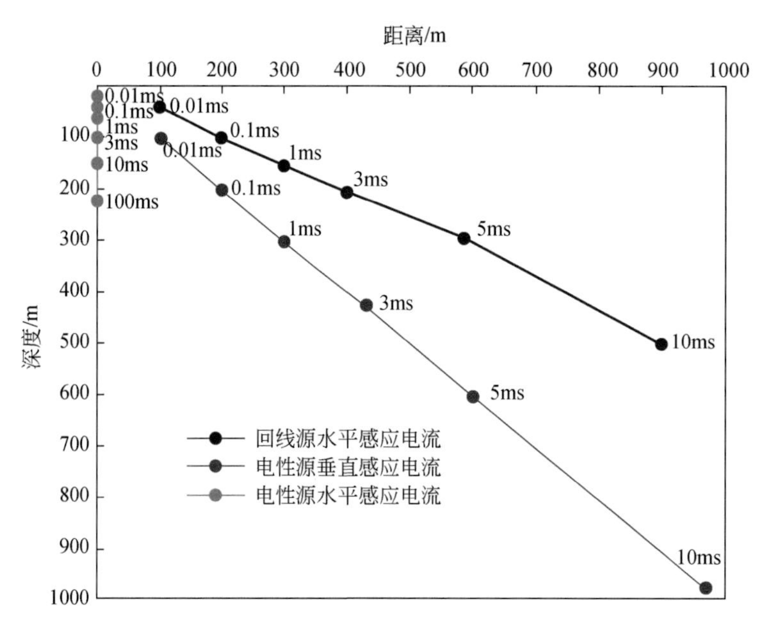

图 2.9　感应电流极大值扩散路径

时间在地面的扩散、分布规律对分析电磁场特性、选择合适的电磁分量进行观测具有重要的意义。前文已说明，置于地表的电偶极源在直角坐标系下可以产生全部 6 个电磁场分量，它们分别是 E_x、E_y、E_z 和 H_x、H_y、H_z，虽然这 6 个场量都包含了地下介质的电性结构信息，对地层都具有探测能力，但在实际的地面工作中，E_z 分量不易观测，因此在下述计算和分析中，暂不考虑 E_z 分量。利用 2.4.1 节所述方法计算了均匀半空间（由于 E_y 在均匀半空间的响应为零，因此计算 E_y 时所用模型为含一低阻薄层的均匀半空间）情况下 E_x、E_y、H_x、H_y、H_z 5 个分量在不同时刻、不同位置的响应值，并绘制了单点衰减曲线以及两个时刻的分布平面图。

从图 2.10 可以看出，水平电场 E_x 随偏移距增大，信号强度在早期时间段内急剧减小，而在晚期时间段内不同偏移距处的响应强度趋于一致。平面分布图（图 2.11）更清晰地显示出 E_x 的扩散与分布特性：在平面各个方向分布均匀，全期探测范围内电场极大值集中于发射源附近，离发射源越远信号强度越低，这与前面分析的上部水平感应电流集中于发射源附近相吻合。

由前面的分析可知，均匀半空间情况下，水平电场 E_y 的响应值为零，因此在计算时选取的模型为包含一个低阻薄层的半空间。由于算法的稳定性不足，E_y 晚期道的响应曲线出现震荡，如图 2.12 所示。但是，仍能看出，随着偏移距的增大，E_y 早期响应的强度明显降低，而晚期道的信号强度则相差不大，这说明 E_y 场值的极值在全期内都集中于发射源附近，并不随时间推移向外扩散，这与 E_x 表现出类似的性质。图 2.12 中曲线最明显的特征是在 1～10ms 之间每条衰减曲线都出现一个突然下降的极小值点，而其他地质模型（含高阻薄层的半空间）则不会出现该现象，因此可以推断，模型中的低阻薄层是造成上

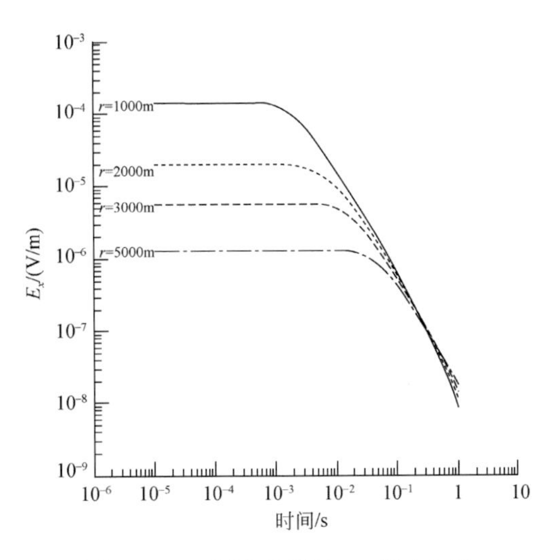

图 2.10　不同偏移距处 E_x 衰减曲线

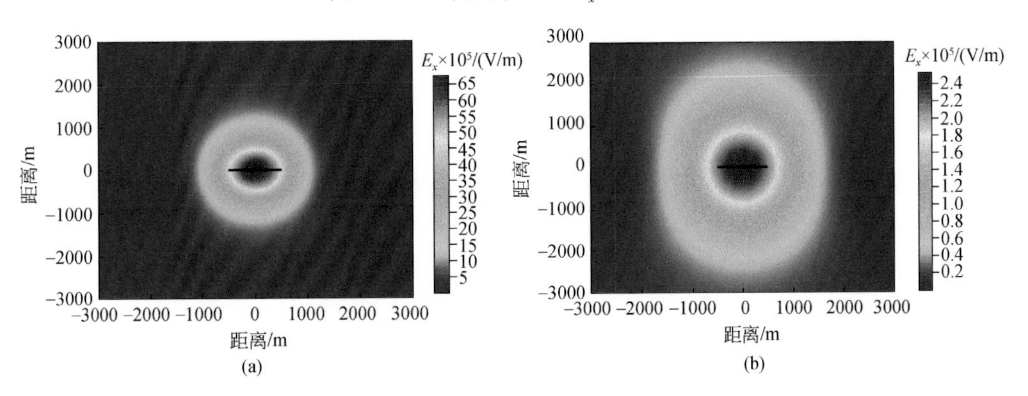

图 2.11　不同时刻 E_x 扩散平面图

(a) 1ms；(b) 10ms

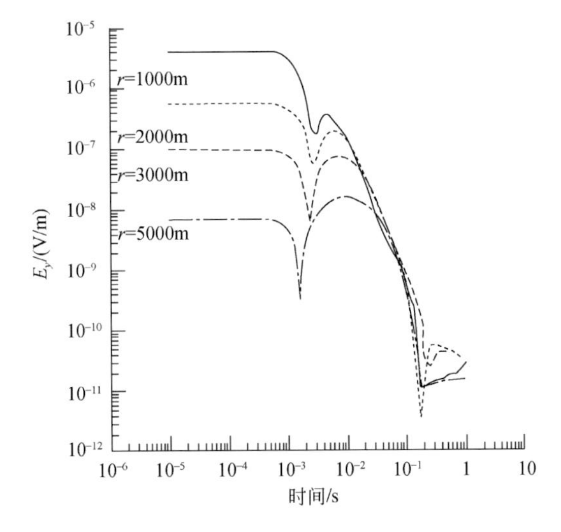

图 2.12　不同偏移距处 E_y 衰减曲线

述信号急速衰减的原因。E_y 这种对低阻薄层反应灵敏、表现剧烈的特性可被利用。图 2.13 所示的平面分布图表现出，E_y 场值的分布极不均匀，极值集中于四个象限内。由式 (2.93) 可知水平电场 E_y 只与电源项有关，因此根据电磁场矢量叠加原理，两个极性相反的电极导致场在赤道向 $\phi=90°$ 以及轴向 $\phi=0°$ 区域等于零，在 $\phi=45°$ 时场值最大。

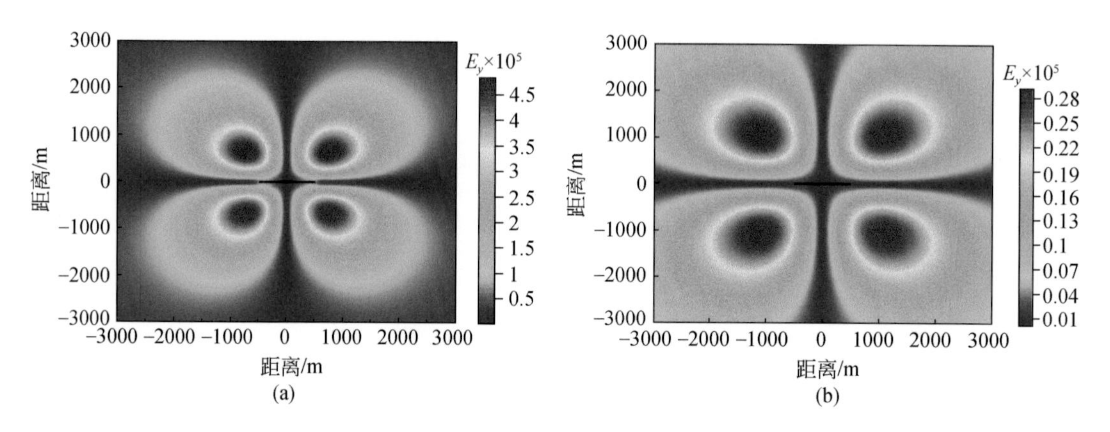

图 2.13 不同时刻 E_y 扩散平面图

（a）1ms；（b）10ms

水平磁场 H_x 也只与电源项有关，因此场的分布与 E_y 非常类似。但是从图 2.14 可以看出，随着偏移距增大，H_x 早期信号强度减小而晚期信号强度增强，这说明 H_x 的极值是随时间推移逐渐向外扩散的（图 2.15），这点与 E_y 是不同的。

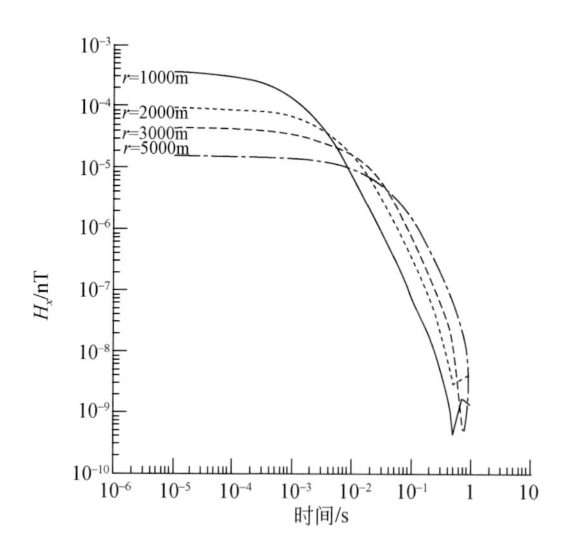

图 2.14 不同偏移距处 H_x 衰减曲线

水平磁场 H_y 的计算结果表明，在计算时间范围内 H_y 存在正、负两个方向的场量，早期道场值为负，晚期道场值为正（图 2.16）。从平面分布图 2.17 也可以看出，正向的水平磁场集中于发射源附近，这是因为 H_y 是发射源中与电流方向一致的正向感应电流激发

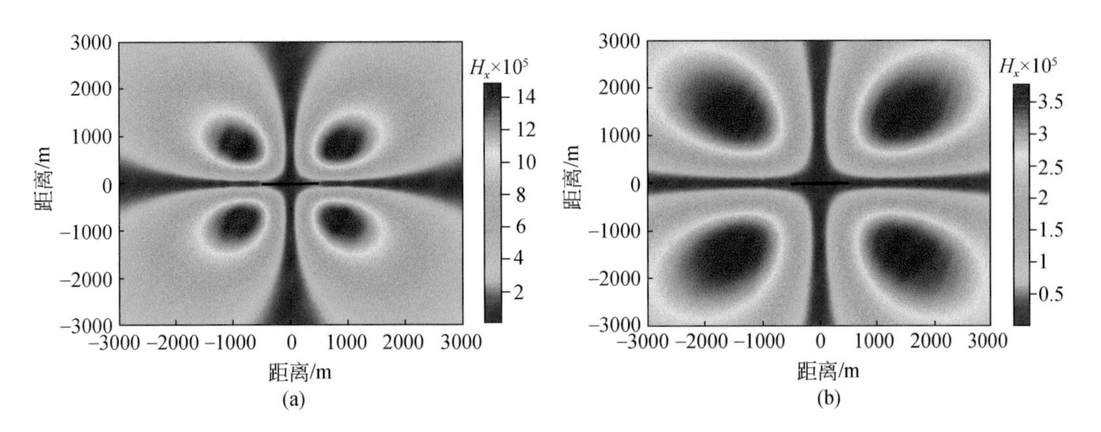

图 2.15　不同时刻 H_x 扩散平面图

（a）1ms；（b）10ms

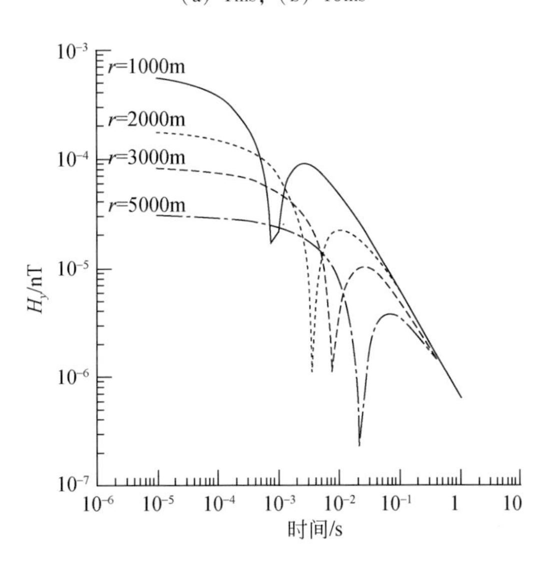

图 2.16　不同偏移距处 H_y 衰减曲线

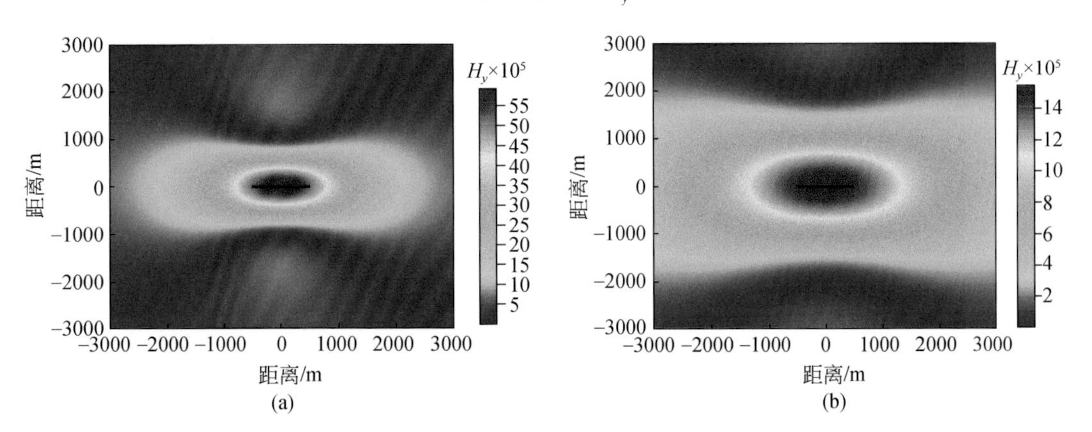

图 2.17　不同时刻 H_y 扩散平面图

（a）1ms；（b）10ms

而来；而负向水平磁场则集中于两侧离发射源一定距离的范围，这是因为此处的 H_y 是由负向的“返回电流”感应得到的。H_y 场随时间扩散，但是极值一直集中在线源处，这是因为产生水平磁场的垂向感应电流的极值是沿发射源所在平面垂直向下扩散的。

垂直磁场 H_z 的信号强度在早期随偏移距增大而减小，在晚期随偏移距增大而增大(图2.18)。图2.19即说明 H_z 的极值分布于发射源两侧，并随时间推移沿发射源中垂线逐渐向远处移动。

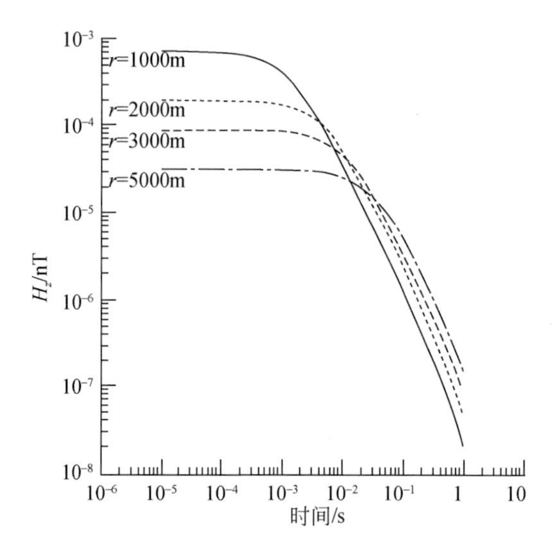

图2.18　不同偏移距处 H_z 衰减曲线

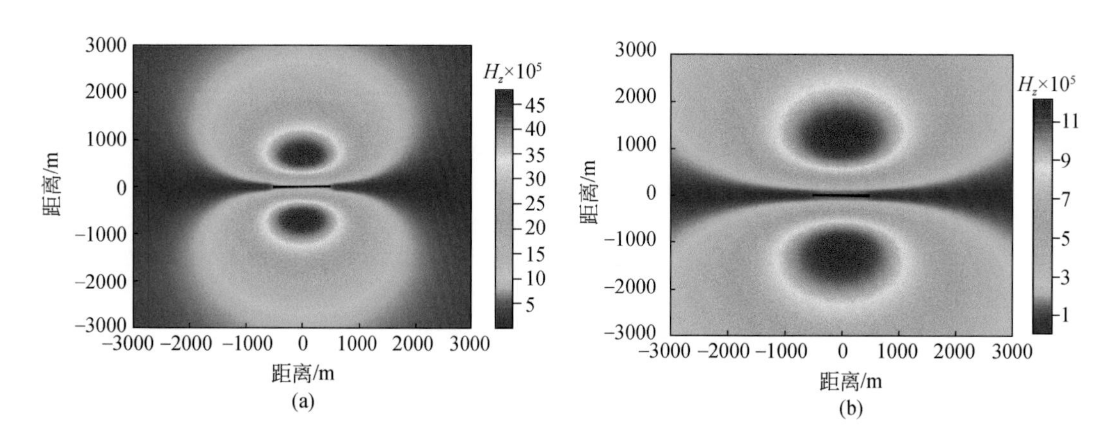

图2.19　不同时刻 H_z 扩散平面图

（a）1ms；（b）10ms

分析对比上述五个分量可以发现，E_x 和 H_z 这两个分量在平面内分布较为均匀、简单，特别是在沿发射源导线和其中垂线的方向上，这对保证同一测线上各测点所测响应幅值趋于均匀非常重要。而 E_y 和 H_x 的响应只与电源项有关，致使场分布呈明显的四象限分布，在与发射源平行的方向上极不均匀。H_y则由于返回电流的作用，在全期内出现方向相反的两种场，使测量响应存在变号现象。所以，为了使观测得到的电磁响应简单、易于处理，我们要尽量选择场分布均匀、简单的分量。

2.5.3　地下瞬变场扩散特性

前面给出了电性源产生的地下感应电流及地面电磁场的分布和扩散特性，这对理解地面电性源装置的基本属性和工作形式非常有用。此外，研究不同时刻电磁场在地下一定深度范围内的扩散及分布特性也非常有必要，这可指导我们进一步实施电性源地-井瞬变电磁装置。为此，我们对全部六个电磁场分量进行研究，以三个时刻（1ms、10ms和100ms）在平行于发射源的某一纵向剖面（$Y=500\text{m}$）上的场值为例，分析电磁场各分量随时间、深度及模型变化的扩散规律。模拟中横向（X方向）的计算间隔取100m，纵向上（Z方向）取20m，计算区域为4000m×2000m。图2.20～图2.25为电磁场各分量值取对数后的等值分布图，其中（a）代表H模型的结果，（b）代表K模型的结果。

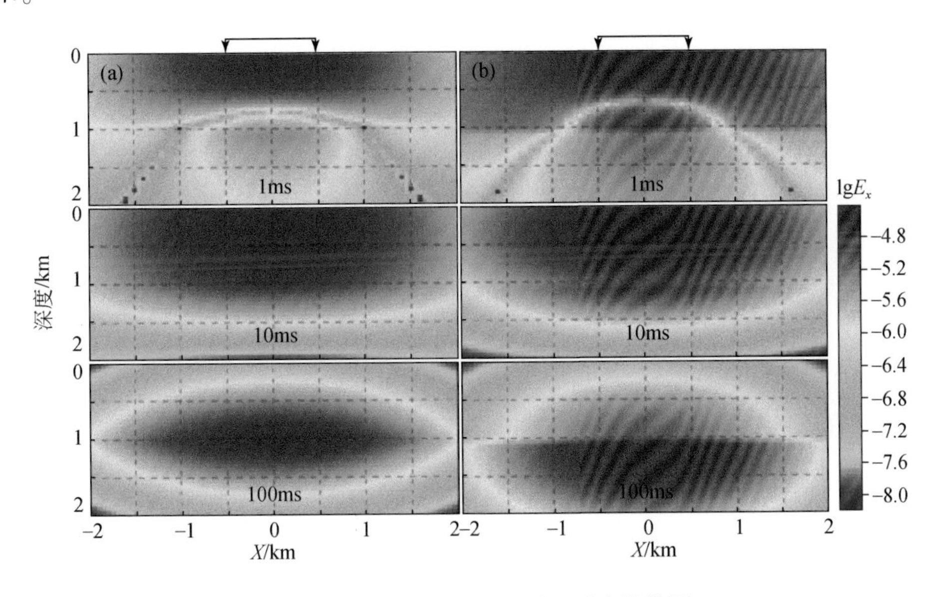

图2.20　地下水平电场E_x分量垂向扩散图

首先，我们对地下瞬变场的扩散与分布特性进行研究。其目的是分析地下瞬变电磁场随着时间变化在垂向及横向的分布、扩散规律，以及与不同地质体的相互作用。这里我们考虑直角坐标系下的全部六个电磁场分量，且考虑到对于实际观测的磁场分量是其时间导数，因此，以下研究的六个地下电磁场分量为E_x、E_y、E_z和$\text{d}H_x/\text{d}t(\dot{H}_x)$、$\text{d}H_y/\text{d}t(\dot{H}_y)$、$\text{d}H_z/\text{d}t(\dot{H}_z)$。研究模型采用H和K型两种三层模型，具体参数如表2.1所示。计算中发射源长度为1000m，发射电流为1A。

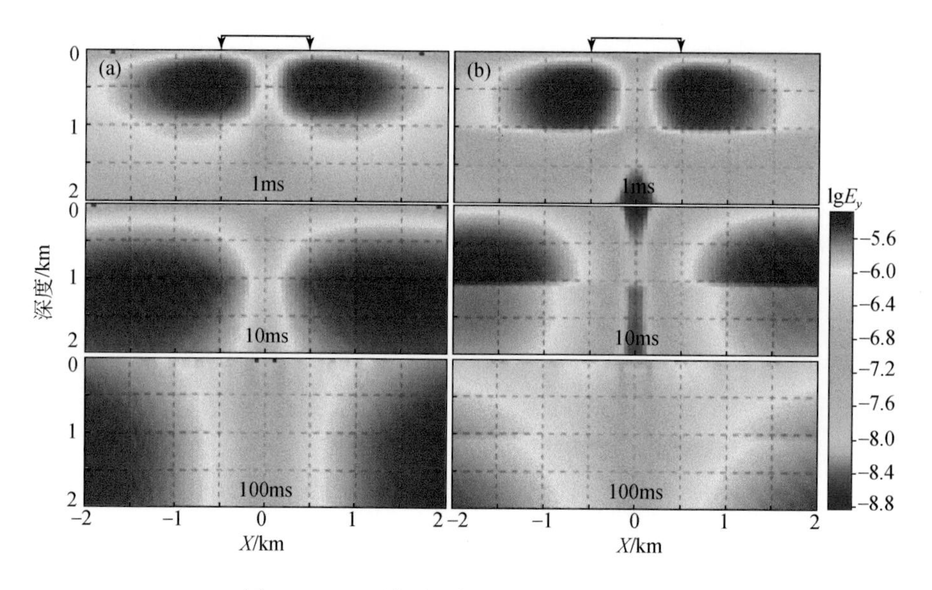

图 2.21　地下水平电场 E_y 分量垂向扩散图

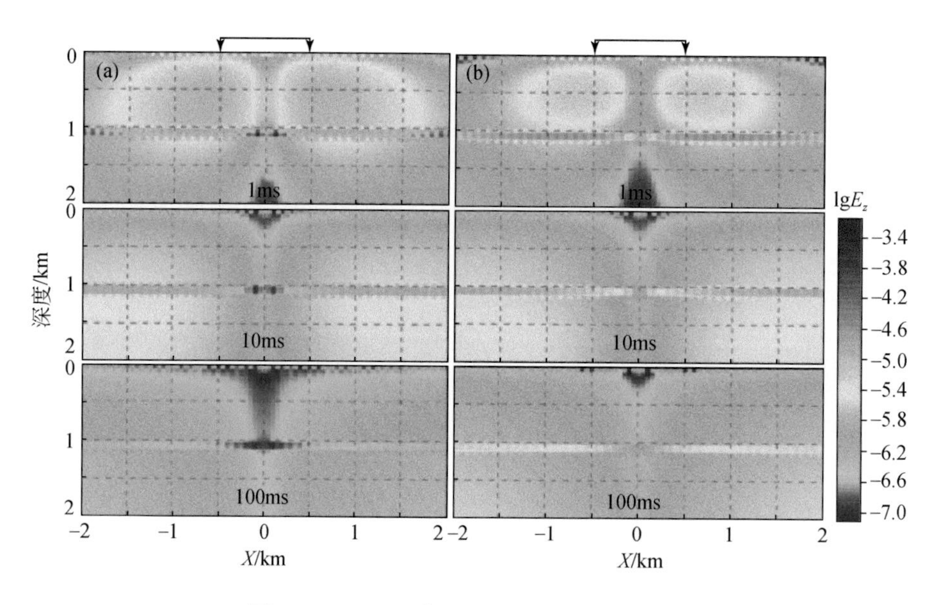

图 2.22　地下垂直电场 E_z 分量垂向扩散图

表 2.1　模型参数

模型	H_1/m	H_2/m	ρ_1/(Ω·m)	ρ_2/(Ω·m)	ρ_3/(Ω·m)
H	1000	100	100	10	100
K	1000	100	100	1000	100

下面分析电磁场各分量的扩散特性。水平电场分量 E_x（图 2.20）的最明显特征是分

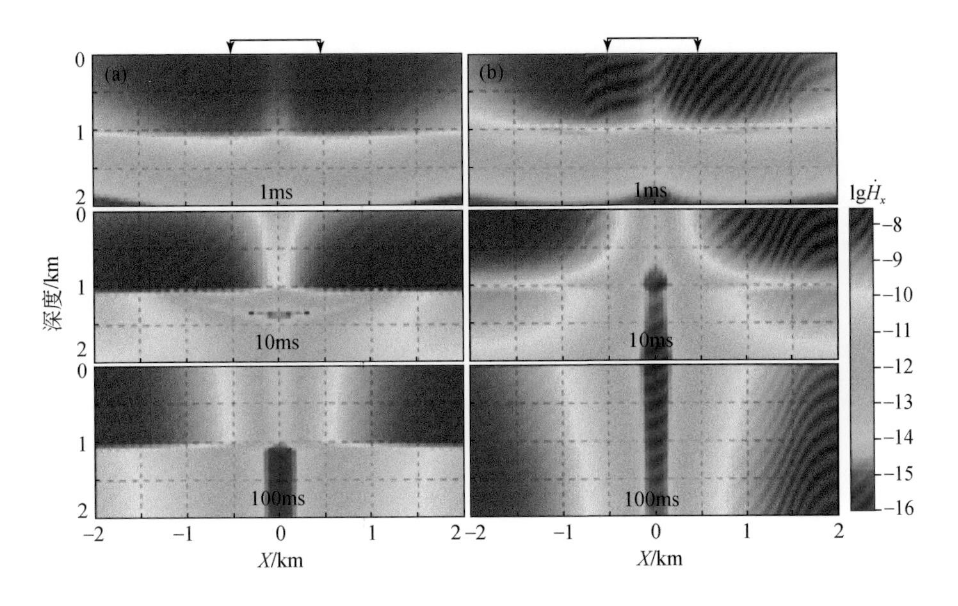

图 2.23　水平磁场 $\dot{H}_x$ 分量垂向扩散图

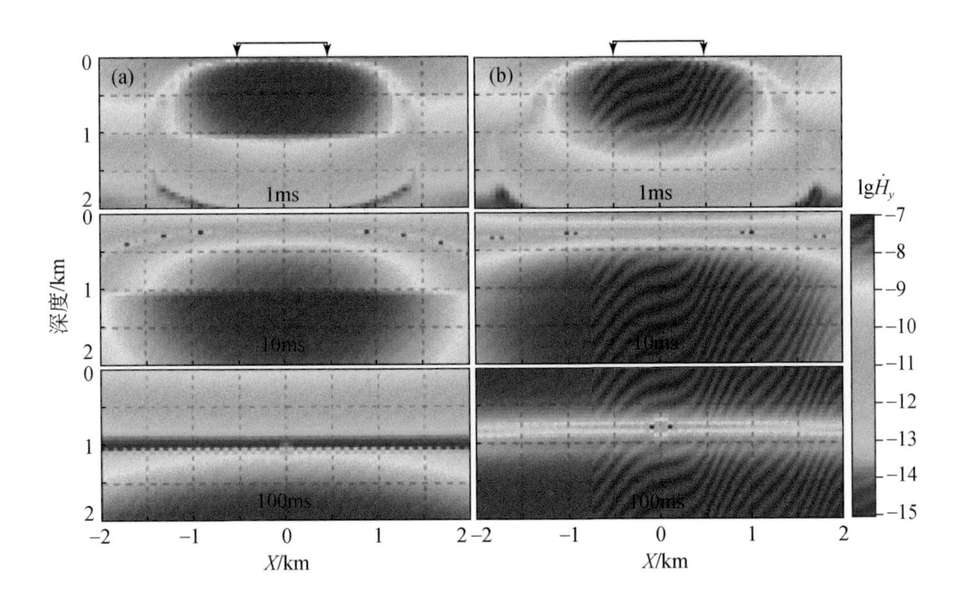

图 2.24　水平磁场 $\dot{H}_y$ 分量垂向扩散图

为上下两部分，其中上部为正值，下部为负值（图中取的是绝对值），两者之间存在一个明显的低值带，下部的负值部分即由前面所述的“返回电流”造成的，且随着时间推移，下部负值区域逐渐向下移动。中间异常电阻层的存在对 E_x 场值的扩散产生了一定的影响，其中 H 型模型的低阻层将 E_x 极值束缚在低阻层内，使得其扩散速度变慢；K 型模型使得 E_x 场值在穿过高阻层时发生了较明显的幅值突变，早期时（如 1ms）高阻层上部的场值偏大，而到了晚期（如 100ms）上部的场值偏小。水平电场 E_y 分量的极值区域分布在发射源

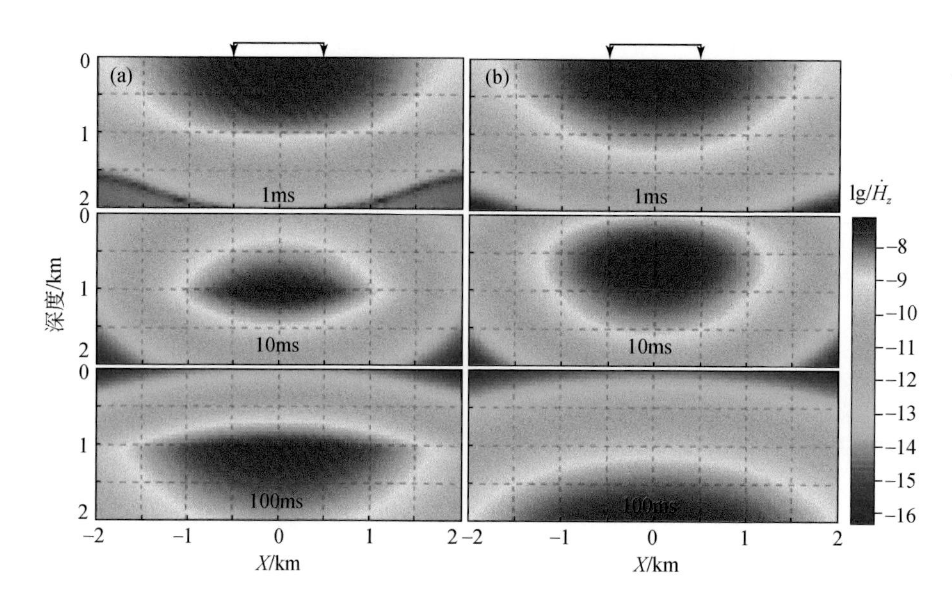

图 2.25　垂直磁场 $\dot{H}_z$ 分量垂向扩散图

的两侧，并随着时间推移逐渐向下、向外移动（图 2.21）。异常电阻层对 E_y 场值的影响与 E_x 类似，低阻薄层减缓了 E_y 极值区域的扩散速度，高阻薄层同样导致了 E_y 场值的明显突变。垂直电场 E_z 分量的极值区域也是集中在发射源两端下方，但以相较于 E_x 和 E_y 更快的速度向下、向外扩撒。E_z 分量的最大特点是在遇到电阻率异常层时出现了场值不连续（图 2.22）。根据 Kaufman 和 Keller（1983）的垂直电场分量在电阻率分界面的两层会导致电荷积累现象，积累电荷在薄层两侧电性相反，因此这种积累电荷可以等效为在薄层内部并垂直于薄层的无数电偶极子。当薄层为低阻时，上界面会积累负电荷，下界面会积累正电荷，导致低阻体内部产生方向为由下向上的垂向电场，该值正好与背景 E_z 场值方向相反，从而导致低阻体内部的场值出现大幅度降低。当异常层为高阻时则相反，会增强高阻层内的 E_z 场值。E_z 这种在电性分界面的不连续特性，在实际应用中将会非常有用，能够准确地划分不同的电性层。

由于磁场分量随时间的导数可以通过对电场各分量求相应坐标的导数得到，因此，磁场各分量的扩散特性都能够从对应的电场分量中得到。如 $\dot{H}_x$ 分量是由 E_y（对 z 求导）和 E_z（对 y 求导）得到，因此它的扩散与分布特性都能从这两个电场分量中找到“影子”。具体来说，$\dot{H}_x$ 场极值区域位于发射源的两端，并逐渐向下、向外移动，遇到电阻率异常层时，也会发生场值突变现象，但是并不如 E_z 明显，这是因为对 E_z 是在 y 方向求的导数。$\dot{H}_y$ 分量由 E_x（对 z 求导）和 E_z（对 x 求导）求导得到，因此 $\dot{H}_y$ 分量也具有“返回电流”现象，在电阻率异常层位也会出现场值突变现象。$\dot{H}_z$ 分量是由 E_x（对 y 求导）和 E_y（对 x 求导）得到的，由于其求导方向不存在电阻率的变化（对于一维模型），因此导致 $\dot{H}_z$ 的场值对电阻率的纵向变化相对不敏感。另外，$\dot{H}_z$ 分量的极值区域主要集中在发射源的正下方，并逐渐向下移动，同样，低阻层使得极值的扩散速度变慢，而高阻层对场值的影响很弱。

图 2.26 为 10ms 时刻地下 900m 深度处上述六个电磁场分量的场值平面分布图。从图 2.26 可以看出，地下瞬变场的分布与各分量对应的地面场值分布基本一致。主要增加的 E_z 分量其极值区域在发射源两端的延长线上，并且在发射源的中垂线上场值为零。

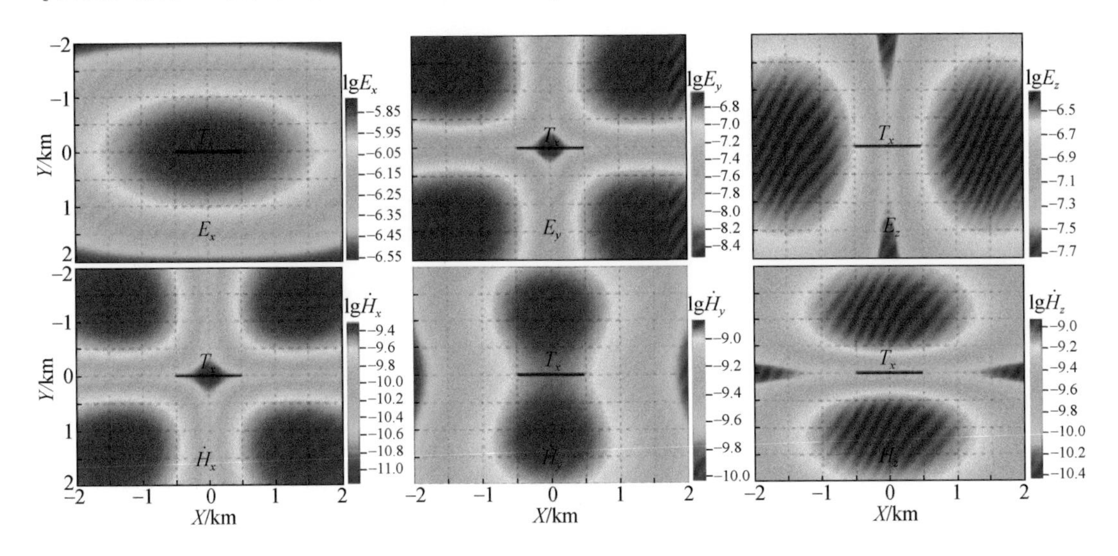

图 2.26　电磁场各分量在深度 900m 处平面分布图

2.5.4　典型地电断面响应特性

根据前面分析，水平电场 E_x 和垂直磁场 H_z（及其时间导数）在实际测量工作中优势较大。接下来我们计算了这两个分量在典型六种地电结构（D、G、H、K、A、Q）表面产生的瞬变响应，并研究了地层电阻率、厚度等参数变化对瞬变场的影响规律。

在如下所有计算结果中，发射源参数和接收点位置都是一样的，即发射源长度为 1km，发射电流为 10A，接收点为（0，1000）。计算时，当改变中间层厚度时，盖层的电阻率与中间层的电阻率之比（即 ρ_1/ρ_2）固定为 10 或 0.1；当改变中间层电阻率时，盖层和中间层的厚度分别固定为 500m 和 100m。

图 2.27、图 2.28 分别为 D 型和 G 型地层的 E_x 和 H_z 计算结果，其中（a）和（c）为基底与盖层的电阻率比值不断变化时的响应曲线，（b）和（d）为盖层厚度不断变化时的响应曲线。可以看出，随地层参数的变化，H_z 的曲线形态比 E_x 表现出更大幅度的变化；另外 H_z 曲线形态的变化仅发生在一段时间之后的部分，在这时间之前各条曲线是相互重合的，而 E_x 曲线形态的变化发生于全部时间段内。H_z 曲线的这种变化特点很容易理解，电磁场必然要经过一定时间的传播后才能穿透盖层从而探测到下面的地层，因此早期段的曲线携带的都是电阻率恒定的盖层信息。而 E_x 分量在早期时便包含有来自深部的返回电流所携带的信息，因此即使在很早的时间范围内，表层电阻率相同的模型产生的 E_x 响应也不相同。

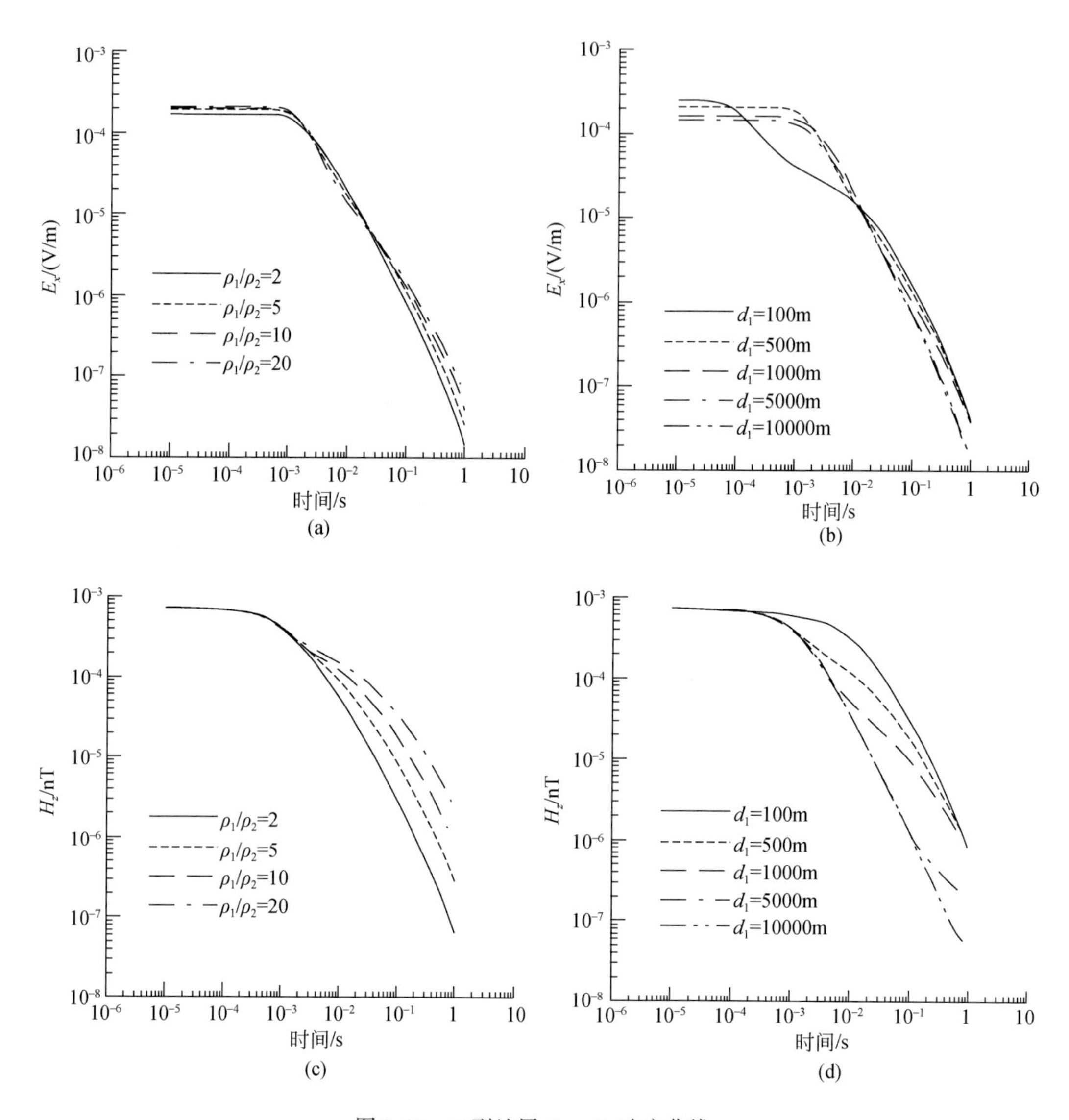

图 2.27　D 型地层 E_x、H_z 响应曲线

（a）基底电阻率不同时 D 型 E_x 响应曲线；（b）盖层厚度不同时 D 型 E_x 响应曲线；

（c）基底电阻率不同时 D 型 H_z 响应曲线；（d）盖层厚度不同时 D 型 H_z 响应曲线

三层模型中，随中间层参数变化，含有相对低阻中间层的 H 型（图 2.29）和 Q 型地层（图 2.32）的 H_z 响应曲线变化幅度较大，而含有相对高阻中间层的 K 型（图 2.30）和 A 型（图 2.31）地层的 E_x 响应曲线变化幅度比较大。这样印证了前面分析的电场分量对高阻体更敏感，磁场分量对低阻体更敏感这一结论。计算结果表明，针对不同类型的地层，需要选择合适的分量进行探测。

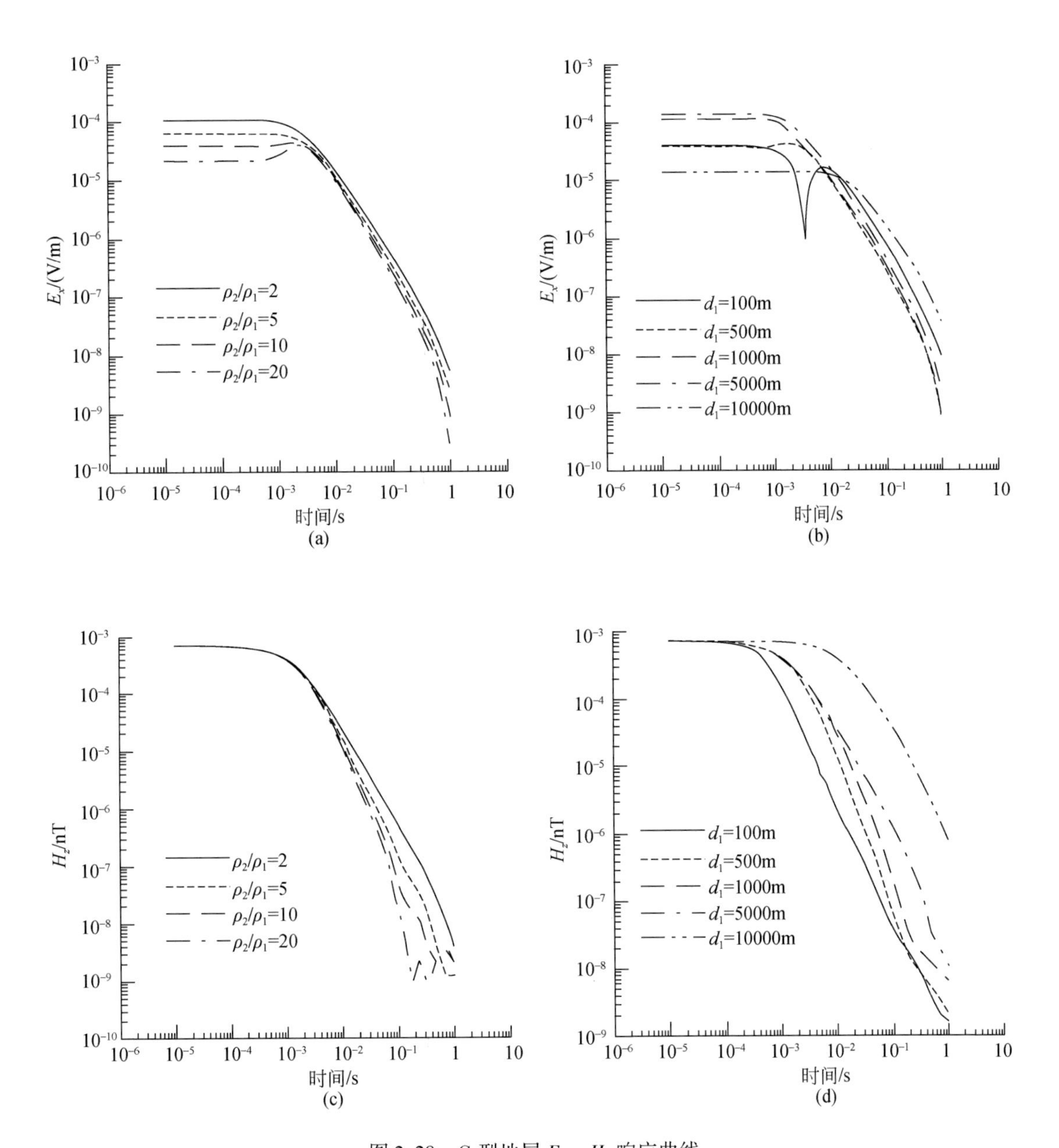

图 2.28　G 型地层 E_x、H_z 响应曲线

（a）基底电阻率不同时 G 型 E_x 响应曲线；（b）盖层厚度不同时 G 型 E_x 响应曲线；

（c）基底电阻率不同时 G 型 H_z 响应曲线；（d）盖层厚度不同时 G 型 H_z 响应曲线

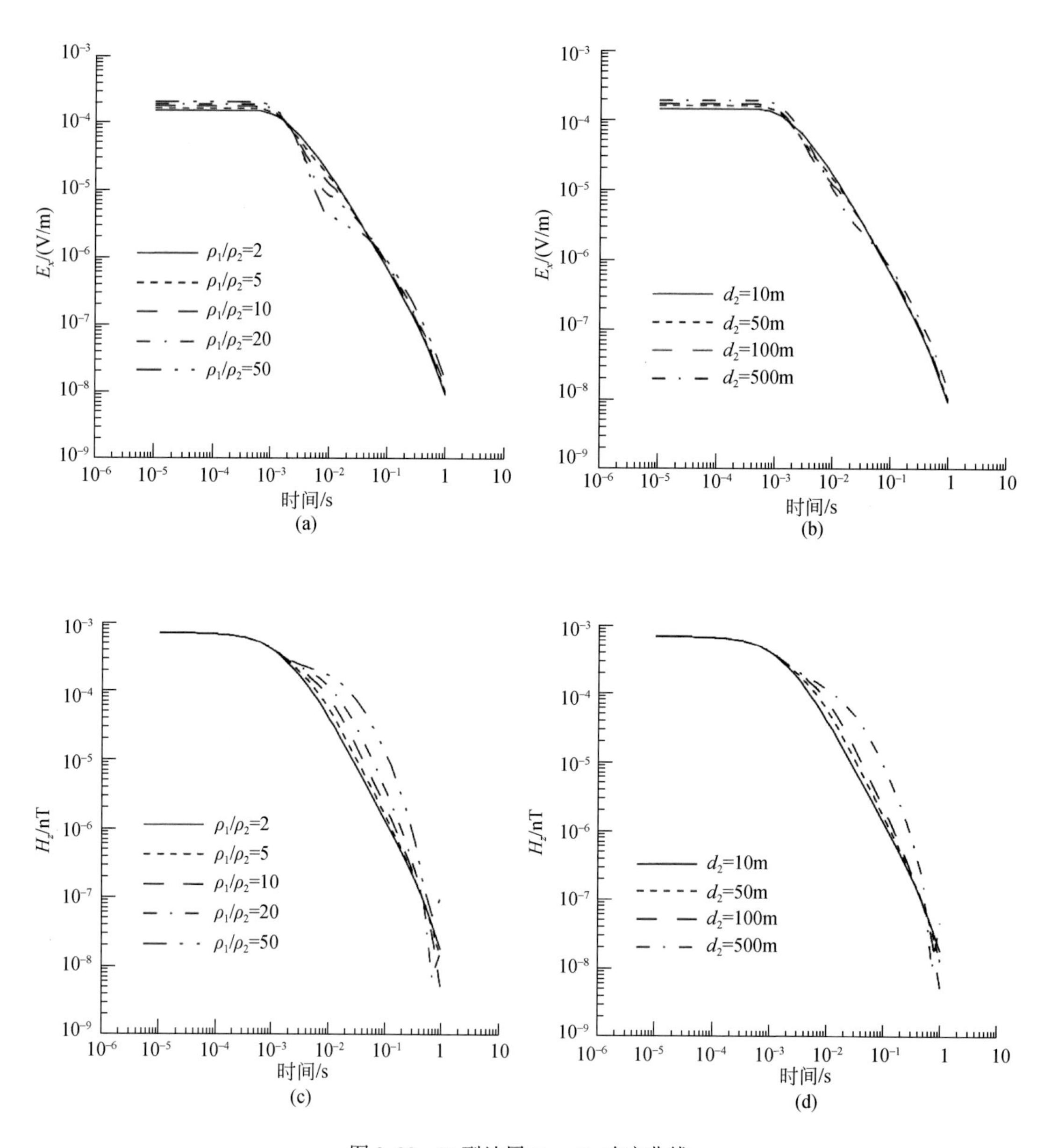

图 2.29　H 型地层 E_x、H_z 响应曲线

（a）中间层电阻率不同时 H 型 E_x 响应曲线；（b）中间层厚度不同时 H 型 E_x 响应曲线；（c）中间层电阻率不同时 H 型 H_z 响应曲线；（d）中间层厚度不同时 H 型 H_z 响应曲线

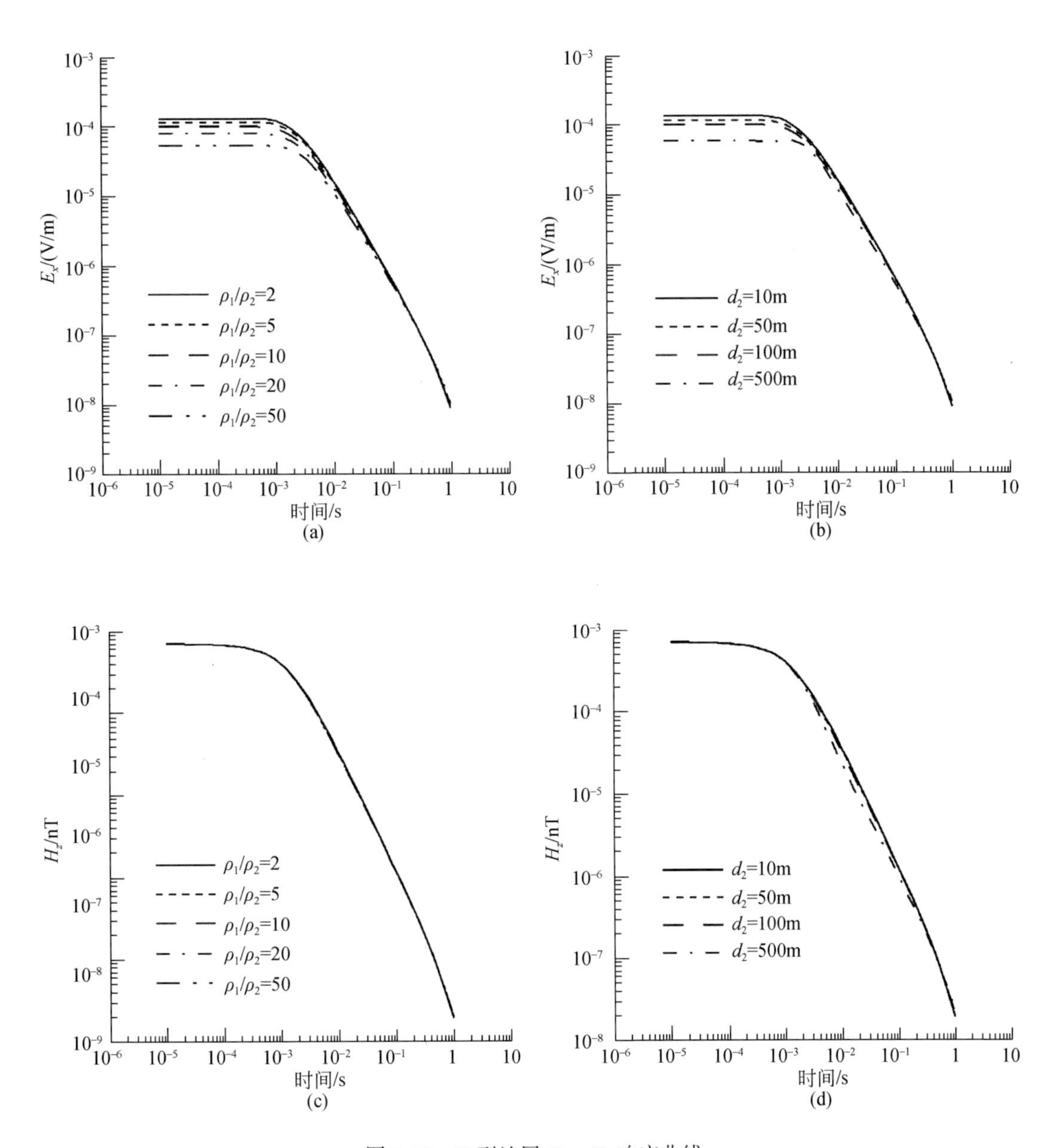

图 2.30　K 型地层 E_x、H_z 响应曲线

（a）中间层电阻率不同时 K 型 E_x 响应曲线；（b）中间层厚度不同时 K 型 E_x 响应曲线；
（c）中间层电阻率不同时 K 型 H_z 响应曲线；（d）中间层厚度不同时 K 型 H_z 响应曲线

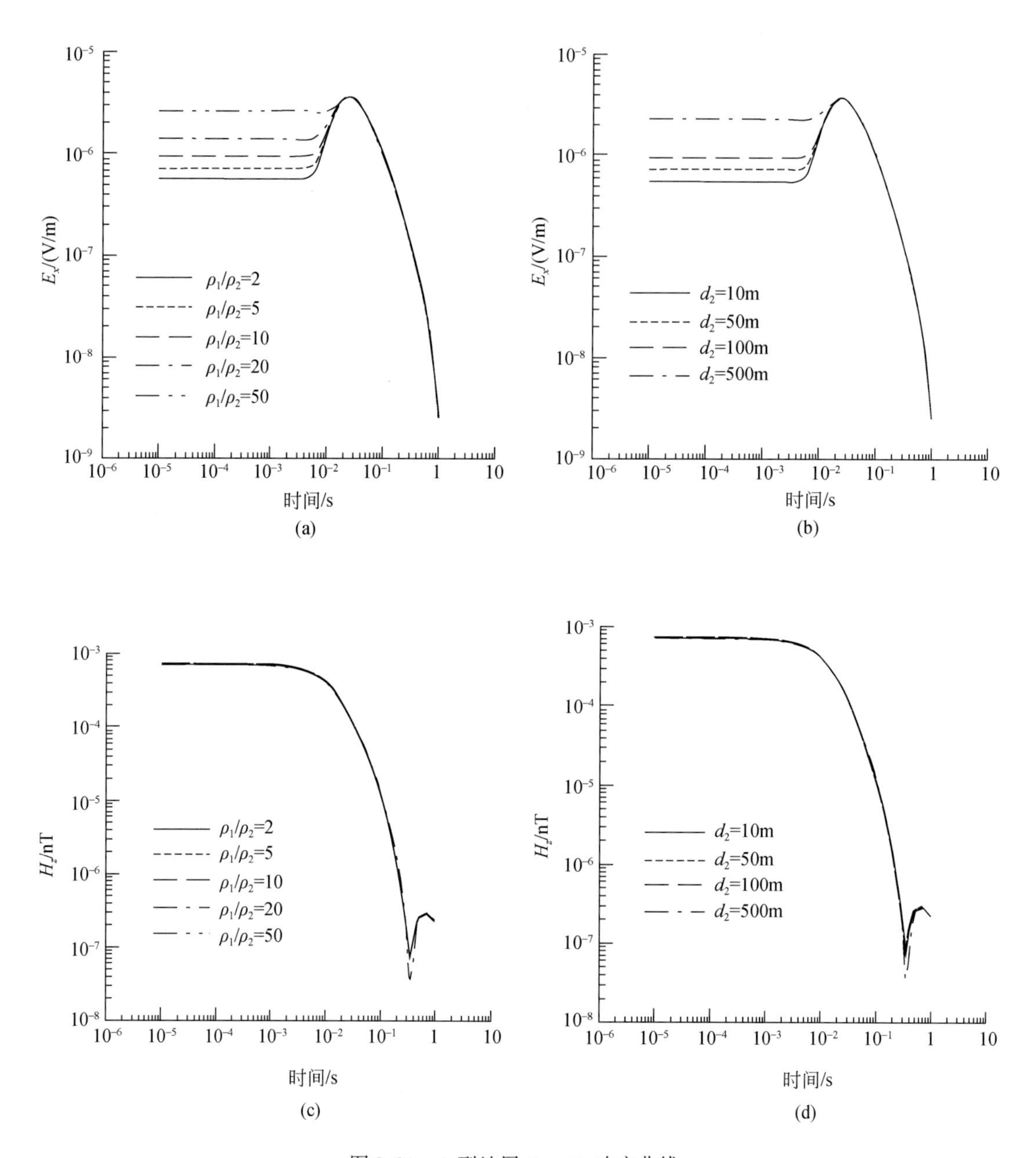

图 2.31　A 型地层 E_x、H_z 响应曲线

（a）中间层电阻率不同时 A 型 E_x 响应曲线；（b）中间层厚度不同时 A 型 E_x 响应曲线；（c）中间层电阻率不同时 A 型 H_z 响应曲线；（d）中间层厚度不同时 A 型 H_z 响应曲线

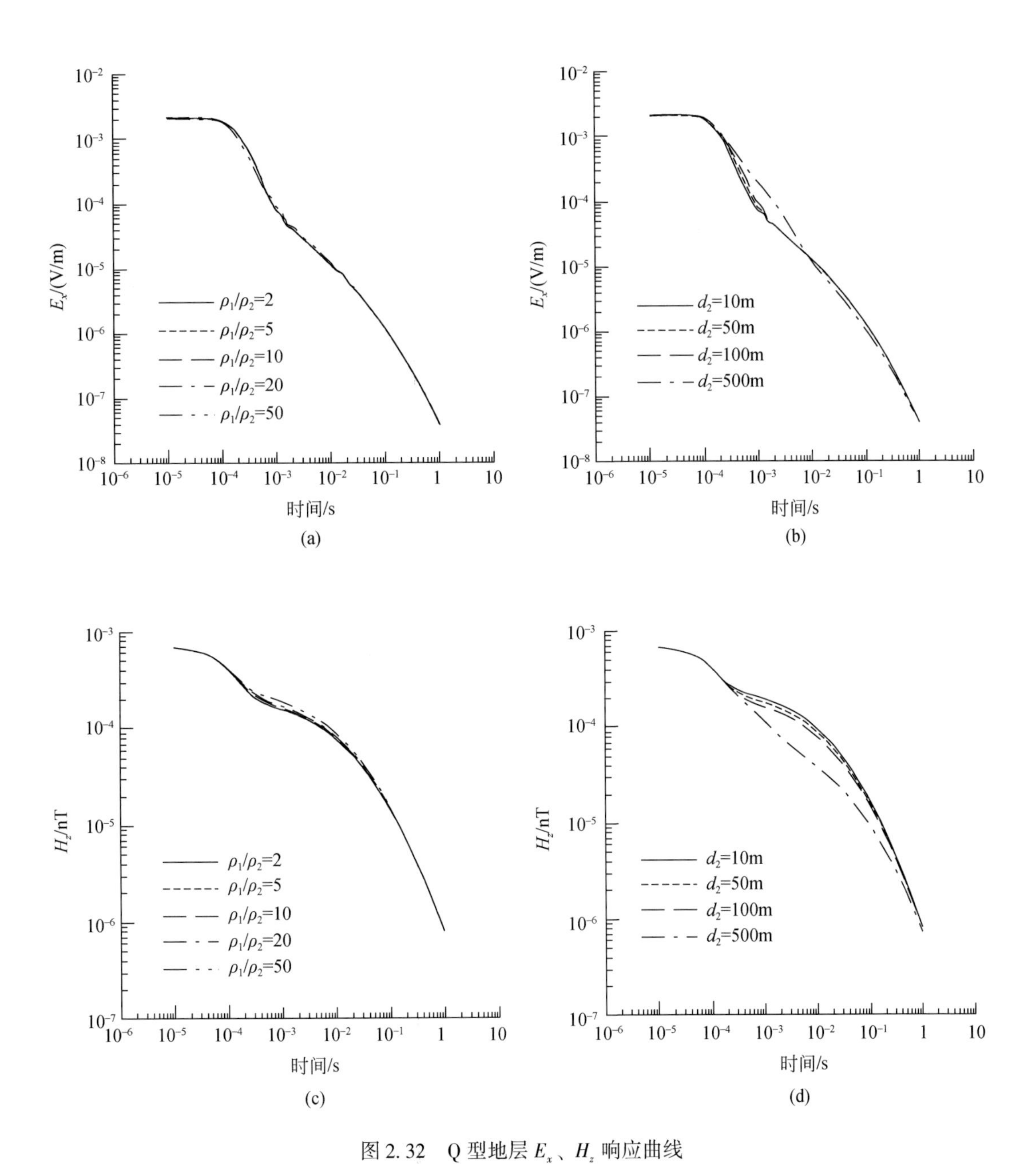

图 2.32　Q 型地层 E_x、H_z 响应曲线

(a) 中间层电阻率不同时 Q 型 E_x 响应曲线；(b) 中间层厚度不同时 Q 型 E_x 响应曲线；(c) 中间层电阻率不同时 Q 型 H_z 响应曲线；(d) 中间层厚度不同时 Q 型 H_z 响应曲线

第3章　电性源短偏移距瞬变电磁探测机理

本章围绕 SOTEM 的探测机理问题，介绍了近场信号学分析、地层波与地面波响应相关的基础性研究成果，讨论和分析了 SOTEM 的探测能力。

3.1　电性源短偏移距瞬变电磁概述

电磁法是一种基于电磁感应原理的地球物理探测方法，其基本物理实质是：通过观测大地在天然或人工电磁场源激励下产生的响应，实现对地下电性结构的空间分布信息的提取。采用天然电磁场作为激励源的电磁法，具有探测深度大、求解形式简洁等优点。然而，由于在 10^{-3}Hz～1kHz 的频谱范围内天然场能量微弱，而这一频率范围却在相当程度上对应着与人类社会经济活动关系最为密切的深度范围，因此天然源电磁法一般用于深部地质构造尺度的探测工作。为弥补天然场的频谱缺失，引入人工激励源，从而形成了人工源电磁法方法技术体系。

瞬变电磁法按照发射源类型，可以分为磁性源装置和电性源装置。磁性源装置采用闭合回线作为发射源，而电性源装置则采用接地导线作为发射源。这两种激励源形式各有其优势与不足：

（1）磁性源：由于闭合回线的阻抗条件在整个发射过程中基本保持稳定，因此磁性源的发射波形稳定度较高；由于采用金属导线构成闭合回线，其电子学参数有利于保证发射源实现大带宽激励，从而保证方法获得较高的分辨能力；此外，由于闭合回线不需要与大地连接，因此磁性源装置还可被搭载于飞行平台上，开展航空电磁法探测。

磁性源的主要不足之处在于：其探测深度与装置发射磁矩（回线面积与发射电流的乘积）关系密切，为实现大深度探测，通常要求布设大面积回线（或者增大电流强度）；然而，一方面，增大回线面积，会严重影响工作效率，在诸如植被覆盖区、路网与水网密集区等环境下，几乎难以开展工作，另一方面，增大回线面积，即增大回线孔径尺寸，将导致系统可实现的最大发射带宽下降，从而损失方法的分辨能力；此外，因为没有接地项，回线源激发的电磁场为纯 TE 模式，在地下仅感应出水平向的感应电流，因此仅对低阻体敏感。受上述因素限制，磁性源通常被用于 500m 以浅深度范围的低阻目标体探测。

（2）电性源：基于电性源的发射过程本质上是一个电化学过程，在工作过程中，电性源发射装置的外部阻抗环境取决于接地电极周围的电解液浓度。也即，电流的建立依赖并消耗接地电极周围的带电离子，因此，电性源外阻抗环境在整个工作过程中始终处于变化状态，实现稳流发射难度很大。此外，由于直接与大地构成回路，受大地阻抗条件的限制，电性源所能实现的激励信号带宽一般小于常规磁性源。再者，电性源可在地下激发出水平和垂直两个方向的感应电流，产生的电磁场具有 TE 和 TM 两种极化模式，对低阻和高阻目标体都具有较高的灵敏度。

基于上述对比可见，磁性源与电性源的性能差异大体可以归结为：探测深度与分辨能力难以兼顾。事实上，导致现有电磁法探测深度与分辨能力难以兼顾的原因，并不仅限于装置形式，然而，装置形式却在相当程度上制约了方法优化的最大潜力。对于基于磁性源的方法而言，其优化方向是在保持高分辨的同时，尽可能提升探测深度。然而，受磁性源装置物理特征的限制，很难在实践中大幅提升探测深度。相对而言，对于基于电性源的方法，使其立足现有深度实现高分辨探测，甚至进一步将探测深度与分辨能力同时推向更高水平，其所受到来自源装置方面的制约更少，从而具有相对更大的发展空间。

目前，国内外主流的基于电性源的方法包括 CSAMT（Goldstein and Strangway，1975）、广域电磁法（wide field electromagnetic，WFEM）（何继善，2010a，2010b）、LOTEM（Strack，1992；严良俊等，2001）、TFEM（何展翔和王绪本，2002）以及 SOTEM（薛国强等，2013）。如何处理观测点与场源之间的几何关系始终是攸关方法探测性能的关键问题（Kaufman and Keller，1983）。由此出发，上述方法大致可分为在远源区（或长偏移）条件下观测的方法（简称长偏移方法）和在中近源区（或短偏移）条件下观测的方法（简称短偏移方法）。对于长偏移方法，如 CSAMT、LOTEM 以及两者衍生出的双模方法 TFEM，较大的收发偏移距可以保证源场传播方向近于垂直向下和满足平面波假设，规避复杂的场源效应，从而降低系统设计与处理解释的复杂度。然而，在获得上述有利因素的同时，由于响应信号的幅度与带宽均会随收发偏移距增大分别以至少 3 次方（对不同收发相对位置及不同场分量有所不同）及 2 次方快速下降（Ziolkowski et al.，2010），从而限制了方法的最大可探测深度与探测分辨能力。由于长偏移方法是构建在平面波场源探测机理上的，因此可以认为：偏移距问题本质上是探测机理问题的显化。即上述在远源区或长偏移距观测中出现的问题，本质上都是由在电性源条件下选择平面波场源探测机理而引入的。

为克服平面波场源探测机理对电性源瞬变电磁探测的约束，薛国强等（2013）提出了电性源短偏移瞬变电磁法，相较于传统 LOTEM 方法，将观测点偏移距由大于拟探测深度的 4～6 倍推进至拟探测深度的 0.3～2 倍区域；在海洋可控源电磁法方面，Ziolkowski（2009）也提出了短偏移探测的相关理论与方法。经过近年来大量的理论论证与实践证明，上述方法由于能够更加充分地利用发射源能量与源信号带宽，从而能够达到更大的探测深度、具备更高的分辨能力；同时，较小的偏移距也进一步减小了体积效应。

本章将从电性源短偏移距电磁法的信号分析入手，阐述电性源短偏移距瞬变电磁法的理论探测优势，分析目前尚存在的问题，并对解决方案进行详细讨论，从而系统地勾勒出电性源短偏移距瞬变电磁法的全貌，为本书后续章节奠定方法理论基础。

3.2　近场信号学分析

电磁法响应信号的幅度与带宽是攸关方法探测性能的关键因素。对于给定的观测装备，收发偏移距的大小对响应信号具有显著影响。假设采用一个发射矩为 IdS 的电偶极子作为发射源，如图 3.1 所示，将其布设于坐标原点，其走向与 X 轴重合，定义竖直向下为 Z 轴，以 X 与 Z 轴为基础按照右手系定义 Y 轴。便利但不失一般性地，假设大地为均匀半空间，观测点位于地表上，以时间域电磁法中主要观测量 Z 轴磁场为例，波阻抗如下：

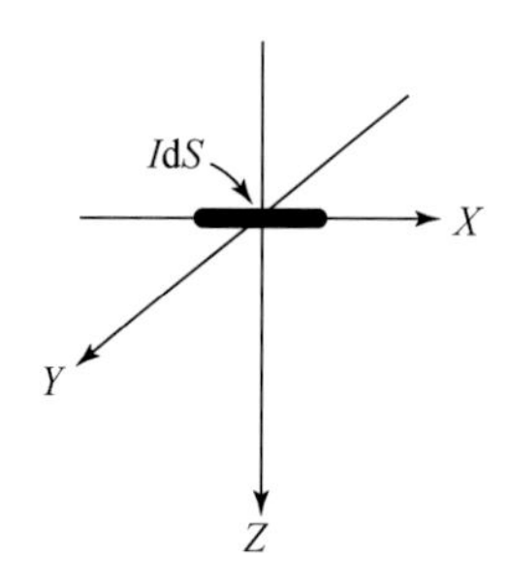

图 3.1　均匀半空间大地表面的电偶极子源示意图

$$Z^* = -\mathrm{i}\omega\mu_0 / n_1 \tag{3.1}$$

其中，μ_0为自由空间磁导率；ω 为角频率；n_1为修正波数：

$$n_1 = \sqrt{\lambda^2 - k_1^2} = \sqrt{k_x^2 + k_y^2 - k_1^2} = \sqrt{k_x^2 + k_y^2 - \mathrm{i}\omega\mu_0\sigma_1} \tag{3.2}$$

其中，σ_1为大地的电导率；k_x与 k_y为空间频率。对于位于地表的观测点，Z 轴磁场响应在波数域-频率域中的表达式（Zhdanov，2009）为

$$h_z \big|_{z=-0} = -\frac{k_y I\mathrm{d}S}{\omega\mu_0\sigma_1}(n_1 - n_0) \tag{3.3}$$

其中，n_0为地表修正波数。通过逆傅里叶变换，计算空间域-频率域中的 Z 轴磁场响应：

$$H_z(x,y,0) = -\frac{\mathrm{i}I\mathrm{d}S}{4\pi^2\omega\mu_0\sigma_1}\left(\frac{\partial I_{\mathrm{P}}}{\partial y} - \frac{\partial I_{\mathrm{N}}}{\partial y}\right) \tag{3.4}$$

其中，

$$I_{\mathrm{P}} = \frac{\partial^2}{\partial z^2}\int_{-\infty}^{\infty}\int \frac{\mathrm{e}^{-n_1|z|}}{n_1}\mathrm{e}^{-\mathrm{i}(k_x x + k_y y)}\mathrm{d}k_x x \mathrm{d}k_y \tag{3.5}$$

$$I_{\mathrm{N}} = \frac{\partial^2}{\partial z^2}\int_{-\infty}^{\infty}\int \frac{\mathrm{e}^{-n_0|z|}}{n_0}\mathrm{e}^{-\mathrm{i}(k_x x + k_y y)}\mathrm{d}k_x x \mathrm{d}k_y \tag{3.6}$$

由式（3.4）可见，I_{P}与 n_1有关，即与场的地下传播有关；I_{N}与 n_0有关，即与场的地表传播有关。式（3.4）与 Hill 和 Wait（1973）提出的地下电磁场闭合解的对应关系（$z=0$）如下：

$$\frac{\partial I_{\mathrm{P}}}{\partial y} = \frac{1}{2\pi}\frac{\partial^3 P}{\partial y \partial z^2} \tag{3.7}$$

$$\frac{\partial I_{\mathrm{N}}}{\partial y} = \frac{1}{2\pi}\left(\frac{\partial^4 N}{\partial y \partial z^3} + k_1^2\frac{\partial^2 N}{\partial y \partial z}\right) \tag{3.8}$$

其中，P 与 N 分别为 Sommerfeld 与 Foster 积分，并分别代表地层波与地面波的作用过程（Yan and Fu，2004；陈明生和闫述，2005）。因此，将式（3.4）分开求解：

$$H_z(x,y,0) = H_z(x,y,0)\big|_{\mathrm{P}} + H_z(x,y,0)\big|_{\mathrm{N}} \tag{3.9}$$

$$H_z(x,y,0)\big|_{\mathrm{P}} = -\frac{\mathrm{i}I\mathrm{d}S}{4\pi^2 k_1^2}\frac{y}{r^5}\left[(3 - 3\mathrm{i}k_1 r - k_1^2 r^2)\mathrm{e}^{\mathrm{i}k_1 r}\right] \tag{3.10}$$

$$H_z(x,y,0)\mid_{\mathrm{N}}=\frac{\mathrm{i}IdS\ 3y}{4\pi^2k_1^2r^5} \tag{3.11}$$

其中，$r=(x^2+y^2)^{1/2}$，即测点与源点的距离。由式（3.9）~式（3.11）可见：

（1）响应信号 $H_z(x,\ y,\ 0)$ 的强度与观测点和源点的相对位置有关，即与 y/r^5 呈比例，观测信号强度随着收发偏移距增大而下降很快。

（2）响应信号 $H_z(x,\ y,\ 0)$ 的频率响应形态主要受 $H_z(x,\ y,\ 0)\mid_{\mathrm{P}}$ 控制。为研究其特征，将式（3.10）中方括号内的部分单独提取出来，假设大地电阻率为500Ω·m，有四个位于 Y 轴上的观测点，偏移距分别为300m、750m、2100m以及6000m，在1Hz～100kHz范围内对式（3.10）方括号内项进行计算。

如图3.2所示，为式（3.10）方括号项取值与偏移距的关系，图（a）与（b）分别为实部与虚部的结果。这里主要讨论偏移距对幅值大小的影响，因此对计算结果均取了绝对值。由图3.2可见，实部的响应形态呈现出低通滤波特征，而虚部则呈现出带通滤波特征。随着偏移距的增大，实部低通滤波的通带带宽不断缩小，而虚部带通滤波的通带中心频率也不断减小。因此，可以定性地得出结论：随着偏移距的增大，$H_z(x,\ y,\ 0)\mid_{\mathrm{P}}$的带宽会变小。

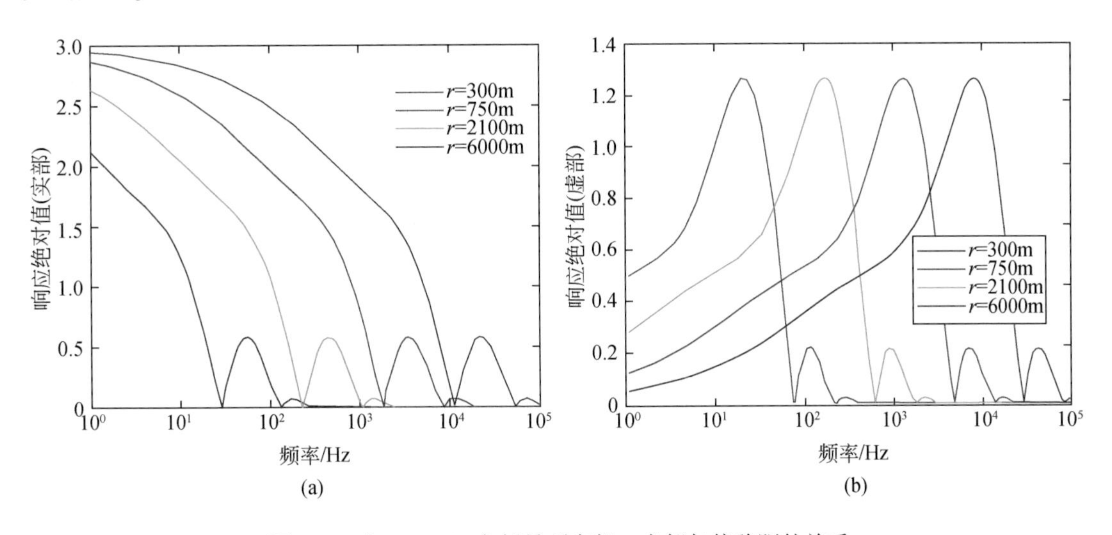

图3.2　式（3.10）方括号项实部、虚部与偏移距的关系

（a）实部；（b）虚部

如图3.3所示，为 $H_z(x,y,0)\mid_{\mathrm{P}}$的幅频响应与偏移距之间的关系，整体上看，响应过程具有低通特征，且通带范围会随偏移距增大而减小。为了估计不同偏移距条件下 $H_z(x,y,0)\mid_{\mathrm{P}}$幅频响应的截止频率（cut-off frequency，CF），在图3.3中引入了两种估计标准：$H_z(x,y,0)\mid_{\mathrm{P}}$在DC端的取值为3，上方虚线表示其-3dB幅值水准，下方虚线表示 $1/e$ 幅值水准。分别计算上述两种标准下不同偏移距幅频响应曲线的CF，结果如表3.1所示；进一步计算不同偏移距条件下的截止频率与300m偏移距截止频率之间的倍数关系，结果如表3.2所示，其中CF_1和CF_2分别对应表3.1中-3dB和 $1/e$ 两种截止频率估计标准。由表3.1可见，随着偏移距的增大，CF会显著减小；由表3.2可见，无论采用哪种CF估

算方式，均存在以下关系：

$$\frac{\mathrm{CF\_2}}{\mathrm{CF\_1}}=\left(\frac{r_2}{r_1}\right)^2 \tag{3.12}$$

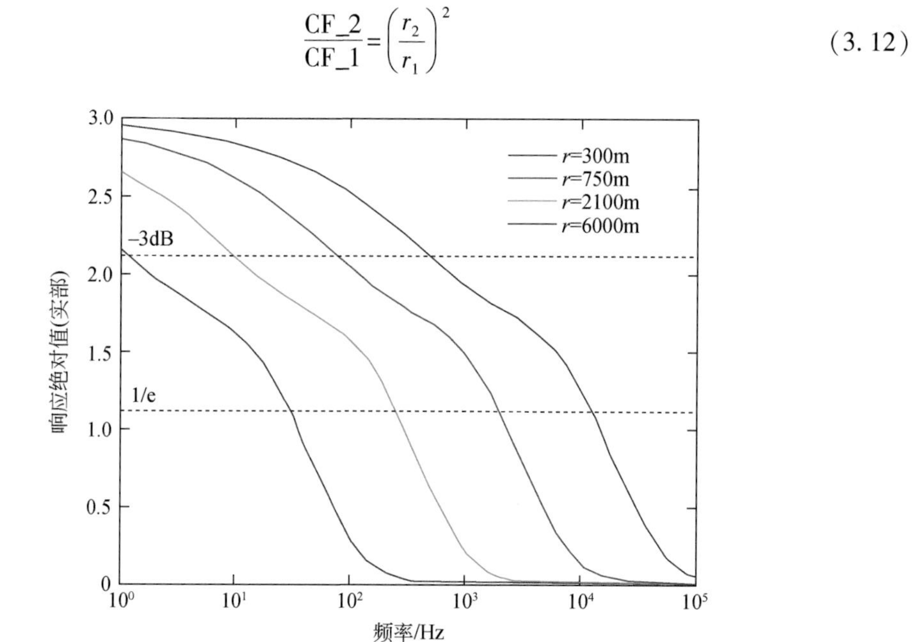

图 3.3　式（3.10）方括号项幅频响应与偏移距的关系

即不同偏移距条件下，响应带宽的改变与偏移距改变的平方呈比例。因此，增大偏移距，响应带宽也会迅速减小。

表 3.1　不同偏移距幅频响应曲线的截止频率

r_n	截止频率/Hz			
	300m	750m	2100m	6000m
−3dB	477.245	76.3592	9.7397	1.1931125
$1/e$	12362.814	1978.0503	252.3023	30.907033

表 3.2　不同偏移距截止频率相对 300m 偏移距截止频率的倍数关系

参数	750m	2100m	6000m
$r_n/300$	2.5	7	20
$\mathrm{CF\_1}_n/\mathrm{CF\_1}_{300}$	6.25	49	400
$\mathrm{CF\_2}_n/\mathrm{CF\_2}_{300}$	6.25	49	400

通过上述对偏移距影响电性源 Z 磁场响应信号的讨论，并将之推广到其他轴向的响应信号，可以得到以下定性结论：电性源磁场响应信号的幅度与带宽均会随着偏移距的增大而快速下降。在实际观测中，通过增大发射能量，降低观测系统噪声，也可以在大偏移距区域观测到高频信号，但根据能量守恒原理，其代价是发射装置输出的能量中相当一部分

被大地转化为其他能量形式，导致发射能量的利用率较低。将观测区域挪至中近源区，充分利用发射能量与源信号带宽，大幅减小观测的体积效应，将更加有利于同时实现大深度高精度探测。

3.3 地层波与地面波

将长偏移观测推进至中近源观测，更加充分地利用发射源能量与源信号带宽，可实现方法探测性能的提升，然而，原本通过长偏移观测所规避的问题也将重新出现。目前，在中近源或短偏移观测方法中，通过引入曲面波场源探测机理能够解决复杂场源条件下的响应场计算问题，但由源场复杂性引起的场源效应（Zonge and Hughes，1991）却依然会对观测产生影响。研究认为：场源效应与尚未完全衰减的地层波有关（Kuznetzov，1982），因此在远源区或长偏移观测条件下，增大收发偏移距使地层波充分衰减，可有效规避场源效应的影响。对于中近源或短偏移观测，尤其是面向对于具有较强三维特征的地下目标，场源效应的影响则是非常显著的。

源场效应方面的研究最早始于 CSAMT 的相关研究（Newman et al.，1986；Zonge and Hughes，1991）。由于 CSAMT 的源场需满足平面波假设，而场源与观测点之间的距离总是有限的，对于一部分频点，有限的偏移距可能无法保证源场满足平面波假设，因此产生场源效应问题。在 CSAMT 中，场源效应一般被归纳为三类：非平面波效应（nonplanewave effects）、阴影效应（shadow effects）以及复印效应（overprint effects）。

在远源区，由于电场与磁场均与 $1/r^3$ 成正比，因此波阻抗（由其求解电阻率）将与偏移距无关。然而，在中近源区，电场 E 随 $1/r^3$ 衰减，而磁场 H 则随处于 $1/r^2$ 和 $1/r^3$ 之间的某一比例衰减，这就导致电阻率将成为收发几何条件的函数。显然，此时激励场将不满足平面波假设，其引发的效应即非平面波效应。对于短偏移观测模式，由于无需满足平面波假设（或者说激励场的非平面特性已被考虑在内），因此也就无需考虑非平面波效应。

与非平面波效应不同，对于短偏移观测，阴影效应和复印效应是必须考虑的。阴影效应以及复印效应的产生，从本质上归结为地层波对观测的影响。如图 3.4 所示，自源发出的电磁波场具有三个传播途径：天波、地面波及地层波（Stratton，1941）。由于电磁场在地下传播的速度比在空气中慢，因此地面波与地层波自源出发后，两者之间的波程差会越来越大，导致两者之间的波阵面越发近乎平行水平面，形成一个接近于垂直向下的波 S^*。在通常的大偏移距电磁法中，地层波显著衰减，则 S^* 成为唯一的激励源，且其传播方向为近乎垂直向下。这样，当波场向下传播时遇到低阻异常，就会产生所谓的“屏蔽效应”，异常内部产生的涡旋电流会长时间存在，导致数据认为低阻体的纵向延伸长度大于其实际情况，从而形成了图 3.5 中所描述的测点影区。当测点距源较近时，除了 S^*，地层波也尚未完全衰减。由于地层波以接近半球形的波阵面在大地内部传播，在其遇到低阻异常时，异常就会对其后方产生屏蔽效应，从而产生阴影效应。换言之，产生阴影效应的前提是低阻异常赋存处，地层波尚未完全衰减。地层波在地下传播，可以利用波长的倍数估计地层波的衰减程度。对于相同的频率，大地电阻率越高，则波长越长，则地层波能够有效作用的区域也越大。从 CSAMT 的角度看，当源下方的大地电阻率整体偏高（图 3.6），将导致满足平面波假设（处于远区）的频率下限升高，地层波的影响范围因此扩大，从而产生复印效应。

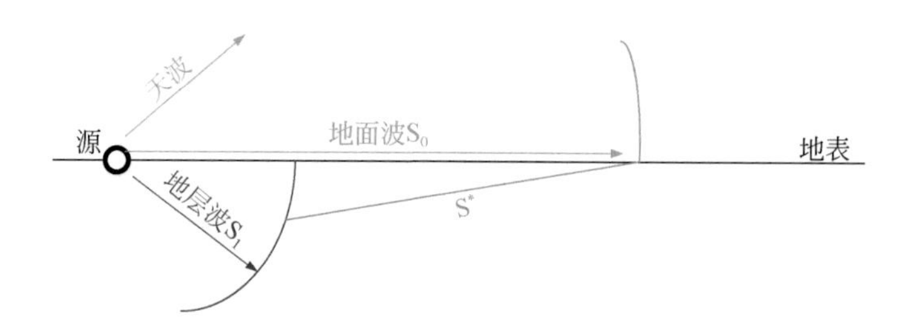

图 3.4　电磁波场传播路径示意图

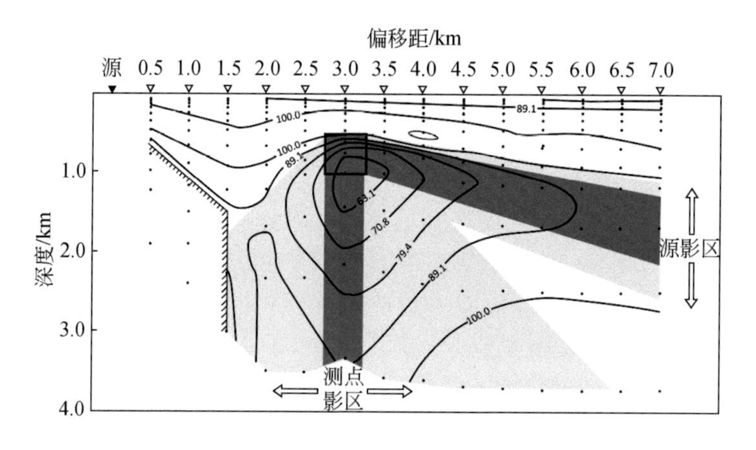

图 3.5　阴影效应

针对阴影效应，Newman 等（1986）以及 Misuhata（2000）开展了数值仿真计算，对地层波的影响进行研究，并讨论了在 CSAMT 观测中进行规避的策略。Boschetto 和 Hohmann（1991）面向水平电偶极子源开展数值仿真，对复印效应与阴影效应进行了研究。闫述和陈明生（2004）对 CSAMT 探测中的阴影效应与复印效应进行了研究，并对之前的观测数据进行了重新解释。Yan 和 Fu（2004）提出了均匀半空间上接地水平电偶极源产生的地下电磁场的闭合解，并以此为基准评价地层波影响的程度，并进而提出一种 CSAMT 近中远场区的划分标准。Zhou 等（2018a）针对长接地线源电磁法，讨论了阴影效应与复印效应对反演结果的影响。可以看到，这些研究大多数是为了在远源区方法中规避阴影效应与复印效应的影响。事实上，对于现有近源观测方法，也首先考虑规避阴影效应与复印效应。然而，对于短偏移距电磁法，地层波的影响强烈且始终存在，与其将对地层波的研究聚焦在如何消除其产生的阴影效应和复印效应，不如承认地层波作为一种独立的场源。那么，地层波能否作为一种独立的场源？答案是肯定的。首先，如图 3.4 所示，地层波与 S^* 波的产生机理、传播方向均是不同的；其次，在地球物理电磁法研究中，通常可以将大地假设为一个线性时不变系统，因此，近源区响应在本质上将成为地层波响应与 S^* 波响应的线性组合。通过研究地层波的响应机理，其对不同场分量的影响程度（相对

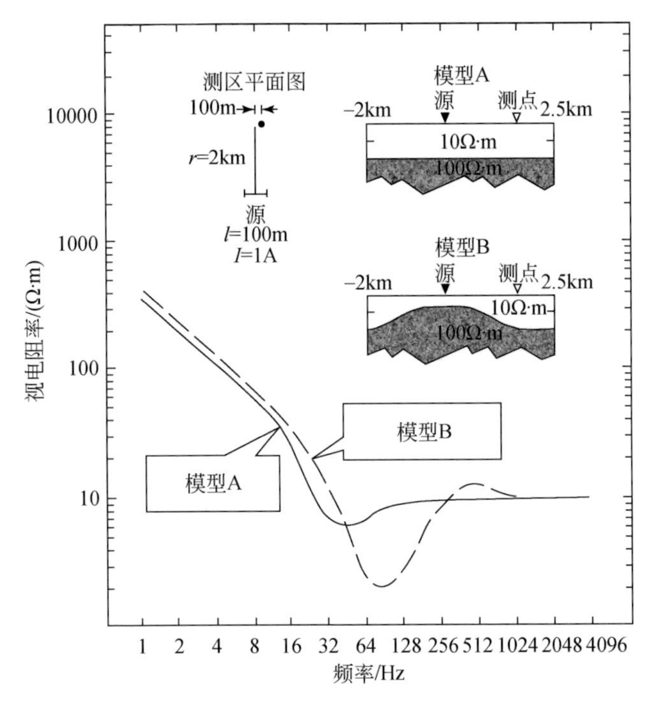

图 3.6　复印效应示意图

大小及范围)，以及不同目标（体电导及埋深）与地层波的耦合情况，将有助于使地层波“变废为宝”，从而使短偏移观测具有更高的分辨能力。

3.4　MTEM 探测机理分析

在此前的小节中，我们对短偏移距电磁法的理论基础、优势及面临的主要挑战进行了阐述。从本节开始，将对目前国际上 MTEM 和 SOTEM 两种主流短偏移时间域电磁法探测机理与探测性能进行讨论。

MTEM 是英国 Edinburgh 大学的研究人员在继承经典长偏移电磁法 LOTEM 的基础上提出的（Wright et al.，2001）。MTEM 提出时的主要思想是希望借鉴油气勘探中的地震技术，采用电性源多次发射，阵列式多道接收多次覆盖的全波场信息，实现对数据的类地震处理，从而在同等发射强度的条件下大幅度提高探测精度和深度，使探测深度达到 2000m 以上，从而更有利于实现对深部油气层及其活动的精细探测与检测（Ziolkowski，2002）。

MTEM 方法的雏形形成于 1994 ~ 1996 年，英国 Edinburgh 大学主导一个名为 THERMIE project OG/0305/92/NL-UK 的项目，CGG 公司、DMT 公司及德国 Cologne 大学参与其中。在巴黎以西 30km 的 St. Illiers la Ville 进行了方法试验。试验目的如下：第一，尝试一种新的数据处理办法，可以直接从数据中发现储气层；第二，通过对两次观测数据（1994 年和 1996 年）的比对，发现气-水界面的移动。所谓“一种新的数据处理办法”，即由 Ziolkowski 和 Hobbs 提出的将地震勘探中常用的共中心点道集叠加处理用于电磁数据处理的方法。

图 3.7 为此次试验的测区示意图，图上蓝色的小点表示发射电极桩布设的位置。图 3.8 为一个发射位置上的详细布设图。图上可见 8 个圆点，表示 8 根 3m 长的钢管。这 8 根钢管两个一组，对应着图 3.8 中的一个蓝点小点。同一组钢管间距为 3m，并连使用。对于每一个发射位置，要进行两次发射：一次电极方向平行于测线方向（图 3.8 中的 MTEM 剖面方向），一次垂直于测线方向。两个方向的发射电极距均为 250m。系统使用 Zonge 的 GGT-30 作为发射机（配 30kVA 的发电机），发射电流根据发射电极的耦合情况在 5 ~ 40A 调节。

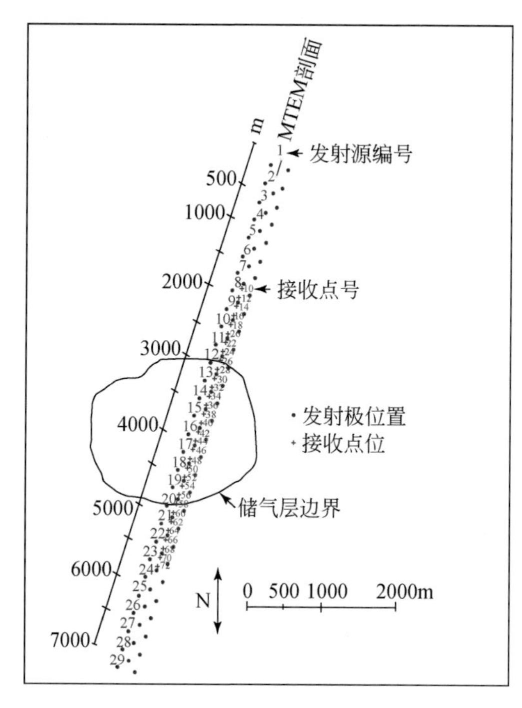

图 3.7 MTEM 测区示意图

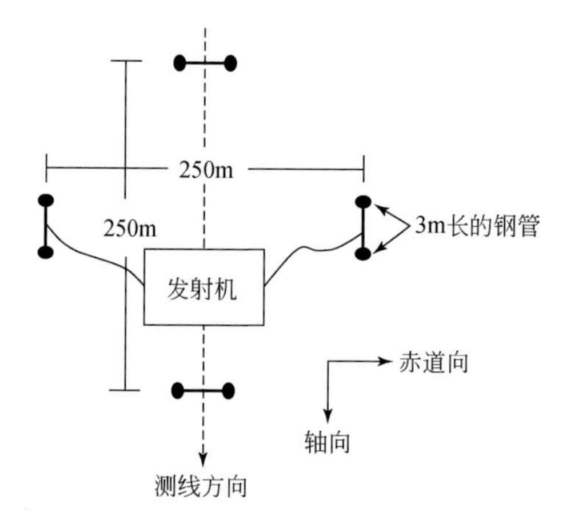

图 3.8 发射布设图

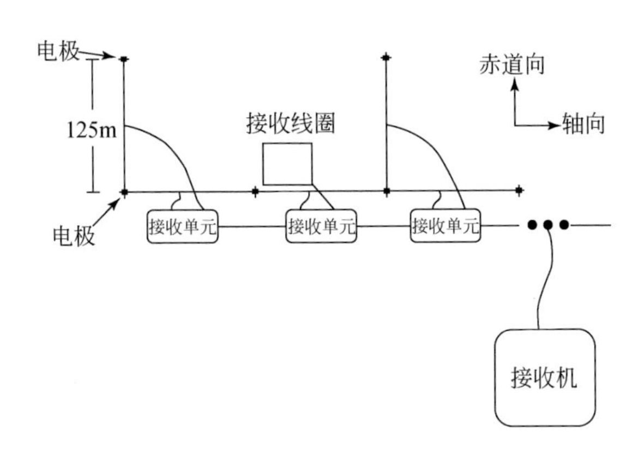

图3.9　接收阵列布设图

如图3.7所示，图上红色的小十字表示观测点阵列，图3.9为该阵列的布设细节图。由图3.9可见，每一个观测位置上使用一个接收单元，使用由Rüter和Strack研制的TEAMEX型接收单元（改造自DMT用于地震数据采集的SEAMEX接收单元）。该接收单元有两个观测通道，对于奇数位置的接收单元，两个通道分别用来观测inline电场与crossline电场；对于偶数位置的接收单元，两个通道分别用来观测inline电场和垂直磁场。

接收单元的主要部件包括模拟低通滤波器、陷波滤波器、浮点放大器以及A/D转换器。接收单元采样率为1kHz，采样总数是2048个，其中包括预触发采样384个。观测得到的数据不在接收单元上进行叠加，而是将16个接收单元的观测数据汇总于接收机（与人工源地震方法类似），用来进行数据叠加、存储及一些数据预处理。

用于观测电场信号的电极极距为125m，采用标准的Cu/$CuSO_4$的电极；用来接收磁场衰减的回线为边长为50m的方形多匝回线。系统共有32个接收单元位置，所覆盖测线范围为4km。观测时，首先将接收阵列布设好，然后使用发射机在每一个发射位置上逐点进行inline和crossline方向发射。

在此次试验中，基于LOTEM的经验认为整个系统的系统响应是稳定不变的，但结合实验数据，Wright指出：发射电流本身（幅度）是时间的函数，其变化特征会随着发射机位置的不同、发射极极距的不同而不同，发射机本身的电流反向能力也与大地负载有关（Wright，2003）。因此，Wright提出以下四条建议：

（1）必须对每一次发射进行系统响应观测。

（2）使用的记录系统必须和接收单元的记录系统完全一致，如果不一致，需要精确知道所用记录系统与接收单元所用记录系统之间的转换函数。

（3）使用数字记录系统，必须防止出现失真。TEAMEX的采样率是1kHz，不足以用来进行系统响应观测。

（4）可以使用霍尔传感器直接对发射电流进行观测。

此外，Wright对St. Illiers la Ville试验的数据进行了仔细分析，认为只需要进行inline发射和inline电场观测，其他的发射和接收形式并不能提供更多的信息。在这一理论的支持下，提出了如图3.10所示的收发排列。该排列成为MTEM的典型排列，无论是陆上还是海中，无论是使用双极性方波还是PRBS编码作为发射波形，MTEM观测均采用此排列。

图中 ΔX_S 表示发射极极距，ΔX_R 表示接收极极距，r_1 表示距发射机最近的接收机位置的偏移距，因此 r_1 也即 r_{min}，r_n 表示第 n 个接收机位置的偏移距。

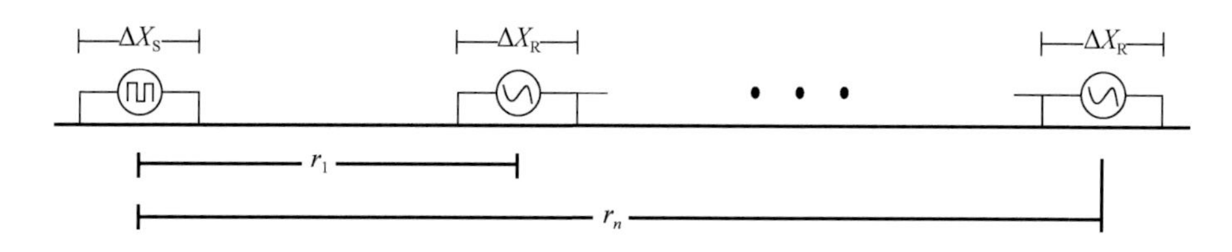

图 3.10　MTEM 收发阵列示意图

在上述经验指导下，TOTAL 公司、MTEM 公司（由 MTEM 方法主要研发人员成立的同名公司）以及 Edinburgh 大学共同支持了一次 MTEM 方法在法国南部的验证试验。尽管在本次试验前已有研究提出使用 m 序列（maximal length sequence，最长线性移位寄存器序列）伪随机二进制序列（pseudo random binary sequence，PRBS）作为发射码形，但这次试验依然使用了连续双极性方波（频率为 1Hz 或 0.5Hz 可调）。发射机依然使用 Zonge 的 GGT30，发射电压为 750 ~ 1000V，以保证发射电流可以为 20 ~ 50A。接收单元（依然是双通道的）为 MTEM 公司自主研发，采样频率为 15kHz，并安装了 GPS 及微型处理器。各接收单元通过 GPS 同步，独立进行 A/D 转换，数据记录及存储，然后使用高速通信电缆与接收机相连。此外，接收单元中还引入了在线 QC 系统，可以对系统状态及各道的数据进行检测。该次试验共使用接收单元 11 个，其中 10 个用来进行电场响应观测（仅 inline 方向电场），一个用来进行系统响应观测。此次试验的主要进步体现在：已经认识清楚了空气波，改进了数据处理过程。

MTEM 首次实际应用 m 序列编码发射波形是在 MTEM 公司被 PGS 公司收购之后，于 2007 ~ 2008 年开展的一次海洋试验。m 序列是一种实现起来相对容易的"白噪声"，非常适合作为系统辨识的输入信号。m 序列有两个关键参数：阶数和码元宽度。阶数表示移位寄存器的级数，码元宽度表示序列中最短逻辑状态（最短游程）持续的时间。一般讨论中也使用码元频率（或时钟频率）概念，为码元宽度的倒数。如图 3.11 所示，为一个 4 阶 m 序列，其码元频率为 400Hz。

使用 m 序列作为发射波形，发射的过程中须根据偏移距的不同对接收机位置进行分段，并计算适宜每一段的码元宽度。因为，码元频率的选择与偏移距有关，不同的偏移距有不同的码元频率要求。在该次试验中，发射电极间距为 400m，发射电流幅度为 500A，接收电极间距为 200m。对收发偏移距为 2000 ~ 3500m 的观测点，最大码元频率使用 40Hz；对收发偏移距为 3500 ~ 4900m 的观测点，最大码元频率使用 10Hz；对收发偏移距为 4900 ~ 6400m 的观测点，最大码元频率使用 5Hz。

这种码元频率的选择在一定程度上依赖先验知识，如果缺乏先验知识，则需要扩大范围进行多次尝试。比如对于上述 2000 ~ 3500m 的观测点，在缺乏先验知识条件下，将不得不在 100Hz 以内进行多次尝试，再通过数据分析确认效果最好的一组。这一特性在一定程度上造成 MTEM 方法工作效率的降低。

获取数据后，MTEM 方法使用 m 序列作为辨识输入信号实现大地系统的辨识，其数据

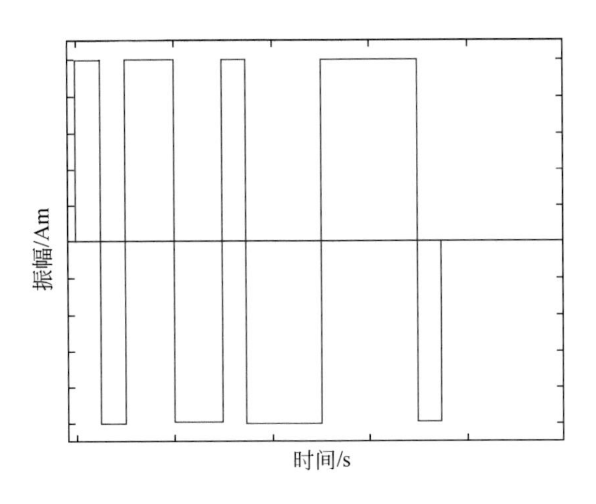

图 3.11　4 阶 m 序列编码

处理过程分为两步：首先通过相关方法提取大地冲激响应，然后对大地冲激响应进行处理提取大地电性结构分布信息。

如图 3.12 为实测响应信号与发射波形（片段），使用 $u(t)$ 表示发射波形(辨识输入信号)、$g(t)$ 表示大地冲激响应、$n(t)$ 表示噪声、$y(t)$ 表示响应观测信号（辨识输入信号），则探测过程满足以下关系：

$$y(t)=z(t)+n(t) \tag{3.13}$$

$$z(t)=g(t)*u(t) \tag{3.14}$$

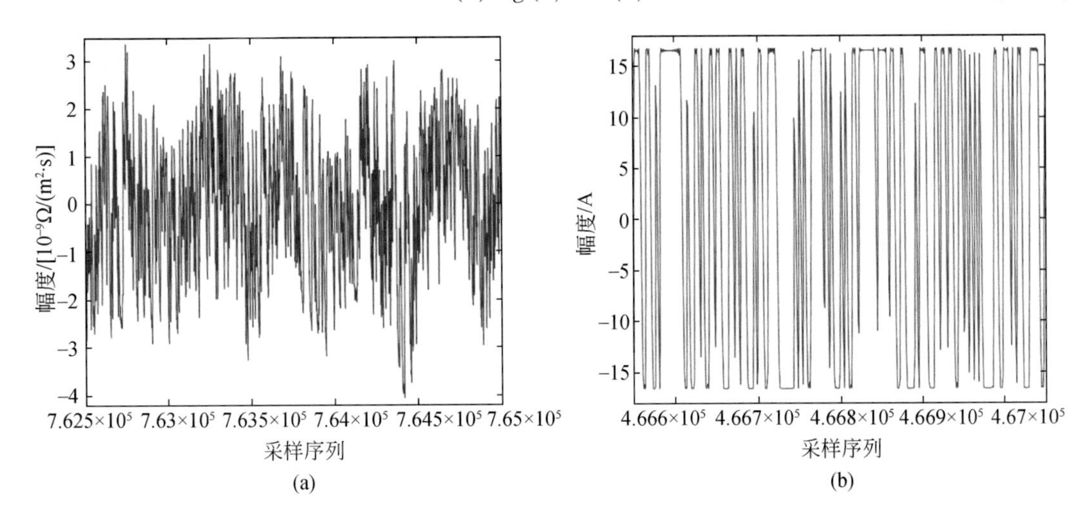

图 3.12　实测响应信号与发射波形（片段）
（a）响应信号 $y(t)$；（b）发射波形 $u(t)$

相关处理过程通过分别记录 $u(t)$ 和 $y(t)$，并对两者进行相关计算：

$$\mathrm{CR}(y,u)=\mathrm{CR}(z,u)+\mathrm{CR}(n,u)=g*\mathrm{AR}(u)+\mathrm{CR}(n,u) \tag{3.15}$$

其中，CR( ) 表示互相关计算；AR( ) 表示自相关计算。由于 m 序列与噪声不相关，则

CR(n, u)= 0。故式（3.15）进一步等于：

$$CR(y,u)=g*AR(u) \tag{3.16}$$

在对处理结果精细度不做过高要求时（如野外快速数据质量评估），可以利用 m 序列自相关近似等于 δ 信号的特点，认为 $CR(y,\ u)=g*AR(u)\approx g*\delta=g$，从而获得对大地冲激响应 g 的快速估计。然而，在实际工作中，由于大地对发射电流的畸变作用，以及接收机响应特性对响应信号的影响，事实上的 AR(u) 旁瓣将具有复杂的震荡特性。因此，基于式（3.16），MTEM 方法采用反卷积的方式，利用收发互相关与发射自相关实现对大地冲激响应的精细提取。

在获取大地冲激响应后，Ziolkowski（2007）提出的基于大地冲激响应峰值时间估算大地电阻率的方法：

$$t_{\text{peak}}=\frac{\mu_0 r^2}{10\rho} \tag{3.17}$$

对于电阻率为 ρ 的均匀半空间，t_{peak} 为大地冲激响应的峰值到达时刻。以式（3.17）为基础，即可求出不同收发组合条件下的大地视电阻率。需要注意的是：前述基于 m 序列的反卷积方法并非提取大地冲激响应的唯一方法，基于方波的处理方法也可以提取到大地冲激响应。事实上，MTEM 提出其视电阻率公式时，尚未在实际中开展基于 m 编码发射波形的探测工作，而仍是采用传统方波发射波形，并完成了所有后续处理工作。

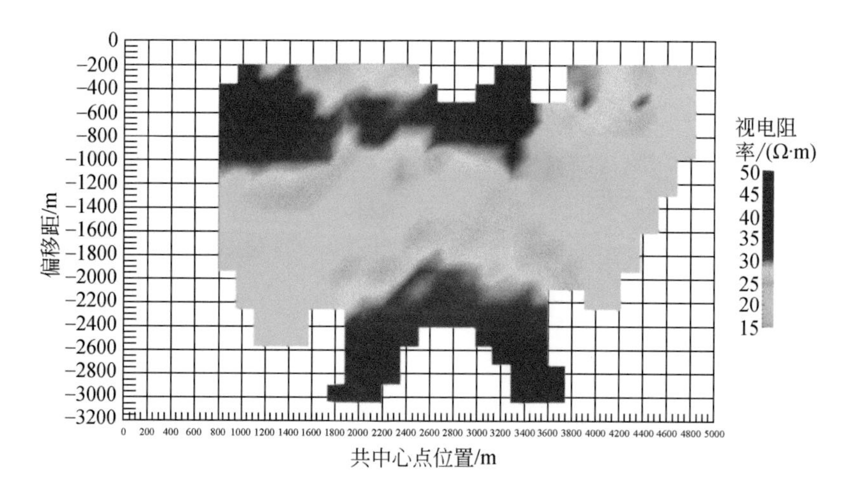

图 3.13　共中心点坐标下的旅时-电阻率成像（Ziolkowski，2007）

基于各个收发组合的视电阻率值，按照传统地震数据成像的方法，形成共中心点道集。图 3.13 为 MTEM 于法国南部实验中获取的拟地震成像结果图，由图中可以清楚地看到，在水平距 1800～4000m，在低阻层下方存在高阻结构。验证表明，这一高阻结构与拟观测目标具有高度对应性。

MTEM 方法的成功，证明了短偏移距电磁探测的可行性。在 MTEM 方法之后，近源电磁法逐渐成为国际电磁法研究领域的热点问题。

3.5　SOTEM探测能力分析

根据电磁场理论及电磁场传播特性，本节主要从探测机理、探测灵敏度、探测深度和信号强度三个方面研究电性源瞬变电磁近源探测的优越性。

3.5.1　近源时域探测机理

在与电性源瞬变电磁装置类型相似的CSAMT中，实现测深的基本要求是接收点必须满足波区条件，虽然广域电磁法将可观测区域扩展到过渡区（何继善，2010a，b），但在近源区仍不具备测深能力。而目前广泛应用的回线源瞬变电磁装置，如中心回线、重叠回线等，属于典型的近源探测（收发距为零）。这就提示我们，时间域电磁法可以实现频率域无法实现的近源探测。想要分辨CSAMT和电性源瞬变电磁的区别，研究电性源瞬变电磁近源探测的可行性，首先要理解电磁波的建立及传播方式。

由天线和电磁波传播理论可知，电磁场的激发有两种方式：一种直接由电荷或电流激发，如恒稳电流产生的电场和磁场；另一种由电场和磁场间的交互感应激发，即变化的磁场激发涡旋状的电场、变化的电场又激发涡旋状的磁场，电磁波通过这种交互感应产生和传播。在时变电磁场中，这两种激发方式都是存在的。稳定电荷和电流的场在场源附近占优，且源消失、场也消失，场的变化与源的几何尺寸和接收点位置关系密切，这种场称为源的自有场，直流电测深中利用的便是这种场。同时由于电磁场间的交互感应，还有一部分场离开场源向外辐射，这部分场称为辐射场，电磁勘探的变频测深能力就来源于辐射场。

CSAMT工作中，发射源中供以连续的谐波电流，此时，自有场和辐射场全部存在。为了使具有变频测深能力的辐射场占主导地位，需要在远场区进行观测。通常情况下，考虑到信噪比和接收机的灵敏度等实际情况，往往将观测点布置在离开场源4～6倍探测深度的地方。对于时域瞬变电磁场来说，如果发射连续波形（如LOTEM），在观测期间自有场同样存在，收发距也应与频率测深一样为4～6倍的探测深度，使接收到的信号主要为辐射场。而如果采用间断发射波形在脉冲关断后观测，使源关断后自有场随之消失而仅存在辐射场，由此，从时间上将两种场分离开来，这样即使在离源非常近的地方也可获得具有测深能力的辐射场。

而对于时间域电磁法，当一次场断开后，场源附近产生急剧变化的电磁场，称为二次场，并在地下形成涡流。二次场同样以如图3.4所示的两种途径（地层波和地面波）进行传播扩散。以地面波传播的二次场以光速c从空气中直接传到地表各点，并将部分能量传入地下；以地层波传播的二次场，从场源直接传播到地下，它在地下空间所激发的感应电流似“烟圈”那样随时间推移逐步扩散到大地深处。在场传播的初期，地面波的传播是瞬时建立的，而地层波则受到大地阻抗作用，建立时间相对较迟，因此这两种传播方式在时间上是分开的，随后这两种场相互叠加在一起；再后来，以地面波传播的场衰减至可忽略不计，此时地中的二次场主要来自地层波。可见在不同时期，不同位置测量点所接收到的信号中，两种传播方式所占比例不尽相同。这就引入了早期（远区）、中期（过渡区）、晚期（近区）的概念。

要详细研究时域电磁场在不同场区的特性，需要将场的偏移距与瞬变过程的衰减时间相互结合起来，引入如“远区的早期阶段”“远区的晚期阶段”等这样的概念。在瞬变场远区的早期阶段，场具有波区性质，第一类激发起主导作用。这时，对于浅层部位，场具有很强的分层能力。而在瞬变场远区的晚期阶段，对于收发距 r 来说，层状介质的总厚度相对来说很小，与其中的涡流范围比较，显得层间距离小，出现层状介质之间感应效应很强，所以，各层间的涡流效应平均化，即可把整个层状断面等效为具有总纵向电导 S 的一个层。由此可见，在远区的晚期阶段只能确定各层总纵向电导和总厚度，不具有分层能力。由于场的这一特点，一般远区方法用的很少，另外，由于远区方法存在体积效应，也影响着分层能力。

在瞬变场近区的早期阶段，早期信号幅值大，变化剧烈，受探测仪器影响严重，准确检测早期信号技术难度大。在近区的晚期阶段，测量结果很好地给出了地电断面的分层信息，其物理过程是：在上部导电层中晚期刚刚出现，即开始出现涡流的衰减过程，并以其纵向电导 S_1 来表征该地层存在时，在更深的导电层中，由于“烟圈”效应，涡流还处于产生和增强的早期阶段。但是，由于第一层中很强的衰减涡流的屏蔽作用，在地表观测中很难或很微弱地出现第二层的影响，随着时间的推移，在地表上可观测到第一层和第二层共同影响的瞬变结果，并以 S_1+S_2 来表征其综合影响。在更晚的时间上出现 $S_1+S_2+S_3$ 的综合影响，以此类推。这样随着时间推移，可以得到整个断面上所能测到的全部信息。

从上述分析可以看出，在频率域电磁法中，为了利用具有频测能力的辐射场和垂直入射的地面波，接收点距发射源的距离要大于 4 倍探测深度。而在时间域电磁法中，若采取关断的阶跃波形电流激发，自有场和辐射场可以在时间上分开，测量辐射场时不受自有场的干扰，因此可在离发射源很近的范围内观测辐射场实现测深目的。另外，时间域电磁法主要利用的是地层波成分，所以在离发射源比较近的范围内观测，不仅分层能力强，还可以减小体积效应，更好地反映接收点下方地层的电性变化。

3.5.2 探测灵敏度分析

第 2 章中已分析指出，不同场区内的瞬变电磁场与地下存在不同的作用方式，从而具有不同的探测能力。传统勘探电磁场理论中通常将人工源激发的电磁场分为近区场、过渡区场和远区场三部分；对于时间域电磁场，还有以时间概念划分的早期场、过渡期场和晚期场。通常我们规定早期条件为 $\frac{2\pi r}{\tau}\gg 1$，这也是远区条件（其中 r 为收发距，$\tau=2\pi\sqrt{2\rho t/\mu_0}$ 为瞬变场参数化），所谓早期是指收发距 r 一定时，时间 t 很小可满足 $\frac{2\pi r}{\tau}\gg 1$ 的条件，而远区是指，时间 t 一定时，收发距 r 很大，从而满足 $\frac{2\pi r}{\tau}\gg 1$ 的条件，也可以是 t 和 r 都变，满足 $\frac{2\pi r}{\tau}\gg 1$ 的条件。与此类似，称 $\frac{2\pi r}{\tau}\ll 1$ 为“近区”或“晚期”条件，对于同点装置的近区方法如大回线法等，就没有近、远之分，只有早、晚之分。

可以看出，时域瞬变场的场区划分是由偏移距和时间两个参数决定的。因此，即使距离发射源很近，场也不一定处于近区；反之，离发射源很远，场也不一定处于远区。但是，大多数情况下，近源区域仍能够表征近区场的大部分特性，远源区域同样可以表征远区场的大部分特性。正是基于这种假设，下面从不同场区的理论公式出发，分析不同偏移距情况下电磁场对地层的灵敏度。

根据朴化荣（1990）的研究，近区和远区条件成立时，水平电场 E_x 有以下形式的近似表达式：

$$E_x^{\mathrm{L}}(t)=\frac{\mu_0^{3/2}I\mathrm{d}x}{12\pi^{3/2}\rho_1^{1/2}t^{3/2}} \qquad 近区(晚期) \tag{3.18}$$

$$E_x^{\mathrm{E}}(t)=\frac{\rho_1 I\mathrm{d}x}{2\pi r^3}(3\cos^2\varphi-2) \qquad 远区(早期) \tag{3.19}$$

其中，I 为发射电流；d_x 为偶极源长度；ρ_1 为半空间电阻率；φ 为接收点与发射源的夹角。从式（3.18）和式（3.19）可见，在其他参数固定时，近区 E_x 的场值正比于 $\rho_1^{-1/2}$，而远区 E_x 的场值正比于 ρ_1，这说明远区 E_x 的值对介质的电阻率依赖性更强，也就是对介质电阻率的变化更灵敏。

垂直磁场 H_z 的近、远区场有如下形式：

$$H_z^{\mathrm{L}}(t)=\frac{r\mu_0^{3/2}I\mathrm{d}x}{60\ (\pi t\rho_1)^{3/2}}\sin\varphi \qquad 近区(晚期) \tag{3.20}$$

$$H_z^{\mathrm{E}}(t)=\frac{3tI\mathrm{d}x}{2\pi\mu_0 r^4}\rho_1\sin\varphi \qquad 远区(早期) \tag{3.21}$$

可见，在其他参数固定时，近区 H_z 的场值正比于 $\rho_1^{-3/2}$，而远区 H_z 的场值正比于 ρ_1，这说明近区 H_z 的值对介质的电阻率依赖性更强，也就是对介质电阻率的变化更灵敏。

为定量地对比不同偏移距处电磁场对地层电阻率的敏感度问题，计算了不同偏移距情况下均匀半空间和低阻中间薄层模型（图3.14）的 E_x 和 H_z，并定义如式（3.22）所示的相对异常。

$$P_i=\frac{|F_i^a-F_i^0|}{F_i^0}\times 100\% \tag{3.22}$$

其中，F_i^a 为存在薄层时模型在第 i 时刻产生电磁场响应；F_i^0 为不存在薄层的均匀半空间在第 i 产生的电磁场响应。P_i 值越大表示薄层产生的相对异常越大，薄层就越容易被识别。

图3.15为五个偏移距处计算的均匀半空间（实线）和低阻薄层模型（虚线）产生的水平电场 E_x 曲线及对应的相对异常曲线。从图3.15（a）可以看出，当偏移距较小时，均匀半空间的响应曲线与薄层响应曲线之间的差别非常小，两条曲线几乎重合在一起；随着偏移距的增大，曲线间的差别越来越大，低阻薄层引起的响应畸变越来越明显。图3.15（b）所示的相对异常曲线更清晰的显示出，随着偏移距的增大，薄层模型产生的相对异常幅值也越来越大。

图3.16为在五个偏移距处计算的均匀半空间（实线）和低阻薄层模型（虚线）产生

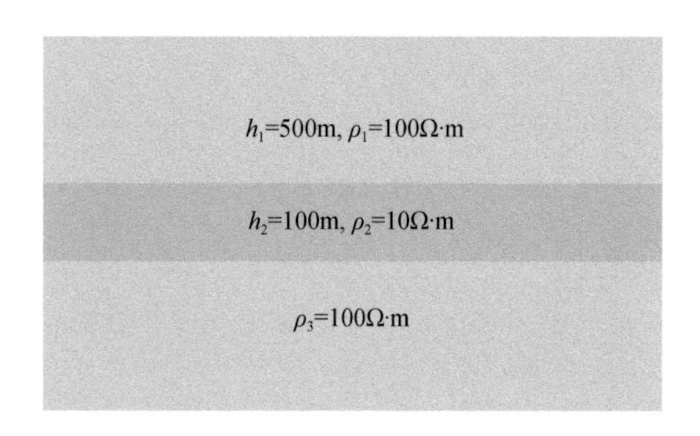

图 3.14　中间低阻薄层模型

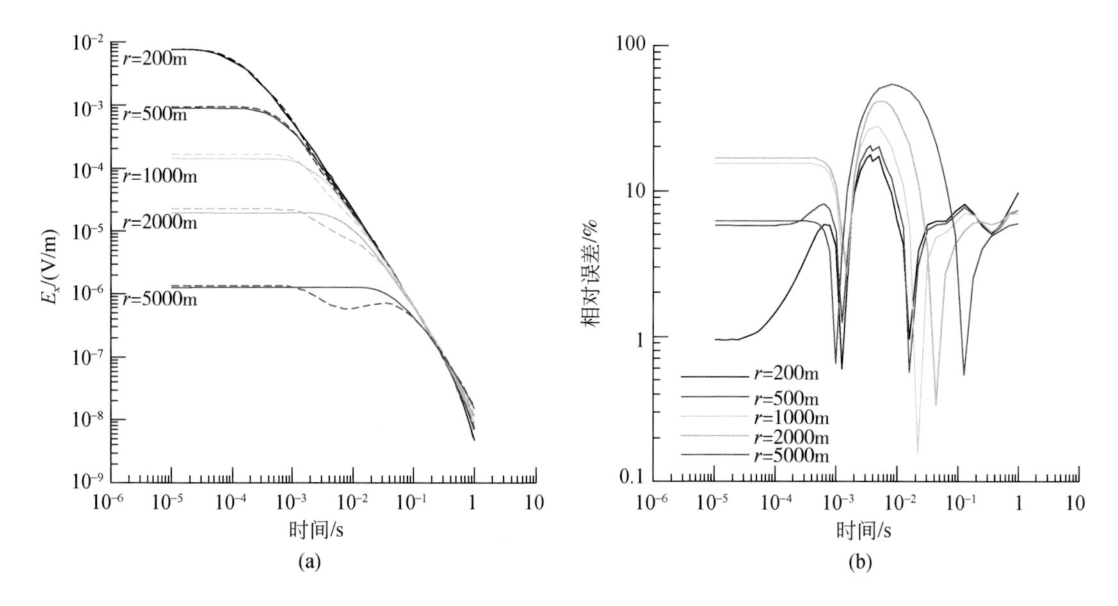

图 3.15　E_x 响应曲线与相对异常曲线

（a）响应曲线；（b）相对异常曲线

的垂直磁场 H_z 曲线及对应的相对异常曲线。从图 3.16（a）可以看出，H_z 表现出与 E_x 正好相反的变化特性，当收发距较小时，两个模型的响应曲线之间的差别就已较大，而随着偏移距的增大，曲线间的差别越来越小，低阻薄层引起的响应畸变也越来越不明显。图 3.16（b）所示的相对异常曲线更清晰的显示出，随着偏移距的增大，薄层模型产生的相对异常幅值变得越来越小。

从上述分析可以总结，水平电场 E_x 和垂直磁场 H_z 对地层的灵敏度随偏移距变化表现出不同的变化特性，偏移距越大 E_x 对地层灵敏度越大，偏移距越小 H_z 对地层灵敏度越大。因此，针对不同的探测目的，选择合适的观测范围尤为重要。

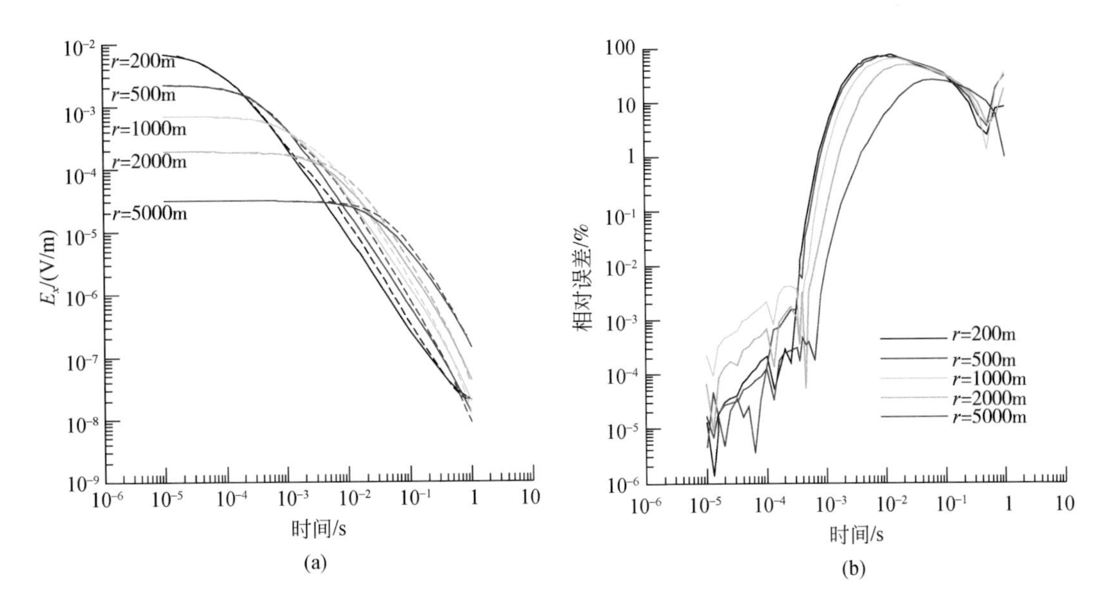

图 3.16　H_z 响应曲线与相对异常曲线

（a）响应曲线；（b）相对异常曲线

3.5.3　探测深度分析

评价近源探测能力的另一个方面是探测深度。Spies（1988）针对电性源的探测深度做出了深入细致的分析研究。首先类似于频率域中的趋肤深度，提出了瞬变电磁的扩散深度概念，其定义为给定时间内 TEM 涡流场极值所能达到的最大深度，表达公式为

$$d=\sqrt{2t/\sigma\mu_0} \tag{3.23}$$

可见，瞬变电磁的扩散深度主要与时间及地电结构有关而与偏移距参数无关。在理论研究中，大多根据式（3.23）来计算特定地电结构情况下电磁场在某一时刻的扩散深度。

实际工作中，应该考虑实际探测深度，即考虑信号强度、接收仪器的灵敏度、精度、噪声强度、地电参数等因素的前提下定义 TEM 的实际探测深度为信号衰减到噪声电平时的扩散深度。通常根据以下公式估计电性源的实际探测深度（Spies，1988）：

近区时

$$d=0.48\left(\frac{Ir\rho AB}{\eta}\right)^{1/5} \tag{3.24}$$

远区时

$$d=0.28\left(\frac{I\rho AB}{\eta}\right)^{1/4} \tag{3.25}$$

其中，η 为仪器最小可分辨电压；ρ 为地层电阻率；I 为发送电流；AB 为发射线长度。

依照式（3.24）及式（3.25）计算了不同参数下近区与远区的实际探测深度（表 3.3）。对比结果发现近区的实际探测深度在绝大多数情况下要大于远区。

表 3.3 远区与近区探测深度表

I/A	电阻率/(Ω·m)	AB/m	偏移距/m	最小分辨电压/nV	远区深度/m	近区深度/m
5	50	300	100	60	526.4	501.9
			200			576.5
			300			625.2
10	100	500	200	60	845.9	842.5
			300			913.7
			500			1012.0
20	300	1000	400	60	1574.5	1590.9
			700			1779.3
			1000			1910.9
50	1000	4000	1000	60	3783.3	3853.1
			3000			4800
			4000			5084.2

上述分析结果表明，近区观测有相对较大的实际探测深度，但是由于在上述分析中场区的假设太笼统，致使仍无法准确确定在何偏移距范围内，电性源瞬变电磁具有最大的探测深度。为此又定义了有效探测深度概念，与其他物探方法一样，有效探测深度是指在该深度范围内探测目的层所产生的异常场超过背景场电平若干倍，可以从观测结果中分辨目的层的存在。

设均匀半空间（电阻率为100Ω·m）的响应值（背景场）为 V_0，均匀半空间中有一个良导薄层（埋藏深度为1000m，电阻率为10Ω·m）引起的响应值（异常场）为 V_a，并设 $V_a/V_0=\delta$。分别计算两个模型不同偏移距情况下的响应，并计算 δ。取 $V_a/V_0=\delta\geqslant 50\%$ 时，认为在此条件下可以分辨出薄导层的存在，并按照式（3.23）计算各偏移距情况下的探测深度，结果如表 3.4 所示。

表 3.4 有效探测深度计算表

	H=1000m AB=1000m I=10A						
偏移距 r/m	250	500	700	1000	2000	3000	4000
探测深度 d/km	3.6	4.1	4.2	4.2	4.1	3.9	3.7

可以看出，最大有效探测深度是在偏移距为 500～2000m 范围内得到的，也就是当 $V/H=0.5\sim2$ 时探测深度最大。

3.5.4 信号强度分析

在2.5节中，已经讨论了不同偏移距情况下的电磁场各分量的衰减特性。其中对于水

平电场 E_x 分量，随着偏移距的增大，早期信号强度下降严重，而晚期信号强度变化不大。因此，观测点离发射源越近，E_x 的信号强度整体上越强。垂直磁场 H_z 则随着偏移距的增大，信号强度在早期降低而在晚期增强。长偏移距瞬变电磁就是利用 H_z 的这种特点，在很大的偏移距处接收，以增强晚期信号强度，实现大深度的探测。但是，2.5 节的分析指出，远区晚期阶段的信号不具备分层能力，且体积效应严重，不利于精细探测。事实上，针对深度 2000m 以内的勘探，实际观测的时长一般不超过 1s，而对于目前仪器的灵敏度，即使在离源很近的地方观测，这时间范围内信号的晚期部分也能够被识别。因此，综合考虑探测效果和信号强度，在离源较近的区域观测电磁场具有较大的优势。

3.6　SOTEM 与回线源 TEM 对比

磁性源瞬变电磁法是目前应用最为广泛的瞬变电磁工作形式，其装置类型众多，常用的有中心回线、重叠回线、大定源回线、大回线等。其中大回线装置具有与目标体耦合性强、异常幅值大、探测深度相对较大、施工高效、对发射回线铺设要求不严格等优点，现已成为工程勘察、煤田地质、矿产探测等领域首选的施工手段。但是，目前的研究和应用成果表明，大回线瞬变电磁的探测深度一般集中于几十米到几百米范围内，很难突破更大的深度，这也是限制该装置在深部矿产勘探中发挥主体作用的主要因素。下面我们对大回线装置和 SOTEM 的差别做出详细分析。

3.6.1　信号强度对比

目前回线源和 SOTEM 两种装置都以测量垂直磁场的感应电动势为主，均匀半空间下，垂直磁感应强度随时间的变化率分别以以下两式计算：

$$\dot{B}_z^l(t)=\frac{3I\rho_1}{a^3}\left[\Phi(u)-\sqrt{\frac{2}{\pi}}u\left(1+\frac{u^2}{3}\right)\mathrm{e}^{-u^2/2}\right] \tag{3.26}$$

$$\dot{B}_z^w(t)=\frac{3IL\rho_1}{2\pi r^4}\sin\varphi\left[\Phi(u)-\sqrt{\frac{2}{\pi}}u\left(1+\frac{u^2}{3}\right)\mathrm{e}^{-u^2/2}\right] \tag{3.27}$$

其中，I 为发送电流强度；ρ_1 为均匀半空间电阻率；a 为回线源半径；L 为 SOTEM 发射源长度；r 为收发距；φ 为接收点与发射源的夹角；$\Phi(u)$ 为概率积分；式（3.26）中 $u=\sqrt{\frac{\mu_0}{2\rho_1 t}}a$，式（3.27）中 $u=\sqrt{\frac{\mu_0}{2\rho_1 t}}r$。

计算时，考虑实际工作中常采用的装置参数，设大回线装置参数为线框尺寸为 100m×100m，电流为 10A，接收点位于线框中心；SOTEM 装置参数为发射源长度为 1000m，供电电流为 10A，分别在收发距 200m、500m、1000m 和 2000m 四处接收；因此，大回线装置的发送磁矩是 SOTEM 的 10 倍。图 3.17 是电阻率为 100Ω · m 的均匀半空间产生的垂直磁场响应曲线。

由图 3.17 可以发现，虽然大回线装置的发送磁矩更大，但是其响应曲线衰减较为迅速，只有在很早期时响应的幅值大于 SOTEM 的响应。这是由于回线源的对称性使场具有

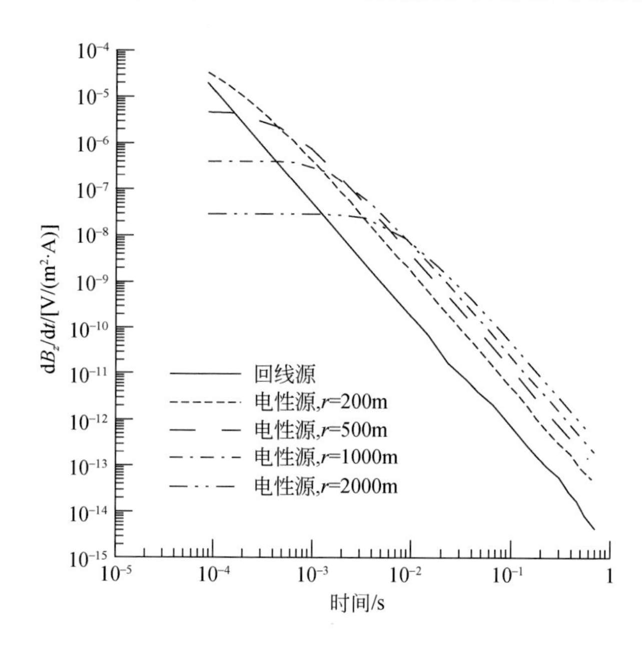

图 3.17　两种装置在均匀半空间产生的响应衰减曲线

相互抵消作用，能量在地层中衰减较快。可以看出，当两种装置的信号强度在晚期衰减至同一数量级时，SOTEM 要比回线源晚得多，这也是 SOTEM 比回线源探测深度大的一个原因，因为在相同的仪器最小分辨电平条件下，SOTEM 响应达到这一阈值的时间比回线源长得多，电磁信号也就在地下传播了更深的距离。

3.6.2　探测灵敏度对比

前述章节中已经指出，回线源产生的电磁场仅对低阻目标体敏感，对高阻体的探测能力较差，而电性源通过测量电、磁场可以实现对高、低阻目标体的探测。因此，针对高阻目标体的探测，电性源装置具有不可替代的作用；而针对低阻目标体的探测能力还需进行详细的比较。这里，以含低阻基底的 D 型地层和含低阻中间薄层的 H 型地层为模型（图 3.18），计算了两种装置的响应，并以式（3.22）给出的相对异常来进行定量对比。计算时考虑到最佳的探测效果，大回线的参数设置为线框尺寸为 200m×200m，电流为 10A，接收点位于线框中心；SOTEM 装置参数为发射源长度为 1000m，供电电流为 10A，偏移距为 500m；最晚观测时间为 700ms。

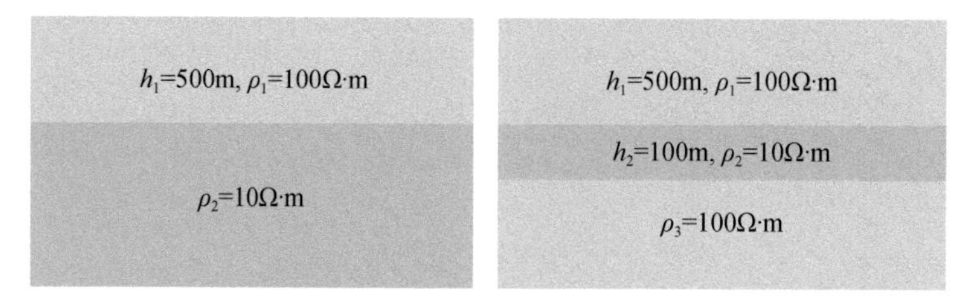

图 3.18　D 型与 H 型地层示意图

图 3. 19 为计算的响应曲线与相对异常曲线，首先可以看出，D 型地层引起的响应曲线畸变要明显大于 H 型地层引起的畸变；并且随时间的推迟，D 型地层的响应曲线越来越偏离均匀半空间的曲线，而 H 型地层的响应曲线仅在中间某段时刻内与均匀半空间曲线发生偏离，早期和晚期段内两者是几乎靠拢在一起的。图（c）和图（d），更清楚地表现出这种变化特征。从相对异常曲线可以看出，大回线源对于两种地层模型产生的相对异常要稍微高于 SOTEM，因此可以得知，对于低阻目标体的探测，回线源瞬变电磁的灵敏度要高于 SOTEM。

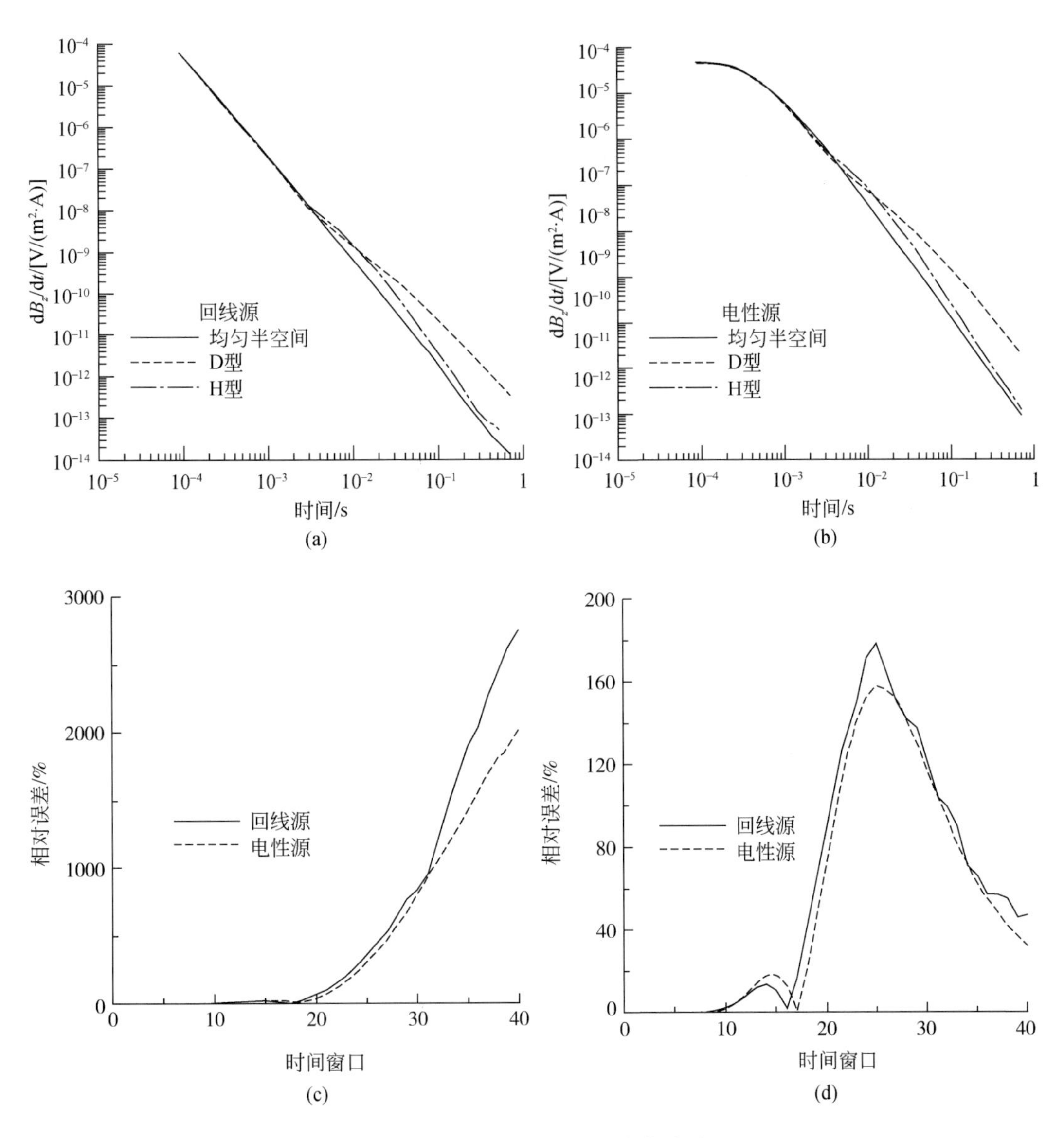

图 3. 19　响应曲线与相对异常曲线对比

（a）大回线响应曲线；（b）SOTEM 响应曲线；

（c）D 型相对异常曲线；（d）H 型相对异常曲线

3.6.3 探测深度对比

前面对信号强度的分析已经指出，回线源信号的快速衰减特性是导致其探测深度不大的一方面原因。当然，探测深度主要还是取决于装置类型。根据 Spies（1988）的研究，一般采用下式确定回线源瞬变电磁装置的探测深度：

$$d=0.55\left(\frac{M\rho_1}{\eta}\right)^{1/5} \tag{3.28}$$

其中，$M=IL^2$ 为发送磁矩，I 为发送电流，L 为线框边长。式（3.28）与计算电性源探测深度的式（3.24）和式（3.25）具有相同的意义，因此可以用来对比两种装置的探测深度。表 3.5 计算了两种装置在不同条件下的探测深度，对于表中 SOTEM 远区与近区的范围且不做定量的划分，仍能看出无论属于哪个范围，SOTEM 装置的探测深度要明显大于回线源装置。

经过上述三个方面的对比，可以得出结论：大回线装置的信号具有衰减迅速、动态范围大的特点，因此制约了其探测深度，定量对比显示，大回线装置的探测深度要远小于 SOTEM。大回线装置仅对低阻目标体敏感，但其灵敏度稍高于电性源装置。因此，大回线源瞬变电磁一般适用于浅层的低阻目标体的探测。另外，在山区工作时，回线源发射线框的铺设和移动非常不便，严重影响了测量的效率。

表 3.5　两种装置探测深度对比

发送磁距 /(A · m²)	电阻率 /(Ω · m)	偏移距 /m	回线源探测深度 /m	SOTEM 远区深度 /m	SOTEM 近区深度 /m
10000	10	500	631.78	1872.47	1910.92
		700			2043.93
		1000			2195.06
100000	100	500	1586.79	5921.28	4800
		700			5134.13
		1000			5513.75

第4章　电性源瞬变电磁三维正演方法

随着SOTEM研究的深入和勘探应用的增多，人们将更多的精力投入到该方法精细探测的研究中。前人在SOTEM电场分量、磁场分量响应特征及灵敏度方面做了一定的分析研究（陈卫营等，2016），然而这些研究都是基于一维层状模型，虽然在一些情况下实际地电结构可以简化为层状模型，但大部分情况下这些近似都是粗略的，无法准确认识三维目标体的响应特征及变化规律。对于局部异常和复杂目标体的分析，则需要利用三维数值模拟的手段，根据不同的地质条件建立模型，从而获得更加接近实际情况的电磁响应（闫述，2002；汤井田等，2007；任政勇，2007；薛国强等，2008）。许多地球物理学者致力于瞬变电磁的三维正演计算，主要采用的方法包括积分方程法、时域有限差分法、有限单元法和SLDM算法等。

SOTEM采用关断的阶跃波型电流激发，将自有场和辐射场在时间上分开，很好地实现了近源探测的目的。与远区观测相比，提高了分层能力，减小了体积效应。但是与LOTEM中从地面垂直向下传播的地面波占优不同，SOTEM中地层波占相当大的比例，且随着观测点、异常体与源之间相对位置的不同而变化。地层波携带的发收点之间的地质信息，有可能引起场源复印效应和阴影效应问题（薛国强等，2015a，b）。

根据SOTEM的特点，本章将主要介绍三维时域矢量有限元方法和三维时域有限差分方法的原理及其数值计算过程，为后续章节高维仿真结果分析奠定基础。

4.1　时域矢量有限元

4.1.1　有限元的基本原理

有限元法（finite element method，FEM）是一种求解偏微分方程边值问题近似解的数值方法，它将求解域分解为有限个小单元，并在每个小单元假设一个合适的近似解，然后推导得到求解域内边值问题满足的方程，从而得到问题的解（金建铭，1998）。该方法由Turner和Clough首次提出，目的是解决弹性力学问题（Turner et al.，1956）。Coggon（1971）利用能量最小化原理推导了电磁变分方程，率先将有限元法引入地球物理领域中。Kuo和Cho（1980）首先采用三维时域矢量有限元法对低阻矿体在低阻屏蔽层下的响应进行了模拟。之后，国内外地球物理学者对于三维时域有限元算法进行了大量的研究和分析，并取得了丰硕的成果（李建慧等，2012；葛德彪等，2014）。

有限元的基础包括变分原理及剖分插值。从第一方面来考虑，有限元法是Ritz-Galerkin法（加权余量法的一种）的变形，它选用“局部基函数”克服了Ritz-Galerkin法在选取基函数时的困难。从第二方面来讲，有限元法实质上是差分法的变形。差分法采用的是点近似，也就是说它只考虑离散点的函数值，忽略了点的邻域内函数值的变化，而有限元法是针对剖分后的小单元的近似，考虑了一小段区域内函数值的连续变化。因此我们可以说有限元法结合了 Ritz-Galerkin 法和有限差分法的优势，一定程度上改善了两者的劣势，因此比它们具有更强的适应性。

一般而言，有限元法主要分为两大类，标量有限元法和矢量有限元法。标量有限元法也称为节点有限元法，将自由度赋予各个节点，这样在相邻单元的公共棱边上有且只有一个值。但是当计算区域存在介质不连续时，标量有限元法就难以满足电磁场的连续性条件，会产生“伪解”的现象。矢量有限元法又称为棱边有限元法，它将自由度赋予各个棱边，故而自动满足电场和磁场切向分量连续的条件和法向不连续条件，这样就可以有效地避免“伪解”的现象。由两种方法的单元剖分对比图（图 4.1）可知，对于六面体单元剖分，矢量有限元法每个单元的待求量为 12 个，标量有限元法每个单元的待求量为 24 个。也就是说，矢量有限单元法的未知量更少，不仅大大缩小了计算所需的存储空间，也提高了计算效率。故而在实际的应用中，矢量有限元法更具优势。

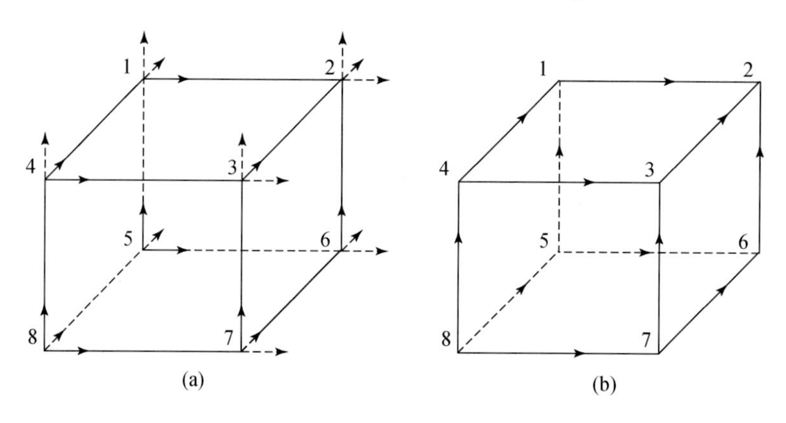

图 4.1　标量有限元法和矢量有限元法单元剖分对比图
（a）标量有限元法单元格；（b）矢量有限元法单元格

对于有限元正演模拟而言，其主要过程包括变分方程的推导、离散化、单元分析、单元合成以及线性方程组的求解。针对瞬变电磁法的正演模拟，其控制方程可以采用时间域的麦克斯韦方程组及由其衍化而得到的位函数方程。时间域电磁法的正演模拟可包括两类：直接法和间接法。直接法就是直接在时间域求解，相较于频率域电磁法而言，时间域的正演模拟不仅需要空间域的离散还需要进一步考虑时间域的计算问题。间接法就是先在频率域求解电磁响应，再通过时频变换转换至时间域。受限于时频转换方法，间接法求得的时域电磁响应难免会有精度的损失。而且对于发射波形无法进行很好的模拟。直接法直接从时间域出发计算瞬变电磁场，可以将激发源的发射波形考虑在内，与实际情况更吻合，能够更好地模拟解决实际问题。本节采用的是三维矢量有限元直接时域求解的模拟方法。图 4.2 给出了采用直接有限元法进行时间域正演模拟的主要流程。

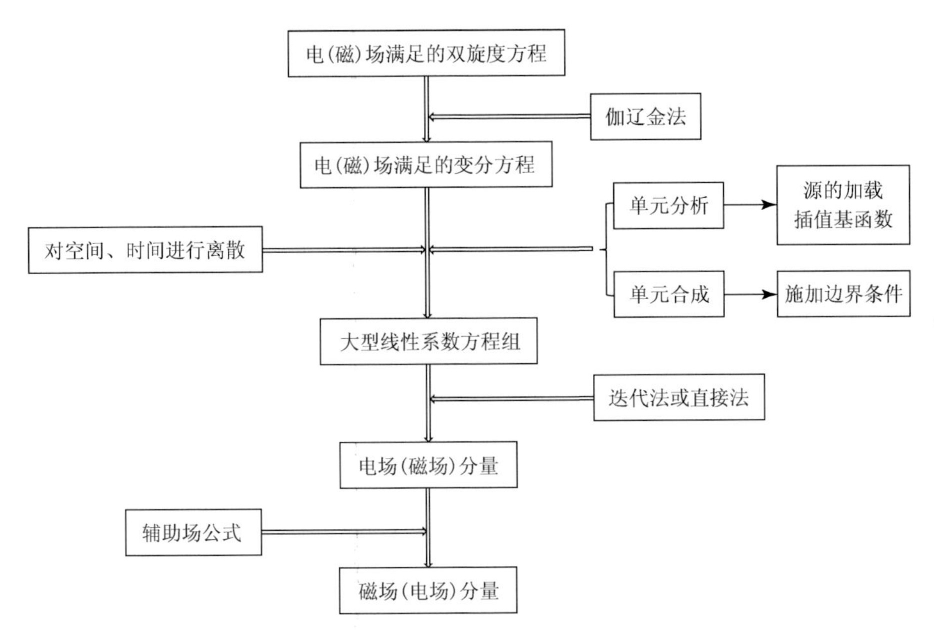

图4.2　直接有限元法正演模拟的主要流程

4.1.2　变分求解

前面已经提到，时间域电磁法的控制方程可采用时间域麦克斯韦方程组、矢量磁位-标量电位（A-φ）方程组、矢量电位-标量磁位（T-Ω）方程组及由之推导的双旋度方程。下面主要考虑由麦克斯韦方程组推导的双旋度方程作为控制方程。首先，电磁法勘探中电磁波频率均不超过100kHz，大地电阻率几乎不超过1000Ω·m，满足准静态条件，因此位移电流$\frac{\partial \boldsymbol{D}}{\partial t}$可被忽略。时间域麦克斯韦方程组可写作：

$$
\begin{aligned}
\nabla\times\boldsymbol{E}&=-\frac{\partial \boldsymbol{B}}{\partial t}\\
\nabla\times\boldsymbol{H}&=\boldsymbol{J}_{\mathrm{s}}+\sigma\boldsymbol{E}\\
\nabla\cdot\boldsymbol{D}&=\rho\\
\nabla\cdot\boldsymbol{B}&=0
\end{aligned}
\tag{4.1}
$$

其中，$\boldsymbol{E}$为电场强度（V/m）；$\boldsymbol{B}$为磁感应强度（Wb/m^2）；$\boldsymbol{H}$为磁场强度（A/m）；$\boldsymbol{J}_{\mathrm{s}}$为发射源电流密度（A/m^2）；$\sigma$为电导率。

由上述旋度方程可得到关于电磁场的双旋度方程：

$$
\begin{aligned}
&\nabla\times\nabla\times\boldsymbol{H}+\mu\sigma\frac{\partial \boldsymbol{H}}{\partial t}-\nabla\times\boldsymbol{J}_{\mathrm{s}}=0\\
&\nabla\times\left[\frac{1}{\mu}\nabla\times\boldsymbol{E}\right]+\sigma\frac{\partial \boldsymbol{E}}{\partial t}+\frac{\partial \boldsymbol{J}_{\mathrm{s}}}{\partial t}=0
\end{aligned}
\tag{4.2}
$$

下面根据伽辽金法推导有限元法的变分方程，以电场为例。首先假设矢量基函数为

$\boldsymbol{N}$，然后在整个求解域 V 进行积分，由此可得到：

$$\int_V \boldsymbol{N} \cdot \left[\nabla \times \left(\frac{1}{\mu} \nabla \times \boldsymbol{E} \right) + \sigma \frac{\partial \boldsymbol{E}}{\partial t} + \frac{\partial \boldsymbol{J}_s}{\partial t} \right] \mathrm{d}V = 0 \tag{4.3}$$

根据矢量恒等式：

$$\boldsymbol{B} \cdot (\nabla \times \boldsymbol{A}) = \boldsymbol{A} \cdot (\nabla \times \boldsymbol{B}) + \nabla \cdot (\boldsymbol{A} \times \boldsymbol{B}) \tag{4.4}$$

其中，$\boldsymbol{A}$ 和 $\boldsymbol{B}$ 为矢量。可将式（4.3）第一项分解为两项，再根据高斯定理：

$$\int_V \nabla \cdot \boldsymbol{A} \mathrm{d}V = \oint_S \boldsymbol{n} \cdot \boldsymbol{A} \mathrm{d}S \tag{4.5}$$

其中，$\boldsymbol{A}$ 为三维矢量；S 为包围体单元 V 的闭合曲面；$\boldsymbol{n}$ 为其法向量。由此可得第一项：

$$\begin{aligned} \int_V \boldsymbol{N} \cdot \nabla \times \left(\frac{1}{\mu} \nabla \times \boldsymbol{E} \right) \mathrm{d}V &= \int_V \left(\frac{1}{\mu} \nabla \times \boldsymbol{E} \right) \cdot \nabla \times \boldsymbol{N} \mathrm{d}V + \int_V \nabla \cdot \left(\frac{1}{\mu} \nabla \times \boldsymbol{E} \times \boldsymbol{N} \right) \mathrm{d}V \\ &= \int_V \left(\frac{1}{\mu} \nabla \times \boldsymbol{E} \right) \cdot \nabla \times \boldsymbol{N} \mathrm{d}V + \oint_S \boldsymbol{n} \cdot \left(\frac{1}{\mu} \nabla \times \boldsymbol{E} \times \boldsymbol{N} \right) \mathrm{d}S \end{aligned} \tag{4.6}$$

再根据三矢量混合积转换公式：

$$\boldsymbol{A} \cdot (\boldsymbol{B} \times \boldsymbol{C}) = (\boldsymbol{A} \times \boldsymbol{B}) \cdot \boldsymbol{C} \tag{4.7}$$

式（4.6）第二项可改写成：

$$\oint_S \boldsymbol{n} \cdot \left(\frac{1}{\mu} \nabla \times \boldsymbol{E} \times \boldsymbol{N} \right) \mathrm{d}S = \oint_S \boldsymbol{n} \times \left(\frac{1}{\mu} \nabla \times \boldsymbol{E} \right) \cdot \boldsymbol{N} \mathrm{d}S = 0 \tag{4.8}$$

综上，可得到电场的变分方程为

$$\int_V \left[(\nabla \times \boldsymbol{N}) \cdot \left(\frac{1}{\mu} \nabla \times \boldsymbol{E} \right) + \sigma \boldsymbol{N} \cdot \frac{\partial \boldsymbol{E}}{\partial t} + \boldsymbol{N} \cdot \frac{\partial \boldsymbol{J}_s}{\partial t} \right] \mathrm{d}V = 0 \tag{4.9}$$

同理可得到磁场的变分方程：

$$\int_V \left[(\nabla \times \boldsymbol{N}) \cdot (\nabla \times \boldsymbol{H}) + \mu \sigma \boldsymbol{N} \cdot \frac{\partial \boldsymbol{H}}{\partial t} - \mu \boldsymbol{N} \cdot (\nabla \times \boldsymbol{J}_s) \right] \mathrm{d}V = 0 \tag{4.10}$$

需要说明的是，若实际问题中包含有已知的第二类和第三类边界条件，在推导变分方程的过程中，我们应当将这两类边界条件代入，而对于已知的第一类边界条件则需在后面单元合成过程再考虑。

4.1.3　单元分析

经过空间和时间离散之后，我们得到了不同时间节点、剖分后单元格内电场分量满足的条件，接下来需要在每个单元格内对方程进行简化。这一部分的关键是选择合适的插值基函数，此外，我们也将在这一部分考虑源的加载。

1. 插值基函数

矢量有限元法常使用的插值基函数是 Whitney 型矢量基函数，对于一个四面体单元（图 4.3）来说，矢量基函数定义为

$$\boldsymbol{N}_j = l_j (L_{j1} \nabla L_{j2} - L_{j2} \nabla L_{j1}) j = 1, 2, \cdots, 6 \tag{4.11}$$

式中，l_j 为四面体上第 j 条边的长度；L_{jn} 为第 j 条边上第 n 个节点的节点基函数：

$$L_k(x,y,z)=\frac{1}{6V_e}(a_k+b_kx+c_ky+d_kz) \tag{4.12}$$

式中，k 为该节点在单元格中的编号；V_e、a_1、b_1、c_1、d_1 分别用下式表示：

$$V_e=\frac{1}{6}\begin{vmatrix}1&1&1&1\\x_1&x_2&x_3&x_4\\y_1&y_2&y_3&y_4\\z_1&z_2&z_3&z_4\end{vmatrix},a_1=\begin{vmatrix}x_2&y_2&z_2\\x_3&y_3&z_3\\x_4&y_4&z_4\end{vmatrix},b_1=-\begin{vmatrix}1&y_2&z_2\\1&y_3&z_3\\1&y_4&z_4\end{vmatrix},$$

$$c_1=\begin{vmatrix}1&x_2&z_2\\1&x_3&z_3\\1&x_4&z_4\end{vmatrix},d_1=\begin{vmatrix}1&x_2&y_2\\1&x_3&y_3\\1&x_4&y_4\end{vmatrix}$$

式中，x_k，y_k，z_k，($k=1$，2，3，4）表示该节点的坐标，其余节点的系数可通过循环下角标获得。此外，需要特殊说明的是棱边编号与节点编号之间的关系如表 4.1 所示。

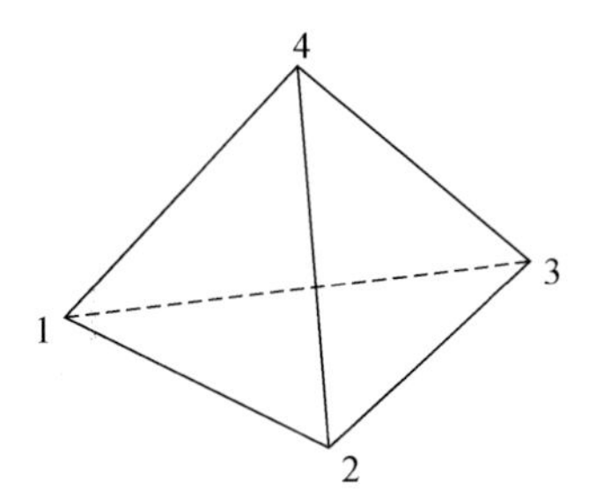

图 4.3　剖分的四面体单元

表 4.1　四面体单元棱边节点关系

棱边 j	节点 j_1	节点 j_2
1	1	2
2	1	3
3	1	4
4	2	3
5	4	2
6	3	4

至此，四面体单元 e_i 内电场 $\boldsymbol{E}_i$ 可以表示为

$$\boldsymbol{E}_i=\sum_{j=1}^{6}\boldsymbol{N}_j\boldsymbol{E}_j \tag{4.13}$$

将式（4.13）代入式（4.9），并整理可得：

$$\int_{e_i}(\nabla\times\boldsymbol{N}_i)\cdot\left(\frac{1}{\mu}\nabla\times\boldsymbol{N}_j\right)\cdot\boldsymbol{E}_j^m\mathrm{d}V+\sigma\int_{e_i}\boldsymbol{N}_i\cdot\boldsymbol{N}_j\cdot\frac{\partial\boldsymbol{E}_j^m}{\partial t}\mathrm{d}V+\int_{e_i}\boldsymbol{N}_i\cdot\frac{\partial\boldsymbol{J}_{si}}{\partial t}=0 \tag{4.14}$$

将式（4.14）写成矩阵形式：

$$\boldsymbol{A}_{e_i}\boldsymbol{E}_{e_i}+\boldsymbol{B}_{e_i}\frac{\partial \boldsymbol{E}_{e_i}}{\partial t}+b_{e_i}=0 \tag{4.15}$$

式中，

$$\boldsymbol{A}_{e_i}=\int_{e_i}\frac{1}{\mu}(\nabla\times\boldsymbol{N}_i)\cdot(\nabla\times\boldsymbol{N}_j)\mathrm{d}V;\boldsymbol{B}_{e_i}=\int\sigma\boldsymbol{N}_i\cdot\boldsymbol{N}_j\mathrm{d}V \tag{4.16}$$

$$b_{e_i}=\int_{e_i}\boldsymbol{N}_i\cdot\frac{\partial \boldsymbol{J}_{si}}{\partial t}\mathrm{d}V \tag{4.17}$$

式中，$\boldsymbol{E}_{e_i}$为电场在四面体各个棱边上投影值形成的列向量。

2. 源的加载

目前发射源的加载方式主要有两种：一种是采用初始条件代替源项，即以层状地球模型上某个时刻的电磁场解作为初始条件进行时间步的迭代，另一种是直接在控制方程中加载源项。当浅表层地质结构不均匀时，第一种方法容易引入较大的误差。此外，只有少数几种发射波形能求得解析解，且求算过程较为复杂。因此，近年来，第二种源的加载方式更为常用。对于电偶极源，理论推导过程常采用δ函数替代，这种源的加载方式要求在源附近区域网格要特别密且插值基函数尽量为高阶，这无疑加大了计算量，但尽管如此还是无法消除源的奇异性，导致源附近的解误差较大。为了解决这一问题，Herrmann 提出使用伪δ函数［式（4.18）］模拟源的加载，它借用一个小区域来代替一个点，有效地改善了大型线性方程组的性能。对于回线源，可将电流密度直接施加到与电场的水平分量重合的单元棱边上，对于接地导线源来说，可将其看作电偶极源的叠加，对电偶极源进行线积分即可。

$$J_s(x-x_0)=\frac{1}{2\tau}\begin{cases}0, & (x-x_0)<-2\tau\\ I(((x-x_0+2\tau)/\tau)^2/2), & -2\tau<(x-x_0)<-\tau\\ I(-((x-x_0+2\tau)/\tau)^2/2+2(x-x_0+2\tau)/\tau-1), & -\tau<(x-x_0)<\tau\\ I(((x-x_0+2\tau)/\tau)^2/2-4(x-x_0+2\tau)/\tau+8), & \tau<(x-x_0)<2\tau\\ 0, & (x-x_0)>2\tau\end{cases} \tag{4.18}$$

式中，τ的大小决定幅值的大小和加载节点的多少；x_0为源位置的坐标。

4.1.4　单元合成

表面上看起来单元合成的工作只要将所有单元刚度矩阵按照对应位置合成总体刚度矩阵即可。但其实单元合成之后，还需要考虑如何施加边界条件使之成为可真正反映问题的待求解方程。

上面已经提及，对于已知的第二类和第三类边界条件，在推导变分方程的过程中自然引入，而对于第一类边界条件需要我们在合成总体刚度矩阵之后单独考虑。这类边界条件的处理通常是直接剔除对应矩阵的行和列，然后相应地对总体载荷向量进行补偿。

此外，对于开域问题，还需要加入截断边界条件，常用的边界条件包括理想导体（PEC）、吸收边界和完全匹配层（PML）。其中PEC是最简单、应用最早的一种，其假设电磁场传到截断边界时衰减为0，因此，为了减小边界反射对结果的影响，这种边界条件要求计算域十分大，这大大增加了数值计算的计算量。吸收边界通过在边界上构造特定的算子，将到达边界的电磁场从数学形式上进行吸收。但为了达到较好的效果，一般要采用高阶算子，在有限元中施加困难。完全匹配层则是在计算域外侧增加一个吸收层（图4.4），进入吸收层中的电磁波会逐渐衰减，不再反射回计算域中。

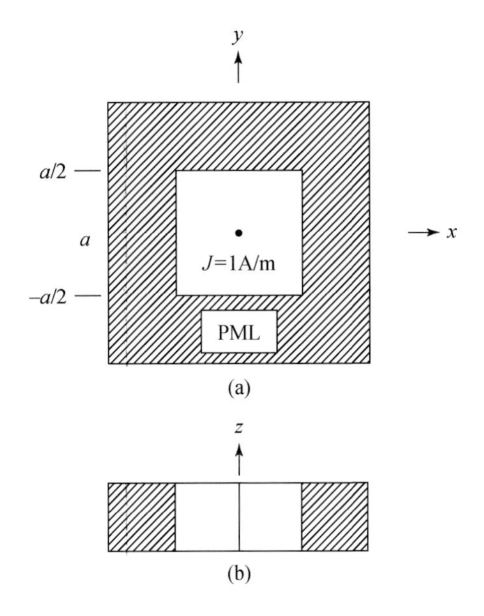

图4.4　完全匹配层

（a）PML俯视平面图；（b）PML垂向切片图

Bérenger（1994）给出了匹配层中的麦克斯韦方程：

$$
\begin{aligned}
\varepsilon\frac{\partial \boldsymbol{E}}{\partial t}+\sigma\boldsymbol{E}&=\nabla\times\boldsymbol{H}\\
\mu\frac{\partial \boldsymbol{H}}{\partial t}+\sigma^{*}\boldsymbol{H}&=\nabla\times\boldsymbol{E}
\end{aligned}
\tag{4.19}
$$

式中，σ^{*}是为了实现对场的吸收而引入的非物理参数。若匹配煤质中的参数满足关系：

$$
\frac{\sigma}{\varepsilon}=\frac{\sigma^{*}}{\mu} \tag{4.20}
$$

则垂直出射的电磁波在匹配煤质和真空的界面上不产生反射，此即匹配条件。但要实现任意出射角度的电磁波的吸收，需要对式（4.19）进行分裂。例如，对于二维TE_Z模式，匹配层中的麦克斯韦方程组分裂成了：

$$
\begin{aligned}
&\varepsilon\frac{\partial E_x}{\partial t}+\sigma_y E_x=\frac{\partial(H_{zx}+H_{zy})}{\partial y}\\
&\varepsilon\frac{\partial E_y}{\partial t}+\sigma_x E_y=-\frac{\partial(H_{zx}+H_{zy})}{\partial y}\\
&\mu\frac{\partial H_{zx}}{\partial t}+\sigma_x^* H_{zx}=-\frac{\partial E_y}{\partial x}\\
&\mu\frac{\partial H_{zy}}{\partial t}+\sigma_y^* H_{zy}=\frac{\partial E_x}{\partial y}
\end{aligned}
\tag{4.21}
$$

从式（4.21）可以看出，这种分解一定程度上破坏了麦克斯韦方程组的原有特性，使得计算变得复杂。

为了避免分裂带来的麻烦，Sacks 等（1995）在 PML 的基础上发展出了各向异性完全匹配（UPML）。UPML 中，媒质参数为

$$
\bar{\bar{\varepsilon}}=\varepsilon\begin{pmatrix} a & 0 & 0\\ 0 & b & 0\\ 0 & 0 & c\end{pmatrix},\quad \bar{\bar{\mu}}=\mu\begin{pmatrix} a & 0 & 0\\ 0 & b & 0\\ 0 & 0 & c\end{pmatrix}
\tag{4.22}
$$

式中，a，b，c 需根据反射误差需求加以确定。UPML 不需要对匹配层中的麦克斯韦方程组进行分解，同时能够和 PML 具有一样的吸收效果，已在电磁计算中取得了广泛应用。

4.1.5　方程组求解

至此，我们得到了用于最终解决问题的大型线性方程组，理论上接下来只要选择合适的方法解大型线性方程组即可得到待求电场值。但其实在实际的实现过程中，我们还需要先考虑矩阵的存储方式，矩阵的存储方式一方面影响了计算过程中内存的占用程度，另一方面也会一定程度上影响到计算的效率。

对于有限元法计算过程中的矩阵存储方式，传统上主要包括以下四种。

（1）二维定带宽存储：一般来说，有限元法形成的总体刚度矩阵具有对称、带状特性，基于此，二维定带宽存储仅存储带状内对角线以上或以下的元素（包括对角线元素），如图 4.5 所示，图中 W 为单元格顶点编号最大差值的绝对值。这种方式在一定程度上节省了存储空间，但存储的元素中仍包含许多零元素。

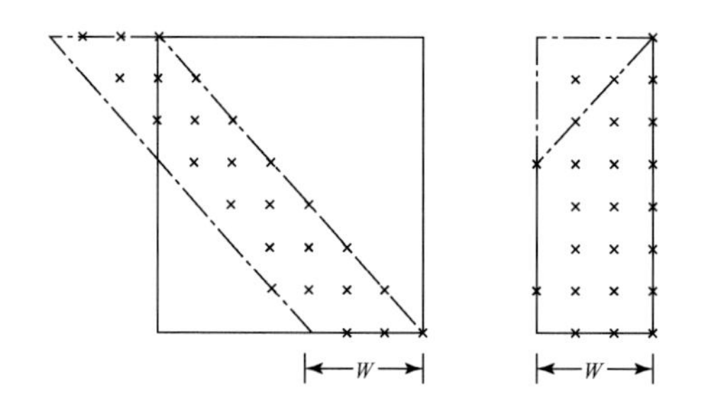

图 4.5　定带宽存储方式

（2）一维变带宽存储：当总体刚度矩阵的带宽局部存在较大变化时，采用二维定带宽存储将引起内存的浪费，因此可以采用变带宽存储。变带宽存储需要定义两个数组：GA 及 ID，GA 用来存储矩阵带宽内第一个非零元素到对角线元素之间的值，而 ID 用来存储矩阵对角线元素的位置。这样既达到了减少内存占用的目的，也实现了方程求解时元素的快速搜索。

（3）按行压缩存储：考虑到总体刚度矩阵除了是对称、带状矩阵外，还具有稀疏的特性，为了避免存储带宽内的零元素，采用按行压缩存储。这种方法需要定义三个数组：A，IA，JA。数组 A 用来记录矩阵中的所有非零元素，数组 IA 用来记录每行第一个非零元素在数组 A 中的位置，而数组 JA 记录了非零元素在矩阵中的列号。下面举例简单说明。假设如下矩阵 E，其存储方式如表 4.2 所示。

$$E=\begin{pmatrix}3&0&5&1&0&0\\0&6&0&0&5&0\\0&0&-4&0&0&0\\0&1&0&8&0&0\\1&0&0&0&2&7\\0&6&0&0&0&-1\end{pmatrix}$$

表 4.2　稀疏矩阵存储示意图

序号	1	2	3	4	5	6	7	8	9	10	11	12	13
IA	1	4	6	7	9	12	14						
JA	1	3	4	2	5	3	2	4	1	5	6	2	6
A	3	5	1	6	5	−4	1	8	1	2	7	6	−1

（4）块按行压缩存储：该方法大多数应用于高维节点有限元法的存储。对于高维节点有限元法来说，当它有多个自由度时，它的总体刚度矩阵常常会呈现分块特性，因此，在存储的时候也可以将它现分块再存储。下面以一个实例来说明。

从表 4.3 ~ 表 4.5 的分析可以看出，该方法仍旧定义了 3 个数组：A，IA，JA。数组 A 用来记录矩阵中的所有非零元素，数组 IA 用来记录分块矩阵中每行第一个非零元素在数组 A 中的位置，而数组 JA 记录了非零元素在待存储矩阵中的列号。

表 4.3　待存储矩阵

1	0	0	0	3	7
−2	8	0	0	4	9
0	0	5	−6	13	8
0	0	0	2	10	11
−9	6	0	0	0	0
4	5	0	0	0	0

表 4.4　分块矩阵

X1	0	X2
0	X3	X4
X5	0	0

表 4.5　块行压缩存储

序号	1	2	3	4	5
IA	1	3	5	6	
JA	1	3	2	3	1
A	1	3	5	13	-9
	-2	4	0	10	4
	0	7	-6	8	6
	8	9	2	11	5

线性方程组的求解方法主要包括两类：直接法和迭代法。三维电磁场问题离散的线性代数方程组的阶数比较高，如若使用直接法来求解，由于舍入误差的逐步增大，计算精度也随之降低。而迭代法则可以通过增大迭代次数来弥补舍入误差的积累。然而一些常规的迭代法，比如高斯-赛德尔迭代法（GS）、超松弛迭代法（SOR）、共轭梯度法（CG）亦不能满足计算要求。目前，求解大型的有限单元方程组的方法主要是各种预处理共轭梯度法（如 ICCG、SSOR-PCG 等），双共轭梯度法（BICG）及其各种变形以及多重栅格法（MG）等。当然，目前线性方程组的求解大多借助于 PARDISO 求解器进行。

在此需要说明的是，求解完线性方程组并不意味着正演模拟过程的结束，在有些情况下，我们还需要进行一些相应的转换或者其他变量的求解，比如说，对于矢量有限元法而言，求得棱边场值之后，还需将求得的值转换至节点处；至于仅求电场值（或磁场值）的过程，求得相应的值之后，还需要根据麦克斯韦方程求得对应的磁场值（或电场值）。对于这些问题，在此就不详细说明了。

4.1.6　程序验证

基于上述时域有限元算法原理与实现流程，编写了接地导线源时间域电磁响应三维正演程序，采用 TetGen 1.5.1-beta1 实现对求解域的离散，采用 ParaView 实现剖分网格的可视化。计算环境如下：Linux Ubuntu 18.04 操作系统，Intel（R）Core（TM）i9-10900K CPU@ 3.70GHz 处理器，64GB 内存。为验证程序计算结果的准确性，首先与均匀半空间模型的解析进行对比。半空间模型电阻率为 100Ω · m，发射导线源长为 1000m，发射电流为 10A，观测点位于地面，处于发射源中垂线上，距发射源中点距离为 500m。三维建模中，计算区域大小为 2km×2km×3km，在源点、接收点以及电性分界面附近进行网格加密，以提高数值计算精度。计算时窗范围为0.01～200ms，共1324个时间道。图4.6给出了水平电场E_x分量和垂直感应电动势dB_z/dt分量的数值模拟结果与解析结果，以及两者之间的误差。可以看出，三维时域有限元计算结果与解析计算结果吻合得很好，在全时间段范围内，两个分量的误差都小于5%。较大误差主要出现在早期和晚期，其中E_x分量的最大误差为3.98%，dB_z/dt分量的最大误差为2.22%。

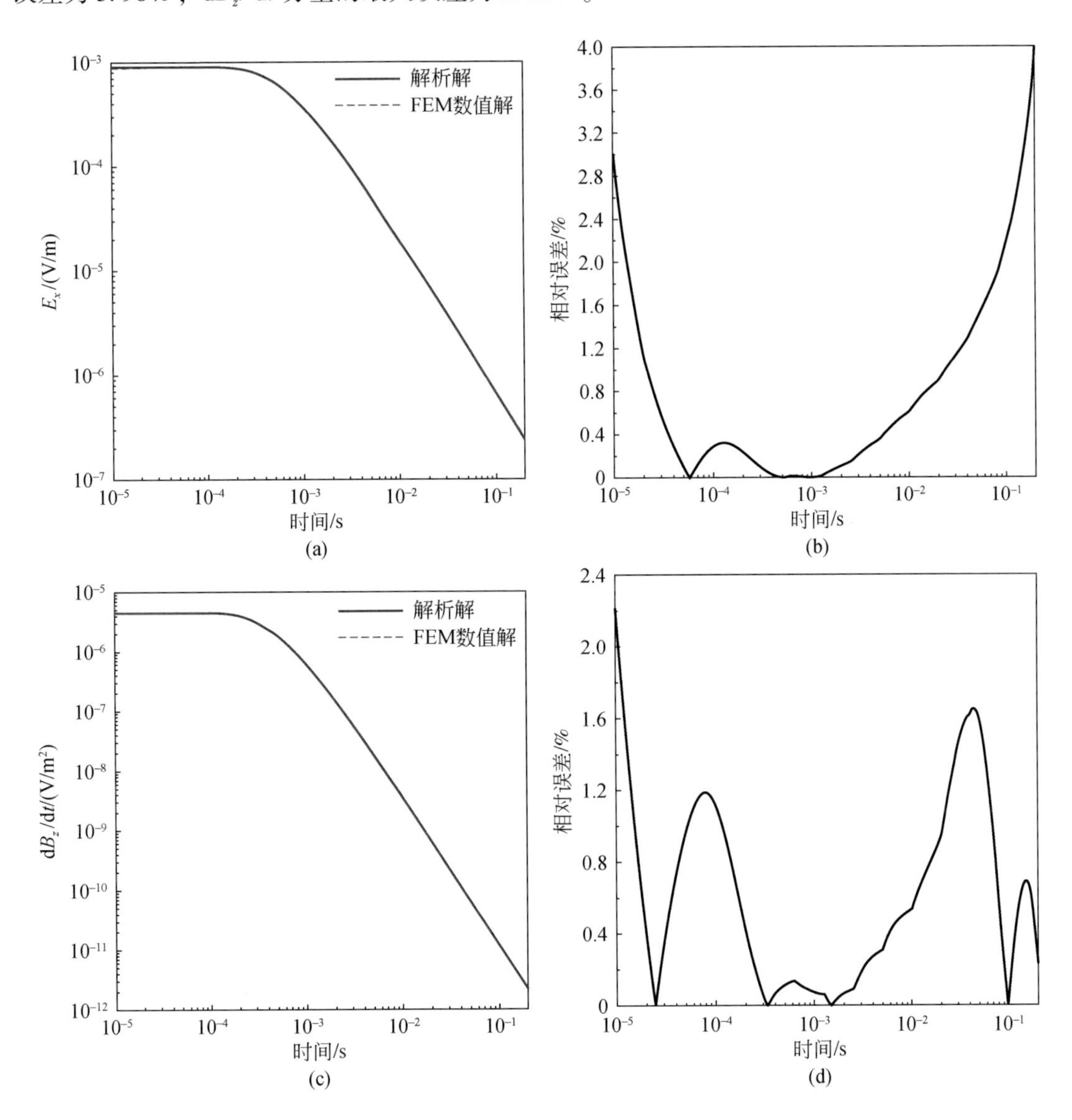

图4.6　均匀半空间模型验证结果

(a) E_x分量响应曲线；(b) E_x相对误差；(c) dB_z/dt分量响应曲线；(d) dB_z/dt相对误差

进一步通过一个四层模型对程序准确性进行验证。层状模型参数如下：$d_1=500$m，$\rho_1=100\Omega\cdot$m，$d_2=200$m，$\rho_2=50\Omega\cdot$m，$d_3=300$m，$\rho_3=500\Omega\cdot$m，$\rho_4=100\Omega\cdot$m。发射源参数与接收点位置和上述半空间模型一致。图4.7为E_x分量和dB_z/dt分量的数值模拟结

果与解析结果，以及两者之间的误差。可以看出，对于层状模型，三维时域有限元计算结果与解析计算结果同样吻合得很好。

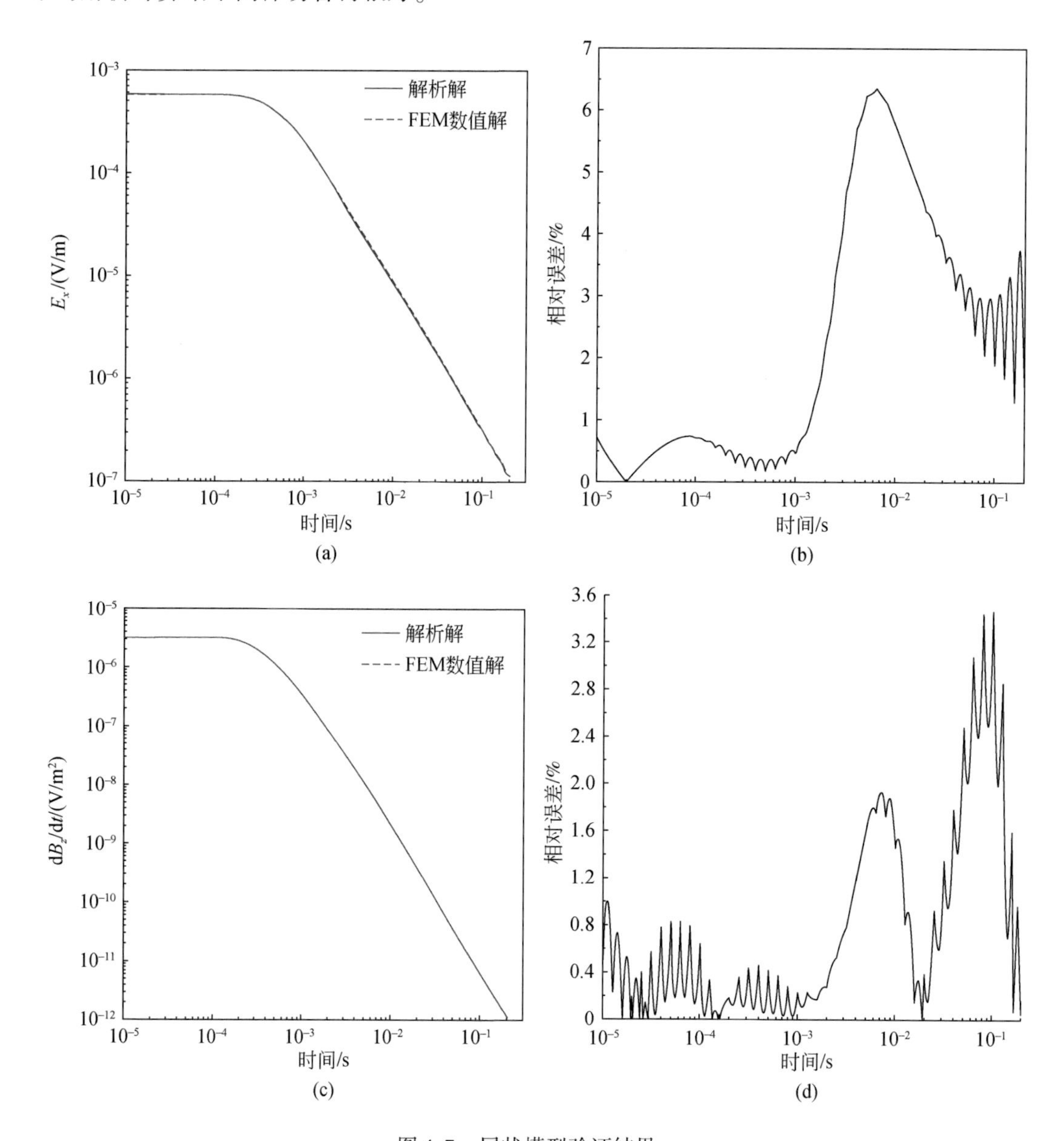

图 4.7　层状模型验证结果

（a）E_x 分量响应曲线；（b）E_x 相对误差；（c）dB_z/dt 分量响应曲线；（d）dB_z/dt 相对误差

4.2　时域有限差分法

有限差分法（finite difference method，FDM）是一种将求解域划分为差分网格，用有限个网格节点代替连续求解域的方法。有限差分法将磁场和电场在空间和时间上采用交替采样的离散方式进行分析（薛国强等，2021a）。Oristaglio 和 Hohmann（1984）、闫述等（2002）利用二维 Du Fort-Frankel 有限差分法阐述了瞬变电磁场在二维地电断面下随时间扩散的过程。Wang 和 Hohmann（1993）采用改进的 Du Fort-Frankel 三维有限差分法直接在时域求解瞬变电磁场响应，其算法采用均匀半空间瞬变电磁场的解析解作为初始条件，并采用位场向上延拓的方法处理地空边界，实现了时域有限差分法的三维正演模拟。孙怀凤等（2013）将回线源电流密度加入迭代方程代替初始条件激发源，实现了考虑关断时间条件下的任意波形发射电流瞬变电磁场的计算。Commer 和 Newman（2004）将三维有限差分法应用于电性源瞬变电磁场的求解，其直接求解稳定电流场的泊松方程以得到电场初始值，并且在晚期对磁场时间导数和感应电流密度施加无散度条件以改善晚期场的精度。

4.2.1　控制方程及其差分离散

三维时域有限差分法（Yee，1966）采用的是显式差分格式，直接采用式（4.1）的差分格式对电磁场进行计算，但需要满足 Courant 稳定性条件。因此对晚期瞬变电磁场进行计算时需要大量的时间步数，这将耗费大量的计算时间，在普通计算机上难以完成。Wang 和 Hohmann（1993）对麦克斯韦方程组进行了准静态近似，并加入虚拟位移电流项以构建显式差分时间步进格式，即将式（4.1）的第二个方程修改为

$$\nabla\times\boldsymbol{H}(\boldsymbol{r},t)=\sigma\boldsymbol{E}(\boldsymbol{r},t)+\tilde{\varepsilon}\frac{\partial\boldsymbol{E}(\boldsymbol{r},t)}{\partial t}\tag{4.23}$$

式（4.23）右边第二项为人工加入的虚拟位移电流项，其中的 $\tilde{\varepsilon}$ 为人工加入的介电常数，其取值可以适当扩大（比介质实际的介电常数大几个数量级）以增大时间步长，又被称为虚拟介电常数。

式（4.23）为无源条件下的方程，只能用于发射电流关断之后场的计算，在发射电流关断期间，需要对有源区域的场进行计算。在有源条件下式（4.23）可修改为（孙怀凤等，2013）

$$\nabla\times\boldsymbol{H}(\boldsymbol{r},t)=\sigma\boldsymbol{E}(\boldsymbol{r},t)+\tilde{\varepsilon}\frac{\partial\boldsymbol{E}(\boldsymbol{r},t)}{\partial t}+J_{s}(\boldsymbol{r},t)\tag{4.24}$$

其中，$\boldsymbol{J}_{s}(\boldsymbol{r},\ t)$ 为源电流密度。

将方程（4.1）第一个方程写成分量形式为

$$\begin{cases}-\dfrac{\partial B_x}{\partial t}=\dfrac{\partial E_z}{\partial y}-\dfrac{\partial E_y}{\partial z}\\ -\dfrac{\partial B_y}{\partial t}=\dfrac{\partial E_x}{\partial z}-\dfrac{\partial E_z}{\partial x}\\ -\dfrac{\partial B_z}{\partial t}=\dfrac{\partial E_y}{\partial x}-\dfrac{\partial E_x}{\partial y}\end{cases}\tag{4.25}$$

式（4.25）为磁场计算的方程。方程（4.25）表明磁感应强度的三个方向分量中只有两个是独立的，其中一个分量可以由另外两个分量得到。在对晚期瞬变电磁场进行计算时，为防止误差积累影响计算精度，一般将方程（4.25）包含在迭代过程中（Wang and Hohmann，1993），其加入方法在差分离散时将详细介绍。

式（4.23）为无源区域的电场迭代方程，其分量形式为

$$
\begin{cases}
\tilde{\varepsilon}\dfrac{\partial E_x}{\partial t}+\sigma E_x=\dfrac{\partial H_z}{\partial y}-\dfrac{\partial H_y}{\partial z} \\
\tilde{\varepsilon}\dfrac{\partial E_y}{\partial t}+\sigma E_y=\dfrac{\partial H_x}{\partial z}-\dfrac{\partial H_z}{\partial x} \\
\tilde{\varepsilon}\dfrac{\partial E_z}{\partial t}+\sigma E_z=\dfrac{\partial H_y}{\partial x}-\dfrac{\partial H_x}{\partial y}
\end{cases}
\tag{4.26}
$$

式（4.24）为有源区域的电场迭代方程，其分量形式为

$$
\begin{cases}
\tilde{\varepsilon}\dfrac{\partial E_x}{\partial t}+\sigma E_x=\dfrac{\partial H_z}{\partial y}-\dfrac{\partial H_y}{\partial z}-J_x \\
\tilde{\varepsilon}\dfrac{\partial E_y}{\partial t}+\sigma E_y=\dfrac{\partial H_x}{\partial z}-\dfrac{\partial H_z}{\partial x}-J_y \\
\tilde{\varepsilon}\dfrac{\partial E_z}{\partial t}+\sigma E_z=\dfrac{\partial H_y}{\partial x}-\dfrac{\partial H_x}{\partial y}
\end{cases}
\tag{4.27}
$$

式（4.25）~式(4.27）为电磁场迭代方程的分量形式。

4.2.2 Yee 网格与麦克斯韦方程组的有限差分表示

为了建立差分方程，需要将连续空间和时间离散化，也就是将空间和时间进行网格剖分。时变电磁场模拟包括电场和磁场的 6 个分量，进行网格剖分时需要考虑各个分量在介质交界面处的连续性条件。

根据电磁场理论，在两种介质（设为介质 1 和介质 2）的交界处，电场 $\boldsymbol{E}$ 的切向分量是连续的，即

$$\boldsymbol{n}\times(\boldsymbol{E}_1-\boldsymbol{E}_2)=0 \tag{4.28}$$

其中，$\boldsymbol{n}$ 为交界面上由介质 2 指向介质 1 的法向单位矢量。磁感应强度 $\boldsymbol{B}$ 的法向分量是连续的，即

$$\boldsymbol{n}\cdot(\boldsymbol{B}_1-\boldsymbol{B}_2)=0 \tag{4.29}$$

Yee（1966）建立了时域有限差分网格体系，其采用的网格单元如图 4.8 所示。在 Yee 网格单元中，电场分量放置在每个单元各棱的中间，方向平行于各棱；磁场分量放置在每个单元各面的中心，方向沿各面的法线方向。Yee 网格单元的特点是每一磁场矢量都被四个电场所环绕，符合法拉第电磁感应定律，每个电场矢量都被四个磁场所环绕，符合安培环路定律。Yee 网格单元将磁场置于各面的中心，将电场置于各棱的中心，这样的布置方式可以满足电场和磁场在不同介质交界面处的边界条件，能够适应复杂结构的计算。

电场和磁场在时间上的取样方式如图 4.9 所示。在 $t=t_n$ 时刻对 $\boldsymbol{E}$ 进行计算，在 $t=t_n+\Delta t_n/2$ 时刻对 $\boldsymbol{B}$ 进行计算，随着时间步的推进依次对电场和磁场进行计算，电磁场各分量在空间与时间节点的采样分布如表 4.6 所示。在计算 $\boldsymbol{E}_n$ 时需要利用 $\boldsymbol{E}_{n-1}$ 和 $\boldsymbol{B}_{n-1/2}$ 的值，之后利用 $\boldsymbol{B}_{n-1/2}$ 和 $\boldsymbol{E}_n$ 的值计算 $\boldsymbol{B}_{n+1/2}$，之后再计算 $\boldsymbol{E}_{n+1}$，如此随时间步依次交替采样，循环迭代计算。

在将麦克斯韦方程组转化为差分方程时，一般采用中心差分进行近似，在 $t=t_{n+1/2}$ 时刻

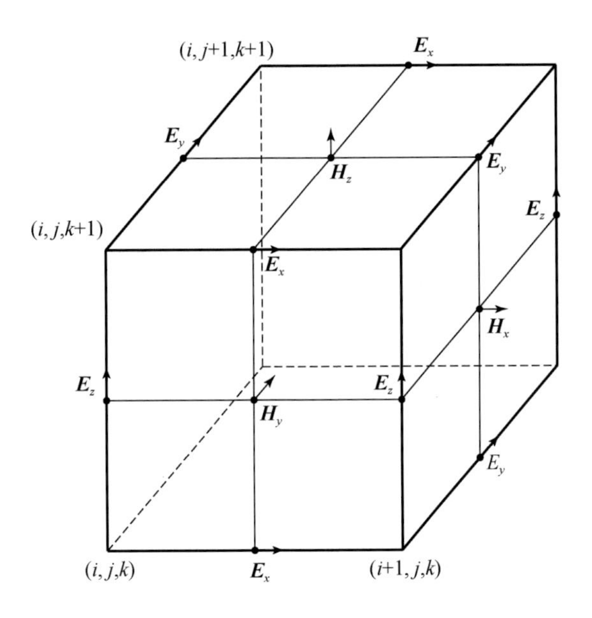

图 4.8　Yee 网格单元电磁场分量位置示意图

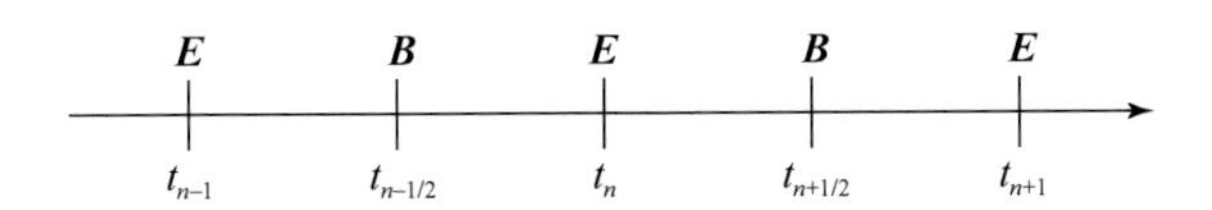

图 4.9　时间取样示意图

E_x 时间导数的中心差分形式为

$$\left(\frac{\partial E_x}{\partial t}\right)^{n+1/2}=\frac{E_x^{n+1}-E_x^n}{\Delta t_n} \tag{4.30}$$

$E_x^{n+1/2}$ 可近似表示为

$$E_x^{n+1/2}=\frac{E_x^n+E_x^{n+1}}{2} \tag{4.31}$$

表 4.6　电磁场分量位置和时间取样分布

电磁场分量		空间分量取样			时间取样
		X 坐标	Y 坐标	Z 坐标	
E	E_x	$i+1/2$	j	k	n
	E_y	i	$j+1/2$	k	
	E_z	i	j	$k+1/2$	
B	B_x	i	$j+1/2$	$k+1/2$	$n+1/2$
	B_y	$i+1/2$	j	$k+1/2$	
	B_z	$i+1/2$	$j+1/2$	k	

图4.10为 E_x 周围磁场分量的位置分布，将式（4.23）和式（4.24）代入方程组（4.26）第一个方程得到

$$\tilde{\varepsilon}\frac{E_x^{n+1}\left(i+\frac{1}{2},j,k\right)-E_x^{n}\left(i+\frac{1}{2},j,k\right)}{\Delta t_n}+\overline{\sigma}\left(i+\frac{1}{2},j,k\right)\frac{E_x^{n}\left(i+\frac{1}{2},j,k\right)+E_x^{n+1}\left(i+\frac{1}{2},j,k\right)}{2}$$
$$=\frac{H_z^{n+1/2}\left(i+\frac{1}{2},j+\frac{1}{2},k\right)-H_z^{n+1/2}\left(i+\frac{1}{2},j-\frac{1}{2},k\right)}{\overline{\Delta y_j}}-\frac{H_y^{n+1/2}\left(i+\frac{1}{2},j,k+\frac{1}{2}\right)-H_y^{n+1/2}\left(i+\frac{1}{2},j,k-\frac{1}{2}\right)}{\overline{\Delta z_k}} \tag{4.32}$$

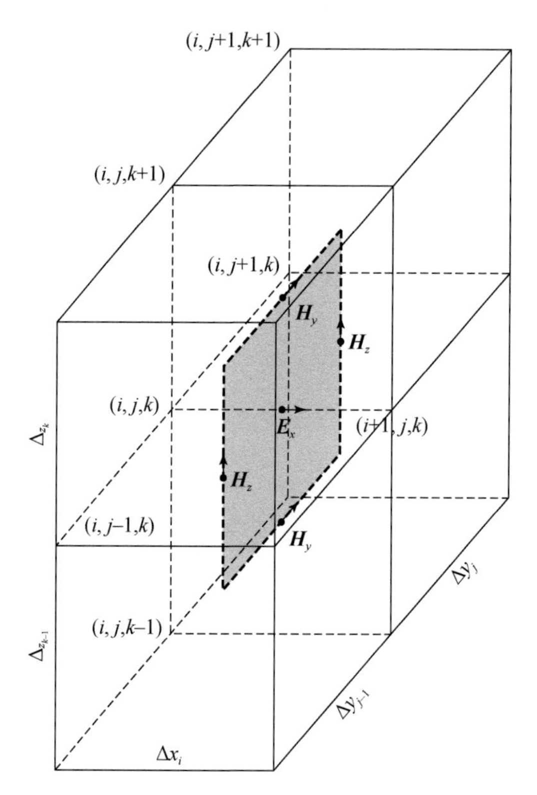

图4.10　环绕电场 E_x 的场分量示意图

其中，

$$\begin{aligned}&\overline{\sigma}\left(i+\frac{1}{2},j,k\right)\\&=(\sigma(i,j-1,k-1)\Delta x_i\Delta y_{j-1}\Delta z_{k-1}+\sigma(i,j-1,k)\Delta x_i\Delta y_{j-1}\Delta z_k\\&\quad+\sigma(i,j,k-1)\Delta x_i\Delta y_j\Delta z_{k-1}+\sigma(i,j,k)\Delta x_i\Delta y_j\Delta z_k)/(\Delta x_i\Delta y_{j-1}\Delta z_{k-1}\\&\quad+\Delta x_i\Delta y_{j-1}\Delta z_k+\Delta x_i\Delta y_j\Delta z_{k-1}+\Delta x_i\Delta y_j\Delta z_k)\end{aligned} \tag{4.33}$$

即将网格交界处的电导率取为周围四个网格电导率按体积的加权平均值，这样的处理方法允许介质电导率属性在相邻网格处的突变。另

$$\overline{\Delta y_j} = (\Delta y_{j-1} + \Delta y_j)/2 \tag{4.34}$$

$$\overline{\Delta z_k} = (\Delta z_{k-1} + \Delta z_k)/2 \tag{4.35}$$

将式（4.32）整理可以得到

$$\begin{aligned} & E_x^{n+1}\left(i+\frac{1}{2},j,k\right) \\ & = \frac{2\tilde{\varepsilon} - \Delta t_n \overline{\sigma}\left(i+\frac{1}{2},j,k\right)}{2\tilde{\varepsilon} + \Delta t_n \overline{\sigma}\left(i+\frac{1}{2},j,k\right)} E_x^n\left(i+\frac{1}{2},j,k\right) + \frac{2\Delta t_n}{2\tilde{\varepsilon} + \Delta t_n \overline{\sigma}\left(i+\frac{1}{2},j,k\right)} \\ & \times \left[\frac{H_z^{n+1/2}\left(i+\frac{1}{2},j+\frac{1}{2},k\right) - H_z^{n+1/2}\left(i+\frac{1}{2},j-\frac{1}{2},k\right)}{\overline{\Delta y_j}} \right. \\ & \left. - \frac{H_y^{n+1/2}\left(i+\frac{1}{2},j,k+\frac{1}{2}\right) - H_y^{n+1/2}\left(i+\frac{1}{2},j,k-\frac{1}{2}\right)}{\overline{\Delta z_k}} \right] \end{aligned} \tag{4.36}$$

同理可以得到方程组（4.26）中 E_y 和 E_z 的差分表达式

$$\begin{aligned} & E_y^{n+1}\left(i,j+\frac{1}{2},k\right) \\ & = \frac{2\tilde{\varepsilon} - \Delta t_n \overline{\sigma}\left(i,j+\frac{1}{2},k\right)}{2\tilde{\varepsilon} + \Delta t_n \overline{\sigma}\left(i,j+\frac{1}{2},k\right)} E_y^n\left(i,j+\frac{1}{2},k\right) + \frac{2\Delta t_n}{2\tilde{\varepsilon} + \Delta t_n \overline{\sigma}\left(i,j+\frac{1}{2},k\right)} \\ & \times \left[\frac{H_x^{n+1/2}\left(i,j+\frac{1}{2},k+\frac{1}{2}\right) - H_x^{n+1/2}\left(i,j+\frac{1}{2},k-\frac{1}{2}\right)}{\overline{\Delta z_k}} \right. \\ & \left. - \frac{H_z^{n+1/2}\left(i+\frac{1}{2},j+\frac{1}{2},k\right) - H_z^{n+1/2}\left(i-\frac{1}{2},j+\frac{1}{2},k\right)}{\overline{\Delta x_i}} \right] \end{aligned} \tag{4.37}$$

$$\begin{aligned} & E_z^{n+1}\left(i,j,k+\frac{1}{2}\right) \\ & = \frac{2\tilde{\varepsilon} - \Delta t_n \overline{\sigma}\left(i,j,k+\frac{1}{2}\right)}{2\tilde{\varepsilon} + \Delta t_n \overline{\sigma}\left(i,j,k+\frac{1}{2}\right)} E_z^n\left(i,j,k+\frac{1}{2}\right) + \frac{2\Delta t_n}{2\tilde{\varepsilon} + \Delta t_n \overline{\sigma}\left(i,j,k+\frac{1}{2}\right)} \\ & \times \left[\frac{H_y^{n+1/2}\left(i+\frac{1}{2},j,k+\frac{1}{2}\right) - H_y^{n+1/2}\left(i-\frac{1}{2},j,k+\frac{1}{2}\right)}{\overline{\Delta x_i}} \right. \\ & \left. - \frac{H_x^{n+1/2}\left(i,j+\frac{1}{2},k+\frac{1}{2}\right) - H_x^{n+1/2}\left(i,j-\frac{1}{2},k+\frac{1}{2}\right)}{\overline{\Delta y_j}} \right] \end{aligned} \tag{4.38}$$

其中，

$$\overline{\sigma}\left(i,j+\frac{1}{2},k\right)$$
$$=(\sigma(i-1,j,k-1)\Delta x_{i-1}\Delta y_j\Delta z_{k-1}+\sigma(i-1,j,k)\Delta x_{i-1}\Delta y_j\Delta z_k \tag{4.39}$$
$$+\sigma(i,j,k-1)\Delta x_i\Delta y_j\Delta z_{k-1}+\sigma(i,j,k)\Delta x_i\Delta y_j\Delta z_k)/(\Delta x_{i-1}\Delta y_j\Delta z_{k-1}$$
$$+\Delta x_{i-1}\Delta y_j\Delta z_k+\Delta x_i\Delta y_j\Delta z_{k-1}+\Delta x_i\Delta y_j\Delta z_k)$$

$$\overline{\sigma}\left(i,j,k+\frac{1}{2}\right)$$
$$=(\sigma(i-1,j-1,k)\Delta x_{i-1}\Delta y_{j-1}\Delta z_k+\sigma(i-1,j,k)\Delta x_{i-1}\Delta y_j\Delta z_k \tag{4.40}$$
$$+\sigma(i,j-1,k)\Delta x_i\Delta y_{j-1}\Delta z_k+\sigma(i,j,k)\Delta x_i\Delta y_j\Delta z_k)/(\Delta x_{i-1}\Delta y_{j-1}\Delta z_k$$
$$+\Delta x_{i-1}\Delta y_j\Delta z_k+\Delta x_i\Delta y_{j-1}\Delta z_k+\Delta x_i\Delta y_j\Delta z_k)$$

$$\overline{\Delta x_i}=(\Delta x_{i-1}+\Delta x_i)/2 \tag{4.41}$$

对于磁场的计算，由于瞬变电磁场在晚期时随时间不断衰减，迭代误差的累积会影响计算精度，一般将方程（4.1）第四式包含在迭代过程中。该式的分量形式为

$$\frac{\partial B_x}{\partial x}+\frac{\partial B_y}{\partial y}+\frac{\partial B_z}{\partial z}=0 \tag{4.42}$$

可写为

$$\frac{\partial B_z}{\partial z}=-\frac{\partial B_x}{\partial x}-\frac{\partial B_y}{\partial y} \tag{4.43}$$

Wang 和 Hohmann（1993）在计算磁场时先采用方程组（4.25）计算 B_x 和 B_y，之后采用式（4.43）对 B_z 进行计算，这样的计算方法既实现了磁场所有分量的计算，又保证了磁场的无源性。采用式（4.43）对 B_z 进行计算时，从 $\partial B_z/\partial z$ 得到 B_z 需要已知模型空间其中一层 B_z 的值。Wang 和 Hohmann（1993）在计算时采用了 Dirichlet 边界条件，模型空间底边界的 B_z 为零，其采用了从下往上的方式对各层的 B_z 进行计算。由于本书采用了吸收边界条件，无法采用上述方法对 B_z 进行计算。

为了对 B_z 进行计算，本书首先采用方程（4.25）对整个模型的 B_x 和 B_y 以及 $z=0$ 平面（或其他平面）上的 B_z 进行计算，然后再利用式（4.43）计算其他位置的 B_z 值。在 $t=t_n$ 时刻，将 B_x 的时间导数用中心差分表示为

$$\left(\frac{\partial B_x}{\partial t}\right)^n=\frac{B_x^{n+1/2}-B_x^{n-1/2}}{(\Delta t_{n-1}+\Delta t_n)/2} \tag{4.44}$$

图 4.11 为 B_x 周围电场分量的位置分布，将式（4.44）代入方程组（4.25）第一个方程可以得到 B_x 的差分表达式

$$
\begin{aligned}
&B_x^{n+1/2}\left(i,j+\frac{1}{2},k+\frac{1}{2}\right)\\
&=B_x^{n-1/2}\left(i,j+\frac{1}{2},k+\frac{1}{2}\right)-\frac{\Delta t_{n-1}+\Delta t_n}{2}\left[\frac{E_z^n\left(i,j+1,k+\frac{1}{2}\right)-E_z^n\left(i,j,k+\frac{1}{2}\right)}{\Delta y_j}\right.\\
&\left.-\frac{E_y^n\left(i,j+\frac{1}{2},k+1\right)-E_y^n\left(i,j+\frac{1}{2},k\right)}{\Delta z_k}\right]
\end{aligned}
\tag{4.45}
$$

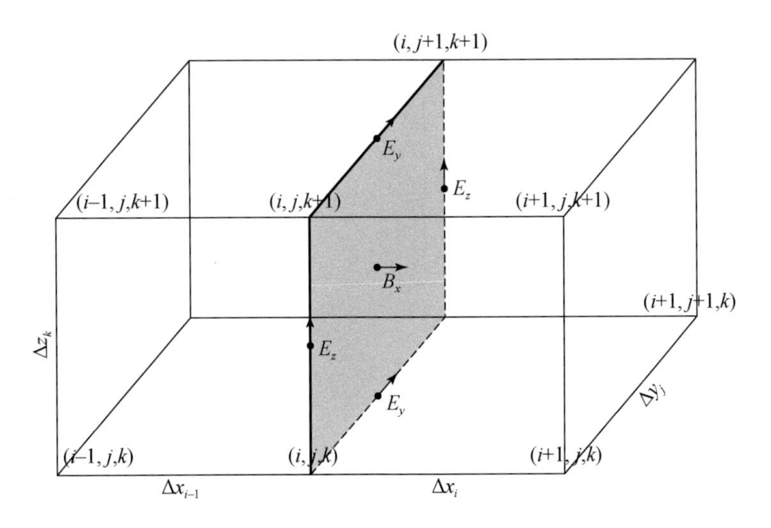

图 4.11　环绕磁场 B_x 的场分量示意图

同理可以得到方程组（4.25）中 B_y 的差分表达式

$$
\begin{aligned}
&B_y^{n+1/2}\left(i+\frac{1}{2},j,k+\frac{1}{2}\right)\\
&=B_y^{n-1/2}\left(i+\frac{1}{2},j,k+\frac{1}{2}\right)-\frac{\Delta t_{n-1}+\Delta t_n}{2}\left[\frac{E_x^n\left(i+\frac{1}{2},j,k+1\right)-E_x^n\left(i+\frac{1}{2},j,k\right)}{\Delta z_k}\right.\\
&\left.-\frac{E_z^n\left(i+1,j,k+\frac{1}{2}\right)-E_z^n\left(i,j,k+\frac{1}{2}\right)}{\Delta x_i}\right]
\end{aligned}
\tag{4.46}
$$

对于 B_z 的计算，首先利用方程组（4.25）对模型最中间一层（或其他平面）的 B_z 进行计算

$$
\begin{aligned}
&B_z^{n+1/2}\left(i+\frac{1}{2},j+\frac{1}{2},0\right)\\
&=B_z^{n-1/2}\left(i+\frac{1}{2},j+\frac{1}{2},0\right)-\frac{\Delta t_{n-1}+\Delta t_n}{2}\left[\frac{E_y^n\left(i+1,j+\frac{1}{2},0\right)-E_y^n\left(i,j+\frac{1}{2},0\right)}{\Delta x_i}\right.
\end{aligned}
$$

$$
\left.-\frac{E_x^n\left(i+\frac{1}{2},j+1,0\right)-E_x^n\left(i+\frac{1}{2},j,0\right)}{\Delta y_j}\right] \tag{4.47}
$$

之后再采用式（4.43）对其他位置的 B_z 进行计算，在 $z<0$ 区域有

$$
\begin{aligned}
&B_z^{n+1/2}\left(i+\frac{1}{2},j+\frac{1}{2},k\right)\\
&=B_z^{n+1/2}\left(i+\frac{1}{2},j+\frac{1}{2},k+1\right)+\Delta z_k\\
&\times\left[\frac{B_x^{n+1/2}\left(i+1,j+\frac{1}{2},k+\frac{1}{2}\right)-B_x^{n+1/2}\left(i,j+\frac{1}{2},k+\frac{1}{2}\right)}{\Delta x_i}\right.\\
&\left.-\frac{B_y^{n+1/2}\left(i+\frac{1}{2},j+1,k+\frac{1}{2}\right)-B_y^{n+1/2}\left(i+\frac{1}{2},j,k+\frac{1}{2}\right)}{\Delta y_j}\right]
\end{aligned} \tag{4.48}
$$

在 $z>0$ 区域，式（4.43）的差分形式为

$$
\begin{aligned}
&B_z^{n+1/2}\left(i+\frac{1}{2},j+\frac{1}{2},k\right)\\
&=B_z^{n+1/2}\left(i+\frac{1}{2},j+\frac{1}{2},k-1\right)+\Delta z_{k-1}\\
&\times\left[\frac{B_x^{n+1/2}\left(i+1,j+\frac{1}{2},k-\frac{1}{2}\right)-B_x^{n+1/2}\left(i,j+\frac{1}{2},k-\frac{1}{2}\right)}{\Delta x_i}\right.\\
&\left.-\frac{B_y^{n+1/2}\left(i+\frac{1}{2},j+1,k-\frac{1}{2}\right)-B_y^{n+1/2}\left(i+\frac{1}{2},j,k-\frac{1}{2}\right)}{\Delta y_j}\right]
\end{aligned} \tag{4.49}
$$

以上为无源区域电磁场的有限差分迭代方程，在发射电流供电期间，需要对发射源所在位置及其附近的电磁场进行计算。如图 4.12 为电性源示意图，根据 Yee 单元模型，需要将发射电流置于电场所在位置，电流密度位于一个元胞内，对于 x 方向电流，其电流密度为

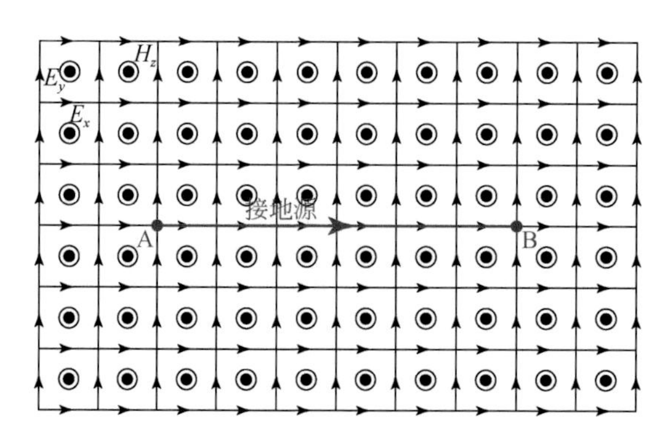

图 4.12　电性源示意图

$$J_{ix}=\frac{I_x}{\Delta y\Delta z} \tag{4.50}$$

对于 y 方向电流，其电流密度为

$$J_{iy}=\frac{I_y}{\Delta x\Delta z} \tag{4.51}$$

方程组（4.27）可离散为

$$\begin{aligned}
&E_x^{n+1}\left(i+\frac{1}{2},j,k\right)\\
&=\frac{2\tilde{\varepsilon}-\Delta t_n\overline{\sigma}\left(i+\frac{1}{2},j,k\right)}{2\tilde{\varepsilon}+\Delta t_n\overline{\sigma}\left(i+\frac{1}{2},j,k\right)}E_x^n\left(i+\frac{1}{2},j,k\right)+\frac{2\Delta t_n}{2\tilde{\varepsilon}+\Delta t_n\overline{\sigma}\left(i+\frac{1}{2},j,k\right)}\\
&\times\left[\frac{H_z^{n+1/2}\left(i+\frac{1}{2},j+\frac{1}{2},k\right)-H_z^{n+1/2}\left(i+\frac{1}{2},j-\frac{1}{2},k\right)}{\overline{\Delta y_j}}\right.\\
&\left.-\frac{H_y^{n+1/2}\left(i+\frac{1}{2},j,k+\frac{1}{2}\right)-H_y^{n+1/2}\left(i+\frac{1}{2},j,k-\frac{1}{2}\right)}{\overline{\Delta z_k}}\right]\\
&-\frac{2\Delta t_n}{2\tilde{\varepsilon}+\Delta t_n\overline{\sigma}\left(i+\frac{1}{2},j,k\right)}J_{ix}^{n+1/2}\left(i+\frac{1}{2},j,k\right)
\end{aligned} \tag{4.52}$$

$$\begin{aligned}
&E_y^{n+1}\left(i,j+\frac{1}{2},k\right)\\
&=\frac{2\tilde{\varepsilon}-\Delta t_n\overline{\sigma}\left(i,j+\frac{1}{2},k\right)}{2\tilde{\varepsilon}+\Delta t_n\overline{\sigma}\left(i,j+\frac{1}{2},k\right)}E_y^n\left(i,j+\frac{1}{2},k\right)+\frac{2\Delta t_n}{2\tilde{\varepsilon}+\Delta t_n\overline{\sigma}\left(i,j+\frac{1}{2},k\right)}\\
&\times\left[\frac{H_x^{n+1/2}\left(i,j+\frac{1}{2},k+\frac{1}{2}\right)-H_x^{n+1/2}\left(i,j+\frac{1}{2},k-\frac{1}{2}\right)}{\overline{\Delta z_k}}\right.\\
&\left.-\frac{H_z^{n+1/2}\left(i+\frac{1}{2},j+\frac{1}{2},k\right)-H_z^{n+1/2}\left(i-\frac{1}{2},j+\frac{1}{2},k\right)}{\overline{\Delta x_i}}\right]\\
&-\frac{2\Delta t_n}{2\tilde{\varepsilon}+\Delta t_n\overline{\sigma}\left(i,j+\frac{1}{2},k\right)}J_{iy}^{n+1/2}\left(i,j+\frac{1}{2},k\right)
\end{aligned} \tag{4.53}$$

综上，式（4.36）~式(4.38）构成了无源介质中电场的差分方程，式（4.45）~式(4.49）构成了磁场的差分方程，式（4.52）和式（4.53）构成了有源区域电场的差分方程。

4.2.3　空气层的处理

传统方法均直接在地表施加边界条件，采用位场向上延拓的方法处理地空边界，避免了直接对空气层进行剖分计算。然而当接收装置位于空中时，瞬变电磁法正演模拟不仅需要对地下介质进行网格剖分计算，还需要考虑地表以上空气层的计算。空气为高阻介质，在发射电流关断期间和关断后初期瞬变电磁场的频率较高，采用有限差分法对空气层计算时电磁场会产生振荡，造成计算误差。

电磁场时域有限差分法采用的是显式差分格式，其空间网格大小和时间步长需要满足一定的条件才能保证迭代的稳定。电磁场时域有限差分迭代的数值稳定性由 Courant 条件确定：

$$\Delta t \leqslant \frac{1}{v\sqrt{\frac{1}{(\Delta x)^2}+\frac{1}{(\Delta y)^2}\frac{1}{(\Delta z)^2}}} \tag{4.54}$$

其中，v 为电磁波传播速度。取 Δx、Δy 和 Δz 为空间最小网格间距，得到

$$v\Delta t \leqslant \frac{\Delta_{\min}}{\sqrt{3}} \tag{4.55}$$

其中，$\Delta_{\min}$为空间网格间距的最小值。

电磁波速度为

$$v=\frac{1}{\sqrt{\mu\tilde{\varepsilon}}} \tag{4.56}$$

将式（4.56）代入式（4.55）可得到

$$\Delta t \leqslant \frac{\Delta_{\min}\sqrt{\mu\tilde{\varepsilon}}}{\sqrt{3}} \tag{4.57}$$

对于空气介质，除了 Courant 稳定性条件外，还需要满足准静态近似条件，电磁场准静态近似条件为

$$\sigma \gg \omega\tilde{\varepsilon} \tag{4.58}$$

其中，σ 为介质电导率；ω 为圆频率。空气层计算的稳定性问题主要出现在发射电流建立或关断的初期，在此期间电磁场频率较高，波动性较强。设发射电流为斜阶跃波，其频谱为

$$F(\omega)=\frac{1}{\omega^2 t_{\mathrm{of}}}(1-\mathrm{e}^{-\mathrm{i}\omega t_{\mathrm{of}}}) \tag{4.59}$$

其中，t_{of}为发射电流关断时间。ω 越大，其频谱幅值越小，忽略 $|F(\omega)|<F_1$ 部分的频谱成分，取信号频谱的临界频率为

$$\omega=\frac{1}{\sqrt{F_1 t_{\mathrm{of}}}} \tag{4.60}$$

将式（4.60）代入式（4.58）得

$$\tilde{\varepsilon} \ll \sqrt{F_1}\,\sigma_{\mathrm{air}}\sqrt{t_{\mathrm{of}}} \tag{4.61}$$

令 $k=a\sqrt{F_1}$，其中 $a<1$，可得：

$$\tilde{\varepsilon}=k\sigma_{\text{air}}\sqrt{t_{\text{of}}} \tag{4.62}$$

式（4.62）即为空气层中瞬变电磁场计算需要满足的稳定性条件，k 的取值与地下介质的电导率有关，可通过数值试验得到。

以上为发射电流关断期间和关断后初期空气层中虚拟介电常数的选取条件，随着时间的推移，瞬变电磁场逐渐扩散，晚期的瞬变电磁场以低频成分为主，此时空气中的电磁场可看作地下电磁场扩散引起。晚期信号频谱的临界频率可表示为（Chen et al.，2016）

$$\omega=\frac{1}{\alpha t} \tag{4.63}$$

其中，α 的取值与地下介质的电导率有关，可通过数值试验得到。由式（4.58）和式（4.63）可得：

$$\tilde{\varepsilon}=\alpha\sigma_{\text{air}}t \tag{4.64}$$

式（4.64）为晚期空气层计算的稳定性条件。

本书根据场在早期和晚期的特征分别采用不同的有限差分算法：在早期地下介质和空气采用不同的介电常数以保证空气层计算的稳定性，即地下介质采用实际介电常数，空气中介电常数按式（4.62）取值；在晚期让地下介质的介电常数随空气中介电常数共同变化，其取值依据式（4.64）选取。

从式（4.62）和式（4.64）可看出，$\tilde{\varepsilon}$的取值在早期和晚期差别巨大，其取值从早期到晚期的变化对计算精度和计算效率有较大影响，本节采用如下取值方案：

$$\tilde{\varepsilon}=\begin{cases}k\sigma_{\text{air}}\sqrt{t_{\text{of}}} & t\leqslant t_{\text{of}}\\ \dfrac{\alpha\sigma_{\text{air}}(t-t_{\text{of}})^2}{t-t_{\text{of}}+\beta}+k\sigma_{\text{air}}\sqrt{t_{\text{of}}} & t>t_{\text{of}}\end{cases} \tag{4.65}$$

利用式（4.65）得到合适的 $\tilde{\varepsilon}$之后，根据空间网格大小和磁导率的取值利用式（4.57）即可得到时间步长的值。

图 4.13 为本书方法与直接采用麦克斯韦方程组差分方程（Yee，1966）的对比结果。采用模型的参数：地下介质电阻率为 100Ω·m，空气电阻率为 10^6Ω·m，电性源长度为 200m，发射电流采用梯形波，梯形宽度为 5ms，上升沿和下降沿宽度为 10μs。接收点位于发射源赤道位置，与发射源中心距离为 500m，距离地面高度为 60m。图 4.13（a）为直接采用麦克斯韦方程组差分方程的计算结果，空气和地下介质的介电常数均取真空介电常数，其磁场脉冲响应衰减曲线在早期有很大波动，在晚期逐渐与解析解重合。图 4.13（b）为采用本书算法的计算结果，介电常数按照式（4.65）取值，$\alpha=1$，$\beta=10^{-4}$，k 分别取 2×10^{-5}、10^{-4}、5×10^{-4}。从图中可以看出，当 $k=2\times10^{-5}$ 与 $k=10^{-4}$时磁场脉冲响应衰减曲线与解析解在各个时段都非常吻合，说明本书算法能够较好地解决空气层计算问题。

4.2.4　卷积完全匹配层吸收边界条件

计算机模拟的空间是有限的，必须施加边界条件以消除截断边界对计算结果的影响。边界条件是影响晚期场精度的主要因素，有效的吸收边界不仅能提高解的精度，而

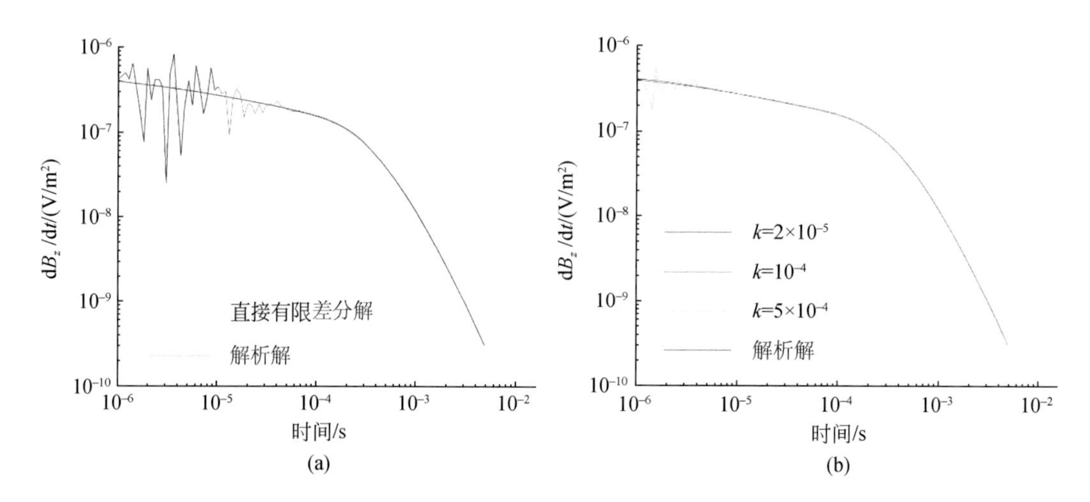

图 4.13　接收装置位于空中时的空气层计算效果验证

（a）直接有限差分解；（b）改进后的解

且能减少网格数量。前文曾提及，传统的瞬变电磁数值模拟中最常用的是理想导体吸收边界（Dirichlet 边界条件），后来 Bérenger（1994）采用了一种完全匹配层的特殊媒质作为吸收边界。为了改善 PML 吸收边界对低频波的吸收效果，Kuzuoglu 和 Mittra（1996）提出了复频移完全匹配层（CFS-PML）的概念，之后 Roden 和 Gedney（2000）提出了在 FDTD 中实现 CFS-PML 的方法，称为卷积完全匹配层（CPML）。李展辉和黄清华（2014）将 CFS-PML 边界应用到瞬变电磁法正演中，并发现 CFS-PML 边界除了具有 PML 吸收边界的性能外，还能对晚期低频场进行有效吸收，说明该边界条件较适合于瞬变电磁场的计算。

1. 伸缩坐标系中的麦克斯韦频域方程组

在有耗介质中，伸缩坐标中的麦克斯韦方程组的频域形式为（Chew and Weedon，1994）

$$\nabla_s \times \boldsymbol{H} = \sigma \boldsymbol{E} + j\omega\tilde{\varepsilon}\boldsymbol{E} \tag{4.66}$$

$$\nabla_s \times \boldsymbol{E} = -j\omega \boldsymbol{B} \tag{4.67}$$

其中，σ 为截断区域中介质的电导率；ω 为电磁场角频率；∇_s算子为

$$\nabla_s = \vec{x}_0 \frac{1}{s_x}\frac{\partial}{\partial x} + \vec{y}_0 \frac{1}{s_y}\frac{\partial}{\partial y} + \vec{z}_0 \frac{1}{s_z}\frac{\partial}{\partial z} \tag{4.68}$$

将式（4.68）代入方程（4.66）得

$$\begin{cases} \dfrac{1}{S_y}\dfrac{\partial H_z}{\partial y} - \dfrac{1}{S_z}\dfrac{\partial H_y}{\partial z} = \sigma E_x + j\omega\tilde{\varepsilon}E_x \\ \dfrac{1}{S_z}\dfrac{\partial H_x}{\partial z} - \dfrac{1}{S_x}\dfrac{\partial H_z}{\partial x} = \sigma E_y + j\omega\tilde{\varepsilon}E_y \\ \dfrac{1}{S_x}\dfrac{\partial H_y}{\partial x} - \dfrac{1}{S_y}\dfrac{\partial H_x}{\partial y} = \sigma E_z + j\omega\tilde{\varepsilon}E_z \end{cases} \tag{4.69}$$

其中，S_x、S_y、S_z 为坐标伸缩因子。

将式（4.68）代入方程（4.67）得

$$\begin{cases}\dfrac{1}{S_y}\dfrac{\partial E_z}{\partial y}-\dfrac{1}{S_z}\dfrac{\partial E_y}{\partial z}=-j\omega B_x\\ \dfrac{1}{S_z}\dfrac{\partial E_x}{\partial z}-\dfrac{1}{S_x}\dfrac{\partial E_z}{\partial x}=-j\omega B_y\\ \dfrac{1}{S_x}\dfrac{\partial E_y}{\partial x}-\dfrac{1}{S_y}\dfrac{\partial E_x}{\partial y}=-j\omega B_z\end{cases}\tag{4.70}$$

设平面 $z=0$ 两侧介质的本构参数（电导率 σ、虚拟介电常数 $\tilde{\varepsilon}$ 和磁导率 μ）相同，坐标伸缩因子不同，如图4.14所示，入射波为简谐平面波，入射面沿 yOz 面。

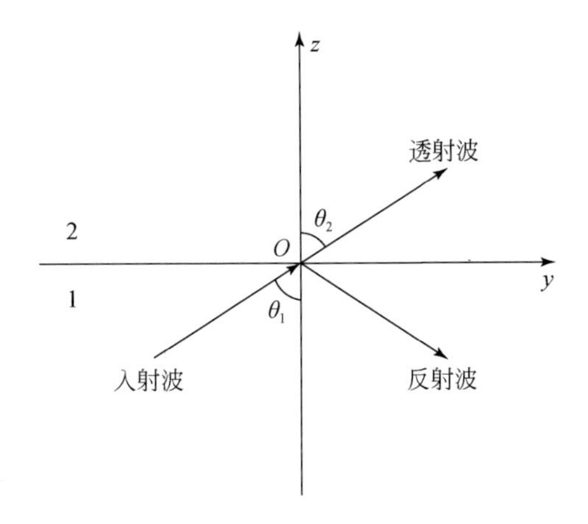

图4.14　平面波在两种坐标伸缩介质界面反射和透射示意图

在 $z=0$ 交界面处，零反射条件为（Chew and Weedon，1994）

$$s_{x1}=s_{x2},s_{y1}=s_{y2}\tag{4.71}$$

即零反射条件要求界面两侧横向坐标伸缩因子相同，而对两侧纵向伸缩因子 s_z 的关系没有要求。

当介质1为常规介质时，其伸缩因子 $s_{x1}=1$、$s_{y1}=1$、$s_{z1}=1$，此时介质2的横向伸缩因子只要满足 $s_{x2}=1$ 和 $s_{y2}=1$，在交界面处就不会产生反射。因此，零反射条件对介质2的纵向伸缩因子 s_{z2} 没有要求，当把 s_{z2} 取复数时，透射波将在介质2中发生衰减。

在各向异性完全匹配层（UPML）中，s_z 的取值为（Gedney，1996）

$$s_z=\kappa_z+\frac{\sigma_{pz}}{j\omega\varepsilon_0}\tag{4.72}$$

其中，ε_0 为真空介电常数；κ_z 和 σ_{pz} 为完全匹配层中新引入的参数。

对于TE波，设其入射波为

$$\boldsymbol{E}_i=\vec{x}_0E_0\exp[-j(k_{y1}y+k_{z1}z)]\tag{4.73}$$

其透射波为

$$\boldsymbol{E}_t=\vec{x}_0TE_0\exp[-j(k_{y2}y+k_{z2}z)]\tag{4.74}$$

其中，T 为透射系数。波矢量切向分量连续

$$k_{y1}=k_{y2} \tag{4.75}$$

波矢量法向分量的关系为

$$\frac{k_{z1}}{s_{z1}}=\frac{k_{z2}}{s_{z2}} \tag{4.76}$$

取 $s_{z1}=1$，则

$$k_{z2}=k_{z1}s_{z2} \tag{4.77}$$

将 s_{z2} 根据式（4.72）取值，并将式（4.77）代入式（4.74）可得到透射波

$$\boldsymbol{E}_t=\vec{x}_0 TE_0\exp\left(-\frac{k_{z1}\sigma_{pz}}{\omega\varepsilon_0}z\right)\exp[-j(k_{y1}y+k_{z1}\kappa_z z)] \tag{4.78}$$

由此可见，透射波在介质 2 中将以指数形式衰减，其衰减速度受 σ_{pz} 影响，因此 σ_{pz} 被称为 PML 电导率。

为了改善 PML 对低频场的吸收，Kuzuoglu 和 Mittra（1996）将式（4.72）修改为

$$s_z=\kappa_z+\frac{\sigma_{pz}}{\alpha_z+j\omega\varepsilon_0} \tag{4.79}$$

采用式（4.79）取值时将麦克斯韦频域方程转换到时域时会出现卷积运算，因此被称为卷积完全匹配层（CPML）。

对于三维模型，CPML 参数在各边界面上（除棱边和角顶外区域）的取值如图 4.15 所示，在垂直于 x 轴的表面上，其取值为

$$s_x=\kappa_x+\frac{\sigma_{px}}{\alpha_x+j\omega\varepsilon_0},s_y=1,s_z=1 \tag{4.80}$$

在垂直于 y 轴的平面上，其取值为

$$s_x=1,s_y=\kappa_y+\frac{\sigma_{py}}{\alpha_y+j\omega\varepsilon_0},s_z=1 \tag{4.81}$$

在垂直于 z 轴的平面上，其取值为

$$s_x=1,s_y=1,s_z=\kappa_z+\frac{\sigma_{pz}}{\alpha_z+j\omega\varepsilon_0} \tag{4.82}$$

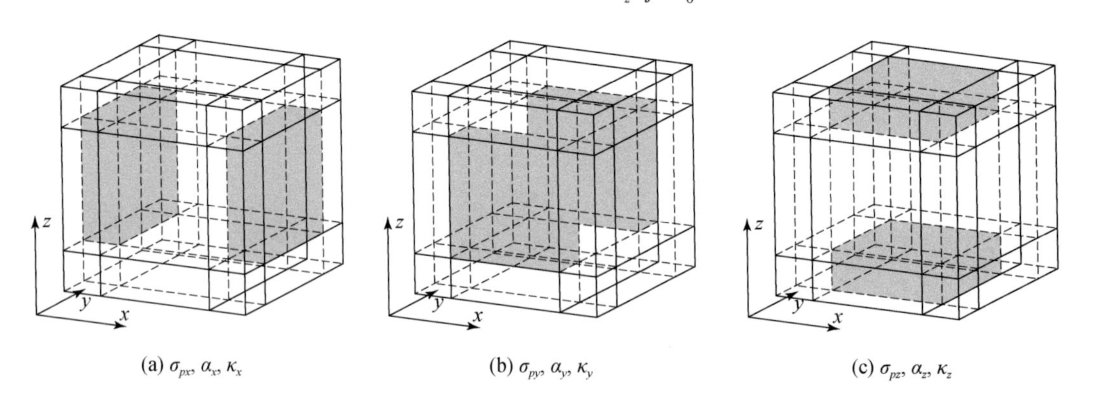

图 4.15　平面区 CPML 参数的取值

（a）垂直于 x 轴边界区域；（b）垂直于 y 轴边界区域；（c）垂直于 z 轴边界区域

在各棱边上（除角顶区外），CPML参数取值分布如图4.16所示，在平行于x轴的棱边上，其取值为

$$s_x=1, s_y=\kappa_y+\frac{\sigma_{py}}{\alpha_y+j\omega\varepsilon_0}, s_z=\kappa_z+\frac{\sigma_{pz}}{\alpha_z+j\omega\varepsilon_0} \tag{4.83}$$

在平行于y轴的棱边上，其取值为

$$s_x=\kappa_x+\frac{\sigma_{px}}{\alpha_x+j\omega\varepsilon_0}, s_y=1, s_z=\kappa_z+\frac{\sigma_{pz}}{\alpha_z+j\omega\varepsilon_0} \tag{4.84}$$

在平行于z轴的棱边上，其取值为

$$s_x=\kappa_x+\frac{\sigma_{px}}{\alpha_x+j\omega\varepsilon_0}, s_y=\kappa_y+\frac{\sigma_{py}}{\alpha_y+j\omega\varepsilon_0}, s_z=1 \tag{4.85}$$

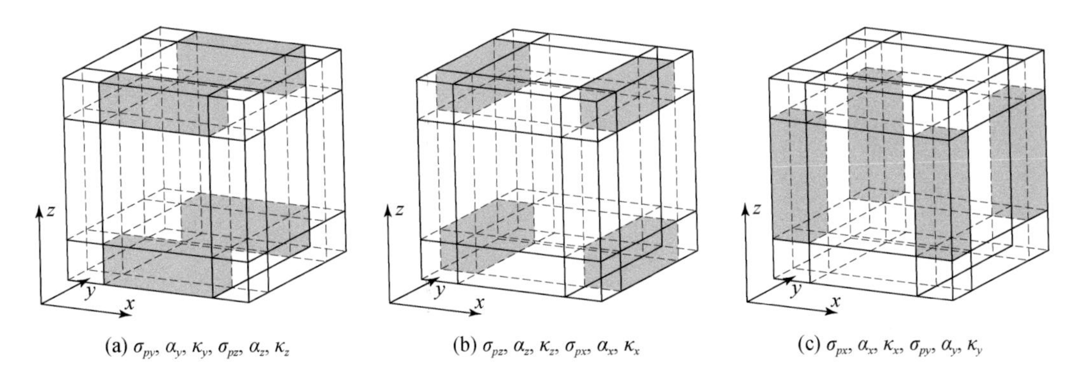

图4.16　棱边区CPML参数的取值

（a）垂直于x轴边界区域；（b）垂直于y轴边界区域；（c）垂直于z轴边界区域

在角顶区域，如图4.17所示，CPML参数取值为

$$s_x=\kappa_x+\frac{\sigma_{px}}{\alpha_x+j\omega\varepsilon_0}, s_y=\kappa_y+\frac{\sigma_{py}}{\alpha_y+j\omega\varepsilon_0}, s_z=\kappa_z+\frac{\sigma_{pz}}{\alpha_z+j\omega\varepsilon_0} \tag{4.86}$$

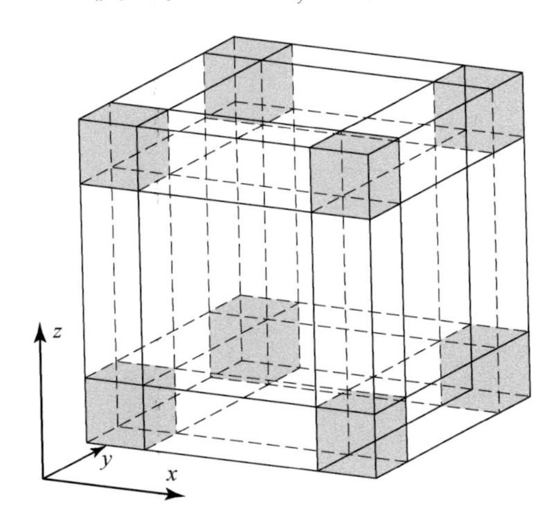

图4.17　角顶区CPML参数的取值

2. CPML 的时域有限差分形式

方程（4.69）和方程（4.70）为频域方程，在时域有限差分中必须将它们转换为时域形式，其中的复数项可采用卷积递归的方法（Roden and Gedney，2000）求解。方程（4.69）的时域形式为

$$\sigma E_x+\tilde{\varepsilon}\frac{\partial E_x}{\partial t}=\frac{1}{\kappa_y}\frac{\partial H_z}{\partial y}-\frac{1}{\kappa_z}\frac{\partial H_y}{\partial z}+\xi_y(t)*\frac{\partial H_z}{\partial y}-\xi_z(t)*\frac{\partial H_y}{\partial z} \tag{4.87}$$

$$\sigma E_y+\tilde{\varepsilon}\frac{\partial E_y}{\partial t}=\frac{1}{\kappa_z}\frac{\partial H_x}{\partial z}-\frac{1}{\kappa_x}\frac{\partial H_z}{\partial x}+\xi_z(t)*\frac{\partial H_x}{\partial z}-\xi_x(t)*\frac{\partial H_z}{\partial x} \tag{4.88}$$

$$\sigma E_z+\tilde{\varepsilon}\frac{\partial E_z}{\partial t}=\frac{1}{\kappa_x}\frac{\partial H_y}{\partial x}-\frac{1}{\kappa_y}\frac{\partial H_x}{\partial y}+\xi_x(t)*\frac{\partial H_y}{\partial x}-\xi_y(t)*\frac{\partial H_x}{\partial y} \tag{4.89}$$

其中

$$\xi_w(t)=-\frac{\sigma_{pw}}{\varepsilon_0\kappa_w^2}\exp\left[-\left(\frac{\sigma_{pw}}{\varepsilon_0\kappa_w}+\frac{\alpha_w}{\varepsilon_0}\right)t\right]u(t)\,(w=x,y,z) \tag{4.90}$$

式（4.87）~式（4.89）中均含有卷积运算，记

$$\psi_{hzy}=\xi_y(t)*\frac{\partial H_z}{\partial y} \tag{4.91}$$

式（4.91）的离散形式可采用卷积递归算法得到（Roden and Gedney，2000）

$$\begin{aligned}&\psi_{hzy}^{n+1/2}\left(i+\frac{1}{2},j,k\right)\\&=b_y\psi_{hzy}^{n-1/2}\left(i+\frac{1}{2},j,k\right)+a_y\left[H_z^{n+1/2}\left(i+\frac{1}{2},j+\frac{1}{2},k\right)-H_z^{n+1/2}(i+\frac{1}{2},j-\frac{1}{2},k)\right]\end{aligned} \tag{4.92}$$

其中

$$b_y=\exp\left[-\left(\frac{\sigma_{py}}{\kappa_y}+\alpha_y\right)\frac{\Delta t}{\varepsilon_0}\right] \tag{4.93}$$

$$a_y=\frac{\sigma_{py}}{\Delta y(\sigma_{py}\kappa_y+\alpha_y\kappa_y^2)}(b_y-1) \tag{4.94}$$

用同样的方法处理其他的卷积方程并代入式（4.87）~式（4.89）即可得到在 CPML 区域电场的差分方程。

以上讨论了 CPML 区域电场分量的差分形式，下面讨论 CPML 区域磁场的差分形式。在伸缩坐标介质中磁场需满足

$$\nabla_s\cdot\boldsymbol{B}=0 \tag{4.95}$$

在 CPML 区域中式（4.95）必须加入迭代过程中，这里详细讨论式（4.95）在伸缩坐标下的加入方式。根据式（4.25）和式（4.95）有

$$-\frac{\partial B_x}{\partial t}=\frac{1}{\kappa_y}\frac{\partial E_z}{\partial y}-\frac{1}{\kappa_z}\frac{\partial E_y}{\partial z}+\xi_y(t)*\frac{\partial E_z}{\partial y}-\xi_z(t)*\frac{\partial E_y}{\partial z} \tag{4.96}$$

$$-\frac{\partial B_y}{\partial t}=\frac{1}{\kappa_z}\frac{\partial E_x}{\partial z}-\frac{1}{\kappa_x}\frac{\partial E_z}{\partial x}+\xi_z(t)*\frac{\partial E_x}{\partial z}-\xi_x(t)*\frac{\partial E_z}{\partial x} \tag{4.97}$$

$$\frac{1}{\kappa_z}\frac{\partial B_z}{\partial z}+\xi_z(t)*\frac{\partial B_z}{\partial z}=-\frac{1}{\kappa_x}\frac{\partial B_x}{\partial x}-\frac{1}{\kappa_y}\frac{\partial B_y}{\partial y}-\xi_x(t)*\frac{\partial B_x}{\partial x}-\xi_y(t)*\frac{\partial B_y}{\partial y} \tag{4.98}$$

式（4.96）和式（4.97）分别为CPML区域中 B_x 和 B_y 的时域方程，采用与处理电场分量相同的递归算法来处理式（4.96）和式（4.97）中的卷积，即可得到CPML区域内 B_x 和 B_y 的差分方程。

下面讨论CPML区域内 B_z 的差分方程，式（4.98）左边含有包含未知量 $B_z^{n+1/2}$ 的卷积项，不能用常规的方法求解。令

$$\psi_{bxx}=\xi_x(t)*\frac{\partial B_x}{\partial x},\psi_{byy}=\xi_y(t)*\frac{\partial B_y}{\partial y},\psi_{bzz}=\xi_z(t)*\frac{\partial B_z}{\partial z} \tag{4.99}$$

将式（4.99）代入式（4.94）得

$$\frac{1}{\kappa_z}\frac{\partial B_z}{\partial z}+\psi_{bzz}=-\frac{1}{\kappa_x}\frac{\partial B_x}{\partial x}-\frac{1}{\kappa_y}\frac{\partial B_y}{\partial y}-\psi_{bxx}-\psi_{byy} \tag{4.100}$$

其中，ψ_{bzz} 可表示为

$$\begin{aligned}&\psi_{bzz}^{n+1/2}\left(i+\frac{1}{2},j+\frac{1}{2},k+\frac{1}{2}\right)\\&=b_z\psi_{bzz}^{n-1/2}\left(i+\frac{1}{2},j+\frac{1}{2},k+\frac{1}{2}\right)\\&\quad+a_z\left[B_z^{n+1/2}\left(i+\frac{1}{2},j+\frac{1}{2},k+1\right)-B_z^{n+1/2}\left(i+\frac{1}{2},j+\frac{1}{2},k\right)\right]\end{aligned} \tag{4.101}$$

将式（4.101）代入式（4.100）可得

$$\begin{aligned}&\frac{1+\kappa_z\Delta z a_z}{\kappa_z\Delta z}\left[B_z^{n+1/2}\left(i+\frac{1}{2},j+\frac{1}{2},k+1\right)-B_z^{n+1/2}\left(i+\frac{1}{2},j+\frac{1}{2},k\right)\right]\\&=-\frac{1}{\kappa_x}\left[\frac{B_x^{n+1/2}\left(i+1,j+\frac{1}{2},k+\frac{1}{2}\right)-B_x^{n+1/2}\left(i,j+\frac{1}{2},k+\frac{1}{2}\right)}{\Delta x_i}\right]\\&\quad-\frac{1}{\kappa_y}\left[\frac{B_y^{n+1/2}\left(i+\frac{1}{2},j+1,k+\frac{1}{2}\right)-B_y^{n+1/2}\left(i+\frac{1}{2},j,k+\frac{1}{2}\right)}{\Delta y_j}\right]\\&\quad-\psi_{bxx}^{n+1/2}\left(i+\frac{1}{2},j+\frac{1}{2},k+\frac{1}{2}\right)-\psi_{byy}^{n+1/2}\left(i+\frac{1}{2},j+\frac{1}{2},k+\frac{1}{2}\right)\\&\quad-b_z\psi_{bzz}^{n-1/2}\left(i+\frac{1}{2},j+\frac{1}{2},k+\frac{1}{2}\right)\end{aligned} \tag{4.102}$$

将上式整理即可得

$$\begin{aligned}&B_z^{n+1/2}\left(i+\frac{1}{2},j+\frac{1}{2},k+1\right)\\&=B_z^{n+1/2}\left(i+\frac{1}{2},j+\frac{1}{2},k\right)-\frac{\kappa_z\Delta z}{(1+\kappa_z\Delta z a_z)\kappa_x}\\&\quad\times\left[\frac{B_x^{n+1/2}\left(i+1,j+\frac{1}{2},k+\frac{1}{2}\right)-B_x^{n+1/2}\left(i,j+\frac{1}{2},k+\frac{1}{2}\right)}{\Delta x_i}\right]\\&\quad-\frac{\kappa_z\Delta z}{(1+\kappa_z\Delta z a_z)\kappa_y}\left[\frac{B_y^{n+1/2}\left(i+\frac{1}{2},j+1,k+\frac{1}{2}\right)-B_y^{n+1/2}\left(i+\frac{1}{2},j,k+\frac{1}{2}\right)}{\Delta y_j}\right]\end{aligned} \tag{4.103}$$

$$-\frac{\kappa_z\Delta z}{1+\kappa_z\Delta z a_z}\left[\psi_{bxx}^{n+1/2}\left(i+\frac{1}{2},j+\frac{1}{2},k+\frac{1}{2}\right)+\psi_{byy}^{n+1/2}\left(i+\frac{1}{2},j+\frac{1}{2},k+\frac{1}{2}\right)\right.$$
$$\left.+b_z\psi_{bzz}^{n-1/2}\left(i+\frac{1}{2},j+\frac{1}{2},k+\frac{1}{2}\right)\right]$$

式（4.103）即为 CPML 区域内 B_z 的差分方程。

4.2.5　时域有限差分算法验证

1. 均匀半空间模型

首先采用均匀半空间模型对算法的精度进行验证，地下介质电阻率为 100Ω · m，空气电阻率取 10^6Ω · m。在地表布设长度为 200m 的接地线源，发射电流波形为梯形波，梯形波宽度为 100ms，上升沿和下降沿宽度为 10μs。接收点位于发射源赤道位置，分别在偏移距 200m、500m 和 1000m 位置接收。采用非均匀网格剖分，网格数量为 120×120×120，其中外层 10 层网格为 CPML 边界层。最小网格大小为 20m，CPML 边界界面与发射源距离为 2500m。验证结果如图 4.18 所示，将时域有限差分解与解析解进行了对比，从磁场对时间导数的衰减曲线可以看出，曲线平稳衰减，没有产生振荡，说明对空气层的处理效果较好［图 4.18（a）］。时域有限差分解与解析解最大相对误差为 2%，在 1ms 之后时域有限差分解与解析解相对误差小于 0.3%，由于 CPML 边界的吸收作用，在晚期时网格边界处也没有产生明显反射，说明本书采用的有限差分算法具有较高的精度［图 4.18（b）］。

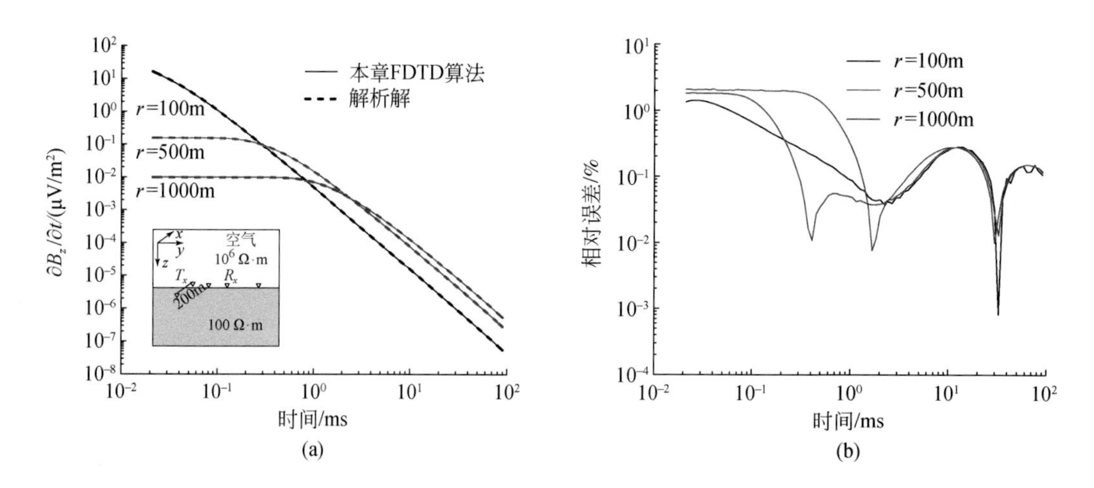

图 4.18　时域有限差分解与解析解验证对比图

（a）时域有限差分解与解析解验证图；（b）不同偏移距误差图

2. 层状模型

为进一步验证算法的可靠性，采用层状模型对电性源在地面和空中产生瞬变电磁响应进行了验证，采用的模型如图 4. 19 所示，在地表布设长度为 200m 的接地线源，发射电流波形为梯形波，梯形波宽度为 1s，上升沿和下降沿宽度为 10μs，空气电阻率取 $10^6\Omega\cdot m$。图 4. 20 为发射源赤道向 200 ~ 2500m 偏移距内有限差分解与一维解的对比结果，图 4. 20（a）、（b）、（c）分别为在地表、空中 40m 高度、空中 100m 高度垂直磁感应强度对时间导数的响应曲线，图中将本书算法与一维解进行了对比。从图 4. 20 中可以看出，经过对空气层的处理，地表与空中的结果与一维解均吻合较好。由于采用了 CPML 吸收边界，边界处的场值在大于 0. 96s 时仍具有较高的精度。

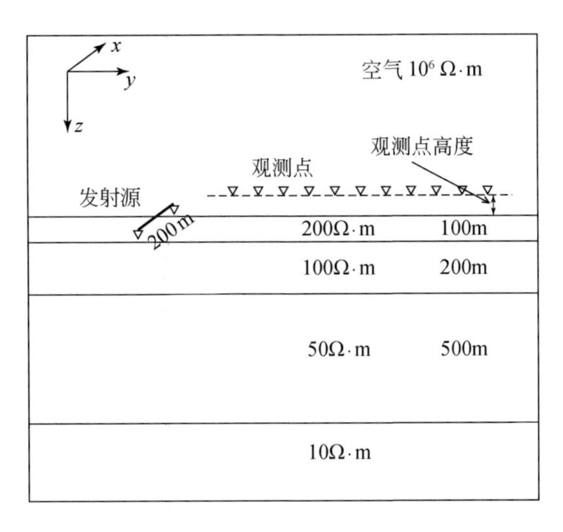

图 4. 19　层状半空间模型示意图

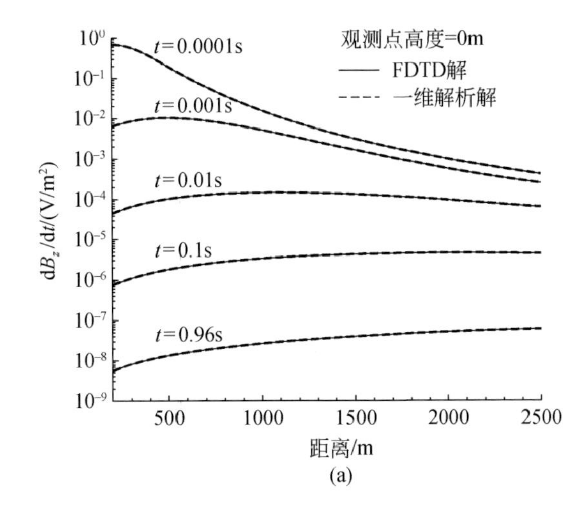

(a)

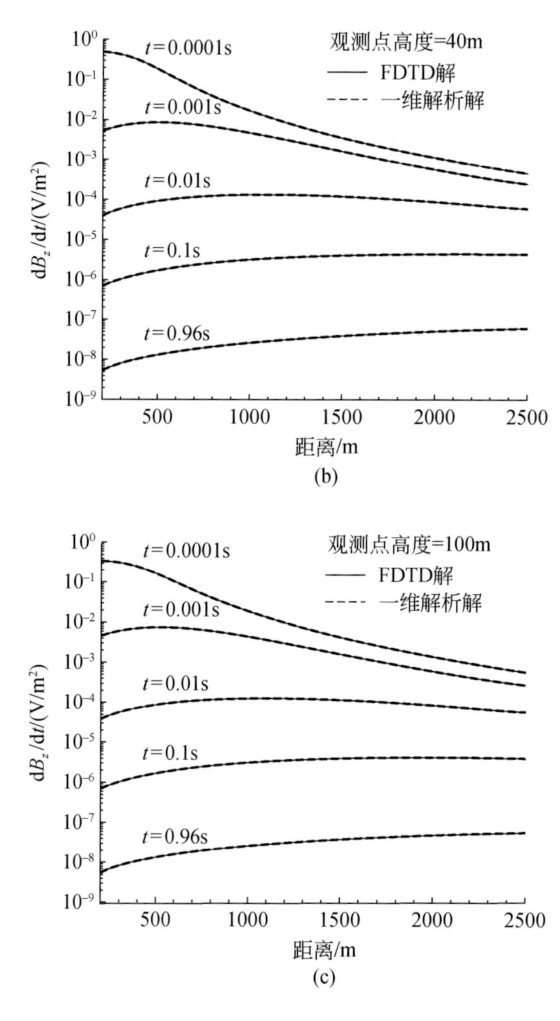

图 4. 20　时域有限差分解与一维解对比

(a) 地表垂直磁感应强度对时间导数的响应曲线；(b) 空中 40m 高度垂直感应强度对时间导数的响应曲线；(c) 空中 100m 高度垂直磁感应强度对时间导数的响应曲线

3. 垂直接触带旁三维导体模型

为进一步测试算法的可靠性，对垂直接触带旁三维导体模型的瞬变电磁响应进行了模拟，该模型被 Commer 和 Newman（2004）使用。模型如图 4. 21 所示，表层为 50m 厚的导电层，电阻率为 10Ω · m，其下方介质被垂直接触带分为两个部分，两部分电阻率分别为 100Ω · m 和 300Ω · m。一电阻率为 1Ω · m 的三维导体位于垂直接触带旁边，其走向长度为 400m。发射源沿 x 方向布设，长度为 100m。采用非均匀网格剖分，网格数量为 120×120×120，其中外层 10 层网格为 CPML 边界层。最小网格大小为 25m，CPML 边界界面与发射源距离为 2800m。

图 4. 22 为发射源侧向 200m、400m、1000m 位置地表观测的垂直磁感应强度对时间导

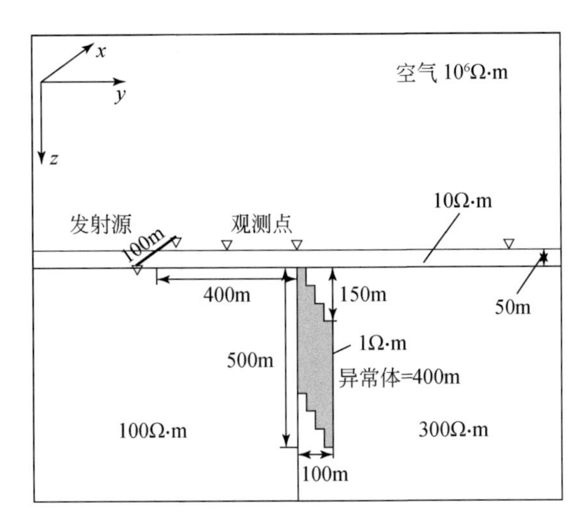

图 4.21　垂直接触带旁三维导体模型

数模拟结果，为了验证本书算法的可靠性，将本书结果与 Commer 和 Newman（2004）的结果进行了对比。总的来说，本书算法的结果与 Commer 和 Newman（2004）的结果吻合较好。在 $r=400$m 处和 $r=1000$m 处，两种方法的结果在所有时间都吻合较好。在早期时段 $r=200$m 处两种方法的结果存在一些差异，Commer 和 Newman（2004）已经证实其算法在该位置的结果与 SLDM 结果也存在一些差异，间接说明了本书的结果与 SLDM 结果一致。

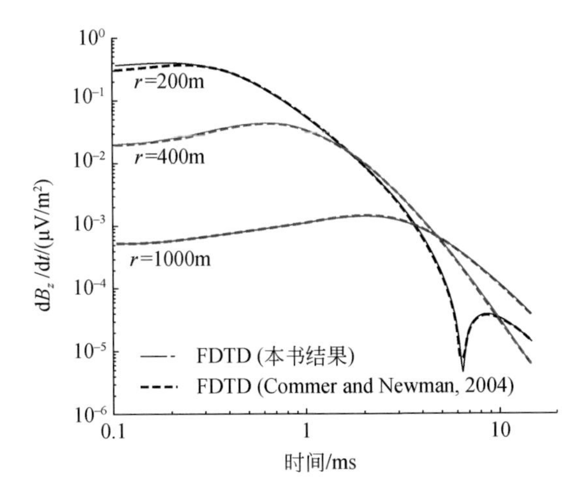

图 4.22　三维模型验证结果

第 5 章　SOTEM 三维响应特性

在第 4 章工作的基础上，本章根据三维数值模拟结果，分析了 SOTEM 电场、磁场各分量对三维目标体的响应及分布特征，以及山峰和山谷两种典型地形对 SOTEM 观测数据的影响。分析了当发射源的位置和极化方向改变时，各个分量的纯异常响应特征，并讨论了 SOTEM 的记录点问题。讨论了不同情况下，场源附近存在三维不均匀体时对各个分量产生的影响，并总结出其特征和影响规律。在此基础上，总结了传统的单源单分量探测模式存在的局限性，并提出了解决这些问题的相关思路。特别地，本章分析了阴影效应造成的影响和产生的原因，提出了利用地层波的多源多极化探测想法。

5.1　SOTEM 三维响应特征

5.1.1　模型建立与计算

为了分析不同分量对三维异常体的反映，我们建立了如图 5.1 所示的三维模型。异常体大小为 300m×300m×300m，顶面埋深为 500m，异常体中心点在 *XOY* 平面投影位置的坐标为（0，650），如图 5.1（a）所示。发射源的长度为 500m，发射电流为 1A，发射源沿 *X* 轴布设，源中点与坐标系原点重合。背景为电阻率等于 100Ω · m 的均匀半空间，分别计算了低阻异常体（10Ω · m）和高阻异常体（1000Ω · m）两种情况。

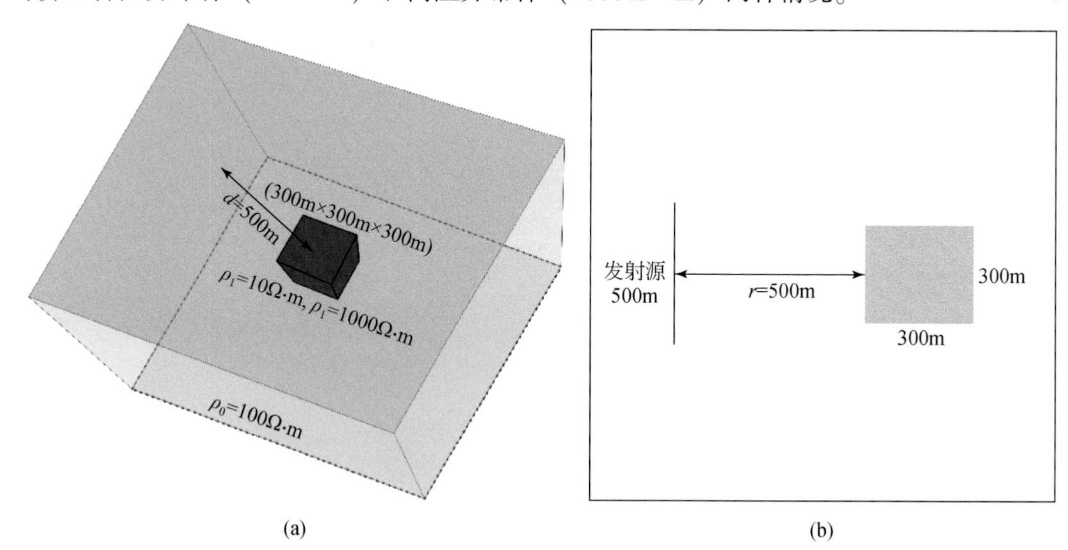

图 5.1　三维几何模型

（a）三维模型示意图；（b）地表投影几何关系图

5.1.2　模拟结果分析

利用第4章所述时域矢量有限元算法对图5.1所示高、低阻异常体模型进行三维正演计算，得到不同时刻不同位置的电磁场响应。下述分析中，我们以四个深度平面（z=0m、z=300m、z=660m和z=990m）处四个不同时刻（0.5ms、2ms、10ms和50ms）的响应值为对象，分析电磁场6个分量的扩散与分布特性。

图5.2为低阻模型情况下水平电场E_x分量在不同深度平面和不同时刻的响应分布图。首先看地表处响应（a-1，b-1，c-1，d-1），随着时间增大，E_x逐渐向外扩散，但场值的极值点始终位于发射源处；当时间足够大时（如10ms），异常体开始对场值产生明显的影响，使得异常体附近的E_x场值发生畸变；低阻异常体对地表E_x的扩散起到的是阻滞作用，致使异常体附近E_x扩散速度变慢，在异常体上方形成一个局部低值区域。地下300m处（a-2，b-2，c-2，d-2），E_x随时间的扩散特性基本与地表类似，不同之处是早期［图5.2（a-2）］E_x极值区域的形态由地表的近圆形变为长轴沿源方向的椭圆形，这是地下存在第2章所述“返回电流”导致的。地下660m深度处（a-3，b-3，c-3，d-3），该XOY平面大致横切异常体中心，E_x表现出更为明显的响应畸变，在所有四个时刻，异常体内部都存在一个局部低场值异常，而异常体两侧（x方向）边缘则表现为局部的高值异常，表明电荷在异常体两侧出现积累，造成场值的不连续。深度990m平面（a-4，b-4，c-4，d-4），早期［图5.2（a-4）］场值分布与660m平面基本类似，但异常体造成的响应畸变稍弱；第二个时刻［2ms，图5.2（b-4）］，E_x场值分布出现明显的不同，极值区域由发射源中心变为两端一定距离处，且在源两侧也存在弱高值区域，这表明在该深度该时刻反向“返回电流”的值更大。

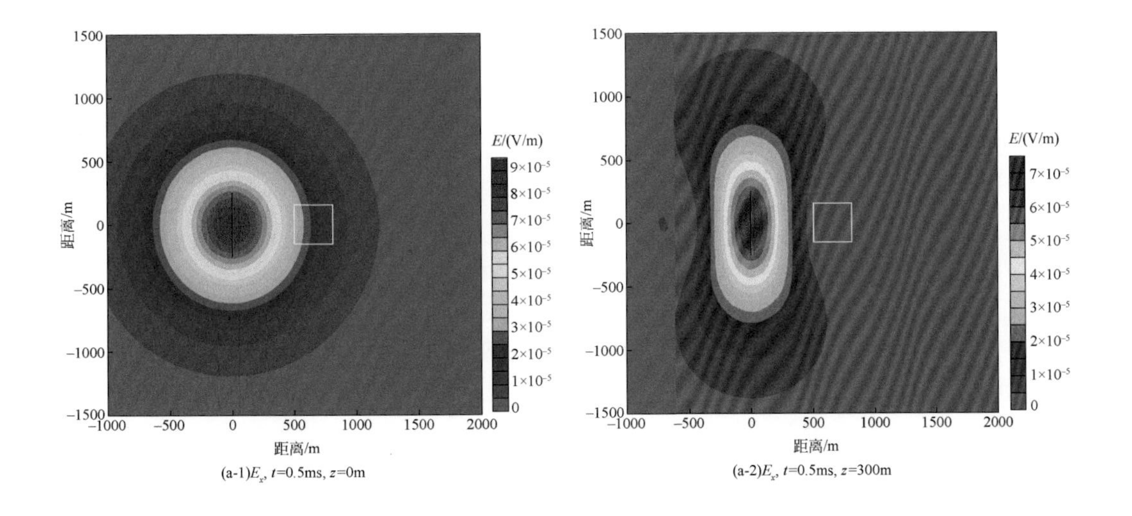

(a-1)E_x, t=0.5ms, z=0m　　(a-2)E_x, t=0.5ms, z=300m

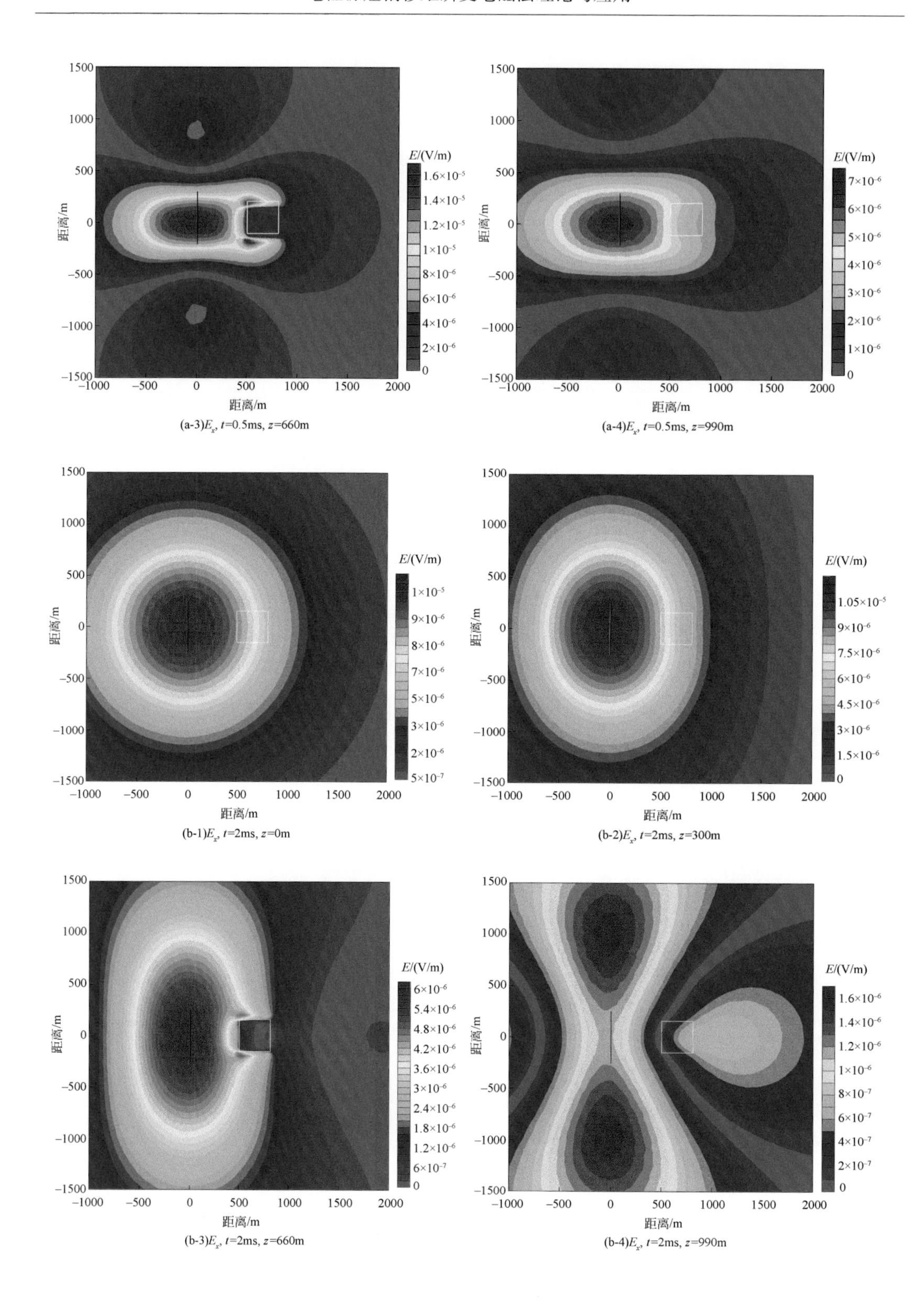

(a-3)E_x, t=0.5ms, z=660m

(a-4)E_x, t=0.5ms, z=990m

(b-1)E_x, t=2ms, z=0m

(b-2)E_x, t=2ms, z=300m

(b-3)E_x, t=2ms, z=660m

(b-4)E_x, t=2ms, z=990m

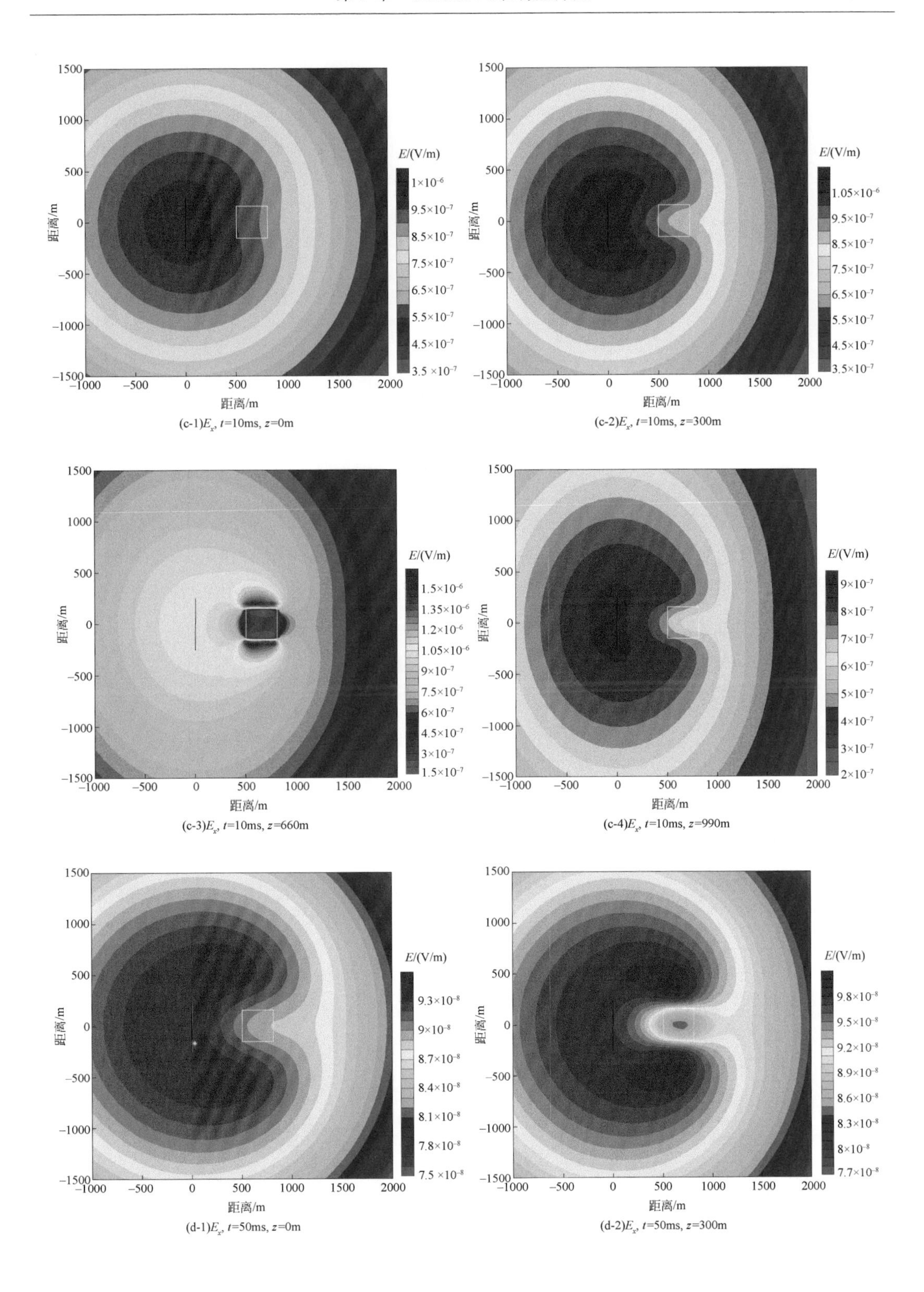

(c-1)E_x, t=10ms, z=0m

(c-2)E_x, t=10ms, z=300m

(c-3)E_x, t=10ms, z=660m

(c-4)E_x, t=10ms, z=990m

(d-1)E_x, t=50ms, z=0m

(d-2)E_x, t=50ms, z=300m

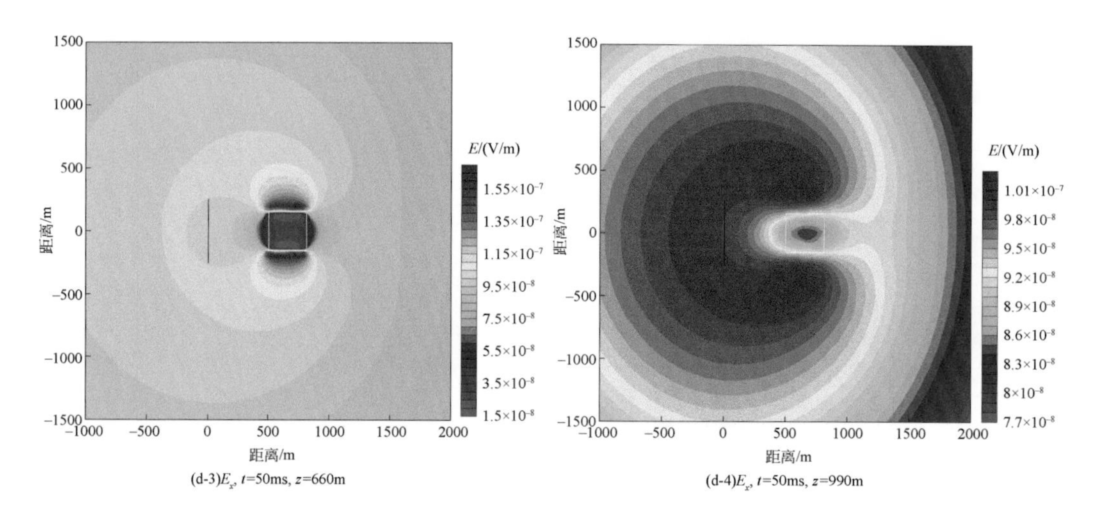

图 5.2　低阻模型不同时刻 E_x 分量场值平面分布图

图 5.3 为高阻模型结果，整体上 E_x 的分布与扩散特性与低阻模型类似。只是，高阻异常体对 E_x 扩散起到的是加速作用，在异常体内部产生局部的高值异常，而两侧出现局部低值异常。

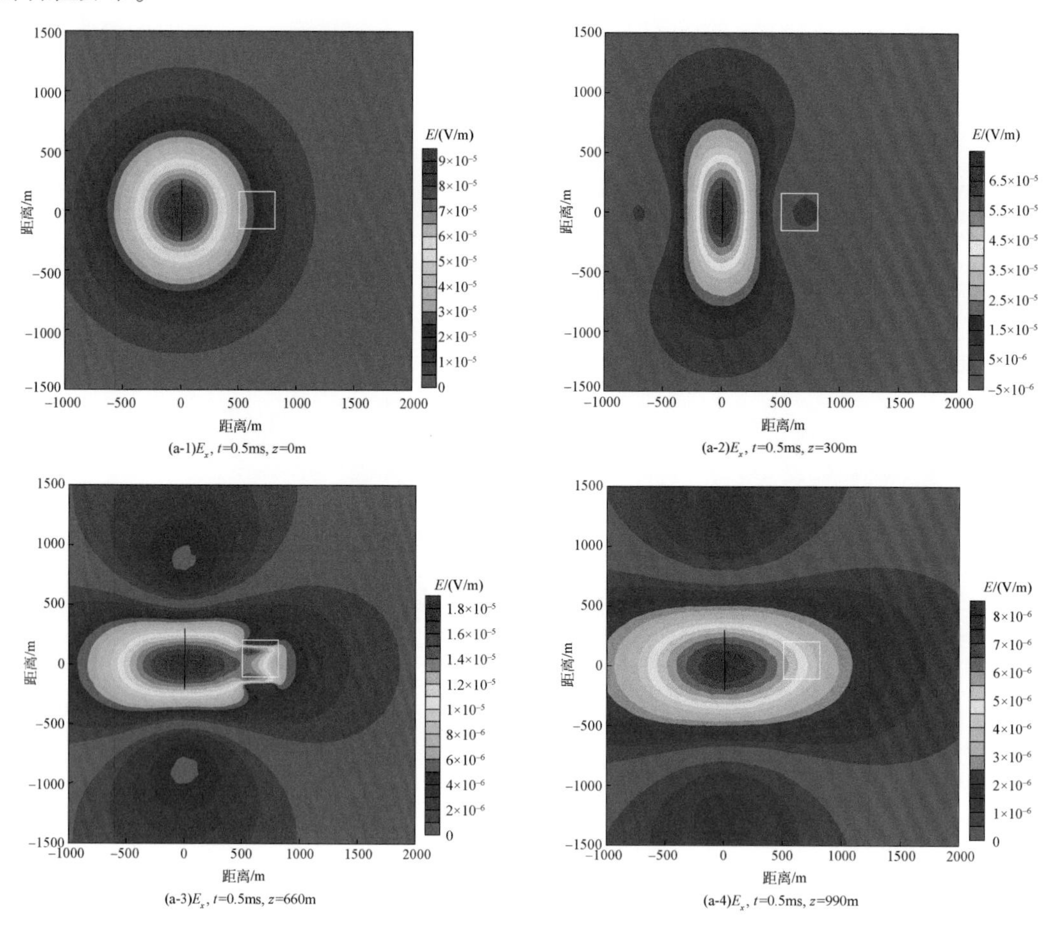

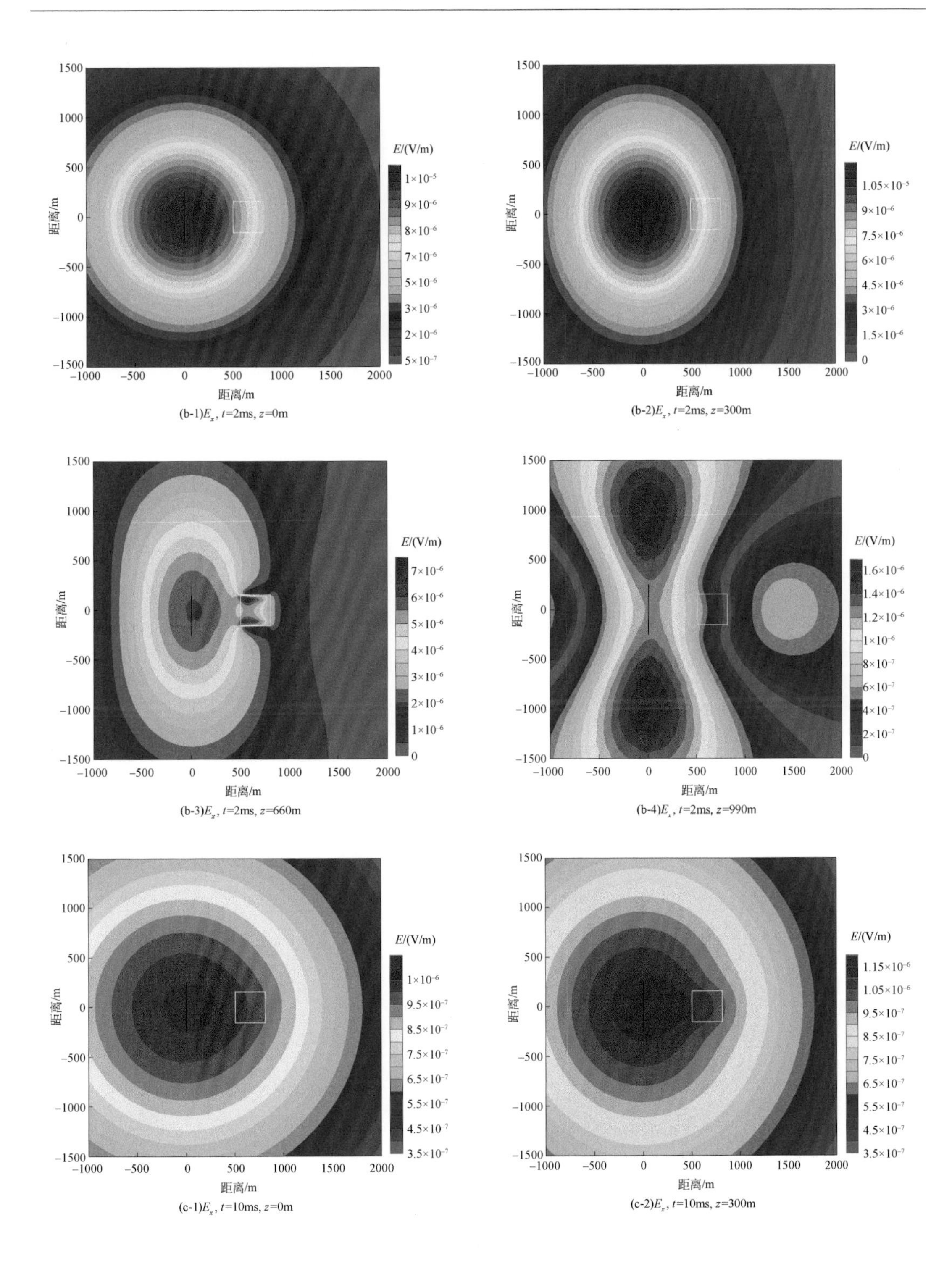

(b-1)E_x, t=2ms, z=0m

(b-2)E_x, t=2ms, z=300m

(b-3)E_x, t=2ms, z=660m

(b-4)E_x, t=2ms, z=990m

(c-1)E_x, t=10ms, z=0m

(c-2)E_x, t=10ms, z=300m

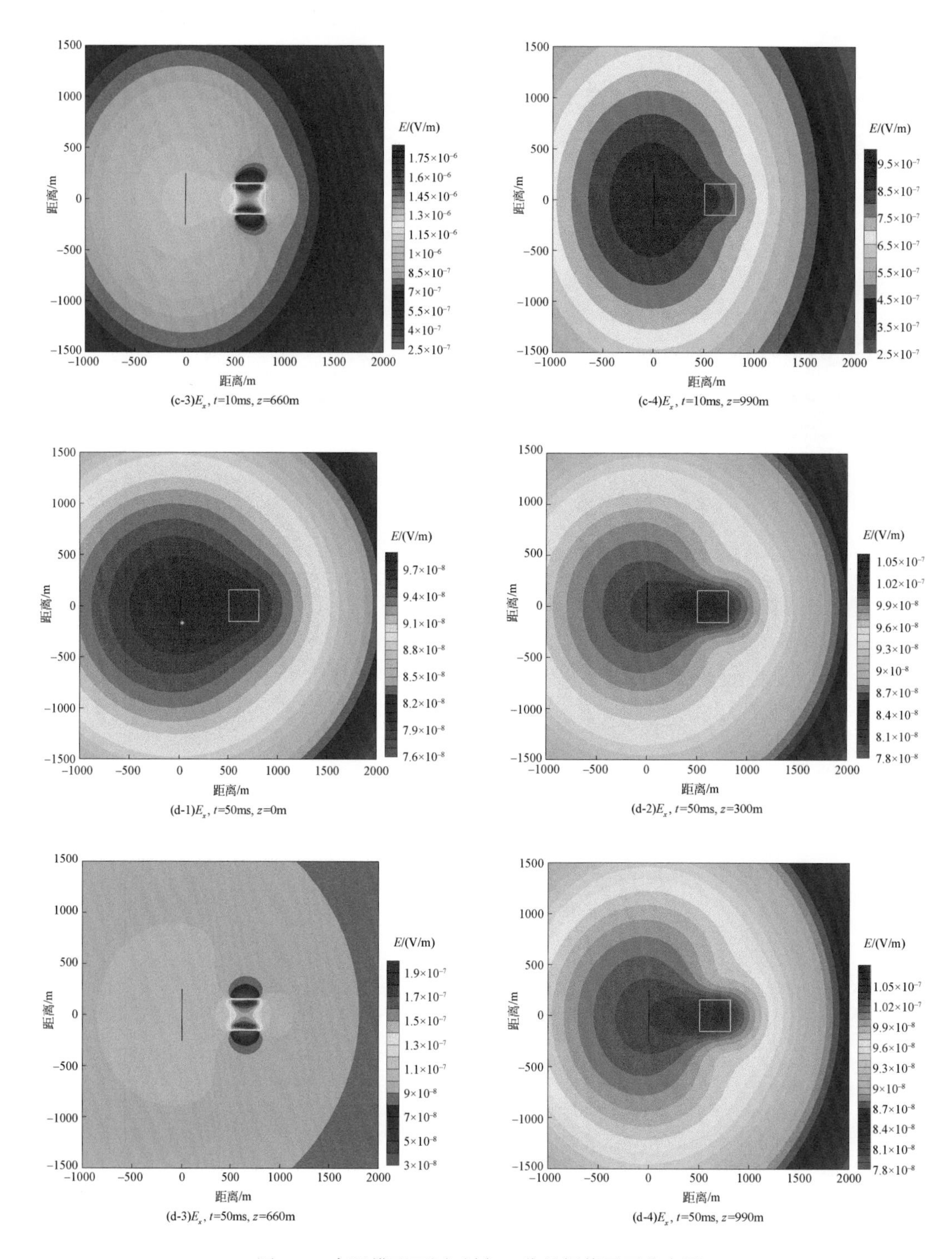

(c-3)E_x, t=10ms, z=660m　　(c-4)E_x, t=10ms, z=990m

(d-1)E_x, t=50ms, z=0m　　(d-2)E_x, t=50ms, z=300m

(d-3)E_x, t=50ms, z=660m　　(d-4)E_x, t=50ms, z=990m

图 5.3　高阻模型不同时刻 E_x 分量场值平面分布图

图 5.4 为低阻模型水平电场 E_y 分量在不同深度平面和不同时刻的场值分布图。根据第 2 章一维模拟结果可知，E_y 分量场值呈四象限对称分布，在发射源沿线和中垂线方向上

是零值区域。而通过图 5.4 所示三维数值模拟结果可以看出，随着观测时刻增大，四个象限的极值区域会逐渐由以发射源中点为中心转移到以异常体为中心。异常体内部为低值异常，而在异常的四个角则出现明显的高值异常。高阻模型的结果（图 5.5）与低阻模型基本类似，但两者在部分深度和时刻引起的极值范围和形态有所差异。

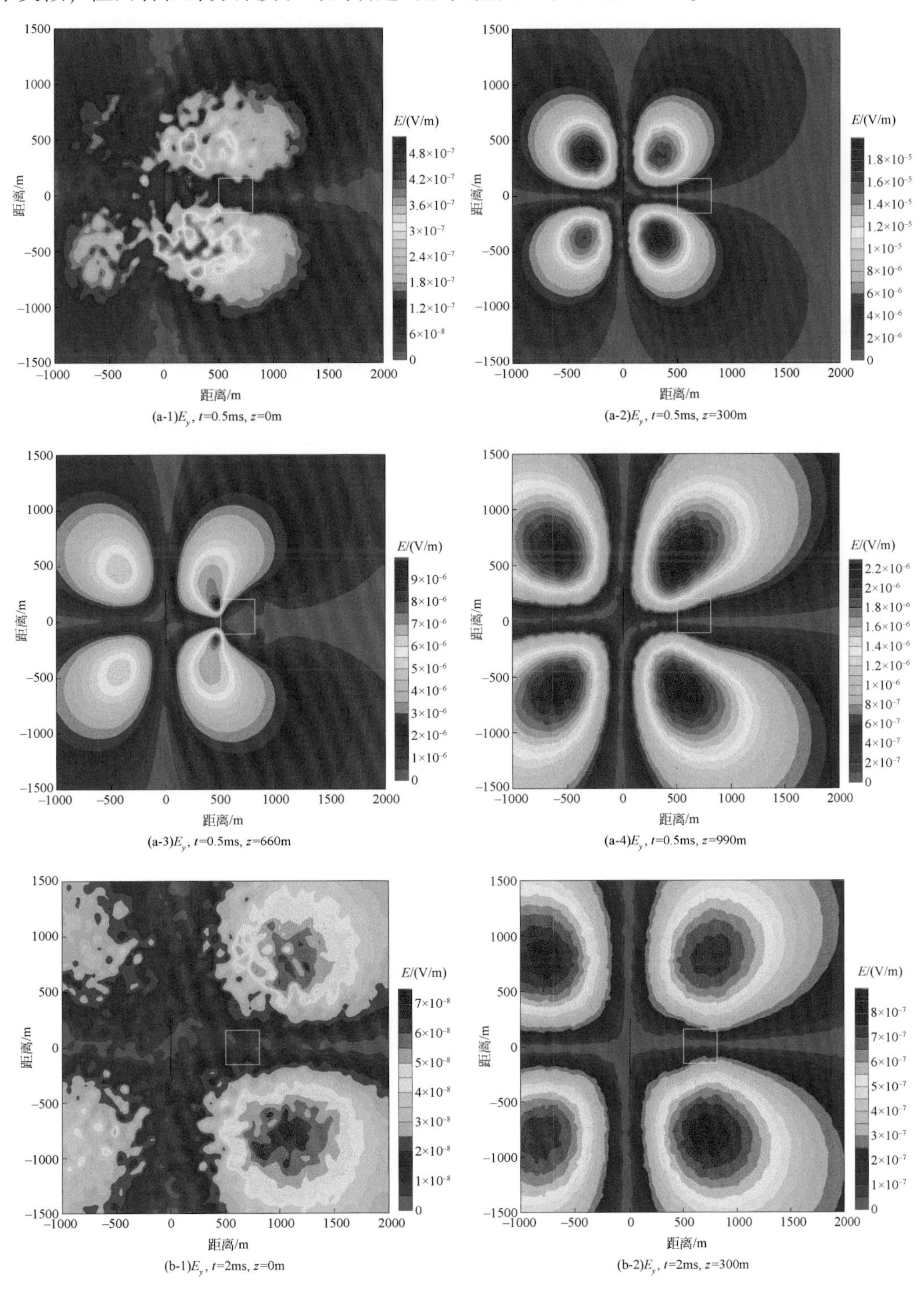

(a-1)E_y, t=0.5ms, z=0m　　(a-2)E_y, t=0.5ms, z=300m

(a-3)E_y, t=0.5ms, z=660m　　(a-4)E_y, t=0.5ms, z=990m

(b-1)E_y, t=2ms, z=0m　　(b-2)E_y, t=2ms, z=300m

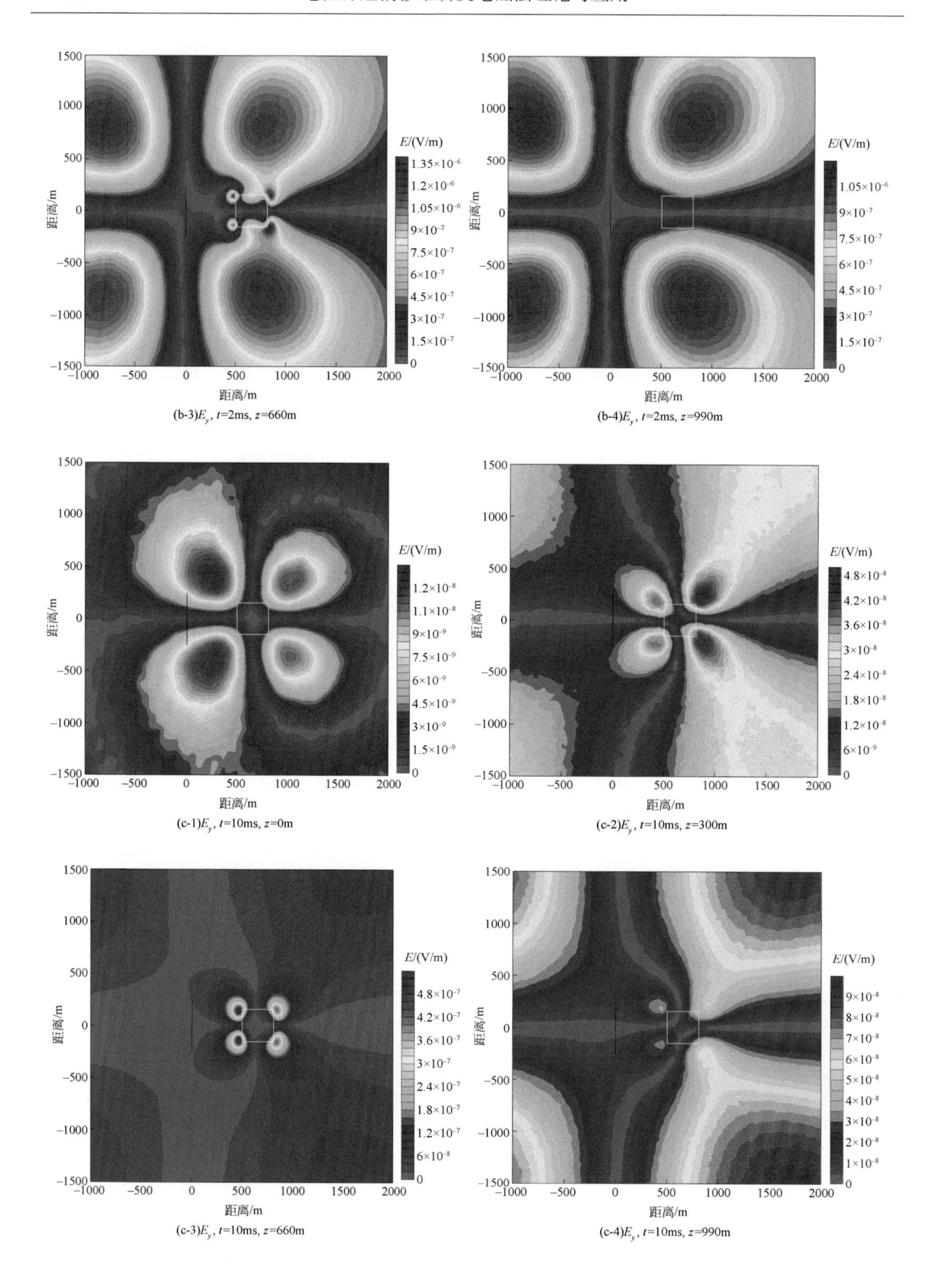

(b-3)E_y, t=2ms, z=660m

(b-4)E_y, t=2ms, z=990m

(c-1)E_y, t=10ms, z=0m

(c-2)E_y, t=10ms, z=300m

(c-3)E_y, t=10ms, z=660m

(c-4)E_y, t=10ms, z=990m

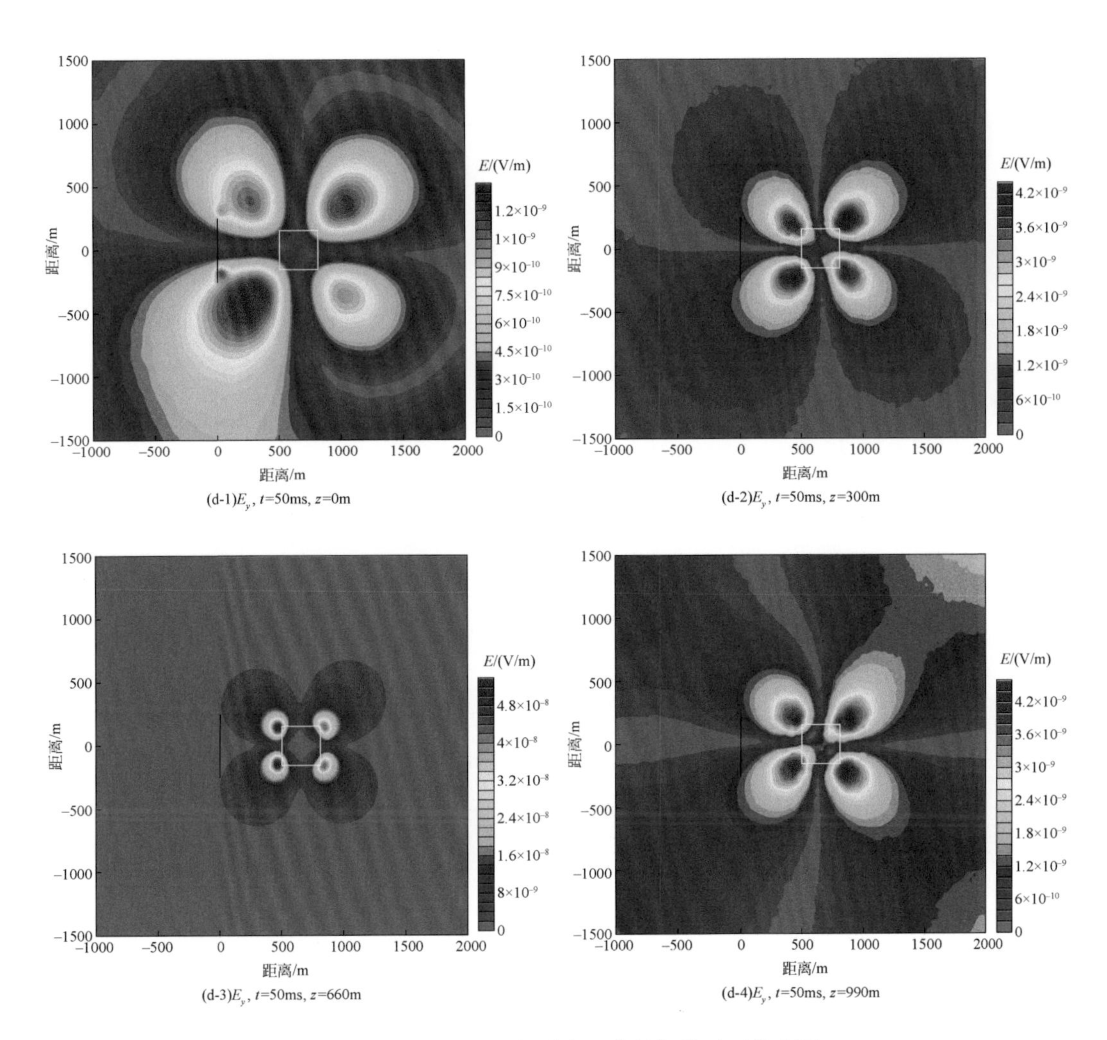

(d-1)E_y, t=50ms, z=0m　(d-2)E_y, t=50ms, z=300m

(d-3)E_y, t=50ms, z=660m　(d-4)E_y, t=50ms, z=990m

图 5.4　低阻模型不同时刻 E_y 分量场值平面分布图

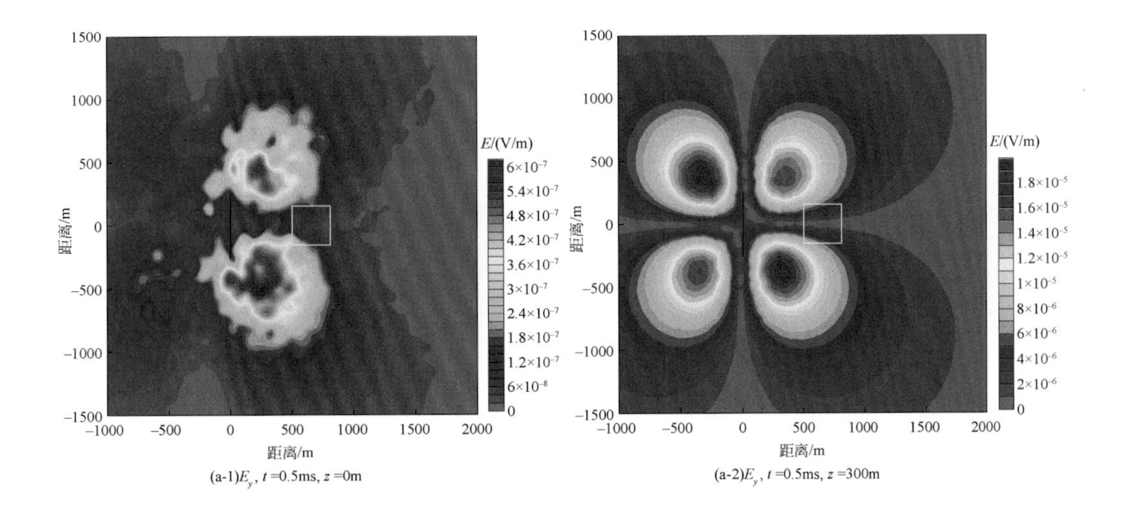

(a-1)E_y, t =0.5ms, z =0m　(a-2)E_y, t =0.5ms, z =300m

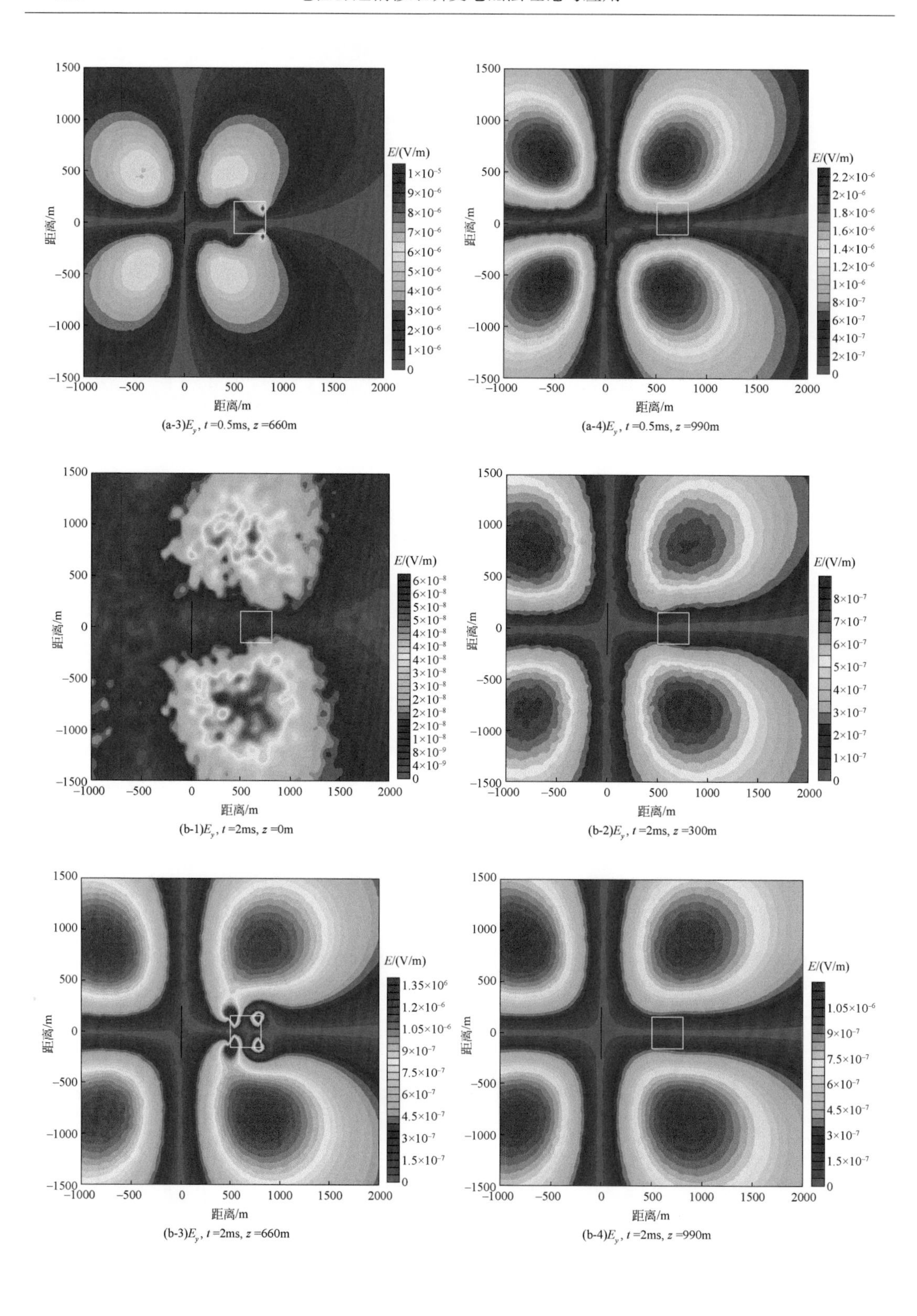

(a-3)E_y, t=0.5ms, z=660m　　(a-4)E_y, t=0.5ms, z=990m

(b-1)E_y, t=2ms, z=0m　　(b-2)E_y, t=2ms, z=300m

(b-3)E_y, t=2ms, z=660m　　(b-4)E_y, t=2ms, z=990m

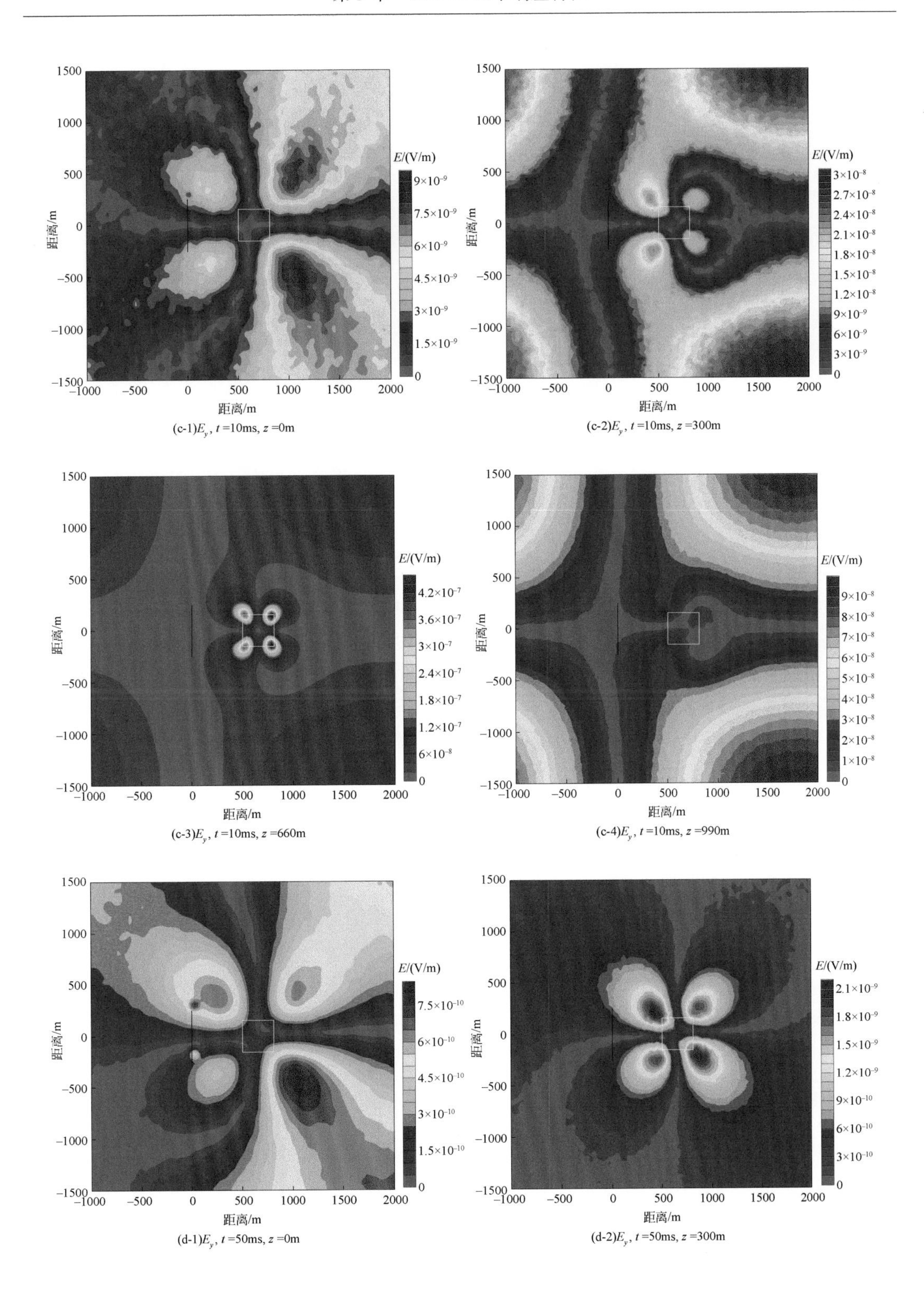

(c-1)E_y, t=10ms, z=0m

(c-2)E_y, t=10ms, z=300m

(c-3)E_y, t=10ms, z=660m

(c-4)E_y, t=10ms, z=990m

(d-1)E_y, t=50ms, z=0m

(d-2)E_y, t=50ms, z=300m

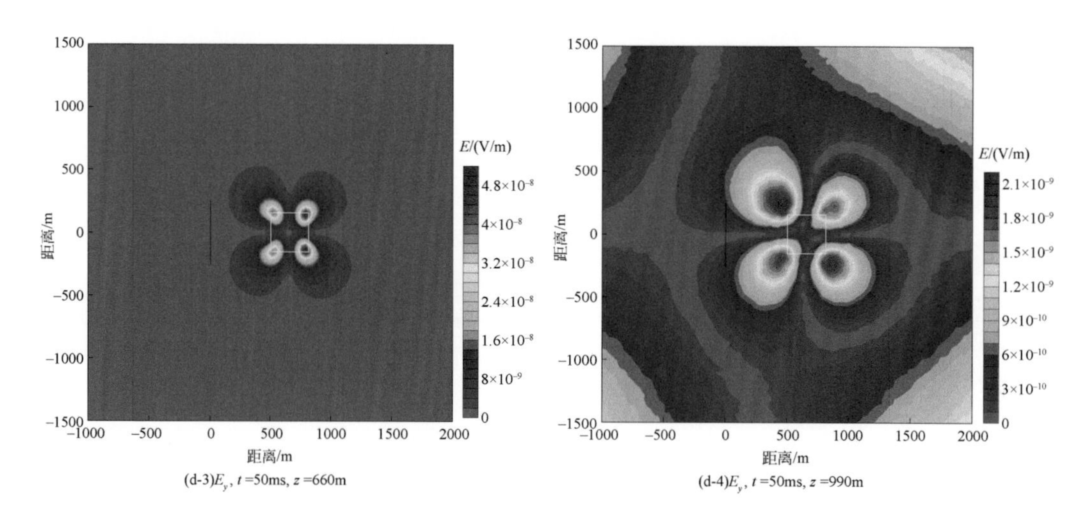

图 5.5　高阻模型不同时刻 E_y 分量场值平面分布图

图 5.6 和图 5.7 分别为低阻模型和高阻模型情况下垂直电场 E_z 分量在不同深度平面和不同时刻的场值分布图。E_z 分量的极值区域集中在发射源两个端点的两侧，并随时间增大逐渐向远处扩散，在发射源中垂线上为 E_z 的零值区域。对于低阻异常体，地表处 E_z 的场值在异常体附近表现为扩大的低值异常，像对高值区域的“排斥”；在 300m 深度处，异常体仍对发射源两端的高值区域“排斥”，但在异常体两侧（x 方向）产生了明显的局部高值异常；在 660m 和 990m 深度处，低阻异常体附近表现为扩大的高值异常，像对高值区域的“吸引”。图 5.7 所示的高阻模型，则在不同深度处表现出相反的特性，即在 0m 和 300m 深度处表现出对高值区域的“吸引”，在 660m 和 990m 深度处表现为对高值区域的“排斥”。

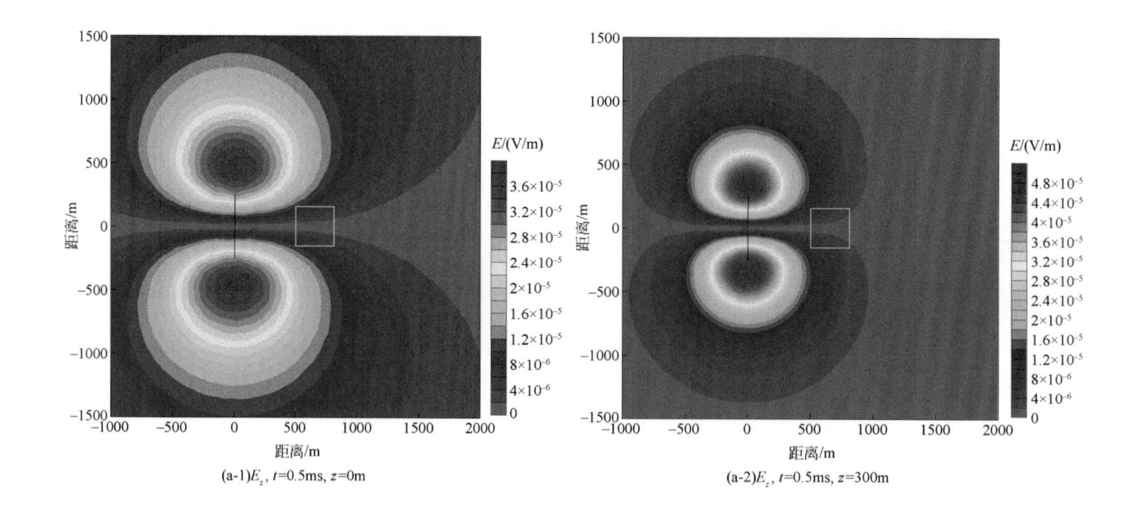

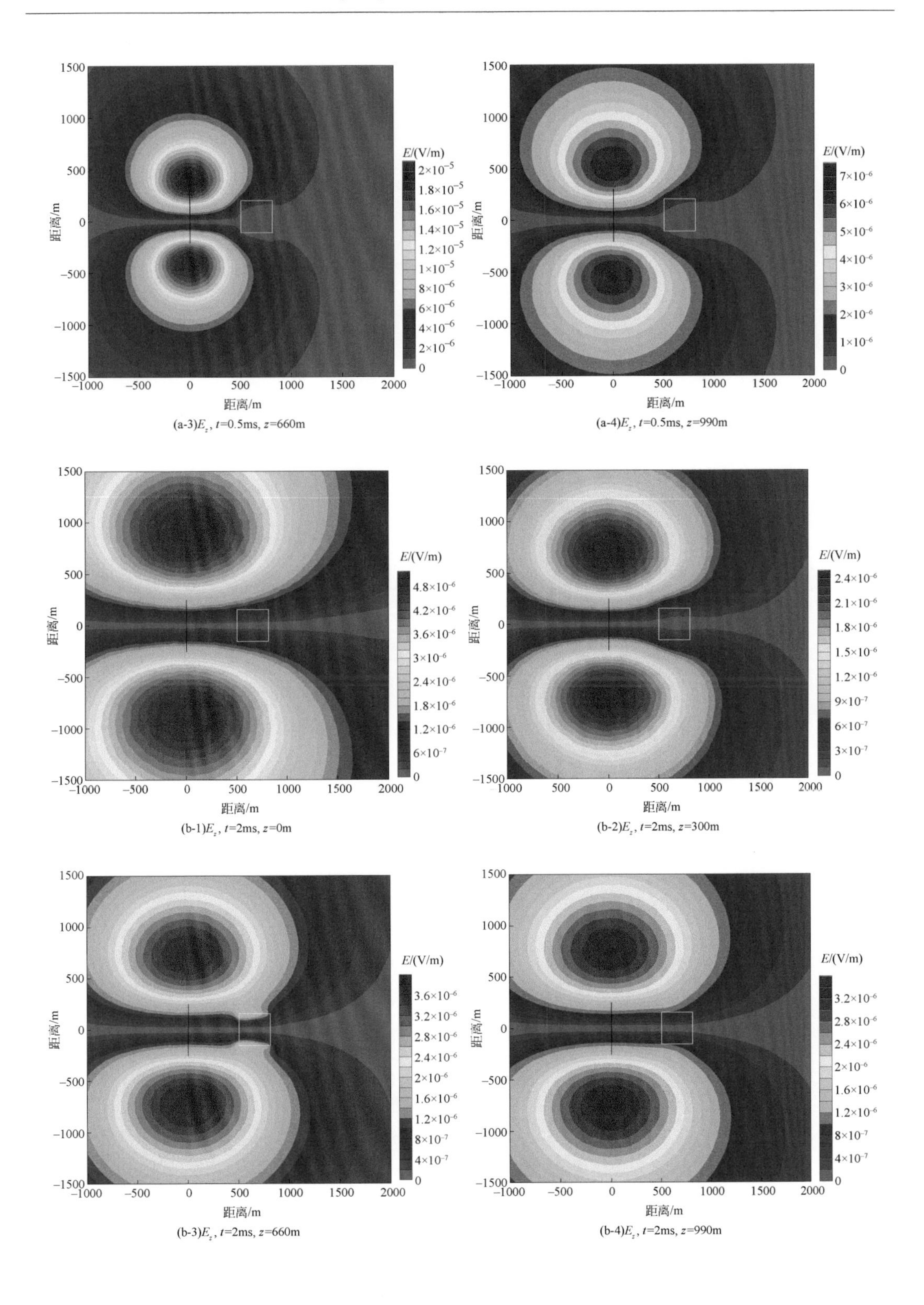

(a-3)E_z, t=0.5ms, z=660m

(a-4)E_z, t=0.5ms, z=990m

(b-1)E_z, t=2ms, z=0m

(b-2)E_z, t=2ms, z=300m

(b-3)E_z, t=2ms, z=660m

(b-4)E_z, t=2ms, z=990m

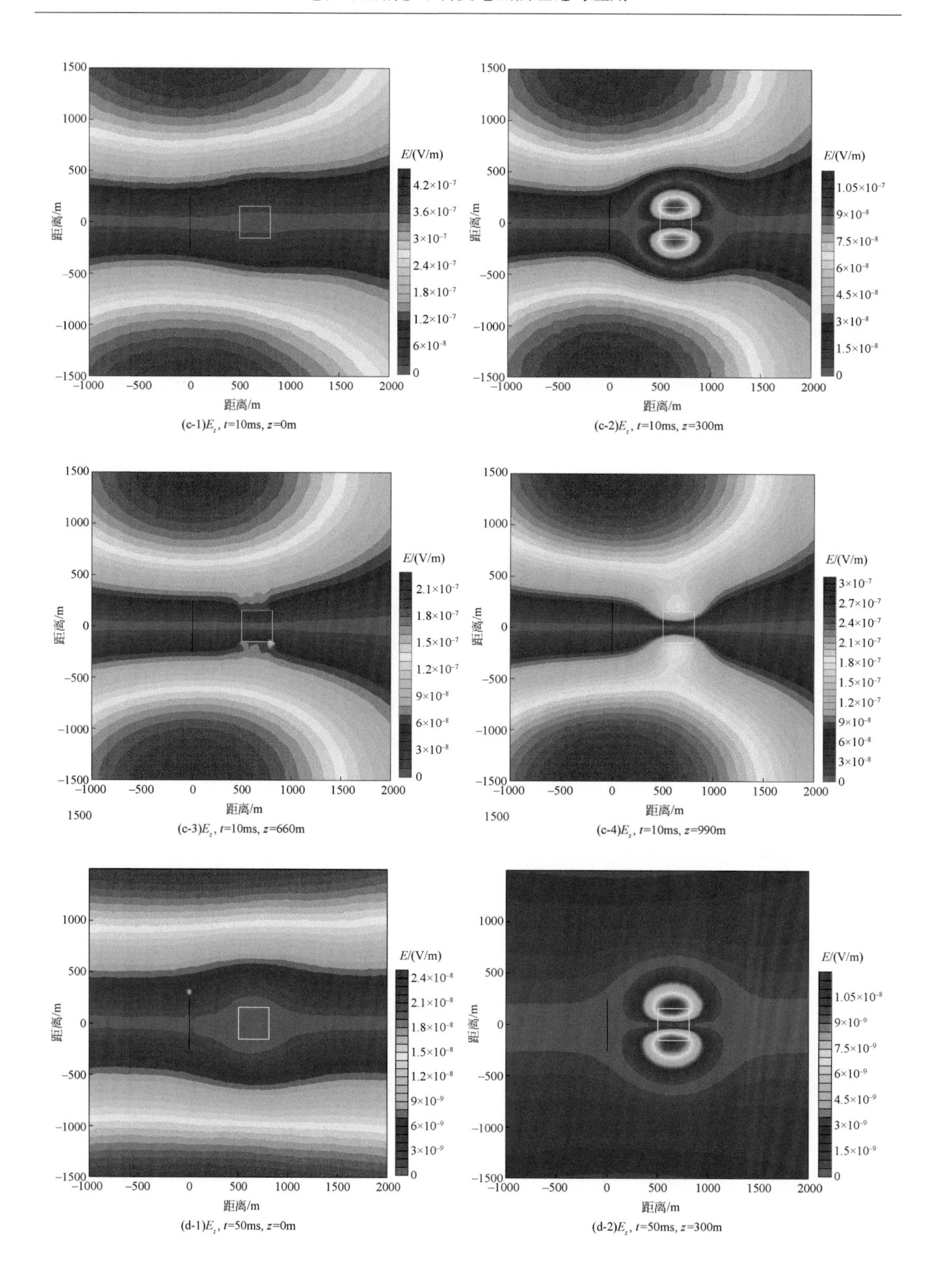

(c-1)E_z, t=10ms, z=0m

(c-2)E_z, t=10ms, z=300m

(c-3)E_z, t=10ms, z=660m

(c-4)E_z, t=10ms, z=990m

(d-1)E_z, t=50ms, z=0m

(d-2)E_z, t=50ms, z=300m

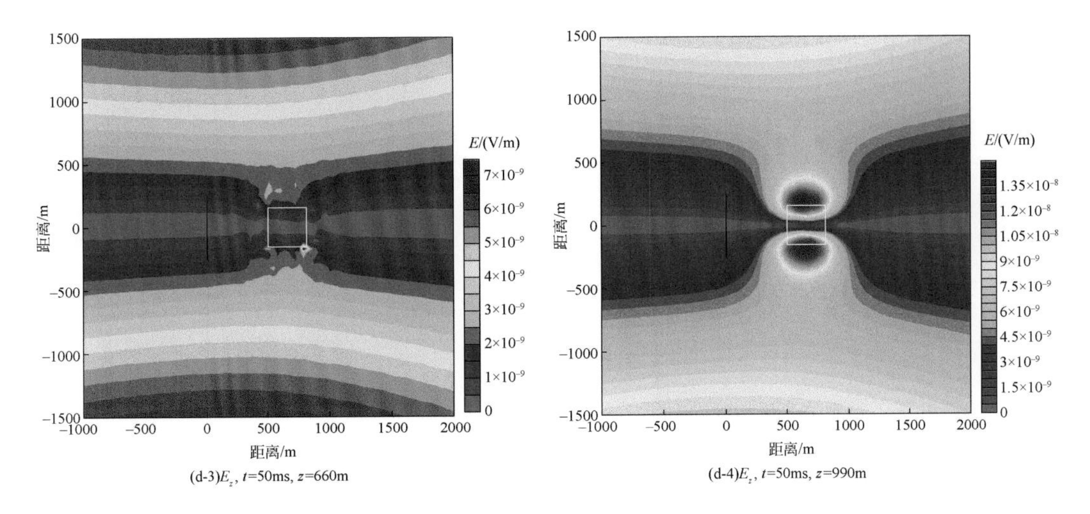

(d-3)E_z, t=50ms, z=660m　　(d-4)E_z, t=50ms, z=990m

图 5.6　低阻模型不同时刻 E_z 分量场值平面分布图

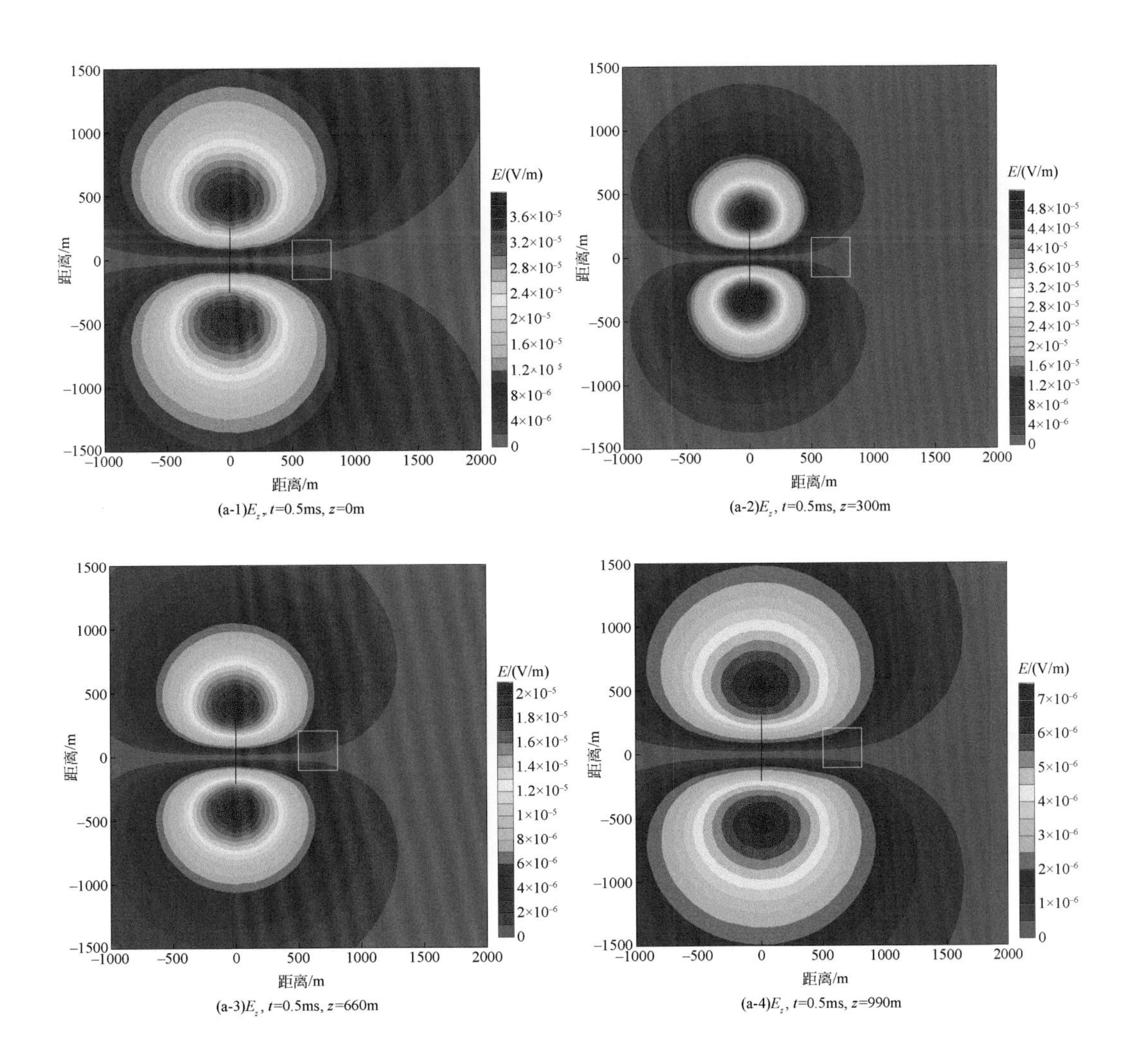

(a-1)E_z, t=0.5ms, z=0m　　(a-2)E_z, t=0.5ms, z=300m

(a-3)E_z, t=0.5ms, z=660m　　(a-4)E_z, t=0.5ms, z=990m

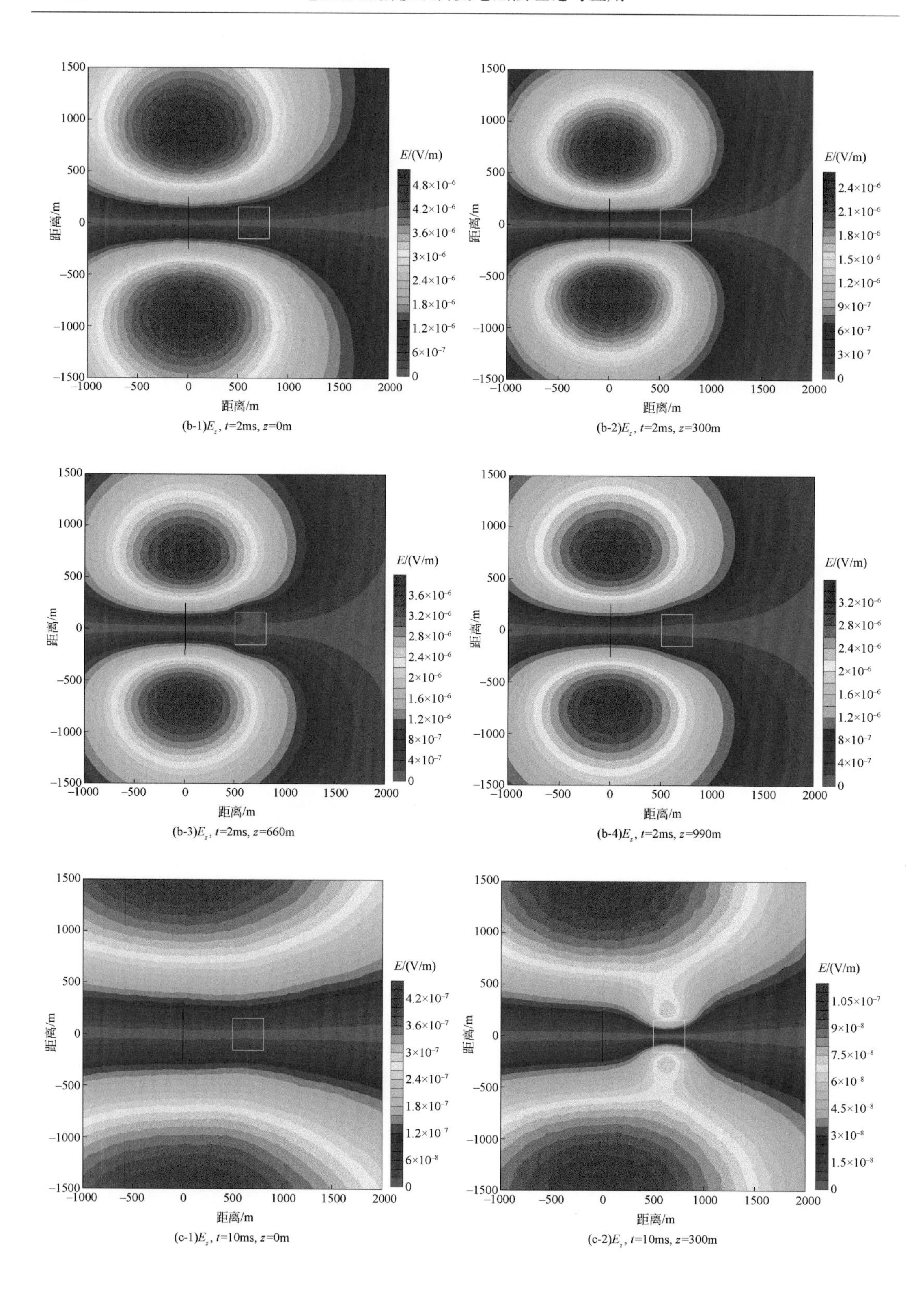

(b-1)E_z, t=2ms, z=0m

(b-2)E_z, t=2ms, z=300m

(b-3)E_z, t=2ms, z=660m

(b-4)E_z, t=2ms, z=990m

(c-1)E_z, t=10ms, z=0m

(c-2)E_z, t=10ms, z=300m

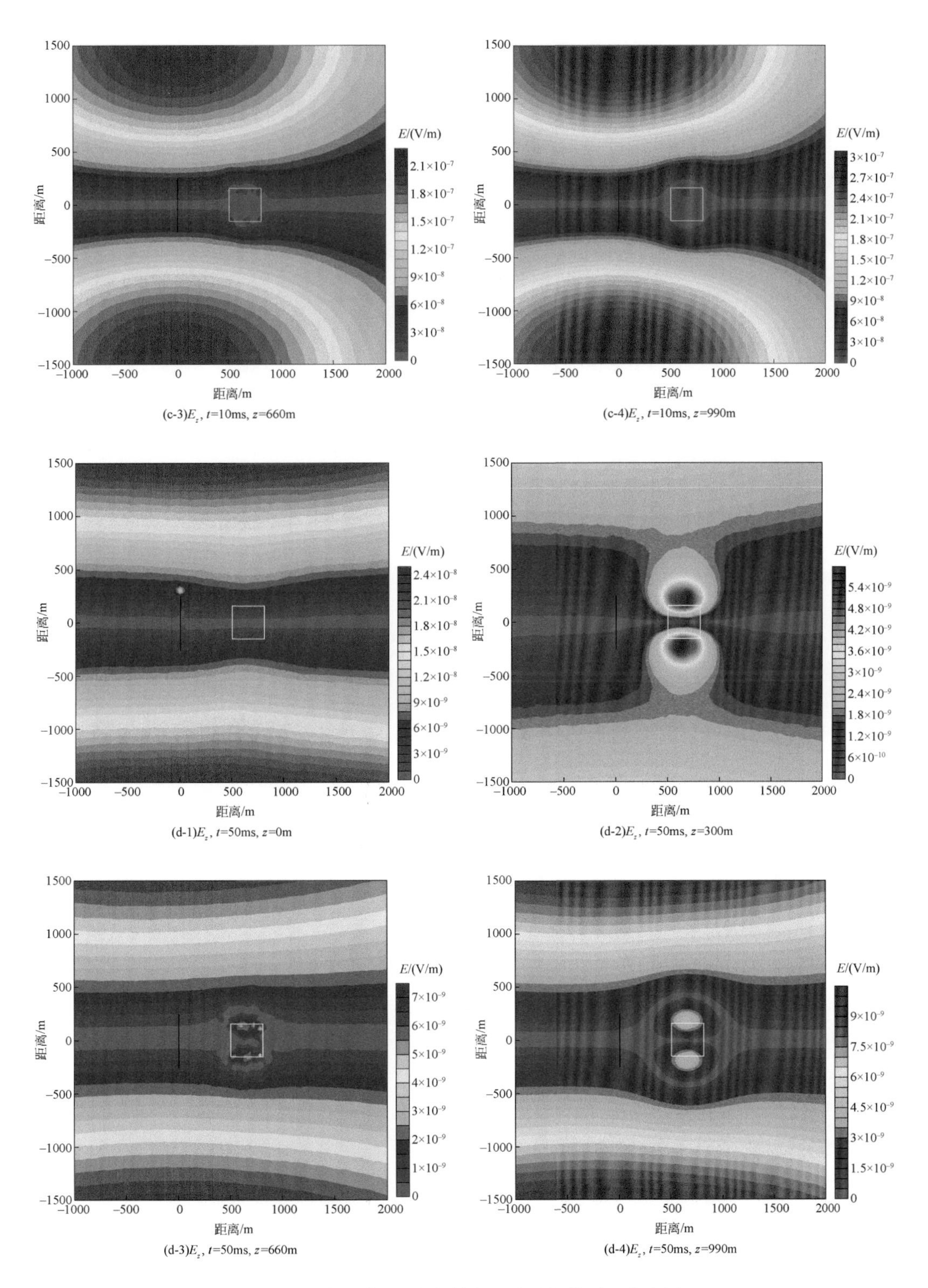

图 5.7　高阻模型不同时刻 E_z 分量场值平面分布图

dB_x/dt 分量的平面分布与 E_y 分量类似，也是极值分布于四个象限，发射源沿线和中垂线为零值区域。对于低阻异常体，仅当 XOY 平面横切异常体时可观测到明显的场值畸变［图 5.8（b-3）和（c-3）］；而对于高阻异常体，四个深度和四个时刻都难以观测到场值的明显变化，这可能和异常体位于发射源中垂线上有关。

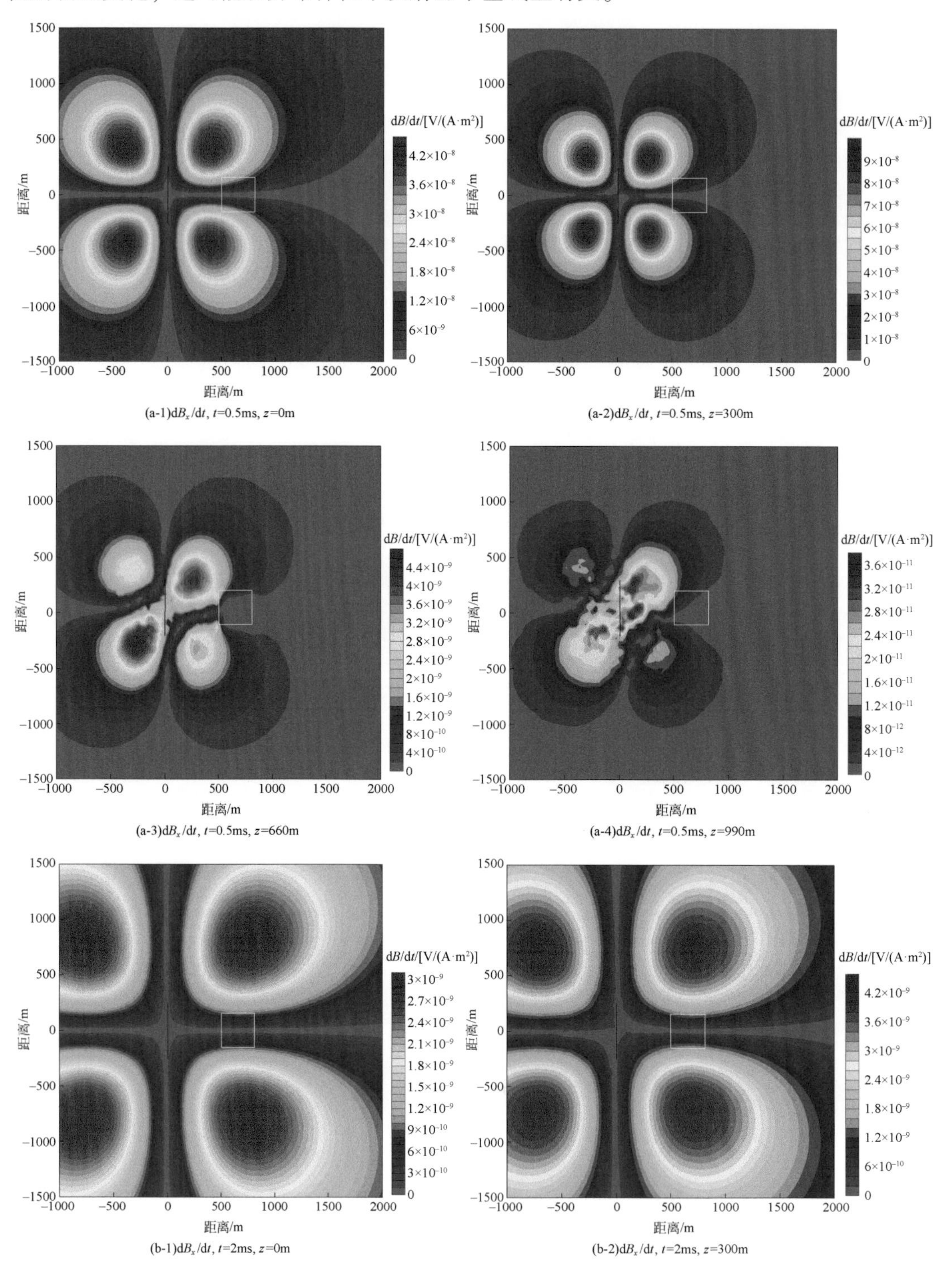

(a-1) dB_x/dt, t=0.5ms, z=0m　(a-2) dB_x/dt, t=0.5ms, z=300m

(a-3) dB_x/dt, t=0.5ms, z=660m　(a-4) dB_x/dt, t=0.5ms, z=990m

(b-1) dB_x/dt, t=2ms, z=0m　(b-2) dB_x/dt, t=2ms, z=300m

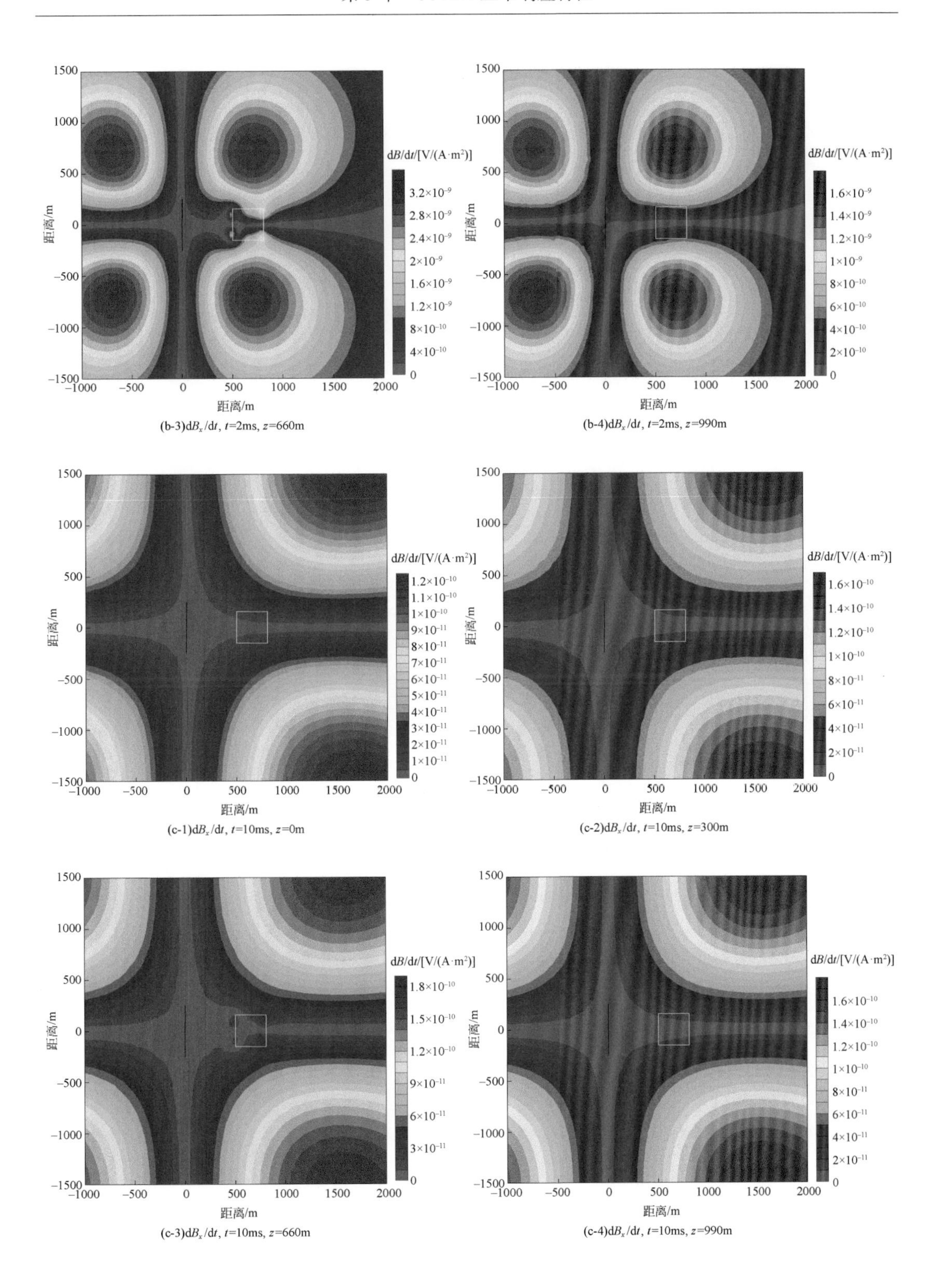
dB/dt/[V/(A·m²)]
距离/m
(b-3)dBx/dt, t=2ms, z=660m
(b-4)dBx/dt, t=2ms, z=990m
(c-1)dBx/dt, t=10ms, z=0m
(c-2)dBx/dt, t=10ms, z=300m
(c-3)dBx/dt, t=10ms, z=660m
(c-4)dBx/dt, t=10ms, z=990m

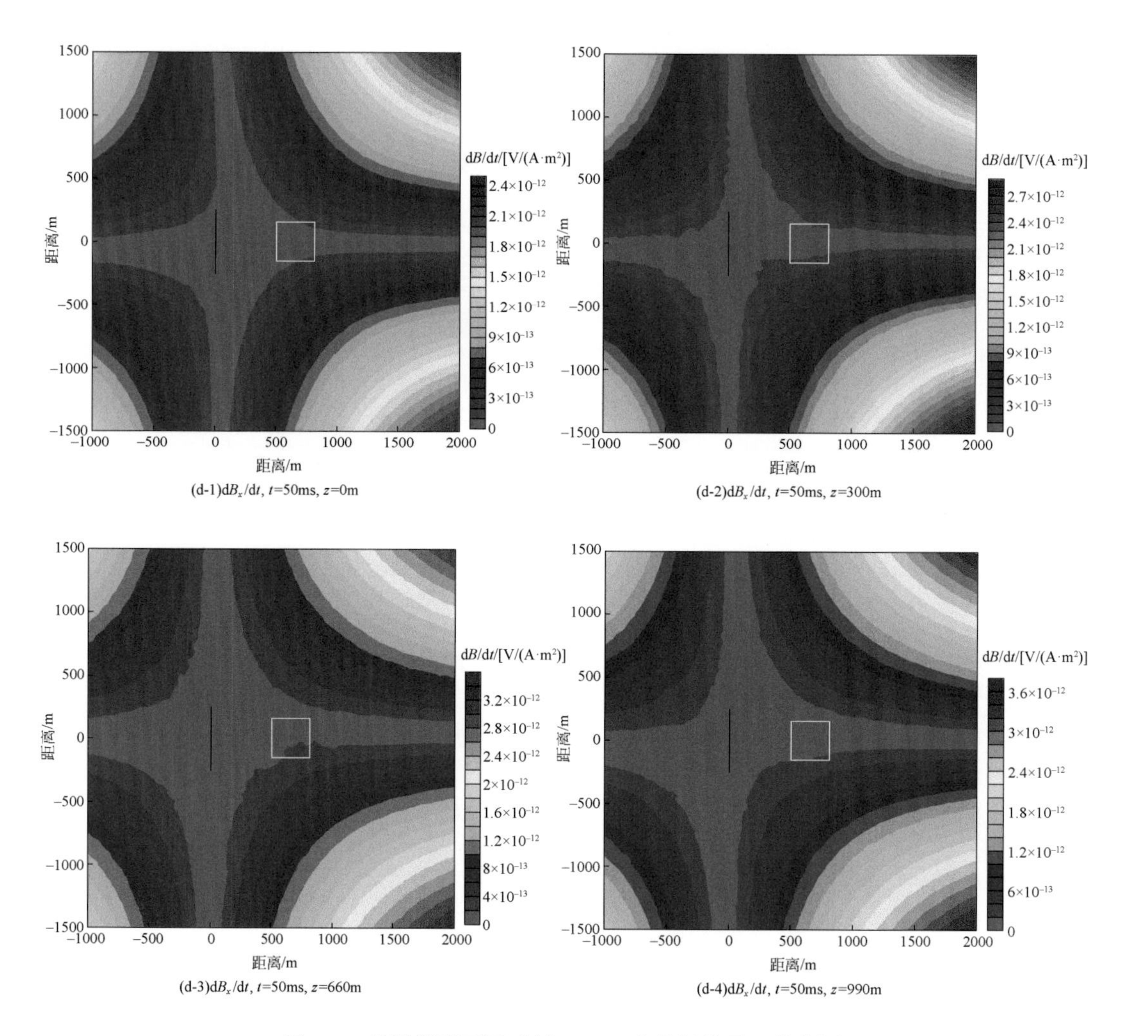

(d-1)dB_x/dt, t=50ms, z=0m　　(d-2)dB_x/dt, t=50ms, z=300m

(d-3)dB_x/dt, t=50ms, z=660m　　(d-4)dB_x/dt, t=50ms, z=990m

图 5.8　低阻模型不同时刻 dB_x/dt 分量场值平面分布图

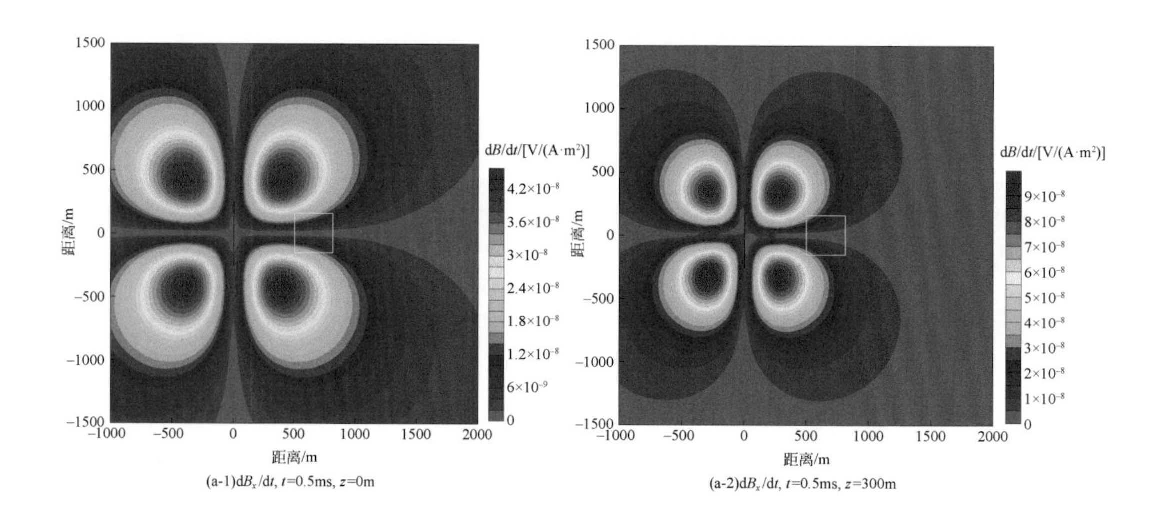

(a-1)dB_x/dt, t=0.5ms, z=0m　　(a-2)dB_x/dt, t=0.5ms, z=300m

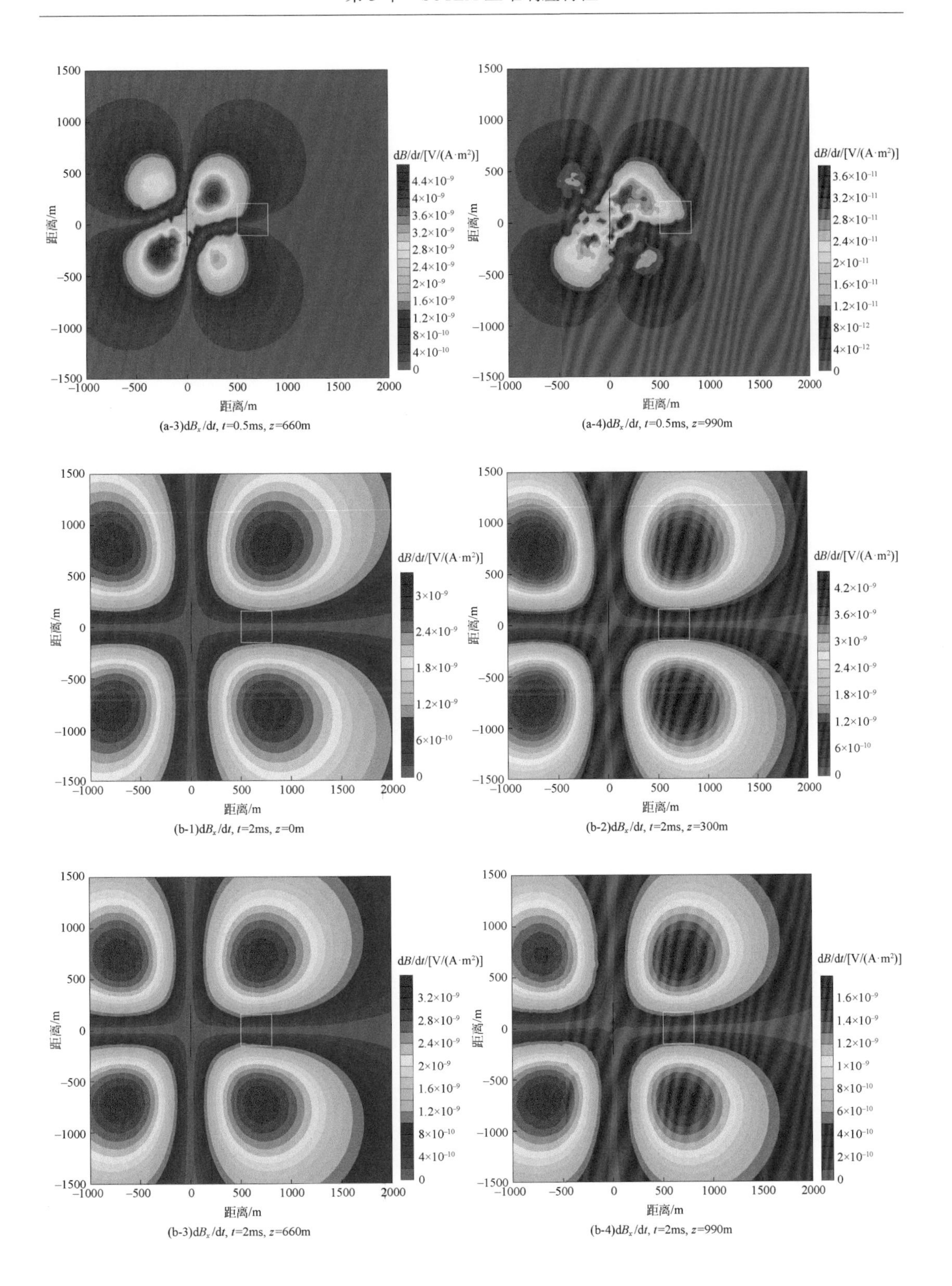

(a-3)dB_x/dt, t=0.5ms, z=660m

(a-4)dB_x/dt, t=0.5ms, z=990m

(b-1)dB_x/dt, t=2ms, z=0m

(b-2)dB_x/dt, t=2ms, z=300m

(b-3)dB_x/dt, t=2ms, z=660m

(b-4)dB_x/dt, t=2ms, z=990m

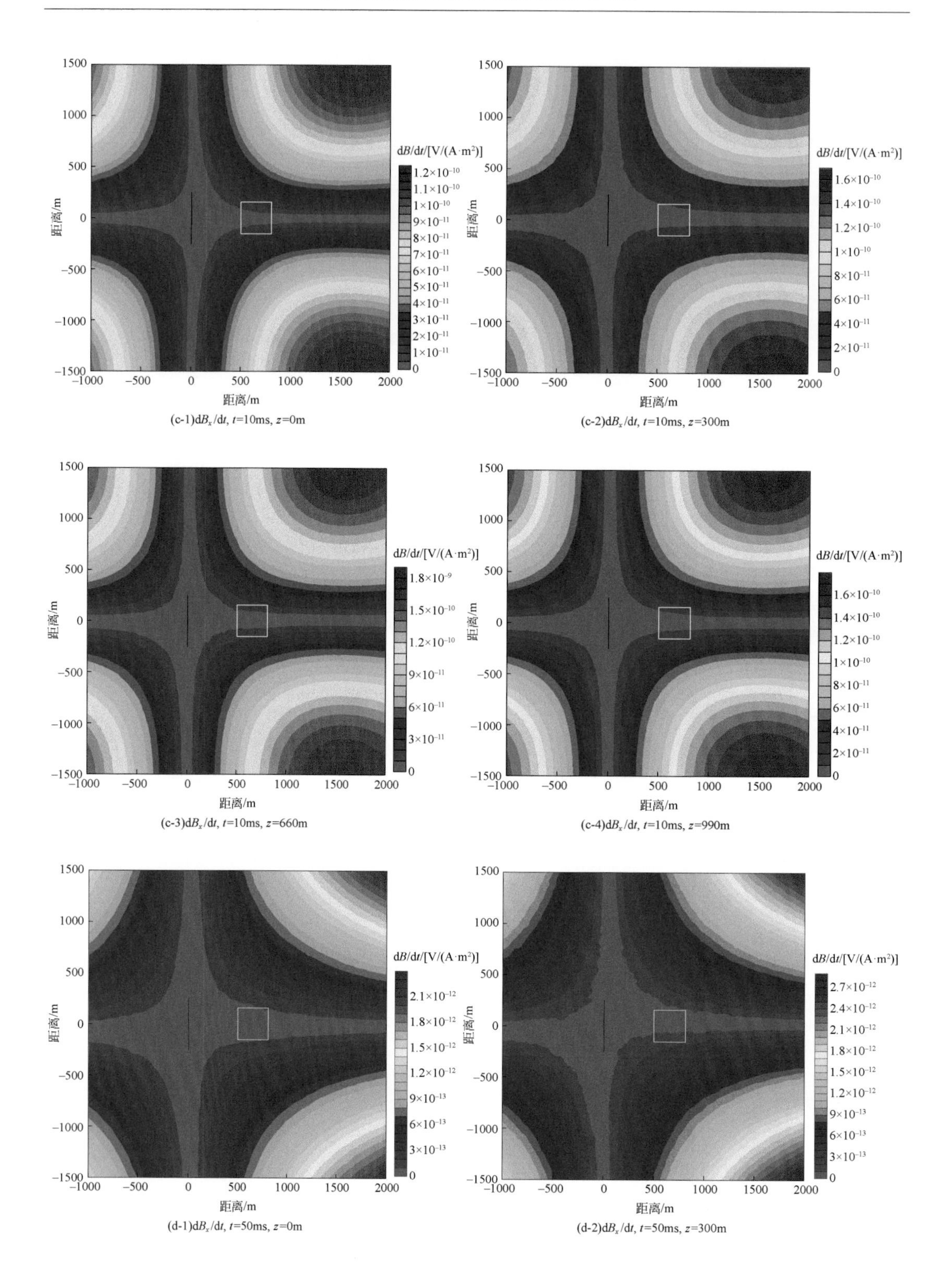

(c-1) $\mathrm{d}B_x/\mathrm{d}t$, t=10ms, z=0m

(c-2) $\mathrm{d}B_x/\mathrm{d}t$, t=10ms, z=300m

(c-3) $\mathrm{d}B_x/\mathrm{d}t$, t=10ms, z=660m

(c-4) $\mathrm{d}B_x/\mathrm{d}t$, t=10ms, z=990m

(d-1) $\mathrm{d}B_x/\mathrm{d}t$, t=50ms, z=0m

(d-2) $\mathrm{d}B_x/\mathrm{d}t$, t=50ms, z=300m

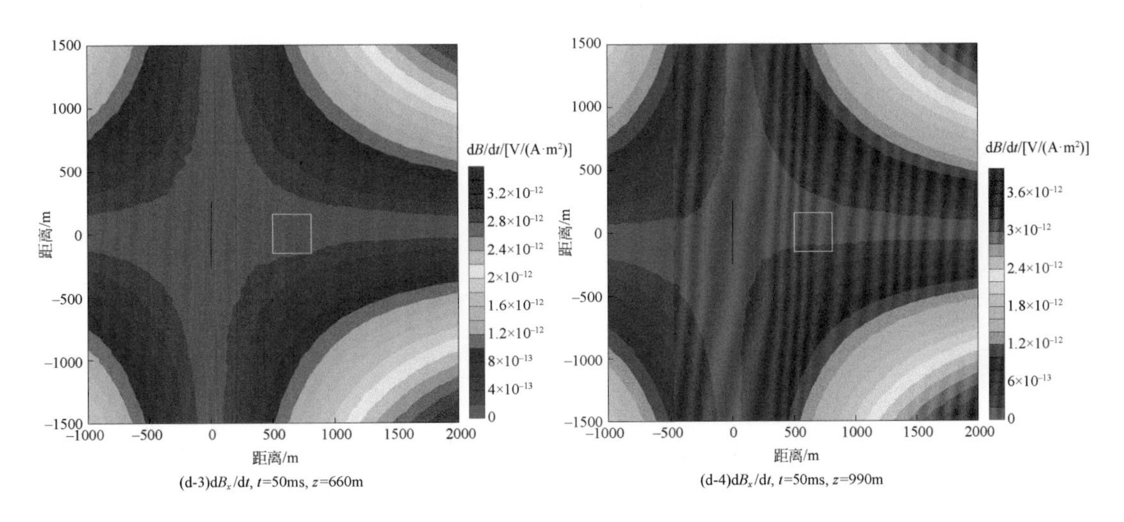

图 5.9　高阻模型不同时刻 dB_x/dt 分量场值平面分布图

图 5.10 为低阻模型 dB_y/dt 分量在不同深度平面不同时刻的平面分布。与第 2 章一维模拟结果一样，地表上 dB_y/dt 分量受“返回电流”影响在发射源两侧出现弱极值的负响应区域（做图时取绝对值），且随着时间推移该区域逐渐向两侧远处扩散；低阻异常体对地表的 dB_y/dt 难以产生明显的响应畸变，极值区域的中心始终处于发射源处。而当观测点位于地下一定深度时，低阻异常体带来的响应畸变则非常明显，随着时间推移，dB_y/dt 的极值区域逐渐转移到异常体附近。对于高阻异常体（图 5.11），则会导致一个局部的弱值异常。

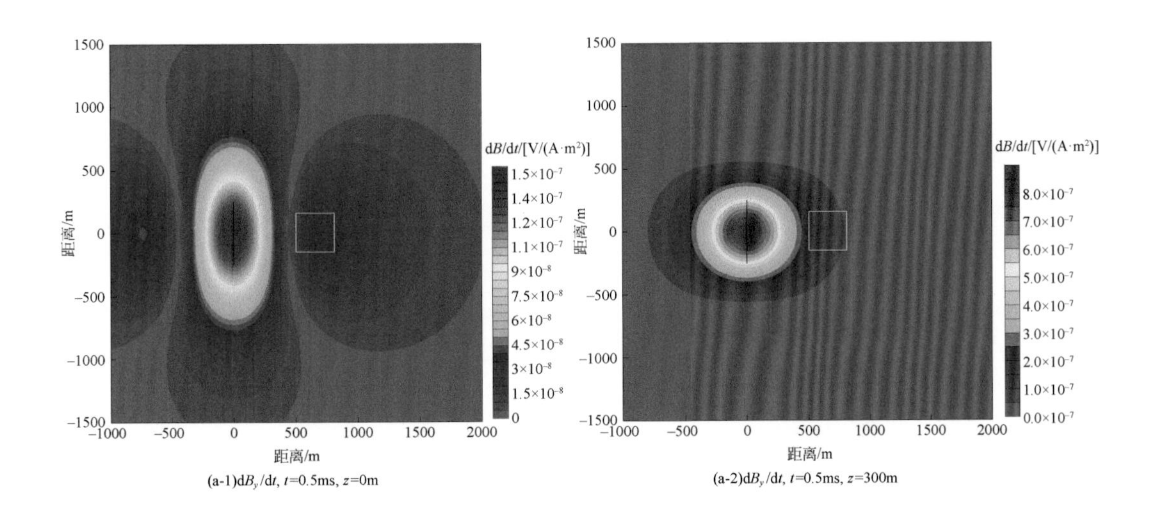

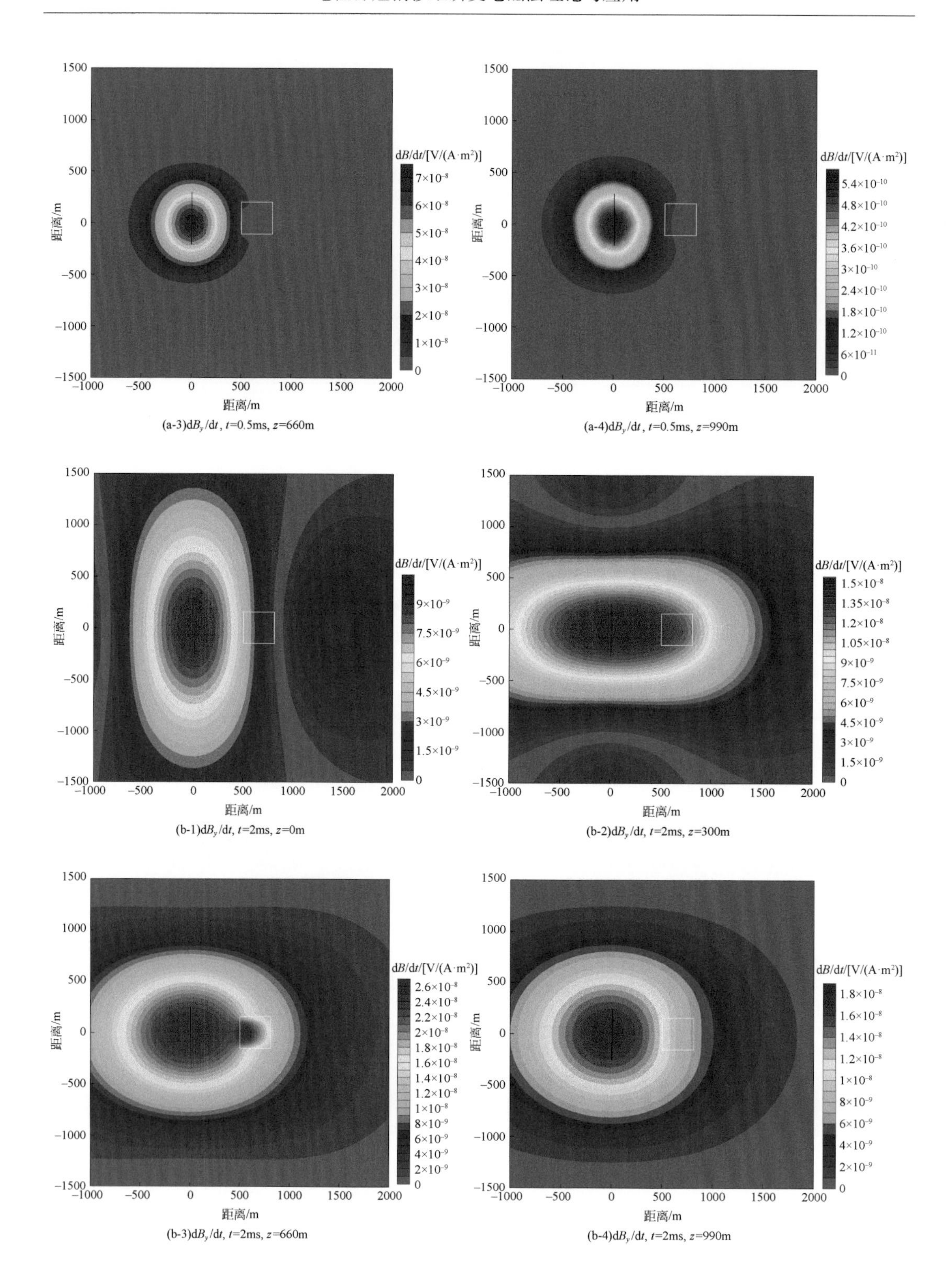

(a-3)dB_y/dt, t=0.5ms, z=660m

(a-4)dB_y/dt, t=0.5ms, z=990m

(b-1)dB_y/dt, t=2ms, z=0m

(b-2)dB_y/dt, t=2ms, z=300m

(b-3)dB_y/dt, t=2ms, z=660m

(b-4)dB_y/dt, t=2ms, z=990m

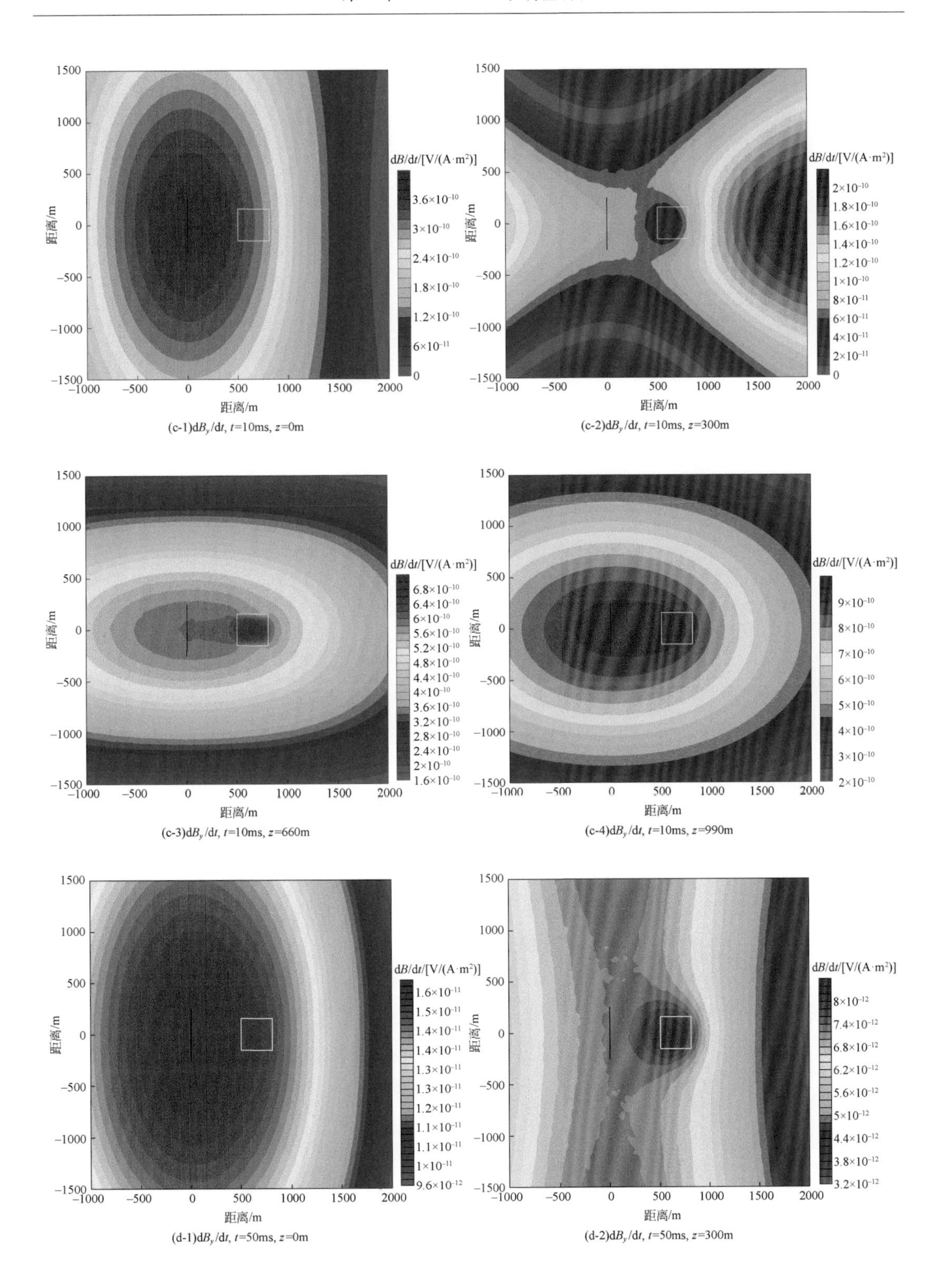

距离/m
dB/dt/[V/(A·m²)]
(c-1)dB_y/dt, t=10ms, z=0m
(c-2)dB_y/dt, t=10ms, z=300m
(c-3)dB_y/dt, t=10ms, z=660m
(c-4)dB_y/dt, t=10ms, z=990m
(d-1)dB_y/dt, t=50ms, z=0m
(d-2)dB_y/dt, t=50ms, z=300m

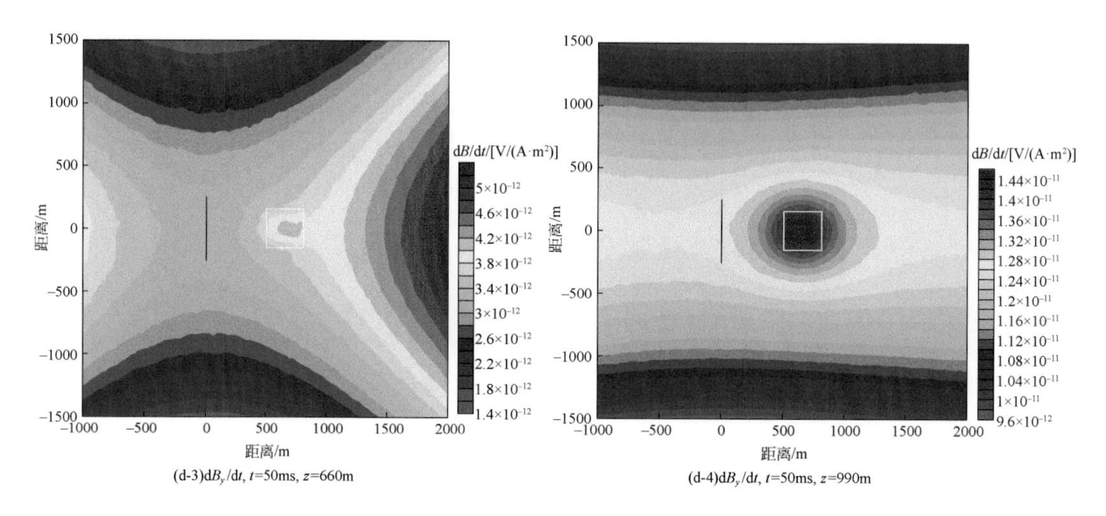

图 5.10　低阻模型不同时刻 dB_y/dt 分量场值平面分布图

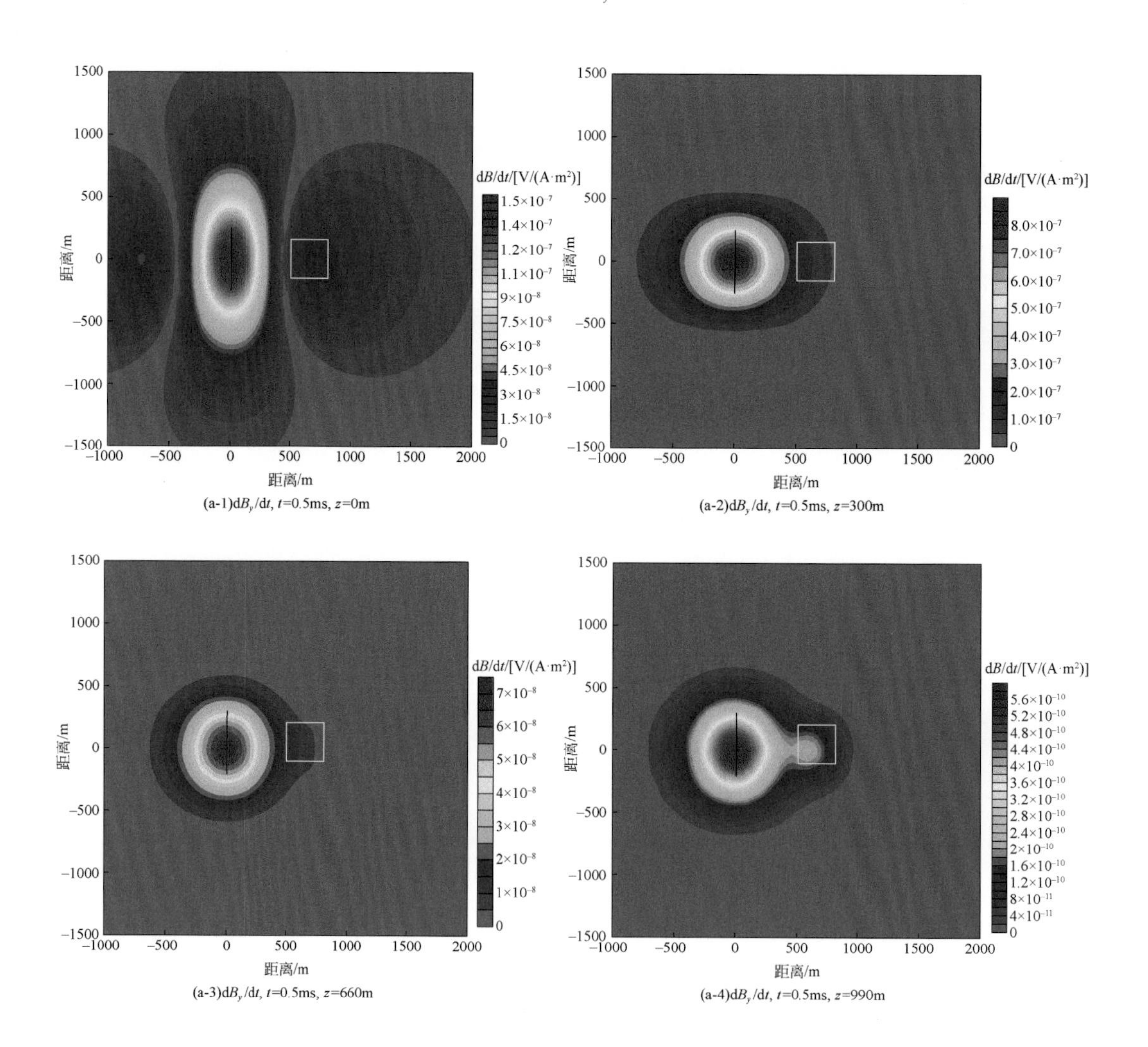

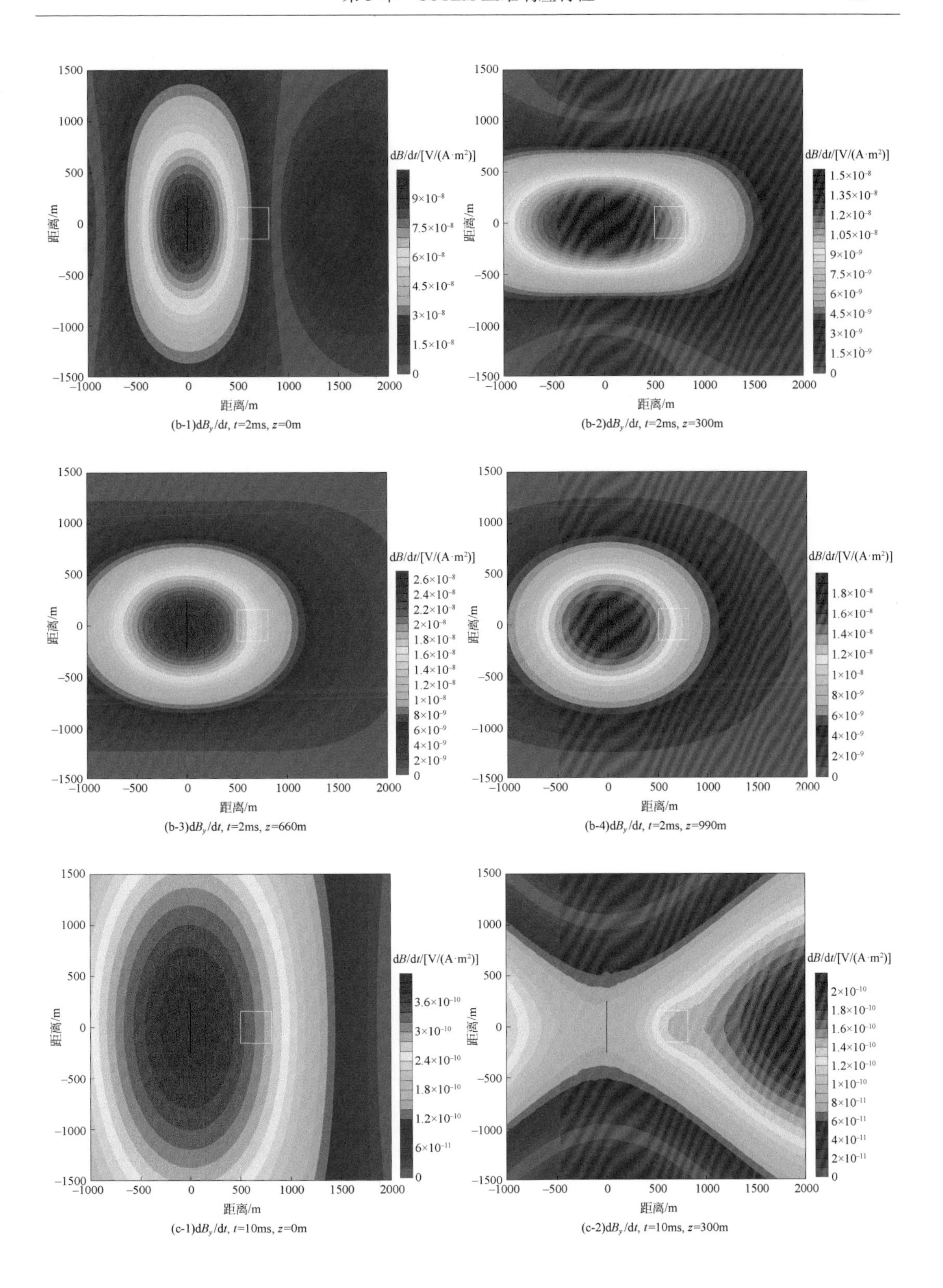

(b-1)dB_y/dt, t=2ms, z=0m

(b-2)dB_y/dt, t=2ms, z=300m

(b-3)dB_y/dt, t=2ms, z=660m

(b-4)dB_y/dt, t=2ms, z=990m

(c-1)dB_y/dt, t=10ms, z=0m

(c-2)dB_y/dt, t=10ms, z=300m

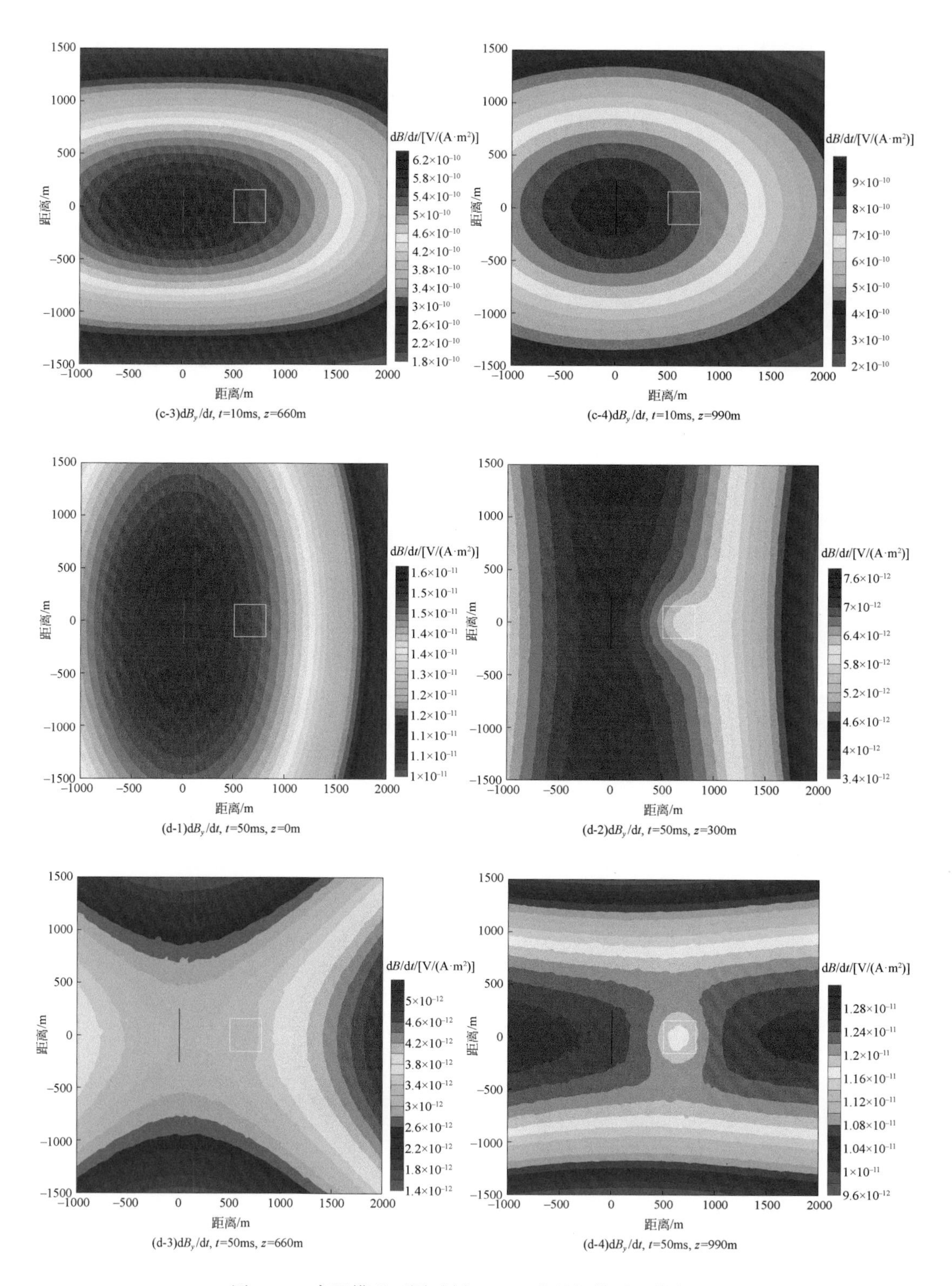

图 5.11　高阻模型不同时刻 $\mathrm{d}B_y/\mathrm{d}t$ 分量场值平面分布图

dB_z/dt 分量的极值区域位于发射源两侧，随时间推移逐渐向远处扩散。从地面场值分布来看，无论是低阻还是高阻异常体都难以产生明显的响应畸变（图 5.12，图 5.13），这与异常体尺寸和埋深有关。当观测点位于地下时，异常体引起的场值变化较为明显，低阻异常体对 dB_z/dt 极值的扩散起到阻滞作用，即会延缓极值向外的扩散速度，而高阻异常体则表现出相反作用。

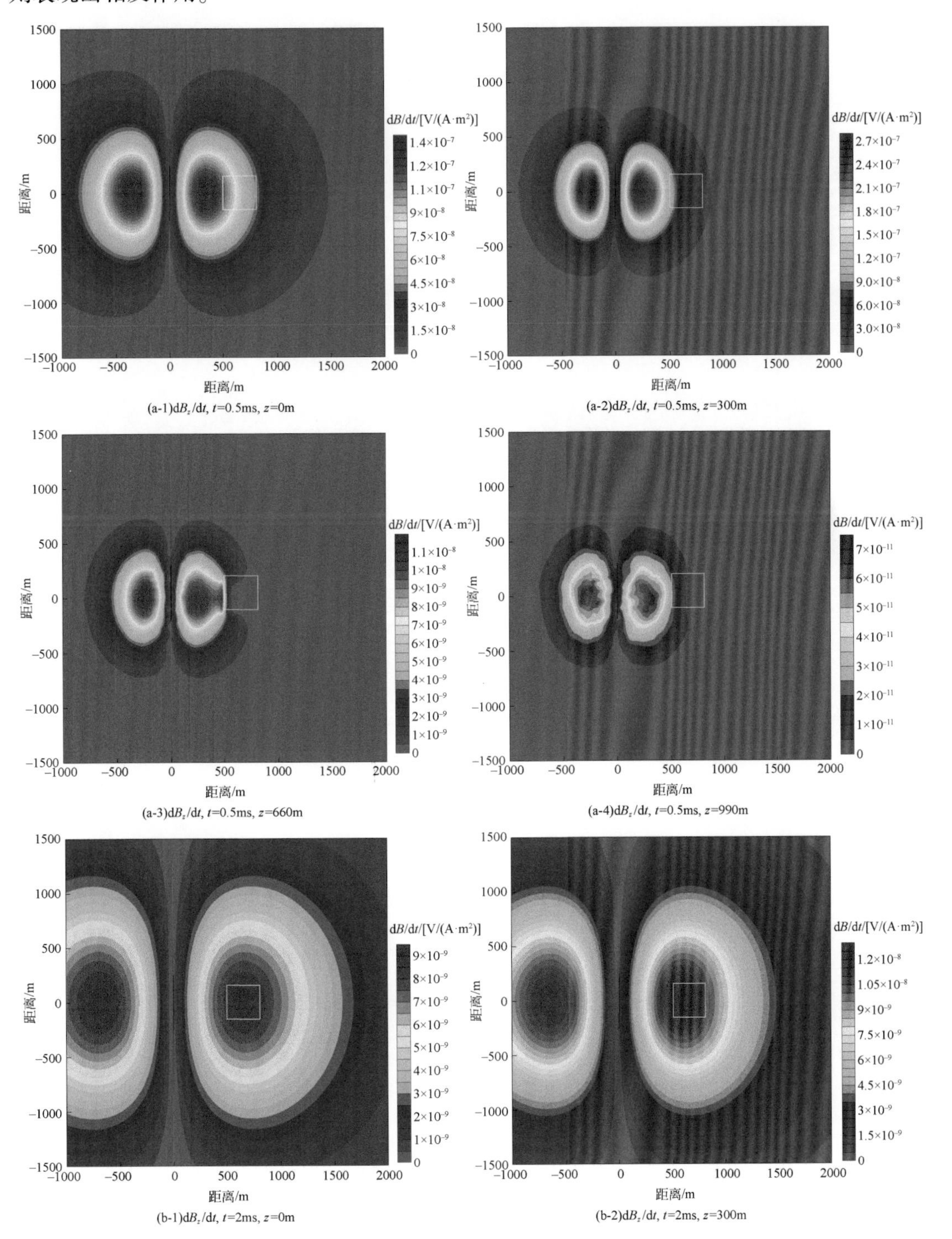

(a-1) dB_z/dt, t=0.5ms, z=0m　(a-2) dB_z/dt, t=0.5ms, z=300m

(a-3) dB_z/dt, t=0.5ms, z=660m　(a-4) dB_z/dt, t=0.5ms, z=990m

(b-1) dB_z/dt, t=2ms, z=0m　(b-2) dB_z/dt, t=2ms, z=300m

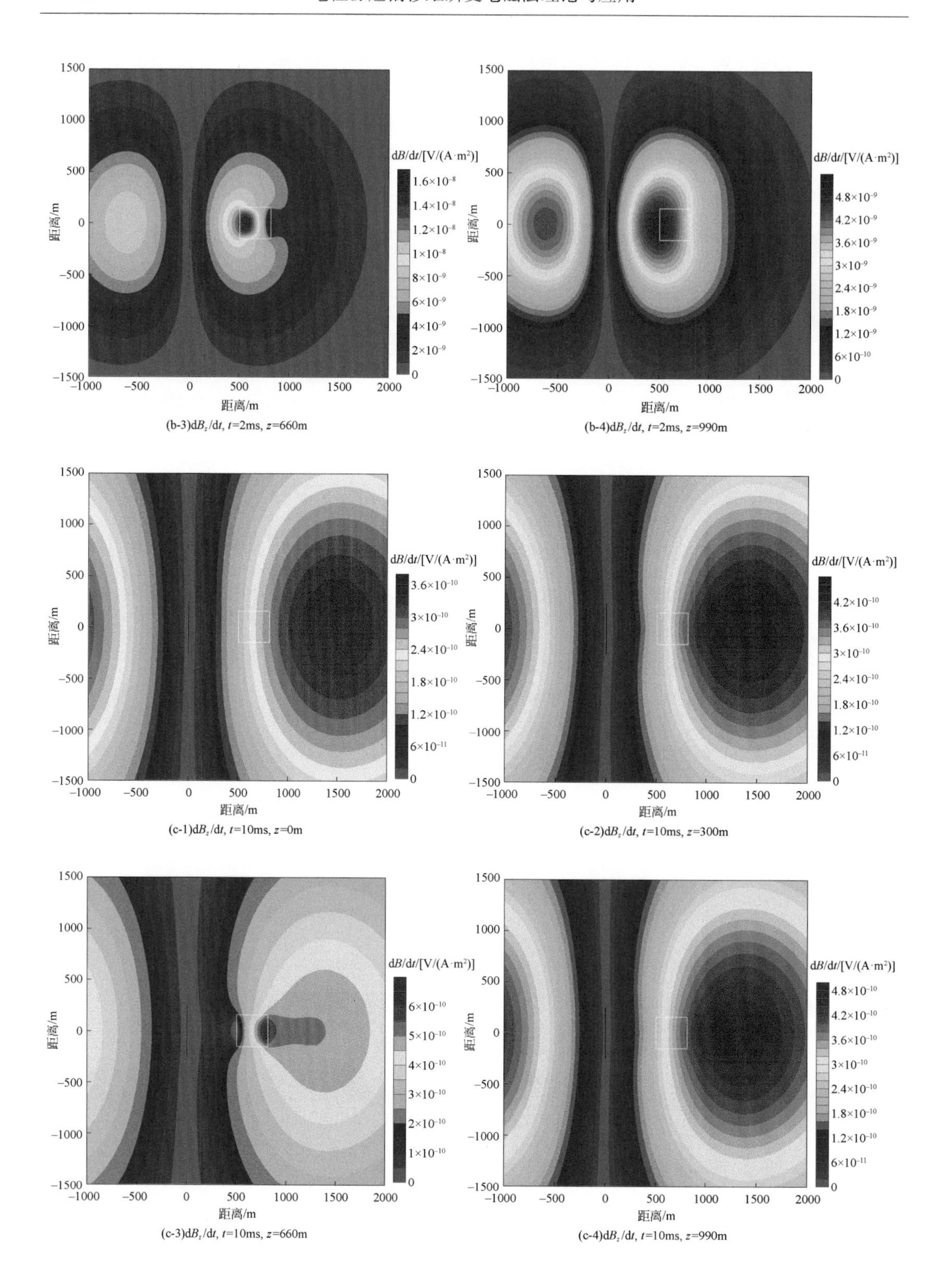

(b-3)$\mathrm{d}B_z/\mathrm{d}t$, t=2ms, z=660m

(b-4)$\mathrm{d}B_z/\mathrm{d}t$, t=2ms, z=990m

(c-1)$\mathrm{d}B_z/\mathrm{d}t$, t=10ms, z=0m

(c-2)$\mathrm{d}B_z/\mathrm{d}t$, t=10ms, z=300m

(c-3)$\mathrm{d}B_z/\mathrm{d}t$, t=10ms, z=660m

(c-4)$\mathrm{d}B_z/\mathrm{d}t$, t=10ms, z=990m

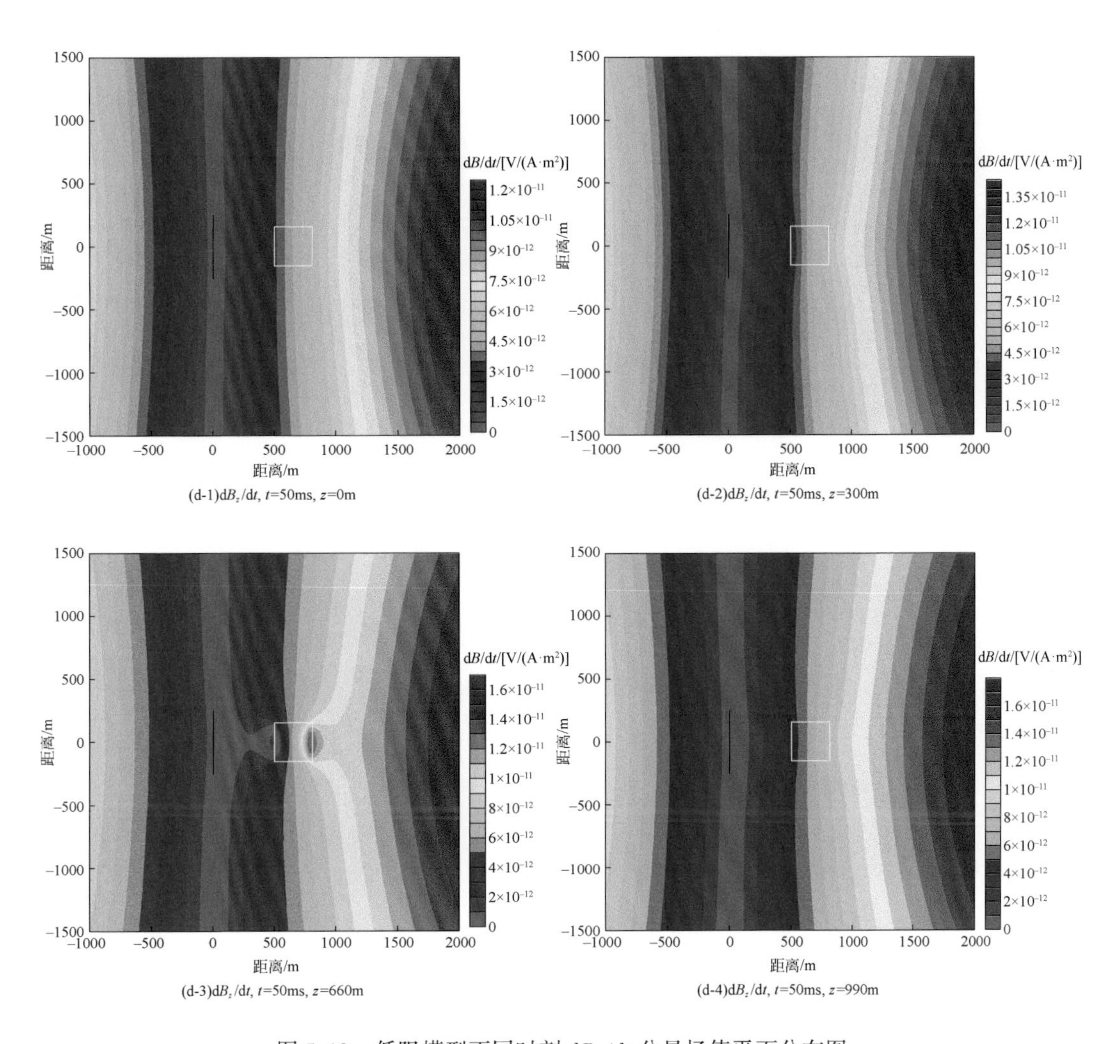

(d-1)dB_z/dt, t=50ms, z=0m

(d-2)dB_z/dt, t=50ms, z=300m

(d-3)dB_z/dt, t=50ms, z=660m

(d-4)dB_z/dt, t=50ms, z=990m

图 5.12　低阻模型不同时刻 dB_z/dt 分量场值平面分布图

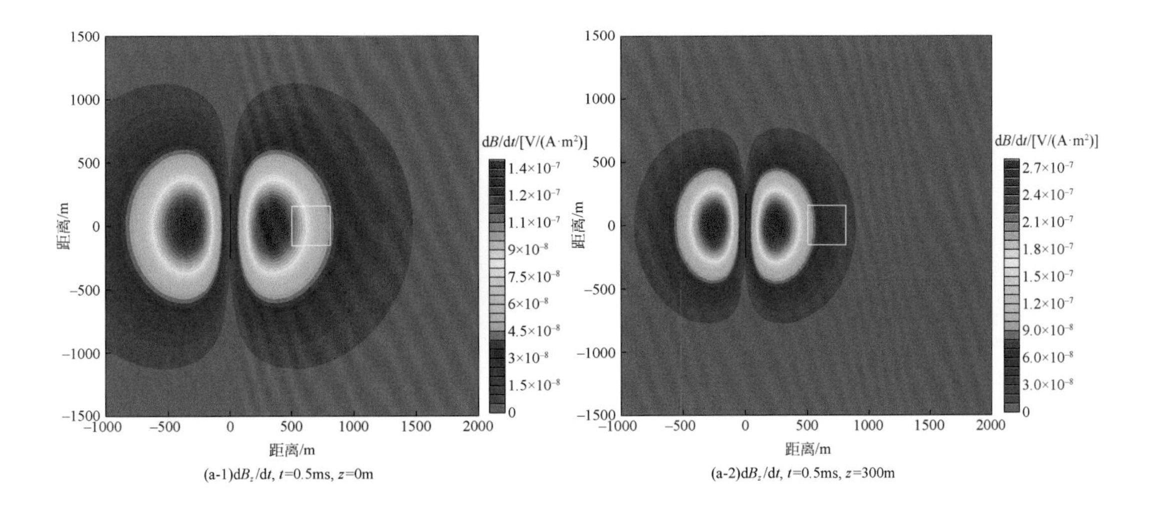

(a-1)dB_z/dt, t=0.5ms, z=0m

(a-2)dB_z/dt, t=0.5ms, z=300m

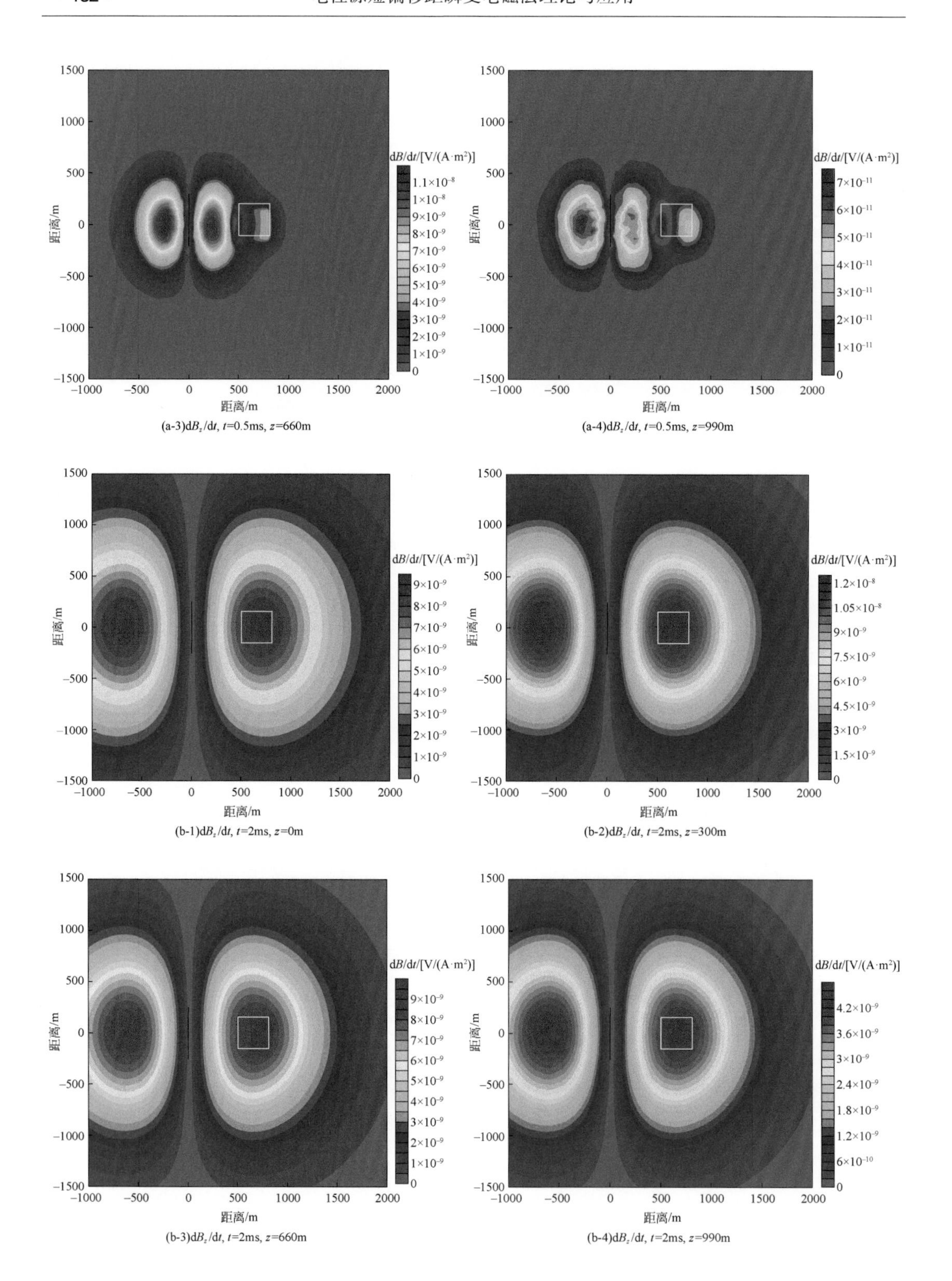

(a-3)dB_z/dt, t=0.5ms, z=660m

(a-4)dB_z/dt, t=0.5ms, z=990m

(b-1)dB_z/dt, t=2ms, z=0m

(b-2)dB_z/dt, t=2ms, z=300m

(b-3)dB_z/dt, t=2ms, z=660m

(b-4)dB_z/dt, t=2ms, z=990m

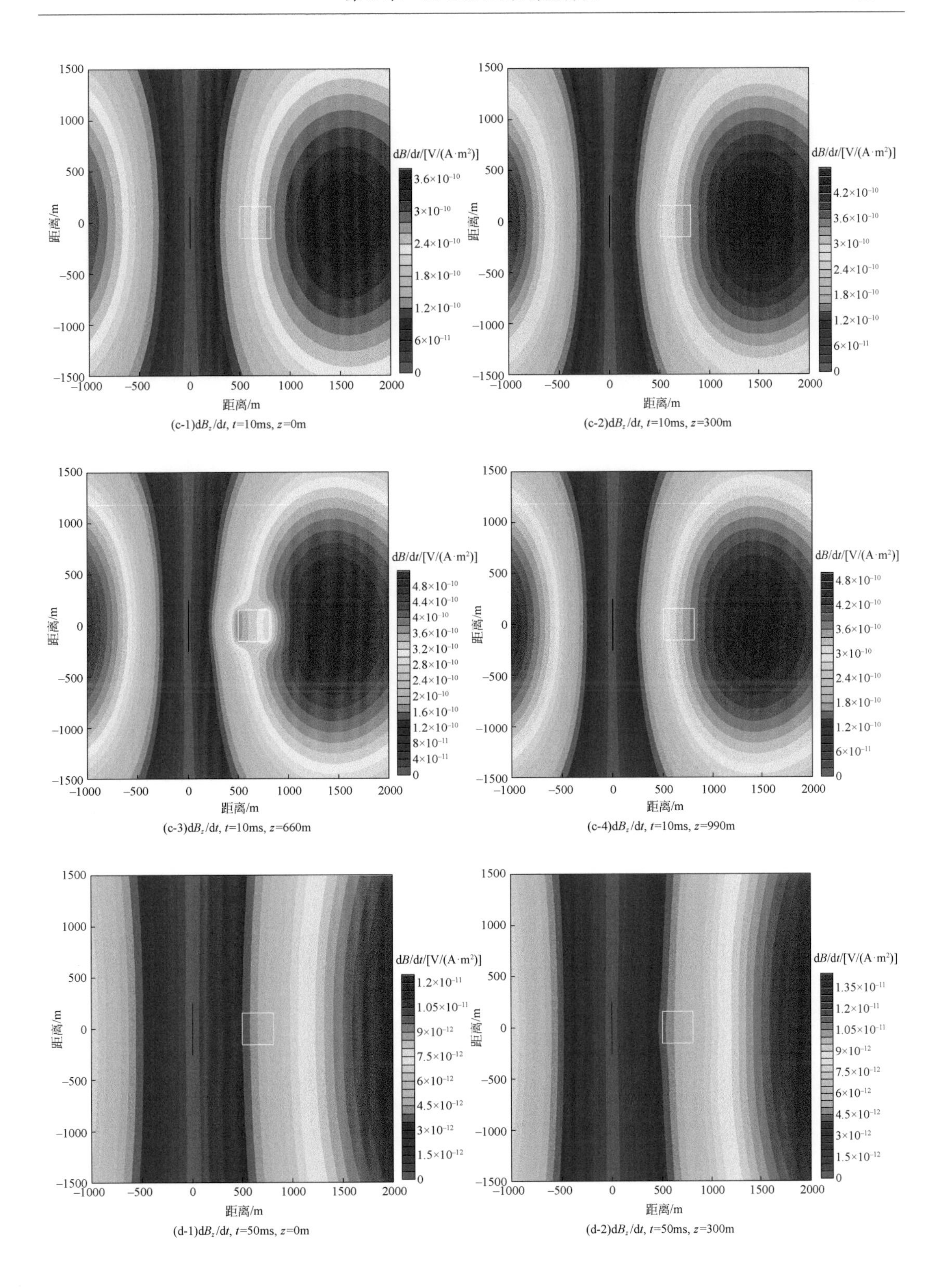

(c-1)dB_z/dt, t=10ms, z=0m

(c-2)dB_z/dt, t=10ms, z=300m

(c-3)dB_z/dt, t=10ms, z=660m

(c-4)dB_z/dt, t=10ms, z=990m

(d-1)dB_z/dt, t=50ms, z=0m

(d-2)dB_z/dt, t=50ms, z=300m

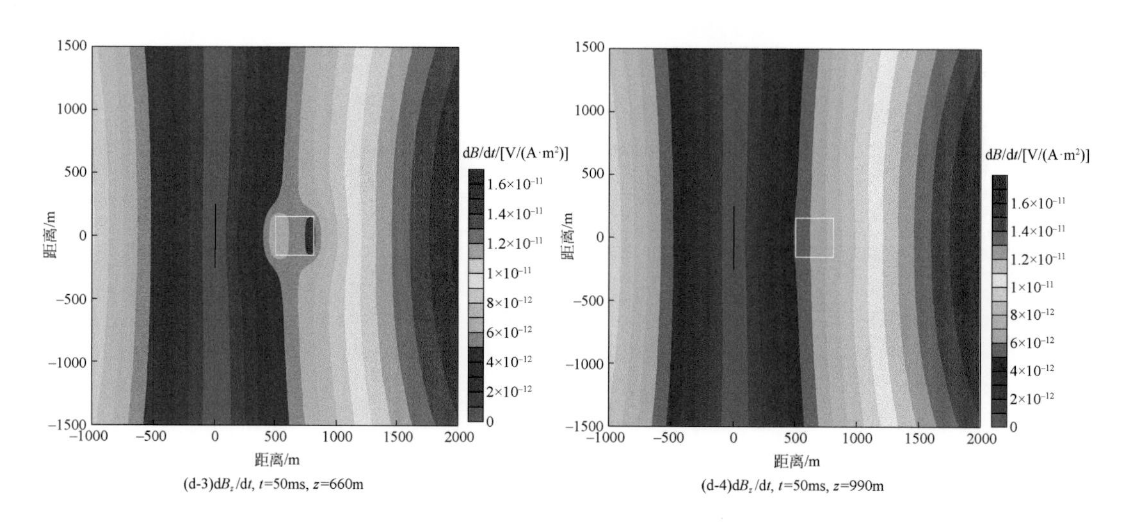

图 5.13 高阻模型不同时刻 dB_z/dt 分量场值平面分布图

5.2 地形影响分析

SOTEM 常用于地形复杂地区的煤田、金属矿勘查，研究地形对 SOTEM 响应的影响特征与程度，对 SOTEM 数据解释具有重要的意义。本节以山峰和山谷两种典型地形为例，分析地形对 SOTEM 响应的影响。建立如图 5.14 所示的山峰和山谷模型，背景介质电阻率为 100Ω · m，山峰顶面长 400m，底面长 800m，高 150m，山谷顶面长 800m，底面长 400m，高 150m。发射源长度为 500m，其方向沿 x 轴方向布设，中心位于坐标原点，距地形起始点距离为 500m，发射电流为 1A。下面仅以野外最常观测的水平电场 E_x 分量和垂直感应电动势 dB_z/dt 分量为例进行地形影响分析。

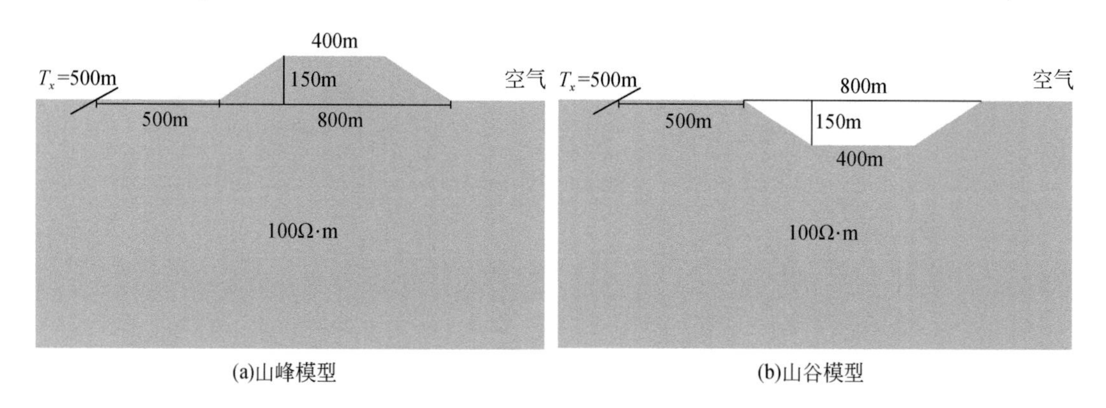

图 5.14 山峰模型与山谷模型

图 5.15 给出了四个不同时刻（0.5ms、2ms、10ms、50ms）水平电场 E_x 分量在沿发射源中垂线方向 YOZ 剖面的场值分布图。可以看出，E_x 随时间推移逐渐向深处和远处扩

散，但场值的极大值中心始终处于发射源下方；山峰地形对 E_x 的影响是在地形区产生局部的低值异常。图5.16为山峰中心地表处（0，900，150）以及对应无地形情况下均匀半空间的 E_x 衰减曲线。可以看出，在很早期（约0.3ms前）山峰地形会导致地表 E_x 场值增强，而随后 E_x 幅值会变得明显低于无地形情况。

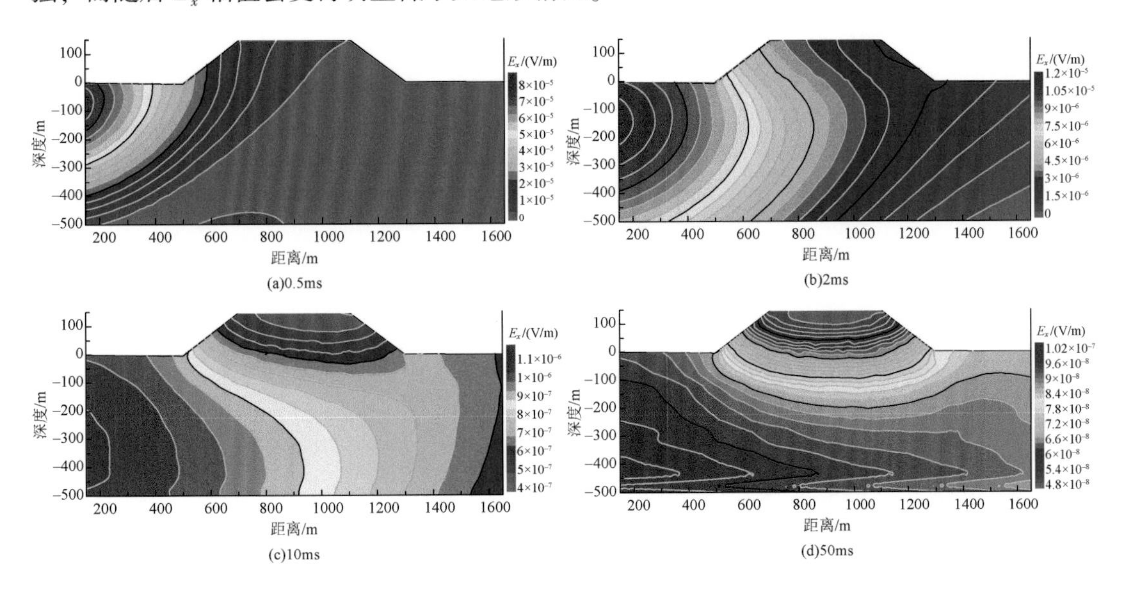

图5.15　山峰模型 E_x 分量不同时刻分布图（YOZ 平面）

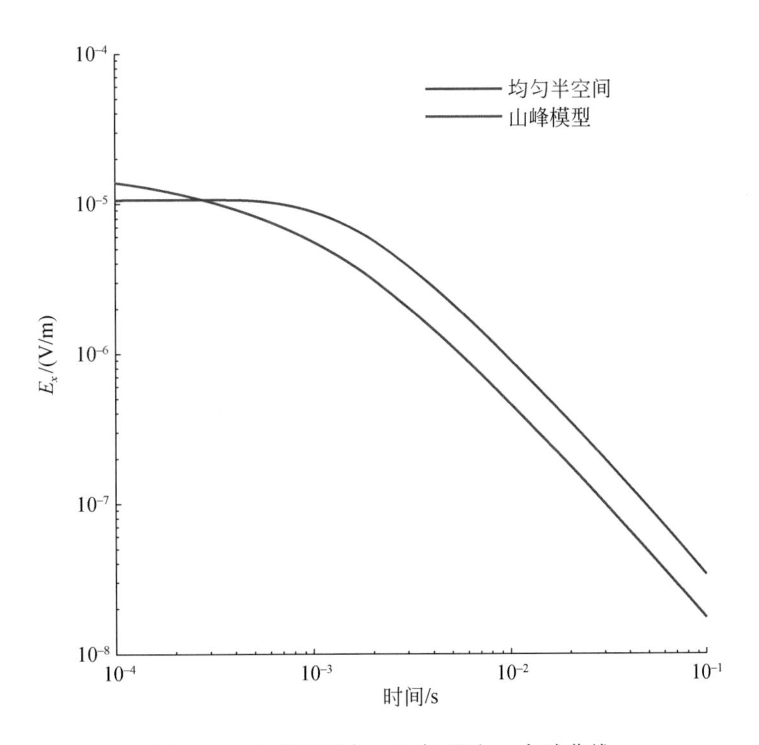

图5.16　山峰地形中心地表观测 E_x 衰减曲线

图 5.17 为垂直感应电动势 $\mathrm{d}B_z/\mathrm{d}t$ 分量的结果。山峰地形对 $\mathrm{d}B_z/\mathrm{d}t$ 分量的扩散和分布产生的影响相对较弱，仅在较早时间段时会导致在地形区域内的场值等值线变稀疏，产生局部高值异常［图 5.17（a）、(b)］；随着时间推移，$\mathrm{d}B_z/\mathrm{d}t$ 的扩散逐渐均匀，地形带来的影响变得微弱。从图 5.18 所示地面衰减曲线也可以看出，山峰地形对 $\mathrm{d}B_z/\mathrm{d}t$ 分量的影响主要集中于中早期阶段。

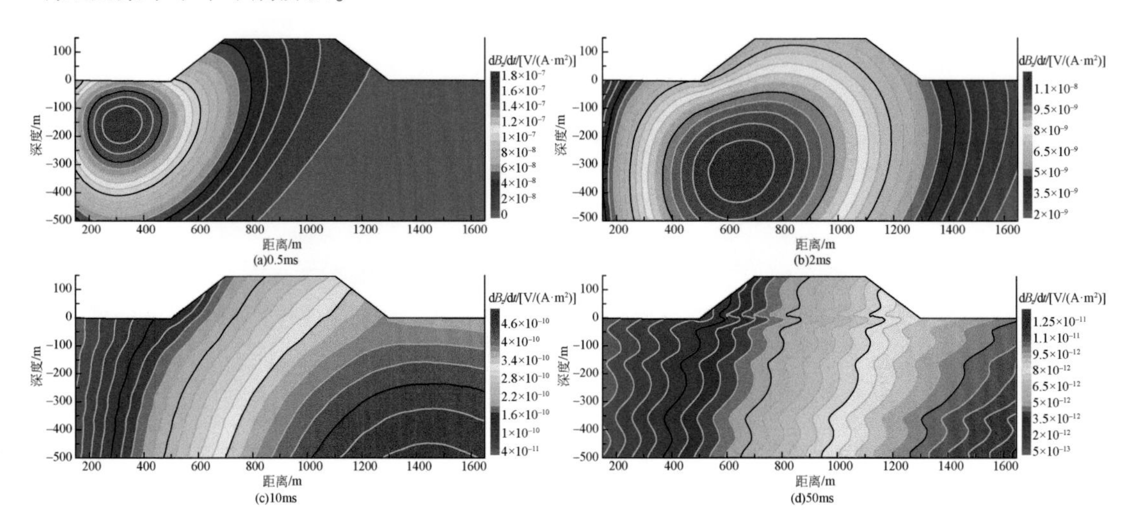

图 5.17　山峰模型 $\mathrm{d}B_z/\mathrm{d}t$ 分量不同时刻分布图（*YOZ* 平面）

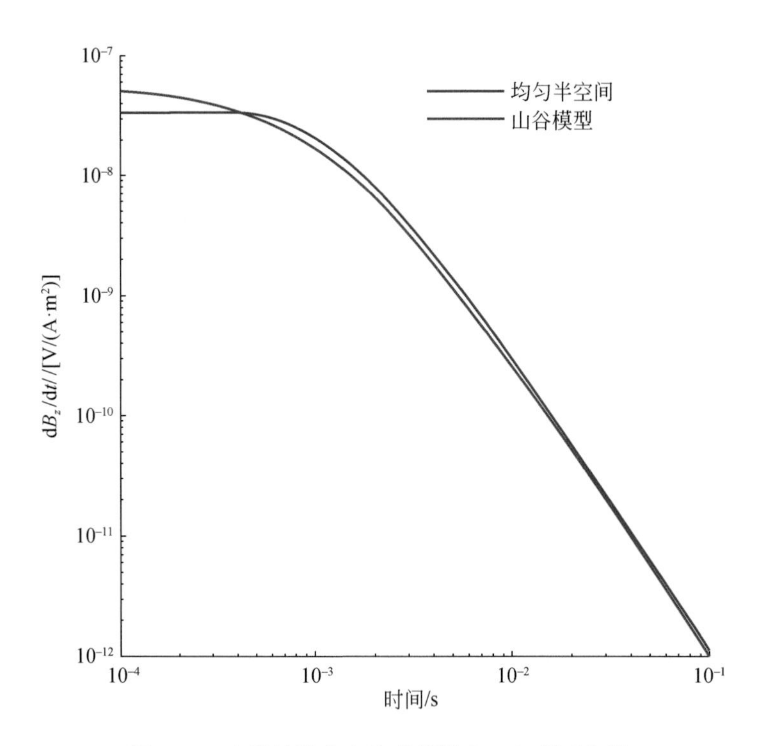

图 5.18　山峰地形中心地表观测 $\mathrm{d}B_z/\mathrm{d}t$ 衰减曲线

图 5.19 为山谷模型下水平电场 E_x 分量在沿发射源中垂线方向 YOZ 剖面的场值分布图。可以看出，山谷地形对 E_x 最明显的影响是中晚期阶段会在地形区产生局部的高值异常，使得 E_x 极值区域逐渐由发射源下方转移到山谷地形处。图 5.20 所示的地表 E_x 衰减曲线更为清晰地显示出了山谷的这种影响特征，早期阶段山谷会导致 E_x 场值变低，而中晚期会导致 E_x 场值变强。

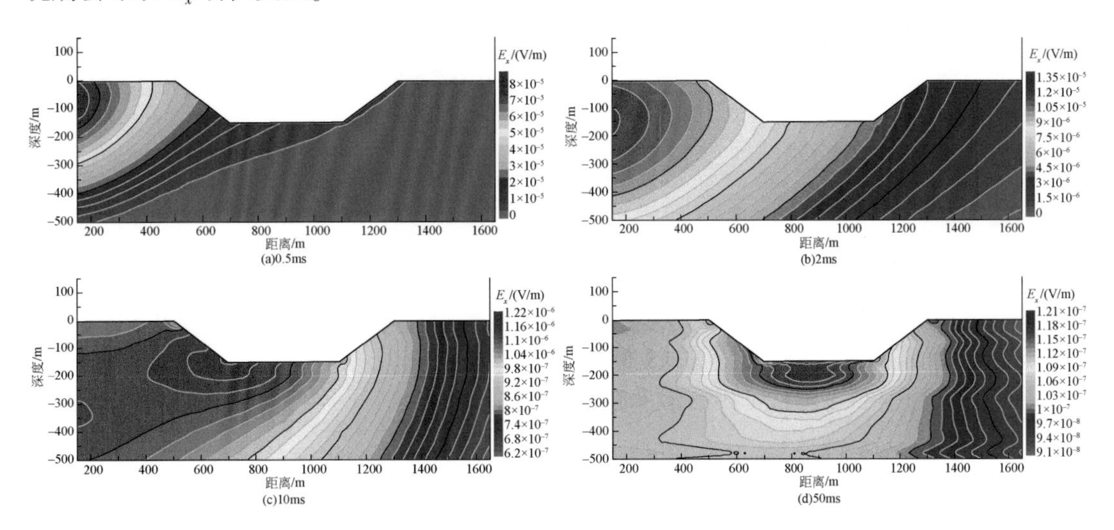

图 5.19　山谷模型 E_x 分量不同时刻分布图（YOZ 平面）

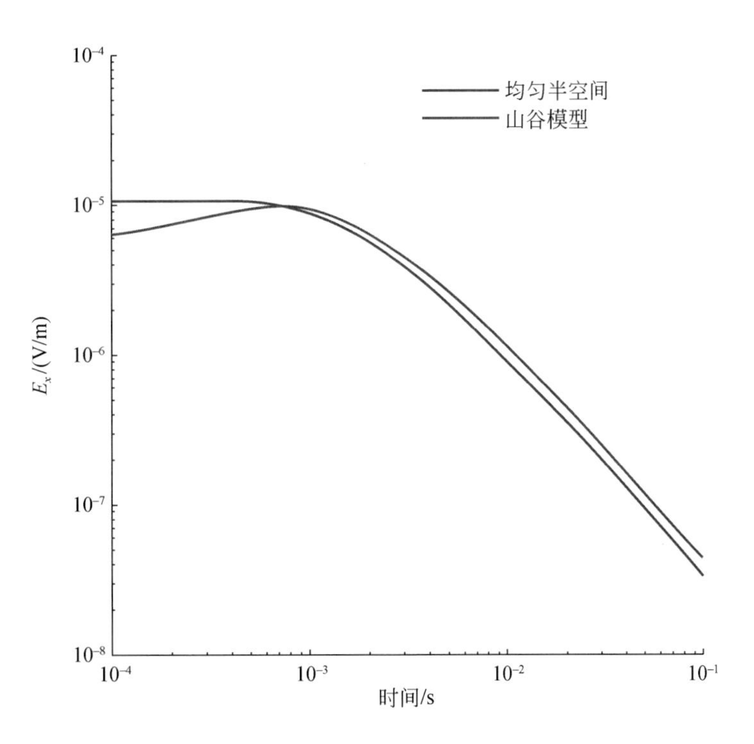

图 5.20　山谷地形中心地表观测 E_x 衰减曲线

根据图 5.21 和图 5.22 可以看出，对于 dB_z/dt 分量，山谷模型会减缓其衰减速度，在早期使得场值增强而中晚期减弱。

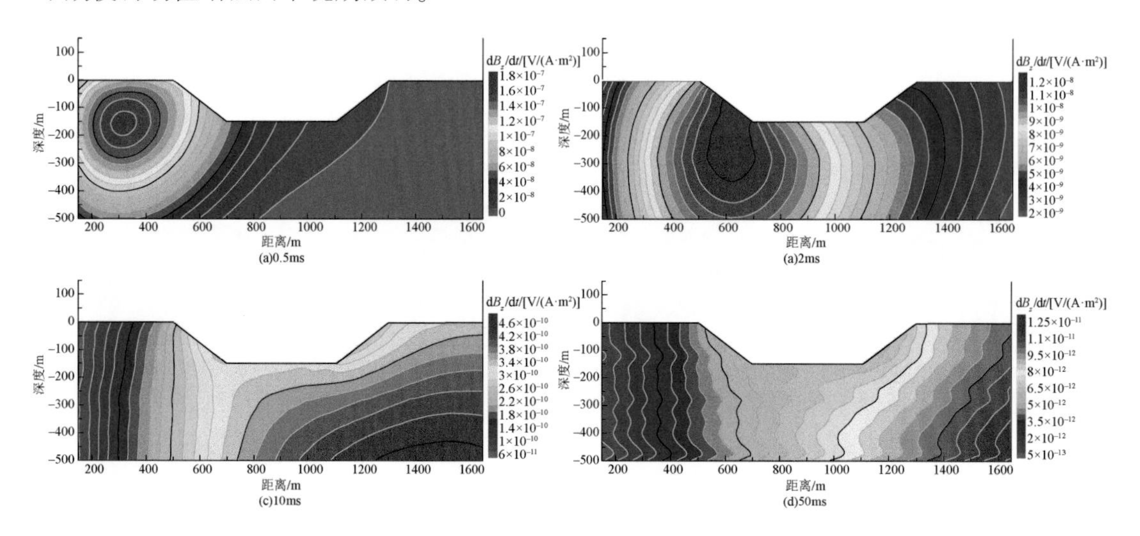

图 5.21　山峰模型 dB_z/dt 分量不同时刻分布图（YOZ 平面）

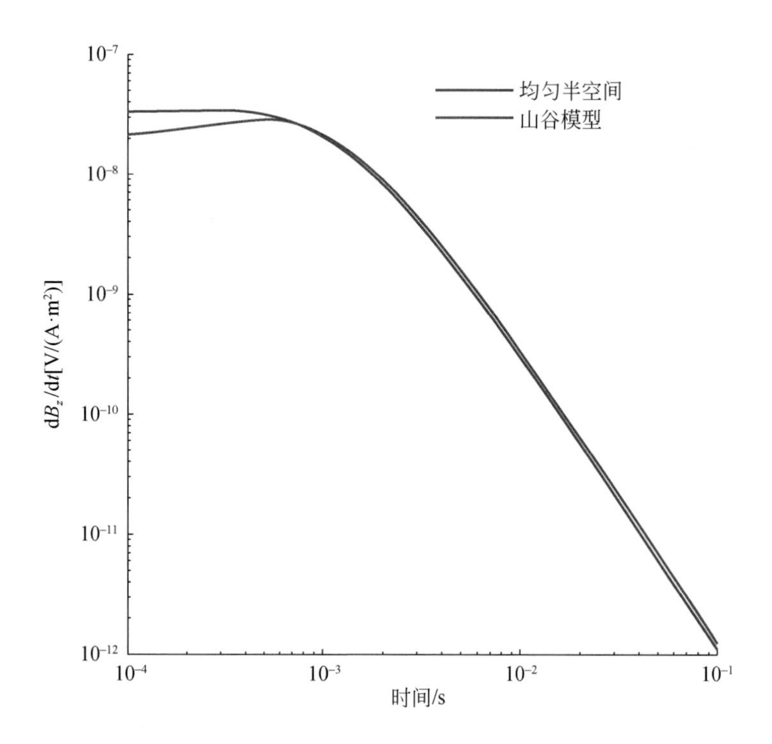

图 5.22　山谷地形中心地表观测 dB_z/dt 衰减曲线

综上分析可见，山峰与山谷对 SOTEM 电磁场的影响特征是相反的。一般情况下，山峰模型会导致场值衰减变快，在早期使得场值增强，而中晚期则减弱；山谷模型则会致使场值衰减变慢，在早期使得场值变弱，在中晚期使得场值增强。

5.3　场源影响分析

5.3.1　场源方位影响

就时间域电性源电磁法而言，无论是近源区还是远源区，与CSAMT类似（闫述等，2016），也存在着有利于观测的主值区，和场值很小或突变的测不准地带。同时，对于SOTEM可在地表观测的5个分量，对三维异常体的灵敏度和异常响应形态不同，有利于观测的主值区也不相同。所以需要分析各分量在不同条件下的响应特征，从而准确划分这些区域以获得高质量的观测数据，达到提高探测准确度和精确度的目的。

我们建立了如图5.23所示的三维几何模型。异常体大小为300m×300m×100m，埋深为300m，中心点在*XOY*平面投影位置的坐标为（2500，3000）。发射源的长度为100m，发射电流为10A。根据上面的分析，异常体电阻率改变会表现出相似的异常形态，且SOTEM对于低阻体比较敏感，所以在此仅讨论低阻异常体的情况。设置低阻异常体电阻率为10Ω·m，均匀大地电阻率为100Ω·m。分析区域以异常体中心点为参照，大小为1000m×1000m，其坐标范围为$x=2000\sim3000$m，$y=2500\sim3500$m。利用纯异常场可以很好地分析不同条件下对异常体的分辨能力，在此我们定义纯异常场为存在异常体的电磁响应与均匀大地电磁响应的差值。

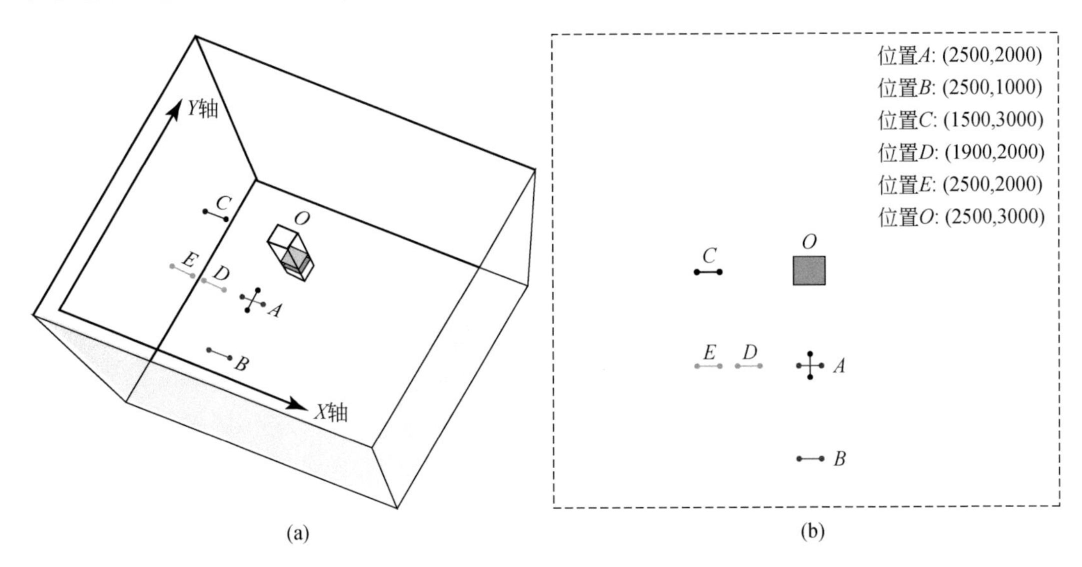

图5.23　三维几何模型

（a）观测装置立体位置示意图；（b）观测装置平面位置示意图

当发射源中心点坐标为（2500，2000），且沿 x 方向布设，即赤道源时，各个分量的纯异常响应如图 5.24 所示。E_x分量在异常体的正上方表现出正向异常，同时在沿 x 方向的两侧表现出两个负向异常，异常的形态与异常体的形态类似，但在垂直源的方向上有被明显的拉伸。E_y分量和 H_x 分量纯异常响应特征相似，在异常体正上方没有异常显示，纯异常的幅值表现为沿 x 轴 y 轴对称的形态，两个相对的象限幅值相似，而相邻象限为反向的幅值特征。H_y分量在异常体的上方有正向极大值异常的反映，而且在沿垂直于发射源方向的两侧有两个负向异常。异常体的形态沿着 x 方向被拉升，但在 y 方向基本与异常体相一致，与 E_x分量表现为正交的特征。H_z分量在异常体的正上方没有异常显示。纯异常响应幅值沿 x 方向对称分布，且两侧的异常表现为反向特征。

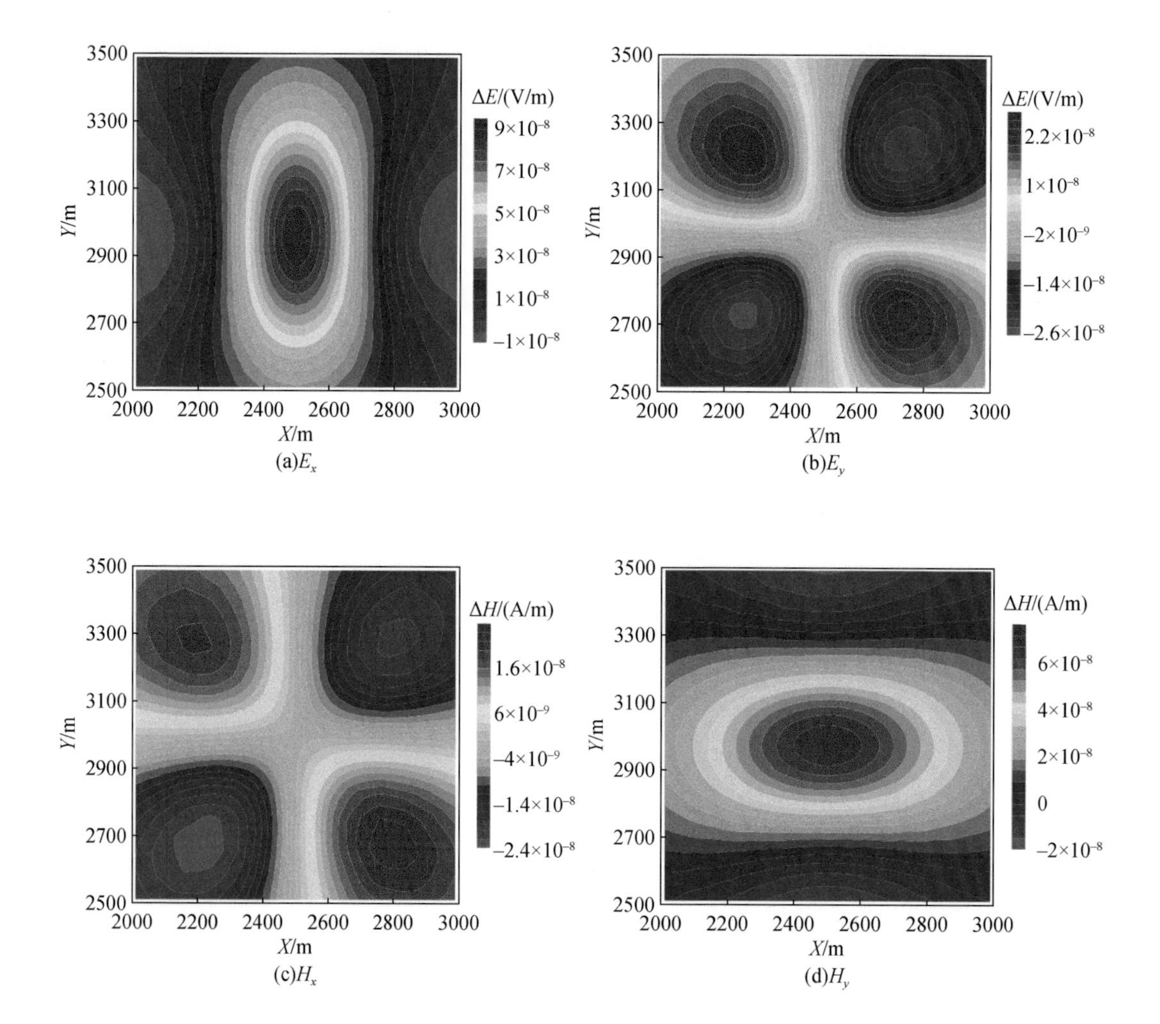

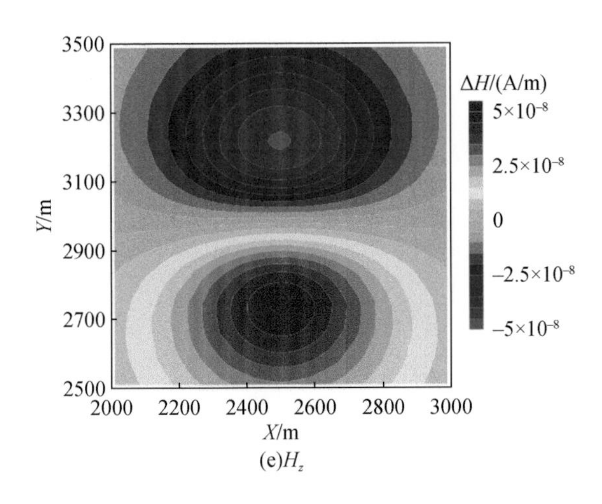

(e)H_z

图 5. 24　赤道源三维异常体纯异常响应分布图

图 5. 25 为轴向源的情况，此时发射源的中心点坐标为（2500，2000），沿 y 方向布设。E_x分量和 H_y分量表现为沿 x 轴和 y 轴对称的分布特征，纯异常响应的幅值沿着异常体的四个角点向外发散，在异常体的正上方并没有异常的显示。E_y分量在异常体的正上方表现为负向的极大值，沿着 y 轴方向有两个对称的正向极大值异常，且异常体的形态沿着 x 方向被拉伸。H_x分量在异常体的正上方表现为正向极大值，沿 x 轴两侧有两个对称的负向极值。H_z分量沿着 y 方向呈对称分布，在异常体的两侧有纯异常幅值显示，但异常体上方并没有异常表现。

第三种情况我们讨论了侧向发射源的情况，即源的中心点坐标为（1500，2000），且沿 x 方向布设（如图 5. 23 位置 E），得到的各个分量的纯异常电磁响应如图 5. 26 所示。H_z分量依旧表现为沿某一个轴对称分布的特点，轴的两侧表现为反向的纯异常响应。其余四个分量都不再表现为四个象限的分布形式，而是在异常体的正上方有了纯异常的响应特征。

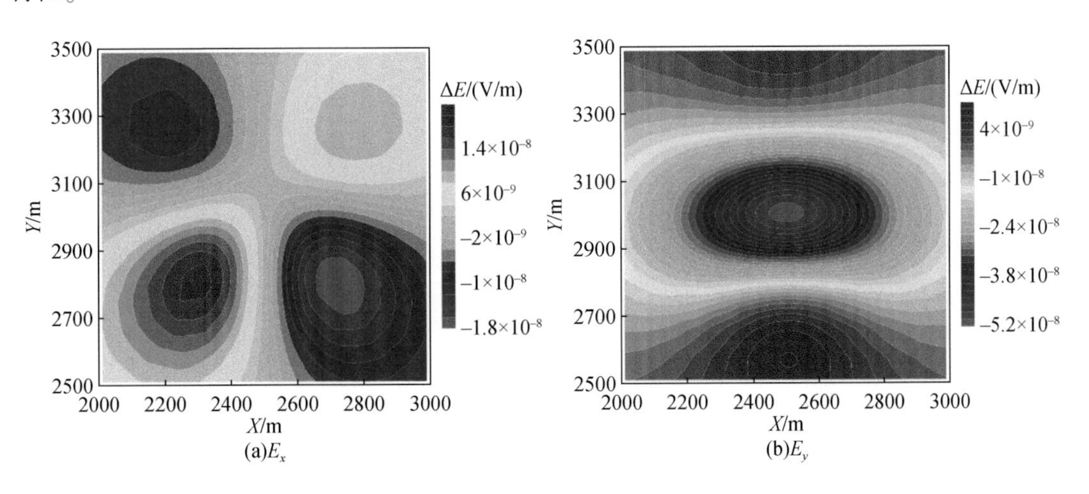

(a)E_x　(b)E_y

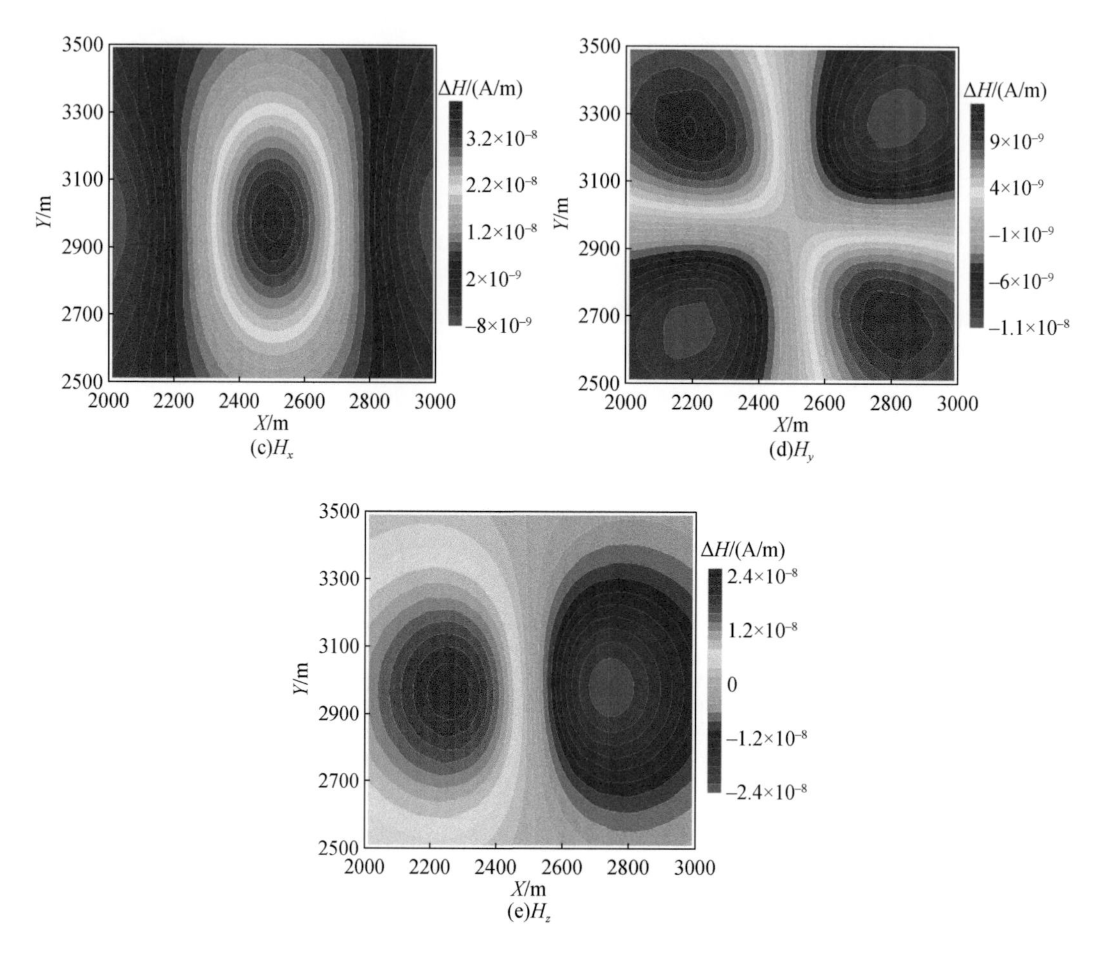

图 5.25　轴向源三维异常体纯异常响应

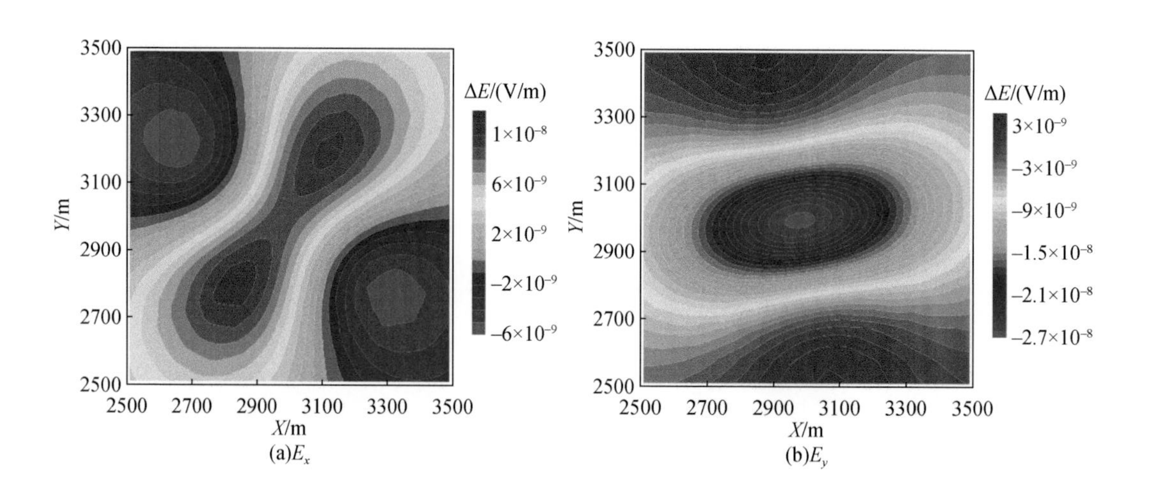

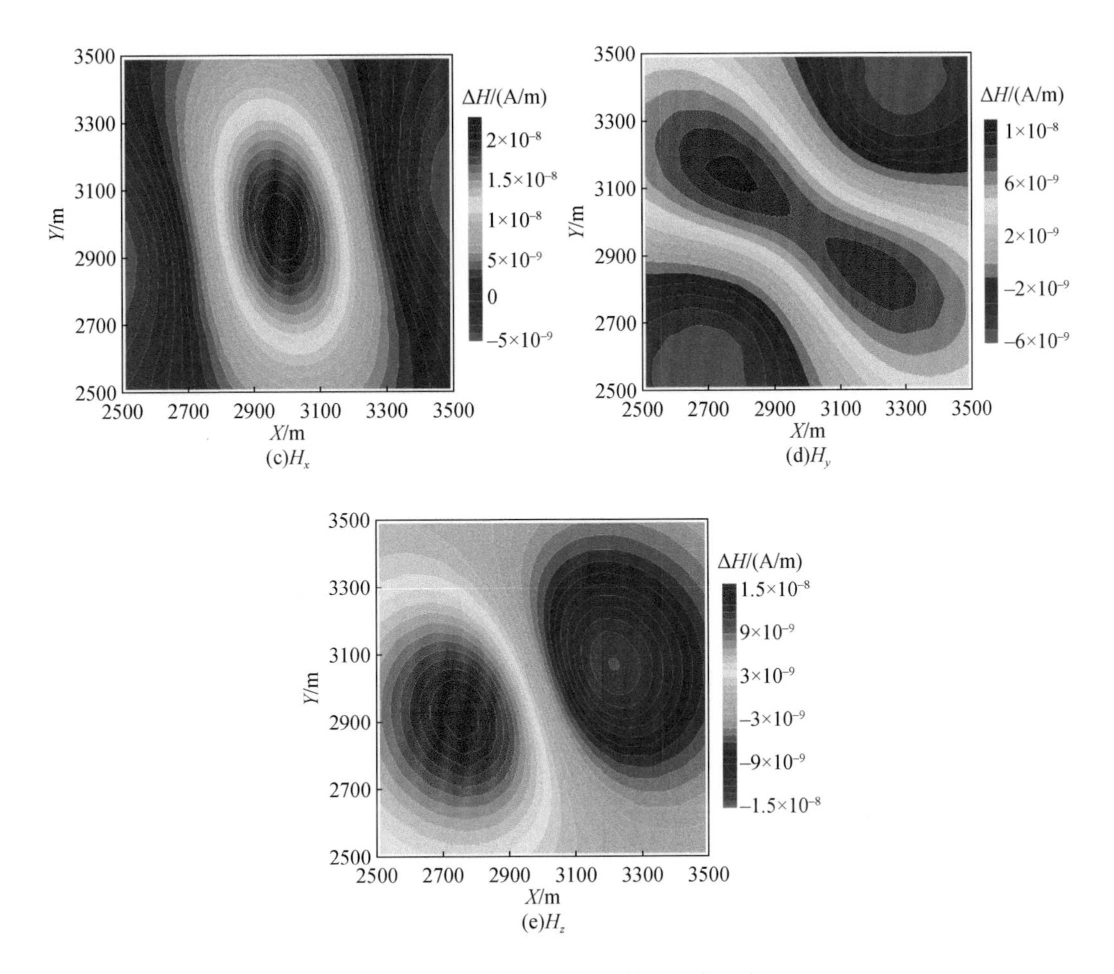

图 5.26　侧向源三维异常体纯异常响应

当源与接收点处于不同相对位置时，不仅各分量响应的纯异常分布特征发生改变，而且响应的幅值也表现出不同的特征，统计结果如表 5.1 所示。赤道源条件下，E_x分量和 H_y分量的正向纯异常响应幅值较大。E_y分量、H_x分量和 H_z分量的纯异常响应幅值表现为对称关系。轴向源条件下，H_x分量具有最大正向纯异常，E_y具有最大负向纯异常。H_z分量的对称关系依旧明显，且正负异常均较大。对于侧向源而言，H_x分量和 H_z分量对于低阻异常体的纯异常较大。在相同偏移距条件下，赤道向源各个分量的纯异常场响应幅值比轴向源有一定优势。

表 5.1　不同源二次纯异常场响应幅值对比

	接收点	二次纯异常场响应幅值									
		E_x/(V/m)		E_y/(V/m)		H_x/(A/m)		H_y/(A/m)		H_z/(A/m)	
		正向	负向	正向	负向	正向	负向	正向	负向	正向	负向
赤道源 (2500，1000) 沿 x 方向	(2500，3000)	8.92×10^{-8}	-9.79×10^{-9}	2.52×10^{-8}	-2.5×10^{-8}	2.34×10^{-8}	-2.36×10^{-8}	7.43×10^{-8}	-1.63×10^{-8}	5.95×10^{-8}	-5.54×10^{-8}

续表

	接收点	二次纯异常场响应幅值									
		$E_x/(\mathrm{V/m})$		$E_y/(\mathrm{V/m})$		$H_x/(\mathrm{A/m})$		$H_y/(\mathrm{A/m})$		$H_z/(\mathrm{A/m})$	
轴向源（2500，1000）沿 y 方向	（2500，3000）	1.92×10^{-8}	-1.8×10^{-8}	8.14×10^{-9}	-5.1×10^{-8}	3.66×10^{-8}	-8.07×10^{-9}	1.12×10^{-8}	-1.09×10^{-8}	2.35×10^{-8}	-2.36×10^{-8}
侧向源（500，1000）沿 x 方向	（2500，3000）	1.06×10^{-8}	-5.66×10^{-9}	3.18×10^{-9}	-2.13×10^{-8}	2.11×10^{-8}	-5.13×10^{-9}	9.4×10^{-9}	-5.85×10^{-9}	1.46×10^{-8}	-1.41×10^{-8}

在地球物理勘探中，为推断目标体的位置，需要将实际观测点处记录的场值依据一定的规则表示在图中的某一位置，该位置成为此观测点的记录点（陈明生和闫述，2005）。在一维条件下，地电结构具有对称性，只需考虑电性参数的纵向变化，记录地表任意一点的响应都不影响解释结果，从而忽略记录点问题。但三维条件下，要准确定位异常体的位置，记录规则至关重要。

对于在远区观测的电磁方法而言（CSAMT，LOTEM），地面波占主导地位，电磁响应从地表几乎垂直向地下传播，主要携带观测点正下方的信息，此时的观测点满足最佳记录规则。SOTEM 在近源区观测，地层波占主导地位，在观测点测得的数据反映了从场源到观测点间全部的地电信息，而且由前面的分析可知，各个分量对于三维异常体有不同的纯异常响应特征，这时记录点的位置是复杂的函数，与地下电性结构、激励源的位置和极化方向、不同的分量等都有关，可以表示为

$$R(x,y)=F(\boldsymbol{S},\boldsymbol{G},t,M) \tag{5.1}$$

其中，$\boldsymbol{S}$ 为激励源参数的向量；$\boldsymbol{G}$ 为表示地下电性分布的向量；t 为传播时间；M 为不同的分量。

综上所述，源与三维目标体的相对位置不同，会产生不同的耦合关系，使得目标体感应出不同形态的电磁异常。而且对于不同的分量，电磁异常的形态也不相同。对于低阻三维目标体而言，在赤道源条件下，各个分量有较大的纯异常响应幅值，E_x分量和 H_y分量对异常体的形态有较好的整体反映，而且幅值具有一定的优势。在轴向源条件下，E_y分量和 H_x分量对异常体的形态反映和幅值方面都优于其余分量。H_z分量在不同的发射源条件下均表现出稳定且较大的幅值异常。同时，上述的结果也表明，在实际工作中，我们需要根据不同分量异常响应的特性具体分析 SOTEM 的记录点。

5.3.2 场源阴影效应

当异常体位于发射源与观测点之间时，该异常体会对各分量的响应产生影响，这种效应称为阴影效应。为了研究电性源瞬变场的阴影效应，我们将异常体置于均匀半空间中，均匀半空间的电阻率为 100Ω · m。异常体的大小为 100m×100m×100m，埋深为 100m，低阻异常体的电阻率为 10Ω · m，高阻异常体的电阻率为 1000Ω · m。发射源长度为 100m，

发射电流为 10A。观测点位于发射源的赤道向上，偏移距为 2000m，异常体与发射源的距离为 1000m。

对五个分量的响应分别进行了模拟，并与均匀半空间条件下各分量的响应对比，利用式（5.2），分析场源附加效应对于各个分量的影响（图 5.27）。

$$P_i=\frac{|F_i^a-F_i^0|}{F_i^0}\times 100\% \tag{5.2}$$

式中，F_i^a 为存在异常体时模型在第 i 时刻产生电磁场响应；F_i^0 为均匀半空间在第 i 时刻产生的电磁场响应。P_i 值越大表示观测点处受三维异常体的影响越大，该分量易受场源阴影效应的影响。

在图 5.27 中，横轴为电磁波传播的时间，纵轴为异常体存在时各个分量的响应与均匀半空间条件下各个分量响应的差异。由图可知：

（1）对于五个分量而言，低阻异常体对响应的影响要明显大于高阻异常体的影响，这也说明 SOTEM 对低阻异常体的敏感性更高。

（2）电场分量受到的影响比磁场分量大很多，E_y 受到的影响最大，差异最大值为 7.91%，E_x 差异最大值为 5.02%，而对于磁场的三个分量差异最大值均在 1% 以下。

（3）无论异常体的电阻率高低如何变化，五个分量的响应差异随着时间的推移先增大，后减小。也就是说，各个分量在早期受到的影响较小，中后期达到极大值，之后影响又减弱。

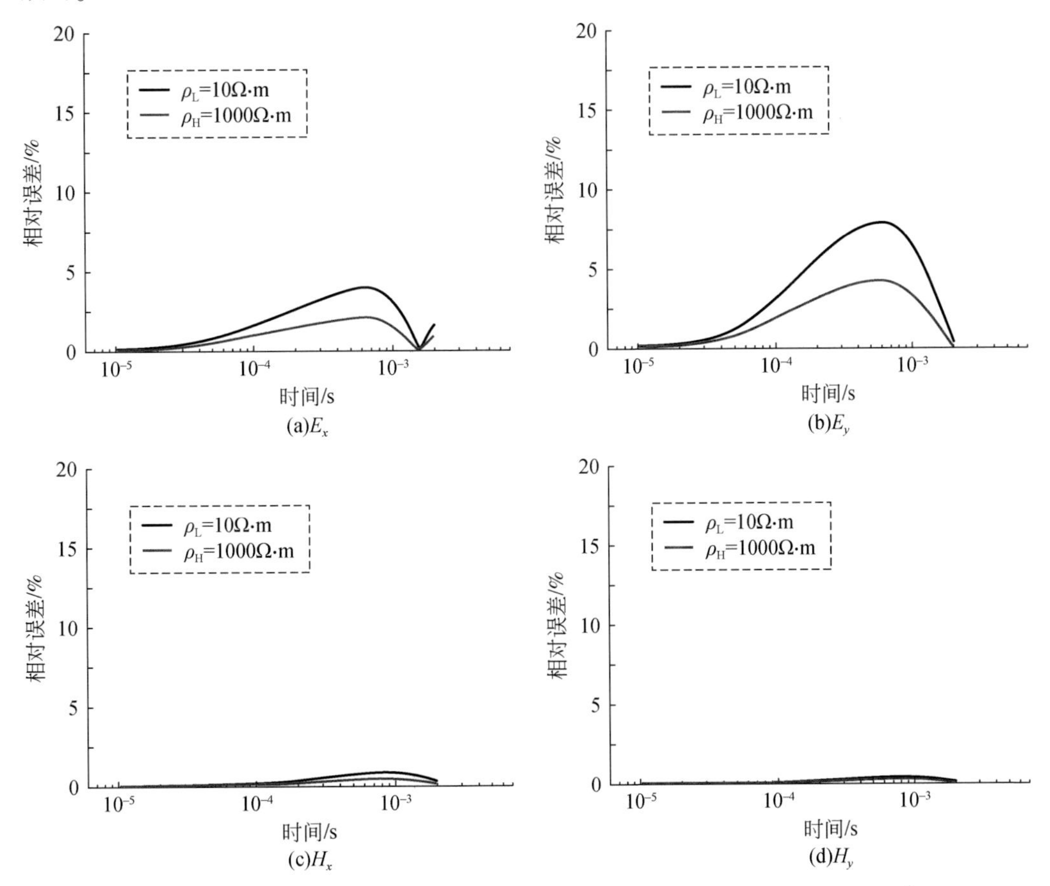

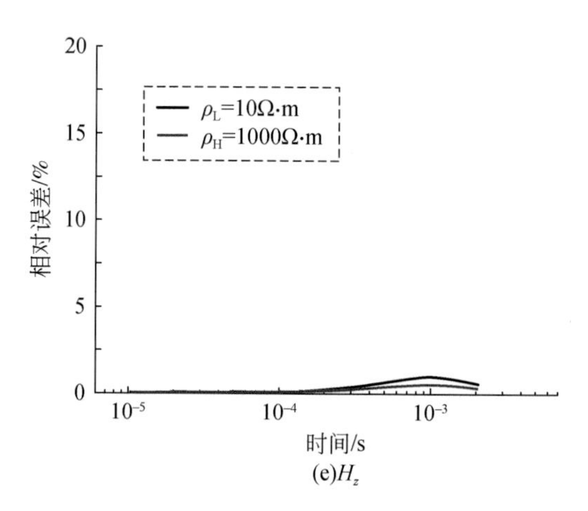

(e)H_z

图 5.27　异常体电阻率改变时阴影效应对各分量影响特征分析图

1. 偏移距对阴影效应的影响

为了讨论观测点与源之间距离改变时，阴影效应对于各分量影响的规律，我们分别给出了偏移距为 500m 和 1200m 时各个分量的相对差异，如图 5.28 和图 5.29 所示。

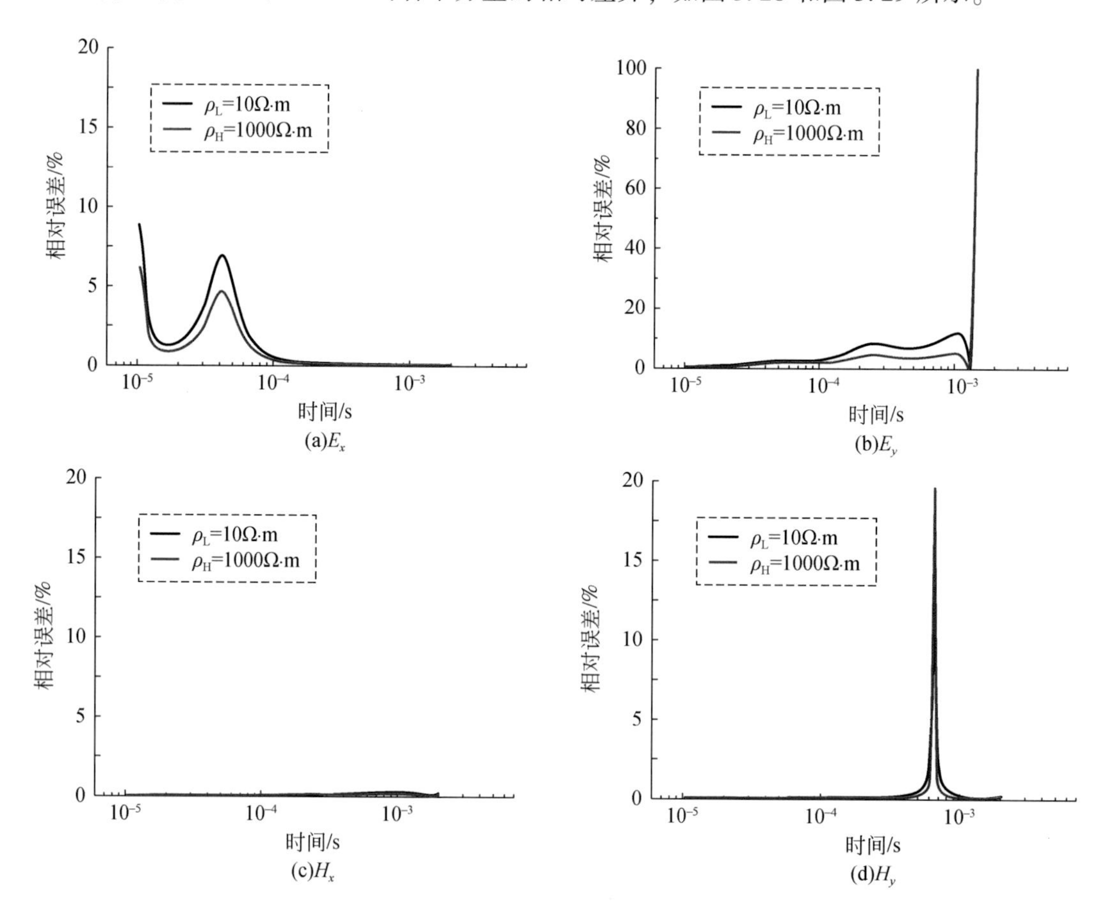

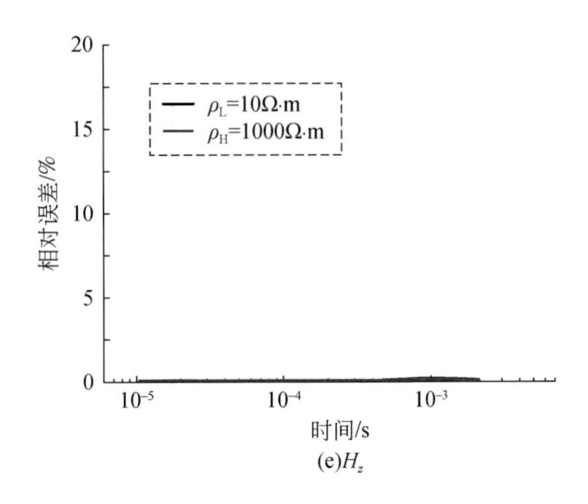

(e)H_z

图 5.28　偏移距为 500m 时阴影效应对各分量影响特征分析图

由图 5.28 可知，当偏移距为 500m 时，异常体的存在对电场分量的影响大于磁场分量。E_x分量的差异最大值为 7.09%，差异最大值位于中期。E_y分量的差异最大值为 11.78%，由于 E_y本身的特性，在晚期出现了不稳定。磁场分量 H_x和 H_z的差异最大值均在 0.5% 以下，H_y在中晚期表现出一个较大的脉冲波峰，与该分量的特性有关。

当偏移距为 1200m 时，各分量的响应差异与偏移距为 500m 时基本规律一致，但明显变大（图 5.29）。就 E_x而言，对于低阻异常体差异的最大值达到了 285.17%，对高阻异常体差异的最大值达到了 99.95%。H_x和 H_z分量对于低阻异常体差异的最大值都达到了 5% 左右。

对比图 5.27～图 5.29 我们发现：总体来说，电场分量受阴影效应的影响远大于磁场分量，而且 E_y受阴影效应的影响最大，H_y受阴影效应的影响最小，这也说明 E_y对于地质体电阻率的变化最敏感，而 H_y对电阻率的变化敏感性较差。所以在实际勘探过程中，当区域内地质体电性构造复杂时，不宜选择电场分量进行探测，尤其是 E_y分量，可以选择合适的磁场分量。

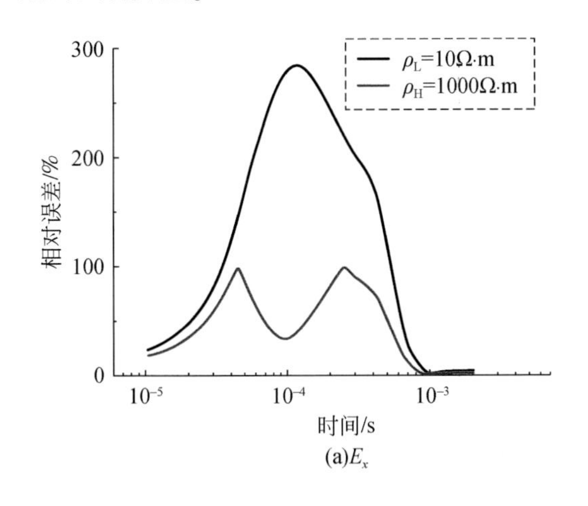

(a)E_x

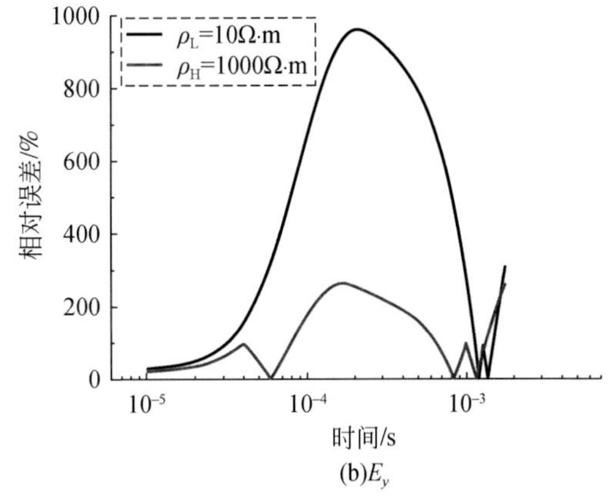

(b)E_y

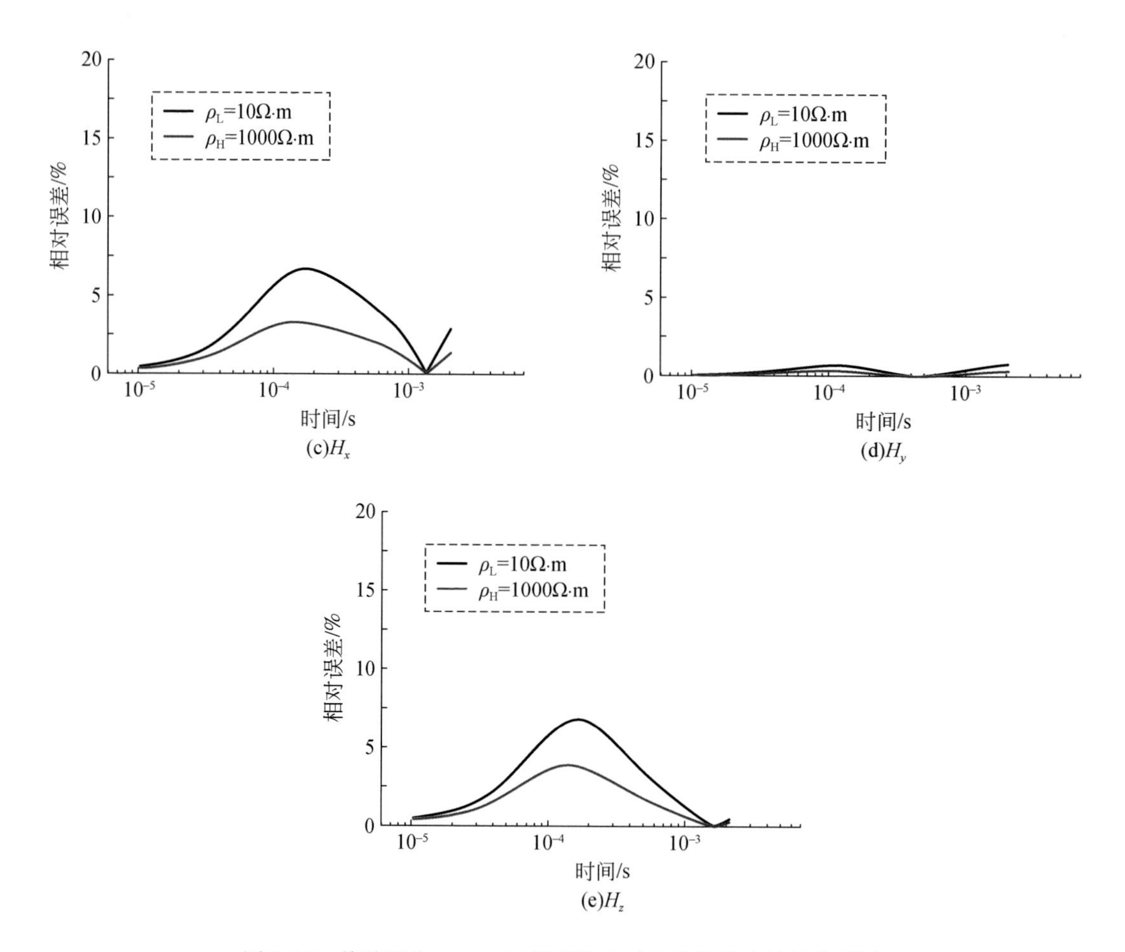

图 5.29　偏移距为 1200m 时阴影效应对各分量影响特征分析图

场源效应现象的存在是因为，异常体的存在使得地下电磁场的分布规律发生改变，导致观测点处响应值出现变化。由于电场分量与磁场分量的传播机制不同，一个是电流效应，一个是感应效应，所以最终的影响结果也不相同。无论观测点位于异常体与源之间还是之外，对于电场分量而言，都会受到异常体存在的影响，而且观测点距离异常体越近受到的影响越大，与观测点和源及异常体的相对位置关系不大；对于磁场分量而言，同样是观测点距离异常体越近受到的影响越大，而且观测点位于异常体与源之间时响应的差异明显小于观测点位于异常体与源之外，这一点与电场分量不同。而且随着偏移距的增大，阴影效应的影响逐渐减弱。以一个波形来描述这种变化现象，对于电场分量，变化规律类似于正态分布，在异常体的上方为影响最大值，两侧对称；而对于磁场分量而言，同样也是在异常体的上方为影响最大值，但是靠近源一侧的上升曲线陡一些，而远离源一侧的曲线下降的缓一些。

2. 异常体埋深对阴影效应的影响

由前面的分析可知，异常体电阻的变化并不改变阴影效应的影响规律，所以接下来，只针对低阻异常体展开讨论。为了说明异常体埋深变化时阴影效应对各分量的影响特征，设置源与接收点之间的距离为2000m，异常体位于源与观测点的中点，分别改变异常体的埋深100m、300m和500m，得到各分量响应差异图如图5.30所示。

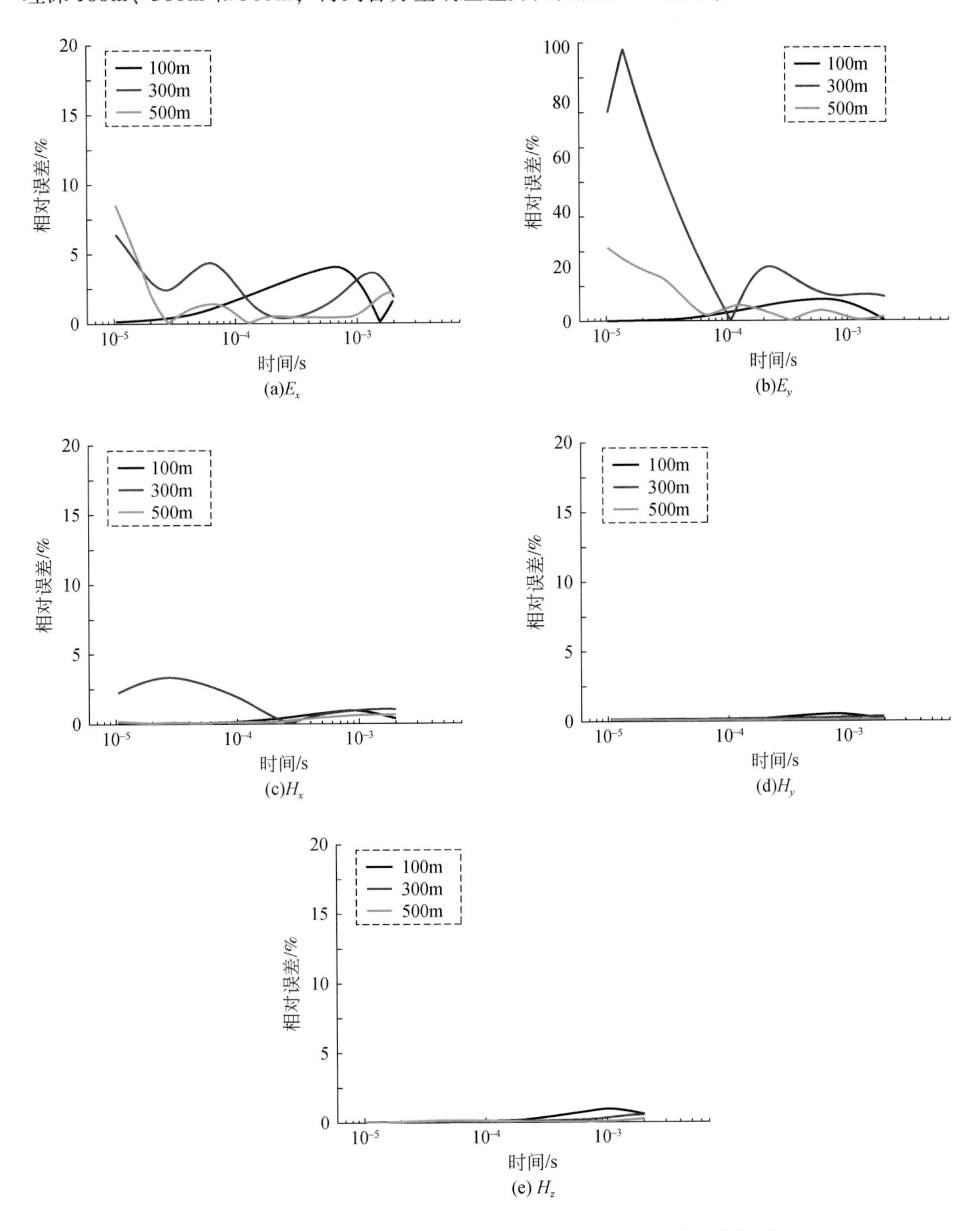

图5.30　异常体埋深改变时阴影效应对各分量影响特征分析图

由图可知，对磁场分量而言，H_x在异常体埋深300m时，早期响应的差异较大，达到了3.32%，其余两个分量的响应差异很小，并且表现为随着时间的推移，差异逐渐变大。随着异常体埋深的改变，对电场分量的响应差异影响较大。对E_x而言，异常体埋深100m时，响应差异在早期较小，随着时间的推移逐渐增大，在晚期到达一个极大值后，又逐渐变小。然而，当埋深为300m时，响应差异在早期时较大，随着时间的推移，到了中后期逐渐达到一个极小值，之后又有升高的趋势。埋深500m时，变化规律与300m时基本类似，只是差异的幅值明显降低。E_y受异常体埋深的变化的影响最大，当埋深300m时，响应差异的最大值达到了99.96%。总体而言，随着异常体埋深的加大，阴影效应表现出一个逐渐减弱的过程。但是，不同埋深的异常体对于观测点处的响应在不同时期的影响是不同的，以E_x为例，异常体埋深100m时对中晚期数据的影响较大，而异常体埋深300m时对早期和晚期数据的影响较大。

3. 异常体位置对阴影效应的影响

接下来我们讨论异常体位置对于阴影效应的影响规律。模型的大小和电阻率与之前的设置相同，异常体的埋深为100m。同样选择源与接收点之间的距离为2000m，改变异常体与发射源之间的距离，分别为300m、700m、1000m，得到了各个分量的响应差异图(图5.31)。

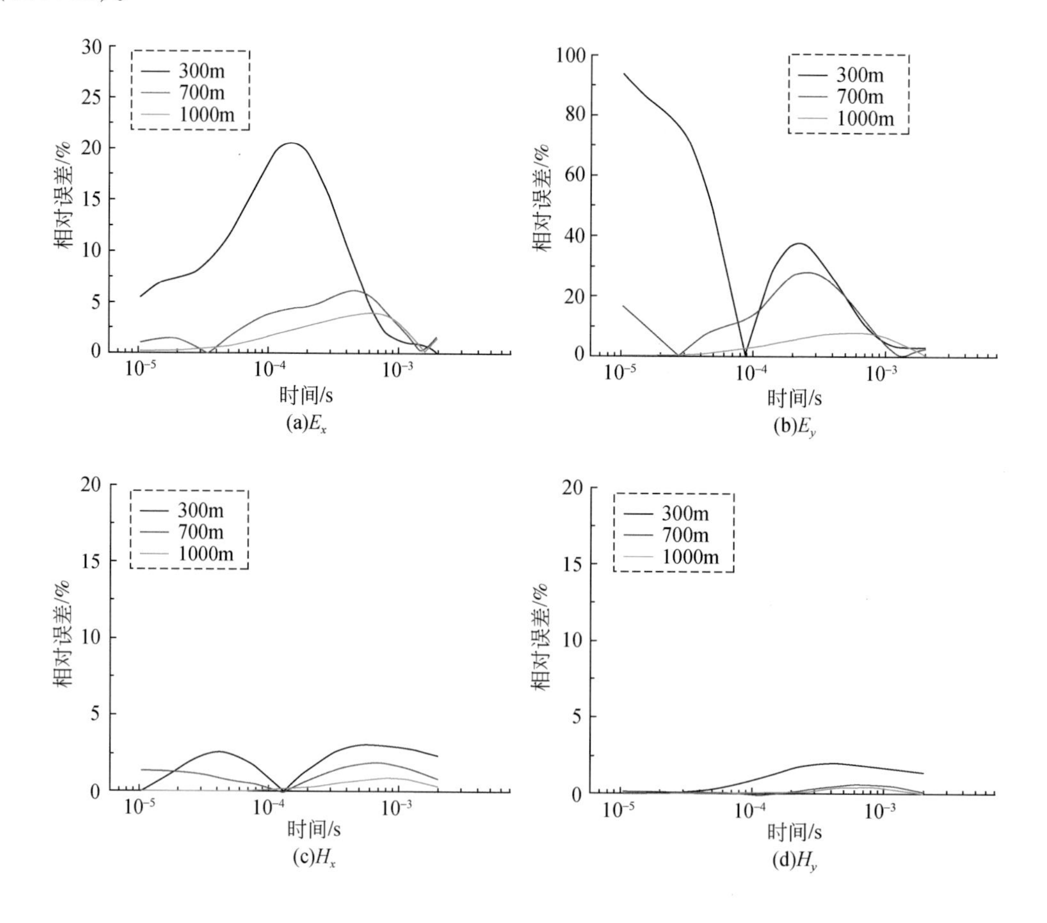

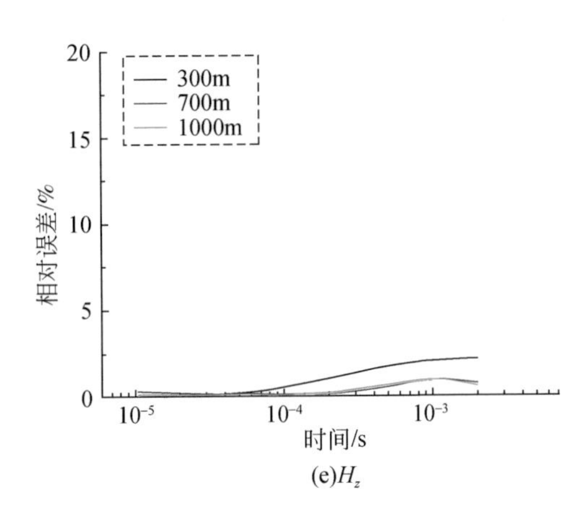

(e)H_z

图 5.31　异常体相对位置改变时阴影效应对各分量影响特征分析图

由图可知，随着异常体与发射源的距离不断减小，阴影效应对于各个分量的影响逐渐增大。对电场分量的影响远远大于磁场分量。当异常体与源的距离为 300m 时，E_x响应差异的最大值为 20.72%，E_y响应差异的最大值达到了 93.71%，磁场三个分量响应差异的最大值小于 3%。而且，对于两个电场分量而言，异常体与源的距离近对观测数据早期的影响较大，随着异常体与源距离的增大，对观测数据的晚期数据影响较大。

5.3.3　场源复印效应

发射源下存在地质不均匀体时可能会影响人工源电磁法的观测数据，这种现象和有关的效应称为场源复印效应。为了研究电性源瞬变场的场源复印效应规律，我们将异常体置于源的正下方，异常体中心在地面的投影恰好是发射源的中心（图 5.20）。由上面分析可知，高阻异常与低阻异常产生的阴影效应具有相似的规律，所以此处对于场源复印效应的讨论只考虑了低阻异常体的情况。

1. 改变异常体埋深时的场源复印效应

为了说明异常体埋深不同时，场源附加效应对于各个分量的影响规律，我们将异常体分别置于埋深为 100m、300m、500m 三个位置，观测点与发射源的距离为 2000m。利用式(5.2) 求出此时各分量的响应与均匀半空间条件下响应的差异，如图 5.32 所示。

由图可知，场源复印效应对电场分量的影响要明显大于磁场分量，E_x响应差异的最大值达到了 116.74%，E_y响应差异达到了 99.57%。当异常体埋深 100m 时，磁场分量的响应差异也达到了 10%左右。总体而言，随着异常体埋深的增大，场源复印效应对各个分量的影响是逐渐减弱的。但是与阴影效应一样，不同埋深的异常体对于观测数据影响的时期可能不同。以 E_y为例，异常体埋深为 100m 时，对观测数据中期的数据有较大的影响，然而异常体的埋深为 500m 时，则对观测数据早期的数据有较大的影响。

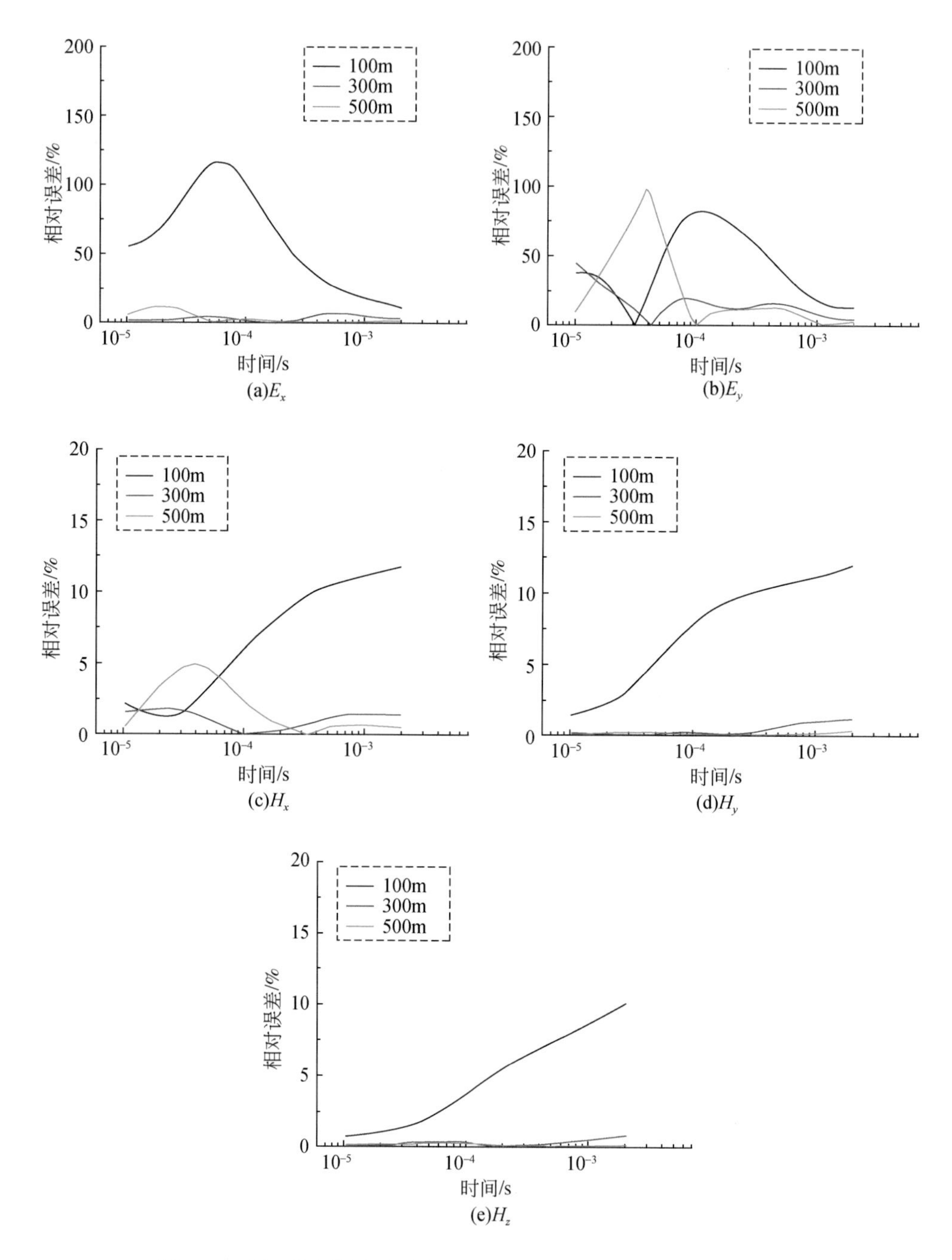

图 5.32　异常体埋深改变时场源复印效应对各分量影响特征分析图

2. 不同偏移距时的场源复印效应

为了进一步说明观测点与源之间距离改变时，场源复印效应对于各分量影响的规律，固定异常体的埋深为300m，分别研究偏移距为500m、1200m、2000m 三个位置的响应差异（图5.33）。

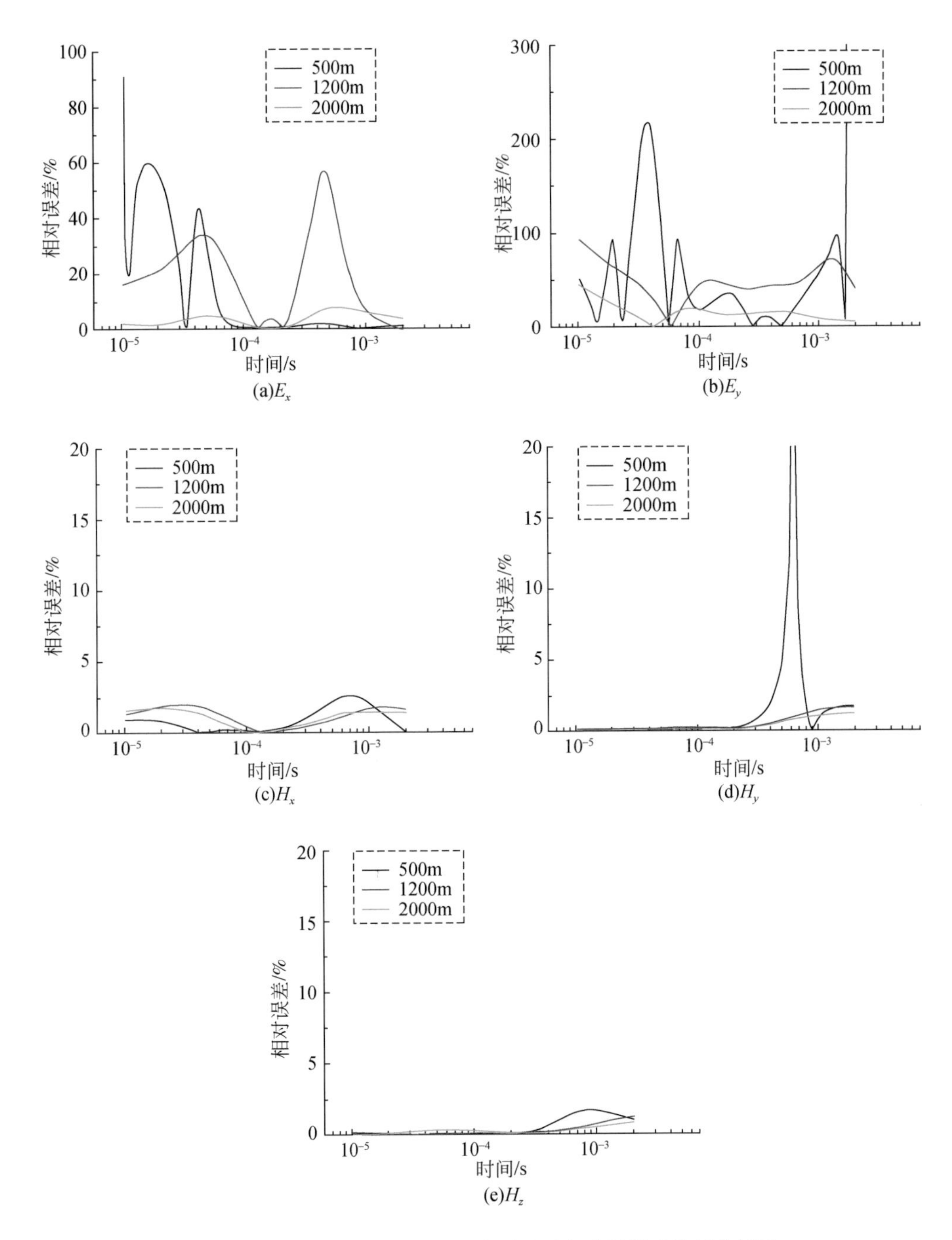

图 5.33　偏移距改变时场源复印效应对各分量影响特征分析图

由图 5.33 可知，总体而言，随着偏移距的增加，场源复印效应对于各分量的影响逐渐减弱。对于 E_x 分量，偏移距为 500m 时，响应差异最大值为 59.75%，主要对观测数据的早期产生影响，当偏移距为 1200m 时，响应差异最大值为 56.64%，对观测数据的早期和晚期都有较大的影响，当偏移距增大到 2000m 时，响应差异的最大值仅有 7.54%，对观测数据的影响大大减弱。对于 E_y 分量而言，随着偏移距的变化，场源复印效应对于该分量的影响规律与 E_x 基本一致，但响应差异的幅值明显大于 E_x，说明 E_y 分量更易受到场源复印效应的影响。磁场分量 H_x 和 H_z 的差异最大值均在3%以下。当偏移距为500m时，H_y 在中晚期出现了一个较大的脉冲波峰。

通过对不同模型的分析，可以得到以下几条影响规律：

（1）当源与观测点之间或者源下方存在电性不均匀体时，电性源瞬变场的五个分量 E_x、E_y、H_x、H_y 和 H_z 都会受到场源效应的影响，但通过上面的例子可以发现，磁场分量受的影响要远远小于电场分量，一般可以忽略不计。

（2）场源效应的强弱与电性不均匀体的电阻率有很大关系，低阻异常体对各分量的影响作用明显比高阻异常体大，而且随着观测点与发射源的距离增大，场源效应的影响减弱。

（3）在异常体大小和埋深不变的条件下，距离发射源的位置越近，场源效应越强，当异常体位于发射源的正下方时，场源效应明显大于异常体位于源和观测点之间的位置。而且异常体距离观测点越近，此时场源效应和电磁法的体积效应共同作用，观测点的响应有更加明显的变化。

（4）在探测深度范围内，当异常体的大小和电阻率不变时，随着埋深的增加，场源效应的影响有逐渐减弱的趋势。

（5）场源效应对各个分量的影响不仅表现在与距离的关系，对于不同时期，各个分量受场源效应的影响也表现出不同的特征。

5.4　多源多极化激励系统

由阴影效应产生的机理可知，阴影效应的影响区域主要出现在源-异常体连线的远端。如图5.34（a）所示，源位于地表0km位置，异常体位于测线上3km下方，则在近源测点（0～3）km处，响应并不受阴影效应影响，而远源测点（4～7）km则会观测到阴影效应。基于上述情况，将整个剖面水平镜像翻转，将源位置挪至7km，如图5.34（b）所示，其结果依然是近源点不受影响，而远源点受到影响。将图5.34（b）所提供的信息作为对图5.34（a）的约束，将不但有利于估计异常体横向边界的位置，从而克服阴影效应，而且根据阴影效应产生的范围，还有助于估计异常体的下边界位置，从而克服 S^* 波导致的屏蔽效应。这表明：利用不同发射位置或者不同极化方向的场源对同一观测区域进行激励，并对观测数据进行对比，将有助于克服阴影效应的影响，提升方法的分辨能力。

利用多个（具有不同发射位置或极化方向的）发射源进行探测的研究由来已久。在传统的长偏移距电磁法和直流法中，多源技术由于能够在不同的极化方向激发一次场而受到广泛关注。这些属性可能提供有关地下电气结构发生的更丰富的信息（Bibby and Hohmann，1993；Boerner et al.，1993；Wannamaker，1997；Garcia et al.，2003；Davydycheva and Rykhlinski，2011）。事实上，上述研究中尽管采用了多个发射源，但它们的激励效应却是作为整体看待，也即多源发射的目标是探测信号增强：在频率域方法（Lin et al.，2019）中，建立多源发射系统，令各源同时工作并分别输出不同的频点序列，

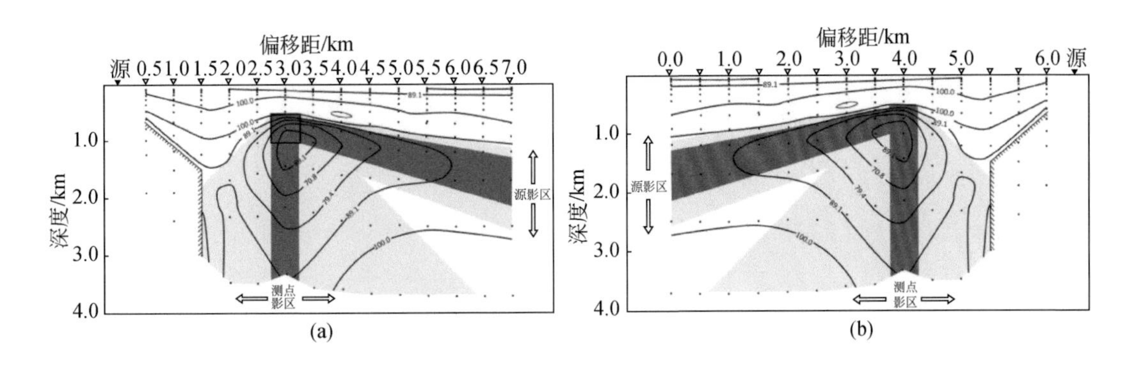

图5.34　场源效应示意图

（a）发射源位于0km位置的阴影效应；（b）发射源位于70km位置的阴影效应

从而可在较短的时间内获得包含更多频点且信噪比更高的观测数据；在时间域方法中，通过理论仿真验证了多源系统在提高信噪比方面的能力（将不同源响应叠加得到的观测信号视为整体，唯有如此才能提高信噪比），定义基于多源多分量数据的时域全域视电阻率，并开展多源时域电磁法反演研究。

相比上述研究，为了克服场源效应，采用不同的发射源，即便可以实现同时发射，也要求单独使用各个源各自产生的响应信号，本质上即要对不同源的激励效应进行区分看待。因此，为实现对阴影效应的有效克服，就存在两种基本的解决方案：①单一场源的多位置、多极化方向分时激励；②多场源多极化方向同时激励。下面，将对上述两种方案进行研究。

5.4.1　单源多方位激励

与图5.23（a）所示模型相似，假设在电阻率为1000Ω·m的均匀半空间中存在一个电阻率为100Ω·m的异常体，大小为300m×300m×100m，顶面埋深300m，中心点在水平面上的投影位置坐标为（2500m，3000m）。分别在A位置（2500m，2000m）和E位置（1500m，2000m）布设发射源，源距为100m。在A位置，激励源分别平行与垂直X轴布设，在E位置，激励源平行X轴布设（图5.35）。这三种布设方式以A位置平行X轴布设为主，另两种方式在实际观测中能够通过对第一种方式简单改变而快速实现，因此具有较高的代表性，如图5.36所示。

分别计算上述三种条件下E_x、E_y、H_x、H_y、H_z五个分量在10ms时刻场的分布情况，水平源激发情况下各场量计算结果如图5.24所示，垂直源激发情况下各场量计算结果如图5.25所示，斜角度水平源激发情况下各场量计算结果如图5.26所示。

通过图5.24～图5.26可见：

（1）相同的发射位置，不同的极化方向：可以将E_{x1}-E_{y2}（角标1和2代表发射源的两种极化方向）以及H_{x2}-H_{y1}作为两组对比数据，有助于提升对异常体边缘的精确揭示；将H_{z1}-H_{z2}作为一组对比数据，有助于提升对异常体中心位置的准确确定。

（2）不同的发射位置，相同的极化方向：位置E处的激励源，因距离异常相对较远，

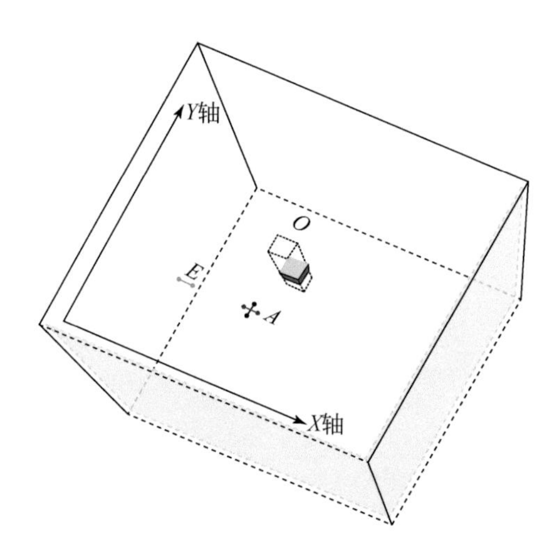

图 5.35　单源多方位模型示意图

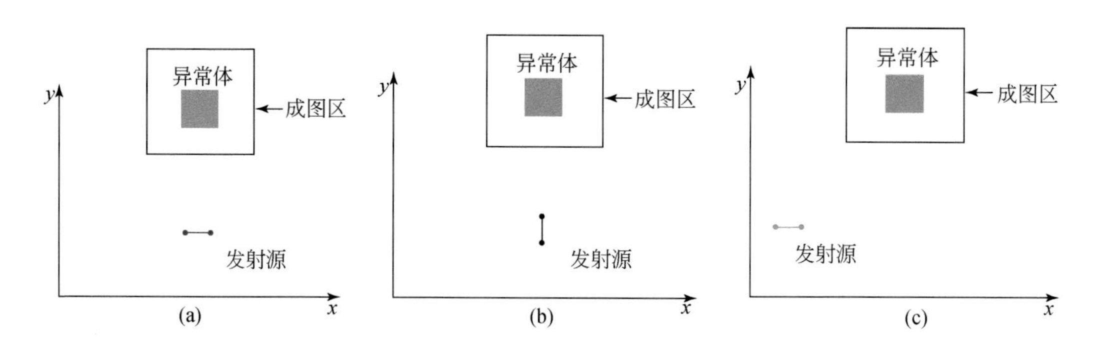

图 5.36　不同发射源位置示意图

（a）正中心水平源；（b）正中心垂直源；（c）斜角度水平源

在信号强度上较 A 位置有所下降；此外，通过与 A 位置两种源布设方式的对比可见，当源的极化方向与异常走向大体垂直或正交时，对异常边缘的分辨能力相对更强。

综合上述对比可知：当使用单一激励源时，极化方向的多样性对揭示异常边缘、克服场源效应具有更高的价值。

5.4.2　多源多方位激励

在沼泽、山区等环境复杂地区，传统的地面观测方式施工复杂，单一发射源不易布设，且固定的单一发射源限制了瞬变电磁系统的勘探面积，单一场源只能在地下建立单一方向的场，其探测深度和精度有限。采用多源瞬变电磁系统观测能够增强信号强度，并可以从不同角度对地下异常体进行勘探，通过合理布设发射源可提升勘探深度和勘探精度。本节通过不同空间布局的双源组合模型，首先研究了双源瞬变电磁场的空间扩散规律，在此基础上对比了均匀半空间和三维异常体模型单源和双源瞬变电磁响应。

1. 双源瞬变电磁场扩散规律

根据双发射源组合的空间布局特征，可将双发射源组合分为两种，一种是两个源相互平行，另一种是两个源相互垂直。本节分别制定不同空间布局的双发射源组合模型，对双源瞬变电磁响应进行正演模拟，研究双发射源产生瞬变电磁场的时间变化和空间分布特征。

1）垂直源组合

图 5.37 为垂直源组合模型，两组接地线源相互垂直布设，一组位于（500，0）位置，电流方向沿 x 轴方向，另一组位于（0，500）位置，电流方向沿 y 轴反方向。发射源长度均为 200m，发射电流均为 1A。地下介质电阻率为 100Ω · m，空气电阻率为 10^6Ω · m。

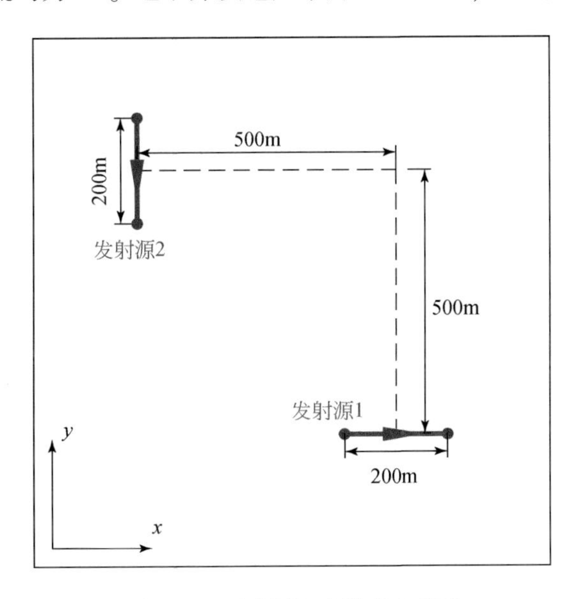

图 5.37　垂直源组合模型示意图

采用三维时域有限差分算法对图 5.37 模型进行正演计算，图 5.38 为不同时刻地面磁场垂直分量的等值线分布。由图 5.38 可以看出，在最初时刻，磁场只扩散到发射源附近位置，磁场的正极大值和负极大值分别位于发射源两侧，由于两组发射源相互垂直，产生的正极大值位于同一侧，负极大值区域位于两组发射源外侧区域。随着时间的推移，磁场逐渐扩散，正极大值区域和负极大值区域向远离发射源方向移动。最终，两个负极大值区域逐渐合成一个区域向外扩散，整体上磁场等值线形态与极角 315°方向（两个发射源合起来的电流矢量方向）发射源产生的磁场分布基本相似。

2）平行源组合

图 5.39 为平行源组合模型，两组接地线源相互平行布设，相距 1000m，一组中心点位于（0，0），另一组中心点位于（0，1000），发射源长度均为 200m。两组发射源电流方向相反，大小均为 1A。地下介质电阻率为 100Ω · m，空气电阻率为 10^6Ω · m。

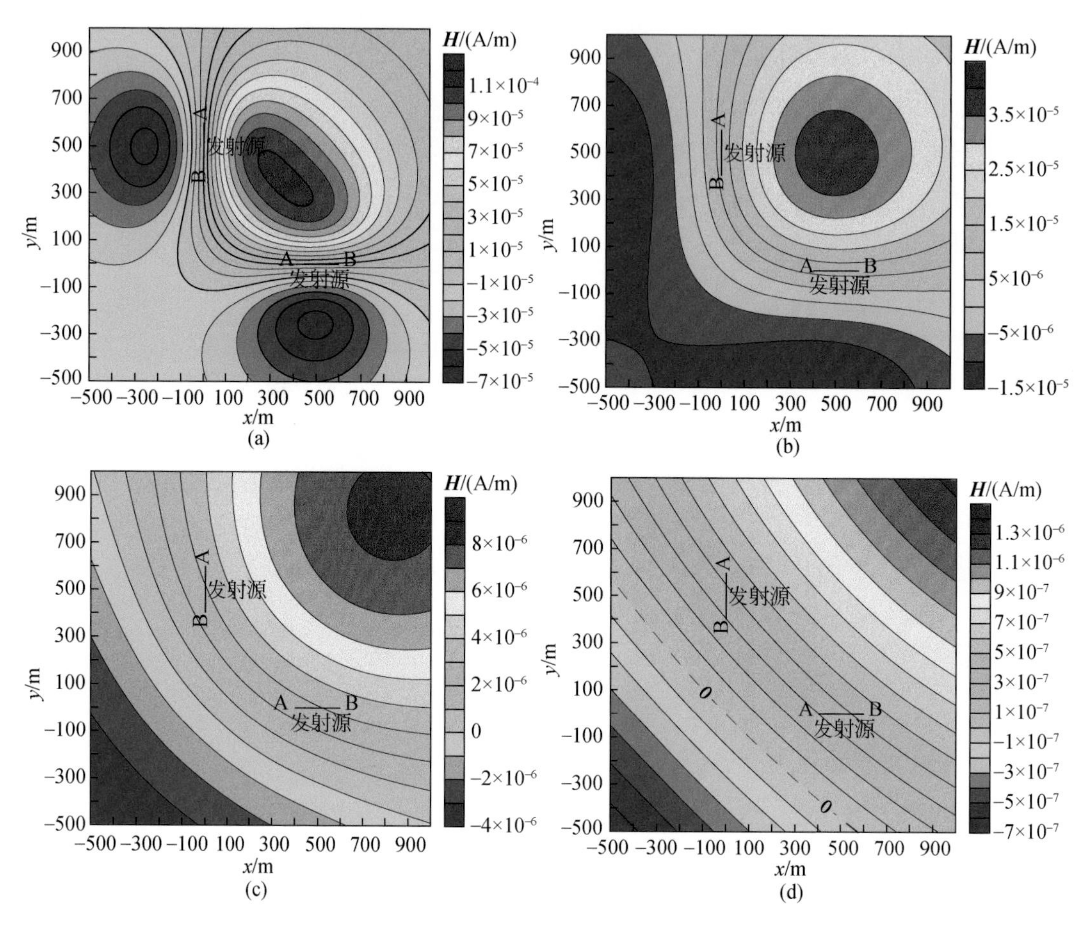

图 5.38　垂直源组合模型不同时刻垂直方向磁场等值线分布图

（a）0.1ms；（b）0.46ms；（c）2.1ms；（d）10ms

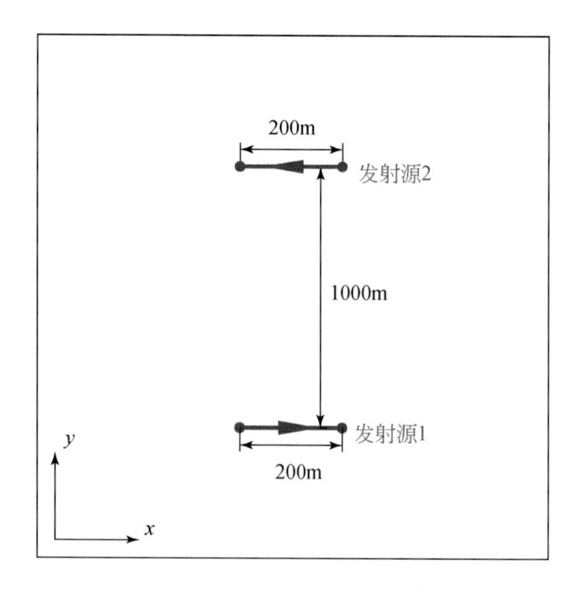

图 5.39　平行源组合模型示意图

采用三维时域有限差分算法对图5.39模型进行正演计算，图5.40为不同时刻磁场垂直分量的等值线分布。由图5.40可以看出，在最初时刻，磁场只扩散到发射源附近位置，磁场的正极大值和负极大值分别位于发射源两侧，由于两组发射源电流方向相反，产生的正极大值均位于两组发射源之间，负极大值位于两组发射源外侧区域。随着时间的推移，磁场逐渐扩散，两组发射源之间的两个正极大值等值线环逐渐向中心位置移动。最终，两个等值线正极大值已经完全移动至两组发射源中心位置，并随时间推移逐渐衰减。

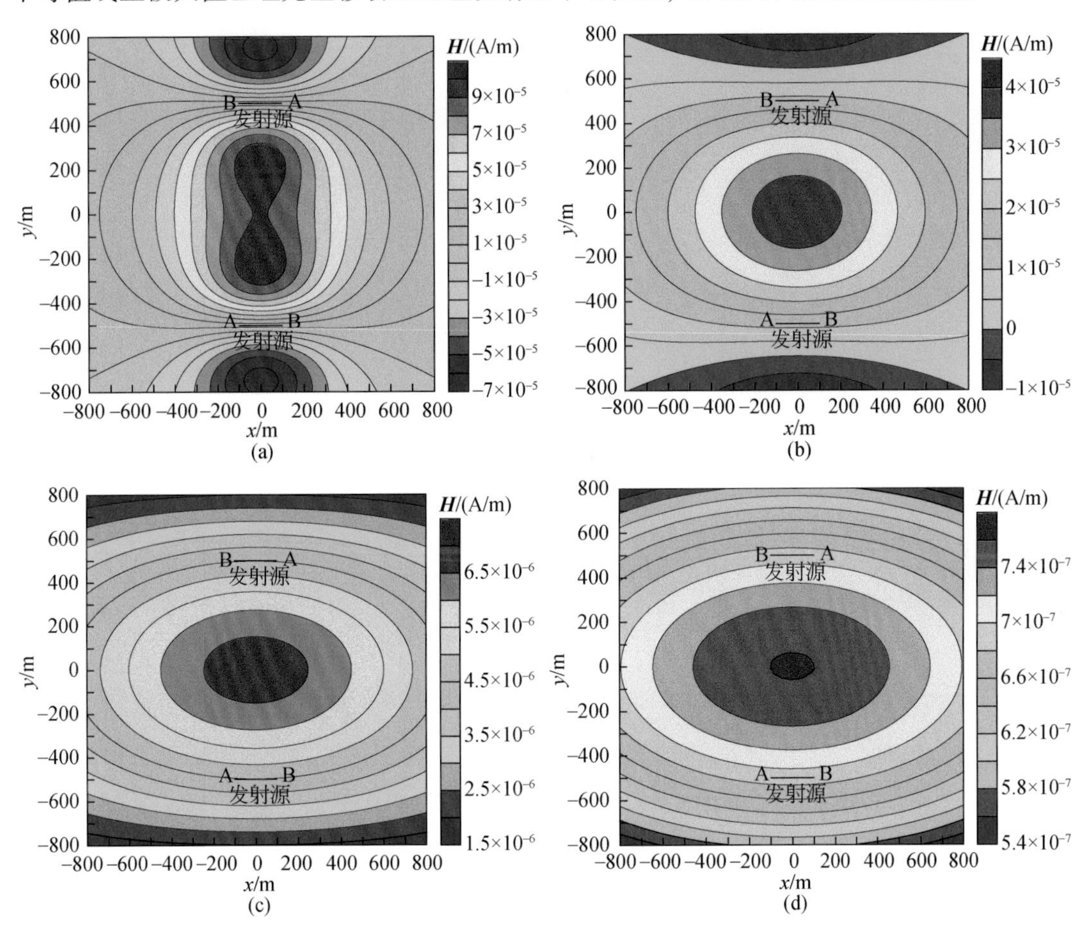

图5.40　平行源组合模型不同时刻垂直方向磁场等值线分布图

(a) 0.1ms；(b) 0.46ms；(c) 2.1ms；(d) 10ms

2. 均匀半空间模型单源和多源瞬变电磁响应对比

1) 垂直源组合

图5.41为垂直源组合模型，其模型参数与图5.37相同。分别对单发射源和双发射源产生的瞬变电磁响应进行三维正演计算，图5.45为双源和单源瞬变电磁响应对比结果，图中绘出了三个位置的值，分别是(300，300)、(500，500)和(800，800)。图5.42～图5.44中，由于三个观测点均位于两个源的中间位置，发射源1和发射源2产生的感应

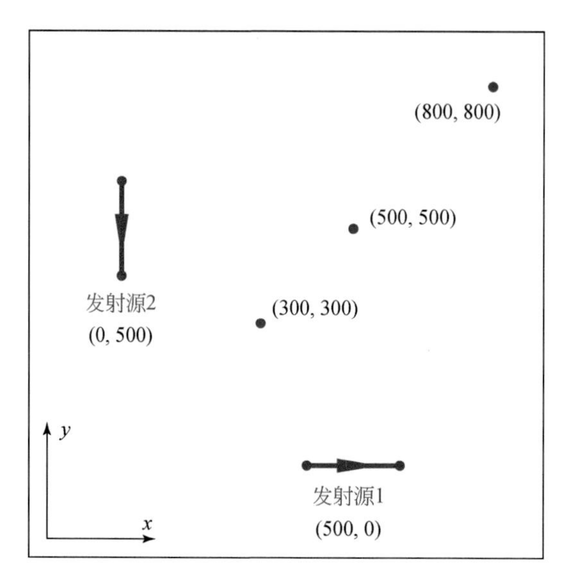

图 5.41　垂直源组合模型测点示意图

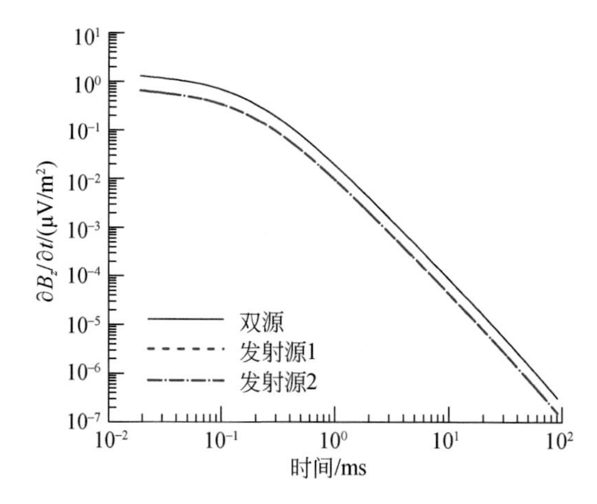

图 5.42　接收位置（300，300）情况下垂直源组合模型多源与单源瞬变电磁响应对比

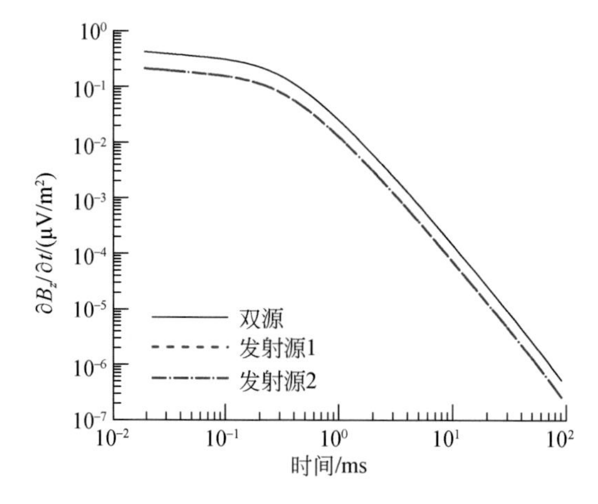

图 5.43　接收位置（500，500）情况下垂直源组合模型多源与单源瞬变电磁响应对比

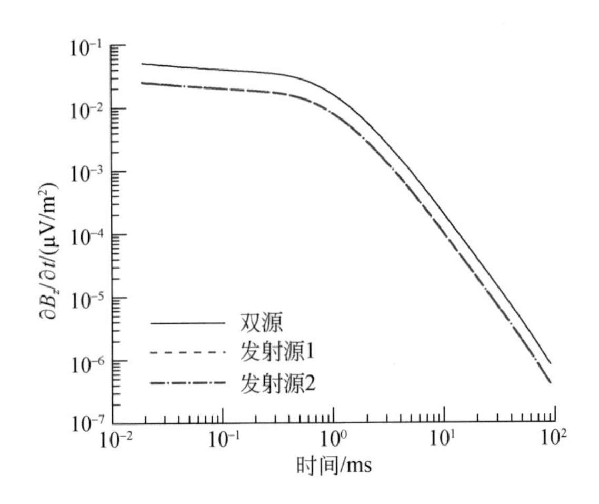

图 5.44　接收位置（800，800）情况下垂直源组合模型多源与单源瞬变电磁响应对比

信号强度相同。从图中可以看出，双源产生的瞬变电磁响应信号强度大于单一发射源产生的信号强度，说明垂直源组合能够增强瞬变电磁响应信号强度。

2）平行源组合

图 5.45 为平行源组合模型，其模型参数与图 5.37 相同。分别对单发射源和双发射源产生的瞬变电磁响应进行三维正演计算，图 5.46 ~ 图 5.48 为双源和单源瞬变电磁响应对比结果，图中绘出了三个位置的值，分别是（0，100）、（0，300）和（0，500）。从图 5.47 中可以看出，双源产生的瞬变电磁响应信号强度大于单源产生的信号强度，说明平行源组合能够增强瞬变电磁响应信号强度。

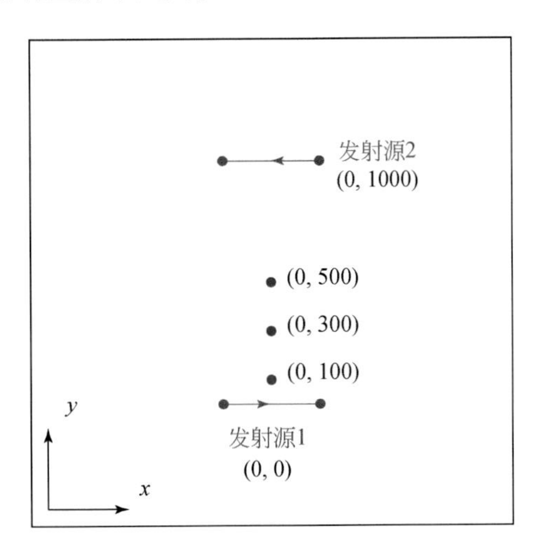

图 5.45　平行源组合模型测点示意图

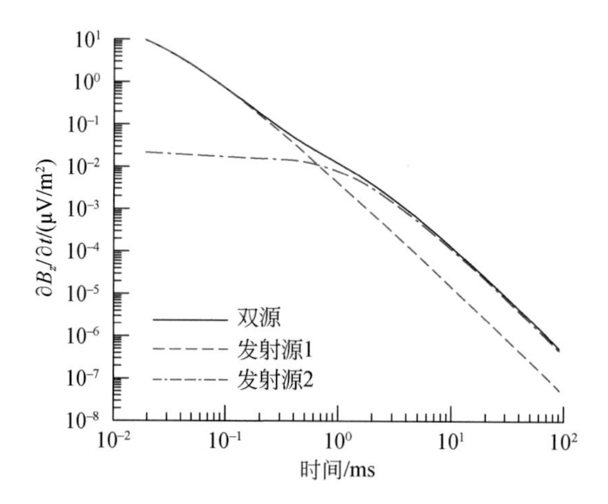

图 5.46　接收位置（0，100）情况下平行源组合模型多源与单源瞬变电磁响应对比

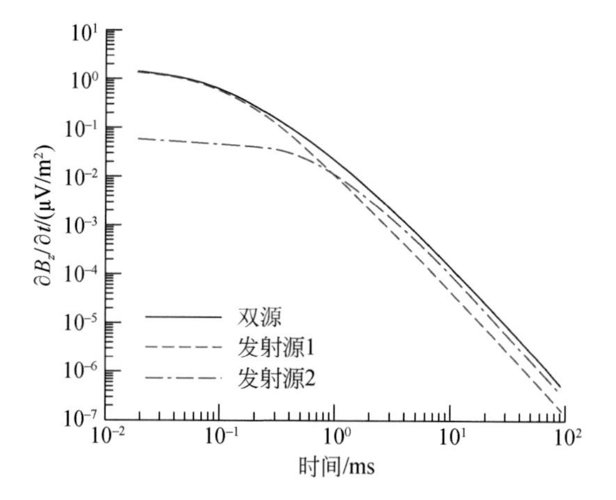

图 5.47　接收位置（0，300）情况下平行源组合模型多源与单源瞬变电磁响应对比

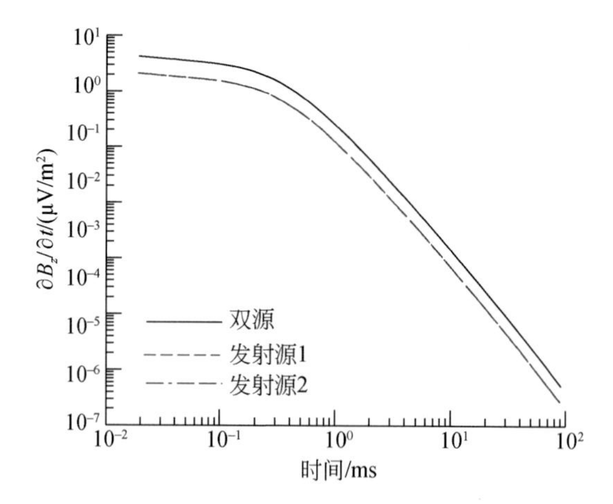

图 5.48　接收位置（0，500）情况下平行源组合模型多源与单源瞬变电磁响应对比

3. 多源与单源瞬变电磁对三维体响应对比

前面对均匀半空间多源与单源瞬变电磁响应衰减曲线进行了对比分析，为认识多源瞬变电磁响应对三维体响应特征，本节采用三维异常体模型对多源瞬变电磁响应进行正演模拟，研究多源瞬变电磁对三维体响应特征，并与单源响应进行对比分析。

1）垂直源组合

图 5.48 为含三维异常体地电模型，在均匀半空间中含有一低阻异常体，大小为 200m×200m×200m，其中心点位于（500，500）位置，埋深为 100m。均匀大地电阻率设为 100Ω·m，异常体电阻率为 10Ω·m。两组接地线源相互垂直布设，一组中心点位于（500，0）位置，其电流方向沿 x 轴方向，另一组位于（0，500），其电流方向沿 y 轴反方向。发射源长度均为 200，发射电流均为 1A。

采用三维时域有限差分算法对图 5.49 所示模型进行正演计算，图 5.50 为不同时刻磁场垂直分量异常场（总场与背景场的差值）的等值线分布。从图 5.50 中可以看出，在最初时刻，磁场垂直分量异常场在异常体两侧分别产生正极大值和负极大值，正极大值区域位于靠近发射源一侧，负极大值区域位于远离发射源一侧。随着时间的推移，正极大值区域向远离发射源方向移动。最终，正极大值区域移动至远离发射源一侧，负极大值区域移动至靠近发射源一侧。整体上磁场异常场等值线形态与极角 315°方向（两个发射源合起来的电流矢量方向）发射源产生的结果相似，说明在晚期时垂直源组合产生的磁场异常场等值线形态与两个发射源合起来的电流矢量所产生的结果类似。以上结果说明双源垂直组合能够改变地下瞬变电磁场的方向，并增强信号强度。

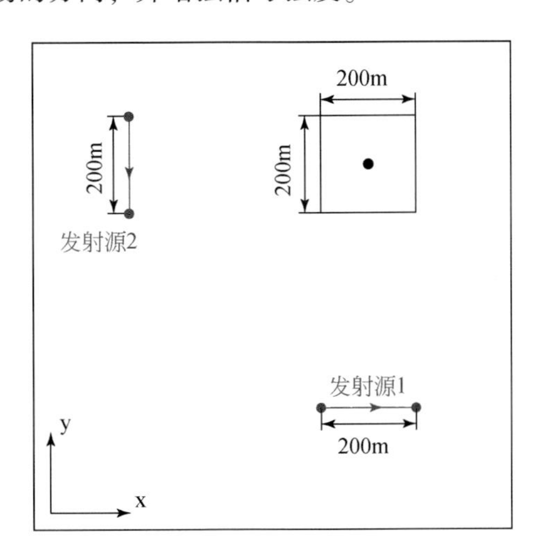

图 5.49　垂直源组合含三维异常体模型

2）平行源组合

图 5.51 为含三维异常体平行源组合模型，除发射源位置外，其余地电参数与图 5.49 相同。该模型中两组接地线源相互平行布设，相距 1000m，一组中心点位于（0，-500），电流方向沿 x 轴方向，另一组位于（0，500），电流方向沿 x 轴反方向。

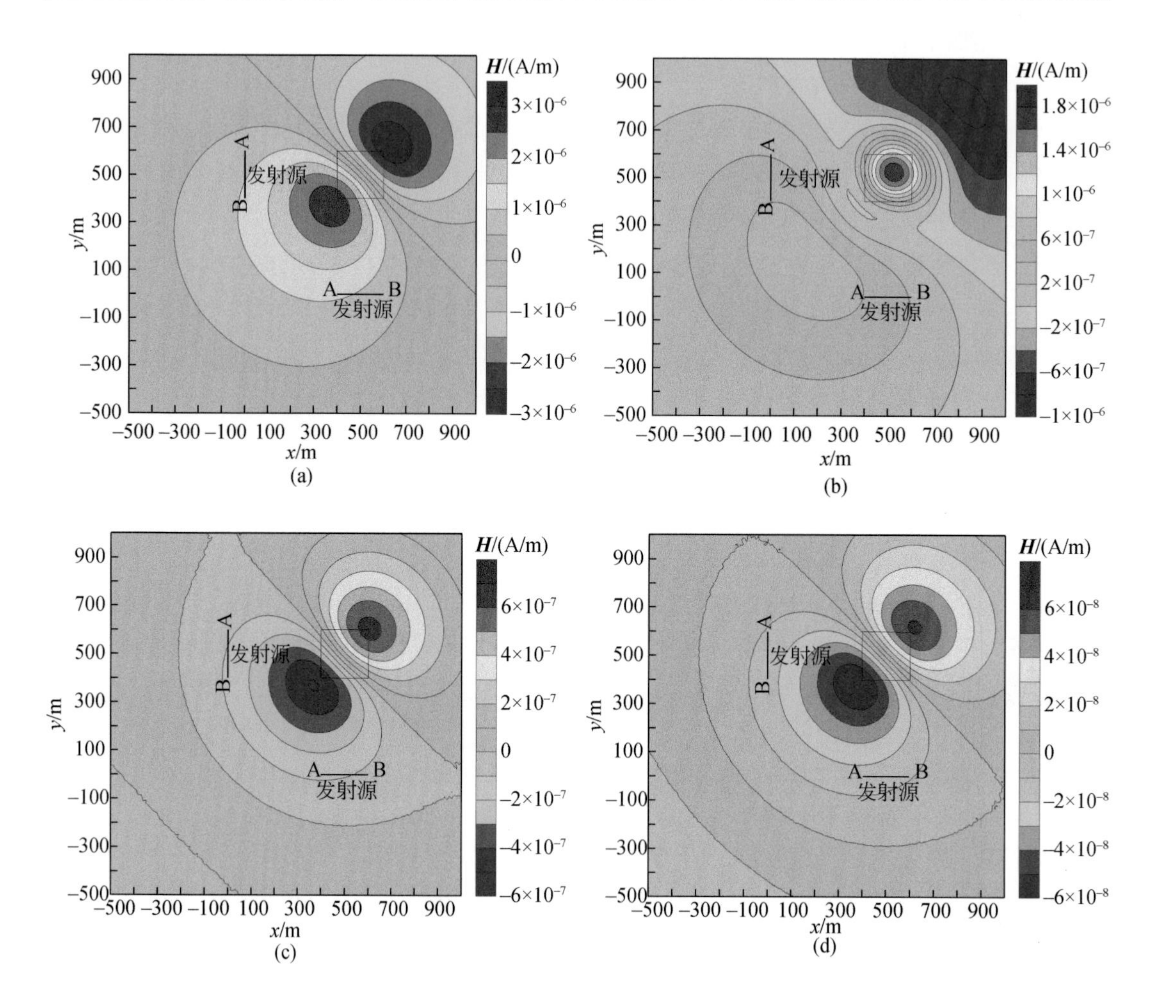

图 5.50　低阻体影响下垂直源组合模型不同时刻磁场异常场等值线分布图

（a）0.1ms；（b）0.46ms；（c）2.1ms；（d）10ms

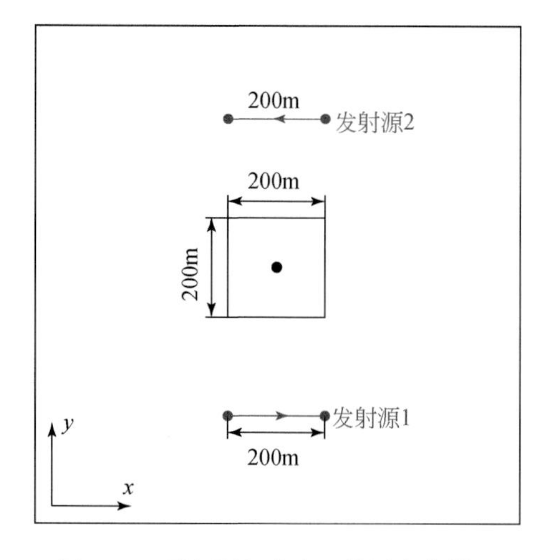

图 5.51　平行源组合含三维异常体模型

采用三维时域有限差分算法对图 5.51 所示模型进行正演计算，图 5.52 为不同时刻磁场垂直分量异常场（总场与背景场的差值）的等值线分布。从图 5.52 中可以看出，在最初时刻，磁场垂直分量异常场在异常体四周产生四个极值区域。随着时间的推移，四个极值区域逐渐消失，并逐渐在异常体上方产生极大值。最终，异常体四周的极值区域完全消失，极大值区域完全移动至异常体上方，并随时间推移逐渐衰减。以上结果表明双源相互平行组合能够改变瞬变电磁场的异常区域，有利于对异常体位置的判别。

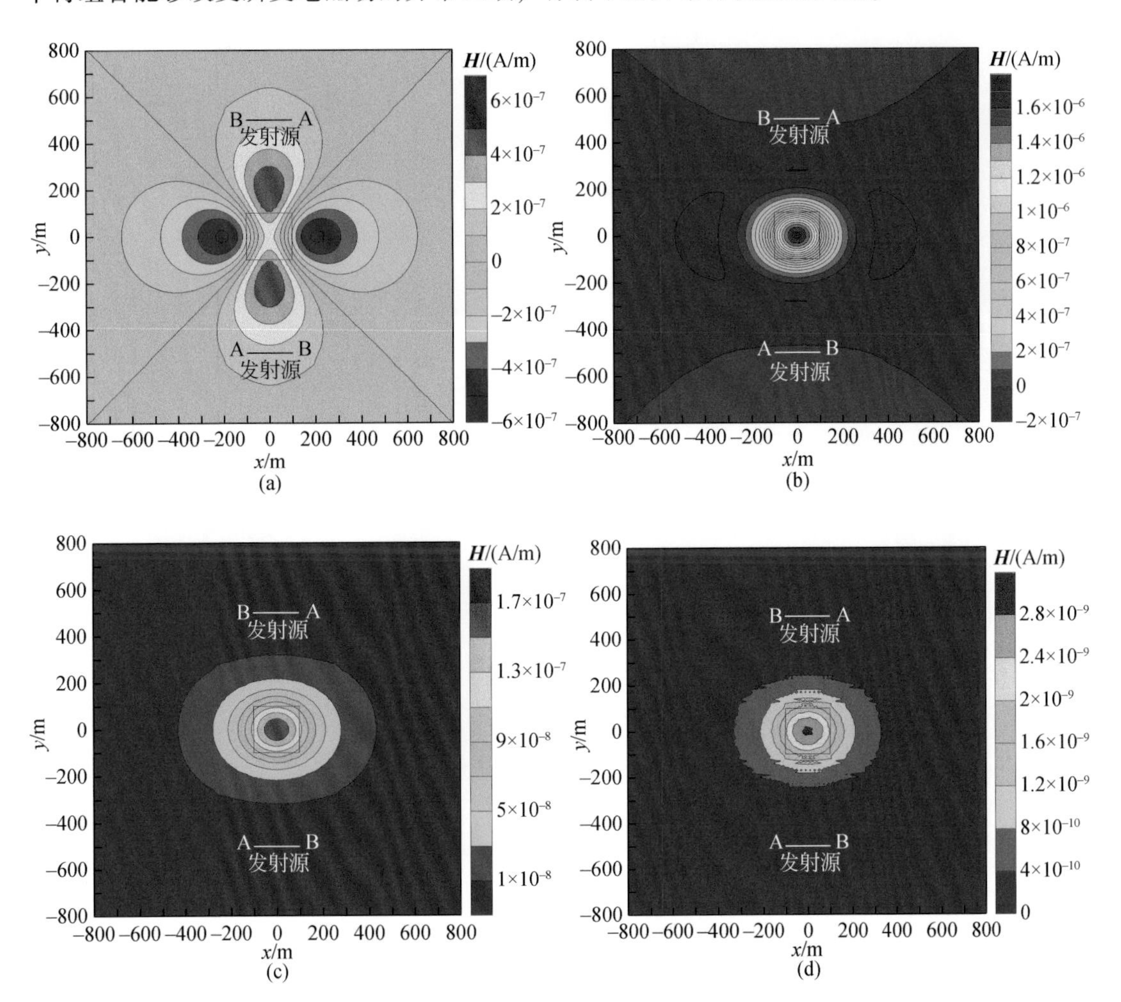

图 5.52　低阻体影响下平行源组合模型不同时刻磁场异常场等值线分布图

（a）0.1ms；（b）0.46ms；（c）2.1ms；（d）10ms

图 5.53 为多源与单源瞬变响应磁场垂直分量相对异常分布，其中，图 5.53（a）和（c）分别为平行源双源激发在发射电流关断后 1ms 和 10ms 的分布，图 5.53（b）和（d）分别为单源激发在发射电流关断后 1ms 和 10ms 的分布。从图 5.53 中可以看出，在双源激发下磁场相对异常等值线的极大值位于异常体上方，而单源激发下磁场相对异常等值线的极大值分布在异常体两侧（靠近发射源和远离发射源位置），说明平行源双源激发下瞬变电磁磁场垂直分量响应对异常体位置的反映比单源激发更为准确。比较 10ms 时刻双源和

单源响应等值线数值大小，双源激发下的相对异常已小于1%，而单源激发下的相对异常大于10%，说明平行源双源激发下异常持续时间较短，单源激发下异常持续时间较长。这是由于平行源双源装置的两个发射源电流方向相反，装置的对称性使场具有相互抵消作用，因此电磁场在地层中衰减较快。

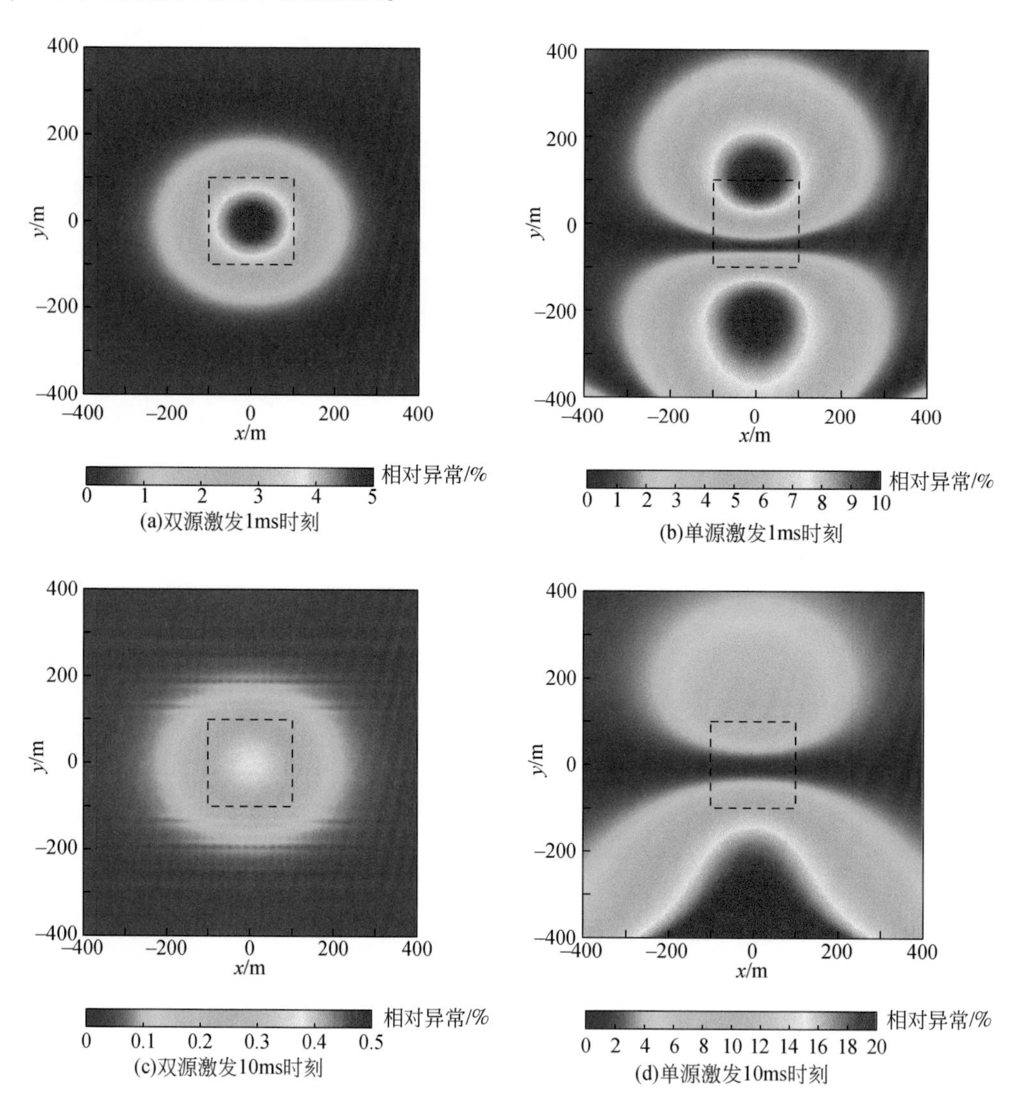

图5.53　多源与单源瞬变电磁响应不同时刻垂直磁场相对异常分布

第 6 章　SOTEM 施工方法

本章主要介绍 SOTEM 的野外工作方法，包括发射波形的选择、观测区域的选择、测线测点的布置、工作参数的选择等，本章主要内容来自中国地球物理团体标准《电性源短偏移距瞬变电磁法勘探技术规程》（T/CGS002—2021）。

6.1　野外施工概述

据前面所述，电性源短偏移距瞬变电磁法是基于地下介质的电性差异，利用接地线源向地下发送一次脉冲电磁场，在距离发射源大于 0.3 倍且小于或等于 2 倍目标体深度的偏移距范围内，利用线圈（探头）或接地电极在断电间隙观测二次涡流磁场或电场的方法。电性源瞬变电磁可在较小的短偏移距范围内实现高精度、大深度测量，这是因为瞬变场没有一次场的“掩盖”，探测深度取决于衰减时间和地层电性结构。SOTEM 野外施工时，在发射源两侧皆可进行观测（图 6.1），布设一次发射源可以测量很大范围内的测点，具有很高的工作效率，特别在起伏山区，接地导线源的布置较为方便。通过利用不同的装置形式，观测不同的电磁场分量，实现对地下高、低阻目标体的探测。

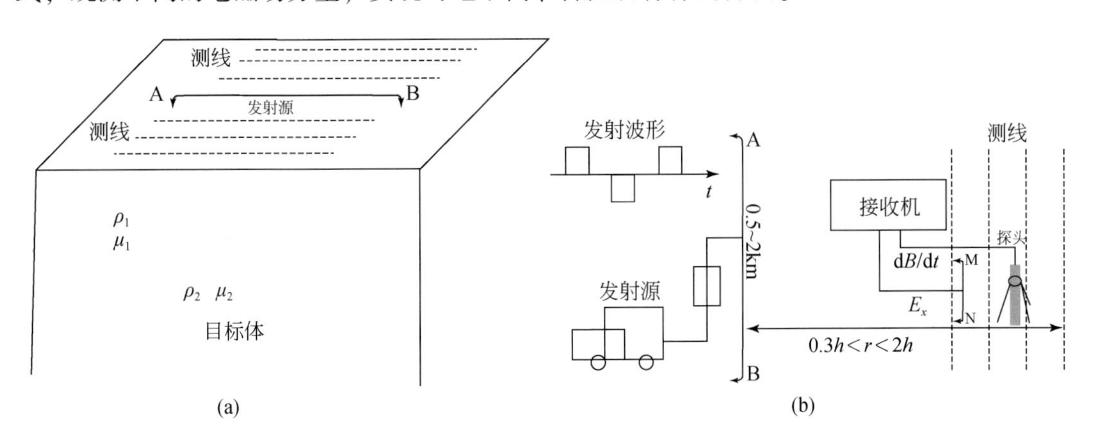

图 6.1　SOTEM 施工布置图

（a）SOTEM 装置立体图；（b）SOTEM 装置平面图

6.2　观测区域的选择

为了实现对观测装备的优选，采取与第 5 章相类似的计算方法，获得不同电性结构下的电场分量、磁场分量的分布，进一步确定最佳观测区域。

6.2.1　B_z 和 E_x 场值平面分布

由于目前 SOTEM 法主要观测和处理垂直磁感应强度（B_z 或其时间导数 dB_z/dt）和水平电场分量（E_x），下面给出了这两个分量在两个不同时刻（1ms 和 10ms）的场值平面分布（图 6.2、图 6.3）。计算模型是电阻率为 100Ω · m 的均匀半空间，发射源长度为 1000m，电流强度为 10A，计算区域为 6km×6km。

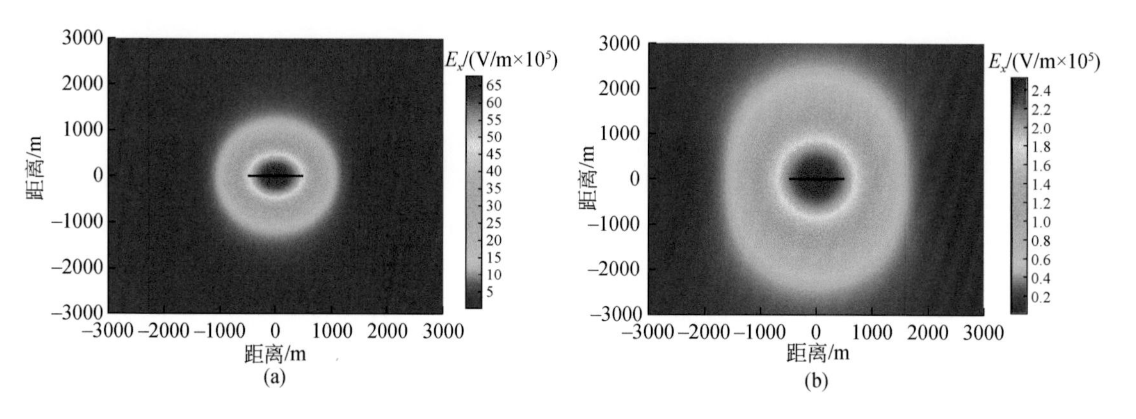

图 6.2　不同时刻 E_x 平面分布图

（a）t=1ms；（b）t=10ms

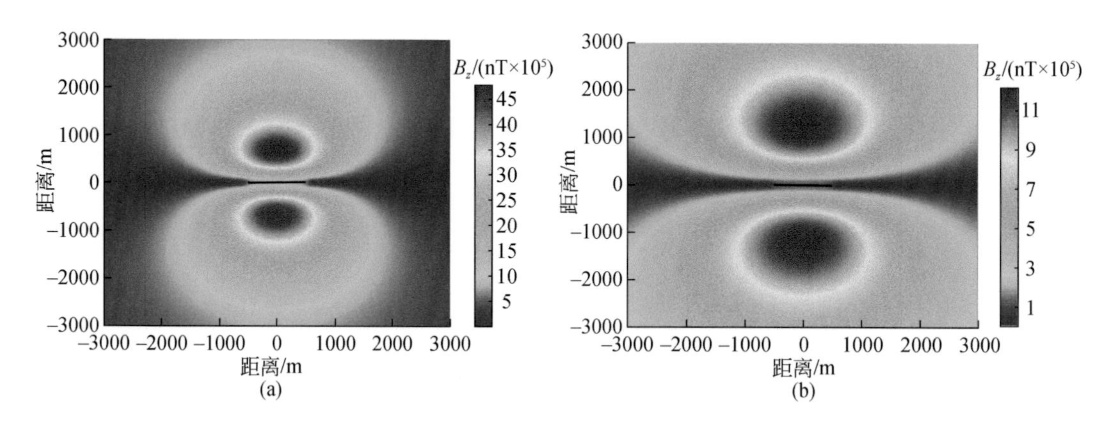

图 6.3　不同时刻 B_z 平面分布图

（a）t=1ms；（b）t=10ms

图 6.2 表明，E_x 分量在平面各个方向分布均匀，全期探测范围内电场极大值集中于发射源附近，离发射源越远信号强度越低。图 6.3 说明 B_z 的极值分布于发射源两侧，并随时间推移沿发射源中垂线逐渐向远处移动。

6.2.2　B_z 和 E_x 灵敏区域分布

前面已经分析了 E_x 和 B_z 在不同偏移距范围内的信号衰减和分布特性，指出了观测区域对信号强度、探测灵敏度和探测深度的影响。因此在实际工作中需考虑这三方面的因素，选择合适的观测区域。SOTEM即在综合考虑上述几个因素以及施工方便性的基础上提出在 $0.3h\sim2h$ 的偏移距范围内进行观测，并指出通过观测不同的电磁场分量实现对不同类型目标体的探测。但是仅仅知道不同电磁场分量对不同目标体的敏感程度还是不够的，发射源的方向特性导致的电磁场扩散的不均匀性，必然会形成不同的敏感区域，只有在合适的敏感区域内观测，才能实现通过观测特定电磁分量探测特定目标体的目的。

在实际工作中，针对不同的探测目标体，不仅要考虑观测合适的电磁场分量，还需选择合适的观测区域，以达到最佳的探测效果。为了定量分析 E_x 和 B_z 对不同地层敏感区域的分布特性，我们以图6.4所示的中间薄层模型为例，计算了薄层相对围岩分别为低阻和高阻时的电磁场响应，并利用式（3.22）定义的相对异常进行定量对比。计算中发射源参数为发射源长1000m，发送电流10A。

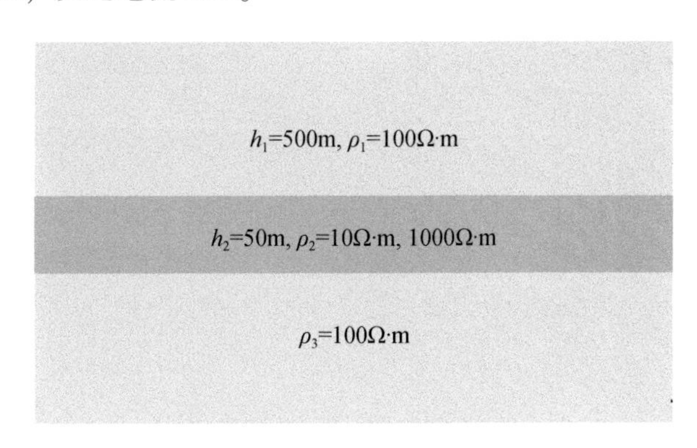

图6.4　低阻和高阻中间薄层模型

图6.5为以每个观测点处的最大 P_i 值绘制而成的平面分布图。分析图6.5可以得出如下结论：B_z 对低阻薄层的敏感程度远大于对高阻薄层，其敏感区域集中于发射源附近；E_x 对低阻、高阻薄层的敏感程度相当，但是对低阻薄层的敏感区域主要集中于赤道区域，而对高阻薄层的敏感区域主要集中于轴向区域，并且这两个敏感区域都处于离发射源一定距离的位置。该距离与围岩的电阻率和薄层的埋深有关，因此在利用 E_x 分量进行探测时，应先根据已知信息估算围岩电阻率和目标体埋深，从而选择合适的观测区域。

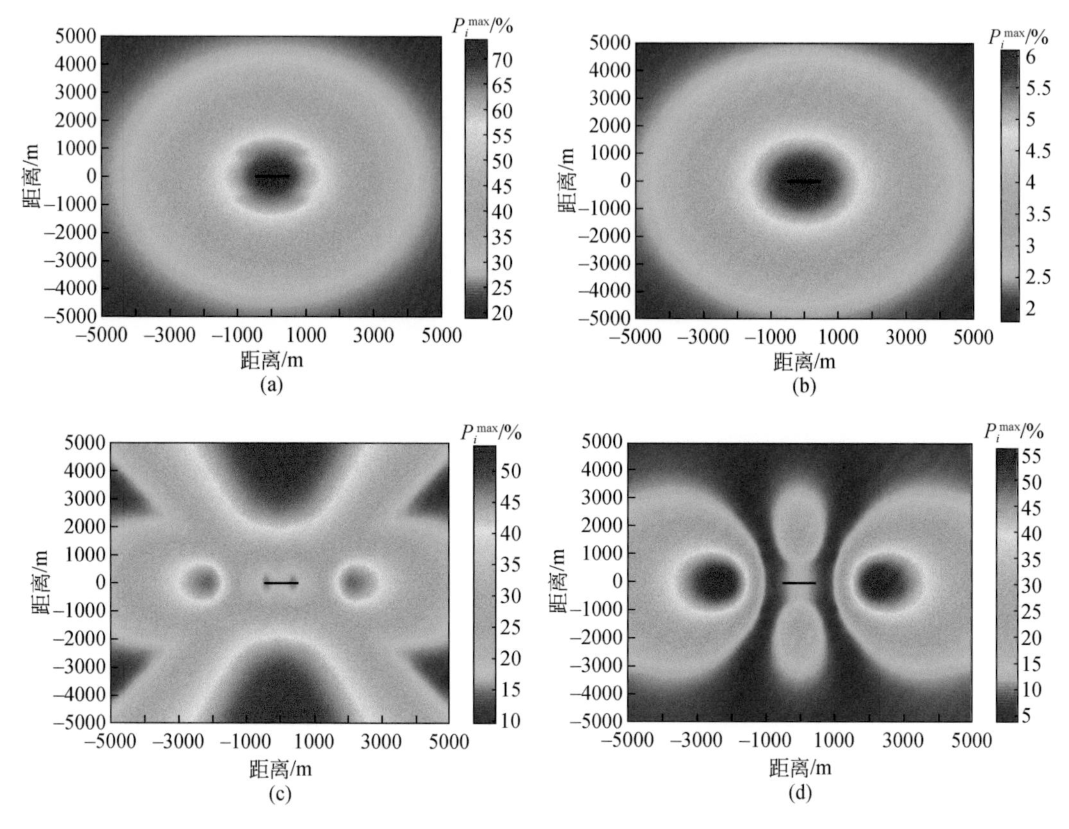

图 6.5　相对异常平面分布图

(a) B_z 对低阻薄层 P_i^{max} 平面分布；(b) B_z 对高阻薄层 P_i^{max} 平面分布；(c) E_x 对低阻薄层 P_i^{max} 平面分布；(d) E_x 对高阻薄层 P_i^{max} 平面分布

6.3　装置类型选择

根据前述分析可知，对于不同电性特征的目标体，可以选择观测不同的电磁场分量，同时针对不同的电磁场分量还应选择合适的观测区域以达到最好的探测效果。基于此，SOTEM 野外施工布置可以分为赤道向和轴向两种工作装置。

1）赤道向装置

在发射源两侧一定范围内观测轴向水平电场和垂直磁场信号，观测区范围限制在与发射源两端呈 120°夹角的区域内（图 6.6）。赤道向装置的偏移距为观测点到接地导线的垂直距离。该装置为 SOTEM 最常用的装置类型，可在发射源两侧观测电场和磁场分量。

2）轴向装置

在发射源两端延长线区域观测轴向水平电场和赤道向水平磁场信号，观测区域限制在与发射源呈 30°夹角的区域内（图 6.7）。轴向装置的偏移距为观测点距离接地导线端点的水平距离。该装置为 SOTEM 特殊工作形式，主要利用轴向水平电场 E_x 分量对高阻体的高

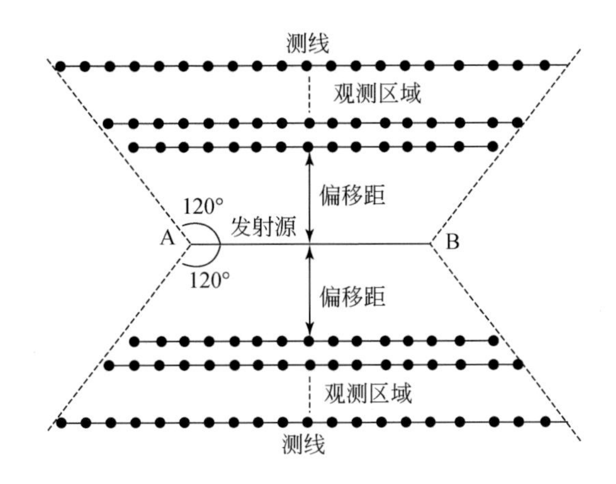

图6.6　电性源短偏移距瞬变电磁法赤道向装置示意图

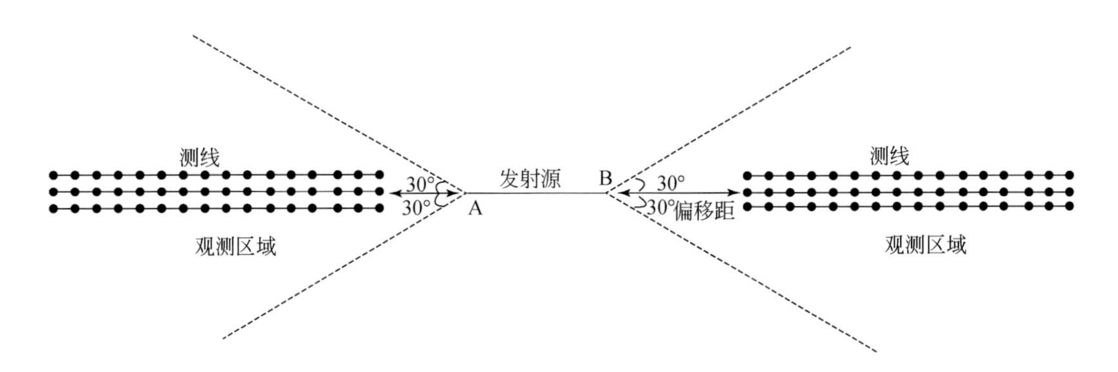

图6.7　电性源短偏移距瞬变电磁法轴向装置示意图

灵敏度，实现对高阻目标体的探测。

6.4　测线测点布置

测线的方向要垂直于勘探对象的走向。当测区内已有或设计有探矿工程时，应使测线方向与勘探线方向一致，根据需要尽可能与勘探线或某些勘探线重合，测线长度要大于勘探对象的预想宽度。同时，应使测线与边缘地层露头或已知地段连接，并在具有代表性的钻孔上做井旁测深，以获得必要的已知地段上的测深参数资料。如果探测对象的走向有变化时，测线应垂直于平均走向或勘探对象的主要走向方向。

线距根据勘探的详细程度而定，通常在普查阶段要求有2～3条测线穿过测区内最小而有意义的地质体或构造。详查阶段加密到3～5条或更多。但对于构造复杂、地层及岩相变化急剧的勘探区，应根据具体情况适当加密测线。在解决某些特殊地质任务时，如探测岩溶等，线距要根据被测对象的大小和埋深而定，以能在平面图上，清楚地反映出探测对象的位置为准。

测点密度要保证所测的最小地质体或构造上至少有3个以上测点，并且确保相邻点有清楚的反映。在普查阶段要求有 2 ~ 3 个点布置在所探测的最小地质体或构造范围内。详查阶段有 3 ~ 5 个点。同样，对于构造复杂，岩性变化较大以及研究某些特殊地质对象时，应适当加密测点。

另外，由于 SOTEM 的信号与接收点位置的关系非常大，后期数据处理解释时，接收点与发射源的相对位置关系也是必不可少的参数。因此，在 SOTEM 室内设计以及实际的野外记录中，发射源和测线测点的位置应详细记录。为了方便，在做设计时应按照一定的规则对测线、测点进行编号。

为了论述方便，绘制了测线测点示意图（图 6.8）。图中，右上角是方向指示：上北（N）下南（S），左西（W）右东（E）。图的下方是三条测线，测线上的符号“○”代表测量电极位置，通常叫做桩号。符号“×”代表记录点的位置，通常叫做测点号。测点号取两个桩号的中点。

测线的编号按下面的法则。首先确定测线位于发射源的哪个方向，以及测线与发射源的距离是多少。然后按照“距离+方向”的形式命名测线。如图 6.8 所示，三条测线东西向布置且都位于发射源的北面，若最南边的测线与发射源的距离为 500m，则该线命名为 500N 线，向北（N）500m 是第二条线，应取名为 1000N 线，再向北 500m 是第三条线，定名为 1500N 线。可以看出，除了应标明测线距离外，还应标明测线的方向，测线名中的“N”就是测线的方向，它代表测线位于发射源北面，并为东西向测线。如果测线不是正南、正北或正西、正东，而是有个角度，那也要大致按照这个法则取名。

测点编号遵循南（S）小、北（N）大，西（W）小、东（E）大的原则，以实际距离编写点号。编号形式与测线一样采取“距离+方向”的形式。但这里需要说明的是，在向仪器里输入点号时，应输入桩号。

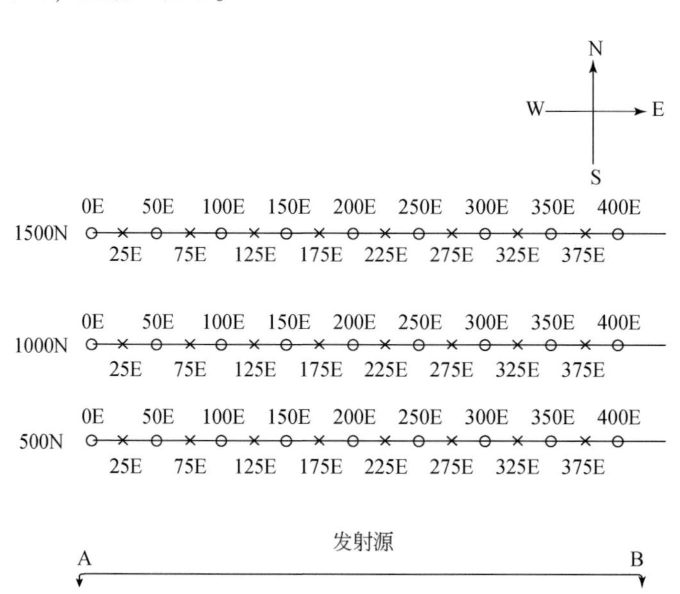

图 6.8　测线及测点编号规则图

6.5　工作参数的选择

SOTEM 工作时需要考虑的参数包括发射源长度、发射波形、发射电流大小、发射基频、观测时长（叠加次数）、电极距 MN、线圈有效接收面积等。

1. 发射源布置

发射源 AB 的长度受几个方面因素的制约，一是与观测区域面积及测线长度有关，二是与发送电磁矩大小有关，三是与偏移距有关，四是与浅层电性不均匀体的尺寸有关，五是与适宜布设发射源的地形地貌有关。野外设计中，需综合考虑上述因素，合理地设定发射源的长度。

测区面积较大或测线较长时，应布置较长的发射源，增大电磁波覆盖范围、减少多次布源带来的工作量，提高工作效率。而且，使测区在同一个发射电流和同一个发射环境下工作，可减少发射源差异对数据解释带来的影响。当然，如果工作区的范围较小，目标体也较小时，AB 就应减小。小长度 AB 的益处是使发射源布置工作变得轻便，减轻了劳动强度，减小发射源跨越多种地质构造带来的影响，确保信号的准确性。

根据上述分析及大量野外经验，我们给出了 SOTEM 发射源长度设计的规则：

（1）发射源最小长度应大于浅层电性不均匀体线性尺度 L_a 的 3 倍，即

$$L_{min}>3L_a$$

（2）发射源长度 L 应大于控制测线长度的一半并小于 3 倍的最小偏移距，即

$$0.5L_{line}\leqslant L\leqslant 3r_{min}$$

式中，L_{line} 为一个发射源覆盖的测线长度（m）；r_{min} 为最小偏移距（m）。

此外，在布置发射源时还应注意的事项包括：发射源应尽可能与地质体走向平行；发射源应布置在构造简单、电性比较均匀的地方，宜使探测目标体处于观测区域的中心部位；发射源要尽可能平行于测线方向布设，方位误差要求小于 20%，避免发射线出现较大的弯曲；在研究二维目标体时，发射源宜布设在与走向正交的方向上，并与地面构造轴相对称；在近似为三维目标体上方进行观测时，发射源的两极应安置在与目标体相对称的位置上，而且与其边缘的距离应大于其上顶埋深的 1.5 倍。

2. 发射波形选择

根据瞬变电磁场理论及前面的分析，在一次场关断期间测量纯二次场，可以实现电性源瞬变电磁的近源大深度探测，并具有诸多优点。因此，SOTEM 实现近源探测的先决条件是一次场和二次场在时间上的分离，这与发射源中使用的激发电流波形有关。时域电磁法中的激励波形有三角连续波、梯形连续波，还有单脉冲的矩形、半正弦、三角形波等。连续波形在观测期间始终有一次场存在，如果采用单脉冲波形，脉冲关断后观测纯二次场，由此可将自有场和辐射场分离开来，获得短偏移距的深部探测能力。在对单脉冲频谱考查后，还可以知道阶跃脉冲的频谱中，幅度与频率成反比，低频谐波占主导地位。在实际应用中，为了抑制观测系统中的直流偏移和噪声干扰，往往采用周期性

重复的双极性脉冲系列波形。现有地面瞬变电磁仪器，大都具有双极性阶跃波形（图6.9）供选择，采用该类波形作为激励源，并在正负供电关断的间隔观测纯二次场，可以实现近源大深度勘探。

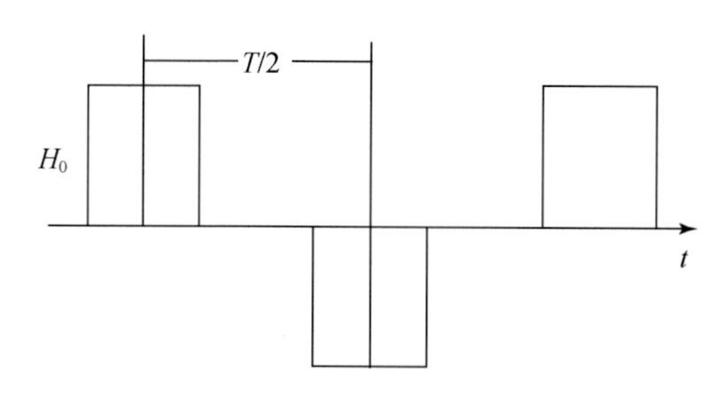

图 6.9 双极性矩形脉冲电流

3. 发射电流及基频

发射电流的大小关系到发射电磁矩的大小，故在条件允许的情况下应尽量增大发射电流的大小，提高信号强度，保证信噪比，实际野外施工中一般不能小于 10A。发射电流的基频关系到单次观测的时间范围，一般来说，在实际工作中希望在尽可能宽的时间范围内记录到有用信号，以获取更多的地质信息。但是，观测时间越长，晚期信号的强度越低，信噪比越差，工作成本越高，因此，应在满足勘探深度的前提下选择合适的观测时间范围。以 V8 为例，表 6.1 列出了可供选择的发射电流基频和对应的时间道范围。可以看出高频对应更早、更短的时间范围，低频对应更晚、更长的时间范围。在选择发射电流基频时，应先了解测区内地层的大致电阻率和目标体深度，根据时长选择合适的基频（表 6.1）。

表 6.1 V8 可供选择的发射基频和对应的观测时间范围

频率/Hz	时间范围/ms
25	0.079 ~ 7.9
5	0.475 ~ 47.5
2.5	0.95 ~ 95
1	2.375 ~ 237.5
0.5	4.75 ~ 475
0.25	9.5 ~ 950

4. 观测时长（叠加次数）

这里的观测时长是指每个点观测的总时间，为了压制野外随机干扰，时间域电磁法测量时需要进行多次重复测量，然后按照不同方式求得平均响应进行输出。一般来说，实际工作中希望叠加次数取得少些，以提高观测速度，但是数据的质量有可能非常差。因此，叠加次数的选择首先要保证实测数据的信噪比。这就要求在一个测区工作时最好先做试验工作，根据测区噪声环境，选择不同的叠加次数，噪声越严重，叠加次数应该越多，这样单点的观测时间也就越长。因此在进行正式测量之前，首先要在测区内进行噪声电平的测量，研究测区内噪声水平，然后通过测试不同叠加次数的信号，选取最佳值，一般情况下不少于256次。

5. 电极距*MN*长度

测量电场的电极距*MN*过大分辨率会降低，但测量到的电位差值大，可增大信号强度、易于观测，一个排列覆盖的范围较大，工作效率高。小极矩*MN*分辨率较高，但测到的电位差值较小，不易保证观测质量，一个排列所覆盖的范围较小，工作效率变低。

当然，*MN*的选择还与探测目标体的尺寸有关，如果是探测深部的大的地质目标，*MN*应选择大一些，如果是探测较浅部的小的地质目标，*MN*应选择小一些。一般来说，*MN*常选择为20～50m，在某些大尺度勘探中可选择$MN=100$m。

6. 接收线圈有效面积

我们知道瞬变电磁信号的检测属于弱磁测量，信号衰变的动态范围很大，为1nV～1V，典型的衰减延迟时间范围从几微秒至数十毫秒，信号的频带为0～20kHz，而且频谱能量主要集中在低频部分。瞬变电磁法观测电位曲线可分为早期、中期、晚期时段曲线，这三个不同时期的衰变速度差别相当大，早期受过渡过程影响严重，早期曲线难以利用或者成为TEM的盲区；晚期由于受系统误差和偶然误差的影响，其观测结果可能达到百分之几百的误差；中期也可能同时受到过渡过程影响、系统误差和偶然误差的影响，因此观测结果包含的因素是多种的、复杂的。观测结果的准确性、可靠性直接影响推断解释结果的好坏。线圈或探头作为瞬变电磁仪器的接收传感器，处于整个瞬变电磁仪器采集系统的最前端，对于瞬变电磁系统的性能优劣的影响至关重要。

前面指出，为了保证晚期信号的强度，SOTEM工作时采用的线圈的有效接收面积不能太小。但是，太大也具有一定的缺点，因为高灵敏度、宽频带一直是感应线圈传感器的一对矛盾，灵敏度高就要求线圈的接收面积大，在一定的体积内，就要求线圈的圈数多；线圈的圈数多，线圈的电感和分布电容就自然增大，线圈的频带宽度就自然降低。

为了对比不同型号探头的性能，在发射参数一致的情况下，用表6.2中所示的三种型号的探头在同一位置进行信号和噪声接收，如图6.10所示。试验中，发射源长度为1000m，发射电流为5A，发射基频为8.33Hz。为保证数据的一致性和稳定性，信号采集时采取多次叠加、多次测量的方式，即图中的响应衰减曲线为单次512次叠加，8次重复测量的结果。噪声曲线为发射源不工作时，探头采集到的白噪声信号。噪声采集时长和叠加次数与信号采集时保持一致，图中噪声曲线为30次采集结果。

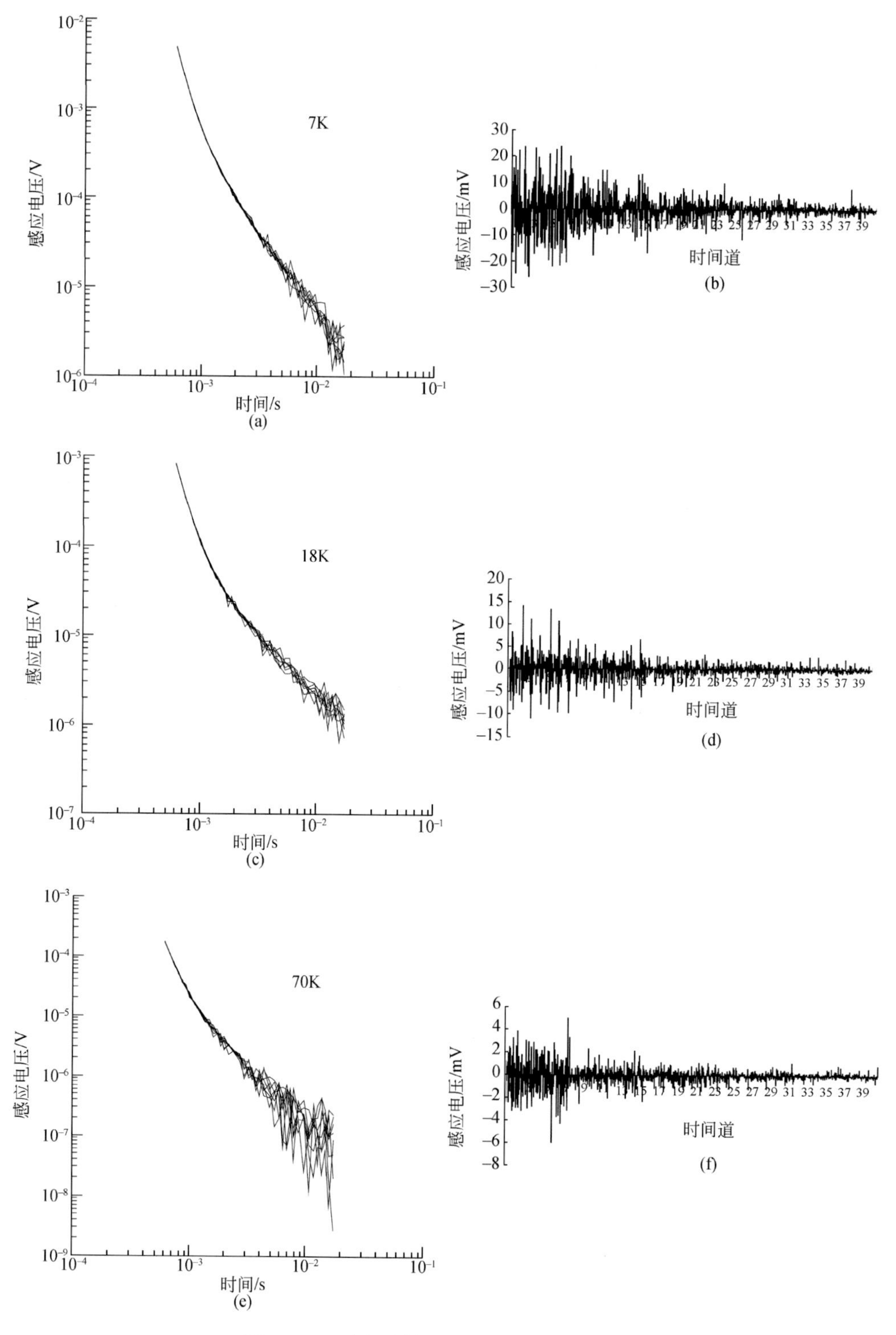

图 6.10　不同型号探头采集信号、噪声曲线

(a) 7K 接收信号；(b) 7K 接收噪声；(c) 18K 接收信号；(d) 18K 接收噪声；(e) 70K 接收信号；(f) 70K 接收噪声

表 6.2　不同型号探头的主要技术指标

型号	谐振频率/kHz	有效接收面积/m^2	灵敏度	阻尼特性
SB70K	70	2000	9μV/(nT · Hz)（≤40kHz）	临界阻尼
SB18K	18	10000	40μV/(nT · Hz)（≤10kHz）	临界阻尼
SB7K	7	40000	0. 22μV/(nT · Hz)（≤4kHz）	接近临界阻尼

从三组信号曲线可以看出，每组信号在早期、过渡期的稳定性和一致性非常好，8 次重复测量的信号非常光滑并且几乎完全重合；但是到了晚期，各曲线之间发生偏离，并开始出现震荡。从图中可以注意到，三组曲线发生偏离和震荡的时间以及程度都存在差别，有效接收面积最小的 70K 探头在 1ms 就开始发生偏离，并且在晚期阶段，曲线震荡非常明显。而 7K 和 18K 探头在 2ms 左右才发生偏离现象，晚时间道信号的振荡现象也相对较轻，注意到 18K 信号的光滑度要稍微好于 7K。图 6. 11 是分别对每组信号求取算术平均值得到的三种型号探头的平均响应。显然，探头的接收面积不同，导致接收到的感应电压信号也就有强弱之分。有效接收面积大的探头，自然提高了信号的强度，在晚期信号较弱时，提高了信噪比。噪声曲线同样表现出探头接收面积越大，噪声强度越大，尤其是在较晚的时间道。因此，有效接收面积大的探头一方面增大了信号的强度，另一方面也增大了噪声的强度。我们知道影响数据质量的决定因素是信噪比，也就是说，有效接收面积大，并不意味着信噪比就高。这也是为什么 18K 的晚期信号的光滑度要好于 7K 的原因。

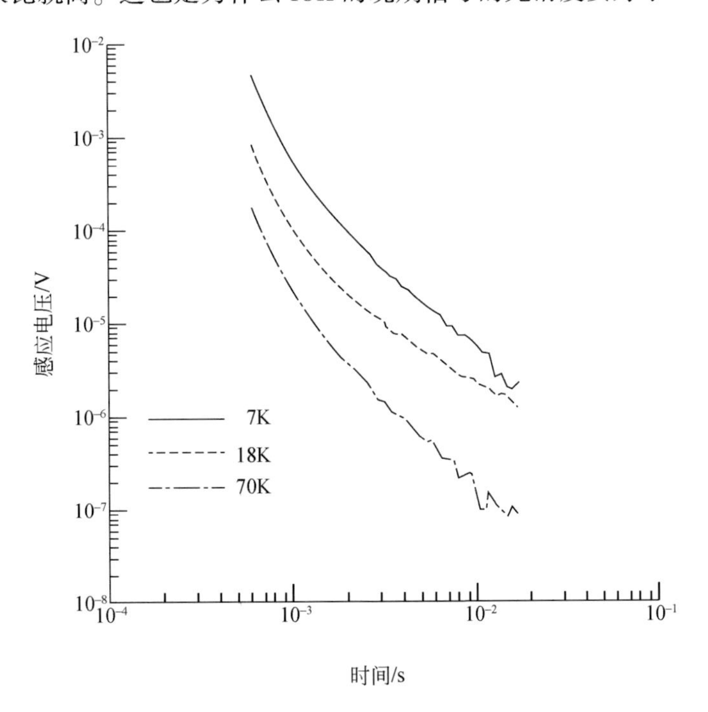

图 6. 11　三种不同型号探头接收信号对比

通过上述分析，可以看出不同型号的探头对接收信号的强度、形态、质量有着明显的影响。探头有效接收面积越大，信号强度越强，但是接收到的噪声也越强。因此，针对不同的探测目的和噪声环境，应选择合适规格的探头。一般情况下，对于较深层勘探，应选择有效接收面积较大的探头，而浅层勘探最好选择有效接收面积较小的探头。在选定工作参数之前，应进行试验工作，对比不同接收装置采集信号的质量。

6.6　基于 V8 系统的 SOTEM 数据采集方案

加拿大凤凰公司的 V8 电法工作站是目前可以实施 SOTEM 测量的主要仪器之一，本节简要介绍基于 V8 系统的 SOTEM 数据采集方案。

利用 V8 系统开展 SOTEM 探测需要的仪器设备包括 V8 主机、TXU-30 发射机、接收线圈或探头。首先需要设置 Tbl 文件，其中 Acquisitionparameters 中大部分参数与传统回线源 TEM 装置一致，只是需要将 TDEM Site setup 中的 Array type 修改为 Grounded dipole，将 Tx type 修改为 TXU30 即可，如图 6.12 所示。Stepping 参数中根据数值模拟和野外试验情况选择合适的工作频率，若需同时兼顾浅部与深部信息，可同时设置多个频率（高频和低频）。其他参数设置情况参照回线源 TEM 工作方式。将设置好的 Tbl 文件拷贝至主机内，便可进行野外数据采集工作。

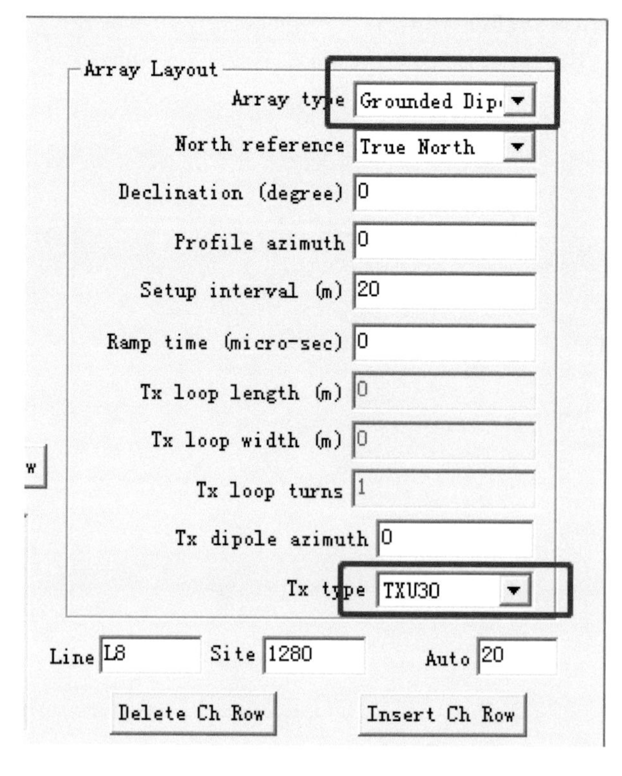

图 6.12　TDEM Site setup 参数设置

发射部分需要手动选择波形和电流幅值，其中发射波形为TD50，电流大小根据接地电阻情况合理设置，一般为10～20A，如图6.13所示。接收部分根据实测信号光滑程度决定单点的观测时长，一般为2～5min。其他施工流程和注意事项可参照CSAMT和回线源TEM。另外需要注意的一点是，必须准确记录发射源两个端点和观测点的坐标信息。

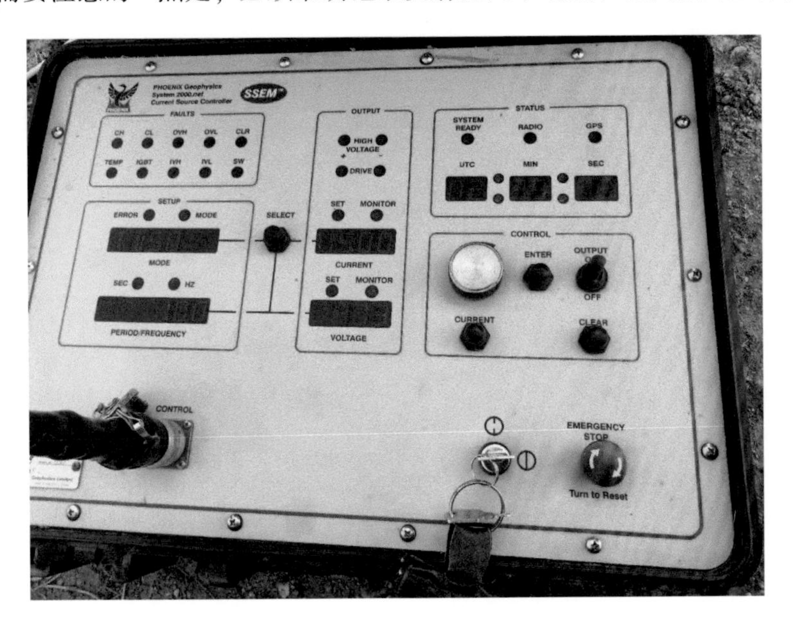

图6.13　TXU-30发射机控制盒面板参数

第7章　SOTEM数据处理

本章主要介绍SOTEM数据处理的主要方法和技术，包括全期视电阻率计算、一维快速成像、一维反演、拟二维反演、多源多分量联合反演等技术，最后给出了自主研发的SOTEM数据处理软件系统SOTEMsoft的介绍及应用效果。

7.1　视电阻率计算

作为完整的电磁勘探系统组成部分，数据解释占有重要位置，采用视电阻率参数解释是主要手段之一。目前所有电磁法的处理与解释几乎都归结到介质的电阻率分布。与直流电阻率法不同的是，时变电磁场与地下电阻率之间的关系十分复杂，且非线性，所以计算视电阻率时不仅要将分层理论公式退化为均匀大地公式，还要进一步地取近区或远区渐进式求解视电阻率（朴化荣，1990；李貅，2002；牛之琏，2007）。由视电阻率的定义和上述算法可知，当大地为非均匀半空间或未满足场区条件时，视电阻率所反映的地层剖面与实际情况有较大的差距。各种视电阻率的改进工作，就是追求视电阻率曲线和真实大地电阻率剖面逼近的过程。为此，针对回线源瞬变电磁全区（全期）视电阻率的求取，出现了通过迭代法、利用时间平移伸缩性直接求解法、利用逆样条插值法等方面的研究（白登海等，2003；王华军，2008），针对LOTEM，有采用二分搜索算法的全期视电阻率。本节，为解决SOTEM的视电阻率定义问题，首先介绍了在场区近似情况下视电阻率的计算方法，然后针对SOTEM全区、全期探测的特点，研究了全期电阻率的计算方法。

7.1.1　早、晚期视电阻率

已知接地偶极源在均匀半空间产生的垂直感应电压和水平电场分别为

$$V_z(t)=\frac{3IL s\rho\sin\varphi}{2\pi r^4}\left[\Phi(u)-\sqrt{\frac{2}{\pi}}u\left(1+\frac{u^2}{3}\right)\mathrm{e}^{-u^2/2}\right] \tag{7.1}$$

$$E_x(t)=\frac{IL\rho}{4\pi r^3}(1-3\sin^2\varphi)\left[-\Phi(u)+\sqrt{\frac{2}{\pi}}u\mathrm{e}^{-u^2/2}\right] \tag{7.2}$$

式中，$u=\frac{2\pi r}{\tau}$，$\tau=2\pi\sqrt{\frac{2\rho t}{\mu_0}}=\sqrt{2\pi\rho t\times10^7}$；$\Phi(u)$ 为概率函数。从式（7.1）和式（7.2）可见，电磁场响应是关于电阻率 ρ 的复杂隐函数，不能通过简单的运算得到 ρ 的显式表达式。一般的处理方式是进行极限近似，将信号分为早期（远区）和晚期（近区）两个阶段，然后通过简化公式得到 ρ 的表达式。

在早期（远区）（$u\gg1$），由于 $u\gg1$，即 $2\pi r/\tau\gg1$，则 $\Phi(u)\to1$，于是

$$V_z(t)=\frac{3IL s\rho\sin\varphi}{2\pi r^4} \tag{7.3}$$

$$E_x(t)=\frac{IL\rho}{2\pi r^3}(1-3\sin^2\varphi) \tag{7.4}$$

则可得早期时的视电阻率

$$\rho_{\mathrm{ET}}^{V}=\frac{2\pi r^4\mu_0}{3sIL\sin\varphi}V_z(t) \tag{7.5}$$

$$\rho_{\mathrm{ET}}^{E}=\frac{2\pi r^3}{IL(1-3\sin^2\varphi)}E_x(t) \tag{7.6}$$

在晚期（近区）（$u<<1$）时，将 $\Phi(u)$ 和 $e^{-u^2/2}$ 做泰勒展开

$$\Phi(u)\approx\sqrt{\frac{2}{\pi}}\left(u-\frac{u^3}{3!}+\frac{3u^5}{5!}\right),\mathrm{e}^{-u^2/2}\approx\left(1-\frac{u^2}{2}+\frac{u^4}{8}\right) \tag{7.7}$$

分别代入式（7.1）和式（7.2）得，

$$V_z(t)=-\frac{sILr\mu_0^{5/2}}{60\pi^{3/2}t^{5/2}\rho^{3/2}} \tag{7.8}$$

$$E_x(t)=\frac{IL\mu_0^{3/2}}{12\pi^{3/2}\rho^{1/2}t^{3/2}}(1-3\sin^2\varphi) \tag{7.9}$$

因此可得晚期视电阻率

$$\rho_{\mathrm{LT}}^{V}=\frac{\mu_0}{4\pi t}\left(\frac{sILr\mu_0\sin\varphi}{5tV_z(t)}\right)^{2/3} \tag{7.10}$$

$$\rho_{\mathrm{LT}}^{E}=\frac{I^2L^2\mu_0^3\ (1-3\sin^2\varphi)^2}{576\pi^3t^3E_x\ (t)^2} \tag{7.11}$$

图 7.1 为考虑了不同偏移距情况下的几种典型地电断面的早、晚期视电阻率曲线。很明显，对于早、晚期视电阻率，仅当场区条件符合时，计算得到的结果才接近地层的真实电阻率。这就导致早期视电阻率仅能反映地表的电阻率信息，并导致地表电阻率最大；晚期视电阻率仅能反映地下深部的电阻率信息，并导致深部电阻率的值最小。另外，对比通

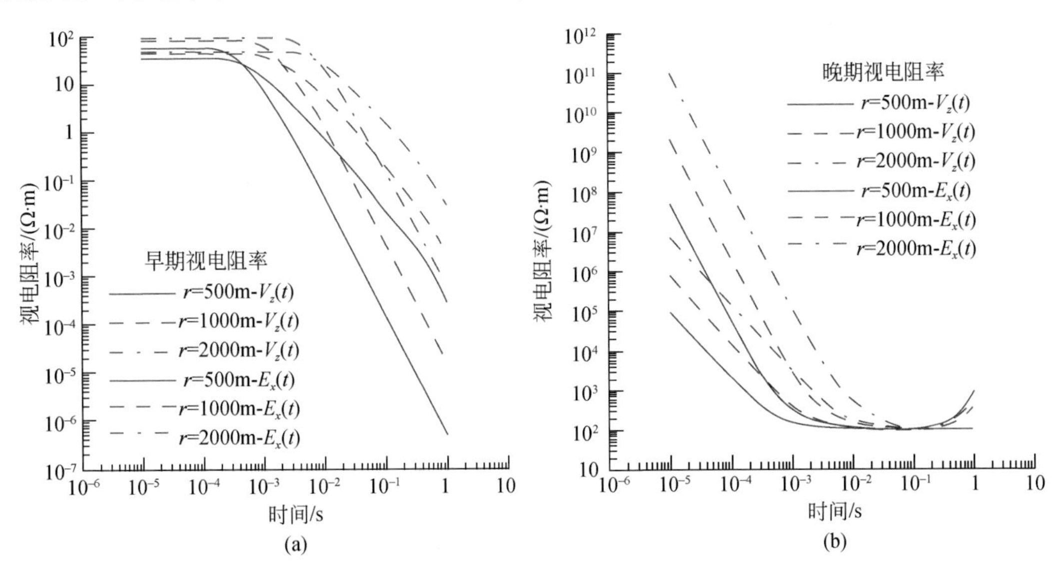

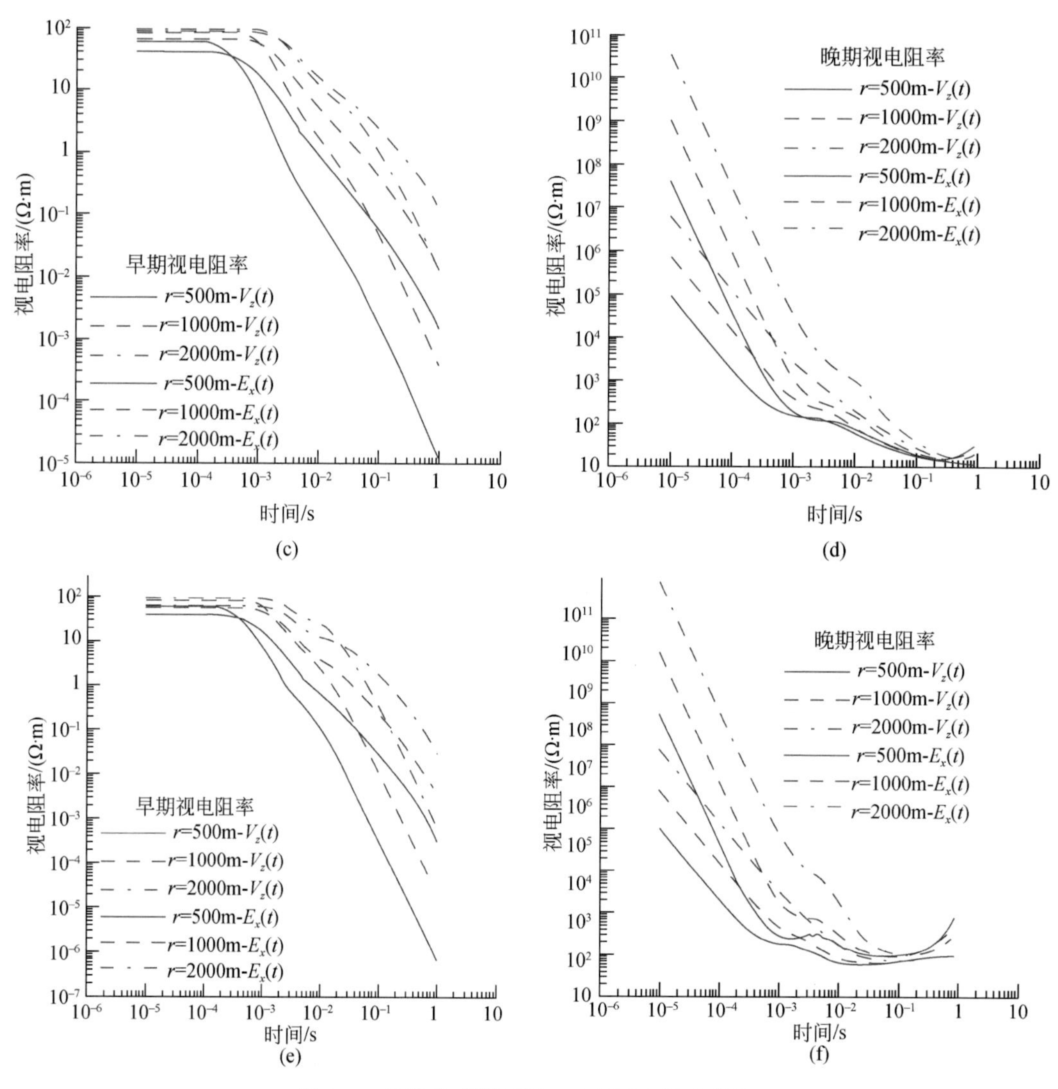

图 7.1　几种典型断面早、晚期视电阻率曲线

(a) 均匀半空间早期视电阻率；(b) 均匀半空间晚期视电阻率；(c) D 型地层早期视电阻率；(d) D 型地层晚期视电阻率；(e) H 型地层早期视电阻率；(f) H 型地层晚期视电阻率

过垂直感应电压和水平电场得到的结果发现，相同偏移距处由垂直感应电压计算而来的早、晚期视电阻率在符合场区条件的前提下，更接近于真实电阻率值。由水平电场求得的不同模型的晚期视电阻率曲线在尾支都发生了上翘现象，一定程度上影响了解释精度。

还可以发现，不同偏移距处的早期视电阻率值之间存在一定差距，且大偏移距处更接近真实电阻率值，而晚期视电阻率值则基本一致。这是由于发射源为非偶极源，距离发射源越近非偶极效应越明显，而早期瞬变场又严重依赖于场源与接收的几何布置，因此计算带来的误差就越大，晚期瞬变场则由于趋于均匀，已与几何布置关系不大。李吉松(1993) 给出了发射源非偶极校正的方法，一定程度上可以较好地解决上述问题。综上分析可见，利用早、晚期视电阻率曲线仅能大概地了解地表层和深层处大概的电阻率信息，很难准确判断出整个地层电性的真实变化。

7.1.2　全期视电阻率

前面已经指出早、晚期视电阻率仅在满足各自场区条件的前提下才能较准确地反映地层真实电阻率。这对于记录全场区信号的SOTEM来说，显然是不够的，必须采用适合于全场区（时期）的电阻率计算方式，才能对地层由浅及深都做出很好的反映。本小节研究了两种用于SOTEM全期视电阻率的计算方法，一种是多项式拟合归一化磁场法，另一种是二分拟合法。

1. 多项式拟合归一化磁场法

对于水平电偶源发射，在距其 r 处的均匀半空间表面归一化磁场表达式为

$$h_z(t)=\left(1-\frac{3}{2}x\right)erf\left(\frac{1}{\sqrt{x}}\right)+3\sqrt{\frac{x}{\pi}}\mathrm{e}^{-1/x} \tag{7.12}$$

$$x=\frac{4t}{\mu_0\sigma_1 r^2} \tag{7.13}$$

由式（7.13）可见，无法解出 σ 关于 $h_z(t)$ 的解析表达式，由于均匀半空间的表达式中电阻率与场值间为复杂的隐函数关系，故必须首先将隐函数进行级数展开，并采用数值近似技术求取视电阻率。为此设

$$x=g[h_z(t)] \tag{7.14}$$

则由式（7.14），得

$$\rho_s=\mu_0 r^2/4t\cdot g[h_z(t)] \tag{7.15}$$

欲求 ρ_s，必须首先求出函数 $g[h_z(t)]$。为此首先根据 $y=h_z(t)$ 的大小将其分为五个区间（$y\leqslant 10^{-5}$，$10^{-5}<y\leqslant 0.05$，$0.05<y\leqslant 0.2$，$0.2<y\leqslant 0.45$，$0.45<y\leqslant 1$），在每个区间用如下级数来逼近 $g[h_z(t)]$，即

$$g[h_z(t)]=\sum_{i=1}^{5}a_i y^{\alpha_i} \tag{7.16}$$

为求 α_i 值，将 $h_z(x)$ 关于 x 进行级数展开，得

$$h_z(x)=\frac{8}{\sqrt{\pi}}x^{-3/2}\sum_{k=0}^{\infty}\frac{(-1)^k}{k!}\frac{1}{(2k+3)(2k+5)}x^{-k} \tag{7.17}$$

式（7.17）当 $x\to\infty$ 时，$h_z(x)\approx\frac{8}{15\sqrt{\pi}}x^{-3/2}$，故 $x=0.449037y^{-2/3}$，即在 $y\leqslant 10^{-5}$ 时，取 $\alpha_1=-\frac{2}{3}$，$a_1=0.449037$。参照这个结果式（7.17）可以表示成如下形式

$$h_z(x)=a_1x^{-3/2}+a_2x^{-5/2}+a_3x^{-7/2}+a_4x^{-9/2}+a_5x^{-11/2} \tag{7.18}$$

在 $10^{-5}<y\leqslant 0.05$ 和 $0.05<y\leqslant 0.2$ 这两个区间，$x>1$，$\alpha_1\sim\alpha_5$ 分别取为−2/3、−2/5、−2/7、−2/9、−2/11。但在区间 $0.2<y\leqslant 0.45$，由于 $x<1$，负幂指数项级数收敛性变差，故由上述这套 α 系数计算效果不好，为此设 $\alpha_1\sim\alpha_5$ 为−2/3、1/3、4/3、7/3、10/3。在区

间 $0.45<y\leqslant 1$，由于曲线经过 $y=1$，$x=0$ 点，因此设

$$x=g[h_z(t)]=a_1(1-y)+a_2(1-y)^2+a_3(1-y)^3+a_4(1-y)^4+a_5(1-y)^5 \tag{7.19}$$

为求取各区间对应的 a_i 值，因此设

$$G=g[h_z(t)] \tag{7.20}$$

采用最小二乘法通过选择一系列典型断面来求解对应各区间的 $a_1\sim a_5$ 值。则式（7.18）中的系数 a_i 应使目标函数 Φ 取极小，即

$$\Phi = \sum_{i=1}^{m}(G - \sum_{j=1}^{5} a_j y_j^{\alpha} j)^2 = \min \tag{7.21}$$

式（7.21）等价于求下列方程的解

$$A^{\mathrm{T}}AZ=A^{\mathrm{T}}G \tag{7.22}$$

式中

$$Z=(a_1, a_2, a_3, a_4, a_5)^{\mathrm{T}},$$
$$G=(g_1, g_2, g_3, \cdots g_m)^{\mathrm{T}},$$

$$A=\begin{bmatrix} y_1^{-\frac{2}{3}}, & y_1^{-\frac{2}{5}}, & y_1^{-\frac{2}{7}}, & y_1^{-\frac{2}{9}}, & y_1^{-\frac{2}{11}} \\ y_2^{-\frac{2}{3}}, & y_2^{-\frac{2}{5}}, & y_2^{-\frac{2}{7}}, & y_2^{-\frac{2}{9}}, & y_2^{-\frac{2}{11}} \\ & & \cdots & & \\ y_m^{-\frac{2}{3}}, & y_m^{-\frac{2}{5}}, & y_m^{-\frac{2}{7}}, & y_m^{-\frac{2}{9}}, & y_m^{-\frac{2}{11}} \end{bmatrix} \quad 10^{-5}<y_i\leqslant 0.2$$

$$A=\begin{bmatrix} y_1^{-\frac{2}{3}}, & y_1^{\frac{1}{3}}, & y_1^{\frac{4}{3}}, & y_1^{\frac{7}{3}}, & y_1^{\frac{10}{3}} \\ y_2^{-\frac{2}{3}}, & y_2^{\frac{1}{3}}, & y_2^{\frac{4}{3}}, & y_2^{\frac{7}{3}}, & y_2^{\frac{10}{3}} \\ & & \cdots & & \\ y_m^{-\frac{2}{3}}, & y_m^{\frac{1}{3}}, & y_m^{\frac{4}{3}}, & y_m^{\frac{7}{3}}, & y_m^{\frac{10}{3}} \end{bmatrix} \quad 0.2<y_i\leqslant 0.45$$

$$A=\begin{bmatrix} (1-y_1), & (1-y_1)^2, & (1-y_1)^3, & (1-y_1)^4, & (1-y_1)^5 \\ (1-y_2), & (1-y_2)^2, & (1-y_2)^3, & (1-y_2)^4, & (1-y_2)^5 \\ & & \cdots & & \\ (1-y_m), & (1-y_m)^2, & (1-y_m)^3, & (1-y_m)^4, & (1-y_m)^5 \end{bmatrix} \quad 0.45<y_i\leqslant 1$$

由式（7.22）计算求得的系数如表 7.1 所示。

表 7.1　多项式系数表

	i	1	2	3	4	5
$y\leqslant 10^{-5}$	a α	0.449037 −2/3	0.0 — —	0.0 — —	0.0 — —	0.0 — —
$10^{-5}<y\leqslant 0.05$	a α	0.447673 −2/3	0.227530 −2/5	−2.56717 −2/7	6.66952 −2/9	−4.62450 −2/11
$0.05<y\leqslant 0.2$	a α	0.264751 −2/3	8.17744 −2/5	−50.0017 −2/7	89.4178 −2/9	−47.7681 −2/11

续表

	i	1	2	3	4	5
$0.2<y\leqslant0.45$	a	0.430426	−0.503995	0.469312	−0.603661	0.259355
	α	−2/3	1/3	4/3	7/3	10/3
$0.45<y\leqslant1$	a	0.666667	−0.014646	−0.273327	1.03901	0.245262
	α	−2/3	2	3	4	5

在表7.1选择合适的系数$\alpha_i(i=1, 2, \cdots, 5)$，然后代入式（7.16）计算出$g[h_z(t)]$值，再代入式（7.15），即可求得视电阻率值。

图7.2为采用这种方法计算求得的均匀半空间、二层及三层地电断面的全期视电阻率曲线，各种模型的真实电阻率分布参数见表7.2。从图7.2可见，无论是在早期、晚期还是过渡期，全期视电阻率都能够很好地反映各种模型电性的真实变化。虽然对于A型和Q型地层，很难通过全期视电阻率曲线区分中间层，但曲线仍反映了地层电阻率的整体变化趋势。各曲线在早期逼近于表层真实电阻率，晚期逼近于深部真实电阻率。

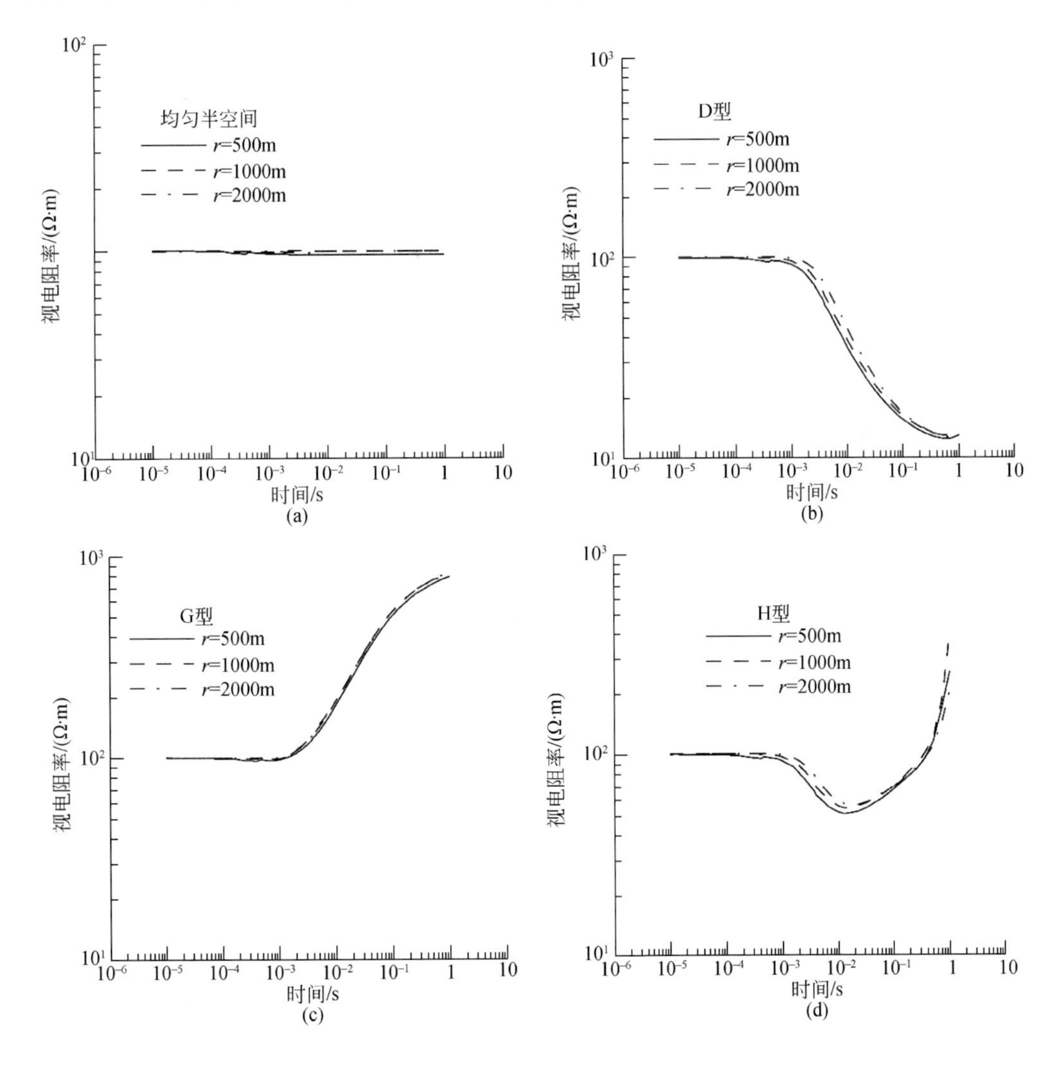

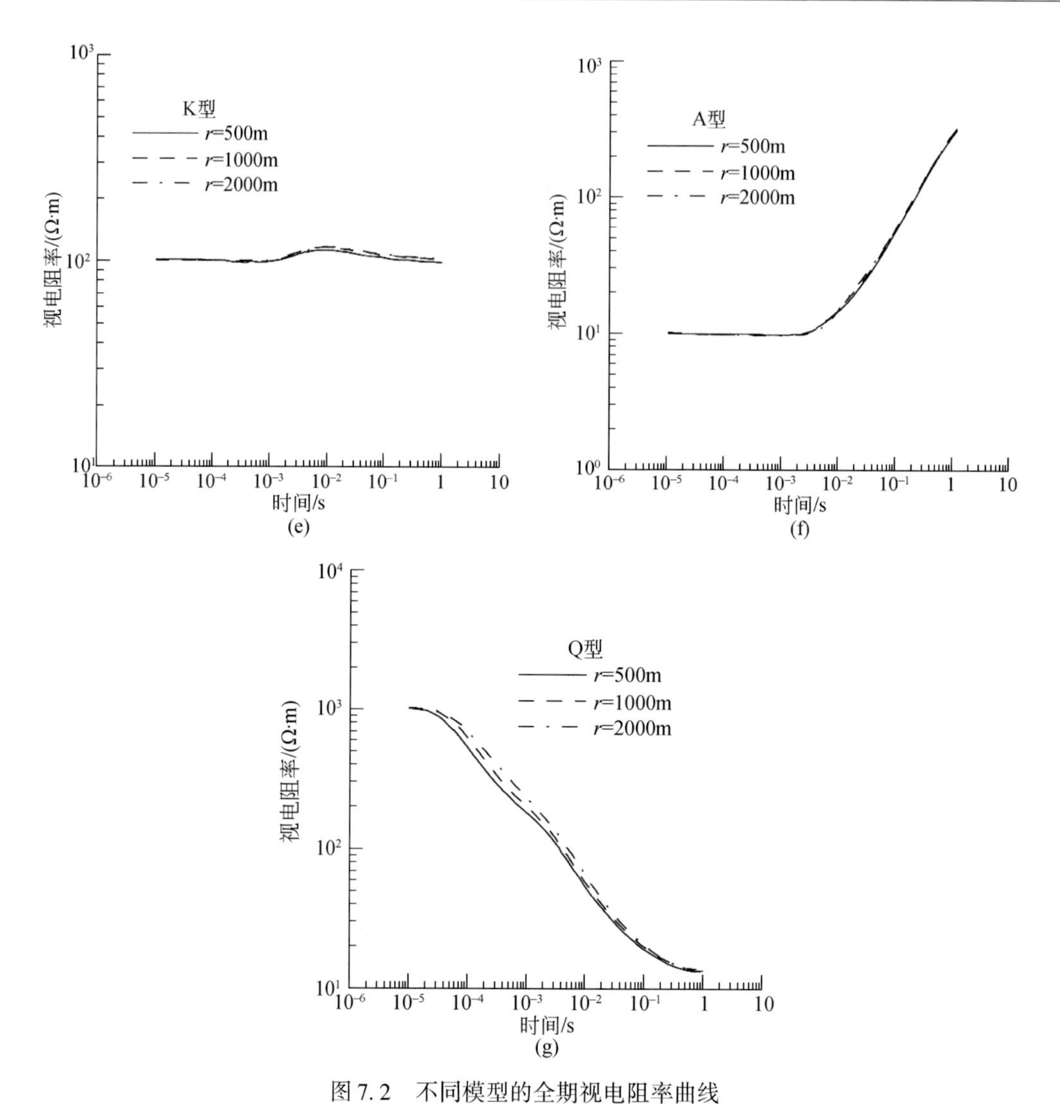

图 7.2　不同模型的全期视电阻率曲线

(a) 均匀半空间模型；(b) D 型模型；(c) G 型模型；(d) H 型模型；(e) K 型模型；(f) A 型模型；(g) Q 型模型

表 7.2　模型参数

模型	ρ_1/(Ω·m)	d_1/m	ρ_2/(Ω·m)	d_2/m	ρ_3/(Ω·m)
半空间	100	—	—	—	—
D	100	500	10	—	—
G	100	500	1000	—	—
H	100	500	10	200	100
K	100	500	1000	200	100
A	10	200	100	500	1000
Q	1000	200	100	500	10

2. 二分拟合法

第二种计算全期视电阻率的方法是二分拟合法，利用该方法的前提是采用计算的电磁场分量要与电阻率呈单调关系。在所有分量中，垂直磁场满足这一条件。二分搜索算法是求非线性方程根的常用方法，因其算法简单、易于实现而得到广泛的应用。实际应用中利用二分法求取全期视电阻率的流程如图 7.3 所示。

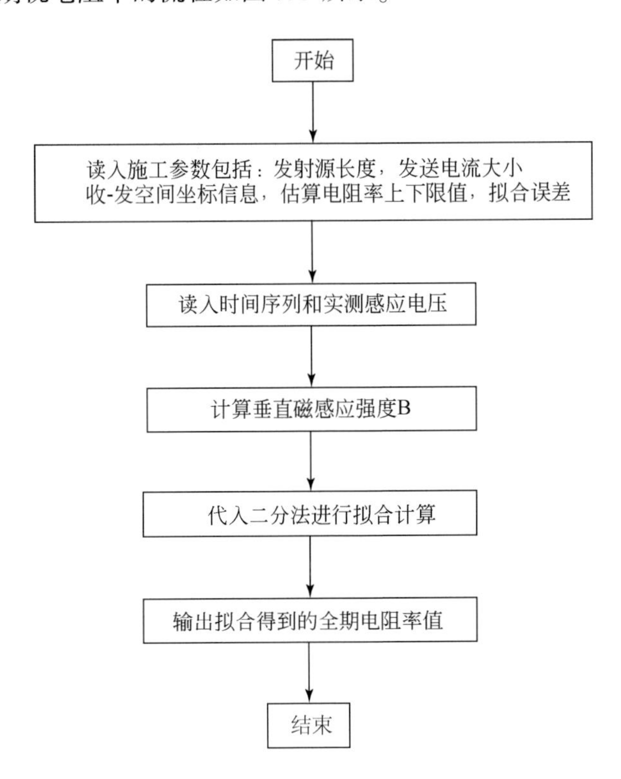

图 7.3　二分法计算全期视电阻率流程图

图 7.4 为利用二分法计算如表 7.2 所示参数的不同地电模型的全期视电阻率曲线。可以看出无论电性参数和偏移距如何变化，全期视电阻率曲线在整个测量时间范围内都能很好地反映各种地电模型电阻率的真实变化。与前一种方法类似，全期视电阻率曲线对 A 型和 Q 型的分层能力同样不高。还需要注意的是，在计算中需要选择合适的电阻率估算值和拟合误差，以免造成不收敛的情况。

上述两种计算 SOTEM 全期视电阻率的方法，都是相对较容易理解并实现的。用两种方法求得的全期视电阻率基本一致，都能很好地反映某些类型地层的真实电性变化。只是二分法需要选择合适的电阻率范围和拟合误差，并且计算需要的时间也相对较久。另外，由于野外实际观测的数据为垂直感应电压，而上述计算中都利用的是垂直磁场数据，因此在进行全期视电阻率计算之前首先要将感应电压转换为垂直磁场。

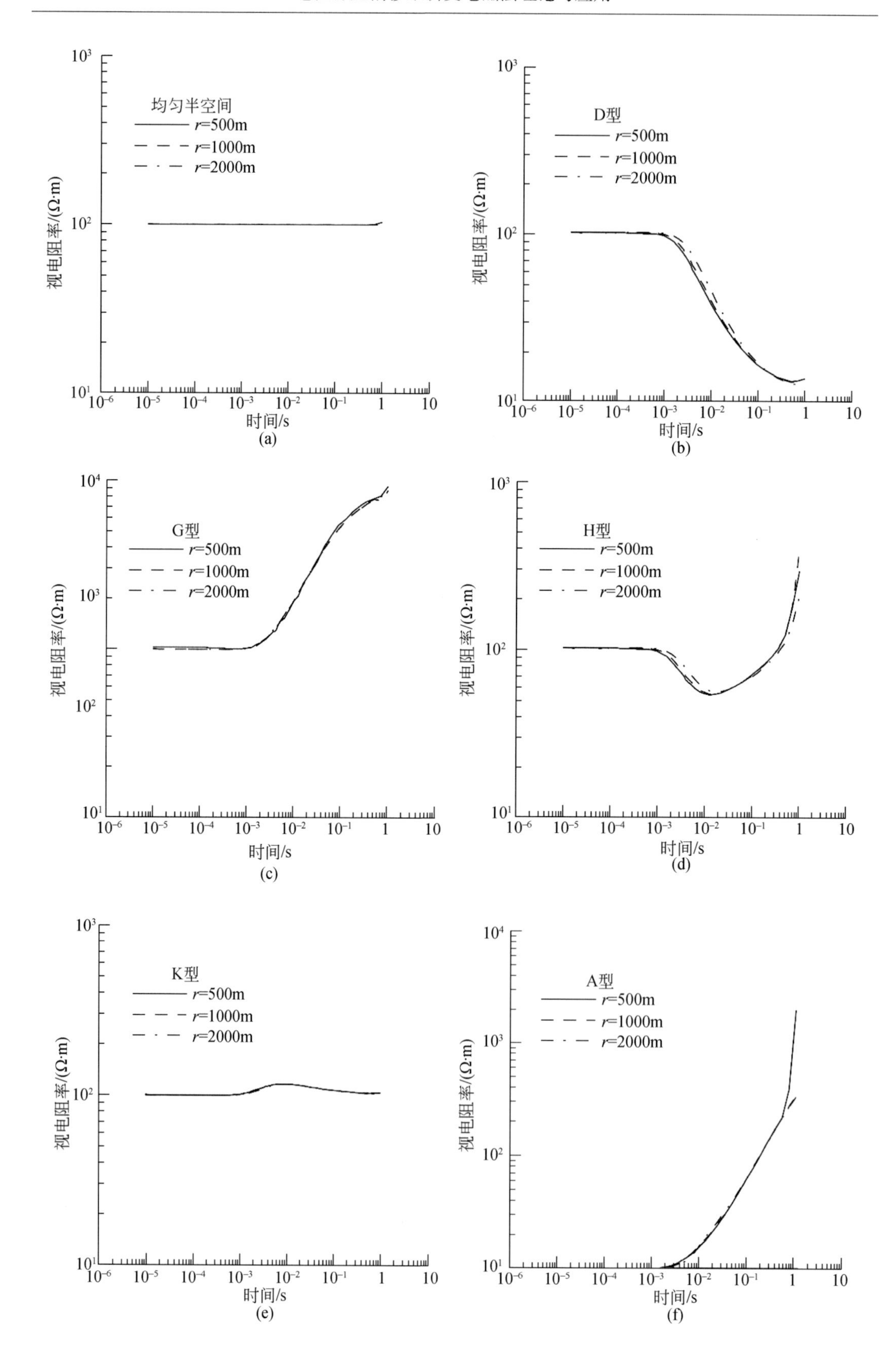

均匀半空间
r=500m
r=1000m
r=2000m
视电阻率/(Ω·m)
时间/s
(a)
D型
(b)
G型
(c)
H型
(d)
K型
(e)
A型
(f)

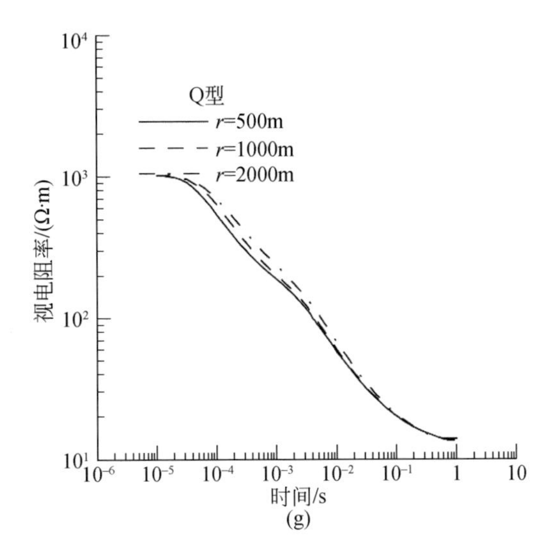

图 7.4　不同模型的二分法全期视电阻率曲线

(a) 均匀半空间模型；(b) D 型模型；(c) G 型模型；(d) H 型模型；(e) K 型模型；(f) A 型模型；(g) Q 型模型

7.1.3　感应电压转化为磁场

在实际勘探工作中，采用电偶源瞬变电磁测深时，一般观测二次垂直变化在水平线圈中产生的感应电压 $V_z(t)$。但是直接采用实测的感应电压 $V_z(t)$ 全区视电阻率往往在某些值域会出现无解现象，一般用垂直磁场 $H_z(t)$ 计算全区视电阻率。这样就必需将实测感应电压 $V_z(t)$ 转换为垂直磁场 $H_z(t)$，再进一步计算全区视电阻率，以便作定性和定量解释。

在野外由水平感应线圈测量的垂直磁场 $H_z(t)$ 的感应电压 $V_z(t)$，根据法拉第电磁感应定律，有

$$V_z(t) = -Sn\mu_0 \frac{\partial H_z(t)}{\partial t} \tag{7.23}$$

式中，S 为接收线圈面积；n 为线圈匝数；μ_0 为空气磁导率。由式（7.23）得到

$$\frac{\partial H_z(t)}{\partial t} = -\frac{1}{Sn\mu_0} V_z(t) \tag{7.24}$$

对式（7.24）两边积分有

$$\int_a^b \frac{\partial H_z(t)}{\partial t} \mathrm{d}t = -\frac{1}{Sn\mu_0} \int_a^b V_z(t)\,\mathrm{d}t \tag{7.25}$$

当积分上限为时间变量 t 时，又可得

$$H_z(t) = \int_a^t \frac{\partial H_z(t)}{\partial t} \mathrm{d}t + H_z(a) = -\frac{1}{Sn\mu_0} \int_a^t V_z(t)\,\mathrm{d}t + H_z(a) \tag{7.26}$$

或积分下限取时间变量 t 时，可得

$$H_z(t) = -\int_t^b \frac{\partial H_z(t)}{\partial t}\mathrm{d}t + H_z(b) = \frac{1}{Sn\mu_0}\int_t^b V_z(t)\,\mathrm{d}t + H_z(b) \tag{7.27}$$

现分析如何计算垂直磁场才能使误差较小。当利用式（7.26）计算 $H_s(t)$ 时，需先求 $H_z(a)$。若 a 为零，即零时刻的垂直磁场是无法求出的，这就得求 $a\to 0$ 时刻的 $H_z(a)$。这时因为关断效应等原因，必然产生误差。这种误差对计算早期的 $H_s(t)$ 影响不大，但是随着时间的增加，磁场衰减很快，所取 $H_z(a)$ 的绝对误差不变，相对误差将不断增加，以致计算的晚期磁场值大大失真。

从分析 $H_s(t)$ 衰减曲线得知，在时间 t 较大时，$\frac{\partial\ H_z(t)}{\partial\ t}$趋于零，这时 $H_z(t)$ 也接近于零。因此用零代替最后一个采样点磁场值，即当 b 较大时，令 $H_z(b)=0$，这时式（7.27）变为：

$$H_z(t) = \frac{1}{Sn\mu_0}\int_t^b V_z(t)\,\mathrm{d}t \tag{7.28}$$

现分析一下由 $H_z(b)=0$ 给计算结果带来的误差。由于 $H_z(b)$ 的绝对误差小，而且始终不变，但随着 t 的减小，$H_z(t)$ 的值将不断增加，可跨越几个数量级，因此相对误差不断减小，对于早期的计算误差可忽略不计。

为了提高式（7.28）积分的计算精度，采用三次样条函数积分方法计算 $H_z(t)$。图 7.5 为理论公式计算的均匀半空间垂直磁场与用 $V_z(t)$ 转换的垂直磁场对比曲线，对比发现，此方法得到的垂直磁场与理论计算结果拟合性较好，平均相对误差为 2.6% 左右。

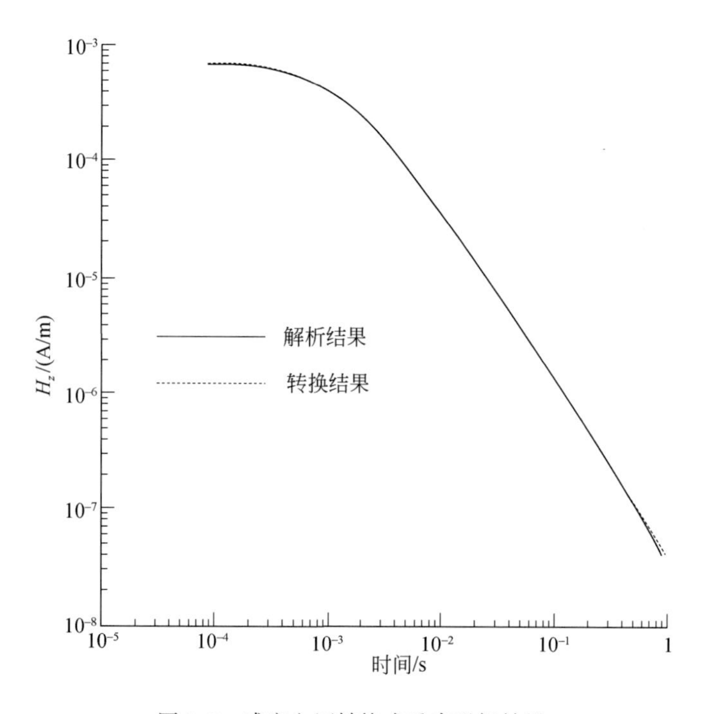

图 7.5　感应电压转换成垂直磁场结果

7.2　一维快速成像方法

视电阻率作为一种快速显示介质地电特性的参数，在理论研究和野外工作中都发挥了重要的作用。但是由于电磁场扩散分布的复杂性和测量工作中不可避免的干扰（系统响应和噪声），仅依靠视电阻率很难准确地得到真实可靠的地球模型。并且视电阻率具有平均特性，反映的地层电性是平滑过渡的，这与实际情况不符，导致分层能力下降，如 7.1 节中计算得到的 A 型和 Q 型地层的全期视电阻率。因此在实际研究和应用中，还需对响应数据进行反演成像，以获得更准确、精细的地层电阻率分布。

7.2.1　一维等效源法

1. 基本思路

Nabighian 指出，回线源产生的感应涡流场在地表引起的瞬变电磁响应为地下各个涡流层的总效应，这种效应可近似地用向地下传播的电流环等效。这些电流环好像是发射源吹出的“烟圈”，其形状与发射源相同，随着采样时间加大而向下延伸，地表瞬变电磁响应可以看作与某时刻电流环镜像等效，利用这种等效原理计算瞬变电磁法勘探深度和电阻率。对于电性源瞬变电磁来说，地面的垂直磁场响应可以看作在发射源正下方并与发射源形状、尺寸都相同的镜像电流源产生。根据第 2 章中关于地下水平感应电流的分析，这种假设符合电性源电磁场的分布、扩散特性。并且垂直磁场的产生与发射源的接地项无关，仅由导线中流动的电流产生，这更确保了上述假设的合理性。

根据毕奥-沙伐尔定律，位于地下深度 z 处的电流源在地表产生的垂直磁场为（图 7.6）

$$H_z=\frac{I}{4\pi}\frac{y}{y^2+z^2}\left(\frac{x+L/2}{((x+L/2)^2+y^2+z^2)^{1/2}}-\frac{x-L/2}{((x-L/2)^2+y^2+z^2)^{1/2}}\right) \tag{7.29}$$

式中，L 为发射源长度；z 为像源的深度。根据实际发射源的形状对式（7.29）积分可计算出相应装置的磁场响应，即镜像响应。通过拟合实测响应与镜像响应便可以求得像源深度 $z(t_j)$。

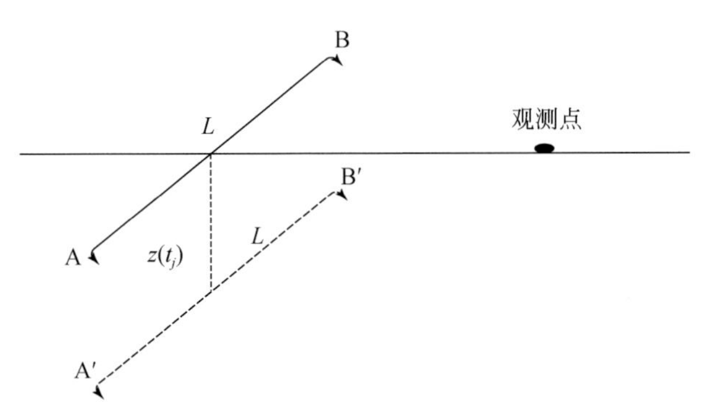

图 7.6　像源示意图

得到离散镜像源位置 $z(t_j)$ 以后，需要确定电阻率和勘探深度。在非均匀半空间情况下，不能用视电阻率直接计算勘探深度，需将视电阻率代入深度函数，利用深度函数对时间的导数计算深度。地下电流“烟圈”扩散速度直接取决于地下电阻率，利用计算速度与速度函数反演拟合计算电阻率值。

已知电偶极源正下方任意时刻、任意深度处的电场表示为

$$E_x(z,t)=\frac{Idl\rho}{\pi z^3}\left[erf\left(\frac{u}{\sqrt{2}}\right)-\frac{1}{2}+\left(\sqrt{\frac{2}{\pi}}u-\frac{1}{2}\right)\left(1+\frac{u^2}{2}\right)\mathrm{e}^{-u^2/2}\right] \tag{7.30}$$

式中，I 为发射电流；ρ 为地层电阻率；dl 为发射源长度；$u=\dfrac{2\pi r}{\tau}$，$\tau=2\pi\sqrt{\dfrac{2\rho t}{\mu_0}}=\sqrt{2\pi\rho t\times 10^7}$。对于给定深度处 E_x 的最大值出现的时间可以通过对 $E_x(z,\ t)$ 求时间的导数获得，即

$$\left.\frac{\mathrm{d}E_x(z,t)}{\mathrm{d}t}\right|_{z=g(t)}=0 \tag{7.31}$$

从而得到 E_x 最大值出现的深度

$$g(t)=(4t\rho/\mu_0)^{1/2}=1000\ (10\rho t/\pi)^{1/2} \tag{7.32}$$

这个深度实质上与镜像源深度 $z(t_j)$ 成正比，再对式（7.32）求导得到扩散速度

$$V=\partial g(t)/\partial t=500\ (10\rho/\pi t)^{1/2} \tag{7.33}$$

可以看出，上述表达式与发射源长度 L 无关，这是因为式（7.32）是基于偶极子假设条件下推导而来的。而 SOTEM 工作时，发射源的尺寸不能忽略，若直接采用式（7.33）进行计算，早期和过渡期的反演结果与地层的真实电阻率值会发生较严重的偏离。Eaton 和 Hohmann（1989）在综合比较不同电阻率均匀半空间模型和不同 L 的计算结果后，提出在式（7.32）中增加一项关于发射源长度 L 的因子，即

$$g(t)=1000\ (10\rho t/\pi)^{1/2}[1-\exp(-w)/2] \tag{7.34}$$

这里 $w=(100\pi\rho t/\mu_0 L^2)^{1/4}$，则垂直扩散速度为

$$V=\partial g(t)/\partial t=500\ (10\rho/\pi t)^{1/2}[1-\exp(-w)/2+w\exp(-w)/4] \tag{7.35}$$

式（7.35）即最终得到的扩散速度函数。通过拟合该速度函数与像源扩散速度便可得到地层的电阻率。

因此，烟圈反演的实施可总结为三个具体步骤，第一步根据毕奥-沙伐尔定律计算的地面响应与实测响应进行拟合，求取像源深度 $z(t_j)$；第二步是采用三次样条插值法对像源深度求导得到像源扩散速度，然后与速度函数式（7.35）拟合，求得电阻率；第三步是标定与电阻率对应的实际勘探深度，即

$$d(t)=\beta g(t)=\alpha\beta z(t_j) \tag{7.36}$$

这里的 α 和 β 分别为 0.67 和 0.66，其大小与模型和采样时间无关，由电阻率在 1～1000Ω・m 之间的一维层状模型确定。

图 7.7 为采用上述烟圈反演方法对几种典型地电断面正演响应的反演结果。从各模型的反演结果看，所有反演曲线的前半段（较浅部）与实际模型的真实电阻率拟合程度都很差，且不同偏移距处反演得到的该段曲线也具有很大的差别。而在曲线后半段（深部），各模型在不同偏移距处的反演曲线与真实结果拟合程度都很好。也就是说虽然式（7.35）

中加入了发射源尺寸项，但仍未完全解决早期、过渡期反演结果偏离真实值的现象。但是，可以看出烟圈反演对深度的控制还是比较准确的，不同偏移距处的反演结果对电性分界面深度的反映接近一致且都比较准确。

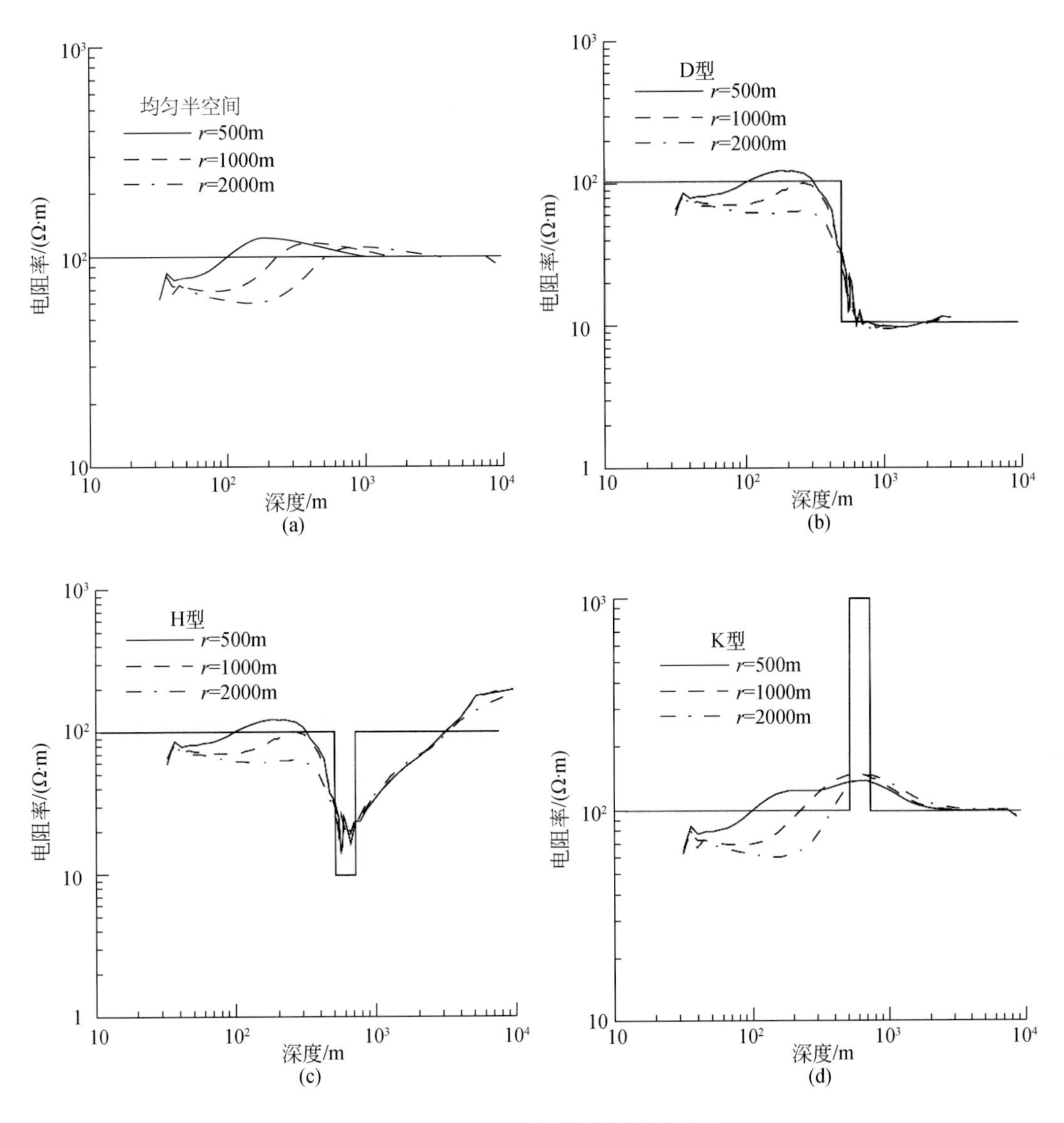

图 7.7　典型地电模型烟圈反演结果

(a) 均匀半空间；(b) D 型；(c) H 型；(d) K 型

2. 方法改进

针对上述早期（浅层）反演结果与真实值发生偏离的现象，提出了针对性的解决方法。解决的思路从全期视电阻率出发，选取 D 型地层为例，将偏移距等于 500m 时的烟圈反演结果和全期视电阻率绘制于同一图上，如图 7.8 所示。对比全期视电阻率曲线与反演结果曲线，可以发现，在反演结果发生较严重偏离的区间内，全期视电阻率与真实电阻率拟合得非常好；而对于两个曲线的后半段（大深度处），反演结果对地层电性的突变反映更为准确。这就提示我们可以结合两种电阻率的优势，在早期段采用全期视电阻率，晚期段采用反演电阻率。

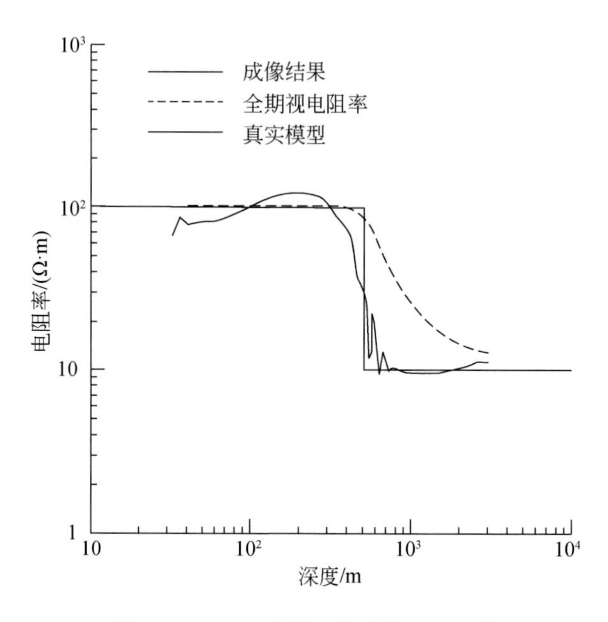

图 7.8　D 型反演结果与全期视电阻率

因此，首先根据早期场条件 $u \gg 1$ 来进行判断场区的性质，u 中的电阻率采用全期视电阻率数据。经过大量不同模型和不同参数的计算，认为当 $u \geqslant 13$ 时可用全期视电阻率替代反演电阻率。替代完成后，为了解决两种电阻率之间较平缓的过渡，构造如下形式的函数：

$$\rho_{\mathrm{C}} = \rho_{\mathrm{A}} \sin^2(f(t_j)) + \rho_{\mathrm{B}} \cos^2(f(t_j)) \tag{7.37}$$

式中，ρ_{C} 为校正后电阻率；ρ_{A} 为全期视电阻率；ρ_{B} 为通过烟圈扩散速度拟合得到的电阻率；$f(t_j) = k\log t_j$，系数 k 的取值根据测量时间 t_j 的范围确定，一般情况下 SOTEM 的观测时间为 $10^{-5} \sim 1\mathrm{s}$，因此可以取值 $k=-18$。式（7.37）的目的就是平均两种电阻率的数值，并且在早期时间道内以全期视电阻率为主，晚期时间道内以反演电阻率为主。而实际上，需要进行上述处理所涉及的时间范围是很窄的，一般情况下认为当 $12 \leqslant u < 13$ 时，可采用式（7.37）进行电阻率计算。最后，当 $u < 12$ 时，电阻率完全采用烟圈反演得到的电阻率。

利用该方法对上述的反演方法做出改进，重新计算了上述几种模型的反演结果，如图 7.9 所示。可以看出，采用经过改进后的烟圈反演方法得到的结果，基本上消除了反演电阻率在早期时间道严重偏离真实电阻率的现象，并且后半段仍保持了对地层电性变化的灵敏反映。

图 7.10 为更复杂的四层地电模型的单点反演结果和偏移距等于 1000m 处整条剖面的反演结果。对于 HK 型地层，通过单点反演曲线尚能分辨出大致四层的电性分布，但中间

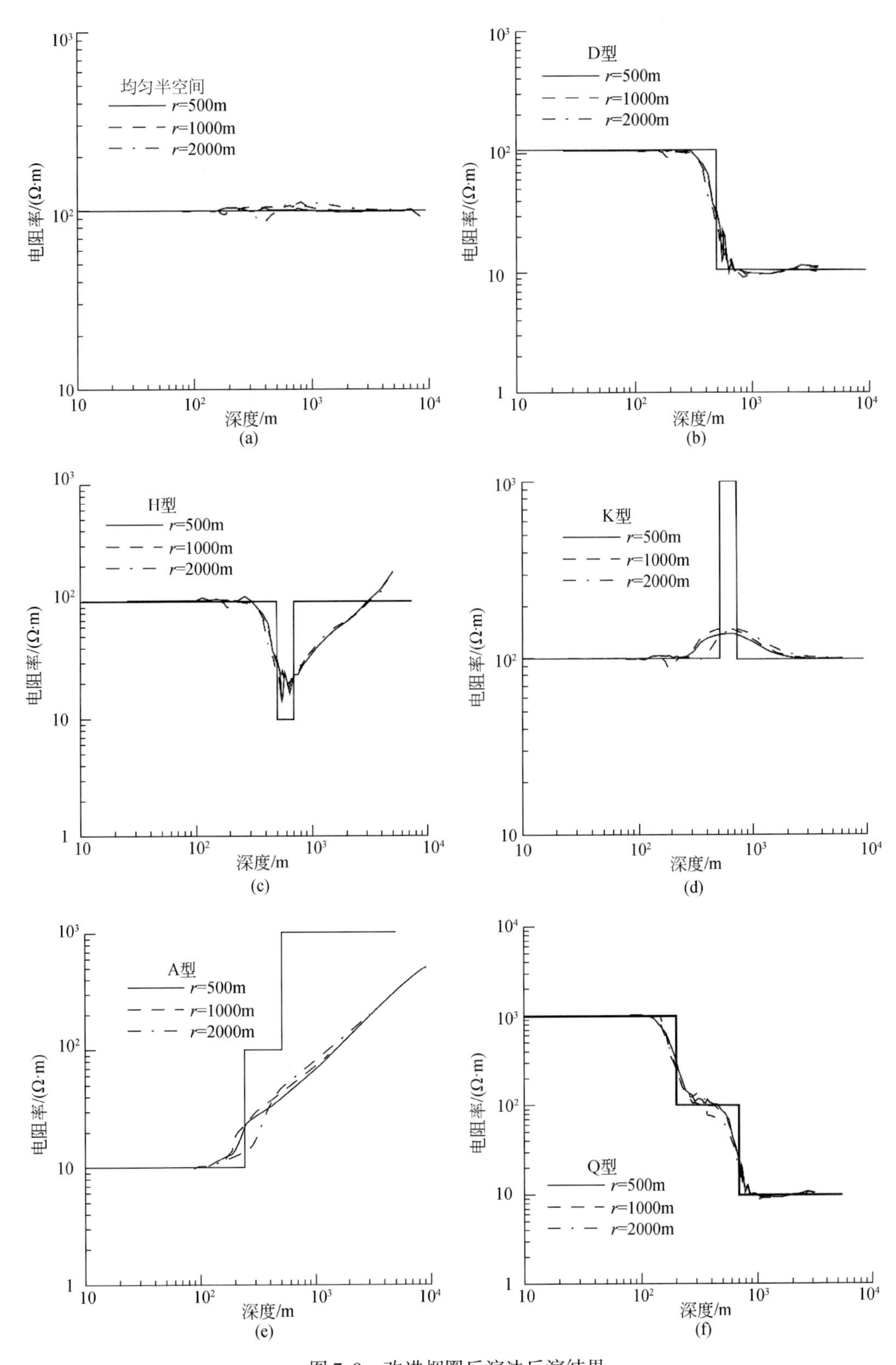

图 7.9　改进烟圈反演法反演结果

(a) 均匀半空间；(b) D 型；(c) H 型；(d) K 型；(e) A 型；(f) Q 型

高阻层的电阻率已与真实值相差很大，导致在断面图中成像时该高阻层很容易被淹没在上下两个低阻层中，不易被分辨。对于 KH 型地层，单点反演曲线基本呈单调递增的趋势，对于中间存在的低阻层几乎没有反映，剖面图中也很难分辨出该低阻层。结合上述三层模型的反演结果，可以看出，烟圈反演对于底部为相对低阻的模型反映更为准确，分层效果相对比较明显。而对于底部为相对高阻的模型，烟圈反演仅能定性地反映出地层电性的整体变化趋势。并且当地层层数较多、电性变化较复杂时，烟圈反演的效果会显得比较粗糙，容易丧失对中间地层电性的准确反映。

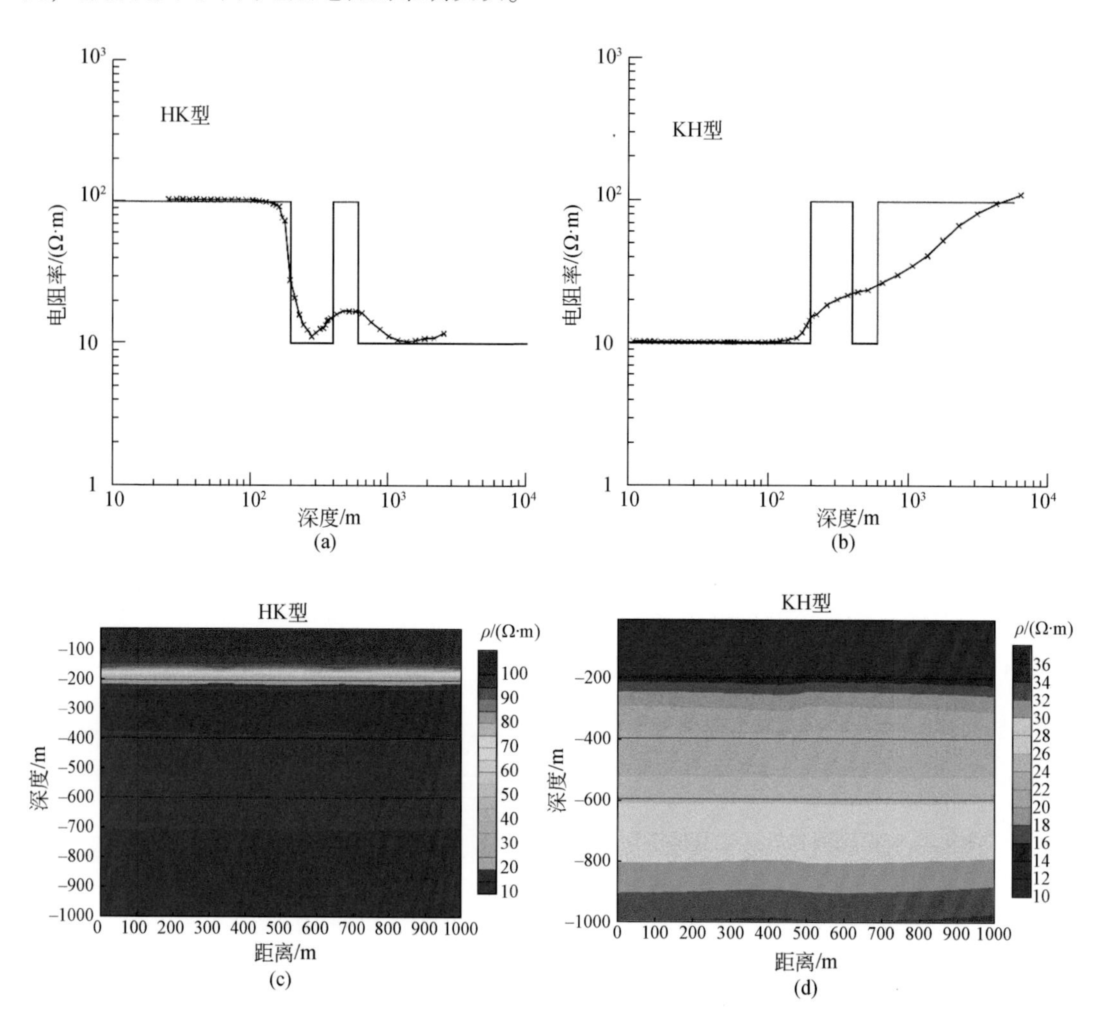

图 7.10　四层地电模型烟圈反演结果

（a）HK 型单点反演结果；（b）KH 型单点反演结果；（c）HK 型剖面反演结果；（d）KH 型剖面反演结果

图 7.11 为在均匀半空间模型的正演响应中加入不同程度的随机噪声后的反演结果。很明显，噪声对反演结果的准确度会造成很大的影响。因此，进行反演时必须确保数据的准确性。

综上所述，传统的一维烟圈反演方法，在计算 SOTEM 数据时，会遇到早期反演电阻

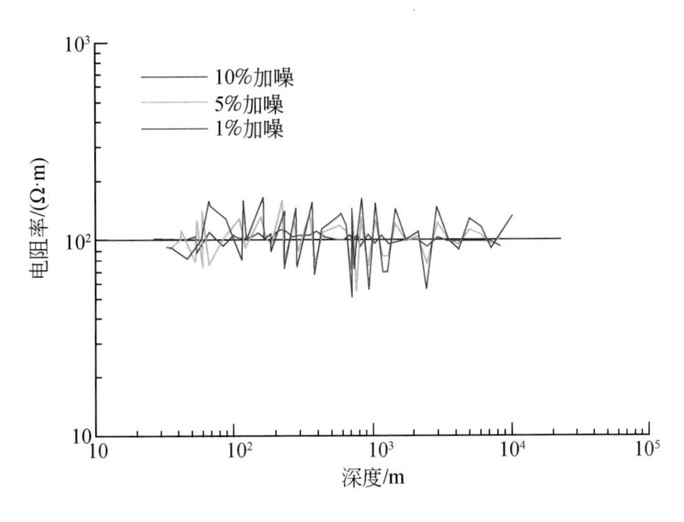

图 7.11　加噪声后反演结果

率严重偏离真实值的情况。通过结合全期视电阻率来改正反演电阻率的方法对反演程序进行改进，可以有效地解决上述问题。改进后的 SOTEM 一维烟圈反演方法的实施步骤如流程图 7.12 所示。

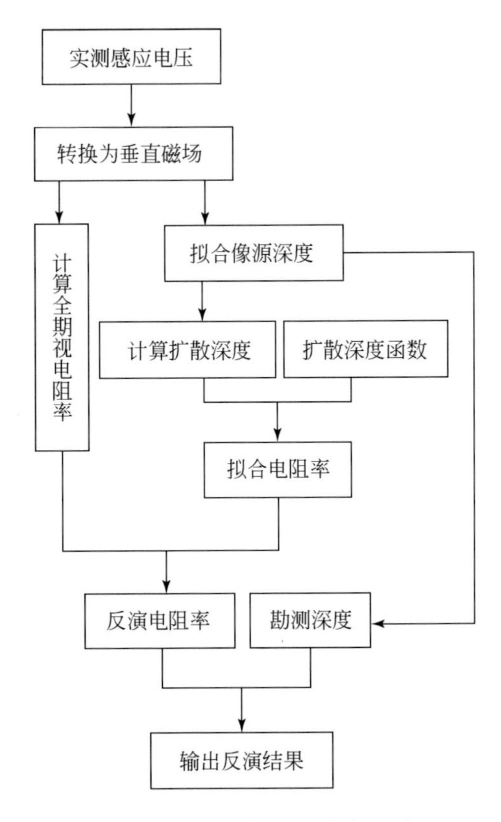

图 7.12　一维烟圈反演流程图

7.2.2　拟 MT 成像方法

瞬变电磁激发的是一种涡流场，随着时间的变化该涡流场逐渐向下、向外传播，可以近似看成以球面波的形式传播。在早期，信号与发射源的尺寸和几何布置关系密切，随着时间的推移，涡流场扩散到足够大的深度时，场的形态与源的关系已非常小，这时的球面波接近于平面波场。Meju（1998）通过对中心回线和重叠回线装置的瞬变电磁全期视电阻率曲线与大地电磁视电阻率曲线的对比分析，认为当地层较为简单时，根据两种方法电阻率曲线的相似性，TEM 的时间和 MT 的频率可进行如下形式的转换：

$$f=\frac{1}{3.9t} \tag{7.38}$$

式中，t 为瞬变电磁的延时时间；f 为大地电磁的观测频率。并且由瞬变电磁的全期视电阻率定义了类似于 MT 数据 Bostick 反演中的有效电阻率

$$\rho_{\mathrm{eff}}=k\rho_{\mathrm{a}}\mathrm{e}^{-(1-\alpha)} \tag{7.39}$$

以及有效深度

$$\delta_{\mathrm{eff}}=[(2t\rho_{\mathrm{a}}/\mu_0)^{1/2}]k \tag{7.40}$$

式中，$k=2.3$，$\alpha=0.15$。就瞬变电磁法的本质来说，它反映的是地下一定范围内的电性分布，所以用有效电阻率和有效深度进行描述是合理的也是应该的。

但式（7.39）定义的有效电阻率是有问题的，因为按照式（7.39），有效电阻率仅仅是视电阻率的一个常数比，对地下的低阻异常和高阻异常很不敏感。因此 Meju（1998）又提出了另外一种定义方式

$$\rho_{\mathrm{eff}}=\rho_{\mathrm{a}}[(90/\phi)-1] \tag{7.41}$$

$$\delta_{\mathrm{eff}}=(3.9\rho_{\mathrm{a}}t/2\pi\mu_0)^{1/2} \tag{7.42}$$

式中，ϕ 为等效相位，由视电阻率在双对数坐标中的导数决定。显然式（7.41）与式（7.42）的计算方式基本套用了频率域 MT 中的 Bostick 反演算法。计算结果表明，式（7.41）对地层电性分布的反映要明显好于式（7.39）。

薛国强等（2006）通过大量理论模型的正演计算、曲线对比、误差统计等手段，对瞬变电磁场、平面波场在地下传播机制特性进行分析，建立了一种由瞬变电磁测深视电阻率数据向平面波场测深视电阻率数据转换的时间-频率等效对应关系。

对 SOTEM 的数据处理，同样可以采取这样的思路。为此，我们首先对比了不同地层情况下 SOTEM 的全期视电阻率曲线和 MT 视电阻率曲线之间的形态，如图 7.13 所示。可以看出，两种方法的视电阻率曲线对不同地层的反映基本一致（MT 视电阻率曲线在地层电性变化时会出现相反方向的上凸或下凹），这就提示我们可以采用类似于式（7.38）的时频转换关系，将 SOTEM 的采样延时转换成频率。通过不同系数的计算，最终认为如下的关系式可使得不同模型的电阻率曲线都能得到较好的拟合，

$$f=\frac{1}{10t} \tag{7.43}$$

图 7.14 为采样延时转换为频率后 SOTEM 全期视电阻率曲线与 MT 视电阻率曲线的对比。

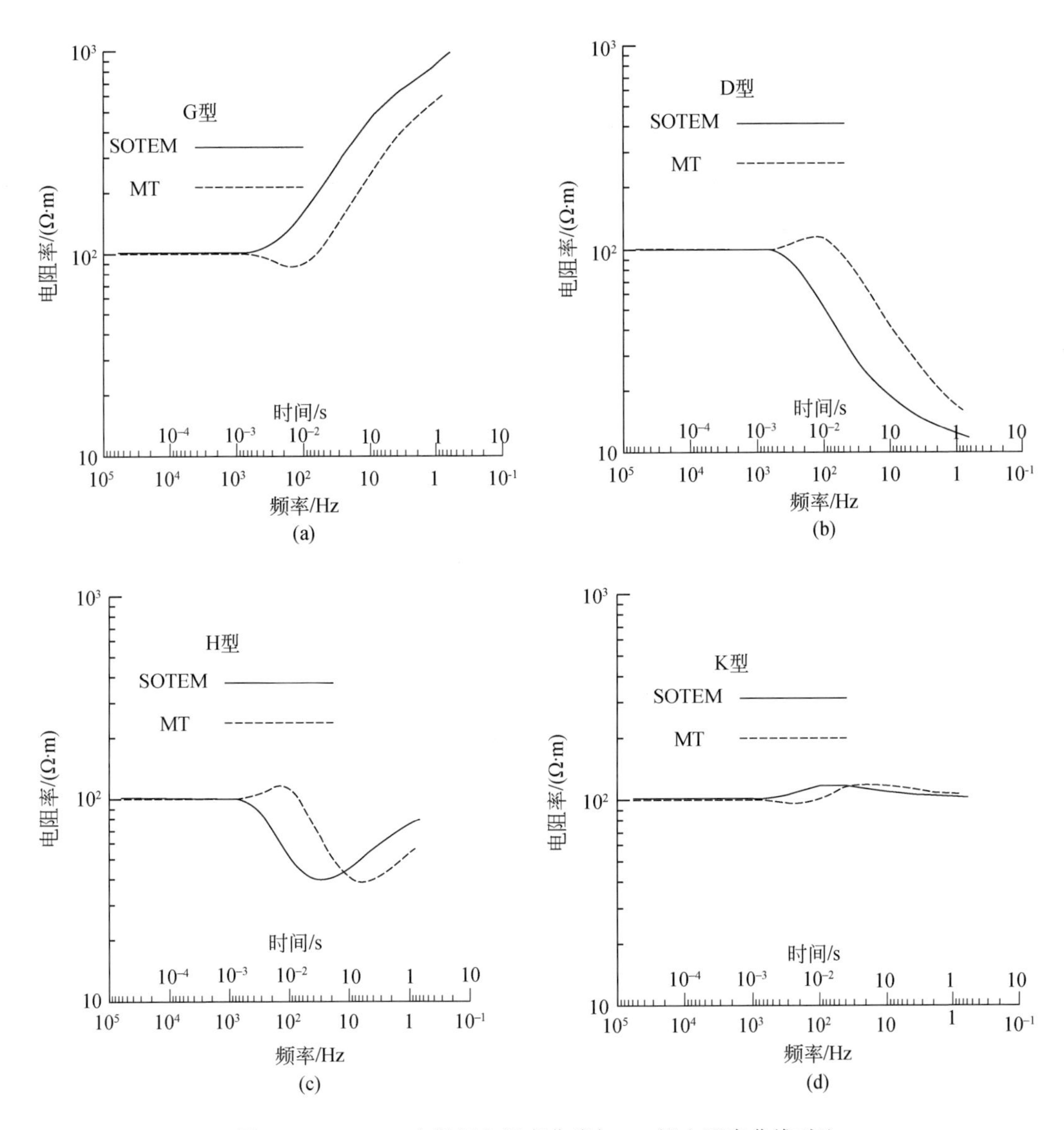

图 7.13　SOTEM 全期视电阻率曲线与 MT 视电阻率曲线对比

(a) G 型；(b) D 型；(c) H 型；(d) K 型

将 SOTEM 的观测延时转换为频率后，便可以采用 MT 反演中最常用的 Bostick 反演方法对 SOTEM 的全期视电阻率进行反演。不同模型的反演结果如图 7.15 所示。可以看出，Bostick 反演结果基本上能够正确地反映不同模型的电性分布，与烟圈反演结果类似，Bostick 反演同样具有对低阻反映敏感、对高阻反映不敏感的特点。但是相较于烟圈反演算法，Bostick 反演由于反演过程中不需要迭代拟合观测数据，因此反演更加简单、快速，且反演结果较为光滑。另外，虽然 Bostick 和烟圈反演得到的都是连续模型，但是 Bostick 反演结果对地层电性突变的反映不如烟圈反演灵敏，即 Bostick 的反演结果的平均效应更为严重。

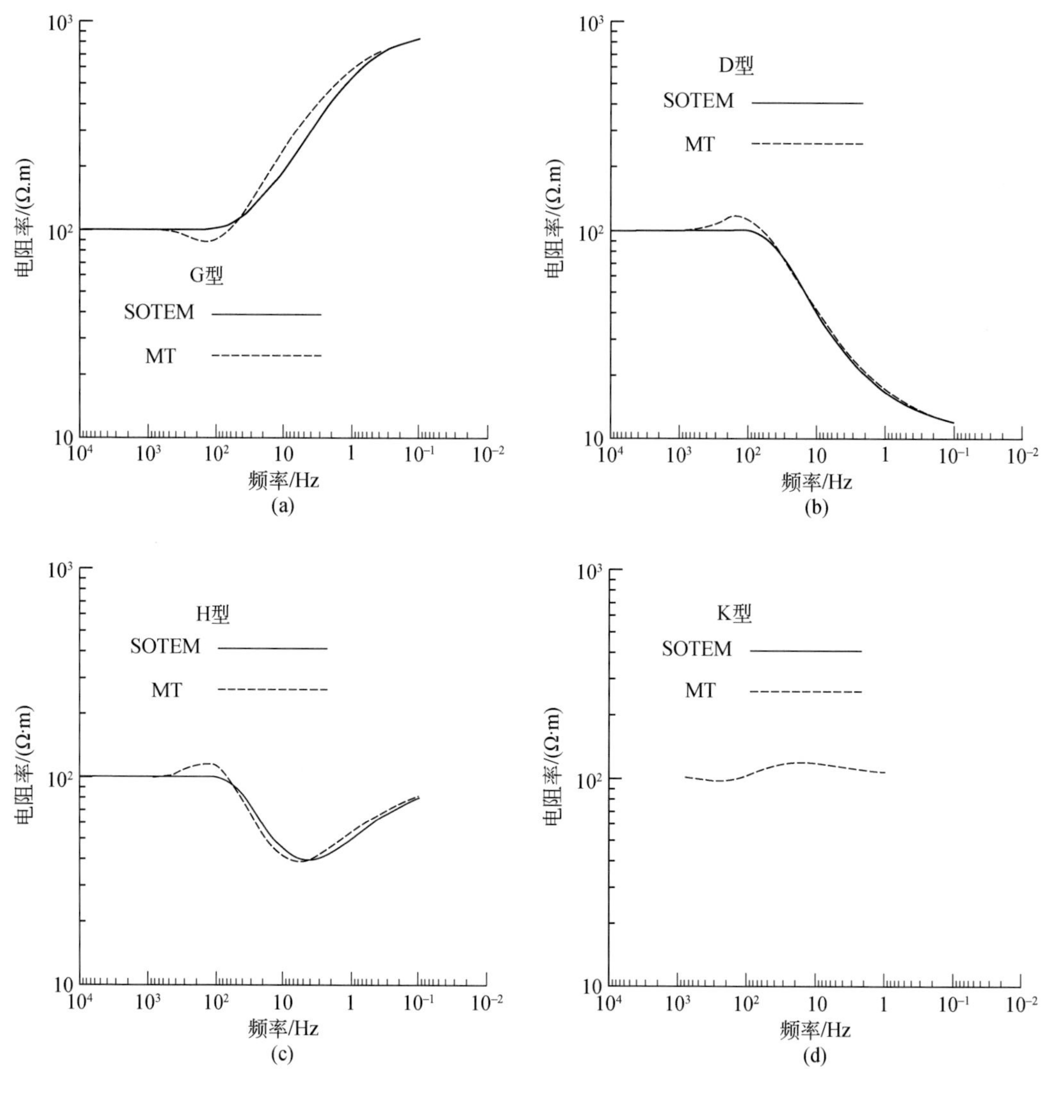

图 7.14　转换后 SOTEM 与 MT 视电阻率曲线

（a）G 型；（b）D 型；（c）H 型；（d）K 型

Bostick 的反演效果证明，经过时频转换后，MT 的反演方法可以有效地解决 SOTEM 数据的反演问题。因此，可试着采用 MT 中已经非常成熟的二维反演方法对转换后的 SOTEM 数据进行反演。为此，首先采用 Oristaglio 和 Hohmann（1984）、闫述等（2002）采用的时域有限差分方法计算了如图 7.16 所示的二维地电模型。模型的第一层电阻率为 $\rho_1 = 100\Omega \cdot m$，基底电阻率分别设为 $\rho_2 = 10\Omega \cdot m$（低阻异常体）和 $\rho_2 = 1000\Omega \cdot m$（高阻异常体），并在距离发射源 1000m 处形成一个凸起的矩形异常体。异常体顶面埋深为 700m，水平边长为 200m，垂向边长为 300m。由于二维正演仅能计算赤道向的响应，因此在模拟时，以 50m 的点距计算了偏移距 500～1500m 范围内的响应。需要说明的是，由于在二维正演中采用的是无限长的导线作为发射源，因此在得到各测点的响应后还需进行归

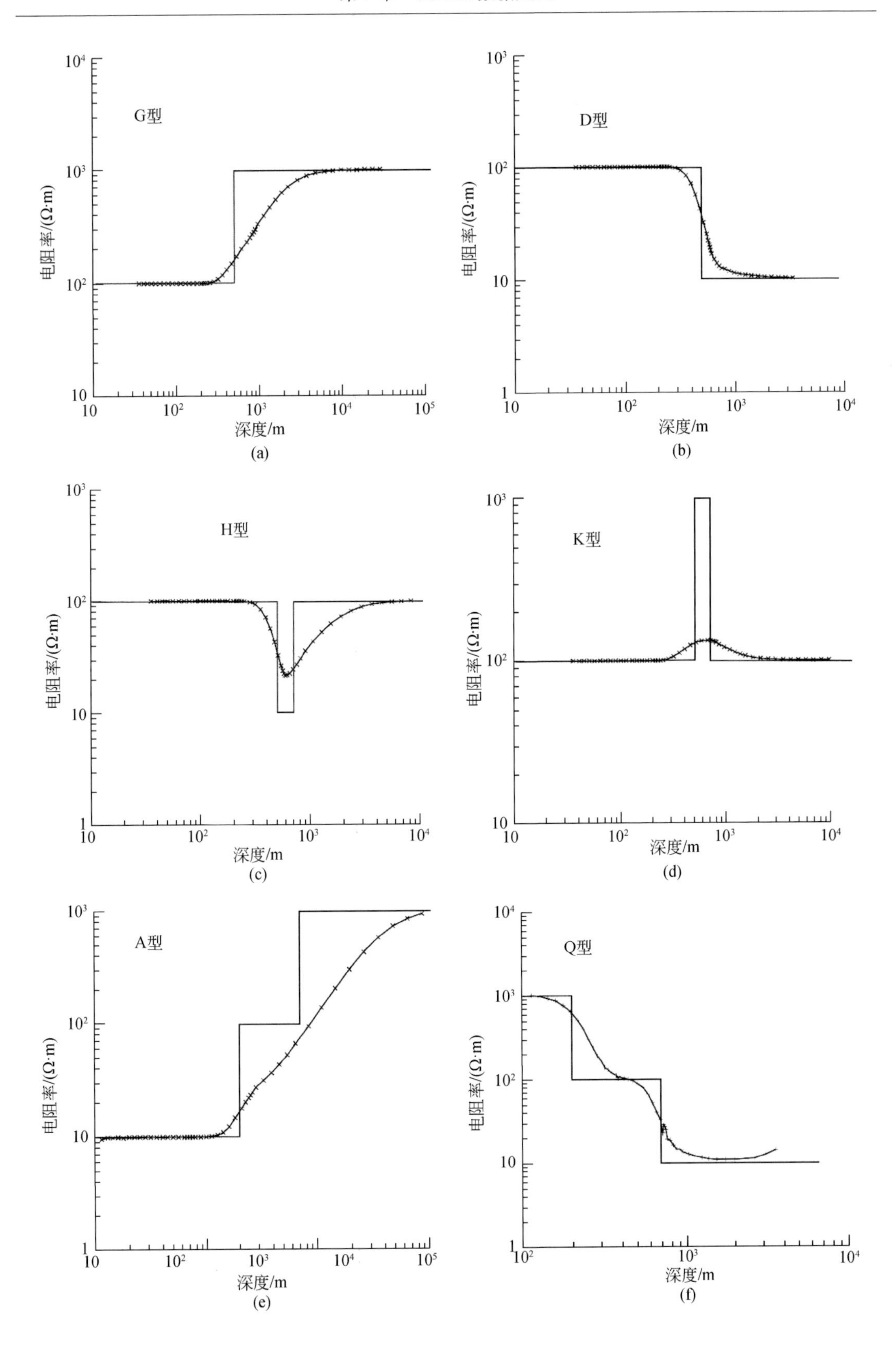
G型
D型
H型
K型
A型
Q型
电阻率/(Ω·m)
深度/m
(a)
(b)
(c)
(d)
(e)
(f)

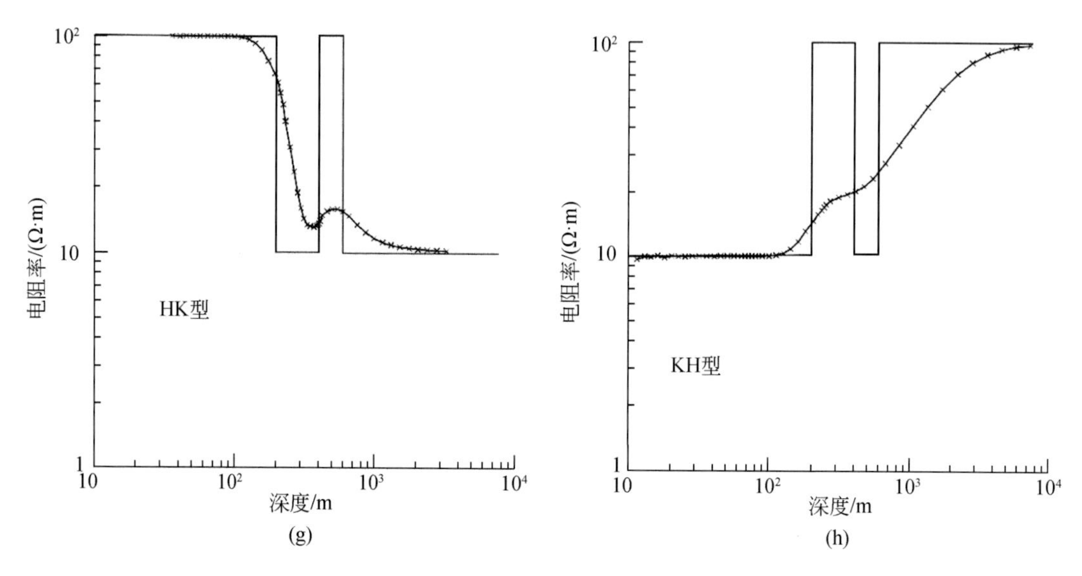

图 7.15　SOTEM 拟 Bostick 反演结果

(a) G 型；(b) D 型；(c) H 型；(d) K 型；(e) A 型；(f) Q 型；(g) HK 型；(h) KH 型

一化处理，以匹配得到能够产生相同响应的有限长导线源长度。因为垂直磁场响应与发射源长度呈简单的正比关系，并且早期道数据仅为半空间电阻率引起的响应，所以匹配过程非常简单，只需按照早期道数据之间的比例关系便可求得对应的有限长导线源的长度。经过归一化处理还可以消除异常体引起的静态效应问题。

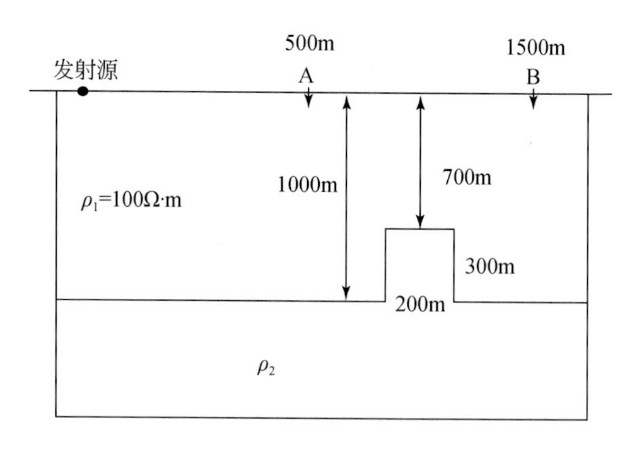

图 7.16　二维模型示意图

得到二维响应后，利用前面介绍的方法求取全期视电阻率并进行时频变化。在这里，我们采用的 MT 二维反演方法为梯度法，正演拟合过程采用的是 MT 二维有限元正演算法，并且为了提高计算速度，利用基于 GPU 计算的 CUDA 并行计算技术对正演拟合过程进行了加速。反演中利用 TE 和 TM 两种模式分别进行了反演，经过与实际模型的对比发现，采用 TE 模式的反演结果明显好于 TM 模式。图 7.17 分别为上述两种高、低阻模型的二维反演结果。可以看出，二维反演结果对高、低阻异常的反映都较为明显，但是相对来说对低阻异常的反映更加灵敏。上述计算表明，利用 MT 的二维反演技术可以在一定程度上解决 SOTEM 的二维反演问题。并且，上述研究成果对今后实施 SOTEM 和 MT 联合反演具有重要的意义。

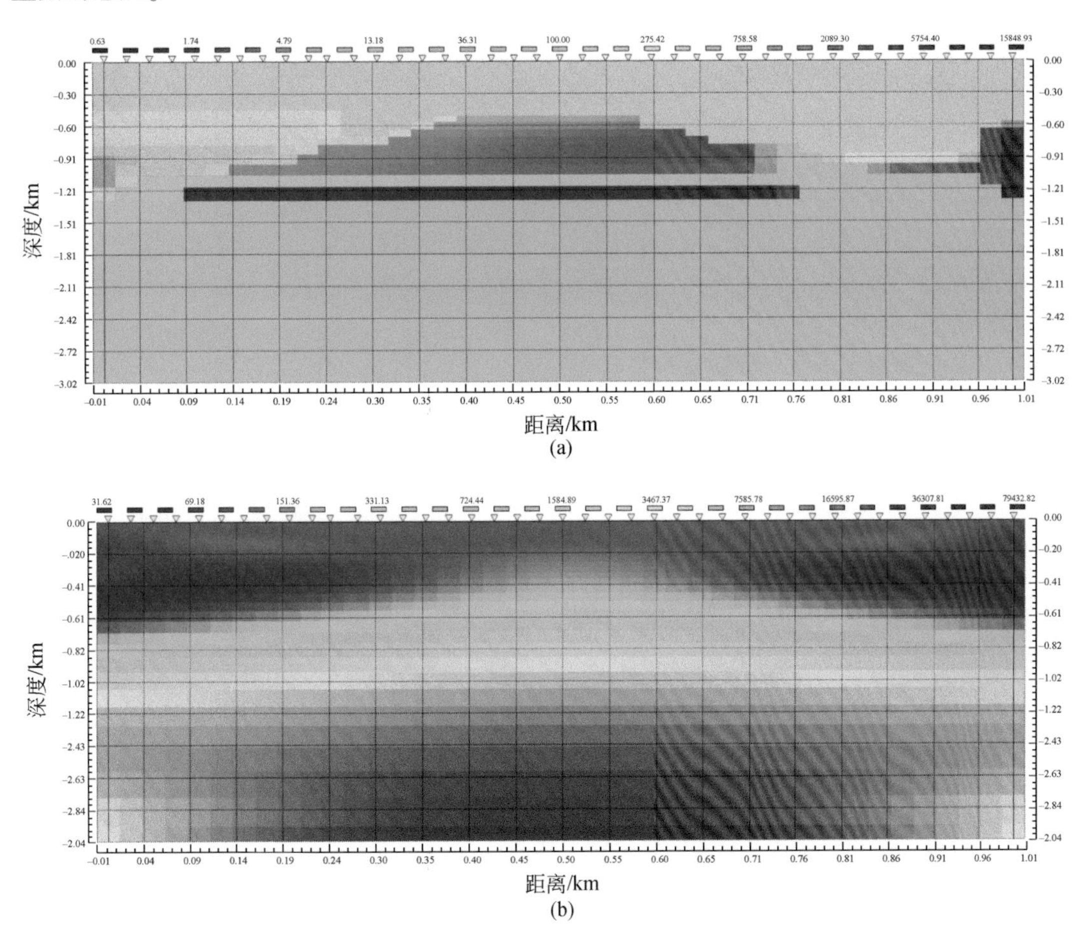

图 7.17　拟 MT 二维反演结果

（a）低阻基底；（b）高阻基底

7.3　一维反演方法

7.3.1　反演概述

在提取出大地冲激响应后有多种方式可用来对大地电性参数分布模型进行估计，反演是其中最主要的一种。假设观测数据使用数据向量 d 表示（假设 D 为整个数据空间，则 $d \in D$），大地模型使用模型向量 m 表示（假设 M 为模型空间，有 $m \in M$），并用算子 A 将两者联系起来：

$$d = A(m) \tag{7.44}$$

反演过程就是求解上述过程，如果其解 $\overline{m}$ 存在、唯一且稳定（即数据 d 的微小扰动仅能对解造成微小扰动），则认为求解过程适定。然而，大多数电磁法反问题的求解过程都是无法同时满足上述条件的，因此一般认为电磁法的反演过程是一个求解不适定问题的过程。

为解决反演问题的不适定性，Tikhonov（1963）提出了将求解限定在“正确子集”（Correctness Set）中的方法使求解过程适定化：将寻找解的范围从原先的整个模型空间 M 缩小为 M 的一个子集 C 中，这个子集 C 即正确子集。对于上述概念，如果使用更加通俗的语言描述，即在反演过程中，通过给模型矢量加限制条件的方式，使反演问题适定。

如图7.18，为 Tikhonov 正确子集求解不适定问题的示意图。假设 d 是不含任何误差的理想观测值，δd 表示观测误差，则 d_δ 表示含有观测误差的观测值，相应的 m 是该问题的精确解。观察图中箭头，一般的反问题的求解方向都是由右面的椭圆（即数据空间 D）通过反问题算子 A^{-1}（不妨先假设该映射过程存在）映射到左边的椭圆（即模型空间 M），通过这个过程，由 d 可以得到精确解 m，由含有误差的观测数据 d_δ 可以得到解 $\tilde{m}_\delta$。使用正确子集求解该问题的过程与此相反：首先在模型空间中划定正确子集 C，利用正演算子 A 在正确子集 C 的映射集 AC（$AC \subset D$）中寻找一个 $d_C = Am_\delta$，使其在某种范数计算规则下与 d_δ 具有最小的距离，而此时的 m_δ 即为利用正确子集求得的解。这个过程也即正则化方法求解不适定问题的一般过程。

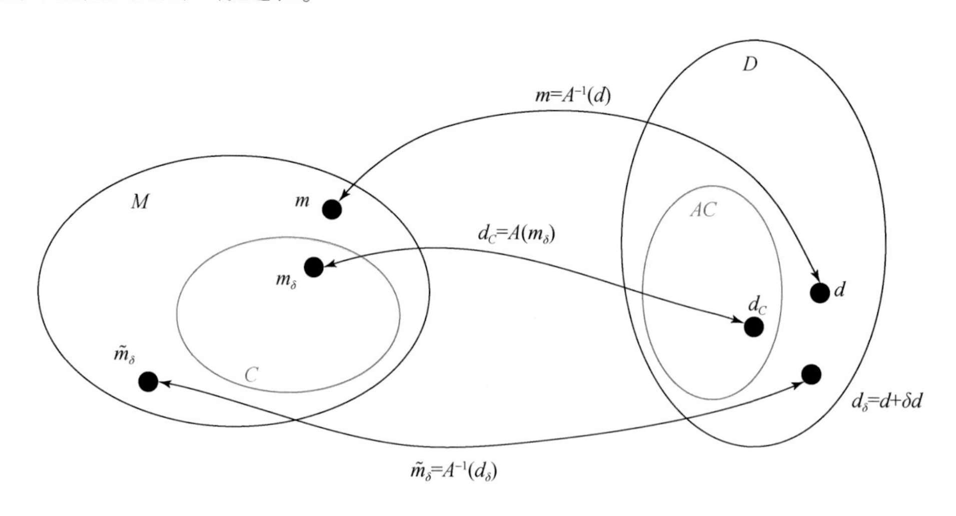

图7.18　正确子集求解不适定问题示意图

上述讨论中还有两个遗留问题：①如何划定正确子集；②如何评价 d_C 与 d_δ 的距离。

评价 d_C 与 d_δ 的距离的方法比较简单，通过引入不匹配泛函（misfit functional，亦作失配泛函），即通过特定的范数规则计算误差，比如常见的最小二乘范数 L_2。

相对比较复杂的是正确子集的划定问题，其方法是在原问题中引入稳定泛函（stabilizing functional）。选择稳定泛函的过程实际代表反演人员对大地电性参数分布的预先理解，是先验知识的一种体现。比如，如果认为大地电阻率的变化是平滑连续的，此时可以选择如下类型的稳定泛函：

$$s = \| \nabla^2 m \|^2 = (\nabla^2 m, \nabla^2 m) = \min \tag{7.45}$$

此稳定泛函表示模型参数拉普拉斯算子的最小范数。此稳定泛函已广泛应用于地球物理数据的反演中，如我们熟知的Occam反演（Constable and Parker，1987）。但在很多时候，大地电阻率并非是平滑变化的，比如当存在熔岩侵入时，电阻率或可存在突变。此时应用上述平滑稳定泛函，可能导致结果产生震荡。因此，在某些条件下，也可以选择突出模型变化梯度、聚焦异常区域的稳定泛函，如最小梯度支撑泛函（minimum gradient support，MGS）：

$$s = \int_V \frac{\nabla m \cdot \nabla m}{\nabla m \cdot \nabla m + \beta^2} \mathrm{d}v \tag{7.46}$$

其中，β为一个较小的数值。

此外，在引入稳定泛函的时候还应在其前面乘以一个正则化系数。正则化系数反映了反演过程对稳定泛函的依赖度：当正则化系数大时，表示稳定泛函在反演中所占的权重大，反演结果将偏向稳定泛函带入的先验知识；而当正则化系数减小，表示不匹配泛函开始占据主导，反演结果表示在稳定泛函的协助下，反演结果开始向真实值方向逼近。

下面给出一个算例比较两种稳定泛函效果上的区别。如图7.19所示，图中蓝色虚线表示原始的三层模型，电阻率从浅到深分别为300Ω·m、100Ω·m和300Ω·m，第一层和第二层的厚度分别为100m和200m。红色和黑色实线分别表示Occam反演和MGS反演的反演结果。通过比较可以看出：两种反演基本上都发现了中间的低阻层，但两种方法在电阻率不连续处都会产生震荡，MGS对低阻层的聚焦能力更强。Occam反演在距低阻层尚有一段距离时就开始产生震荡，电阻率开始缓慢下行，大致在低阻层中心位置达到最小值，然后开始缓慢震荡上行，最后达到稳定的电阻率值与真实值仍有一定分别。相比Occam反演，MGS在靠近层界面处发生震荡，然后以较大斜率达到低阻层的电阻率值，在低阻层结束后，又以较大斜率回升至第三层，稳定后的电阻率值与真实值较为接近。

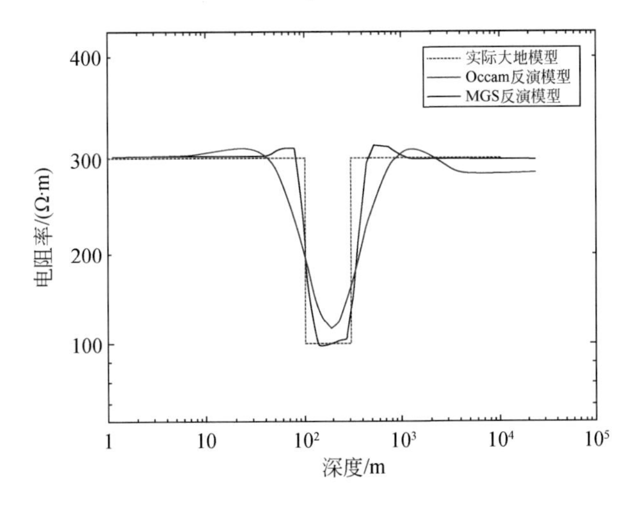

图7.19　Occam反演与基于最小梯度支撑泛函（MGS）的反演效果比较

在实际工作中，选择哪种反演类型，主要依靠先验知识。对先验知识的理解，有助于选择更优的反演类型，从而取得更接近实际情况的反演结果。在后续小节中，我们将围绕反演中的一些具体问题，进行详细阐述。

7.3.2　阻尼最小二乘反演方法

1. 反演原理

最小二乘法是用于计算反演问题的经典方法，然而在应用最小二乘法进行实测数据迭代拟合时，修正矢量步长较大，如果选取的初值合适，则收敛速度会很快，但迭代校正过程不是很稳定，如果选择的初值不合适，则造成迭代发散。相反，最速下降法是向收敛速度最快的方向搜索，确保收敛，但当迭代趋于极小值时导致迭代步长很小，使得模型一直在最小值附近徘徊，收敛很慢。针对最小二乘法存在的问题，1963 年马夸特（Marquardt, 1963）针对最小二乘法进行了改进，即阻尼最小二乘法，通过对响应函数的线性与非线性程度来给予合适的阻尼因子（图 7.20），经过阻尼因子的调节作用，使得迭代过程以最大的修正步长，并且接近最速下降方向进行模型搜索，兼顾稳定性和收敛速度。阻尼最小二乘法是在两种方法之间取得某种折衷。

针对瞬变电磁响应信号或是电阻率 V，首先设置目标函数 F 为

$$F(\boldsymbol{m}) = \sum_{i=1}^{M} f_i^2(\boldsymbol{m}), \boldsymbol{m} = [m_1, m_2, \cdots, m_N]^{\mathrm{T}} \tag{7.47}$$

其中，$f(\boldsymbol{m})=V_{\mathrm{est}}(\boldsymbol{m})-V_0$，$V_{\mathrm{est}}$ 为正演数据，V_0 为野外实测数据，$\boldsymbol{m}$ 为参数向量。对于求解 F 最小值，这里通过将目标函数线性化，将非线性方程转换成线性方程组，得

$$\boldsymbol{A}\Delta\boldsymbol{m}=\Delta\boldsymbol{V} \tag{7.48}$$

式中，$\boldsymbol{A}$ 为 Jaccobi 矩阵，实际计算用差商代替偏导；$\Delta\boldsymbol{m}=\boldsymbol{m}^{(k+1)}-\boldsymbol{m}^{(k)}$；$\Delta V$ 为迭代拟合差向量。通过在 Jaccobi 矩阵对角线处加入单位阻尼因子将式（7.48）改写成

$$(\boldsymbol{A}+\lambda\boldsymbol{I})\Delta\boldsymbol{m}=\Delta\boldsymbol{V} \tag{7.49}$$

其中，$\boldsymbol{I}$ 为单位矩阵；λ 为用于权衡控制方向和步长的可变参数，称为“阻尼因子”，可以看出校正量 $\Delta\boldsymbol{m}$ 也是参数 λ 的函数，称为“马夸特校正量”。进而，更新得到阻尼最小二乘迭代公式如下。

$$\boldsymbol{m}^{(k+1)}=\boldsymbol{m}^k+(\boldsymbol{A}+\boldsymbol{\lambda I})^{-1}\Delta\boldsymbol{V} \tag{7.50}$$

当 λ 由零逐渐增大时阻尼最小二乘方向逐渐从 Gauss-Newton 方向往最速下降方向转变，模型校正量也由 Gauss-Newton 校正量慢慢变小，直到为零。所以可以通过控制 λ 大小来调节收敛速度与迭代的稳定性，当需要加快收敛速度时则减小 λ，需要迭代稳定收敛时，则增大 λ，因此 λ 起到调节作用。

从方程（$\boldsymbol{A}+\lambda\boldsymbol{I}$）$\Delta\boldsymbol{m}=\Delta\boldsymbol{V}$ 可以看出，为了保证矩阵（$\boldsymbol{A}+\lambda\boldsymbol{I}$）是正定的，只需要在病态或非正定矩阵 $\boldsymbol{A}$ 中加入充分大的 λ 即可，这里将 Jaccobi 矩阵的最大和最小特征值记为 $\sigma_{\max}$、$\sigma_{\min}$，而 $\sigma_{\max}+\lambda$、$\sigma_{\min}+\lambda$ 分别为（$\boldsymbol{A}+\lambda\boldsymbol{I}$）的最大特征值与最小特征值，因而条件数表示为

$$\mathrm{cond}(\boldsymbol{A}+\lambda\boldsymbol{I})=\frac{\sigma_{\max}+\lambda}{\sigma_{\min}+\lambda}$$

当 $\lambda=0$ 时，$\mathrm{cond}(\boldsymbol{A}+\lambda\boldsymbol{I})=\sigma_{\max}/\sigma_{\min}$，当 $\lambda\to\infty$时，$\mathrm{cond}(A+\lambda I)=1$。显然，对于 $\lambda>0$，有 $\mathrm{cond}(\boldsymbol{A}+\lambda\boldsymbol{I})<\mathrm{cond}\ (A)$，而条件数越小说明稳定性越好，即体现出阻尼最小二乘法的优越性。

在实际反演计算中要同时兼顾反演稳定性和收敛速度，λ 不能取的太大，这会导致收敛速度太慢。当且仅当 $V^{(k+1)}>V^{(k)}$时，则需要取得较大的 λ 值。在阻尼最小二乘法中是根据迭代中 $V^{(k+1)}$与 $V^{(k)}$的大小来确定 $\lambda^{(k)}$，当 $\lambda^{(0)}$给定后，逐步尝试增加或减小。这种方法的效率并不高，为寻找合适的 $\lambda^{(k)}$值，有时需要对 $\lambda^{(k)}$进行多次选取尝试来求解（$\boldsymbol{A}+\lambda\boldsymbol{I}$）$\Delta\boldsymbol{m}=\Delta\boldsymbol{V}$，如常用的 L 曲线方法，该方法影响收敛速度，因此学者 Fletcher 对 $\lambda^{(k)}$的值的选取进行相关的研究工作。

根据 Fletcher 的建议，这里先通过对 $V(\boldsymbol{m})$ 的非线性程度进行判断，并以此决定阻尼因子的调节方向。所谓“非线性程度”是指函数 $V(\boldsymbol{m})$ 在迭代中的实际减小量与用理想二次型函数表示 $V(\boldsymbol{m})$ 的变化量之比，即

$$r^k=\frac{V(\boldsymbol{m}^{(k+1)})-V(\boldsymbol{m}^{(k)})}{V(\boldsymbol{m}^{(k+1)})-\hat{V}(\boldsymbol{m}^{(k)})}\tag{7.51}$$

其中，

$$V(\boldsymbol{m}^{(k+1)})-\hat{V}(\boldsymbol{m}^{(k)})=2\,\boldsymbol{A}^{\mathrm{T}}\Delta V+A^{\mathrm{T}}A\Delta V$$

当 $r^{(k)}$值接近于 1 时，说明 $V(\boldsymbol{m}^{(k+1)})$ 越接近 $\hat{V}(\boldsymbol{m}^{(k+1)})$，此时在某种程度上说明 $V(\boldsymbol{m})$ 在 $\boldsymbol{m}^{(k)}$附近变化平缓即“线性程度”越好，所以此时迭代的不稳定性因素影响越小，此时需要加快反演速度，故可减小 λ 值。当 $r^{(k)}$接近于零时，表明 $V(\boldsymbol{m})$ 在$\boldsymbol{m}^{(k)}$处“线性程度”较差，即 $V(\boldsymbol{m}^{(k+1)})$ 与 $\hat{V}(\boldsymbol{m}^{(k+1)})$ 数值相差较大，模型与函数响应不再近似为简单的线性关系了，此时迭代稳定性尤为重要，所以增大 λ，使迭代方向偏向最速下降方向。

在实际数据反演中通常取响应对数作为反演拟合对象，具有诸多优点：

（1）瞬变电磁法勘探是体积响应探测，在这种情况下，参数与响应值之间在双对数坐标系下的近似线性关系更明显，采用对数响应进行反演对线性反演方法是有利的。

（2）通过取对数进行反演的另一个好处是在对数情况下所求得的参数不会出现负数，这更符合实际的地质参数，起到约束作用。

（3）再者响应数据往往相差几个数量级，取对数可大大减小数据的幅值差，这样操作可以减小灵敏度矩阵的条件数，使得反演的稳定性更高。

由此，目标函数变为

$$F(\lg\boldsymbol{m})=\|\Delta\lg V-A\lg\boldsymbol{m}\|^2+\lambda^2(\|\Delta\lg m\|^2-\|\Delta\lg\boldsymbol{m}(\lambda^2)\|^2)\tag{7.52}$$

灵敏度矩阵形式变为

$$A=\left[\frac{m_j\,\partial V_i}{V_j\,\partial m_j}\right]_{\lambda=\lambda^{(k)}}\tag{7.53}$$

校正后得到的新参数为

$$\boldsymbol{m}^{(k+1)}=\boldsymbol{m}^{(k)}\,\Delta\lg\boldsymbol{m}\tag{7.54}$$

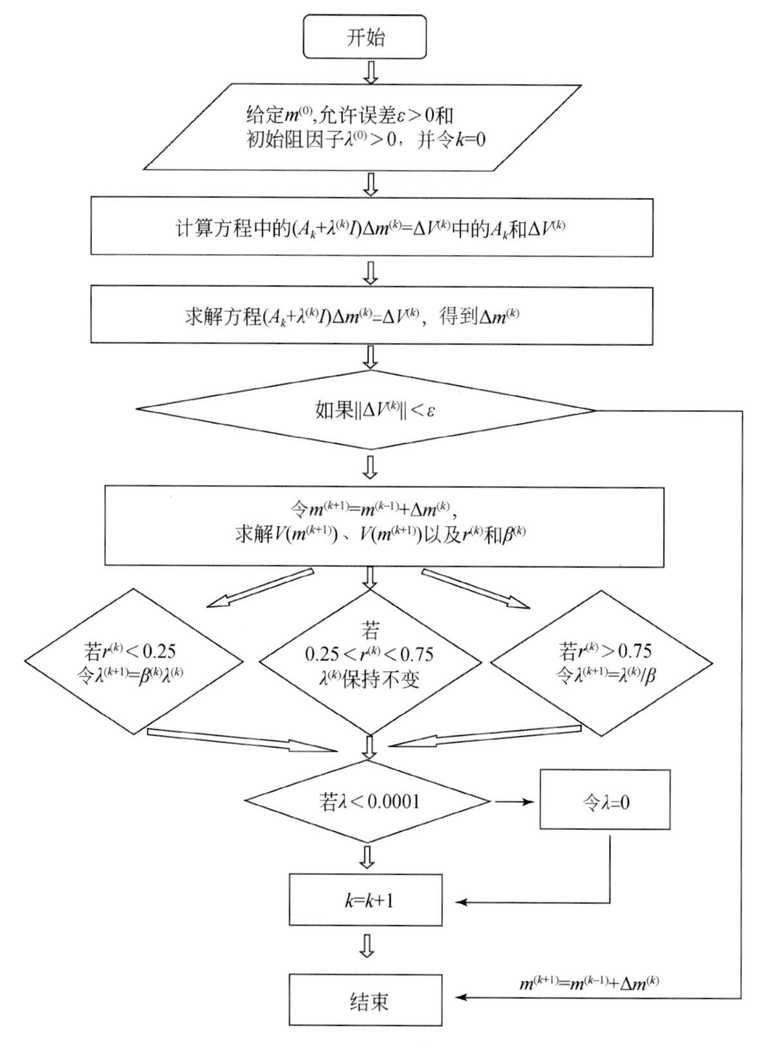

图 7.20　阻尼最小二乘法的迭代流程

2. 模型试算

通过几种典型的地电模型（H 型、K 型、HK 型和 HKH 型）来验证阻尼最小二乘法对 SOTEM 数据反演的效果（图 7.21，图 7.24）。反演中考虑 dB_z/dt 和 E_x 两个分量，初始模型为均匀半空间，拟合目标误差为 0.1%（图 7.22，图 7.23）。

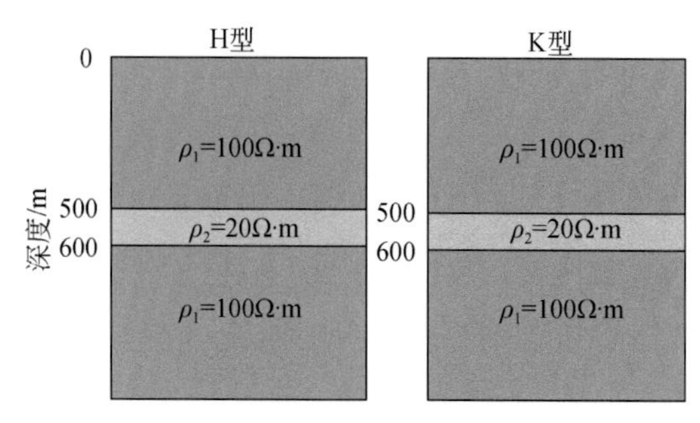

图 7.21　三层模型示意图

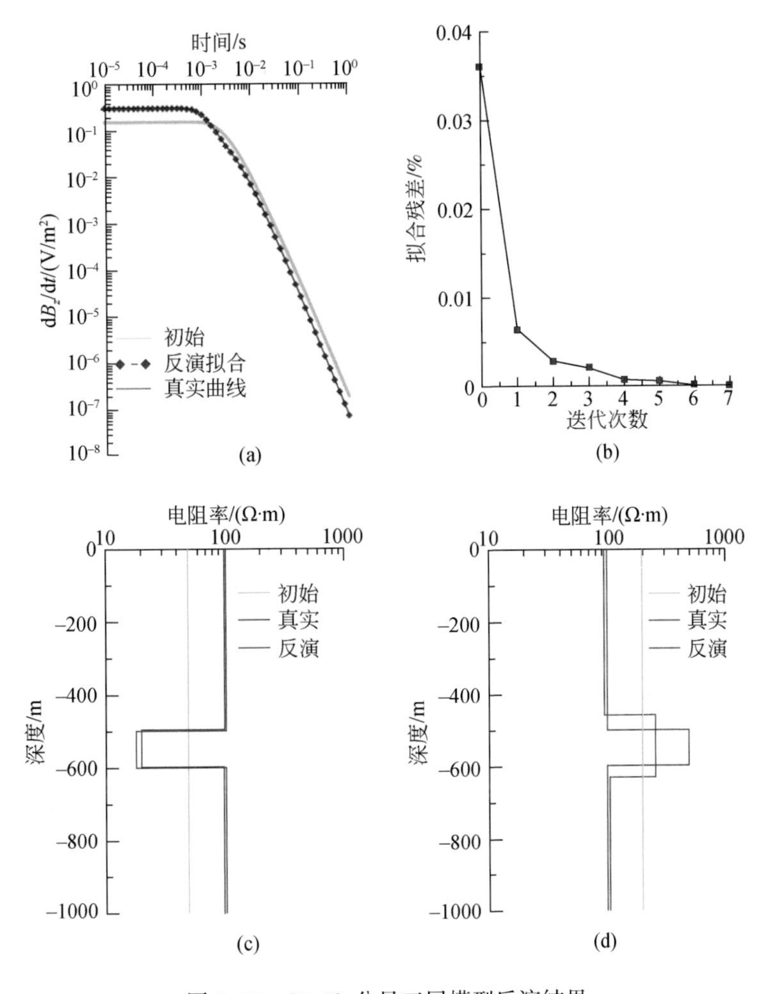

图 7.22　dB_z/dt 分量三层模型反演结果

(a) 数据拟合；(b) 拟合残差；(c) H 模型结果；(d) K 模型结果

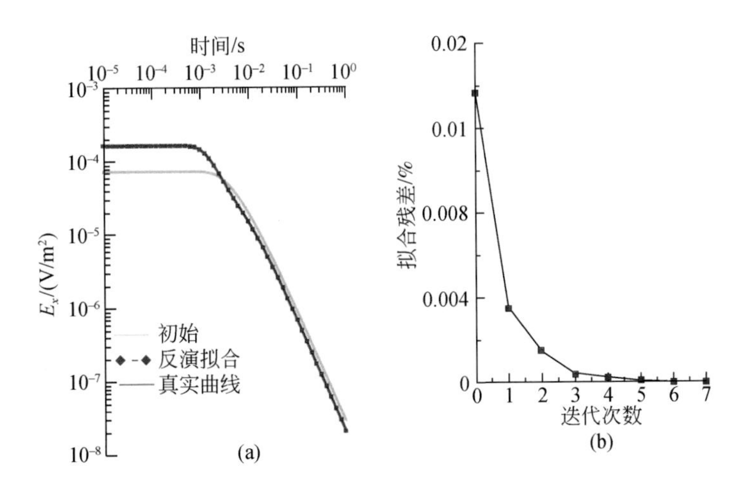

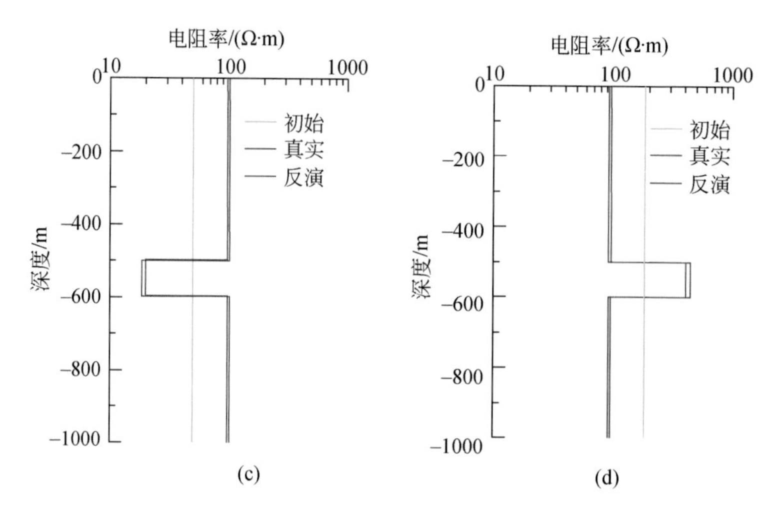

图 7.23　E_x 分量三层模型反演结果

（a）数据拟合；（b）拟合残差；（c）H 模型结果；（d）K 模型结果

由实测数据拟合曲线图发现：当进行 7 次迭代后正演数据与观测数据几乎完全拟合，拟合误差降至10^{-4}以下。对于三层模型，$\mathrm{d}B_z/\mathrm{d}t$ 分量和 E_x 分量反演结果均可以很好地呈现真实地层的电阻率变化趋势。$\mathrm{d}B_z/\mathrm{d}t$ 分量对低阻地层的反演效果明显好于对高阻地层的反演效果，电场 E_x 分量同样符合此规律。对比 E_x 和 $\mathrm{d}B_z/\mathrm{d}t$ 分量对高低阻探测的分辨率，就整体反演效果而言 E_x 分量明显好于 $\mathrm{d}B_z/\mathrm{d}t$ 分量，尤其对地层电阻率值的控制更好。下面给出相对复杂的多层地电模型反演效果。

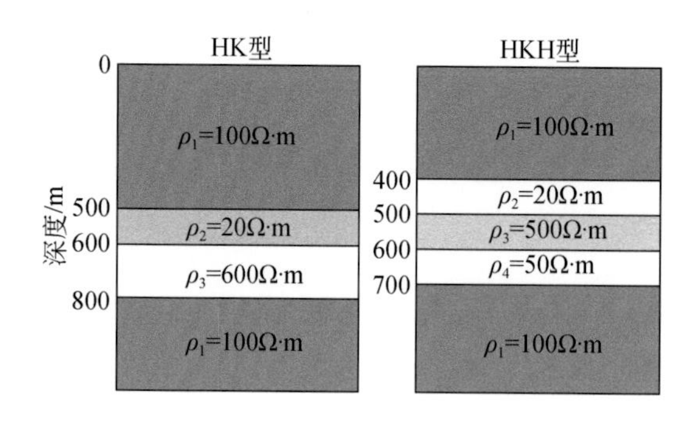

图 7.24　多层模型示意图

发现当地层层数增加时，阻尼最小二乘反演效果逐渐变差，电场 E_x 的反演效果仍好于 $\mathrm{d}B_z/\mathrm{d}t$ 的效果（图 7.25）。但是随着层数的增加反演效果受初始值的影响越来越严重，对于简单的三层 H 型和 K 型模型，初始模型选取均匀半空间即可呈现真实地层变化趋势，而对于复杂模型则需要给初始模型参数赋予符合真实模型的变化趋势，尤其是电阻率变化趋势对最终的反演值影响较大，所预测初始模型的解如果恰好在真实解附近，那么会很快收敛到真实值，但如不符合此情况则反演结果就会陷入到局部极小，反演结果与真实情况相差甚远。所以如何解决初始值的选取是个重要的问题，后面会进行相关探讨。

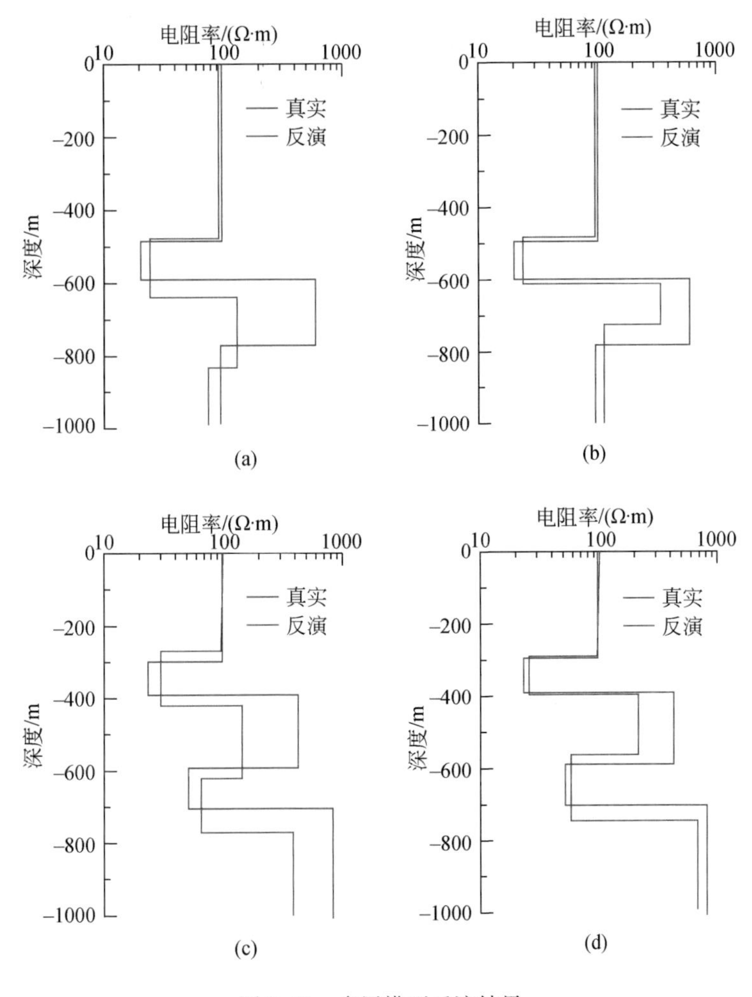

图 7.25　多层模型反演结果

(a) HK 模型 dB_z/dt 分量反演结果；(b) HK 模型 E_x 分量反演结果；
(c) HKH 模型 dB_z/dt 分量反演结果；(d) HKH 模型 E_x 分量反演结果

7.3.3　截断广义逆矩阵反演方法（TSVD）

1. 反演原理

在反演迭代求解的过程中，通常需要解决两个重要的问题，即迭代稳定性和收敛速度。这涉及在求解 A^{-1}（灵敏度逆矩阵）的时候如何降低其条件数，而阻尼最小二乘法通过加入阻尼因子 λ 降低了条件数，但是以牺牲小特征值为代价，虽然极小特征值会造成迭代发散但是它会提升反演收敛速度（先拟合大特征值再拟合小特征值对应的响应数据）和最终的反演精度，所以有必要考虑如何在条件数相同的情况下保留更多的小特征值。对于阻尼最小二乘迭代需要通过 $A/(A^{\mathrm{T}}A+\lambda I)$ 来求解 A^{-1}逆矩阵，然而可以通过 SVD 分解直接

得到 A^{-1}，在此基础上再对小奇异值进行截断操作处理可较大程度地改善反演收敛速度和模型拟合度。

前边承接阻尼最小二乘法，在求解 $\boldsymbol{A}$ 广义逆时，根据 Lanczos 矩阵奇异值分解表达式，对 $\boldsymbol{A}$ 进行奇异值分解，得

$$A = U_r \sum_r S_r^{\mathrm{T}} \tag{7.55}$$

其中，U_r为 $p\times r$ 阶矩阵；S_r为 $q\times r$ 阶矩阵；Σ_r为 $r\times r$ 阶对角矩阵，称为奇异值。令

$$Q=S_r^{\mathrm{T}}m \tag{7.56}$$

$$R=U_r^{\mathrm{T}}\Delta V \tag{7.57}$$

其中，$\boldsymbol{Q}$ 为特征参数向量，与模型有关；$\boldsymbol{R}$ 为变换误差向量，与实测数据有关。进一步得到特征参数的修正步长为

$$\delta Q = R_j \sum_j^{-1}, j = 12\cdots P \tag{7.58}$$

为解决Σ_r中小奇异值所引起 δQ 的不稳定振荡问题，通过对小奇异值截断，同时对较小奇异值加入阻尼来实现迭代的稳定性：

$$\begin{gathered}\delta Q_j = (t_j/\Sigma_j)\ R_j, j = 1,2,\cdots,P \\ t_j = \begin{cases} k_j^4/(k_j^4 + \lambda^4) & \sum_j \geqslant \lambda^2 \\ 0 & \text{其他} \end{cases}\end{gathered} \tag{7.59}$$

最终迭代校正步长为

$$\Delta \boldsymbol{m} = \boldsymbol{V}\delta \boldsymbol{Q} \tag{7.60}$$

其中，t_j 为阻尼系数，$k_j = (\Sigma_j/\Sigma_1)$，$\lambda$ 在这里既充当阻尼因子也充当奇异值截断阈值（胡建德，1989）。经奇异值分解后，解可看成是 $\boldsymbol{U}_r$空间的 $\|\Delta \boldsymbol{V}-\Delta \boldsymbol{m}\|^2$极小值和 $\boldsymbol{S}_r$ 空间的 $\|\boldsymbol{\lambda}\|^2$极小值。

奇异值分解的另一个重要的优点是可以提供一些关于反演效果的辅助信息（陈明生等，2014）：

$$\boldsymbol{R}=\boldsymbol{S}_r\boldsymbol{S}_r^{\mathrm{T}} \tag{7.61}$$

称为参数分辨矩阵，可以衡量参数分辨能力。如果 $r=q$ 则有 $\boldsymbol{R}=\boldsymbol{I}$，解得的值为真值，否则解得的每个元素值是真值关于对角线的加权平均值之和，表明分辨能力下降：

$$\boldsymbol{H}=\boldsymbol{U}_r\boldsymbol{U}_r^{\mathrm{T}} \tag{7.62}$$

称为观测数据的密度矩阵，可以衡量数据分辨能力。如果 $r=p$ 则有 $\boldsymbol{H}=\boldsymbol{I}$，说明数据相互独立。否则解得的每个元素值是观测数据的加权平均值之和。

关于信息密度矩阵和模型分辨率矩阵这里稍加深入的进行讨论，因为对于一个来自未知地层结构响应数据的反演，在相关地质信息有限的情况下，如何尽可能地增大最终反演模型的可信度、如何从采集的信号层面提取可利用的信息是极为重要的，这些可以由 SVD 所得到的两个辅助信息实现，将在反演过程中进行详细分析。

设观测采样数据是基于统计独立且具有相同的方差χ^2，此时，观测误差的数学期望是 0；由于每个参数相互独立，表明协方差为零，则最终解的方差为参数估计误差

$$\mathrm{Var}(\Delta m_j) = \chi^2 \sum_{k=1}^{r} \frac{V_{jk}^2}{m_k^2} \tag{7.63}$$

其中，m 为非零奇异值参数矩阵；V 为参数分辨率矩阵；χ^2 用以下的估算量代替：

$$\hat{\chi}^2 = \| \Delta V - A\Delta \boldsymbol{m} \|^2 / (p-q) \tag{7.64}$$

同时可以利用对应奇异值的大小来分析相应参数对反演的重要性和对方差的影响程度。控制迭代终止的判据指标有多种选择，在书籍与文献中皆有论述（王家映）。本节反演研究中利用拟合差这一指标控制迭代终止：

$$PN = \sqrt{\frac{1}{N}\sum_{i=1}^{N}\frac{(V_{ti} - V_{fi})^2}{V_{ti}^2}} \tag{7.65}$$

对比发现，阻尼最小二乘相比广义逆矩阵反演的收敛速度以及反演结果精度稍差，主要区别在于待求解的迭代方程的形式不同，并由此导致反演过程出现迭代稳定性问题。从以上两种方法的迭代求解过程发现最小二乘法是通过求解方程来构造迭代公式，而广义逆矩阵方法是通过直接求解超定方程（形式上的超定方程）构造迭代求解公式，由于求解过程中得到的灵敏度矩阵一般是非方阵同时又因为数据的相关性（非独立）导致所产生的灵敏度矩阵是非满秩（或含有极小特征值）造成无法进行逆矩阵的求解，然而我们可以通过奇异值分解得到其广义逆矩阵或虚逆。奇异值分解中会提供一些辅助的信息：分辨率矩阵和密度矩阵。通过这两个辅助信息可以分析出反演的参数结果分辨率和拟合数据的独立性，进而对反演结果进行评估。

2. 模型试算

为方便对比，选择与阻尼最小二乘法相同的模型进行反演试算，反演结果如图 7.26 所示。

图 7.26 分别给出了 H 和 K 模型的 dB_z/dt［图 7.26（a）、（c）］与 E_x［图 7.26（b）、（d）］分量的反演结果。正演曲线最终与实际观测数据曲线很好地拟合，数据拟合残差随着迭代逐步减小，一般迭代 3～4 次后数据拟合残差即降至 10^{-3} 量级。对于低阻层，两个分量反演效果都很好，对于高阻体层厚和电阻率，电场 E_x 分量反演效果都明显好于 dB_z/dt 分量。

图 7.27 给出了 HK 和 HKH 模型的反演结果。经改进后广义逆矩阵方法反演迭代效果好于阻尼最小二乘方法，E_x 分量同样表现出对地层电阻率较好的分辨能力。

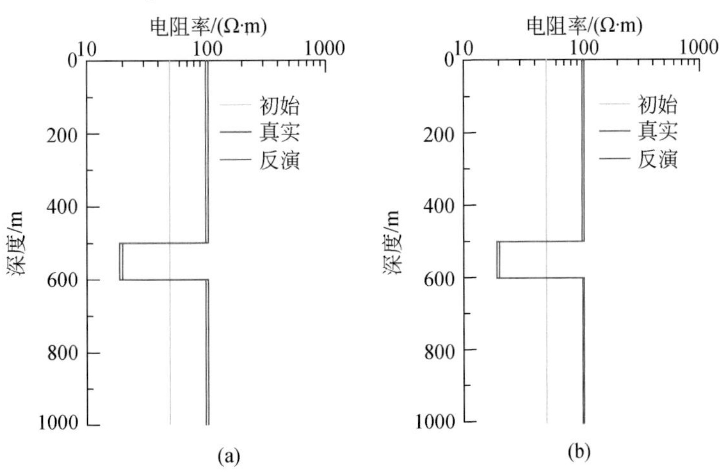

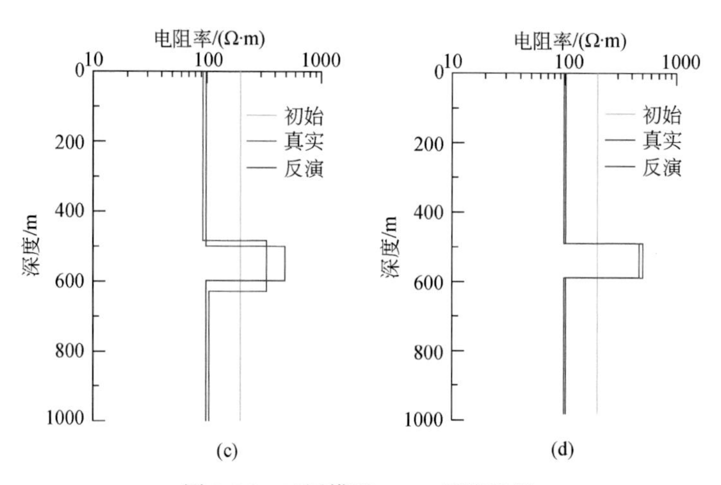

图 7.26　三层模型 TSVD 反演结果

（a）H 模型 dB_z/dt 分量反演结果；（b）H 模型 E_x 分量反演结果；（c）K 模型 dB_z/dt 分量反演结果；（d）K 模型 E_x 分量反演结果

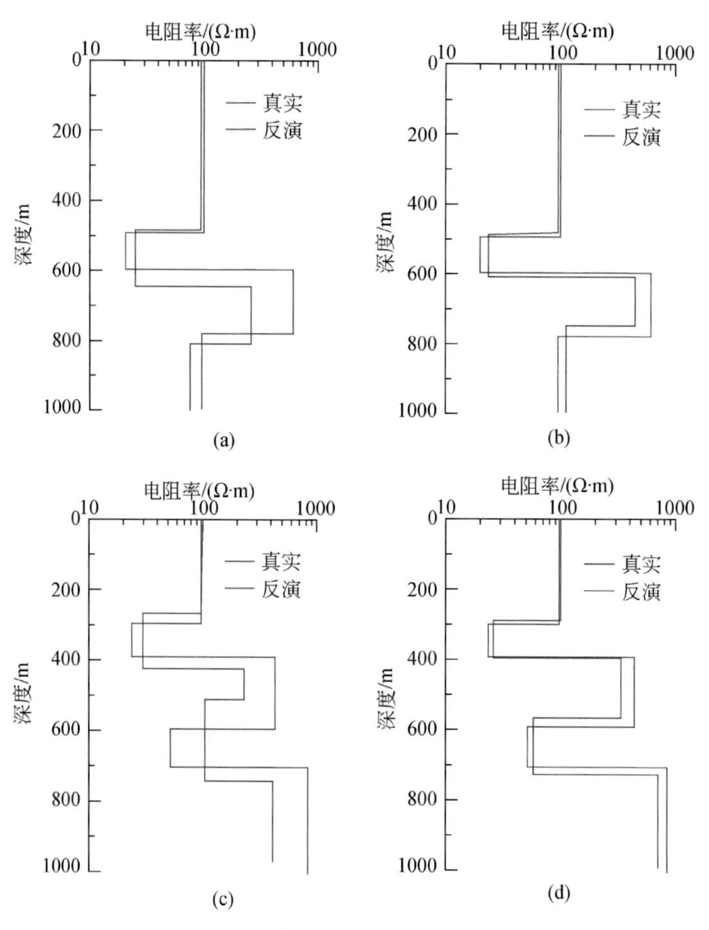

图 7.27　多层模型 TSVD 反演结果

（a）HK 模型 dB_z/dt 分量反演结果；（b）HK 模型 E_x 分量反演结果；（c）HKH 模型 dB_z/dt 分量反演结果；（d）HKH 模型 E_x 分量反演结果

从表 7.3 可以看出，其对角线值均为 1，非对角线元素几乎为 0，说明模型参数分辨率较高，即所反演的模型参数与实际地电模型参数息息相关，所反演的模型参数均与实测响应有很好的映射关系。对角线值越接近 1，则说明实际采集的数据独立性越强（图 7.28 中颜色越亮）。由图可以看到，在 17～29 和 34～42 时间道之间的数据相互独立性比较强，说明对于这个时间范围内的单道数据来讲，其含有的信息量更大，对模型参数反演贡献也就更大，而在 1～16、29～33 和 42～49 时间道之间的数据独立性较差，也就表明这些数据可能是模型中某一相同参数的响应，即反演中该模型参数是由此段数据加权得到的结果。通过查看观测数据发现 1～15 道数据（对应采样时间 10^{-5}～2.5×10^{-4} s）的值几乎无衰减，原因可能为发射开始阶段所接收的信号仍未向地层传播，由此使得此时间范围内的数据是来自表层模型参数的响应。所以从对数据分辨率矩阵的分析，我们可以得到更多的关于观测数据隐藏的信息特征，对数据分析大有帮助。

表 7.3　HKH 型模型联合反演分辨率矩阵

1	-1.11×10^{-16}	-3.07×10^{-17}	3.53×10^{-16}	4.77×10^{-17}
-1.11×10^{-16}	1	-4.51×10^{-17}	-1.66×10^{-16}	9.71×10^{-17}
-3.07×10^{-17}	-4.51×10^{-17}	1	-4.16×10^{-17}	2.15×10^{-16}
3.53×10^{-16}	-1.66×10^{-16}	-4.16×10^{-17}	1	3.88×10^{-16}
4.77×10^{-17}	9.71×10^{-17}	2.15×10^{-16}	3.88×10^{-16}	1

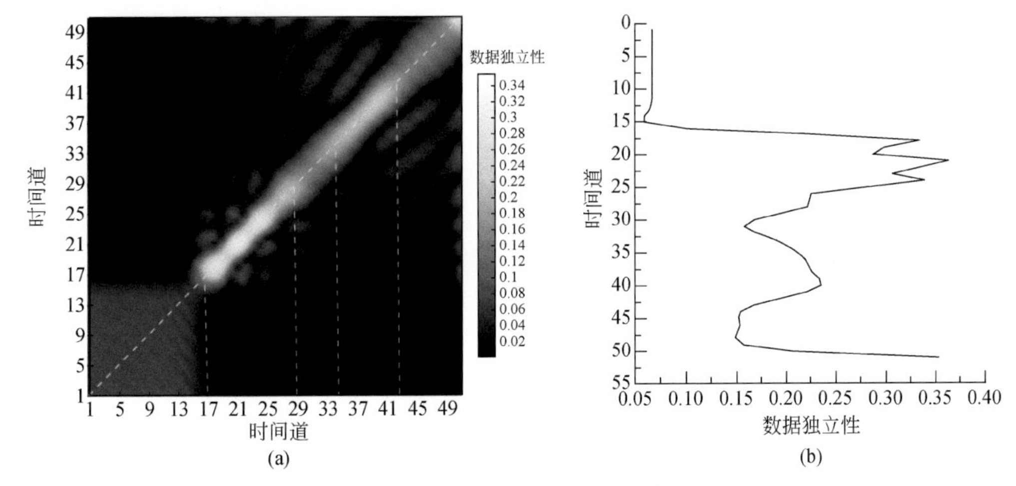

图 7.28　数据分辨率矩阵及对角线元素

（a）数据独立性图；（b）对角线数据独立性曲线

7.3.4　Occam 反演方法

1. 反演原理

Occam 算法是一种流行的非线性反演算法，该算法采用偏差原理，寻找满足目标拟合残差的最光滑模型。图 7.29 为 Occam 反演算法流程图。假设模型向量和数据向量的元素个数分别为 N 和 M，目标函数为

$$U=\|\partial \boldsymbol{m}\|^2+\mu^{-1}\{\|\boldsymbol{Wd}-\boldsymbol{WF}[\boldsymbol{m}]\|^2-X_*^2\} \tag{7.66}$$

式中，$\boldsymbol{m}=(m_1, m_2, \cdots, m_N)$ 为模型参数向量；$\boldsymbol{d}=(d_1, d_2, \cdots, d_M)$ 为数据向量；$\boldsymbol{W}=\mathrm{diag}(1/\delta_1, 1/\delta_2, \cdots, 1/\delta_M)$ 为误差加权矩阵，$1/\delta_i$ 为各个数据点的方差；$\boldsymbol{F}$ 为正演算子；X_*^2 为目标拟合残差；∂ 为粗糙度矩阵。

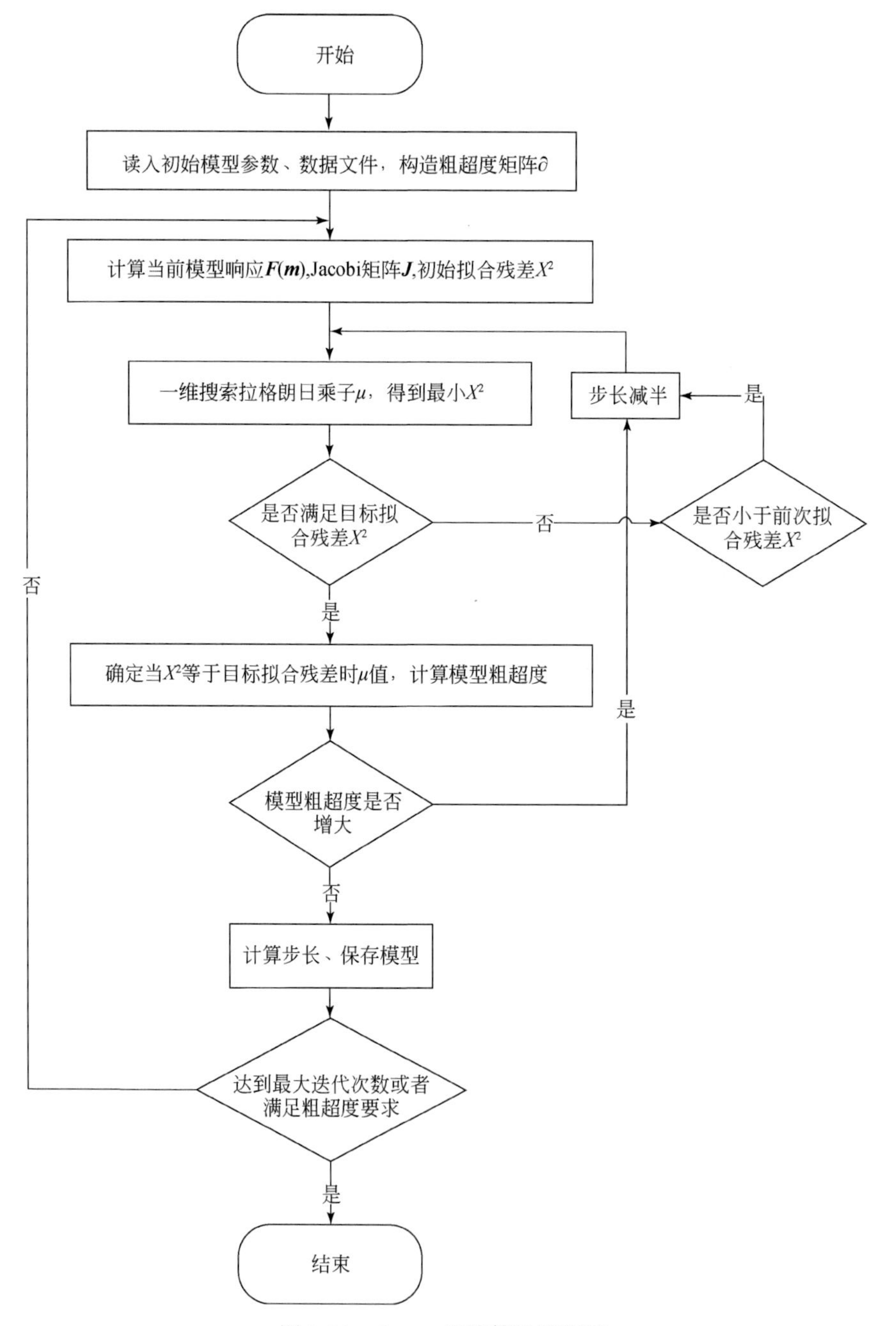

图 7.29　Occam 反演算法流程图

∂ 具有多种定义形式，这里采用模型一阶粗糙度：

$$R_1 = \sum_{i=2}^{N} (m_i - m_{i-1})^2 \tag{7.67}$$

引入模型粗糙度矩阵：

$$\partial = \begin{pmatrix} 0 & & & & 0 \\ -1 & 1 & & & \\ & -1 & 1 & & \\ & & \cdots & \cdots & \\ 0 & & & -1 & 1 \end{pmatrix} \tag{7.68}$$

此时，一阶模型粗糙度可表示为 $R_1 = \| \partial \ \boldsymbol{m} \|^2$，即目标函数式（7.66）中的形式。

Occam 反演算法通过迭代应用局部线性化思想，对于某个模型参数$\boldsymbol{m}^k$，应用泰勒定理，有如下局部近似式：

$$\boldsymbol{F}(\boldsymbol{m}^k + \Delta \boldsymbol{m}) \approx \boldsymbol{F}(\boldsymbol{m}^k) + \boldsymbol{J}(\boldsymbol{m}^k)\Delta \boldsymbol{m} \tag{7.69}$$

其中，$\boldsymbol{J}(\boldsymbol{m}^k)$ 为雅可比矩阵，

$$\boldsymbol{J}(\boldsymbol{m}^k) = \begin{bmatrix} \dfrac{\partial F_1(\boldsymbol{m}^k)}{\partial m_1} & \cdots & \dfrac{\partial F_1(\boldsymbol{m}^k)}{\partial m_N} \\ \vdots & \ddots & \vdots \\ \dfrac{\partial F_M(\boldsymbol{m}^k)}{\partial m_1} & \cdots & \dfrac{\partial F_M(\boldsymbol{m}^k)}{\partial m_N} \end{bmatrix} \tag{7.70}$$

利用式（7.69）的近似式，我们将最小化目标函数问题转换为如下问题：

$$\min \ \| \boldsymbol{J}(\boldsymbol{m}^k)\boldsymbol{m}^{k+1} - \hat{\boldsymbol{d}}(\boldsymbol{m}^k) \|_2^2 + \mu \ \| \partial \boldsymbol{m}^{k+1} \|_2^2 \tag{7.71}$$

其中，$\boldsymbol{m}^{k+1} = \boldsymbol{m}^k + \Delta \boldsymbol{m}$，$\hat{\boldsymbol{d}}(\boldsymbol{m}^k) = \boldsymbol{d} - \boldsymbol{F}(\boldsymbol{m}^k) + \boldsymbol{J}(\boldsymbol{m}^k)\boldsymbol{m}^k$。由于在每一个模型迭代步中，$\boldsymbol{J}(\boldsymbol{m}^k)$ 和 $\hat{\boldsymbol{d}}(\boldsymbol{m}^k)$ 为已知，因此式（7.71）为正则化线性最小二乘问题。若系数矩阵为满秩，则解为

$$\boldsymbol{m}^{k+1} = \boldsymbol{m}^k + \Delta \boldsymbol{m} = (\boldsymbol{J}(\boldsymbol{m}^k)^{\mathrm{T}} \boldsymbol{J}(\boldsymbol{m}^k) + \mu \partial^{\mathrm{T}} \partial)^{-1} \boldsymbol{J}(\boldsymbol{m}^k)^{\mathrm{T}} \hat{\boldsymbol{d}}(\boldsymbol{m}^k) \tag{7.72}$$

在每一迭代步中，我们采用使得解的拟合残差χ^2 小于目标拟合残差的最大拉格朗日因子μ，然后求解得到满足$\chi^2 = X_*^2$的拉格朗日因子μ，从而得到最终模型。Occam 反演的算法流程图如图 7.29 所示。

2. 模型试算

下面通过典型的三层、五层模型进行 Occam 反演试算，反演结果如图 7.30 和图 7.31 所示。

反演结果可以很好地呈现电阻率的变化趋势，说明 Occam 反演方法的有效性。可以看出 $\mathrm{d}B_z/\mathrm{d}t$ 和 E_x 分量对低阻地层的拟合效果都较好，然而对于高阻的识别电场水平分量效果明显更好，这与反演方法有关，但根源为各分量对异常的分辨能力不同。与阻尼最小二乘和截断广义逆矩阵反演相比，Occam 反演由于是平滑反演所以对地层厚度和电阻率的分辨能力还是不够，尤其是方法本身对高阻体分辨能力就有限，造成更加不利的影响，同时

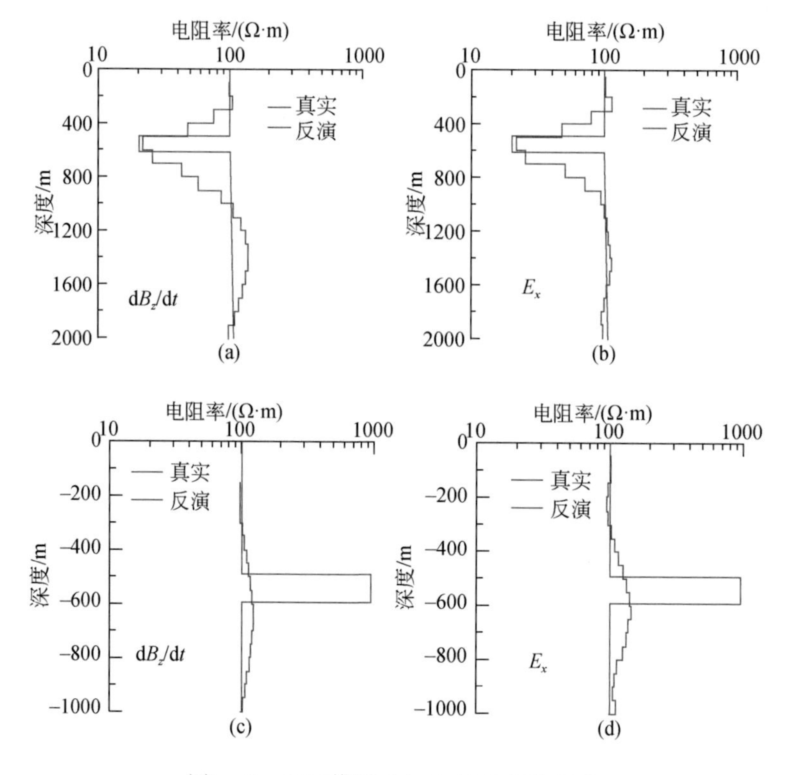

图 7.30　三层模型 dB_z/dt 与 E_x 反演结果

（a）H 模型磁场反演结果；（b）H 模型电场反演结果；（c）K 模型磁场反演结果；（d）K 模型电场反演结果

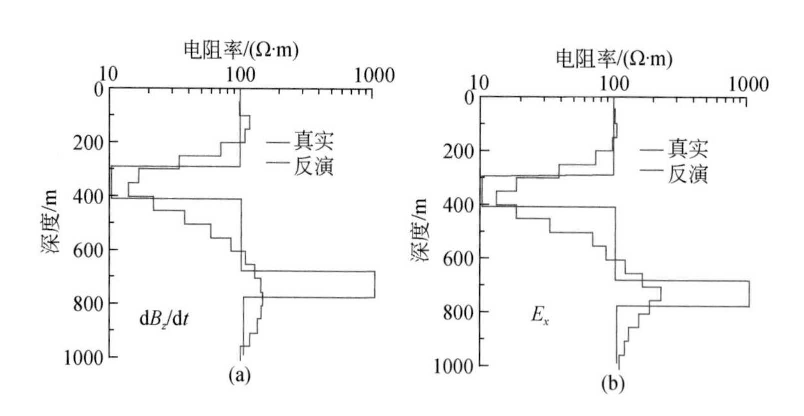

图 7.31　多层模型 dB_z/dt 与 E_x 反演结果

（a）多模型磁场反演结果；（b）多模型电场反演结果

Occam 因为是多层反演所以消耗的时间更长，对于一维反演这种影响不明显，而二维和三维的计算量是相当巨大的。然而，Occam 反演方法对于初始模型依赖大大降低，通过实验发现即使初始值不同最终得到的反演结果仍反映相同的地层变化趋势。Occam 反演方法对地层电阻率的变化趋势反演具有优势，尤其是厚层地层电阻率，解决了合理选择初始模型的困难，但是精度不够。

7.3.5　自适应正则化反演方法

1. 反演原理

自适应正则化反演方法（ARIA）是陈小斌等（2005）提出的一种反演方法，相较于传统的Occam算法，ARIA采用简单有效的正则化因子求取算法，其收敛时间更快，拟合效果基本相同。其总目标函数可归结为

$$\Phi=\Phi_d+\lambda\Phi_m\rightarrow\min \tag{7.73}$$

其中，$\Phi_d=(d-A(m))^{\mathrm{T}}W_d(d-A(m))$ 为数据目标函数；$\Phi_m=m^{\mathrm{T}}C_x m+m^{\mathrm{T}}C_z m$ 为模型目标函数；λ 为数据目标函数和模型粗糙度的正则化调节因子，即

$$\Phi=[d-A(m)]^{\mathrm{T}}W_d[d-A(m)]+\lambda[m^{\mathrm{T}}C_x m+m^{\mathrm{T}}C_z m] \tag{7.74}$$

其中，d 为观测数据向量；$\boldsymbol{A}(m)$ 为SOTEM模型响应数据向量；m 为反演模型；$\boldsymbol{W}_d$ 为数据的协方差矩阵；C_x、C_z 为模型横向和纵向光滑度矩阵。

根据目标函数极小化原则，可得反演矩阵方程为

$$W_d J\Delta m+\lambda(C_x+C_z)\Delta m=W_d\Delta d-\lambda(C_x+C_z)m \tag{7.75}$$

其中，J 为正演数据对模型的偏导数矩阵。

这样每次迭代模型的更新为

$$m_{i+1}=m_i+\Delta m$$

为了保证反演过程中数据目标函数值与数据误差的大小基本无关，对数据方差进行了规范化处理，减少了数据误差对正则化因子取值的影响（陈小斌等，2005）：

$$W_d=\frac{\Delta d^{\mathrm{T}}\Delta d}{\Delta d^{\mathrm{T}}\sigma_0^d\Delta d}\sigma_0^d \tag{7.76}$$

其中，Δd 为理论响应与观测数据之差；σ_0^d 为观测数据的协方差矩阵，具体公式为

$$\sigma_0^{di}=\frac{\varepsilon\delta(i,j)}{\varepsilon+\mathrm{var}(d_i)} \tag{7.77}$$

其中，ε 为一个很小的数，可取 $\varepsilon=1.0\times10^{-6}$；$\delta(i,j)$ 为克罗内克函数；$\mathrm{var}(d_i)$ 为观测数据的方差。这样就可以对观测数据进行加权，数据误差较大时 σ_0^{di} 相对比较小，对数据的惩罚就相对较大，反演过程中就应该相对减弱对目标函数的贡献量，甚至没有贡献，反过来数据误差较小时 σ_0^{di} 相对比较大，对数据的惩罚就相对较小，反演过程中就应该保证对目标函数的贡献量。

反演中每一步计算都需要极小化正则化因子，此过程需要重复的正则化求解反演方程组，较为耗时，为了减少计算量可根据数据目标函数和模型目标函数的关系进行自适应正则化因子调节（陈小斌等，2005）。

$$\lambda_k=\frac{\Phi_d^{k-1}}{\Phi_d^{k-1}+\Phi_m^{k-1}} \tag{7.78}$$

2. 模型试算

同样通过典型的三层、五层模型进行一维 AIRI 反演试算，反演结果如图 7.32 和图 7.33所示。

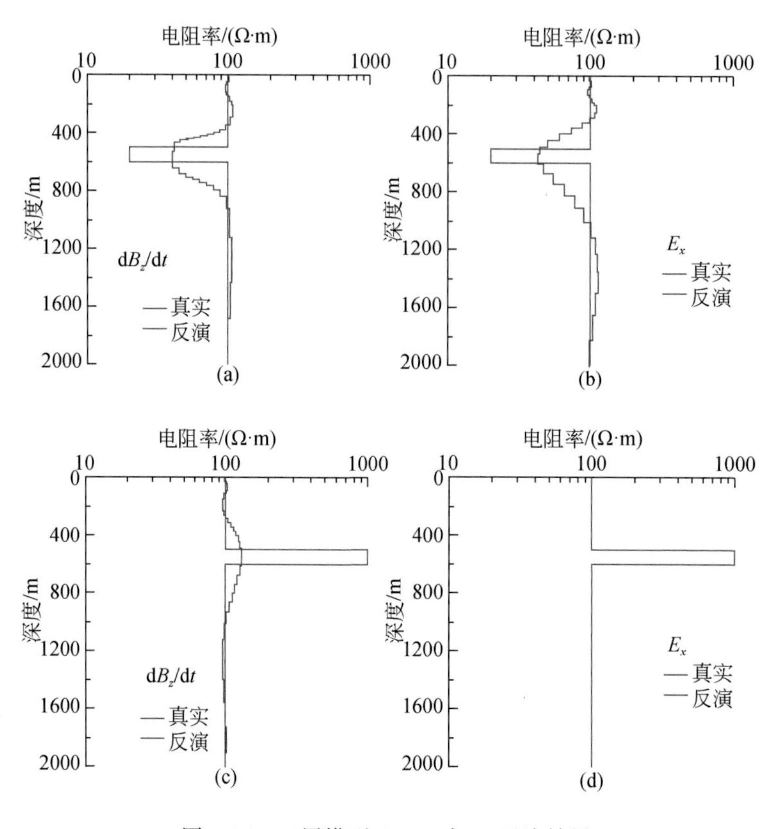

图 7.32　三层模型 dB_z/dt 与 E_x反演结果

（a）H 模型磁场反演结果；（b）H 模型电场反演结果；（c）K 模型磁场反演结果；（d）K 模型电场反演结果

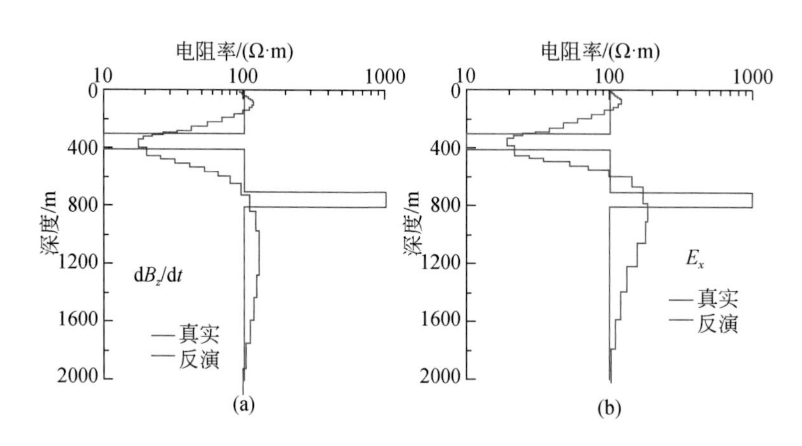

图 7.33　多层模型 dB_z/dt 与 E_x 反演结果

（a）多模型磁场反演结果；（b）多模型电场反演结果

7.4　拟二维横向约束反演

7.4.1　反演原理

一维反演速度快、效率高，可以快速地给出反演结果，是目前瞬变电磁数据处理主要采取的手段。当大地电性结构较为简单，近层状分布时，一维反演可获得较好的效果。而当大地电性结构较为复杂时，一维反演通常不能准确地反映地层电性的准确分布。此外，由于一维反演是对测线上所有测点逐一进行单点反演，各点信号受干扰程度不同，这会导致相邻测点的反演结果容易出现突变，导致地层界面不连续、不清晰，相邻测点电阻率出现剧烈变化，如图 7.34 所示。

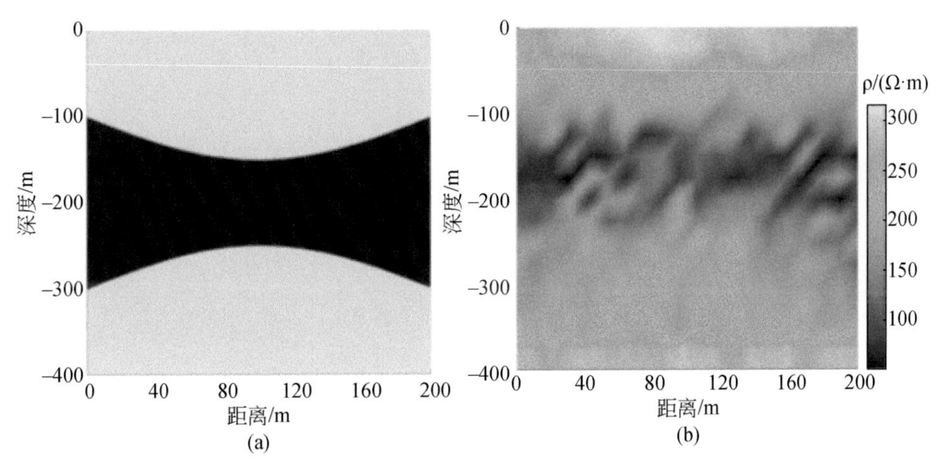

图 7.34　正演模型与一维单点反演对比图

（a）正演模型；（b）单点反演成图

在一维反演的基础上采用横向约束反演理论（LCI）的拟二维反演，把相邻测点的地电参数差异作为约束项加入目标函数，以改善相邻测点的稳定性，对反演结果起到良好的约束和优化作用。由此一来，拟二维反演可对一条测线上的测点同时进行反演，实现对测线进行整体处理和评价。本节主要介绍 SOTEM 数据的 LCI 拟二维反演理论，并通过几个数值模型进行方法有效性验证。

横向约束反演是在传统反演过程中添加了相邻测点间的参数稳定泛函和深度稳定泛函项。水平方向的横向约束反演即为拟二维反演，能够保证反演效率的同时很好地解决相邻点间存在的横向参数不连续问题。式（7.79）为横向约束总体反演公式，从上到下依次为误差拟合项，参数约束项和深度约束项。

$$\begin{bmatrix} G \\ R_{\mathrm{p}} \\ R_{\mathrm{h}} \end{bmatrix} \delta m_{\mathrm{true}} = \begin{bmatrix} \delta d_{\mathrm{obs}} \\ \delta r_{\mathrm{p}} \\ \delta r_{\mathrm{h}} \end{bmatrix} + \begin{bmatrix} e_{\mathrm{obs}} \\ e_{\mathrm{rp}} \\ e_{\mathrm{rh}} \end{bmatrix} \tag{7.79}$$

其中，δm_{true}为模型拟合项；G 为雅可比矩阵；δd_{obs}为数据拟合差；e_{obs}为截断误差；R_{p} 为横向约束矩阵；δr_{p} 为横向约束值；e_{rp}为相邻测点间电阻率和厚度的差异；R_{h} 为深度约束矩阵；δr_{h} 为深度约束值；e_{rh}为相邻测点间层界面深度的差异。

其中

$$R=\begin{bmatrix} 0 & 0 & \cdots & 0 & 0 & 0 \\ -1 & 1 & 0 & \cdots & 0 & 0 \\ 0 & -1 & 1 & 0 & \cdots & 0 \\ \vdots & \ddots & -1 & 1 & 0 & \vdots \\ 0 & \cdots & 0 & -1 & 1 & 0 \\ 0 & 0 & \cdots & 0 & -1 & 1 \end{bmatrix}_{N\times N} \tag{7.80}$$

$$R_{\text{p}}=\begin{bmatrix} R & 0 & 0 \\ 0 & \ddots & 0 \\ 0 & 0 & R \end{bmatrix}_{M\times M} \tag{7.81}$$

$$R_{\text{h}}=\begin{bmatrix} 1 & 0 & 0 & \cdots & 0 & -1 & 0 & 0 & \cdots & 0 \\ 0 & 1 & 0 & \cdots & 0 & 0 & -1 & 0 & \cdots & 0 \\ \vdots & \ddots & \ddots & \ddots & \vdots & \vdots & \ddots & \ddots & \ddots & \vdots \\ 0 & \cdots & 0 & 1 & 0 & 0 & \cdots & 0 & -1 & 0 \\ 0 & \cdots & 0 & 0 & 1 & 0 & \cdots & 0 & 0 & -1 \end{bmatrix}_{(M-1)N\times MN} \tag{7.82}$$

其中，N 为单个测点的分层数；M 为测点个数。$m_{\text{true}}=[m_1, m_2, \cdots, m_M]$，$m_i=[\rho_1, \rho_2, \cdots, \rho_N]$，$i\in[1, M]$。

式（7.79）可以简化为式（7.83）

$$G'(m)\delta m_{\text{true}}=\delta d(m)+e \tag{7.83}$$

利用最小二乘法对误差函数的平方求取极小值，再将式（7.83）两边同时乘以 G'^{T}，得到式（7.84）：

$$G'^{\text{T}}G'\delta m_{\text{true}}=G'^{\text{T}}\delta d \tag{7.84}$$

乘法法则得到式（7.85）：

$$\delta m_{\text{true}}=(G'^{\text{T}}G')^{-1}G'^{\text{T}}\delta d \tag{7.85}$$

将式（7.85）展开可得到式（7.86）：

$$\delta m_{\text{true}}=(WG)^{\text{T}}\times W\times\delta d/((WG)^{\text{T}}\times WG+\lambda e+R_{\text{p}}^{\text{T}}\times R_{\text{p}}+R_{\text{h}}^{\text{T}}\times R_{\text{h}}) \tag{7.86}$$

其中，W 为加权矩阵，可以控制各层约束的光滑度；λ 为马奎特阻尼因子；e 为单位阵。

进行拟二维反演时首先选定一个初始模型，利用式（7.86）进行迭代更新，直至拟合差不再减小或者小于设定阈值。

7.4.2　模型试算

通过几个典型的二维地电模型来验证拟二维横向约束反演的效果，模型如图 7.35 ~ 图 7.37 中的（a）所示。首先利用单点一维正演获得整条剖面的响应数据，正演中发射源长度设为 1000m，测线长度为 1000m，点距为 20m，偏移距为 500m，发射电流为 1A，计算时间范围为 0.1 ~ 100ms。反演利用的电磁场分量为 dB_z/dt，在所有测点的正演响应数据中添加 5% 的白噪声。反演方法为自适应正则化法，初始模型设为 100Ω · m 的均匀半空间，迭代次数设为 10 次。

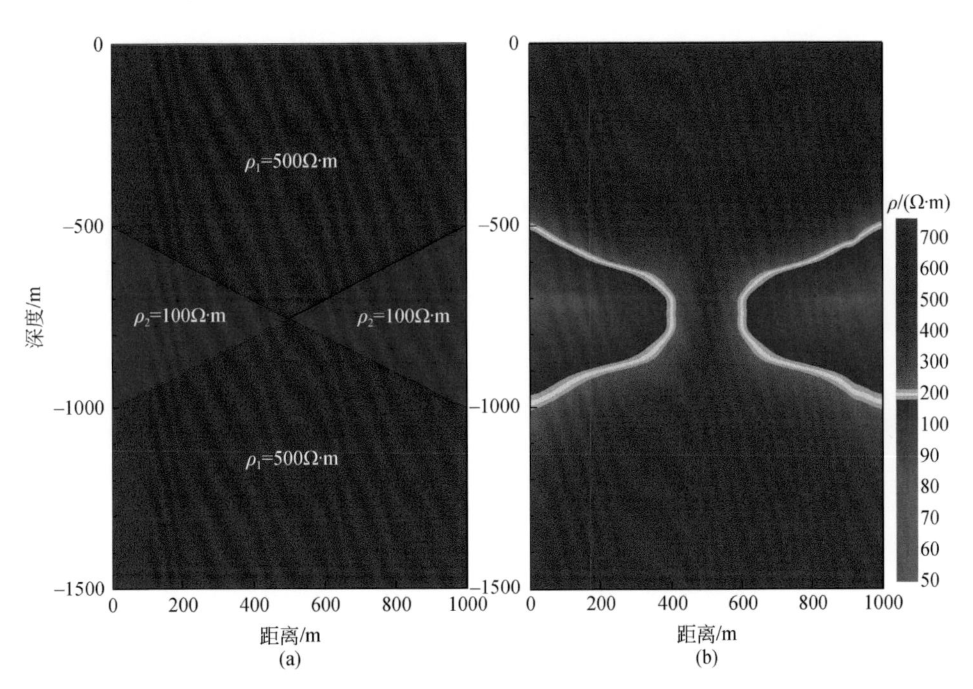

图 7.35　模型 1 及其拟二维反演结果

（a）地电模型；（b）反演结果

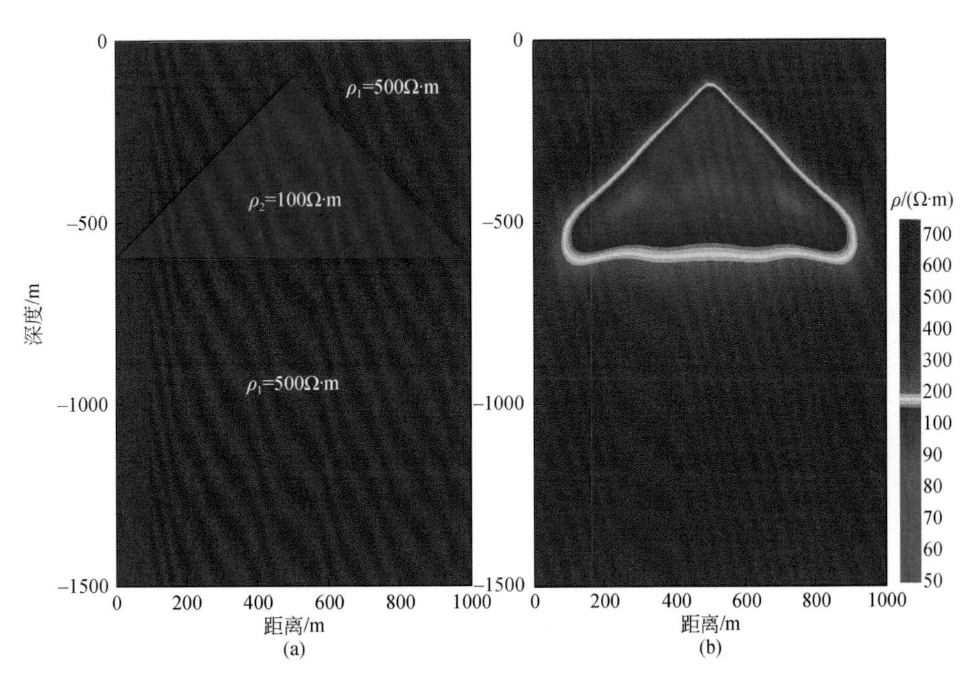

图 7.36　模型 2 及其拟二维反演结果

（a）地电模型；（b）反演结果

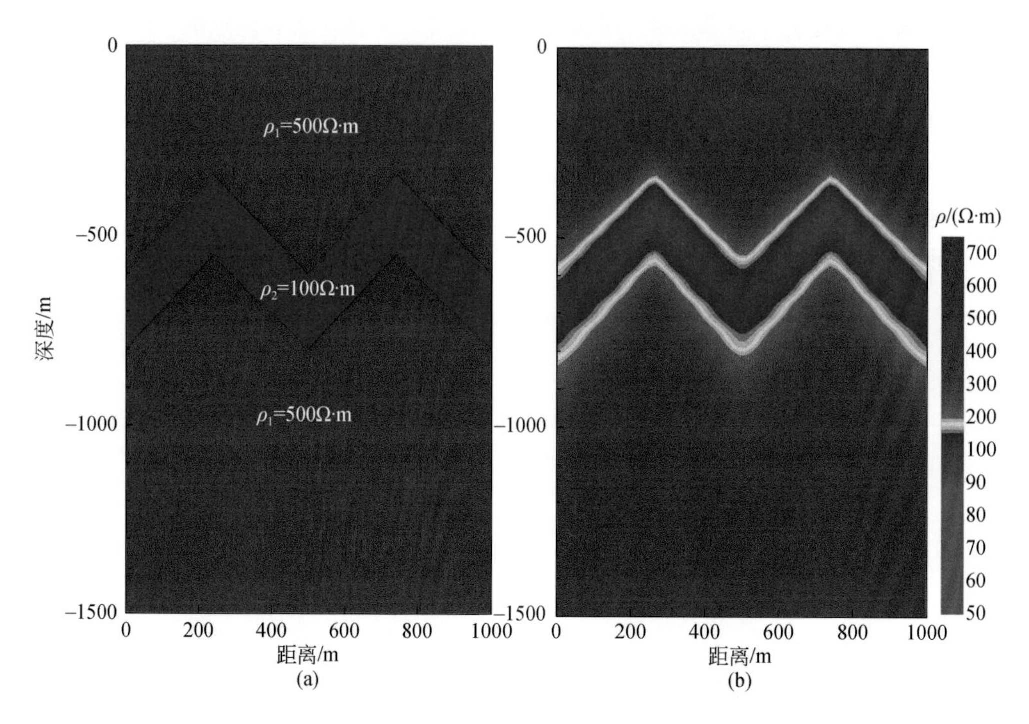

图 7.37　模型 3 及其拟二维反演结果

（a）地电模型；（b）反演结果

各模型的拟二维横向约束反演结果如图 7.35 ~ 图 7.37 中（b）所示。从结果中可以看出，拟二维横向约束反演结果很好地反映了各模型的真实电性结构，对模型电性界面的刻画非常清晰。需要注意的是，在模型 1 的中间和模型 2 的两端，低阻目标层在反演结果中并未得到显示，这是由于在上述区域内，低阻层的厚度已变得较小，响应信号已失去对该薄目标层的分辨能力。

7.5　多分量数据联合反演

7.5.1　反演原理

对于反演问题，解的非唯一性是非常普遍的，著名反演理论学者 Backus 和 Gilbert（1970）曾经指出：造成反演的多解性的原因是观测数据的数目有限，并且观测数据存在误差。增加已知数据和先验信息，在反演过程中施加不同角度的约束是压制反演多解性的有效方法。前面我们已经分析得知，电性源在地面激发的五个电磁场分量对地下介质都具有探测能力，且不同分量对不同类型的目标体具有不同的灵敏程度。因此，通过利用不同的电磁场分量数据，进行联合反演处理，可以一定程度上降低反演问题的多解性，提升反演结果的稳定性和可靠性，获得对不同电性体的更丰富信息。本节将针对 SOTEM 数据的多分量数据联合问题展开讨论，通过几个典型地电模型说明联合反演的效果。

以阻尼最小二乘法为例，多分量数据联合反演的目标函数可表示为

$$P^{\alpha}(m)=\|W_1[d^{\text{obs1}}-F_1(m)]\|^2+\|W_2[d^{\text{obs2}}-F_2(m)]\|^2+\cdots+\|W_n[d^{\text{obsn}}-F_n(m)]\|^2+\alpha\|m-m^{\text{ref}}\|^2 \tag{7.87}$$

式中，d^{obsn}为不同分量的响应实测数据；$F_n(m)$ 为不同分量的响应函数；W_n 为实测数据的权系数矩阵；m^{ref}为先验模型。

为实现非线性目标函数线性化，对目标函数进行泰勒展开，并略去高次项：

$$P^{\alpha}(m^k+\Delta m)=P^{\alpha}(m)+\frac{\partial P^{\alpha}(m)}{\partial m}\Delta m+\frac{1}{2}\Delta m^{\text{T}}\frac{\partial^2 P^{\alpha}(m)}{\partial^2 m}\Delta m^2+O\|(\Delta m)^2\| \tag{7.88}$$

式中，m^k 为模型的第 k 次迭代值。式（7.88）对 Δm 求导，并令其等于0，得到反演迭代更新公式：

$$\Delta m=-\frac{\partial P^{\alpha}(m^k)}{\partial m}\cdot\left[\frac{\partial^2 P^{\alpha}(m^k)}{\partial m^2}\right]^{-1} \tag{7.89}$$

之后，分别对目标函数求一阶和二阶偏导，并代入式（7.89），最终得到数据更新公式：

$$\begin{aligned}m^{k+1}&=m^k+\Delta m\\&=m^k+\begin{Bmatrix}J_1^{\text{T}}W_1^{\text{T}}W_1[d^{\text{obs1}}-F_1(m)]+\\J_2^{\text{T}}W_2^{\text{T}}W_2[d^{\text{obs2}}-F_2(m)]+\\\cdots+J_n^{\text{T}}W_n^{\text{T}}W_n[d^{\text{obsn}}-F_n(m)]\\+\alpha(m^{\text{ref}}-m)\end{Bmatrix}(J_1^{\text{T}}W_1^{\text{T}}W_1J_1+J_2^{\text{T}}W_2^{\text{T}}W_2J_2+\cdots+J_n^{\text{T}}W_n^{\text{T}}W_nJ_n+\alpha)^{-1}\end{aligned} \tag{7.90}$$

式中，J 为灵敏度矩阵。利用数据更新公式 m^k+1，通过迭代，不断修正正演模型 m，最终获得满足精度要求的模型。

多分量数据联合反演的算法流程图如图 7.38 所示。

7.5.2　模型试算

为验证反演方法的有效性，使用 SOTEM 多分量数据对五层（HKH 型）模型进行反演。观测参数设置：发射源长度为 1000m，发射电流为 10A，偏移距为 1000m，反演参量为垂直感应电动势（$\mathrm{d}B_z/\mathrm{d}t$）和水平电场（$E_x$），采样时间为 10^{-5} ~ 1s，共 51 个采样道，联合反演结果与 7.3 节单分量反演结果对比如图 7.39 所示。

图 7.39 给出了 HKH 模型的单分量与多分量联合反演对比结果。由图可以看到 E_x 与 $\mathrm{d}B_z/\mathrm{d}t$ 联合反演时模型参数向真值逼近过程，经过 5 次迭代后反演模型与真实模型就几乎完全拟合，数据拟合残差降至 10^{-2}量级，效果远好于单分量反演效果。下面给出单分量与多分量对整条剖面的反演效果。对于单分量反演，$\mathrm{d}B_z/\mathrm{d}t$ 分量反演受空间测点变化影响较小，反演效果较稳定，对浅层低阻层深度控制较好，但是对深部异常深度、厚度及电阻率的反演结果并不准确，如图 7.40（a）所示。而电场分量在整个剖面反演中呈现出不稳定性［图 7.40（b）］，受空间位置的影响较大，反演的层厚起伏较大，但是对各层的电阻率

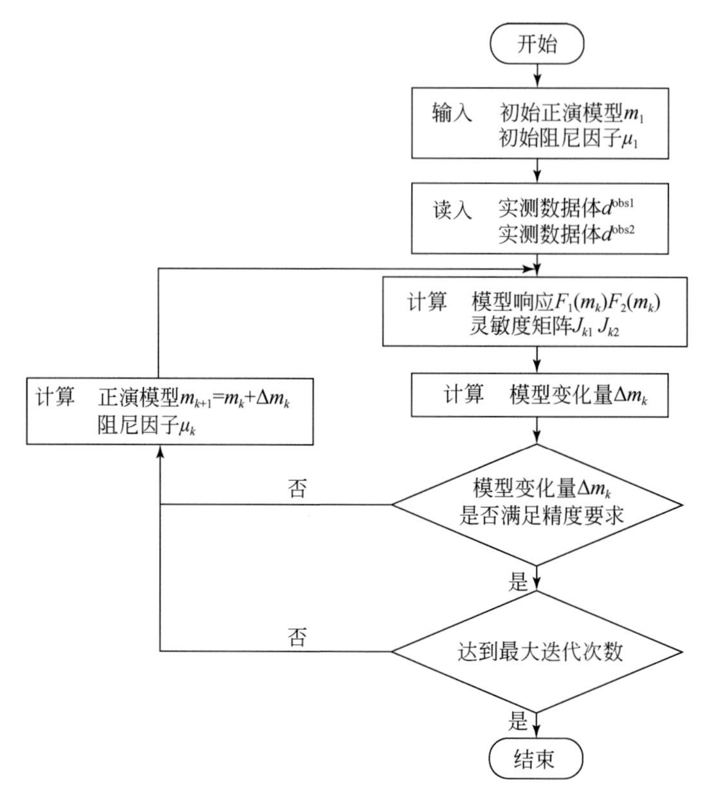

图 7.38　多源多分量阻尼最小二乘反演流程图

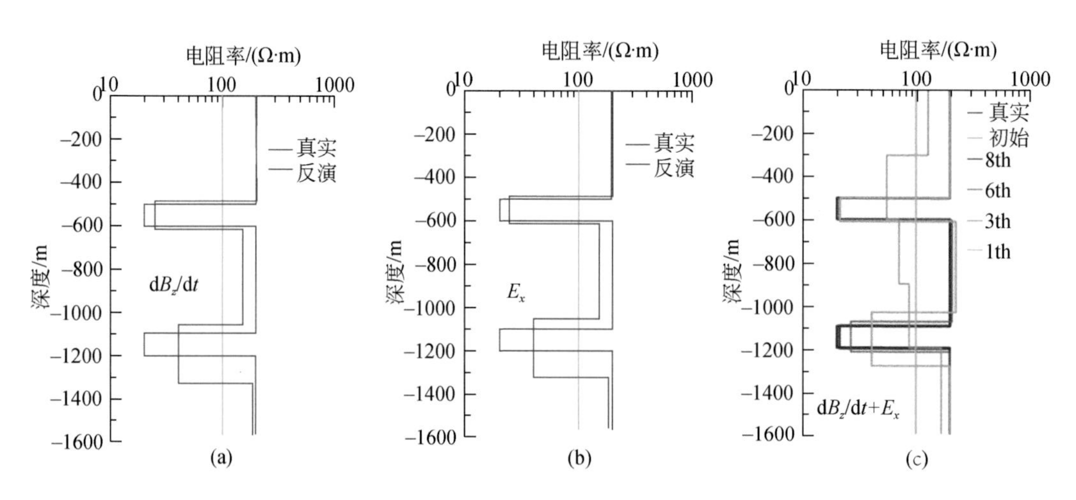

图 7.39　dB_z/dt 与 E_x 对 HKH 模型单分量及联合反演的反演结果

（a）磁场反演结果；（b）电场反演结果；（c）电场与磁场联合反演结果

值控制远远好于磁场分量。而多分量联合约束反演结果的效果非常好，层厚和电阻率值反演精度更高，地层正确归位，反演结果与真值几乎完全拟合［图 7.40（c）］，说明通过 E_x 和 dB_z/dt 反演得到的模型相互约束方式可以消除反演迭代中模型更新步长的不稳定性，所得到的更新模型是电场对高阻和磁场对地层厚度探测优势的加权结果。

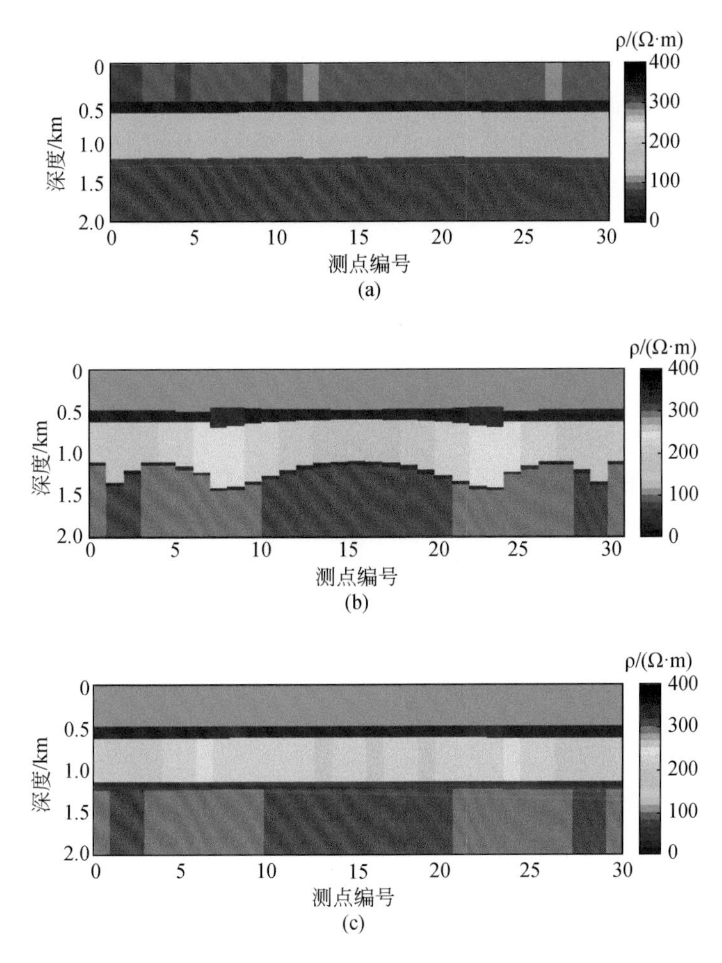

图 7.40　HKH 模型 dB_z/dt 与 E_x 联合反演剖面图

(a) dB_z/dt 分量反演剖面图；(b) E_x 分量反演剖面图；(c) 联合反演剖面图

7.6　SOTEMsoft 数据处理软件介绍

目前已有的瞬变电磁数据处理软件大都仅针对回线源装置，如比较知名的软件包括 Aarhus 大学开发的 Workbench 和 SPIA、GEOSYSTEM 开发的 WinGLink、Zonge 公司的 STEMMINV、欧华联公司的 TEMpros、中国科学院地质与地球物理研究所白登海开发的 BTEM 等。极少软件系统可以处理电性源 TEM 装置的数据，仅有 EMIT 的 Maxwell 软件和 INTERPEX 的 IX1D 软件具备电性源模块。但是，上述软件在进行电性源数据处理时未能充分考虑 SOTEM 的装置特点，使得数据处理效率和精度都受到较大影响，实用化程度较低。

针对上述问题，作者开发了一套专门适用于 SOTEM 数据处理的软件系统 SOTEMsoft。SOTEMsoft 除实现了常规的数据预处理和反演计算外，还实现了以下几项关键技术：①任意（位置、尺寸、形状）电性源一维快速正反演；②多分量数据、多源数据联合反演；③考虑激发极化（IP）效应的反演；④基于横向约束的拟二维反演。在此基础上开发出集数据整理、预处理与评价、实时成像、正演模拟、反演计算、工程输图等功能为一体的人机交互式实用化 SOTEM 数据处理软件系统。下面简要介绍 SOTEMsoft 软件的功能与特点，并通过对数值模拟数据与野外实测数据的处理说明该软件的效果。

7.6.1　SOTEMsoft 功能与特点

1. SOTEMsoft 软件构成

SOTEMsoft 软件系统的构成如图 7.41 所示，主要包括数据整理模块（TEM-USF. exe）和数据处理模块（SOTEMsoft. exe）。其中数据整理模块的功能是将数据采集仪器系统输出的通用测深格式（. USF）文件及测点、发射源坐标信息汇总并生成 SOTEMsoft 软件可读入的 DLR 文件。数据处理模块是本软件的核心部分，其主界面如图 7.42 所示。此外，软件系统还包括三个辅助文件：用于储存测深数据的“数据集合”文件夹，用于汇总测点坐标信息的“sounding. txt”文件和用于输入发射源坐标信息及测点文件名称的“source. txt”文件。

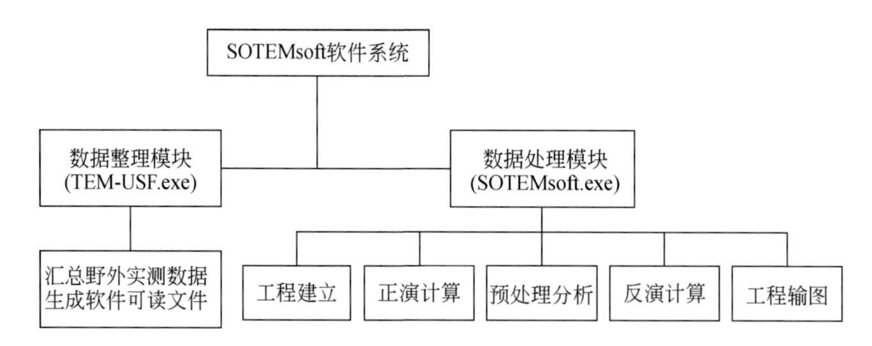

图 7.41　SOTEMsoft 软件系统组成

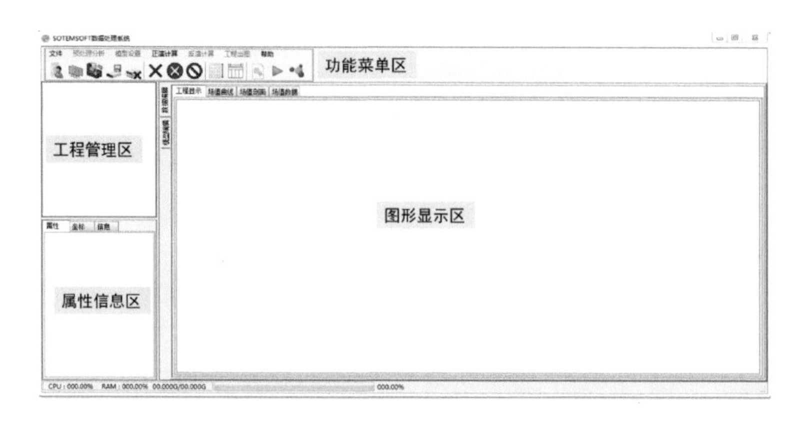

图 7.42　SOTEMsoft 软件主界面

2. SOTEMsoft 软件功能

SOTEMsoft 软件系统以野外实测数据为核心，采用 Fortran 核心算法实现 SOTEM 数据预处理及一维正反演，采用 VB. NET 实现软件人机交互界面，能够对野外数据进行整理-显示-评价-去噪-反演-成图等完整的处理。SOTEMsoft 系统主要功能包括数据整理、图像显示、数据预处理、正演模拟、模型构建、数据反演、工程出图等。SOTEMsoft 软件功能构架如图 7.43 所示。

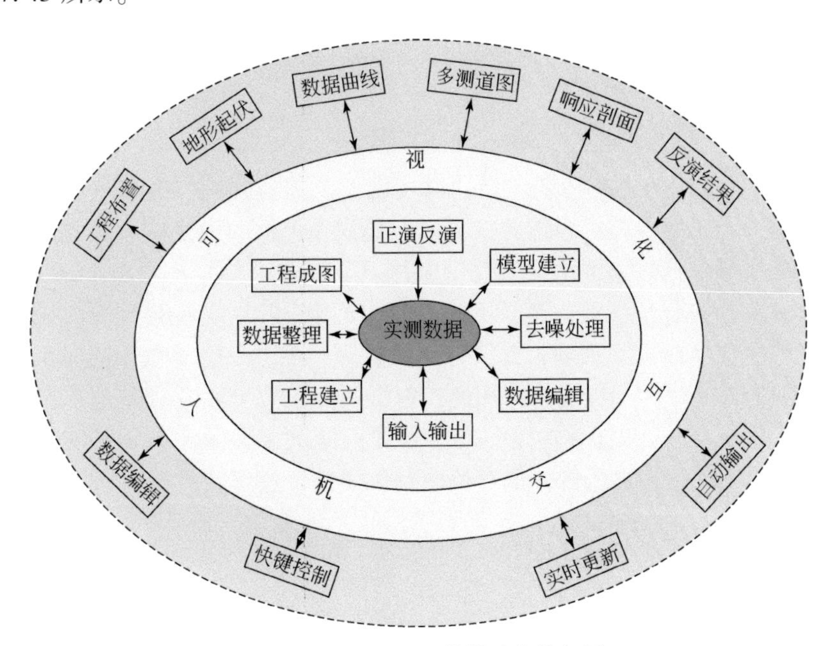

图 7.43　SOTEMsoft 软件功能构架图

SOTEMsoft 软件系统各项功能菜单的主要功能及作用描述如下：

（1）数据整理：将仪器原始记录的电磁场信号、时间，以及发射源和接收点坐标、发射电流等信息进行汇总整理，生成 SOTEMsoft 软件可直接读取的 DLR 文件。

（2）图像显示：软件提供包括收发布置图、单点衰减曲线、地形起伏、多测道曲线、响应幅值剖面、拟合曲线、反演结果等多种形式的数据图像显示（图 7.44），可用于直观判断数据准确性、评价观测数据质量和反演效果。

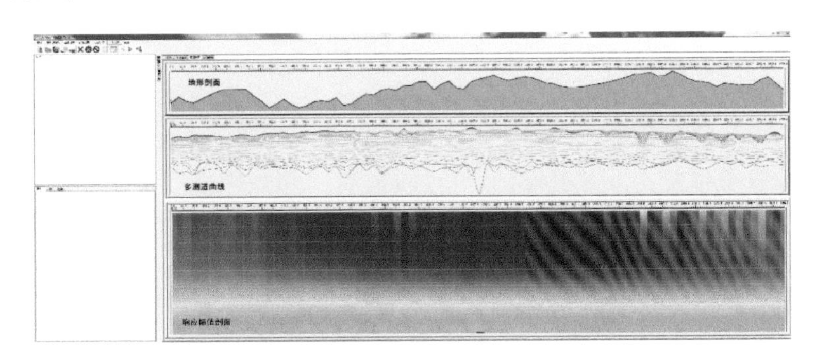

图 7.44　SOTEMsoft 图像显示功能

（3）数据预处理：采用人机互动方式实现对原始数据的时间道选取、飞点剔除、圆滑滤波、数据质量评价等预处理分析。

（4）模型构建：根据需求建立正演模型或反演模型。

（5）正演模拟：该功能提供针对电性源瞬变电磁装置的一维正演，可为应用者开展工程设计、可行性分析、参数选取等工作提供帮助。

（6）数据反演：对预处理后的数据进行半定量反演、一维定量反演和拟二维横向约束反演。

（7）工程出图：实时更新反演电阻率-深度断面图并自动调用 Surfer 软件绘制工程输出图像。

3. SOTEMsoft 软件特点

SOTEMsoft 软件系统的主要特点包括：可实现任意装置形式（地面、地-空、地-井）电性源瞬变电磁一维正演；提供一维等效源半定量快速反演、自适应正则化一维反演、拟二维横向约束反演等多种反演方法，并提供多种模型约束；支持 E_x、B_z、dB_z/dt 分量单独反演和任意分量组合的联合反演；基于 Cole-Cole 模型的极化率参数反演；提供微分电导成像结果，实现电性界面精确刻画；支持弯曲发射源、多个发射源数据同时反演；解析灵敏度矩阵，CUDA 并行计算，实现软件加速；根据测点位置分布建立带地形自适应光滑过渡的反演模型；人机交互，鼠标+快捷键操作处理；提供多种图像显示并实时更新，自动调用 Surfer 软件绘制工程输出图像；保存反演结果文件、过程文件、模型转换文件。

7.6.2 SOTEMsoft 应用效果

1. 模拟数据处理效果

设计一个含 IP 效应的三层地电模型，如图 7.45 所示。模型背景电阻率为 300Ω · m，极化率为 0，中间层电阻率为 100Ω · m，极化率为 5%，中间层厚度由中间（横向距离为 500m 处）100m 逐渐向两侧增加为 200m。发射源长度为 500m，发射电流为 1A，计算时窗范围为 0.01 ~ 100ms，偏移距为 500m，点距为 20m，共计算 51 个测点，接收点与发射源的几何布置关系如图 7.46 所示。利用 SOTEMsoft 软件自带的一维正演模块，对 51 个测点分别进行一维正演，得到各点的响应数据（dB_z/dt），并随机在各点的响应数据中添加 5% ~ 10% 的白噪声。

为更好地刻画反演模型的界面，压制噪声对反演结果的影响，保证测点反演电阻率在横向上的连续性，我们采用施加了横向电阻率约束的拟二维反演方法。首先，根据反演深度需求建立合理的反演模型（图 7.47），然后在反演参数设置界面，勾选电阻率（RS）和极化率（IP）两个反演参数，并设置两者的取值范围（图 7.48）。为保证反演结果的稳定性，固定模型参数中对 IP 效应影响较小的时间常数项和频率系数项，这两个参数可以根据实际测区的主要岩性特征进行选取。软件提供了模型最小梯度约束、模型最光滑约束、模型最小支持梯度约束、模型最小支持光滑约束四种模型稳定器，实际应用中可根据需要合理选择。本次反演中，时间常数项设置为 1s，频率相关系数设置为 0.25，模型稳定器选择模型最小梯度约束。

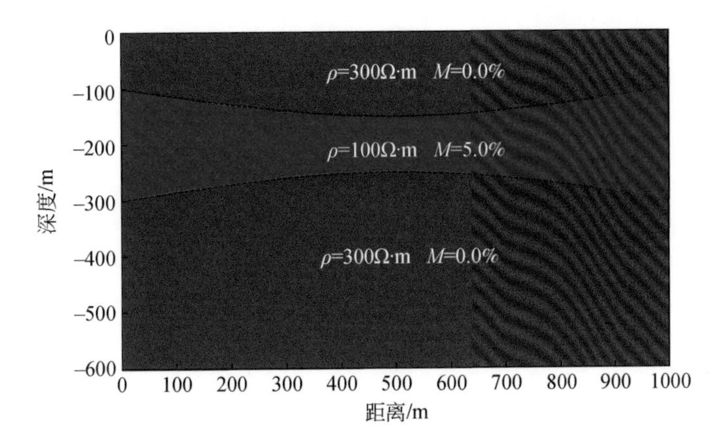

图 7.45　三层地电模型

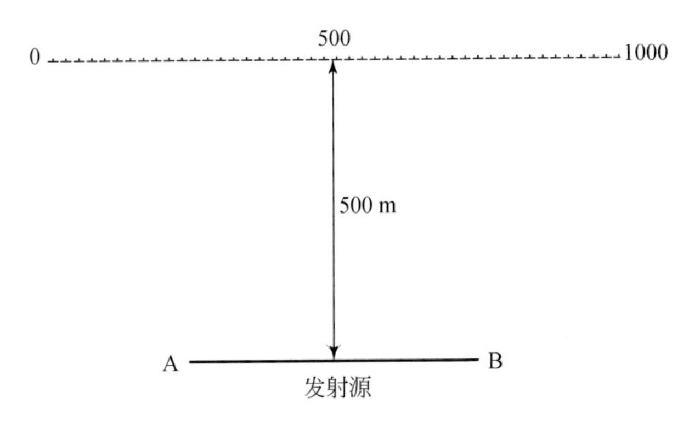

图 7.46　发射源-接收点几何布置

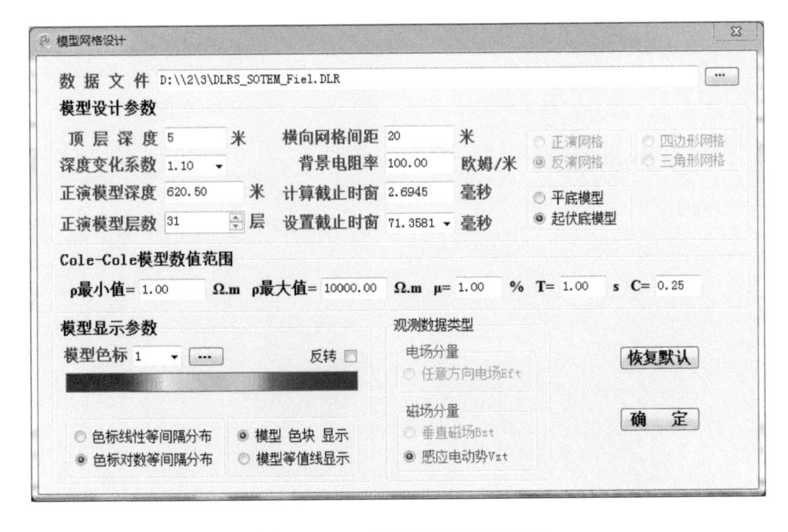

图 7.47　反演模型建立界面

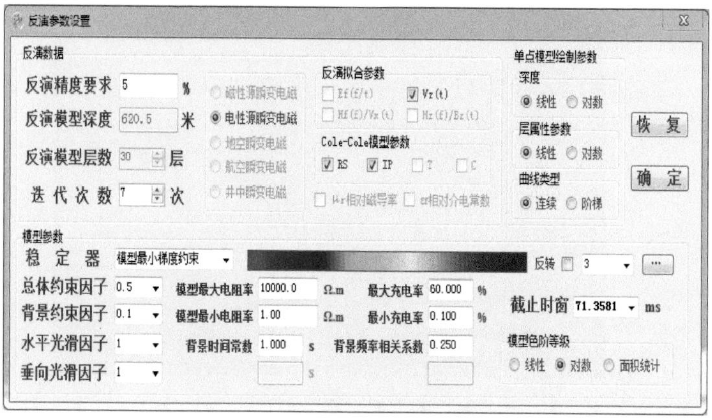

图 7.48　反演参数设置界面

基于图 7.47 所建立模型和图 7.48 所设反演参数，利用 SOTEMsoft 进行拟二维反演得到了电阻率-深度和充电率-深度结果，如图 7.49 所示。通过 7 次迭代，所有测点的拟合残差都达到 5% 以下。可以看出，无论是电阻率模型还是充电率模型，SOTEMsoft 软件都很好地恢复了真实模型的参数，且对中间目标层的厚度及界面的刻画也非常准确。

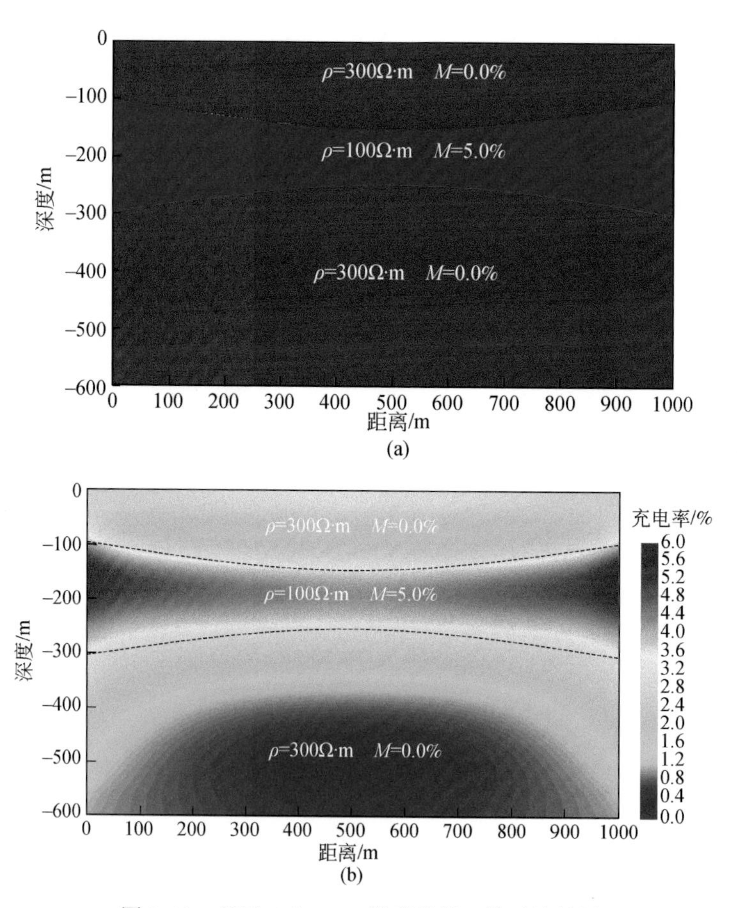

图 7.49　基于 Cole-Cole 模型的拟二维反演结果

(a) 电阻率模型；(b) 充电率模型

2. 实测数据处理效果

以陕西省麟游县某煤矿深部地层含水性调查为例，说明 SOTEMsoft 处理实测数据的效果。本区地层由老至新分别为三叠系、侏罗系、白垩系、古近系、新近系和第四系，主采煤层为侏罗系延安组的 3 煤，埋深大部分为 500 ~ 700m。本次测量目的主要是调查区内 3 煤顶底板主要含水层的富含水性及断层的含、导水性。通过试验工作选定了本次 SOTEM 探测的工作参数：发射源长度为 1059m，点距为 20m，发射源中心至测线中心的距离为 730m，发射电流基频为 2.5Hz，大小为 16A，观测垂直感应电压（$V_z(t)$），接收线圈有效面积为 10000m^2，收发布置如图 7.50 所示。由于测线附近无明显干扰源，实测数据整体质量较高，仅晚期个别时间道的数据出现畸变，我们在预处理时进行剔除。实测感应电压多测道曲线及响应幅值剖面如图 7.51 所示。

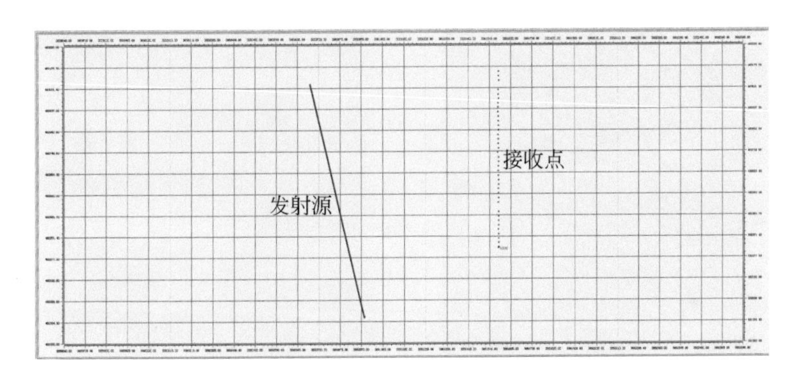

图 7.50　测线收发布置图

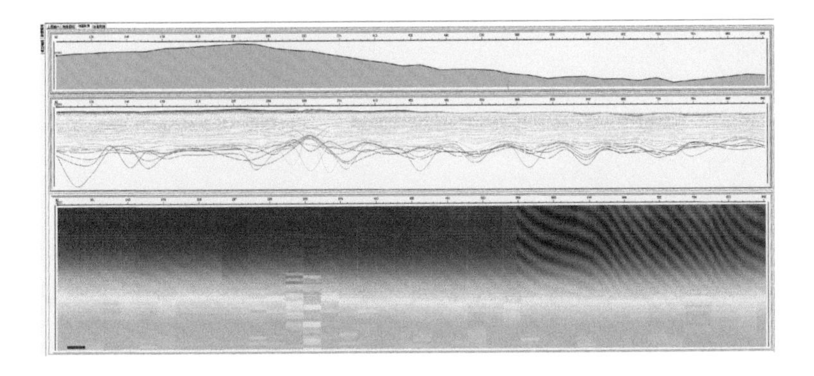

图 7.51　测线地形与原始响应

首先利用 SOTEMsoft 软件对预处理后的数据进行拟二维反演，反演模型最大深度取 1500m，首层厚度 10m，共 34 层，各层厚度以对数等间隔递增，选择模型最光滑约束稳定器，迭代次数 7 次，反演结果如图 7.52（a）所示。同时，为验证软件效果，我们利用商用软件 IX1D 对同样的数据体也进行了反演处理，结果如图 7.52（b）所示。从图 7.52 可以看出，两个软件反演得到的地层电阻率分布基本一致。浅部约 200m 深度范围内地层呈明显的高阻反映，代表了含水性较差的第四系黄土、新近系—古近系红土、白垩系砂岩地层。标高 900 ~ 1100m，存在一处明显的低阻层，厚度约为 100m，对应含水性较好的侏罗系直罗组泥岩地层。再往深处，地层电阻率出现明显的横向突变，表明该深度范围内地层的含水性存在不同，点号 0 ~ 400m 之间地层富水性较强，并根据电阻率纵向的延展形态，推测该处发育断层，形成良好的导水和赋水通道，沟通了上部侏罗系含水层。该探测结果与矿方在剖面上实施的两个钻孔 K2-5 和 K2-6 揭示的地层分布及含水性情况一致，验证了处理结果的准确性。

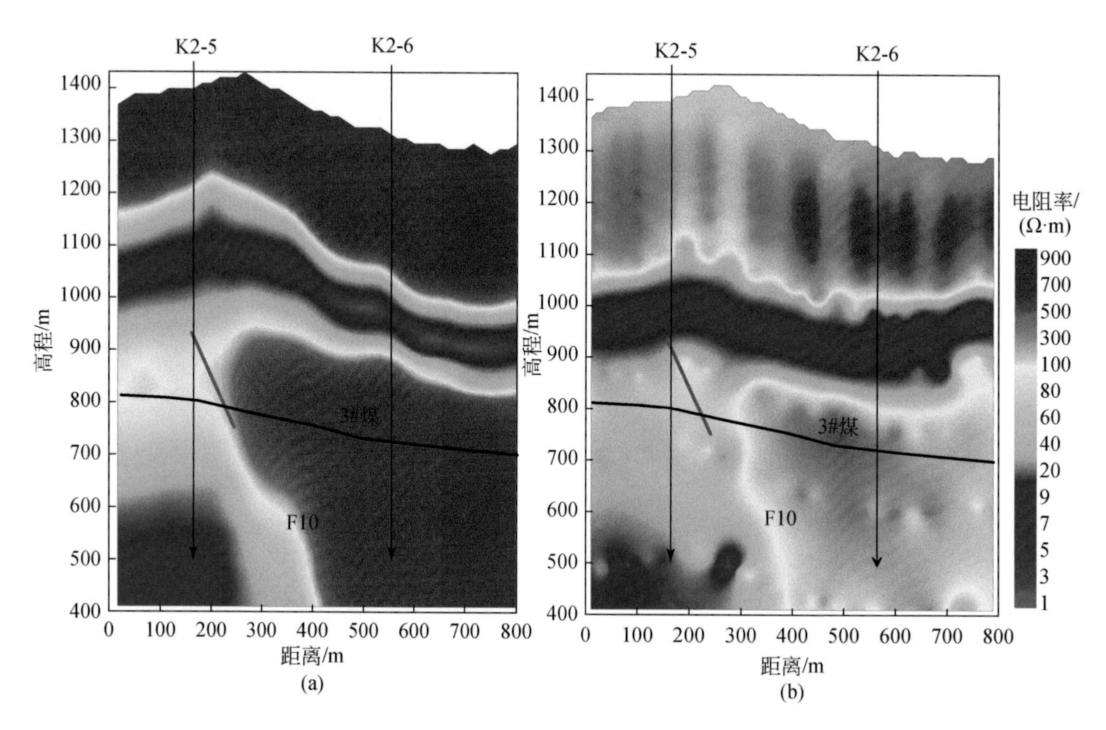

图 7.52　反演电阻率-深度剖面

（a）SOTEMsoft 反演结果；（b）IX1D 反演结果

通过处理本次数据，与商用软件 IX1D 相比 SOTEMsoft 的优势体现在：①结果更可靠，由于采用拟二维反演方法，SOTEMsoft 得到的电阻率在横向上的过渡更为光滑自然，对地层界面的刻画更为清晰；②速度更快，相同计算机配置条件下（Intel（R）Xeon（R）CPU E5-1603 v4 @ 2. 80GHz RAM 16GB），SOTEMsoft 反演整条测线数据仅需约 5min，而 IX1D 则需约 16min；③功能更为完备，SOTEMsoft 软件针对 SOTEM 装置及数据特点而开发，包含了预处理、正反演、显示成图等较齐全的功能，而 IX1D 软件为多种电磁方法数据处理而开发，功能针对性和完备性较弱；④操作更为简单，SOTEMsoft 实现了从原始观测数据到最终输出结果的流程式处理，而 IX1D 在相对坐标计算、参数编辑、模型建立、结果整理等步骤操作较为繁琐，且可视化及人机互动效果也较差。

第 8 章　SOTEM 应用实例

本章阐述了作者研究团队采用 SOTEM 解决金属矿、煤矿防治等资源环境领域的实际问题，包括河南叶县 SOTEM 试验与盐溶探测、山东华丰煤矿深部富水性调查、安徽霍邱北铁矿探测、河北围场银窝沟铜多金属矿探测、峄山矿集区金多金属矿探测、陕西韩城深部煤层含水性调查、安徽桃园煤矿含水体探测、河北顺平城市活断层探测等。本章详细介绍了这些实际探测问题中的地质问题、关键技术和探测成果，能够为读者了解 SOTEM 探测问题提供思路和参考。

8.1　河南叶县 SOTEM 试验与盐溶探测

8.1.1　试验介绍

为了验证理论分析结果，对比不同参数下 SOTEM 的响应曲线、检验视电阻率算法和反演技术，选择了地势平坦、地层结构简单的河南叶县进行实际试验观测。

该地区为盐矿富集区，地层相对比较简单、稳定，深部盐矿经开采后形成空洞，并充水形成极低阻的含卤水溶腔。测区地层主要包括第四系砂砾和黏土互层、新近系砂岩和泥岩互层、泥岩和盐岩互层。本区盐矿埋深为 1100～1400m，盐矿经人工水溶压裂开采后，发育成含卤水的溶腔，是地下深部能源存储库的理想介质。此外，本区内已完成多个深达 2km 的钻孔，已知地质资料丰富，为验证结果的可靠性提供了保障。图 8.1 为试验区地质剖面，对应的岩石电性参数见表 8.1。

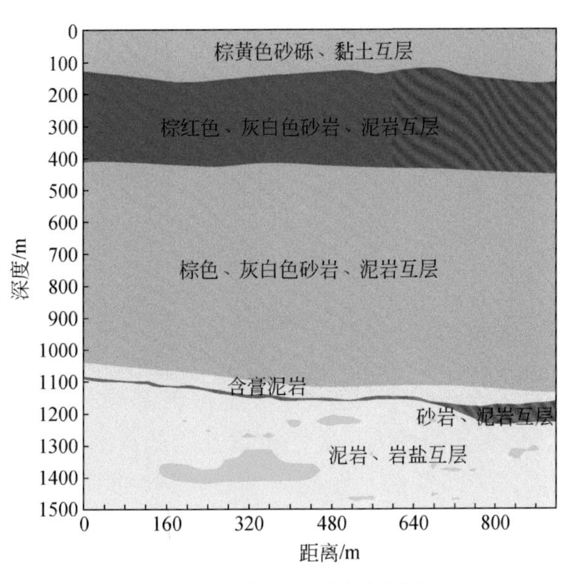

图 8.1　试验区地层示意图

表 8.1　地层电性参数

岩性	平均厚度/m	电阻率范围/(Ω·m)
砂岩、黏土	110	100 ~ 200
砂岩、泥岩	1000	20 ~ 80
含膏泥岩	50	>500
泥岩、岩盐	>500	>500
岩盐溶腔	1100 ~ 1400	<10

试验中，接收点位于发射源中垂线上且位置保持不变，以保证噪声环境和地质环境的一致性，通过改变发射源位置、发射电流基频，研究不同偏移距和不同观测时长情况下的电磁场响应。试验的发、收几何布置如图 8.2 所示，其中三次发射源的参数固定为发射源长度 1km，发射电流为 16A；观测分量包括三个磁场分量（$V_x(t)$，$V_y(t)$，$V_z(t)$）和两个电场分量（E_x、E_y）；采用不极化电极观测电场，电极距固定为 50m，采用有效面积为 40000m^{2}的 7K-SB 型号探头接收感应电压，单点每次测量时间为 7min。

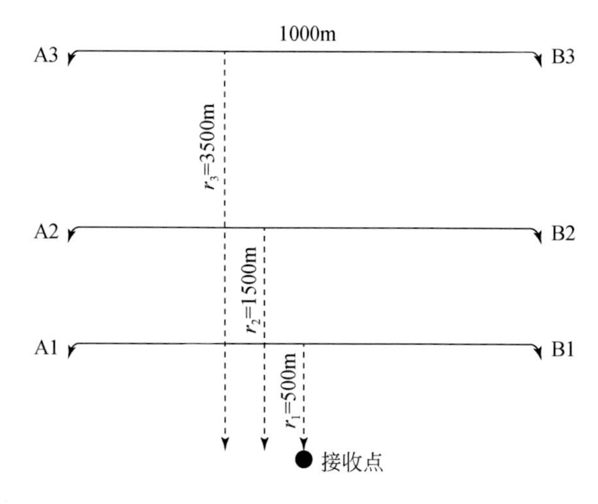

图 8.2　试验发、收几何布置示意图

8.1.2　试验内容与结果

1. 收发距固定，发射基频不同

首先，在收发距固定为 500m 时，观测了发射电流基频分别为 5Hz、2.5Hz、1Hz 和 0.5Hz 时的电磁场响应，图 8.3 为观测结果。从图中可以看出，当观测延时较短时，五个电磁场分量信号强度较高，不同发射基频的信号在观测时间重合的范围内，重合程度较好。这表明除发射基频外，其他因素未对信号造成明显影响。随着发射基频的减小，信号衰减延时变长，电磁场各分量晚期的信号质量变得越来越差，整体上在 10ms 之后所有曲线都出现不同程度的振荡，表明此时的信号已受到外部噪声的干扰。需要注意的是，发射基频为 5Hz 时，信号的衰减曲线在全部观测时间段内都比较光滑，而在与其晚期重合的时间段内，其他发射基频的曲线则已经发生了振荡，这是由于发射基频越低，相同观测时间内信号叠加的次数就越少，导致相同时刻、相同信号强度、相同噪声环境情况下，信号衰减曲线的信噪比就下降。

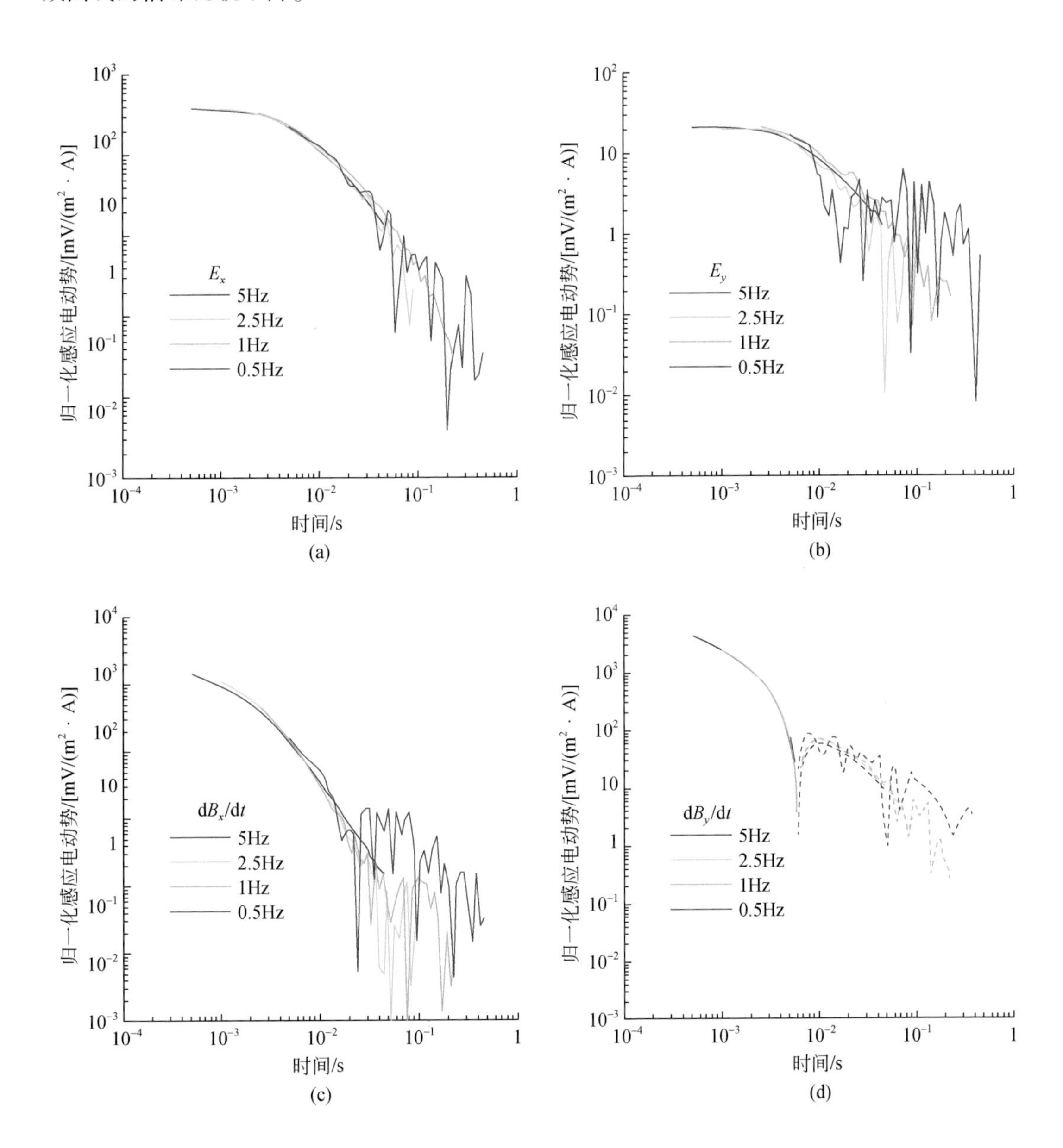

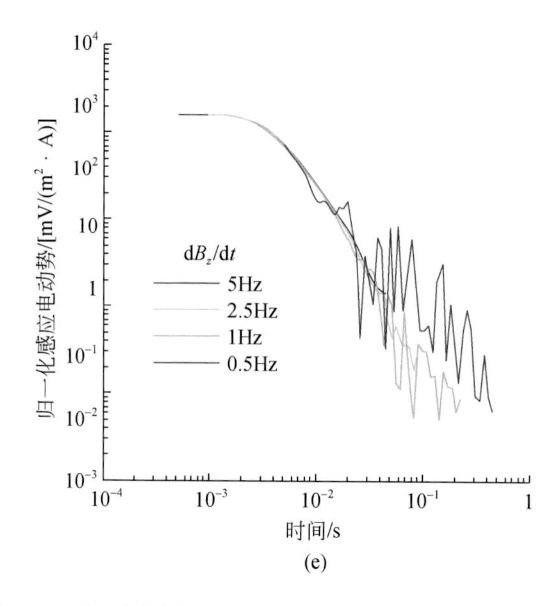

(e)

图 8.3　收发距固定，不同发射基频时的电磁场响应曲线

2. 发射基频固定，偏移距不同

接着，固定发射基频为 5Hz，观测了偏移距分别为 500m、1500m 和 3500m 时各电磁场分量的响应，观测结果如图 8.4 所示。很明显，随着偏移距的增大，各分量的信号强度发生了大幅度下降，信号曲线的光滑度越来越差。同时，随着偏移距增大，信号的幅值范围更窄，衰减也更缓慢。根据电磁波传播扩散理论可知，高频成分的电磁波波长较小、衰减速度快，因此主要集中于小偏移距处，低频成分的电磁波波长大、衰减较慢，因此主要集中于大偏移距处，所以随着偏移距的增大，高频电磁场作用越来越弱，这就导致以高频电磁场为主的早期信号不仅在强度上降低，而且易受到地质噪声和外部噪声的干扰。

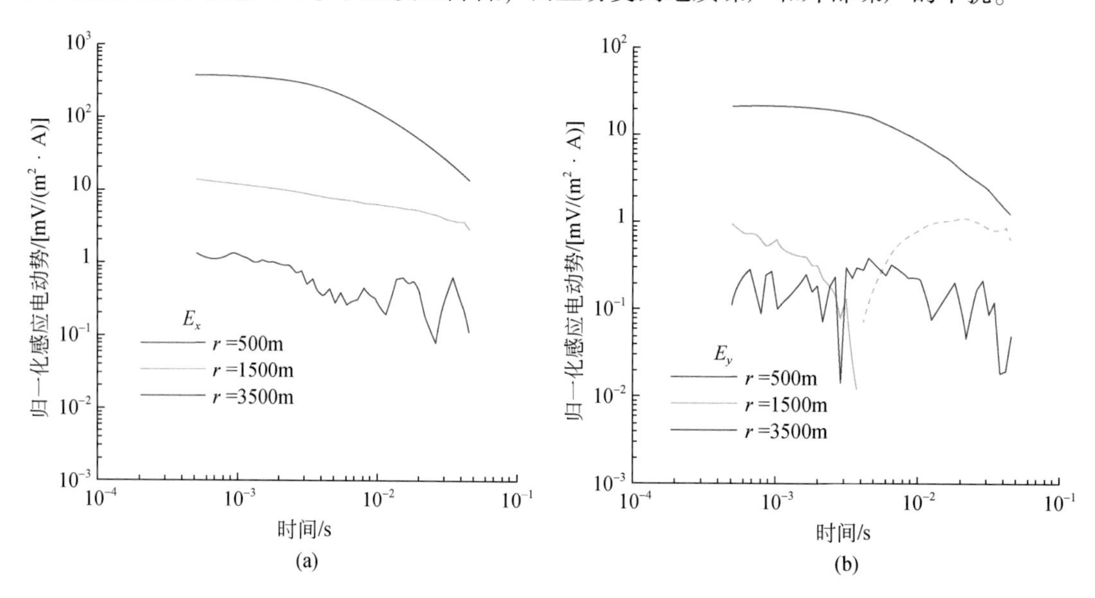

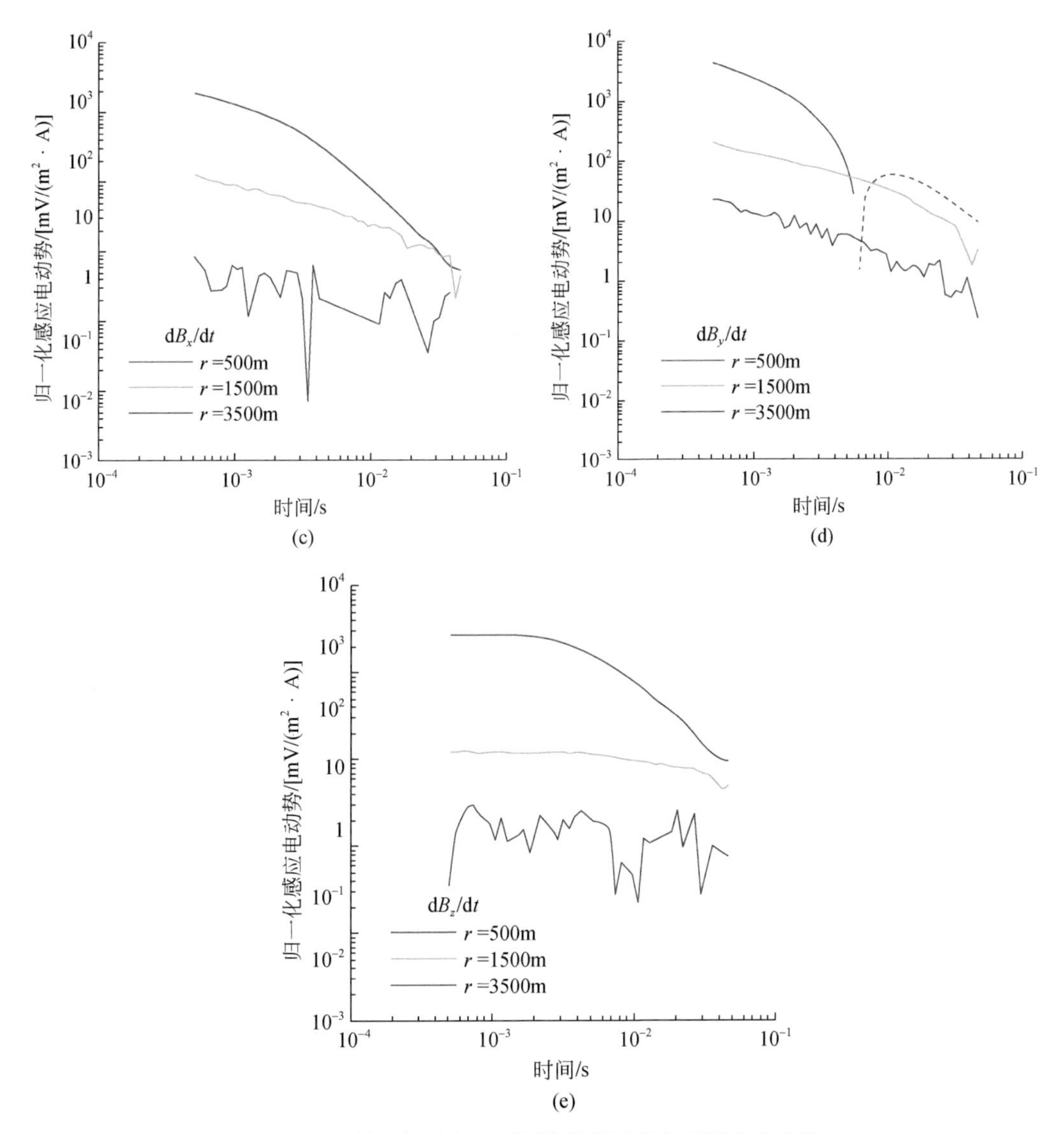

图8.4 发射基频固定，不同偏移距时的电磁场响应曲线

8.1.3 全期视电阻率与反演结果

考虑信号整体质量，以偏移距等于500m，发射基频分别为5Hz、2.5Hz和1Hz时的数据进行了全期视电阻率计算和一维等效源反演，结果如图8.5所示。进行计算时，需先将感应电压转化为垂直磁场。从视电阻率曲线可以看出，三个基频数据的计算结果都表明测区地层的电性呈H型结构，并且在重合时间范围内各频率的计算结果拟合程度非常好，只是2.5Hz和1Hz的晚期数据质量不高，导致了视电阻率曲线出现微小的抖动。一维等效源反演结果则显示出不同的结果，5Hz反演结果显示地层电性为H型结构，而2.5Hz和1Hz的反演结果则显示地层为G型结构。这表明两个较低基频对应的最早时间道的信号已穿透

地表的高阻层，该深度以上的地层成为观测的盲区。另外，1Hz 对应晚期道（大深度）处的反演曲线已变得非常振荡，失去利用价值。整体来看，全期视电阻率和一维等效源反演都能较准确地反映测点下方地层电性的真实变化。

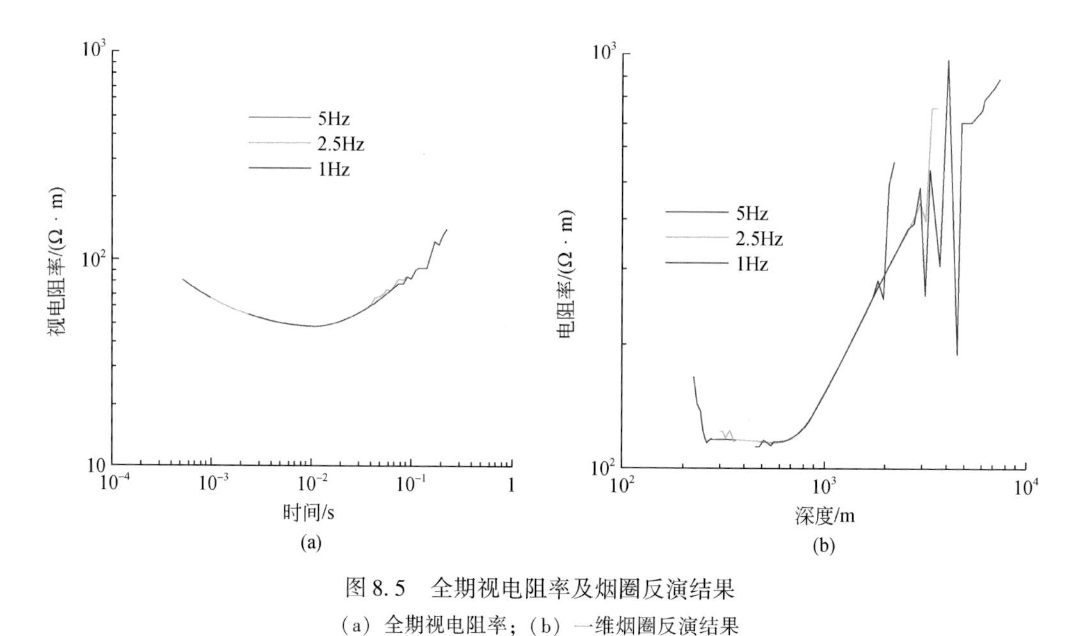

图 8.5　全期视电阻率及烟圈反演结果

（a）全期视电阻率；（b）一维烟圈反演结果

8.1.4　岩盐溶腔探测

在测区内选择已有钻孔揭示深部盐溶空腔的典型剖面开展了深部盐溶空腔 SOTEM 探测。根据试验情况，我们选择观测抗干扰能力较强的水平电场 E_x 分量。工作参数为发射电流基频为 1Hz，强度为 18A，电极距 MN 为 40m，单点观测时间为 10min。共布置 6 条测线，如图 8.6 所示，各测线及发射源的信息见表 8.2。

图 8.6　SOTEM 收发布置图

表 8.2　测线及发射源信息表

测线/源	长度/m	方位/(°)	偏移距/m	控制发射源
L1	680	186	480	S1
L2	680	186	485	S1
L3	920	108	400	S2
L4	920	108	450	S2
L5	800	108	890	S2
L6	800	108	940	S2
S1	500	195	—	—
S2	1060	100	—	—

由于采用较短的偏移距观测，加上测线附近较低的噪声环境，原始观测的电场数据具有较高的信噪比，大部分测点的数据在全延时范围内都具有较低的误差棒水平，典型测点的原始观测衰减曲线如图 8.7 所示。

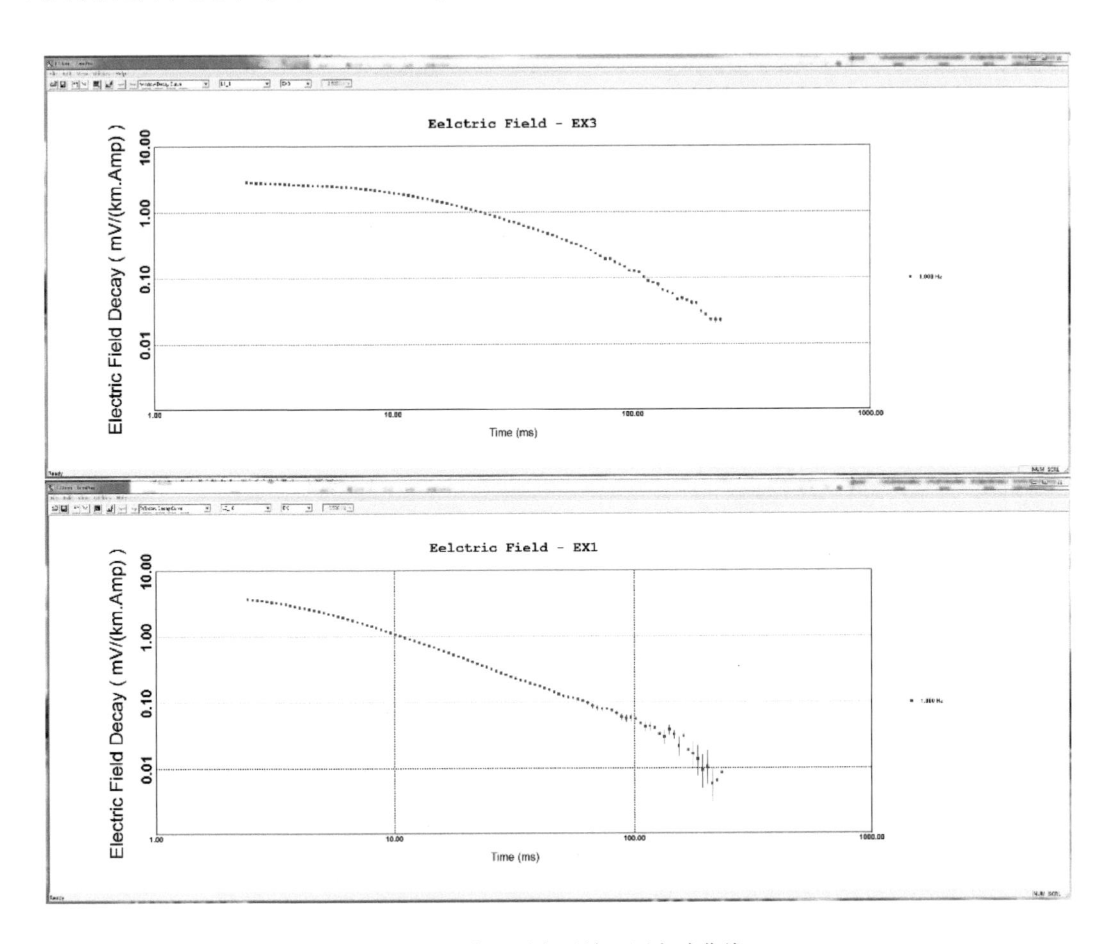

图 8.7　典型测点原始观测衰减曲线

对 6 条测线的数据进行圆滑滤波处理后进行一维反演，得到电阻率-深度断面图，如图 8.8 ~ 图 8.10 所示。根据已有资料，测区盐矿埋深在 1100 ~ 1400m 范围内，含盐地层未开采前呈高阻反映，溶水开采后，形成溶腔积水，而卤水为极易导电介质，故呈低阻反映。因此，在反演电阻率-深度断面中该深度范围内的低阻异常，可以定性解释为溶腔。首先看 L1 和 L2 线结果（图 8.8），两条线的反演结果表现出基本一致的电性分布。根据电阻率值可以将地层分为三个电性层，第一层为地表至 200m 深度范围内的高阻层，为第四系覆盖的砂砾黏土互层；第二层为 200 ~ 900m 深度范围内的低阻层，为古近系-新近系的砂岩泥岩互层；第三层为 900 ~ 1500m 深度范围内的高阻层，为含盐的膏质泥岩页岩互层。可以发现在深度 1000 ~ 1400m 范围内，出现了电阻率的横向突变，整体呈高阻的背景下存在三处低阻异常。根据前述电性特征分析，可以推断该深度范围内的低阻异常为含卤水岩盐溶腔的反应，将三处溶腔分别命名为 C1、C2 和 C3。此外，在两条测线的北段 100 ~ 900m 深度范围内，电阻率在横向上也发生了一定程度的不连续，这是存在一条近东西向的断裂造成的。

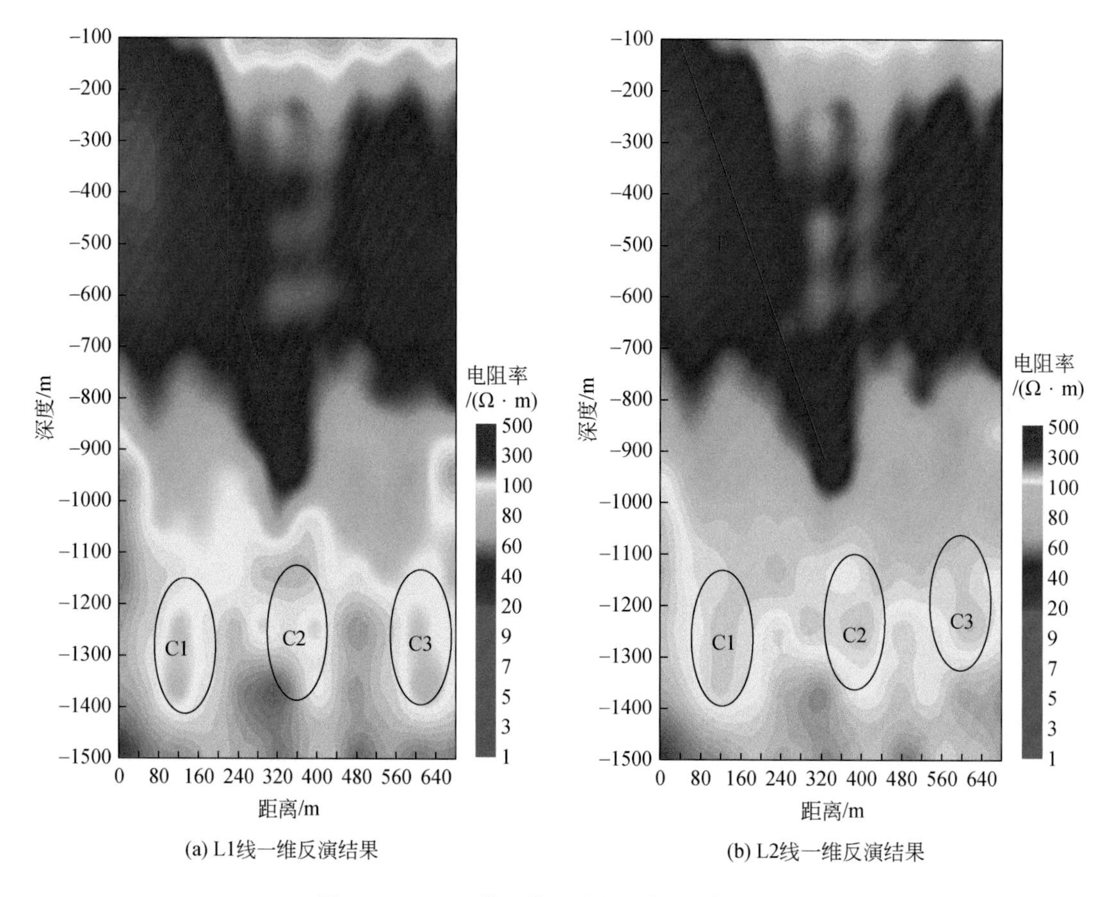

(a) L1线一维反演结果　　(b) L2线一维反演结果

图 8.8　L1、L2 线一维反演电阻率-深度断面图

L3 和 L4 线反演结果揭示的电性结构基本与 L1 和 L2 的一致，在深部也存在两处溶腔造成的低阻异常，其中 720m 点号处的低阻异常与 L1 和 L2 线揭示的 C2 为同一处溶腔所

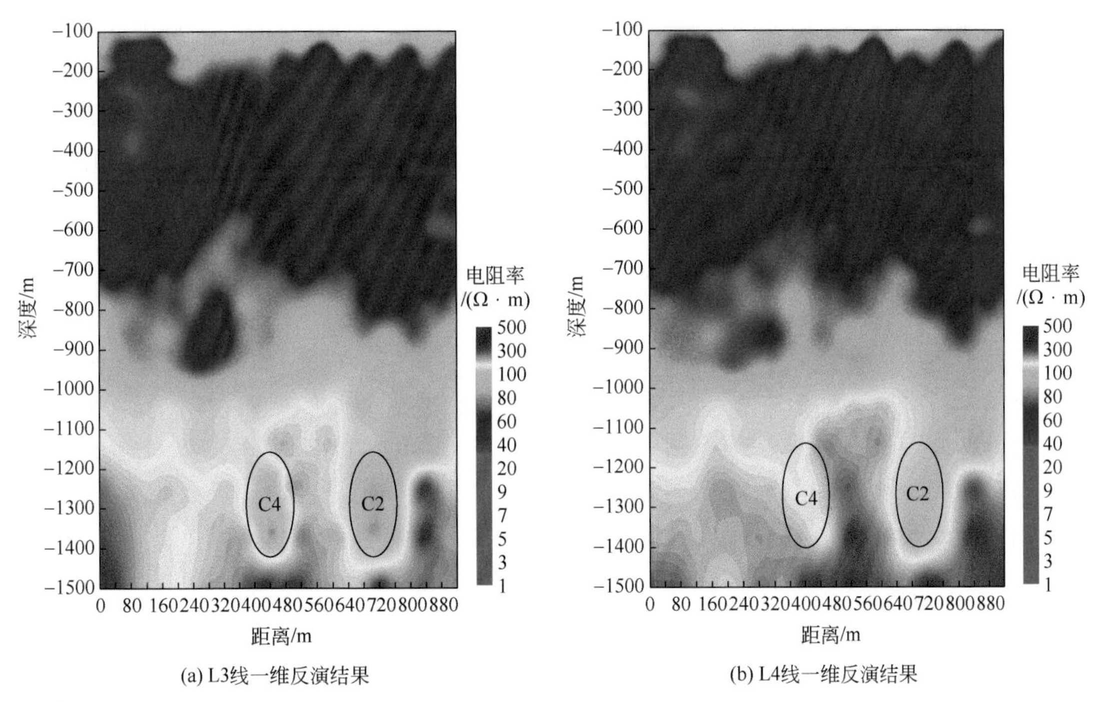

图 8. 9　L3、L4 线一维反演电阻率-深度断面图

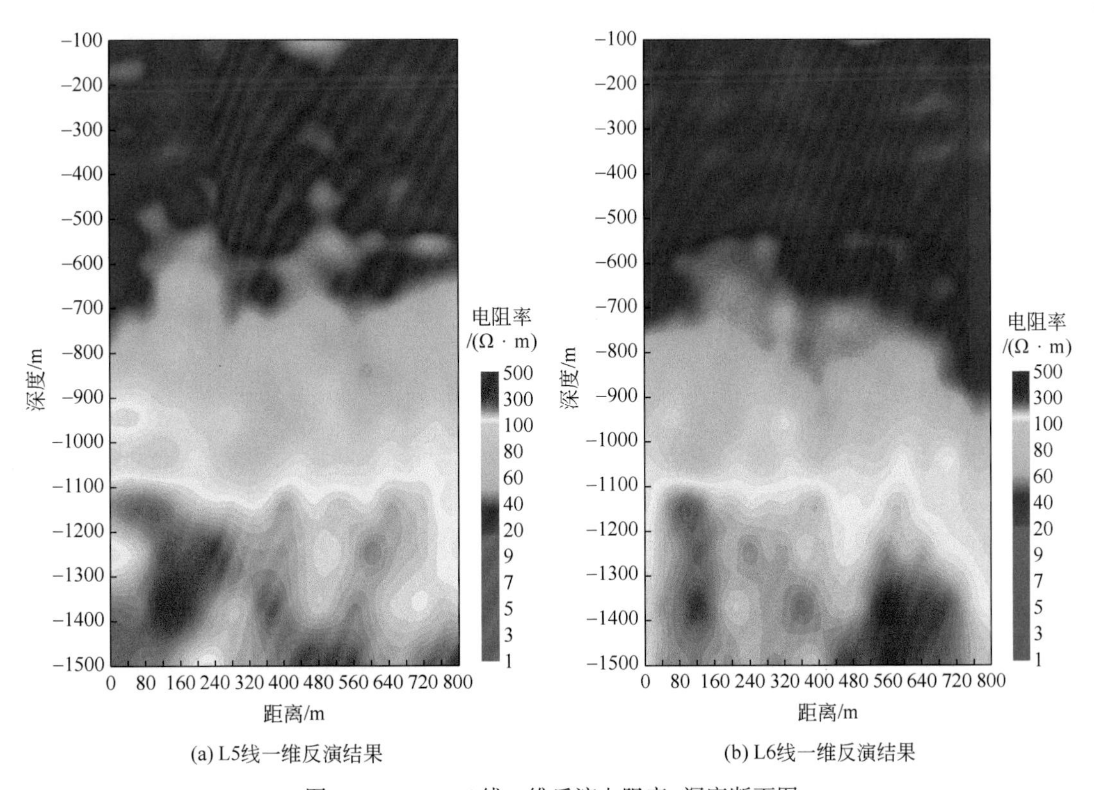

图 8. 10　L5、L6 线一维反演电阻率-深度断面图

致。不同测线对同一目标体的一致性刻画，这也表明了测量数据和反演结果的可靠性。

L5 和 L6 线反演结果，与前述四条测线表现出一定程度的差别。首先，浅部的高阻异常范围变得很小或接近消失，表明该处的第四系地层变薄或者富水性较好。深部含盐矿地层电阻率分布较为均匀，没有出现明显的电阻率横向变化，表明此处地层较为完整，未出现充水的盐溶空腔。

8.1.5　试验结论

本次试验是较早开展的系统性的 SOTEM 观测实验。主要目的是获取不同收发装置和不同工作参数下的 SOTEM 实测响应，并结合理论研究成果进行对比分析，从而实现对方法有效性及优越性的评估。通过本次试验，发现实际观测电磁场各分量的响应变化特性与理论分析结果基本相吻合，验证了理论工作的正确性。通过实际观测 6 条典型剖面数据，以及后续的处理解释，圈定了地下 1100 ~ 1400m 深度范围内的多处盐溶空腔，解释结果与已知钻孔揭示的真实情况吻合，验证了 SOTEM 具有大深度探测的能力以及相应数据处理技术的可靠性。总得来说，本次试验对 SOTEM 方法的认识、理解、掌握、改进具有非常重要的意义。

8.2　山东华丰煤矿深部富水性调查

华丰煤矿在开采 4 煤时，长期受顶部古近系-新近系砾岩水的困扰，为查明华丰煤矿三采区-1100 水平顶部富水区分布情况，华丰煤矿委托编者团队承担华丰煤矿三采区-1100 水平瞬变电磁勘探任务。由于矿区属华北型煤田，上覆较厚低阻覆盖层，传统地面回线源瞬变电磁装置难以实现目标 1500m 的探测深度。故本次测量应用探测深度更大的 SOTEM。

8.2.1　测区概况

1. 地质概况

华丰井田位于山东省宁阳县华丰镇境内，测区主要地层由老至新由太古宙泰山群的片麻岩及花岗片麻岩，下古生界寒武系、奥陶系的石灰岩、泥灰岩、泥岩，上古生界石炭系—二叠系的含煤地层，中生界侏罗系的红砂岩，新生界古近系-新近系的砾岩、红砂岩及第四系的表土、流沙层等组成，测区地层柱状图见图 8. 11。

井田内浅部构造发育较简单，井田深部（750m 以下）总体构造形态仍为一向北东倾伏的简单向斜，发育稀疏的落差小于 30m 的正断层，故属简单构造。含煤地层为石炭系—二叠系。上有中、新生界发育，下以奥灰为基底。与煤层开采有关的主要含水层自上而下分别为第四系砂砾石层，古近系-新近系砾岩层，二叠系山西组 4 煤层顶板砂岩层，石炭系太原组的第一、四层石灰岩层及本溪组的徐家庄石灰岩层，奥陶系石灰岩层。它们构成了北方型多含水层结构岩溶裂隙充水矿床。井田内，古近系-新近系底部的黏土质粉砂岩

地层系统				岩性柱状	煤岩层名称	厚度/m	岩性描述
界	系	统	组				
新生界	第四系			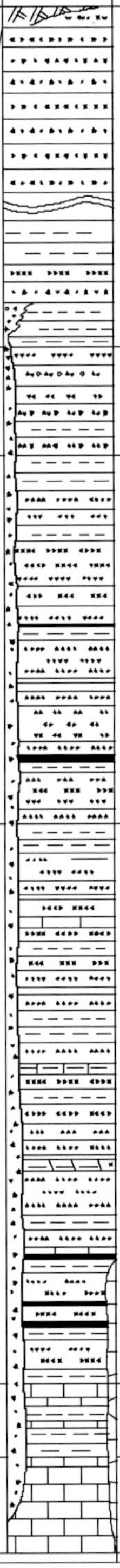		0~6.69	由褐色土壤及黏土、亚黏土、含砾砂层和黄土层组成，砂砾成分以石英、长石为主，粒径为1~3mm
新生界	新近系-古近系	下统	官庄组			0~1008.86	中、上部主要为灰白-灰绿色石灰质砾岩，夹砂岩砾岩成分以石灰质为主，次为砂岩、片麻砾岩；下部为红色、杂色石灰质砾岩、粉砂岩及泥岩等
古生界	二叠系	上统	上、下石盒子组			0~154.50	主要为杂色黏土岩，灰至灰绿色或黄褐色泥质砂岩、杂色黏土岩、泥岩等
古生界	二叠系	下统	山西组		1煤 4煤	92.85~139.95 127.57	以中、细砂岩和粉砂岩为主，夹粗砂岩和泥岩。含煤3层，可采2层，自上而下为1煤、4煤，粉砂岩中含大量的羊齿类、苛达、轮叶、楔叶、芦木、厥类等高等植物化石
古生界	石炭系	上统	太原组		5煤 一灰 二灰 11煤 四灰 13煤 15煤 16煤	156.34~236.04 195.21	主要为粉砂岩、泥岩、中–细砂岩，夹4层薄层灰岩及泥灰岩1~3层。含煤21层，其中可采和局部可采5层，自上而下为6、11、13、15、16煤，太原组为典型的海陆交互型含煤沉积，旋回结构清楚。粉砂岩及泥岩中含鳞木、芦木、厥类、轮叶等植物化石，灰岩中含丰富的珊瑚、䗴、腕足类、海百合等海相动物化石
古生界	石炭系	上统	本溪组		徐灰 草灰	35.30~47.90 44.89	以泥岩、杂色黏土岩、深灰色粉砂岩为主；夹两层灰岩
古生界	奥陶系					800	主要为石灰岩

图 8.11　华丰井田地层综合柱状图

（即“红砂岩”），石盒子组杂色黏土岩，山西组及太原组各含水层之间的粉砂岩、黏土岩、泥岩，本溪组杂色黏土岩、粉砂岩均具有良好的隔水性能，正常情况下隔断了各含水层之间的水力联系，也隔断了大气降水及地表水与煤系地层的水力联系，为本区主要隔水层。

2. 地球物理特征

本区瞬变电磁勘探的任务是探测区内 4 煤顶板富水区分布情况。对开采 4 煤影响较大的含水层为古近系–新近系官庄组砾岩含水层和 4 煤顶板砂岩含水层。砾岩中的砾石以灰岩为主，也有白云质灰岩、燧石、石英等砾石，其电性特征表现为高阻。当砾岩层中的砾石所占比例较大时，泥砂质成分少，其电阻率在整体上也会较高；而砂岩本身的电阻率较高，但当裂隙发育充水时电阻率会明显下降。本区由于受古近系–新近系厚层砾岩的影响，新生界地层电阻率较高，二叠系、石炭系地层电阻率变化不大，古近系–新近系、第四系地层与其下伏地层之间有较明显的电性差异（表 8.3）。

表 8.3　测区地层电性一览表

地层	岩性	厚度/m	电阻率/(Ω · m)
古近系–新近系、第四系（Q+R）	黄土、亚黏土、砂质黏土、砂砾石 砾岩、粉砂岩、泥岩	0 ~ 1009	>70
二叠系（P）	泥岩、砂岩及煤层	93 ~ 294	30 ~ 200
石炭系（C）	砂岩、泥岩、灰岩及煤层	240	30 ~ 200

图 8.12 是 B300 线 700 号测点的电阻率曲线。曲线的基本形态呈 HK 型，700m 以浅电阻率曲线呈明显下降趋势，为古近系–新近系、第四系地层反映；而 700 ~ 900m 以深电阻率变化范围较小，为二叠系、石炭系地层的反映，往深部为奥陶系灰岩地层反映，电阻率逐渐升高。这说明古近系–新近系、第四系地层与其下伏地层之间有较明显的电性差异。

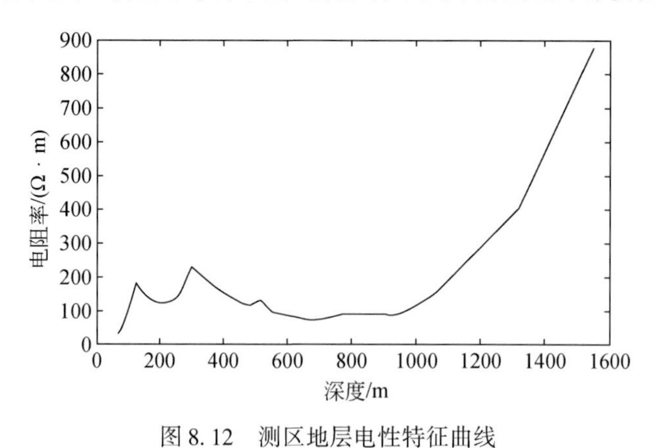

图 8.12　测区地层电性特征曲线

8.2.2　数据采集

本次 SOTEM 勘探勘探区位于华丰井田的西北部，共布置测线 31 条，其中，沿倾向方向 29 条，测线基本间距 100m，其中在 B100 ~ B1300 测线之间进行加密，测线间距改为 50m，测点距为 100m。为了对比验证，沿走向方向两条测线，命名为 A800 和 A400，测点间距为 50m，如图 8. 13 所示。

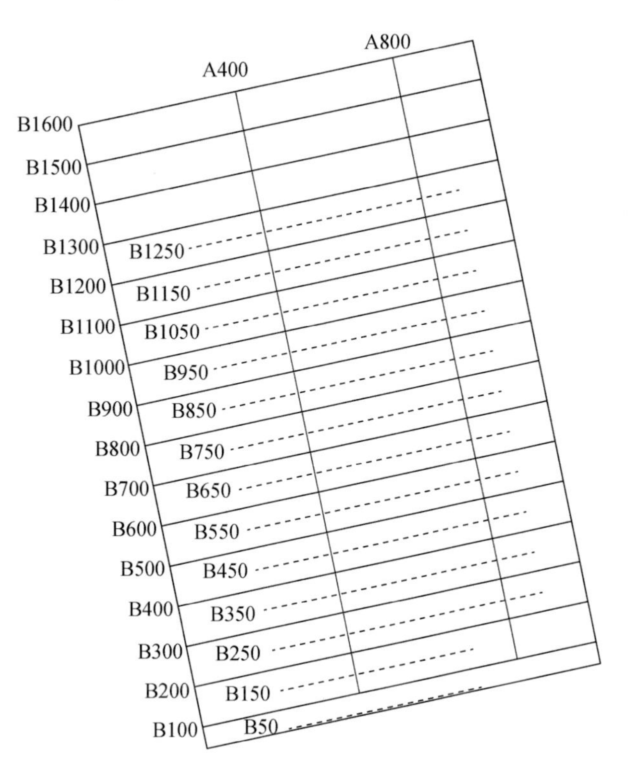

图 8. 13　测线布置示意图

通过试验，选取的工作参数为发射源长度 AB 为 1000m，收发距 r 为 1000m，发送电流基频为 2. 5Hz，电流强度 I 为 20A，观测垂直感应电压分量，探头有效接收面积为 $40000m^2$，单点测量时间 t 为 7min。

8. 2. 3　资料解释

首先，依据各条测线感应电压多测道断面图和反演电阻率–深度断面图，对测区内可能存在的地质异常区进行解释。接着对各水平、顺层电阻率切片图进行分析，着重分析地质异常区的分布规律。最后依据电阻率拟断面图和平面图，结合地质资料成果进行对比分析，确定富水区的分布规律和分布范围，绘制出测区内 4 煤顶板各层位上的富水区分布图。

1. 电阻率–深度断面图电性特征

对 31 条 SOTEM 测线进行数据处理后，根据测区内钻孔资料及地质剖面资料，在电性断面上分别标出了古近系–新近系底界面和 4 煤层位。对每条测线的电阻率断面图分别进行了水文地质解释。这里我们选择 B1000 线探测结果进行表述。

图 8.14 横向坐标为测点号，纵向坐标为探测深度，图中的黑线表示 4 煤层（其中虚线为采空区），红色虚线表示古近系-新近系底界面，红色实线表示断层。

图 8.14 是 B1000 线反演深度-电阻率断面图。整个断面电阻率从浅到深基本上呈现由低—高—低—高的电性特征。图中最上部（100m 以浅）电阻率值较低，由浅到深呈现逐渐增大的趋势，其值在 20～100Ω · m，为古近系-新近系上组地层的反映，为弱含水层。古近系-新近系中段（100～400m 层段）对应的电阻率变化范围较大，其值在 140～450Ω · m，为不含水。古近系-新近系下段（400m 以深）对应的电阻率变化范围较大，其值在 80～400Ω · m，为不含水或弱含水层，0m 桩号附近电阻率略低，判断为弱含水。

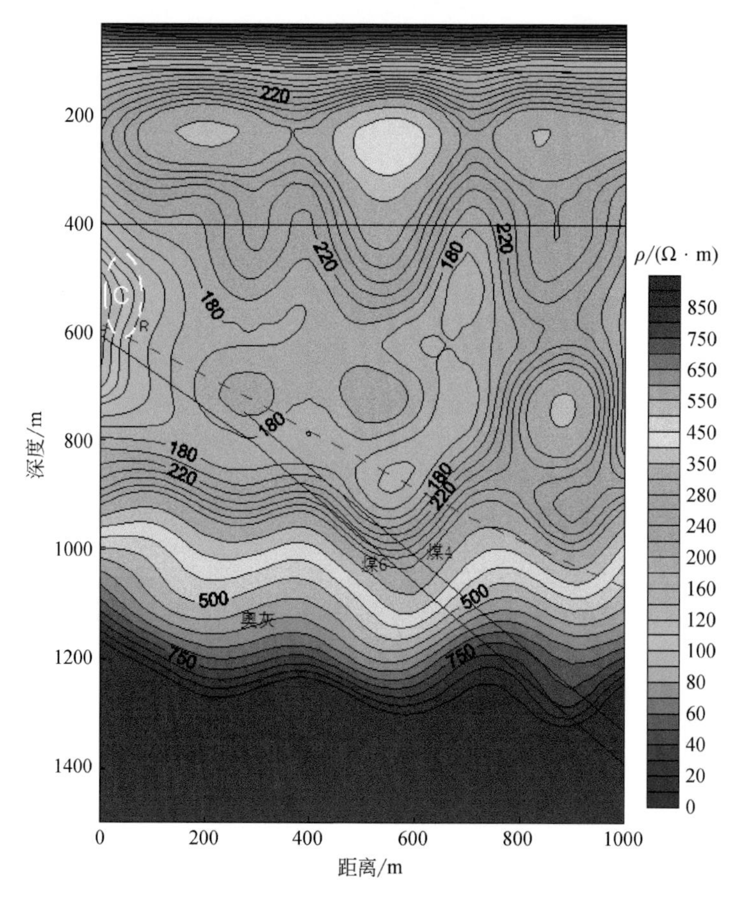

图 8.14　B1000 线电阻率断面图

煤系地层电阻率变化不大，0～300m 桩号段煤 4 缺失，但岩层表现为较低阻特征，表明煤系地层在此位置为弱含水地层。煤系基底奥灰岩层对应的是电阻率高，判断奥灰不含水或弱含水。

2. 不同水平电阻率特征

本次勘探区内，古近系-新近系的厚度为 600～1008.86m，厚度较大，而下伏二叠系地层倾角较大（32°～43°）。因此，为研究古近系-新近系上部地层的富水性分布的问题，我们可以借助于不同深度上的电阻率水平切片图来分析上部砾岩的富水性；而对于古近系-新近系下部地层以及二叠系砂岩含水层，可以借助于顺层切片图来分析不同层位上的岩层富水性。

1）古近系-新近系上部地层电性特征

图 8.15 分别是整个测区在+75m、+50m、+25m 标高的电阻率水平切片图，处于古近系-新近系砾岩中的第一段（垂深 100m 以内），为裂隙岩溶潜水段。

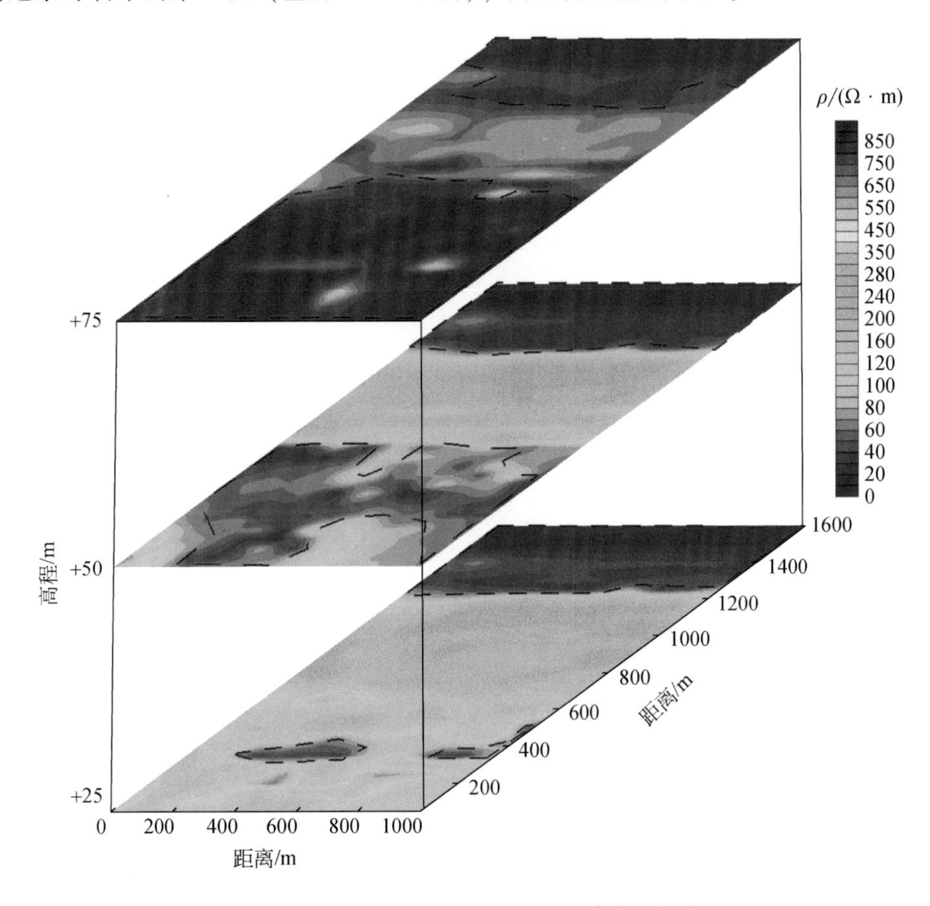

图 8.15　古近系-新近系上部的电阻率水平切片图

纵观本段三张水平切片图，地层由浅至深的电阻率变化规律可分为三个区域进行分析。第一区域为 800m 测线桩号以南，这一区域由浅到深，低阻区域逐渐变小，电阻率逐渐升高，含水性由相对强含水变为弱含水或不含水。第二区域为测区的中部，电阻率由浅到深逐渐变大，高阻区域逐渐扩大，表明岩层含水性由相对弱含水变为不含水。第三区域为 1200m 测线桩号以北，电阻率由浅到深变化不大，为低阻区域，岩层整体相对含水性较强，判断为裂隙发育引起岩层含水性变强。

在+75m 标高的电阻率水平切片图中，电阻率值的整体变化范围为 20～120Ω · m。从图中可以看出整个测区两侧电阻率值相对较低，表明该区域总体含水相对丰富。测区中部区域附近电阻率值略高，其值为60～120Ω·m，判断为相对弱含水。在1200测线桩号附近红色虚线区域，电阻率变化较大，说明红色虚线两侧地层之间存在较大的含水性差异。

在+50m标高的电阻率水平切片图中，电阻率值的整体变化范围为20～240Ω·m。从图中可以看出整个测区两侧红色虚线所圈示区域电阻率值相对较低，为相对含水或弱含水。800m测线桩号以南区域电阻率相对较低，其值为30～80Ω·m，判断为相对中等含水，局部相对强含水。测区中部电阻率较高，其值为80～240Ω·m，判断为相对弱含水或不含水。1200测线桩号以北区域电阻较低，其值为20～60Ω·m，判断为相对强含水。1200测线桩号附近红色虚线区域，电阻率变化较大，说明红色虚线两侧地层之间存在较大的含水性差异。

在+25m标高的电阻率水平切片图中，电阻率值的整体变化范围为20～280Ω·m。从图中可以看出，800m测线桩号以南区域电阻率相对略低，其值为50～140Ω·m，判断为相对弱含水，局部相对中等含水。测区中部电阻率较高，其值为140～280Ω·m，判断为相对不含水。1200测线桩号以北区域电阻低，其值为20～60Ω·m，判断为相对强含水。1200测线桩号附近红色虚线区域，电阻率变化较大，说明红色虚线两侧地层之间存在较大的含水性差异。

2）古近系-新近系中部地层电性特征

图8.16分别是整个测区在-25m、-75m、-125m、-175m、-225m、-275m标高的电阻率水平切片图，处于古近系-新近系砾岩中的第二段（垂深100～400m）。影响地层电阻率的因素很多，而最主要是岩石的岩性，即岩石所含矿物的成分，其次与裂隙发育程度，孔隙水的矿化度、温度等因素有关，就古近系-新近系而言，最主要的影响因素是裂隙发育程度。裂隙发育，表现为相对富水，电性反映上是低阻；裂隙相对不发育，富水程度相对较差，电性反映上是相对高阻。

纵观本段6张水平切片图，地层由浅至深，相对高阻区主要分布在测区中部区域，测区北部电阻率值偏低，测区南部红色圈示区域为低阻区，由南向北方向电阻率值整体呈现低—高—低的变化趋势。从-25～-125m由浅到深高阻区域逐渐扩大，局部出现高阻区，可判断地层由浅至深岩石裂隙发育减弱；-175～-275m，高阻区域变化不大，可判断上下地层岩石裂隙发育程度变化不大。在B200线以北至B600线以南附近区域，始终有局部电阻率值相对较低的异常区域，可判断为弱含水或不含水。在B1200线以北至B1600线以南区域电阻率值呈现出低—高—低变化趋势，且在深部局部出现电阻率值偏高的区域，根据各切片的电性特征，可判断B1200线以北区域上下地层的连通性较好。在B1200测线附近，电阻率值变化较大，说明此区域两侧地层的电性存在较大的电性差异。

3）古近系-新近系下部地层电性特征

图8.17分别是整个测区在-375m、-475m、-575m、-675m、-775m、-875m、-975m、-1075m、-1175m的电阻率水平切片图，包含古近系-新近系砾岩中的第三段（垂深400m以深）。红色实线为古近系-新近系底界面，黑色实线为煤4地层，黑色虚线为采空区，黄色实线为奥陶系顶界面。测区内红色实线以东为古近系-新近系地层，黄色实线以西为奥陶系地层，煤系地层位于两者之间。

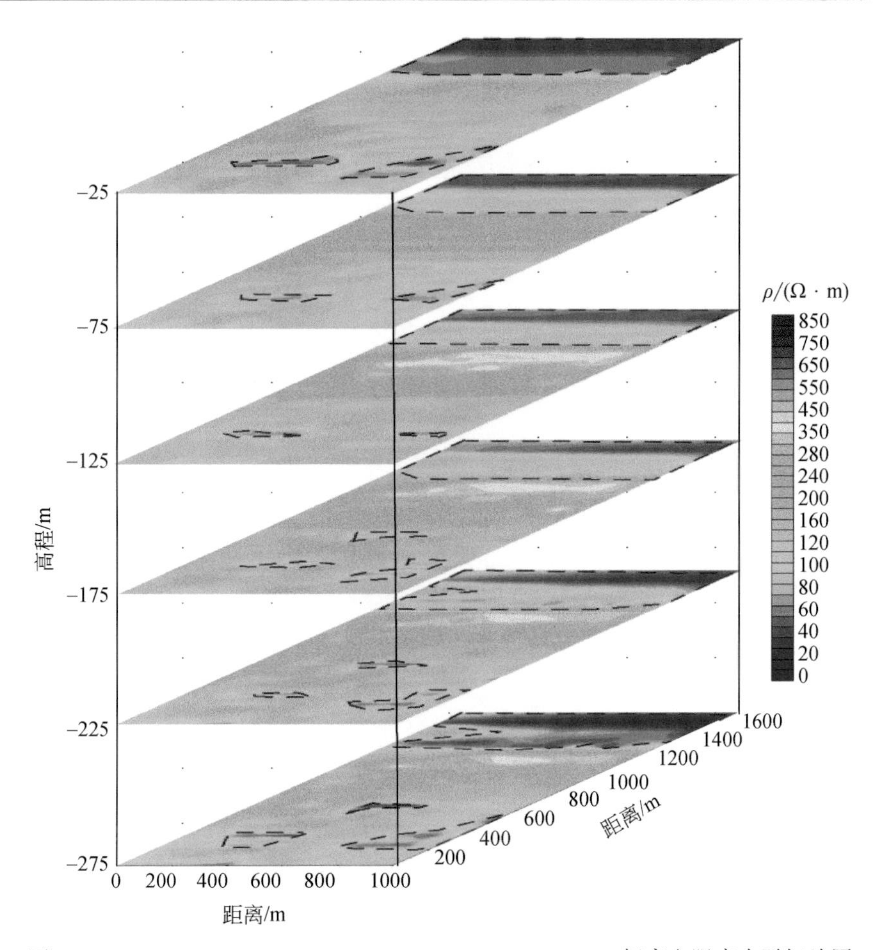

图 8.16　-25m、-75m、-125m、-175m、-225m、-275m 标高电阻率水平切片图

纵观本段 9 张电阻率水平切片图，在整个测区中，由北向南电阻率值呈现低—高—低的变化趋势。测区中部电阻率值较高，相对不含水或弱含水，北部和南部红色虚线所圈示区域电阻率值相对较低，裂隙较发育，为相对富水区域。在北部区域，随着水平切片深度的增加，红色虚线所圈示的低阻区域逐渐减小，从-775m 水平切片出现奥灰底界面以后，越往深部，北部区域只有小部分局部出现低阻，表明测区北部含水性随着深度的增加而逐渐减弱。测区中部高阻区域在-375 ~ -675m 深度间，高阻区域范围变化不大，但电阻率值慢慢变大，在-775m 电阻率水平切片以深，由于砾岩发育和开始进入奥陶系灰岩高阻层，中部高阻区域范围扩大，直至延伸到整个测区的大部分区域，说明含水性越来越弱或不含水。在-375 ~ -675m 深度范围内，测区南部红色虚线所圈示的低阻区域，区域范围变化不大，但低阻异常越来越明显，说明在此深度范围内随着深度加深，含水性越来越强，在-775m 电阻率水平切片以深，南部低阻区域逐渐减小，直至大部分区域变为高阻区，含水性越来越弱。在-375m 电阻率水平切片图中，电阻率值的整体变化范围为 20 ~ 600Ω · m。从图中可以看出，整个切片由北向南电阻率值呈现低—高—低的变化趋势。测区北部红色虚线所圈示的区域电阻率值较低，可判断为含水性较强。在 B1200 桩号测线两侧附近，电阻率值变化大，表明两侧附近地层之间存在较大的电性差异。在测区中部电阻

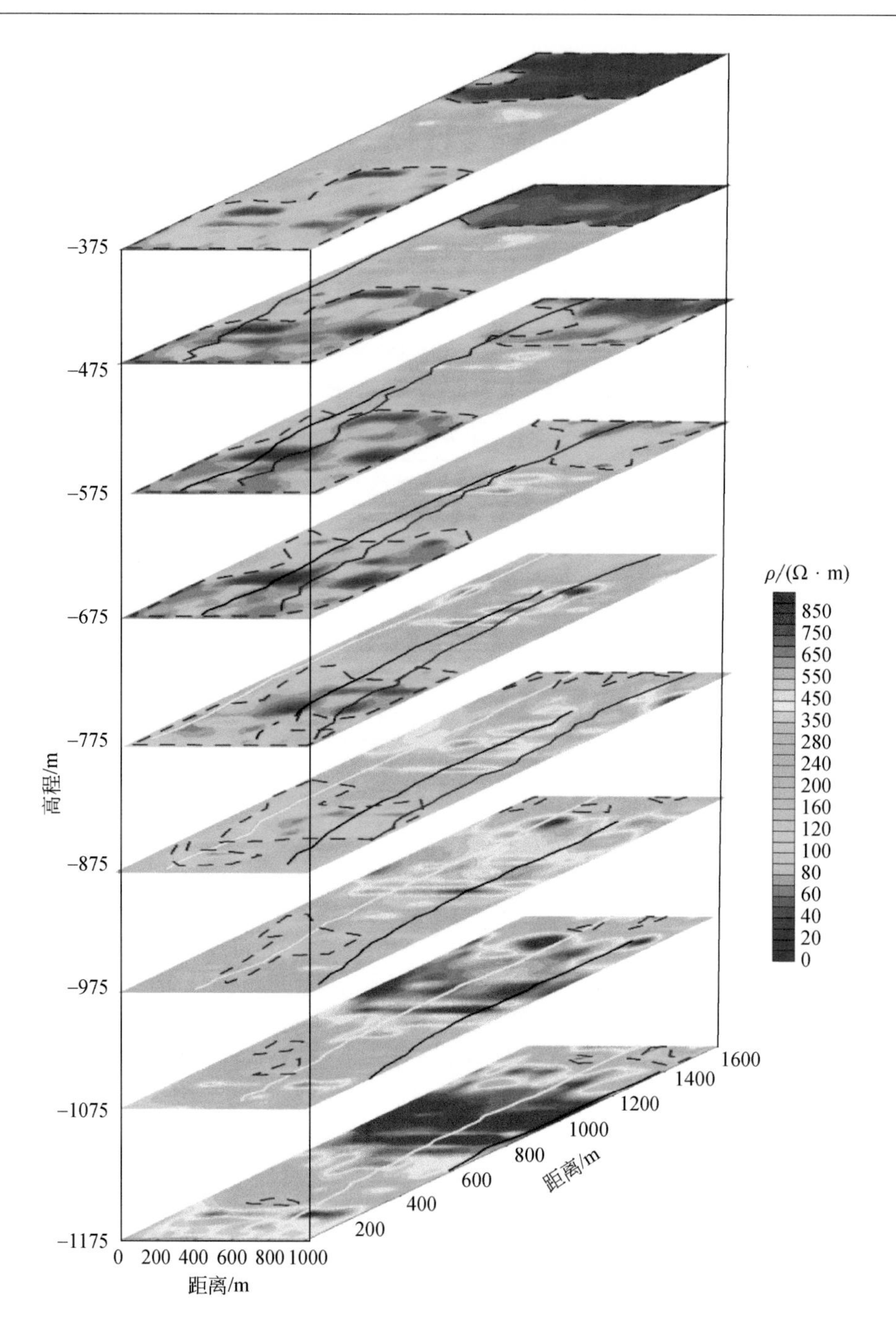

图 8.17　-375 ~ -1175m 标高的电阻率水平切片图

率值偏高，为弱含水或不含水。在测区南部红色虚线所圈示的区域电阻率值相对较低，可判断为相对富水区域。

3. 古近系-新近系底部及煤系顶部顺层电性特征

为了查明古近系-新近系底部岩层的富水性，分别沿古近系-新近系底部、古近系-新近系底部上50m、古近系-新近系底部上100m进行顺层切片，分别进行解释。

图8.18是古近系-新近系底界面以上100m附近的顺层切片图，整个切片图电阻率从B100到B1600基本上呈现低—高—低的电性特征。图中的电阻率变化范围较大，为20～700Ω·m。其中在整个切片图中部与两侧之间有较大的电性差异，反映出中部与两侧地层之间的岩性和含水性的差异。图中Ⅱ所对应的区域的电阻率值变化较大，为120～700Ω·m，判断为富水性相对较弱。图中Ⅰ、Ⅲ所对应的区域范围内电阻率值偏低，其值为20～140Ω·m，反映出这一范围内富水性相对较强。

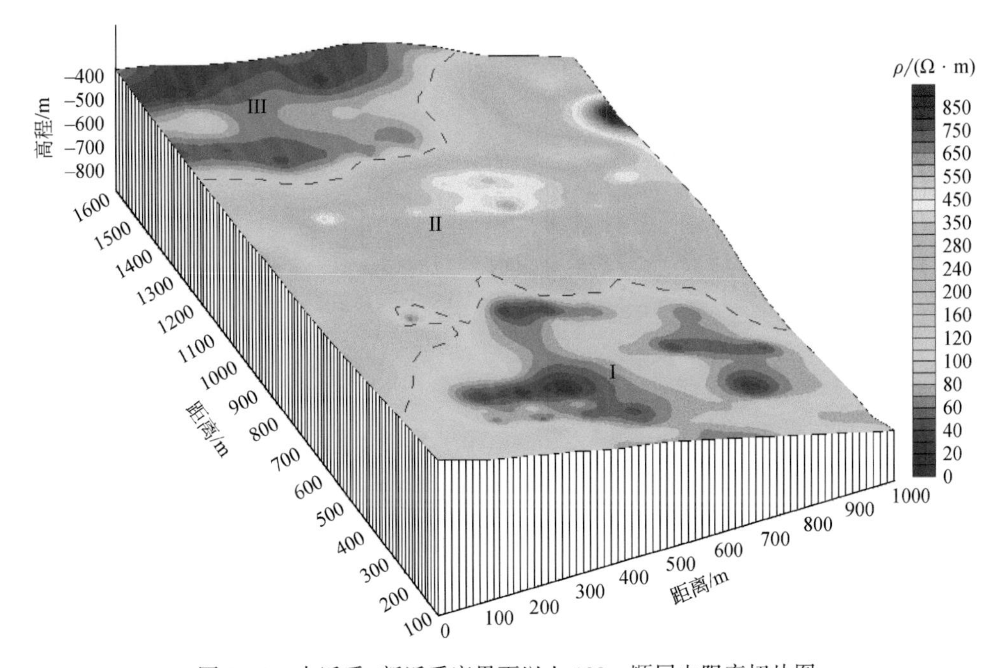

图8.18 古近系-新近系底界面以上100m顺层电阻率切片图

图8.19是古近系-新近系底界面以上50m附近的顺层切片图，整个切片图电阻率从B100到B1600基本上呈现低—高—低的电性特征。图中的电阻率变化范围较大，为20～550Ω·m。其中在整个切片图中可以看出，中部与两侧之间有较大的电性差异，反映出中部与两侧地层之间的岩性和含水性的差异。图中Ⅱ所对应的区域电阻率较高，为120～550Ω·m，富水性相对较弱。图中Ⅰ、Ⅲ所对应的区域电阻率较低，为20～120Ω·m，反映出这一范围内富水性相对测区中部略强。其中，在Ⅱ所对应区域的西部有一相对低阻区，可能具有一定的导水性，并且贯穿中部连接两侧的富水区位置。

图8.20是古近系-新近系底界面附近的顺层切片图，整个切片图电阻率从B100到B1600基本上呈现低—高—低的电性特征。图中的电阻率变化范围较大，为20～500Ω·m。其中在整个切片图中可以看出中部与两侧之间有较大的电性差异，反映出中部与两侧地层之间的岩性和含水性的差异。图中Ⅱ所对应的区域范围电阻率较高，为120～500Ω·m，富水性相对较弱。图中Ⅰ、Ⅲ所对应的区域电阻率值偏低，为20～150Ω·m，反映出这一范围内富水性相对中部较强。其中，在Ⅱ所对应的区域的西部有一相对低阻区，可能具有一定的导水性，并且贯穿中部连接两侧的富水区位置。

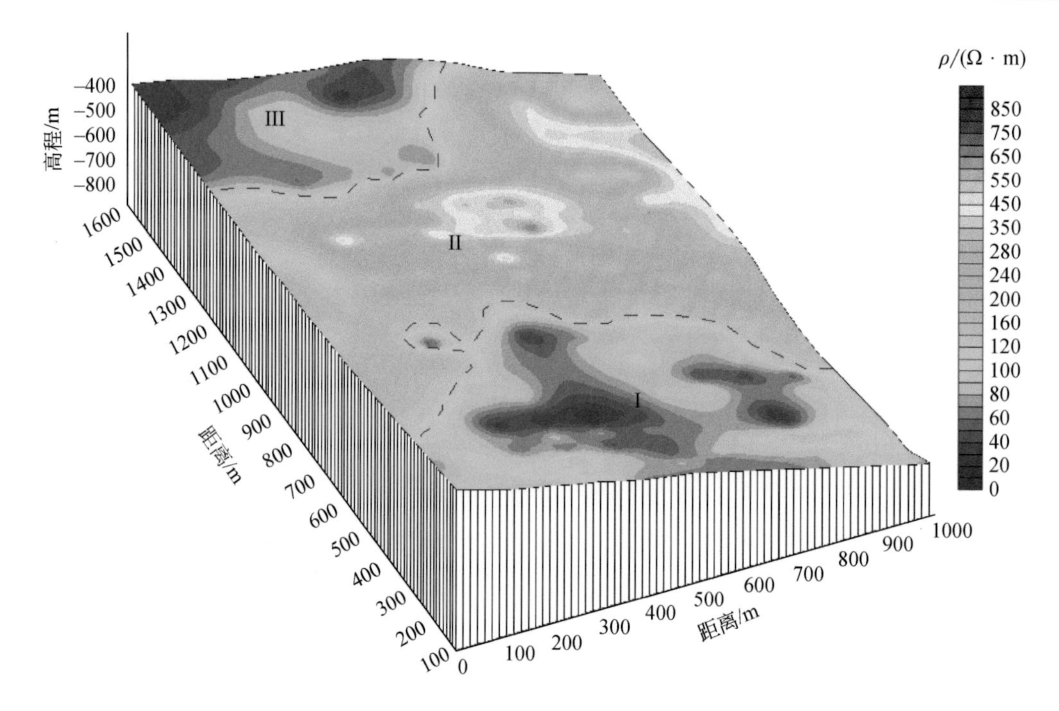

图 8.19　古近系-新近系底界面以上 50m 顺层电阻率切片图

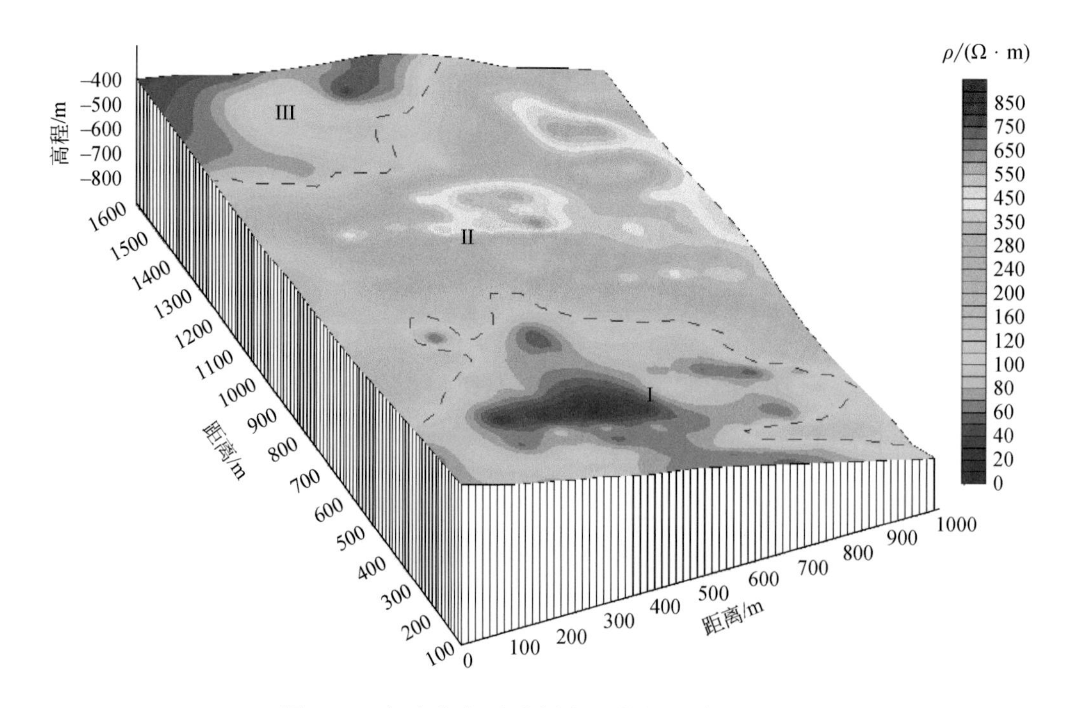

图 8.20　古近系-新近系底界面顺层电阻率切片图

为了查明 4 煤煤系顶板附近的富水性，对古近系-新近系底部以下 50m 附近区域进行顺层切片。图 8.21 是古近系-新近系底界面以下 50m 附近且接近 4 煤煤层的顺层切片图，整个切片图电阻率从 B100 到 B1600 基本上呈现低—高—低的电性特征。图中的电阻率变化范围较大，为 20 ~ 600Ω · m。其中在整个切片图中可看出中部与两侧地层之间有较大的电性差异，反映出中部与两侧地层之间的岩性和含水性的差异。图中 Ⅱ 所对应的区域电阻率较高，为 120 ~ 600Ω · m，富水性相对较弱。图中 Ⅰ 、Ⅲ 所对应的区域电阻率值偏低，为 20 ~ 160Ω · m，反映出这一范围内富水性相对中部较强。其中，在 Ⅱ 所对应的区域的西部有一相对低阻区，可能具有一定的导水性，并且贯穿中部连接两侧的富水区位置。

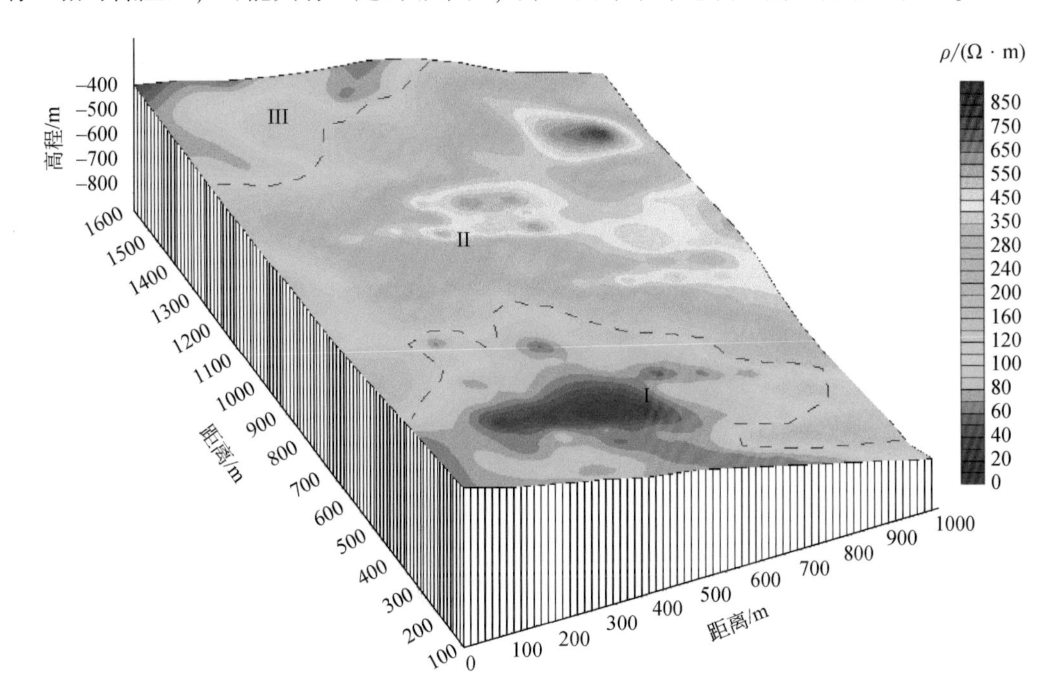

图 8.21　古近系-新近系底界面以下 50m 顺层电阻率切片图

在古近系-新近系底界面上 100m、古近系-新近系底界面上 50m、古近系-新近系底界面和古近系-新近系底界面下 50 m 的 4 组电阻率顺层切片图中，电阻率的整体变化范围为 20 ~ 700Ω · m。在 4 组切片图中电阻率值沿着 B 测线方向都呈现出低—高—低的趋势。其中电阻率值偏高的区域都是集中在切片图的中部，电阻率值偏低的区域都是集中在切片图的两侧，并且从上到下电阻率都有由高变低的趋势。整体上这几个分区在不同深度的平面位置上有较强的对应关系，富水区位置上下水体具有较强的连通性。

在这 4 组顺层切片图中，不同深度对应的切片图中，B1400 以北和 A650 以西所确定的附近区域范围内，电阻率值整体变化范围为 20 ~ 120Ω · m，并且从上到下电阻率值有逐渐增高的趋势，低阻值范围逐渐缩小，表明砂砾岩所含比例有所减小，富水性有由强减弱的趋势。不同深度切片图对应的中部区域，电阻率值从上到下整体变化范围都为 120 ~ 700Ω · m，局部区域有高阻异常区，并且从上到下电阻率值有逐渐增高的趋势，高阻率值范围逐渐扩大，表明这一区域富水性越来越弱。不同深度对应的切片图中，B900 以南和 A900 以西确定的附近区域内，电阻率值整体变化范围为 20 ~ 150Ω · m，从上到下电阻率值有逐渐增高的趋势，低阻值范围逐渐缩小，表明这一范围富水性有由强减弱的趋势。

4. 古近系–新近系底界面到 4 煤顶部富水分布情况

古近系–新近系底界面到 4 煤整体电阻率变化较大，其值为 20～700Ω·m，且沿着 B 测线方向呈现出电阻率值两边低中间高的特征，整体可判断为弱含水或不含水，局部区域电阻率值较低为相对中等含水或相对强含水。

图 8.22 是 4 煤顶板以上 60m 附近的顺层切片图，图 8.23 是 4 煤顶板以上 30m 附近的顺层切片图。从图中可以分析得出这两个层位的富水性情况，并且可以粗略判断地层的连通性。由于图 8.22 和图 8.23 所代表层位的富水性基本上一致，因此对 4 煤顶板以上 60m 层位和 4 煤顶板以上 30m 层位的富水性做出如下分析：

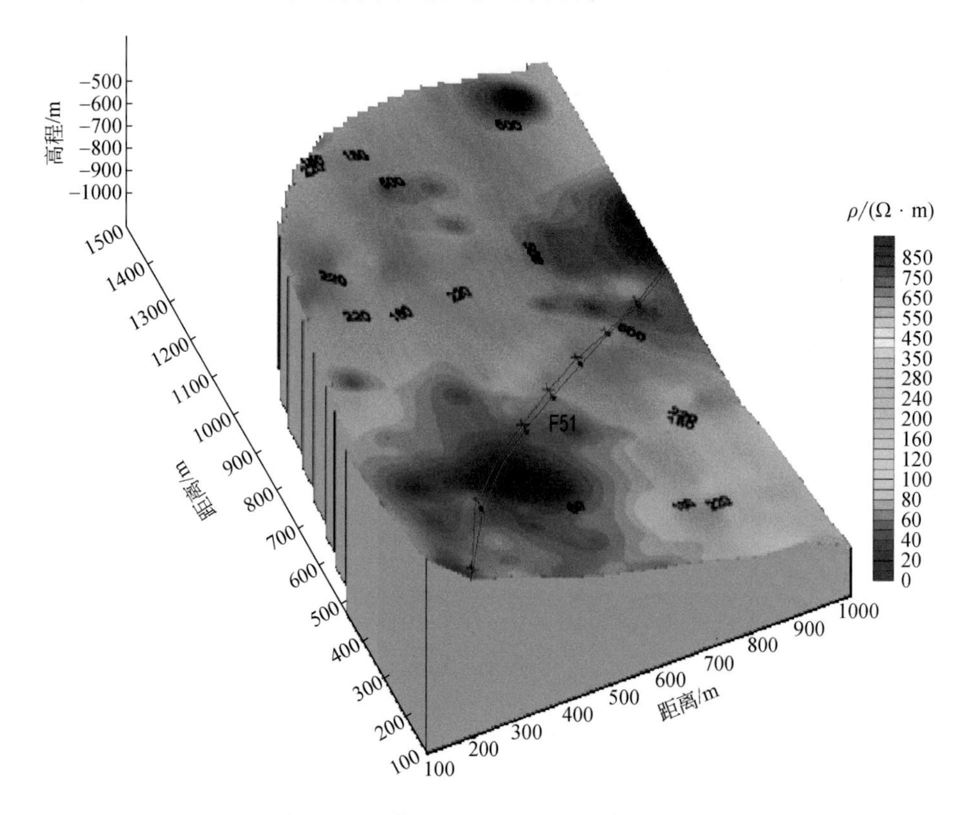

图 8.22　4 煤以上 60m 顺层电阻率切片图

该区域整体电阻率值变化范围较大，其值为 20～650Ω·m，整体可判断为弱含水或不含水，局部为相对中等含水。整个测区大体呈现出在小号测线段的电阻率值相对较低为弱含水或局部相对中等含水，大号测线段的断层附近电阻率值较高为不含水或局部弱含水。其中 B100 线以北 B300 线以南 100～700m 桩号段电阻率表现为低值特征，判断为弱含水；B300 线以北 B500 线以南电阻率表现为低值特征，判断为相对中等含水，只在 B350 线 200～550m 桩号段电阻率值相对更低，判断为相对强含水；B500 线以北 B1600 线以南整个区域电阻率值表现为相对较高的特征，判断为不含水或局部区域弱含水，只在 B550 线 400m 桩号附近和 B600 线 200～400m 桩号段电阻率值相对较低，判断为弱含水。综合以上

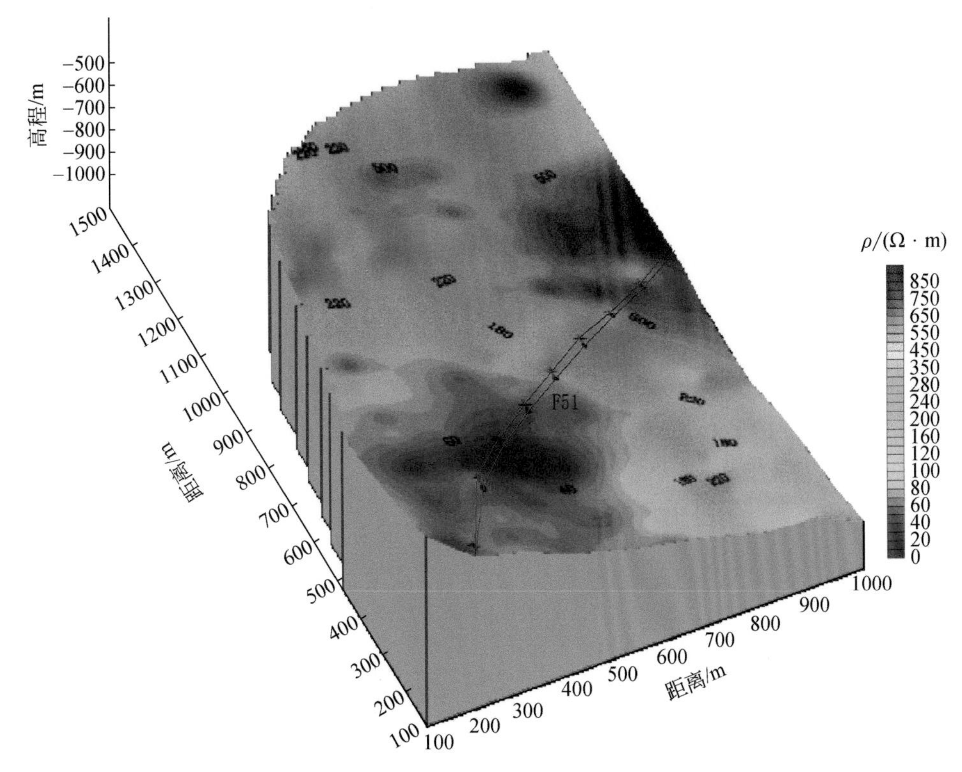

图8.23 4煤以上30m顺层电阻率切片图

富水性分析可以粗略判断出4煤顶板以上60m附近地层到4煤顶板以上30m附近地层的连通性较好。

8.3 安徽霍邱铁矿探测

8.3.1 测区概况

安徽霍邱铁矿属前寒武纪BIF铁矿田，建造产于霍邱群中，分布在华北地台南缘，呈南北向分布于颍上陶坝至霍邱重新集一代，矿田南北延长约40km，东西宽2～8km（图8.24）。经地质工作证实为一储量大、物质组分简单的大型铁矿田，由大小不等的数十个铁矿床组成，累计探明储量12×10^{8}t。区内断裂较为发育，已知断裂60条，地表出露28条，其余隐伏于第四系之下。按其走向分为NW、NNE-NEE、EW及SN向四组。北西向断层系是区内最发育的一组，分布较广，走向280°～340°，主要为平移断层和逆断层，少数为正断层，规模大小不一，长度多数在3～15km。矿田内矿体一般呈似层状，延伸比较稳定，埋深大多在105.3～702.7m，矿体厚度一般小于40m，部分在41.3～77.5m。矿体结构主要为变晶结构，其次为交代结构。矿石构造以条带状构造为主，次为片状构造、浸染状构造。矿石矿物以磁铁矿、镜铁矿为主，次为假象赤铁矿，脉石矿物以石英为主，次为角闪石、铁闪石、黑云母、透闪石等，矿石品位为25%～35%。

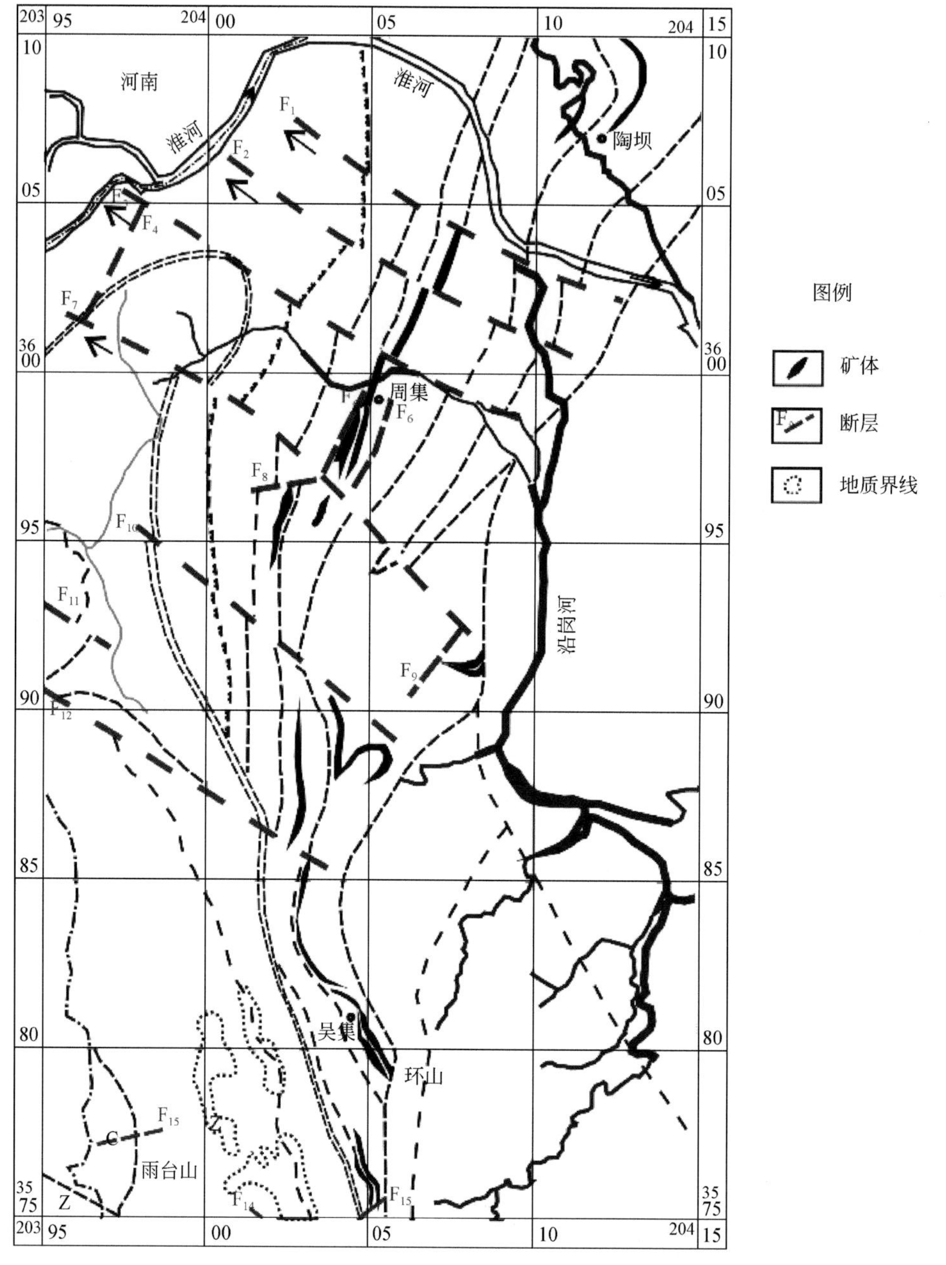

图 8.24　霍邱铁矿地质构造示意图

霍邱铁矿田内的地质、地球物理、钻探工作已非常丰富，但是矿田以北的区域研究则相对较少，淮河以北发现BIF的报道很少。安徽省地质矿产勘查局于2009年在颍上县西北部实施的地面高精度磁法显示，本区域内存在BIF磁异常。为了进一步验证深部含矿的可能性，需要进行大深度的电磁法勘探。

本次测区地处颍上县城北西方向14.5km处的大王庄村附近，南距霍邱周集铁矿

30km。测区地处安徽北部平原，地表被较厚的第四系沉积物覆盖。据钻孔揭示测区内第四系覆盖层最薄 379. 94m，最厚为 401. 09m。第四系覆盖层呈低阻特性，这对于实施深部电磁法探测具有很大的挑战。

8. 3. 2　方法与工作布置

安徽省地质矿产勘查局 313 地质队于 2009 年在本区实施了 1∶5000 地面高精度磁法扫面工作，确定了区内磁异常的范围、形态及强度，对异常进行了较全面的分析和评价。分析结果认为，该区内矿床具有埋深大、产状陡、下延深度大的特点。鉴于磁法勘探深度浅、半定量解释准确度低的不足，在磁异常主剖面上，我们先后投入了可控源音频大地电磁（CSAMT）、电性源短偏移距瞬变电磁（SOTEM）和大回线源瞬变电磁三种方法，力求得到深部矿体的详细位置、产状和规模等信息。

根据 8. 3. 1 节所述的霍邱 BIF 特性，测线布置应垂直于如图 8. 24 所示的 BIF 走向。首先进行的是 CSAMT 测量，共布置两条测线，随后在相同的位置进行了 SOTEM 探测，这两种工作都采用加拿大凤凰公司生产的 V8 多功能电法工作站进行测量，最后在 1 线附近选取开阔的地段实施了回线源瞬变电磁测量，仪器采用中国科学院电子学研究所研制的大功率 CASTEM 系统，各种方法的测线布置如图 8. 25 所示，工作参数见表 8. 4。

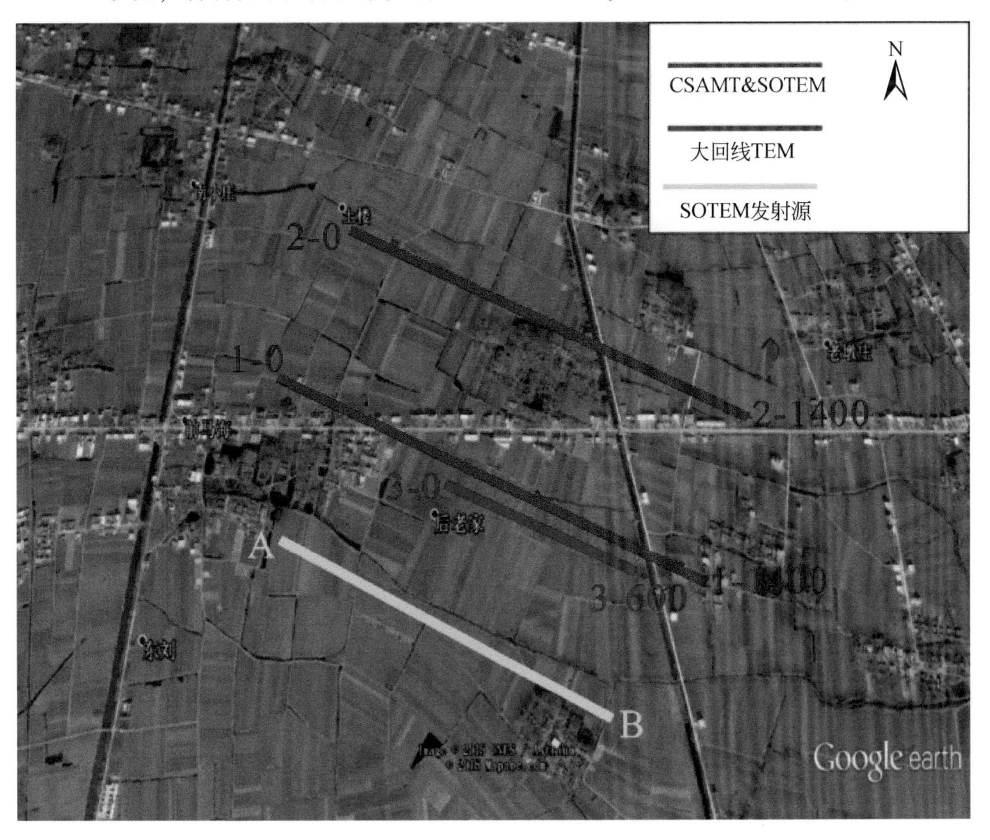

图 8. 25　施工布置图

表 8.4　主要工作参数表

方法	发射源尺寸/m	频率（基频）/Hz	发射电流/A	收发距/km	点距/m
CSAMT	1200	1～9600	16	12	50
SOTEM	1000	1	16	0.5&1	40
大回线 TEM	400×400	2.5	12		20

8.3.3　探测成果对比

1. CSAMT 探测成果

CSAMT 作为一种成熟的大深度电磁勘探方法，首先被应用于本次测量工作中。鉴于工区内覆盖层较厚、电阻率较低的情况，适当地降低了观测频率并加大了收发距离，工作参数如表 8.4 所示。图 8.26 为实测 2 线 600 号点和 1050 号点的电阻率曲线。从图中可以看出，虽然收发距离较大，但是在频率等于 10Hz 左右，电阻率已出现 45°上升现象，这说明此时信号已处于近场，不再具有测深能力；另外，处于波场区的电阻率值也比较低，仅为 10Ω · m 左右。这说明较厚的地表覆盖层严重影响了 CSAMT 的探测效果，使低频信号无法穿透该低阻层，必然将导致探测深度很浅。图 8.27 为一维反演成果图，很明显，受低阻覆盖层的影响，本次 CSAMT 的有效探测深度小于 500m，显然该深度不能满足探测的要求。虽然通过加大收发距可以使更多、更低的频率被利用，但是此时的信号强度将变得非常低，已失去人工源探测的意义。综上所述，在本区域内进行 CSAMT 探测不能取得理想的探测效果。

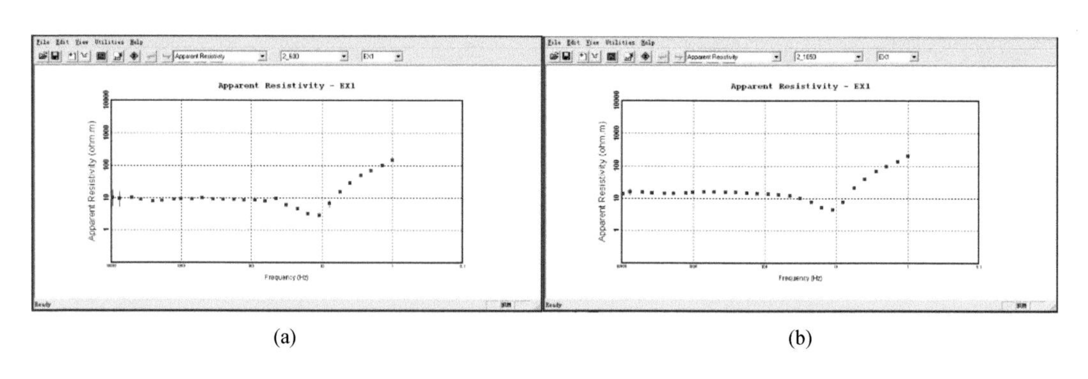

(a)　　(b)

图 8.26　实测视电阻率曲线

(a) 2 线 600 号点；(b) 2 线 1050 号点

2. SOTEM 探测效果

由于 CSAMT 探测效果不佳，我们提出采用电性源短偏移距瞬变电磁方法再次进行探测。根据 CSAMT 对浅层电阻率的反映，大致确定第四系地层电阻率为 10Ω · m，并设厚度

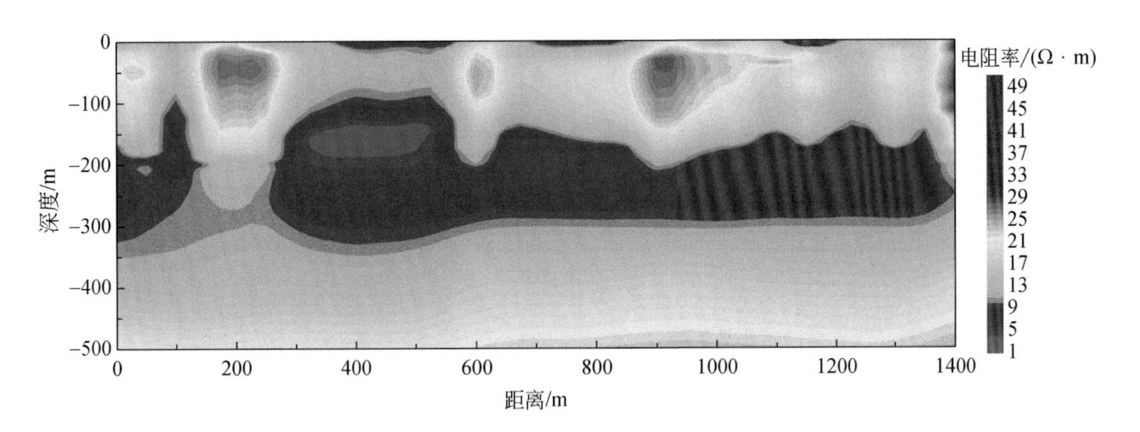

图8.27　2线CSAMT一维反演结果

为500m。然后根据式（5.30）估算所需探测时间，结果显示至少需要40ms的时间SOTEM才能穿透上述低阻覆盖层，也就是说至少需要基频为5Hz以下的发射电流。而本次探测的目的是该覆盖层下更深处的地层，因此综合考虑探测深度和晚期信号质量，选择基频为1Hz的电流激发，目的探测深度在1000～1500m范围内。

图8.28为1线160、280、680号点的实测感应电压曲线。可以看出，三个测点处的感应电压曲线在整体上光滑度都较好，尤其是160号点在全时间段内曲线都是光滑衰减的，其他两点处由于距离房屋和民用电线较近，晚期信号出现震荡。通过评价所有测点处的信号，认为数据质量整体上算是良好，个别存在尾支抖动的曲线，通过滤波等手段可以基本恢复其真实衰减情况。

图8.29为由上述三个点处的垂直感应电压数据计算得到的全期视电阻率。从曲线的变化形态可以看出，地层的电性整体上表现出高—低—高的变化趋势，这表明SOTEM的信号已突破低阻覆盖层的束缚，成功探测到之下的高阻岩石。图8.30为1线和2线SOTEM反演成果，目标反演深度设为1500m。根据反演结果，该区地层电阻率由浅及深大体上呈中低—低—中高—高的变化趋势，且层状分布明显。1线800号点左右和2线900号点左右出现明显的电阻率横向突变，电阻率出现低阻凹陷，根据地面高精度磁测成果和本区已知地质资料，推测该两处电阻率的突变正是由深部的倾斜矿体引起。依照电阻率等值线的范围，定性地画出了矿体示意图（图中粉红色矩形）。虽然，矿体的形态和规模与真实情况存在较大差别（一般低阻异常有放大效应），但是仍能看出，矿体埋藏深度应在600m以下，且矿体倾角较陡，向深部延伸范围较大。

3. 大回线TEM探测效果

实施完SOTEM方法，并取得探测成果以后，为了对比方法的有效性，选取易施工、干扰小的异常区域又进行了大回线瞬变电磁探测。同样，鉴于低阻覆盖层厚度较大，本次大回线TEM也针对性地加大了发射回线尺寸和降低了发射基频。经过试验，综合考虑探测深度、信号质量和施工可行性，最终选定如表9.3.1所示的探测参数。

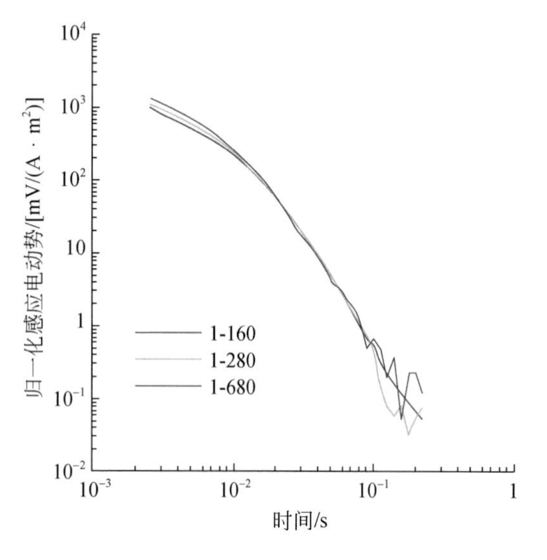

图 8.28　实测感应电压曲线

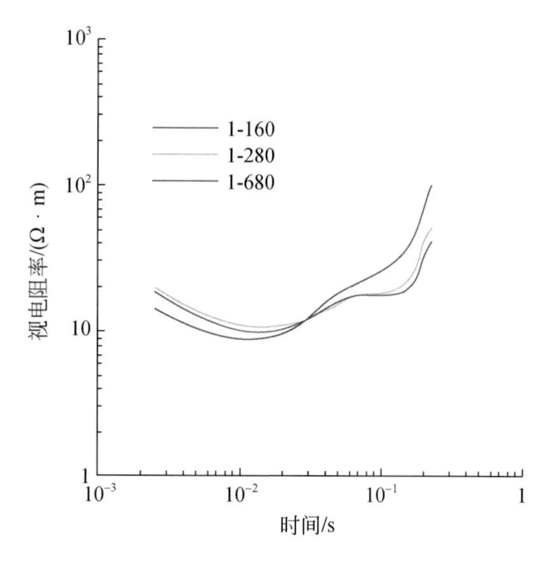

图 8.29　全期视电阻率

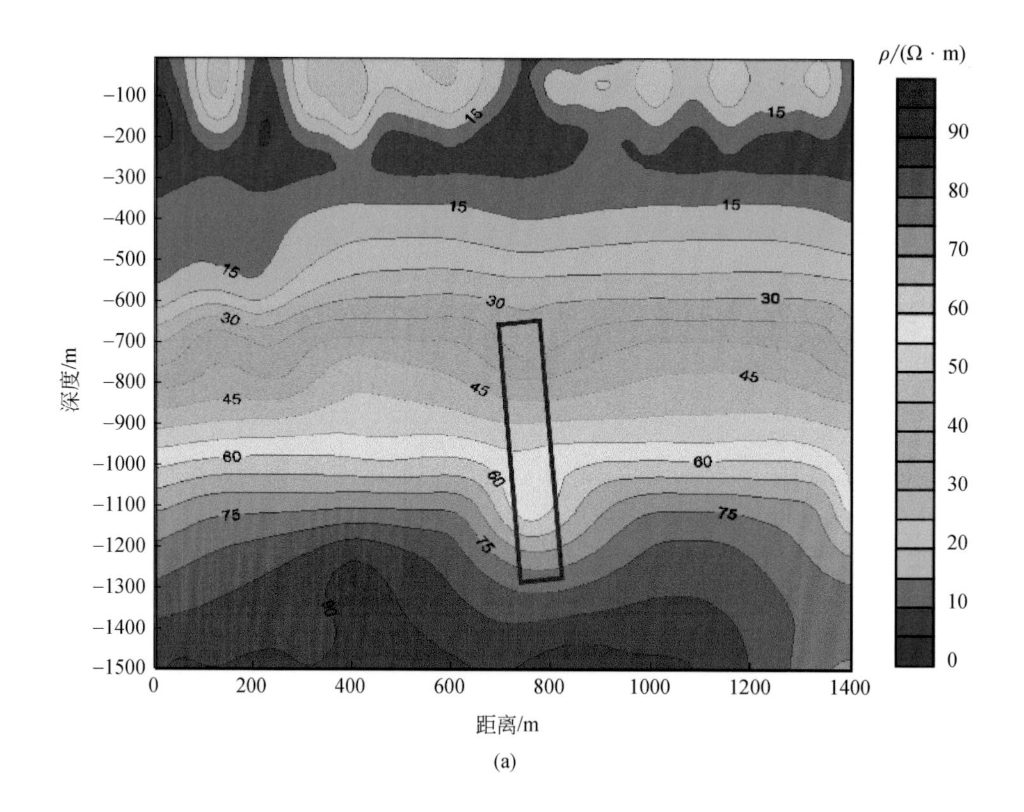

(a)

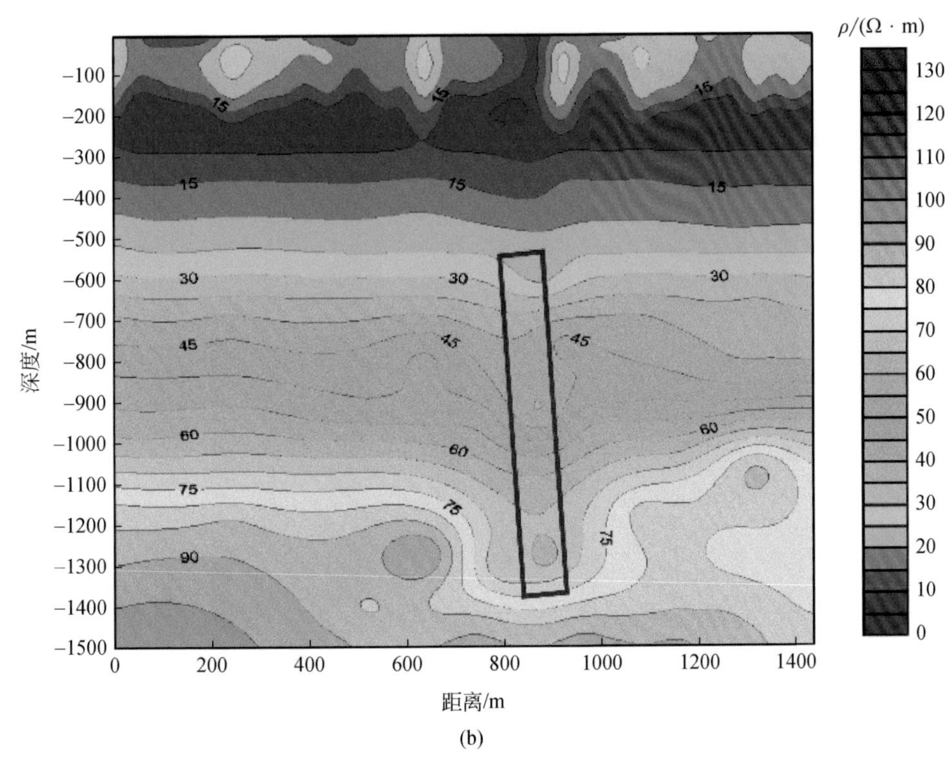

(b)

图 8.30 SOTEM 处理结果

(a) 1线;(b) 2线

图 8.31 为实际观测的感应电压多测道曲线,为了增加数据量,增强对地层的刻画能力,选择输出70道有用信号。从多测道图可以看出,各测点在噪声水平(约10^{-7}V)之上的信号之间的差别很小,同一时刻的响应幅值基本保持不变,没有出现明显的上升或下降。这预示着可能本次测量遇到与 CSAMT 同样的问题:未能穿透低阻覆盖层。为了验证推论,分别利用深度-视电阻率转换方法和一维 Occam 反演对实测数据进行了处理,结果如图 8.32 所示。首先从视深度-视电阻率断面图[图 8.32(a)]可以看出,计算得到的最大深度仅为500m 左右。根据上述计算结果,在 Occam 反演中最大深度取 500m,如图 8.32(b)所示。可以看出,在该深度范围内,反演得到的地层的电性变化趋势与 SOTEM 的视电阻率-深度计算结果基本一致,但在400m 深度以下电阻率表现出逐渐升高的趋势,表明已探测到覆盖层之下的基底。由于受晚期信号弱、信噪比低、穿透深度小等因素影响,回线源瞬变电磁探测结果,并未反映出深部的矿体。

根据已有磁法探测结果圈定的磁异常位置,结合本次 SOTEM 探测结果对矿体异常位置和深度的刻画,矿方在测区范围内布置了10个钻孔,其中钻孔21、钻孔22、钻孔23位于2号线,钻孔31、钻孔32、钻孔33位于1号线,如图8.33(a)所示。钻孔深度为556.8~1074.3m,图8.33(b)是沿 SOTEM 测线1的钻孔结果,与 SOTEM 探测结果基本一致,揭示出两个不同的 BIF 矿体(右侧矿体较为明显,左侧较为隐蔽)。钻探结果表明,BIF 矿体向东南方向倾斜约78°,在深度500~800m 范围内垂向延伸。图8.33(a)给出了所有钻孔揭示的 BIF 矿体在地表的投影位置。

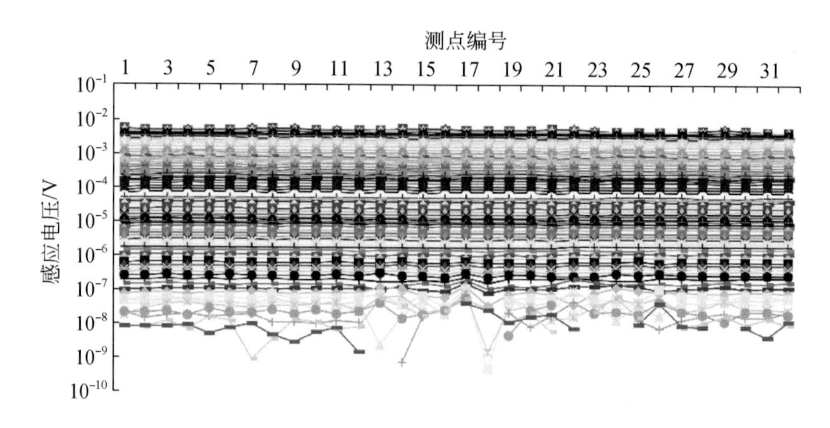

图 8.31　大回线 TEM 实测感应电压多测道图

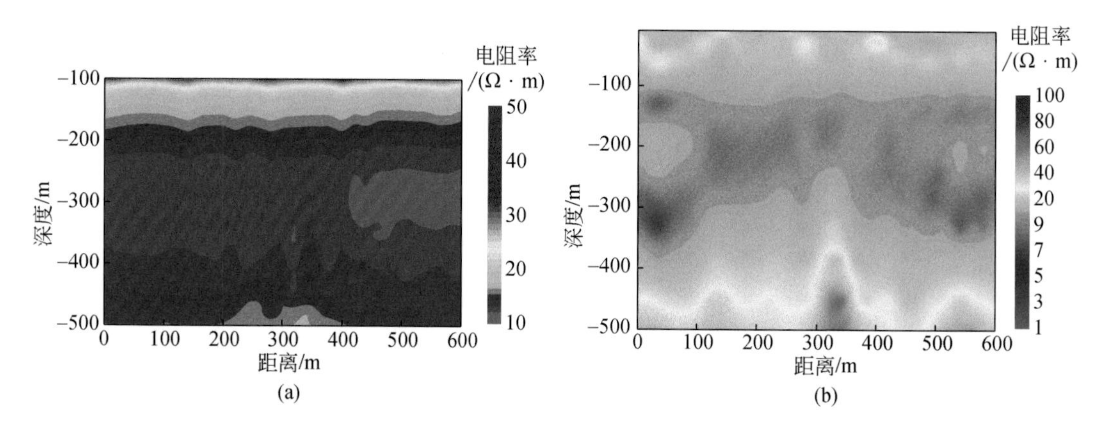

图 8.32　大回线 TEM 处理结果

（a）视电阻率-深度拟断面图；（b）一维 Occam 反演结果

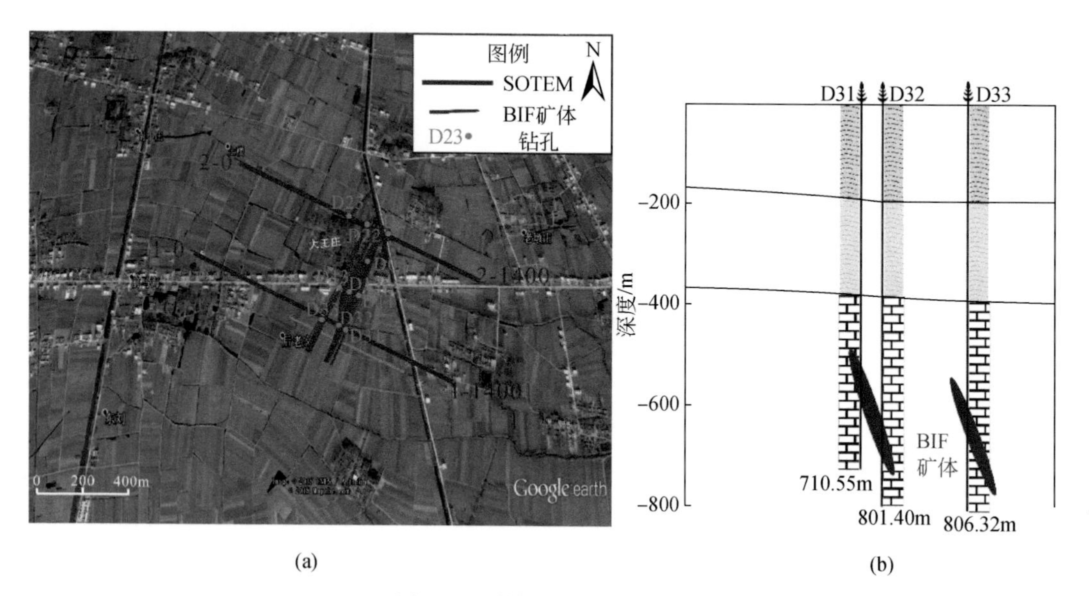

图 8.33　钻探揭示矿体成果

（a）钻孔位置和 BIF 矿体；（b）1 号线钻探结果

8.4　河北围场银窝沟铜多金属矿探测

8.4.1　测区概况

测区位于承德市围场县东部银窝沟镇与克勒沟镇交界处的大碾子村一带。测区位于华北地台北缘的内蒙地轴中段，区内太古宙—古元古代发生了角闪岩相和麻粒岩相区域变质作用，形成了良好的金多金属矿源层；中生代处于燕山陆内造山带北部，经历了印支运动、燕山运动和多期强烈的构造岩浆活动，具有非常有利的金、银多金属成矿地质条件。测区出露主要地层为侏罗系张家口组火山岩地层，局部为白垩系花吉营组。张家口组分布在区内大部分地域，由于风化强烈，产状不甚清楚，大致沿火山口呈环状向外倾斜的低角度产出。地表局部覆盖浅层残坡积物和洪冲积物。测区位于乌龙沟-上黄旗“Y”形断裂东支西侧，受区域构造影响，区内主要发育两组断裂构造，一是北东向，二是北西向。两组断裂构造共同控制着区内六楞沟火山机构，环状及放射状次级断裂也较为发育，为矿液的运移、沉淀提供了有利的构造空间，银锰矿化就产于其中。区属燕山山系，海拔标高一般为 1000～1300m，地形切割中等到较深，起伏较为严重，测区地形地貌如图 8.34 所示。

矿方在区内实施了几处深度约为 300m 的中浅层钻孔和一处深度约为 150m 的竖井。钻孔中均未发现明显的高程度矿化岩体，而竖井中开挖出的岩石则含一定量的铜、铅、锌、砷、银等金属元素，这与前期的地球化学勘探工作成果相吻合。结合已知地质、钻孔及化探资料，推断本区的主矿床规模不大且埋藏较深。对矿区含矿及不含矿岩石的物性测量表明，不含金属矿物类岩石的电阻率均值多在 2500Ω · m 以上，而含金属矿物类岩石的

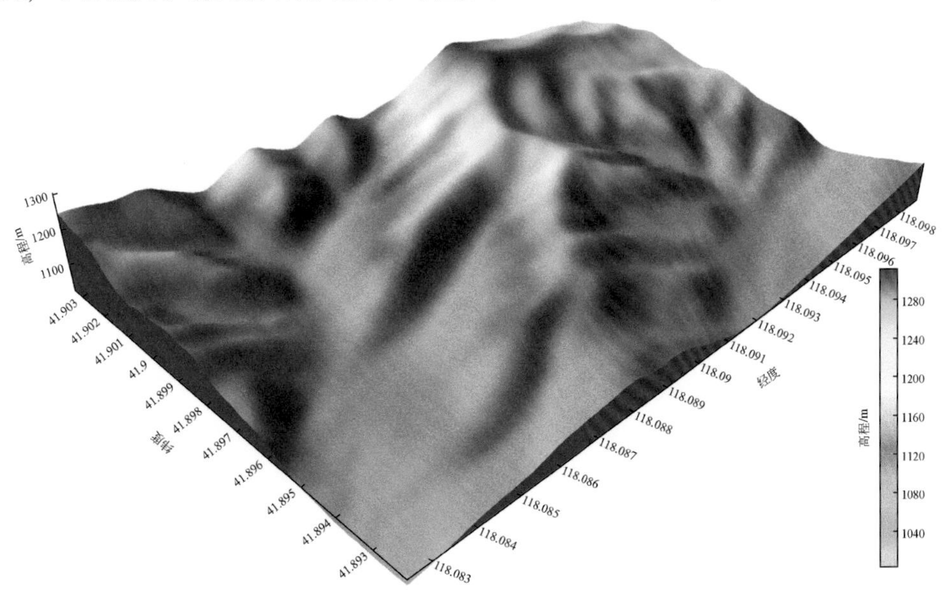

(a)

(b)

图 8.34　测区地形与地貌

（a）测区地形起伏；（b）测区主要地貌

电阻率视矿物成分的含量而定，一般小于不含矿岩石，如含铜品位3%左右的浸染状铜矿石电阻率约为200Ω · m。因此，矿区内矿化异常体的地球物理特性表现为低电阻率特性。这为实施电磁法探测提供了可能。

8.4.2　数据采集

由于测区内大部分区域有基岩裸露，电极接地条件很差，因此我们利用磁探头观测垂直感应电动势分量。为使得测线尽量与区内主要存在的北北东向断层垂直，测线沿北西-东南向布设。共布设10条测线，每条测线长度为800m，测线间距为50m，测点间距20m，共有410个测点（图8.35）。发射源沿测区西南向村庄附近的一条道路布设，发射源方位大致为东偏南46°，长度为750m。测线L1距离发射源最近，线中心距发射源中心距离为645m，测线L10距离发射源最远，中心点距离为1090m。

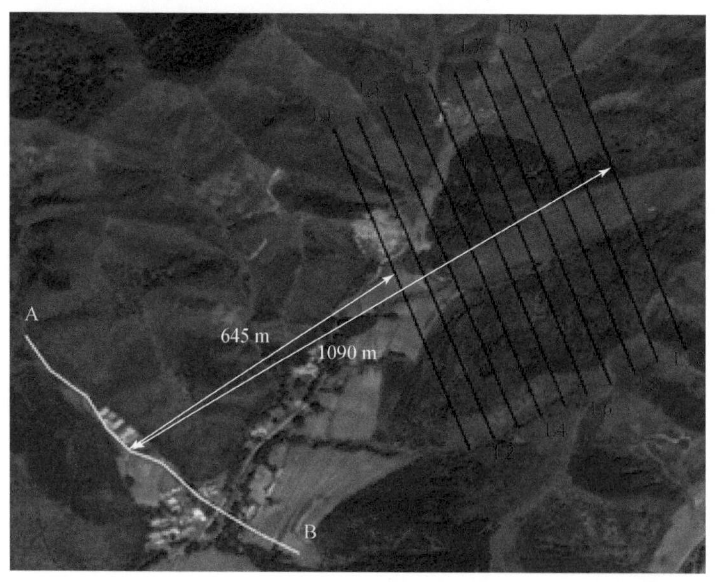

图 8.35　测线布置示意图

为了确保探测深度足够大又不至于太大，在进行正式探测之前，我们先试验了不同基频的发射电流，以选择合适的观测时长。经过试验，我们认为基频为 5Hz，最晚观测时间为 42. 33ms 的发送电流可以满足要求，最大探测深度在 2000m 左右。探头有效接收面积为 4000m^2，单点观测时间为 2min，大约叠加 2843 次。

在地形复杂地区进行大数据量的采集正凸显了 SOTEM 的优势，按照上述设计的工作量进行测量，包括布设发射源在内仅耗费不到 5 天时间，这对于频率域测深方法是不可想象的。

由于测区内几乎没有什么明显的人文干扰，SOTEM 实测数据质量整体上较高，大部分测点仅在最晚期几个时间道内发生一定程度的震荡。图 8. 36 为 L1 线 560 号点和 L2 线 440 号点的原始实测曲线，可以看出，观测信号在 20ms 范围内基本呈光滑衰减。图 8. 37 给出了利用 SOTEMsoft 软件进行平滑滤波处理后绘制的 L1 线地形起伏及多测道曲线。结果表明，整条测线实测数据稳定可靠。

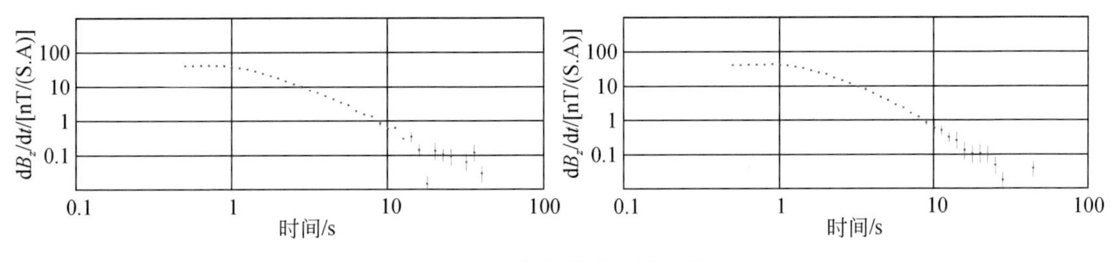

图 8. 36　实测单点衰减曲线

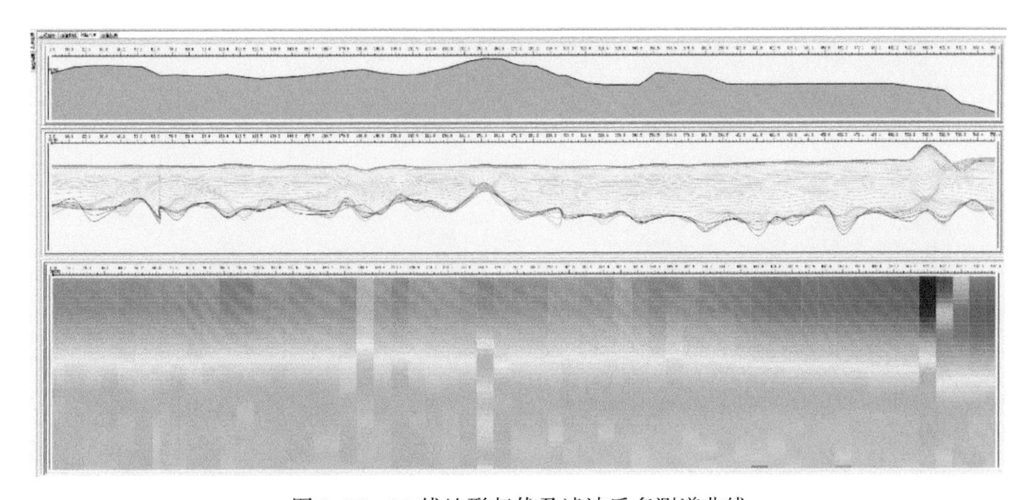

图 8. 37　L1 线地形起伏及滤波后多测道曲线

8. 4. 3　数据处理与解释

利用 SOTEMsoft 软件，对 10 条测线的数据进行数据滤波与反演成像，得到每条线的电阻率-高程断面图。反演中，模型最大深度为 1500m。图 8. 38 给出了 L1、L4、L7 和 L10 四条线的反演结果。处理结果显示测区内电阻率由浅及深逐渐增高，由浅部的几十欧姆增大到深部的几千欧姆。横向上，一定深度范围内的电阻率出现几处高低阻的突变。结合地质普查探明的断裂成果，推断电阻率-高程断面图中出现的横向电阻率突变位置对应于断裂带穿过的地方。因此，在图中可以定性地圈定出几条断裂，如图 8.38 中红线所示。

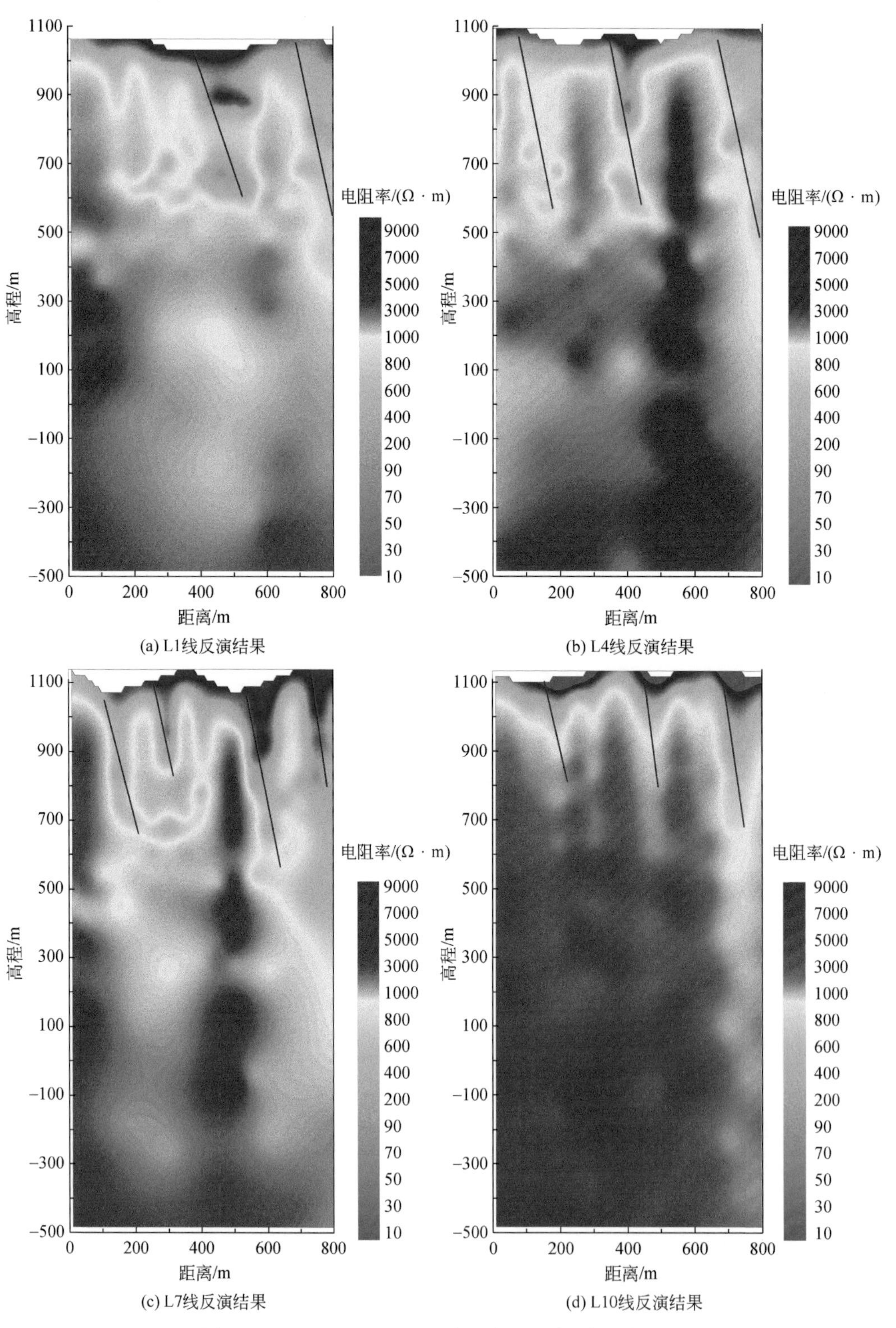

图 8.38　L1、L4、L7、L10 线反演电阻率-高程断面图

将所有测线处理结果汇总，利用三维成像软件 Voxler 绘制成三维立体图，如图 8.39（a）所示，并截取四个深度平面内的数据绘制平面等值线图，如图 8.39（b）所示。根据成矿理论及矿床富集规律，特别是针对该区的岩浆成矿机制，断裂带附近尤其是多个断裂交汇处是成矿元素容易随岩浆运移、汇集的区域，是找矿的主要目标区。图 8.39（b）所示的四个深度处的平面图中，都可以圈定几处明显的断裂交汇导致的低阻区域，结合地表踏勘及已有地质资料，我们认为该区域可能是矿体的富集区。

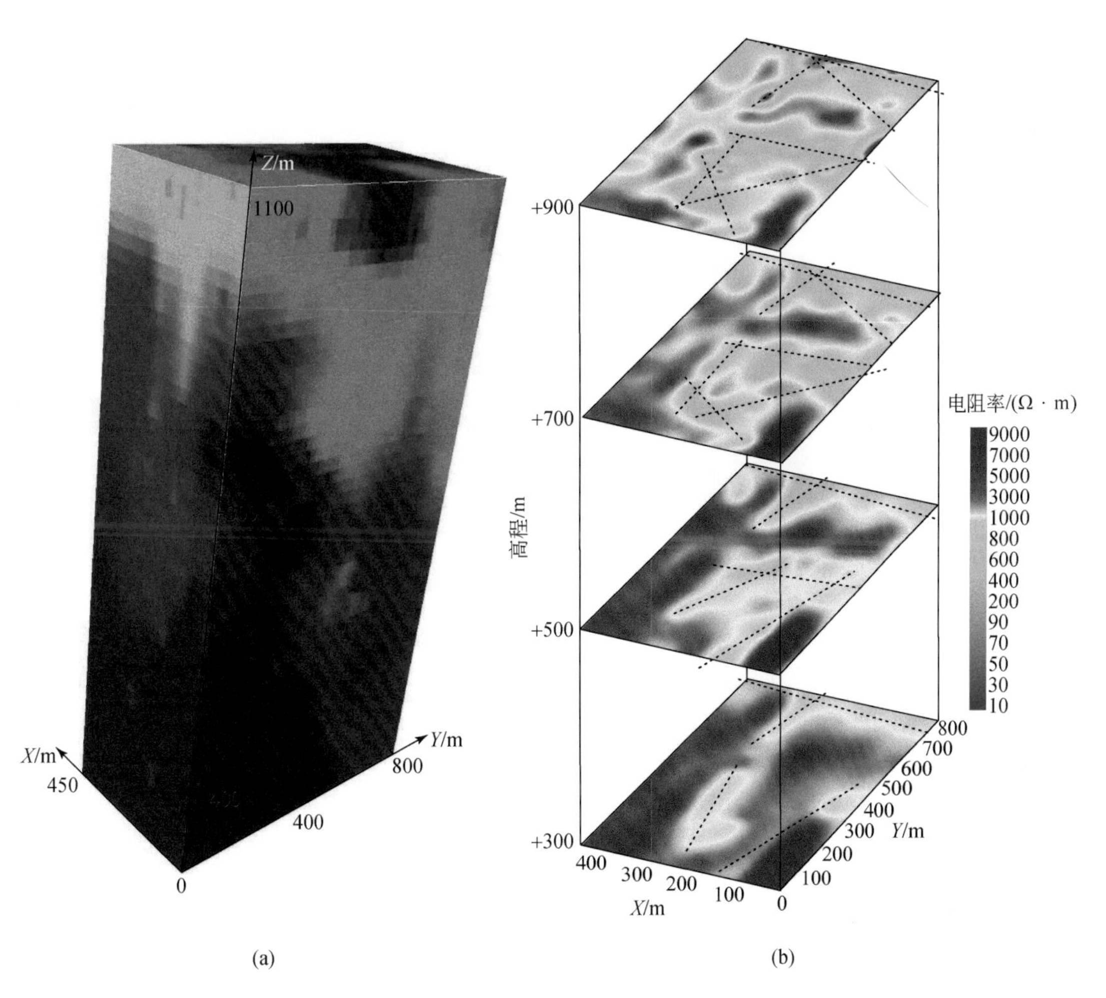

图 8.39　三维立体图与平面等值线图
（a）三维立体图；（b）等值线平面图

8.4.4　成果及验证

根据 SOTEM 电阻率-高程断面图及不同深度的电阻率平面图，我们推断出 6 处为可能的赋矿位置，如图 8.40 所示，建议甲方实施钻探验证，建议钻探深度为 600m，并有可能对钻孔 1 和钻孔 6 钻进至 1000m。

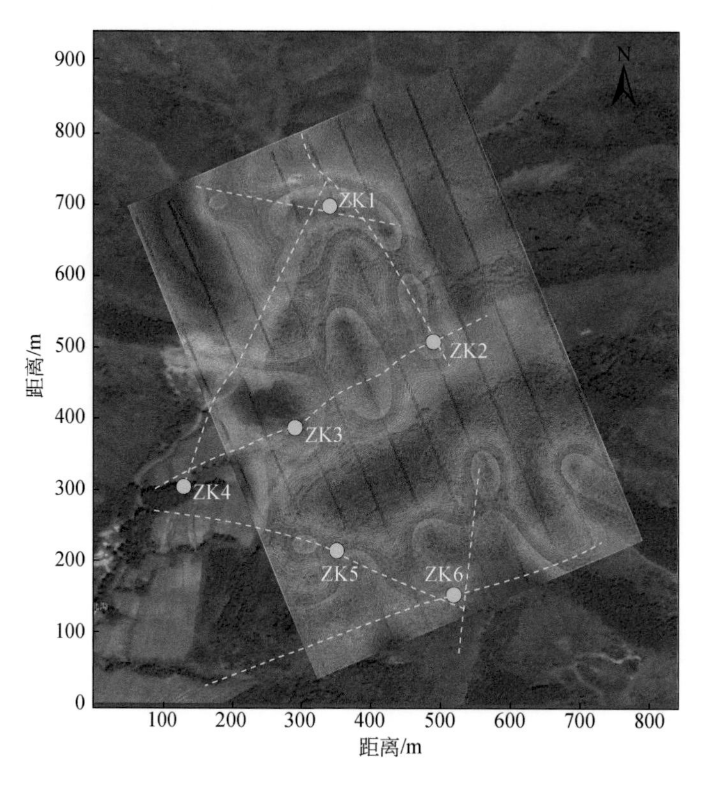

图 8.40　建议钻孔位置

经过数月钻探，甲方反馈各钻孔信息如表 8.5 所示。可以看出，建议的 6 处钻孔中有 5 处发现了矿化岩石，并且其中几钻发现的矿石品位已达到可开采水平。整体上本区的含矿岩体埋藏深度较大，规模不大，且产状变化剧烈，对于地质地球物理勘探以及后期的开采都具有比较大的挑战。但是，本次测量工作在充分认识区域地质、成矿背景的基础上，选择探测深度大、精度高的 SOTEM，还是成功地圈定出了矿化异常位置，并对异常在深度上也做出了较准确控制。

表 8.5　各钻孔揭露含矿岩石信息

钻孔编号 (钻孔深度)	ZK1 (854m)	ZK2 (480m)	ZK4 (480m)	ZK5 (560m)	ZK2 (766m)
矿物成分、 厚度、产出深度	① 铜，10m，-510m ② 铅锌，2m，-690m ③ 铅锌，1m，-730m	① 铜铅锌金， 50cm，-180m ② 铜铅锌金， 1m，-280m	① 铜，100m， -150 ~ 250m ② 铜，10m， -460m	① 铜，2m， -120m ② 铜铅锌， 5m，-503m	① 铜，10m， -520m ② 铁，5m， -700m

8.5　崤山矿集区金多金属矿探测

8.5.1　测区概况

1. 地质概况

崤山地区位于豫西三门峡市境内，大地构造上处于东秦岭造山带与华北克拉通南缘的交接部位（图 8.41），是一个典型的变质核杂岩发育区。其成矿地质条件优越，区内金多金属元素化探异常丰富，中–小型矿床、矿点（矿化点）广泛分布，因而长期被认为是一个具有巨大的找矿潜力的地区。尽管近年来人们在崤山地区投入了大量矿产勘查工作，却仅仅发现了半宽、申家窑、大方山、寺家沟等几个屈指可数的中、小型金多金属矿床，仍然是“只见星星，不见月亮”，至今还没有获得重大找矿突破。相比之下，与之相邻且成矿地质条件极为相似的小秦岭和熊耳山地区陆续获得重大资源发现，实现了高显示度的找矿突破，使豫西成为仅次于胶东的我国第二大黄金产地。

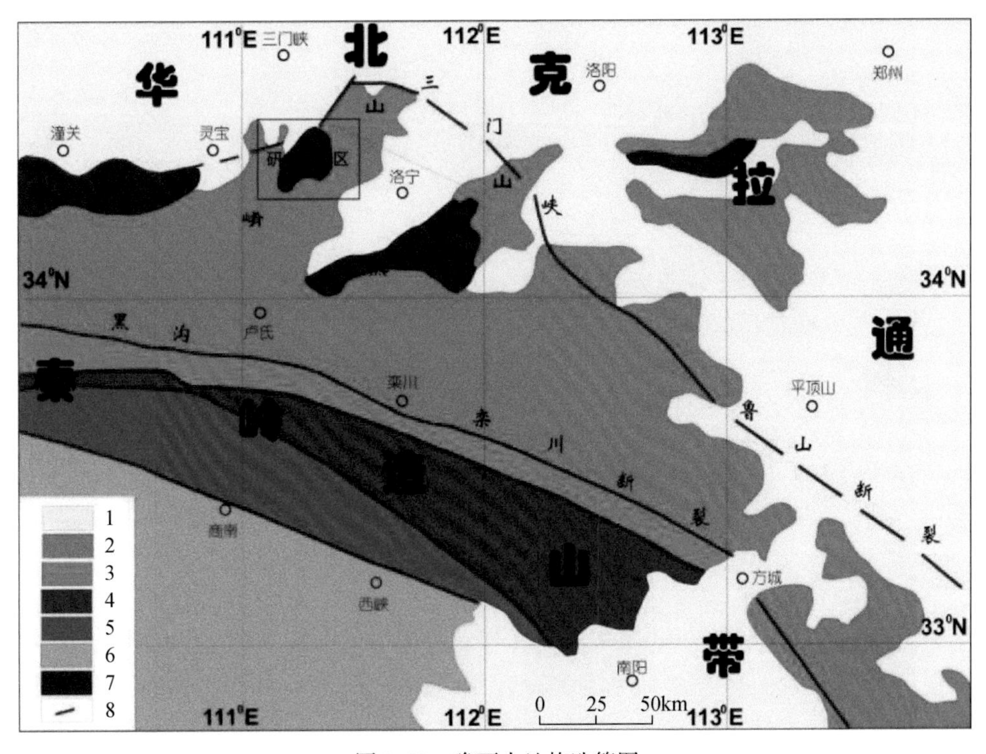

图 8.41　豫西大地构造简图

1-第四系；2-华北克拉通盖层；3-宽坪群；4-二郎坪群；5-秦岭群；6-南秦岭岩系；7-太古宙变质岩；8-区域性深大断裂

在晚侏罗世—早白垩世期间，太平洋板块与欧亚板块的消减作用，使区域应力场发生了改变，致使华北陆块南缘从挤压向伸展环境变换，上覆的下地层被软流圈上涌底侵，在地幔流体的作用下，加厚的下地壳部分熔融上升侵位，形成了壳幔混源型花岗岩体。在其形成过程中，地幔流体带来了大量的银、金等多金属元素。与此同时，变质核杂岩构造体系的高热流环境，使得地壳下部的岩石混合岩化、重熔，从而为成矿元素的迁移提供了能量，使银、金等多金属元素又一次富集。变质核杂岩的不断抬升，使得其进一步伸展，并且由于重力作用，从而向四周伸展垮塌，由此产生拆离正断层的内切作用；同时，变质核杂岩脆-韧性剪切带上移，和后期产生的韧-脆性以及脆性断层叠加，在这个过程中产生的热液，在改造后的陡倾斜脆-韧性剪切带和后期缓倾斜的破碎带中富集与成矿，见图 8.42。对本区金多金属矿化赋存状态的研究表明，目前已发现的绝大多数矿脉主要受发育在崤山变质核杂岩基底深变质岩系中不同方向、不同产状、规模不等的韧-脆性剪切带控制；这些控矿韧-脆性剪切带，或为变质核杂岩的主拆离带，或为与主拆离带近于平行或斜交的次级剪切带，它们与变质核杂岩的形成、演化与构造就位具有密切的成因联系。

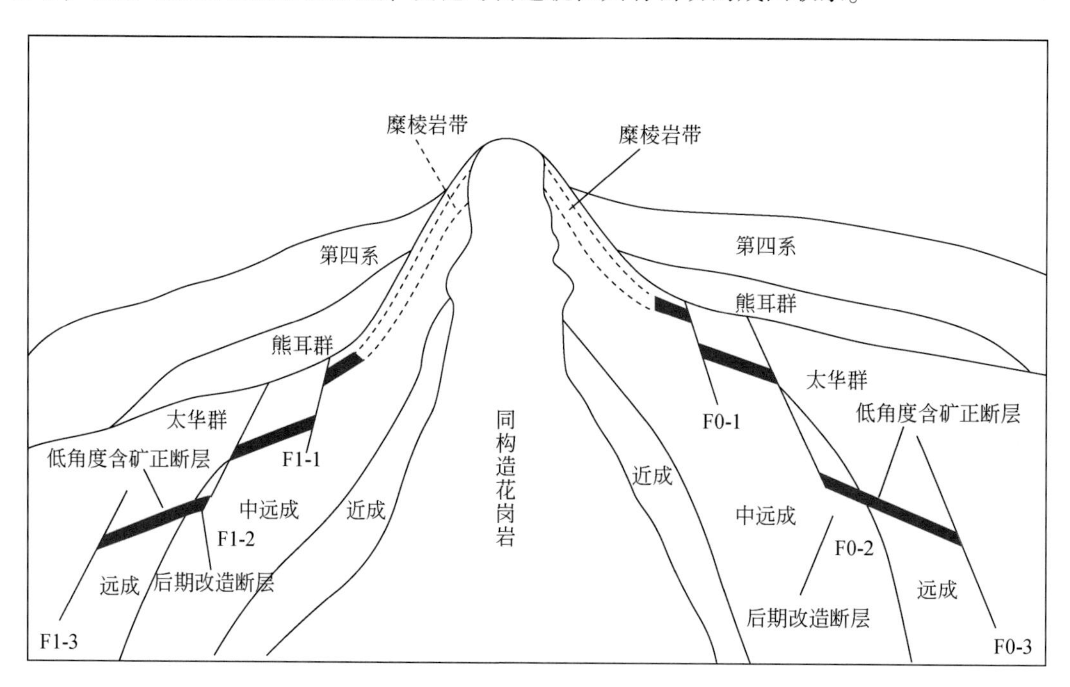

图 8.42　成矿地质模型

在崤山的已有矿区，目前的探矿深度大都在近地表 100 ~ 300m 的深度区间；其零星采矿深度则更浅，多在近地表 100 ~ 200m 范围。仅个别矿区的少量钻孔的深度才超过 800m。如此之浅的平均探采深度，对于赋存于太古宙变质核杂岩中韧（脆）性剪切带的金（多金属）矿化系统而言，可以说是太浅了。众所周知，相邻的小秦岭和熊耳山地区，其地质条件和矿化类型与本区类似，它们勘探深度都达到了 500 ~ 800m，但仍然存在工业矿体；世界上其他高级变质区的同类型矿床，如西澳大利亚和北美等地区的探矿深度更大。

崤山一些主要矿区，其主干控矿韧–脆性剪切带的地表出露规模也十分可观，走向长度大都接近或大于1000m（如宽坪矿床K4号脉960m、大方山矿床9-1号脉1000m、葫芦峪矿床3号脉970m、寺家沟矿床K1脉1000m、半宽矿床9号脉1130m等，申家窑矿床K1号脉甚至超过5000m）。很显然，若考虑本区较浅的总体剥蚀深度，目前的勘探深度与已知矿脉的出露长度就很不匹配。对于韧–脆性剪切构造控制的矿化系统而言，理论上其发育深度不会小于走向长度，而且在走向和倾向上常常存在多个矿化强弱波动分段，这主要表现为从浅部到深部，含矿段与无矿段，或强矿化段与弱矿化段会交替出现。鉴于本区近地表仍可观察到控矿断裂的浅层次构造现象，有理由认为目前探采深度所见到的只是矿化系统的上部或浅部，而在控矿构造系统的深部应可能存在可观的金多金属矿化。

就邻区地质对比而言，豫西三个地理相邻的变质核杂岩地体（小秦岭、崤山和熊耳山），两个剥蚀较深的地体（小秦岭和熊耳山）都已经获得重大找矿突破，而剥蚀较浅的崤山仍然没有突破。这在很大程度上反映的是主矿化深度带隐伏埋深问题：矿化系统埋深越大其发现难度越大。因此，若在崤山地区有大的找矿突破，必须向更深处进军。

2. 地层电性

工作区内的岩矿石大致相同，其电性总体规律一样，具有较明显的电性差异，能产生较明显的视充电率、视电阻率异常。根据区内及相邻地区的地层、测井资料，可得出综合地层电性如下：太华群深变质岩岩性主要为麻岩系与混合岩，电阻率变化范围为1128～124887Ω·m，平均为8591Ω·m。熊耳群岩性为安山岩，电阻率变化范围为1230～84255Ω·m，平均为11321Ω·m。浅部第四系覆盖层电阻率为30～120Ω·m。矿石一般表现为低阻异常特征，但受其成分与结构构造影响，深部块状方铅化矿石电阻率较低，变化范围为11～1550Ω·m，平均为164Ω·m，表现为低阻异常；细脉状侵染状矿石，由于其主要成分为石英或方解石，金属矿物颗粒连通性差、电阻率较高，变化范围为5848～12227572Ω·m，平均为89147Ω·m，与其围岩太古宇片麻岩和混合岩表现为高阻异常特征。测区主要地层岩性和电阻率范围如表8.6所示。

表8.6 测区地层岩性与电阻率特性

地层	岩性	电阻率范围/(Ω·m)	平均值/(Ω·m)
太华群	麻岩系与混合岩	1128～124887	8591
熊耳群	安山岩	1230～84255	11321
第四系	松散覆盖层	30～120	70
矿石	块状方铅化矿石	11～1550	164
	细脉状侵染状矿石	5848～12227572	89147

8.5.2　数据采集与处理

1. 数据采集

为查明该区 1000m 深度范围内电性构造的位置和形态，圈定异常体的位置，在现有地质资料的基础上，对有利成矿区开展 SOTEM 勘探。在本次工作中，布置了 4 条测线，沿山间小路布置了一条 1km 长的发射源，测线及发射源信息如图 8.43 所示。利用加拿大凤凰公司生产的 V8 电磁系统进行信号发射与接收，发射电流为 16A，基频为 2.5Hz，采用有效面积为 40000m^{2}的磁探头测量垂直感应电动势。

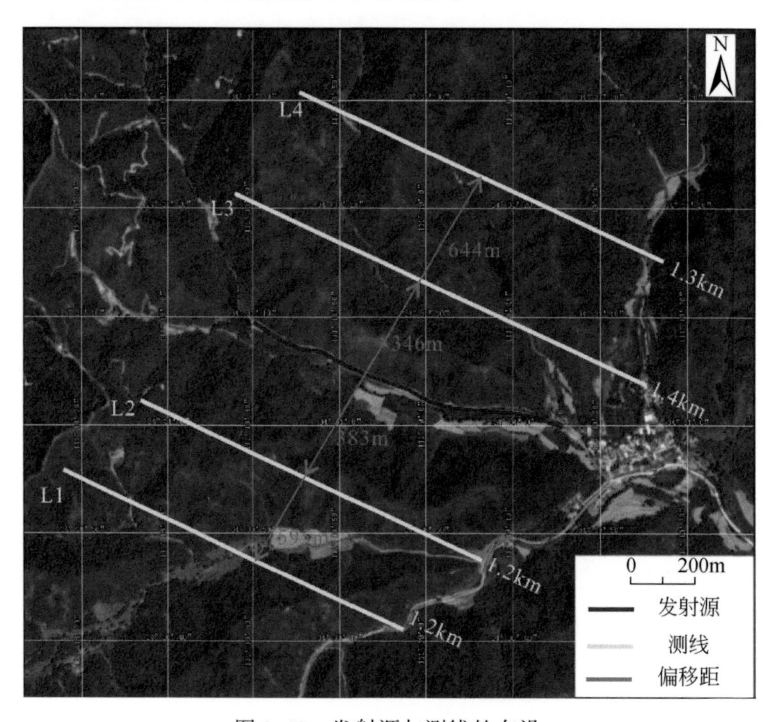

图 8.43　发射源与测线的布设

2. 数据处理与解释

利用 SOTEMsoft 软件对实测数据进行去噪和反演之后，获得了每条测线的深度-电阻率剖面。这里以 L3 测线为例（图 8.44）说明 SOTEM 探测效果，从图 8.44 可以看出该区地层浅部电阻率总体较低，深部电阻率较高，这与浅部第四纪沉积层和太华群混合花岗岩的电性特征吻合。在 300～600m 范围内，高阻地层由深部向浅部延伸，说明该区太华群已抬升至地表，顶部熊耳群已被剥蚀。另外，在两个地层之间，F1 和 F2 断层的存在是低阻反映的主要原因。因此，结合本区相关成矿和控矿资料，推测 F2 断裂附近可能存在大范围的成矿异常。随后，在 L3 线上实施了三个验证钻孔（1 号钻孔至 3 号钻孔）。其中，钻孔 2 和钻孔 3 揭示了 800m 深处的两层金属矿化体。

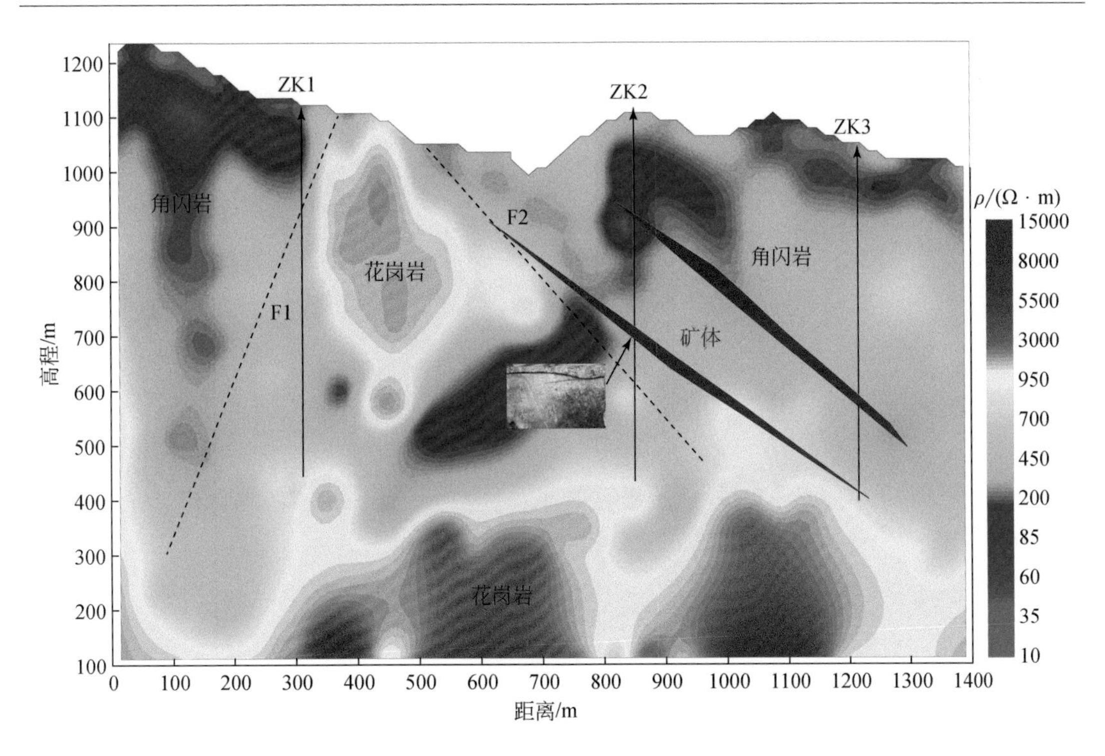

图 8.44　L3 号测线高程-电阻率剖面及地质解释

8.6　陕西韩城深部煤层含水性调查

8.6.1　测区概况

测区位于陕西省韩城市北部的龙门镇，东临黄河（图 8.45）。测区属于典型的低山丘陵区，基岩广泛裸露于沟谷之中，山顶均为广泛的黄土覆盖，由于剥蚀及地表水长期的冲

图 8.45　测区位置示意图

刷切割，形成纵横交错的沟谷和蜿蜒曲折的梁峁，沟谷多呈 V 字形，两侧地形陡峭。在厚层黄土区冲沟极为发育，形成黄土崖、黄土柱、黄土漏斗等地貌景观。测区地形起伏剧烈，海拔高差较大，海拔最高点位于测区东北部，海拔 916m，最低点位于测区东南部的河谷中，海拔 585m。测区地形与地貌示于图 8.46 和图 8.47。

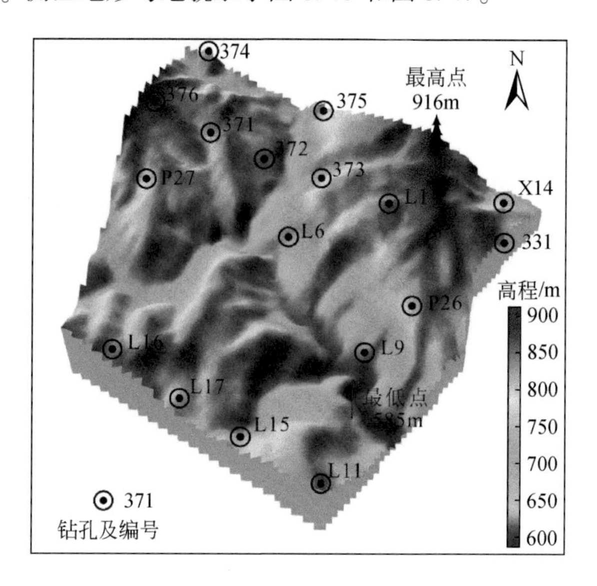

图 8.46　测区地形图

图 8.47　测区典型地貌

测区地层由新至老依次为第四系、三叠系、二叠系、石炭系、奥陶系、寒武系等。多家单位在测区内实施了大量的钻孔，并进行了电阻率测井、长源距声波测井、自然伽马测井等测量工作，对测区地层分布及岩石地球物理性质有了较全面的总结。根据已实施钻孔和地球物理测量工作，测区地层的分布、岩性、含水性及电性等统计于表 8.7。

表 8.7　测区地层主要岩性参数

地层	厚度/m	岩性	含水性	电阻率/(Ω·m)
第四系	0～56	黄土与冲积层	砂岩孔隙水	40～80
三叠系	150～220	砂岩、泥岩	基本不含水	200～250
二叠系	507～773	砂岩、砂质泥岩、煤	砂岩裂隙水	35～300
石炭系	35～112	砂岩、粉砂岩、泥岩、石灰岩、煤	砂岩与灰岩裂隙水	45～300
奥陶系		灰岩	石灰岩岩溶隙溶裂水	>700

本次测量工作的目的是查明 2 号煤（深度约 700m）至奥灰顶界面以下 100m（深度约 1100m）范围内各含水层的富水情况，并对区内构造的含导水性及横、垂向连通关系进行分析。陕西煤田物探队已在本区域 6.1km^2 的范围内实施了大回线源瞬变电磁的测量工作，获取了测区地下 1km 深度以内的电性分布。本次 SOTEM 探测仅选择两条典型剖面开展工作，主要目的是验证 SOTEM 探测深部含水体的能力，并与大回线探测结果进行对比。

8.6.2　试验与数据采集

在剖面测量之前，我们首先在钻孔 373 附近进行了观测实验，目的是确定测区的噪声水平以及最佳工作参数，并依据钻孔资料验证反演结果。根据表 8.7，本区奥陶系灰岩的最大埋深约为 1200m，因此本次探测的深度必须大于该深度。试验中，选择沿测线西南部低洼的山路布设发射长导线源，长度为 723m，观测点距发射源中心距离为 588m。发射电流波形为占空比为 50% 的双极性矩形波，分别试验了基频为 2.5Hz 和 1Hz 的两套发射频率，电流强度皆为 16A。观测仪器采用加拿大凤凰地球物理公司的 V8 系统，磁探头有效接收面积为 40000m^2。陕西煤田物探队在该区实施的大回线 TEM 探测，工作参数为回线尺寸 800m×800m，发射电流基频 5Hz，电流强度 4.5A。

图 8.48（a）给出了同一测点处 SOTEM 和回线源 TEM 的 50 个时间道的测量衰减曲线。分析该图可以发现，回线源 TEM 的信号比 SOTEM 的信号衰减更快，延时时间大于 70ms 后，信号低于噪声水平。虽然 1Hz 的信号延时时间更久，但低于噪声水平的信号难以利用。因此，1Hz 的信号与 2.5Hz 的信号相比，并不具有优越性，相反 2.5Hz 的信号还可以提供更浅部的地质信息。图 8.48（b）为实测数据的一维反演结果。根据瞬变电磁探测深度的估算公式，两种装置的最大反演深度可以确定为 1500m。从图 8.48（b）可以看出，在 1200m 深度以浅，回线源 TEM 与 SOTEM 的反演结果基本一致，但在这个深度以下两者存在较大差异，回线源的反演电阻率急剧下降，而 SOTEM 的电阻率仍在增大。根据钻探资料，在该试验点，奥陶系灰岩地层顶界面深度约为 800m。在该深度以下的地层应

具有较高的电阻率，因此，SOTEM 数据的反演结果对深部地层电阻率的反映更为准确。

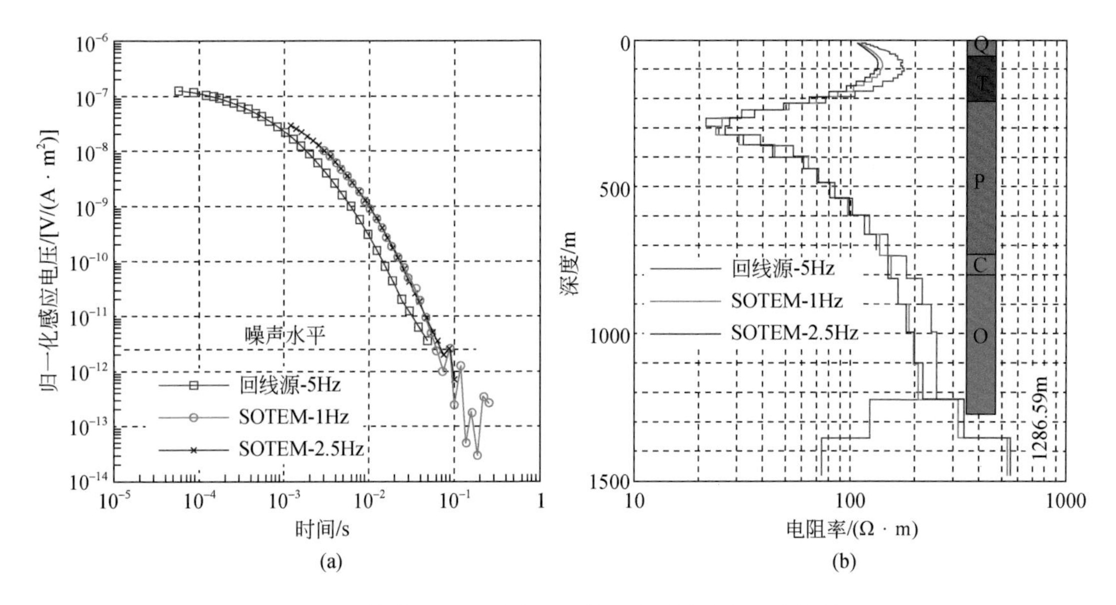

图 8.48　钻孔 373 处不同 TEM 装置实测响应与反演结果

（a）实测曲线；（b）反演结果

为了与回线源探测结果进行对比，我们选取了两条干扰较小的测线开展 SOTEM 观测。两条测线长度皆为 600m，分别命名为 S1 和 S2，对应的回线源测线为 L8（5600～6200m）和 L10（5600～6200m）。继续使用试验工作中布设的发射源，发射源中心距离测线 L1 中心的距离为 588m，距离 L2 的距离为 488m。测量点距为 20m，发射基频为 2.5Hz，电流强度为 16A，单点测量时间为 2min，约叠加 1200 次，工作收发布置如图 8.49 所示。

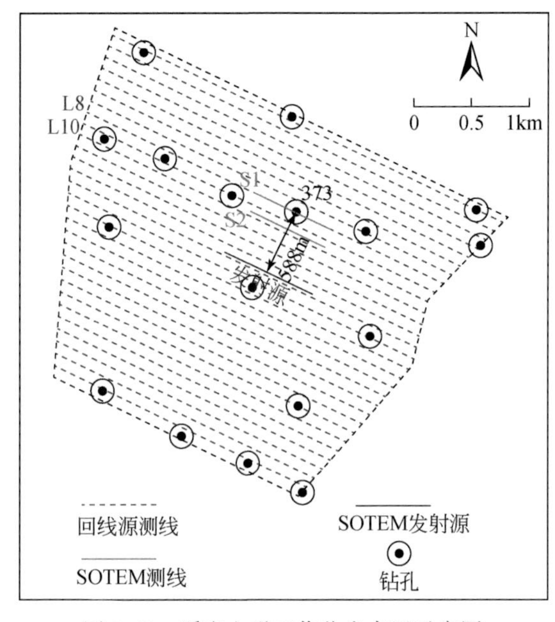

图 8.49　瞬变电磁工作收发布置示意图

8.6.3　数据处理与成果评价

利用SOTEMsoft软件，对实测数据进行整理、预处理和反演，得到所有测点的反演结果。鉴于该区煤系地层的良好沉积性，反演中我们采用施加横向电阻率约束的拟二维反演技术，一方面克服相邻测点间电阻率的突变，另一方面压制噪声干扰并提高反演速度。图8.50给出了两条测线上几个测点的反演结果。可以看出，本区地层电性变化趋势相对稳定且明显，由浅及深呈现出“高—低—高”的形态，与试验点反演结果和钻孔揭示地层分布一致。浅地表200m深度范围内的高电阻率层位，对应于第四系和三叠系的黄土及砂泥岩。随着埋深的增大，电阻率逐渐降低，在300～500m深度范围内出现一个明显的低阻层，结合本区的钻孔资料，这是山西组砂岩孔隙水含水层富水性的表现。深度继续增加，电阻率开始逐渐增大，未见低阻层出现。

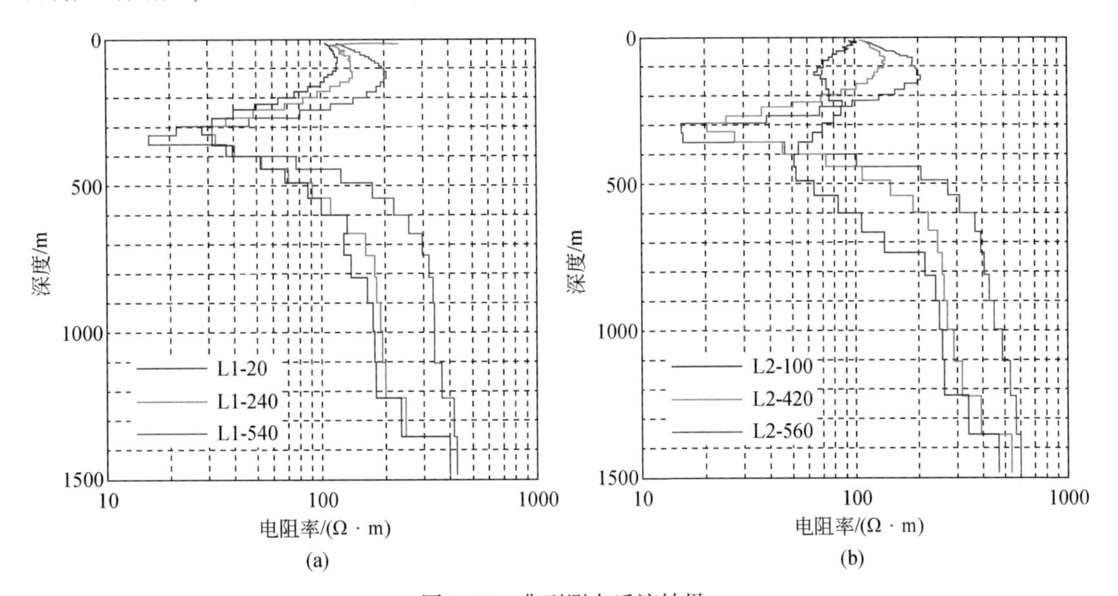

图8.50　典型测点反演结果

(a) L1线典型测点反演结果；(b) L2线典型测点反演结果

最后，将SOTEM和大回线TEM反演结果绘制成电阻率-高程断面图，如图8.51和图8.52所示。对比反演结果可以发现，在高程-200～800m范围内两种装置揭示的地层电阻率变化趋势基本相同，清楚地反映了浅部第四系、古近系-新近系高阻地层和含水的低阻二叠纪砂泥岩地层。但是，再往深部，两者的反演结果出现了一定程度的差异。随着深度的增加，SOTEM反演结果中电阻率基本呈递增的变化趋势，反映了深部的奥陶系灰岩地层。而大回线TEM结果中某些测点的电阻率则呈先增大后减小的变化，这与实际情况是不相符的，表明大回线TEM的结果在该深度范围内已失真。综上所述，由于回线源瞬变电磁探测深度相对较浅，只有在高程-200～800m的反演结果是可靠的。根据SOTEM探测结果，推测在奥陶系灰岩顶部可能存在含水层，位置在S1线的0～400m，S2线的0～200m、340～440m。该推断与已有钻孔揭示的深部地层含水性相吻合。

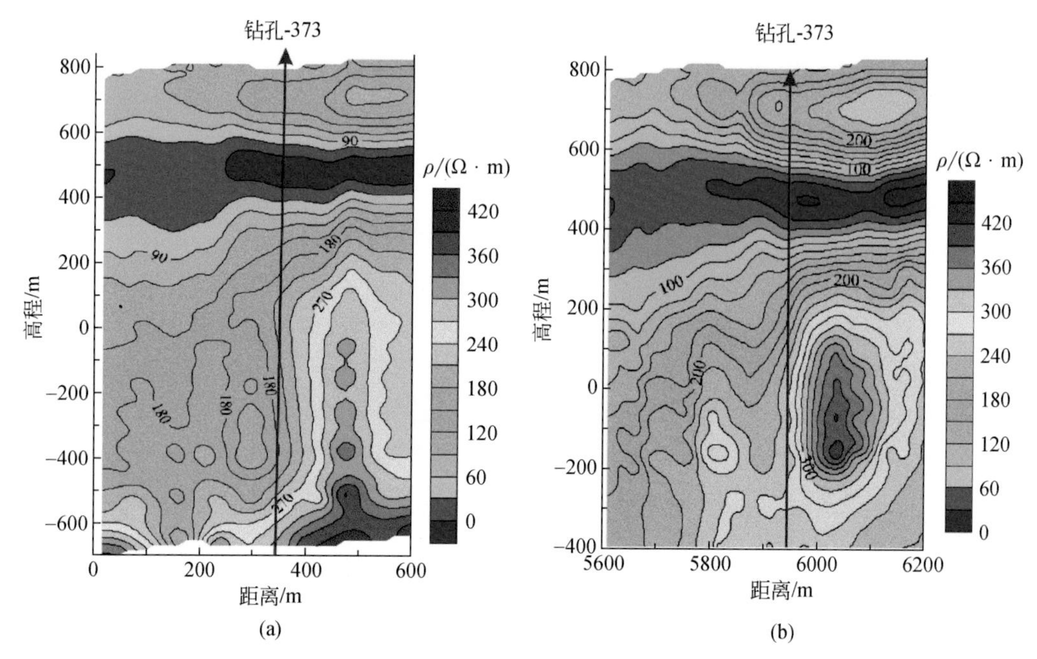

图 8.51　S1 和 L8 线反演电阻率-高程断面图

(a) S1 线 SOTEM 结果；(b) L8 线大回线 TEM 结果

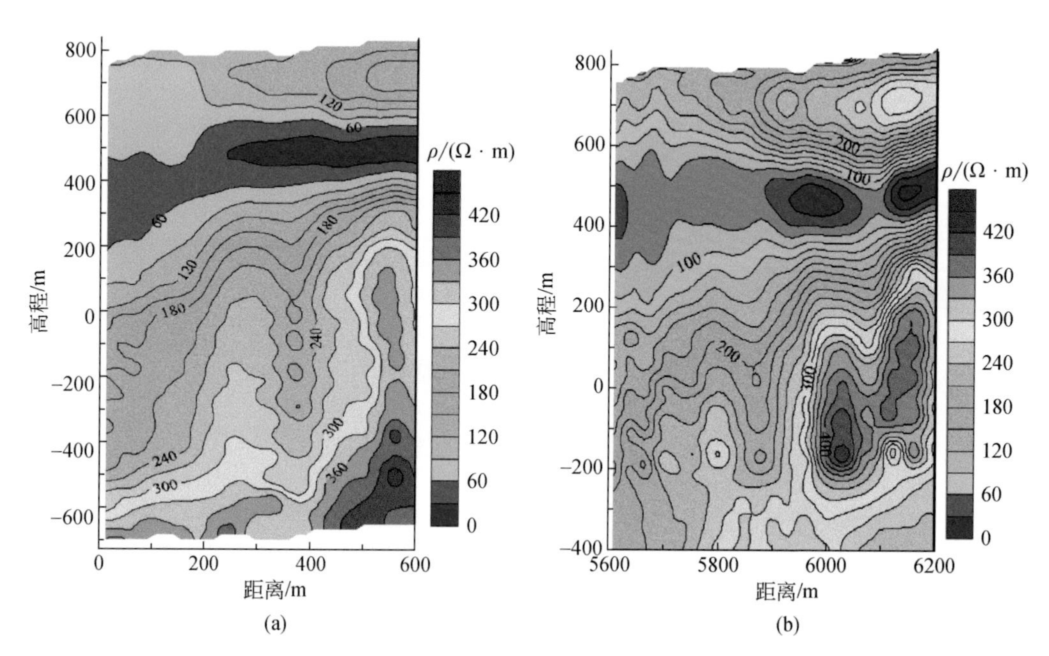

图 8.52　S2 和 L10 线反演电阻率-高程断面图

(a) S2 线 SOTEM 结果；(b) L10 线大回线 TEM 结果

8.7　河北顺平城市活断层探测

8.7.1　工作布置

河北顺平（省级）经济开发区位于顺平县城东北（北园）和西南（南园）两侧。为调查开发区附近的隐伏构造分布情况以及第四系盖层厚度，我们在两个园区开展了 SOTEM 探测工作。共布置四条测线，如图 8.53 所示，其中东北部南北测线命名为 L1 线，长度为 4000m；东北部东西向测线命名为 L2 线，长度为 3000m；西南部南北向测线命名为 L3 线，长度为 4200m；西南部东西向测线命名为 L4 线，长度为 4400m。测点编号按照北→南、西→东递增的规则，所有测线的测点间距皆为 50m。为覆盖所有测线，本次工作共布设了 9 个发射源（如图 8.53 中蓝色线所示），每条发射源的具体参数如表 8.8 所示。

图 8.53　SOTEM 收发布置图

表 8.8　SOTEM 发射源信息

发射源	长度/m	发射电流/A	控制测线范围
1	948	16	L1（0～1750）
2	1000	16	L1（1800～3300）
3	801	16	L1（3350～4000）
4	906	16	L2（0～1750）
5	799	16	L2（1800～3000）
6	1000	16	L3（0～2400）

续表

发射源	长度/m	发射电流/A	控制测线范围
7	844	16	L3（2450～4200）
8	934	16	L4（0～2200）
9	708	16	L4（2250～4400）

8.7.2　参数试验

本次 SOTEM 探测有两个目的，一个是确定浅部第四系地层的厚度，另一个是调查深部隐伏断裂的位置及展布。根据已有地质资料本区平原地带的第四系盖层的厚度一般为 10～100m，深部断裂延展深度可能达到 1000m。因此，本次 SOTEM 探测需兼顾浅部及深部探测能力。

发射机 TXU-30 可以提供多个频率的 TD50 波形电流，不同频率对应着不同的观测延时范围，这是决定 SOTEM 探测深度范围的主要因素。选择合适的发射基频不仅要保证探测深度范围满足要求，还需要考虑信号强度和测区噪声水平。在进行正式工作之前，我们先进行了不同发射基频的观测试验。我们在 L1 线 350 号点进行了试验，分别选择基频 5Hz、16Hz 和 25Hz（对应的时窗范围分别为 0.53～47.5ms、0.167～14.84ms 和 0.089～7.92ms），进行了发射和观测，发射电流强度皆为 16A，实测曲线如图 8.54（a）所示。可以看出，三个频率的数据在 20ms 之前都相当的平滑，重合性非常好，20ms 之后所有数据出现一定的震荡，表明信号已经低于本区噪声水平，数据受到干扰。

根据 SOTEM 探测深度估算式（7.36），可以对三个频率的探测深度进行估算。设测区内大地平均电阻率上下限分别为 10Ω · m 和 200Ω · m，则可得三个频率信号对应的最大探测深度范围分别为 1185～5488m、639～3049m 和 455～2213m。考虑到晚期信号信噪比降低以及地下含水层极低电阻率对信号的屏蔽作用，对于浅部探测我们选择工作频率为 25Hz，对于深部探测选择工作频率为 5Hz。图 8.54（b）给出了三个信号的一维反演结果，可以看出三个频率信号的反演结果在浅部（400m 以浅）基本一致，受信号延时短，25Hz 的信号对深部已丧失探测能力。而 5Hz 和 16Hz 的反演结果能够继续反映深部的电性信息。从单点反演结果可以看出，本区地层的电阻率由浅及深大致呈高—低—高的变化趋势。

最终，根据试验情况及以往工作经验，本次 SOTEM 探测采用的主要工作参数为发射基频为 5Hz 和 25Hz，发射电流强度为 16A，观测垂直感应电压分量，探头有效接收面积为 $10000m^2$，单点观测时间为 3～5min。

8.7.3　数据处理与解释

利用 SOTEMsoft 数据处理软件，对所有测线进行了数据去噪及反演处理。针对确定覆盖层厚度及调查测区深部断裂两个不同的任务目的，反演模型深度分别为 200m（25Hz）

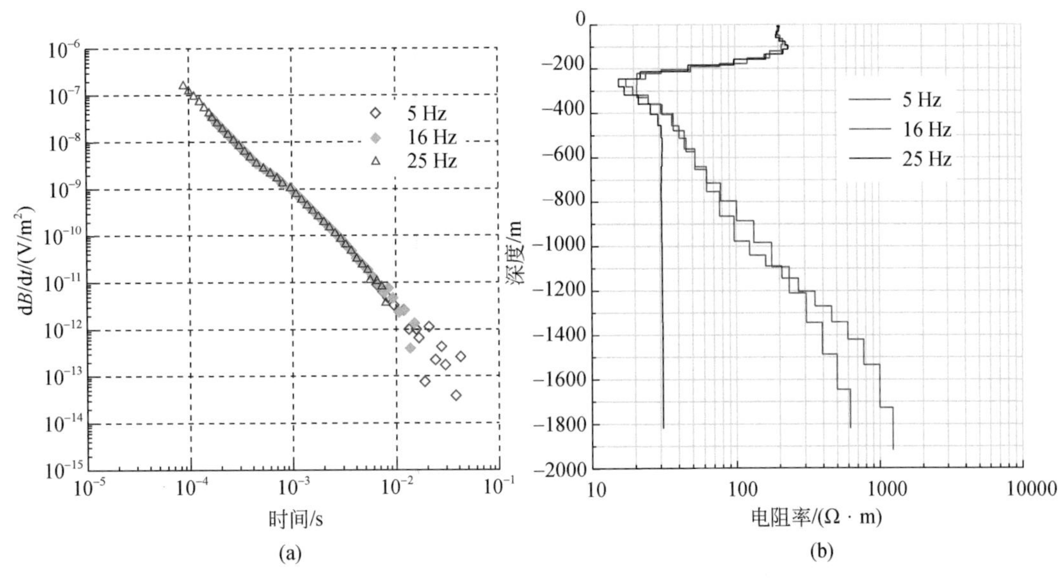

图 8.54　不同发射基频试验实测信号（a）与反演结果（b）

和 2000m（5Hz），以获得不同深度范围内的电性结构。各测线的反演电阻率-深度剖面如图 8.55～图 8.58 所示，其中各图的上图为浅部结果，下图为深部结果。

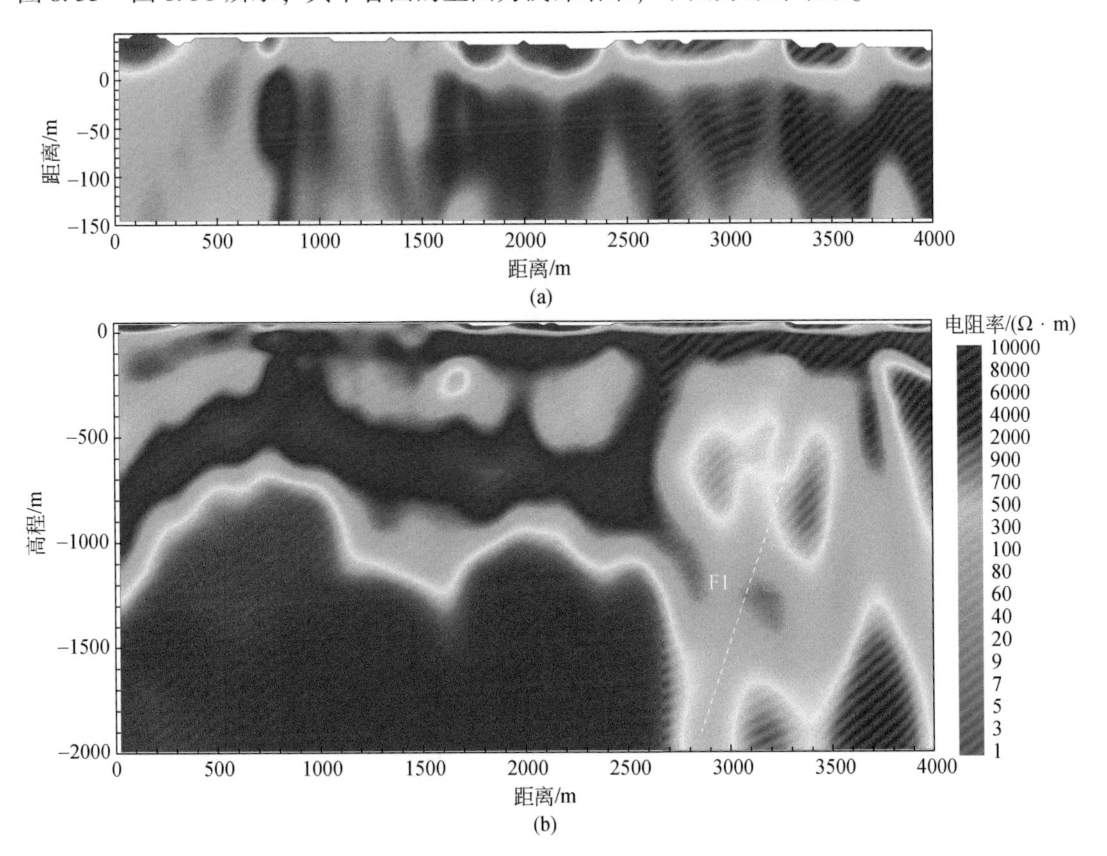

图 8.55　L1 线反演结果

（a）25Hz 数据反演结果；（b）5Hz 数据反演结果

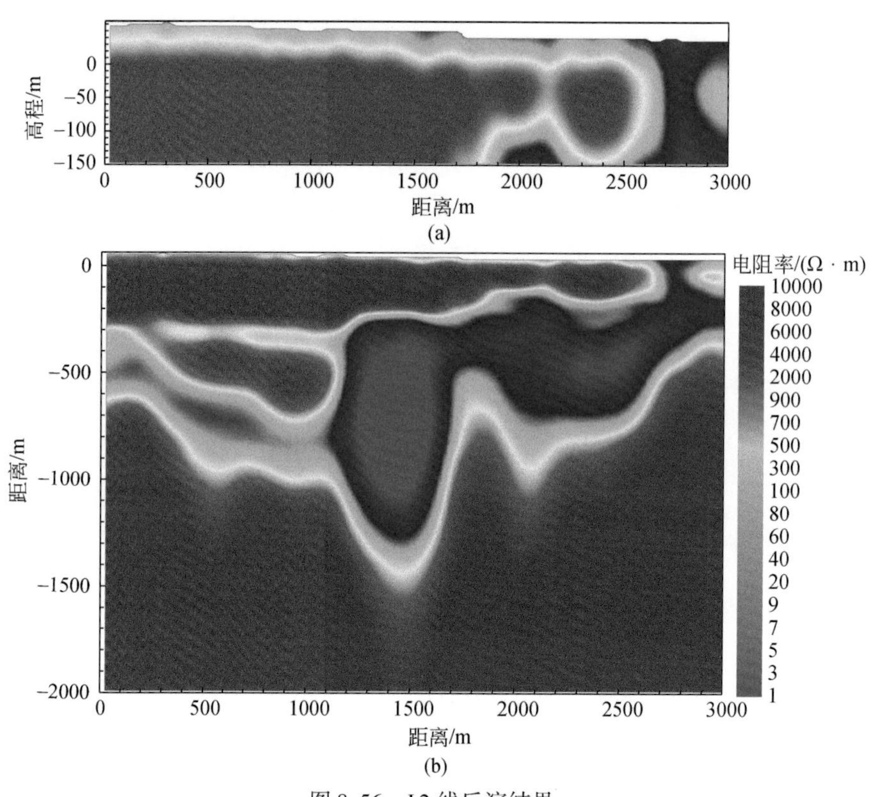

图 8.56　L2 线反演结果

（a）25Hz 数据反演结果；（b）5Hz 数据反演结果

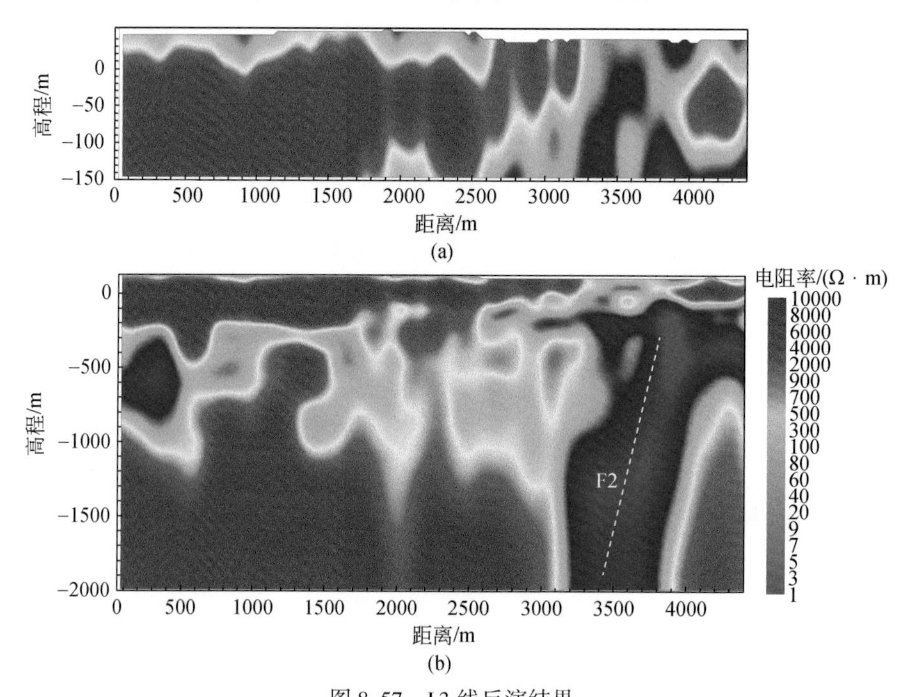

图 8.57　L3 线反演结果

（a）25Hz 数据反演结果；（b）5Hz 数据反演结果

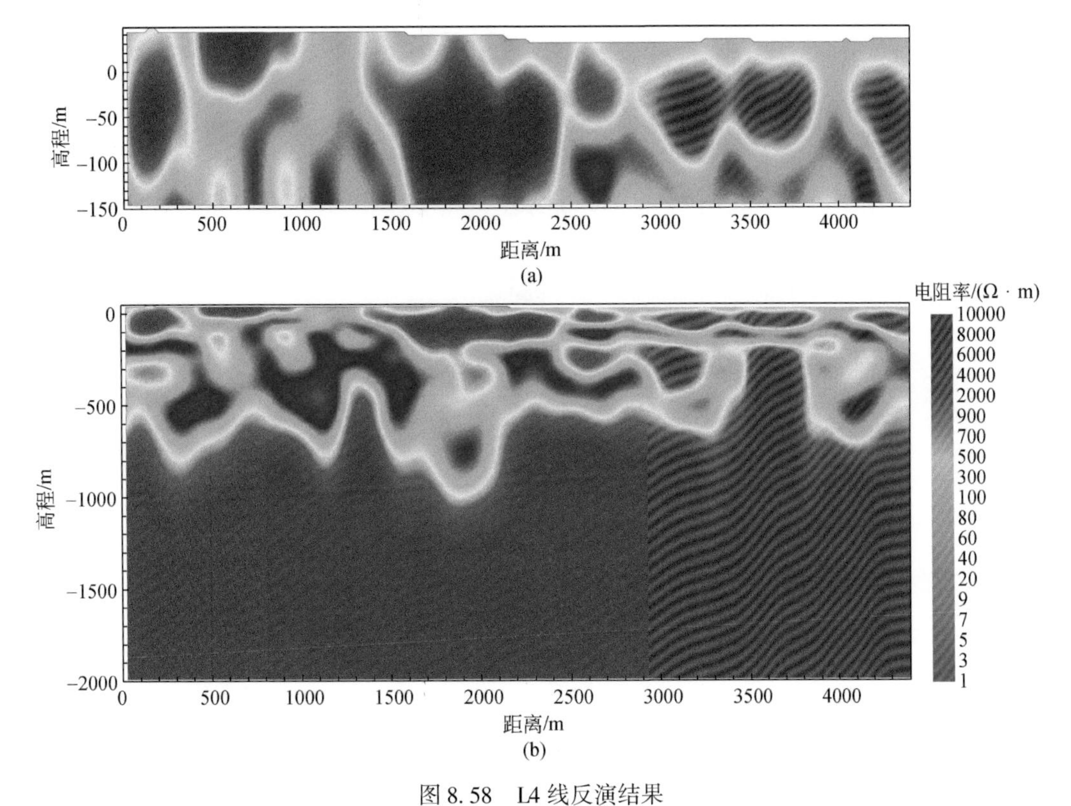

图 8.58　L4 线反演结果

(a) 25Hz 数据反演结果；(b) 5Hz 数据反演结果

首先分析 L1 线深部反演结果，纵向上（深度方向）L1 线电阻率由浅及深整体上呈低—高—低—高阻的变化趋势，高阻代表相对较为完整的岩层，低阻可能与地层含水有关。横向上（距离方向）测线 0-2700 号测点之间电性变化相对较为连续，没有出现明显的大范围电阻率横向突变。但在 2700-4000 号测点之间，高程约 200m 以下，电阻率剖面的连续性变得较差，横向上出现了明显的突变。推测这可能与深部存在断裂构造有关，导致岩层完整性变差，形成良好的导水或导热通道，从而形成低阻反应。因此，我们推测该处存在一条断裂构造 F1。

浅部反演结果对深度约 200m 以内的地层做出了更细致刻画。分析上图可知，标高 0m 之上的浅地表，L1 线电阻率整体相对较高仅部分区域呈低阻反应，表明 L1 线第四系覆盖层的分布不太均匀，高阻区域的厚度应仅为几米至 10m 之间。

L2 线电阻率由浅及深整体上呈高—低—高阻的变化趋势，相较于 L1 线，L2 线的电阻率结构较为完整，没有出现纵向上大范围展布的电阻率突变现象。浅部结果表明，该线覆盖层厚度由西至东大致呈递增的趋势变化，为 20 ~ 40m。注意 2700 ~ 2900 号点之间的低阻区域，此处可能存在导水构造，将地表水与地下水连通起来。

L3 线电阻率剖面最明显的特点是在测线大号点区域（南段），出现了一处纵贯深部的低阻带，推测这是深部断裂构造的反映，我们将此断裂命名为 F2。F2 与 L1 线中推测的 F1 断裂是否存在某种关联，需要更多的测线去控制。浅部结果显示，L3 线浅部低阻覆盖层厚度变化也较为剧烈，薄处可能仅有几米，厚处大概有 50m。

L4 线电阻率剖面整体上呈浅部低阻、深部高阻的特性，且浅部电阻率变化较为杂乱，深部电性结构完整稳定。该结果表明该线范围内没有明显的断裂构造，深部基岩稳定性较好；浅部覆盖层厚度整体上呈西边薄、东边厚的特点，厚度为 0 ~ 50m。

本次 SOTEM 探测，利用高、低两种不同的基频电流进行工作，分别对浅部和深部的地层电性变化做出了刻画。利用 25Hz 工作频率，获得 200m 以浅的地层电性变化特征，为确定第四系覆盖层厚度提供依据；利用 5Hz 低频信号，获得了地下 2000m 深度范围内的地层电性分布，据此实现了基岩埋深估算和深部断裂构造定位。

8.8 安徽桃园煤矿含水体探测

8.8.1 测区概况

桃园煤矿位于安徽省宿州市区南约 11km，为淮北矿业集团主力生产矿井之一。采区内无基岩出露，均为巨厚松散层所覆盖，经钻孔揭露，地层由老到新有奥陶系、石炭系、二叠系、古近系、新近系和第四系。本采区总体为一走向近南北、向东倾斜的单斜构造，仅在局部有小幅度的波状起伏，地层倾角北部较陡（可达 43°），南部较缓（一般在 28°左右），地层倾角呈有规律变化。矿井构造简单，以往勘探未发现断层。本区可采煤层为 3_2、5_2、6_1、7_1、7_2、8_2及 10 等 7 层煤层，其中 5_2、8_2、10 煤层为本采区主要可采煤层，3_2、6_1、7_1、7_2煤层为局部可采煤层。

桃园矿地面较为平坦，区内没有大的河流，但人工沟渠纵横，密如蛛网。目前地表水对矿床开采与矿井建设没有影响。新生界松散层厚度受古地形控制，厚度为 205.50 ~ 333.50m，一般为 280 ~ 300m，总的变化趋势由西向东逐渐增厚。新生界松散层自上而下划分为四个含水层（组）和三个隔水层（组）。二叠系煤系地层可划分为三个含水层（段）和四个隔水层（段）。其中主采煤层顶底板砂岩裂隙含水层（段）地下水是矿床开采的直接充水水源。石灰岩岩溶裂隙水是开采 10 煤层时矿井充水的重要隐患之一。综合分析，本矿水文地质条件应为中等偏复杂。但考虑到矿内 10 煤层开采受太灰水影响，目前矿井涌水量较大，且本矿又发现了含水岩溶陷落柱，采掘工程及矿井安全受灰岩水害的威胁。本次测量的主要目的就是调查 II4 采区 10 煤底板灰岩地层的含水性。

8.8.2 数据采集

本次工作共布设 8 条测线，分别命名为 TL1 - TL8。8 条测线相互平行，方向为南西 191°，相邻测线间隔 50m，测线长度为 800m。8 条测线均采用 SOTEM 方法进行测量，并观测垂直感应电动势 $\mathrm{d}B_z/\mathrm{d}t$ 和水平电场 E_x 两个分量。具体施工布置见图 8.59。

理论分析已验证电场信号对高低阻目标体都具有较好的分辨率，信号抗干扰能力较强，探测深度也优于磁场信号，然而野外实际采集的电场数据易受到静态偏移等附加效应影响而发生畸变，不利于数据处理解释。而磁场数据仅对低阻体敏感，抗干扰能力较差，

图 8.59　桃园煤矿 SOTEM 测量施工布置图

但受地质噪声的影响相对较小。通过联合反演两个分量，可充分发挥电场对地层电阻率高分辨和磁场空间稳定性好的优势。

因本区地层整体电阻率偏低，而 10 煤埋藏深度又较大（约 700m），因此在数据采集时应尽量采用较低的发射基频。通过试验不同基频电流，我们发现在本区噪声水平情况下，磁场分量最低适宜工作频率为 2.5Hz，而采集电场数据时可采用更低的 1Hz 基频电流。图 8.60 为 TL4 线 600 号点实测 dB_z/dt 和 E_x 响应曲线。可以看出，对于磁场信号，衰减至约 60ms 时数据在噪声的影响下已出现较严重的畸变，而电场数据则可光滑衰减至约 110ms。图 8.61 给出了 TL4 线磁场和电场数据的多测道曲线，同样可以看出电场分量的数据质量更优。

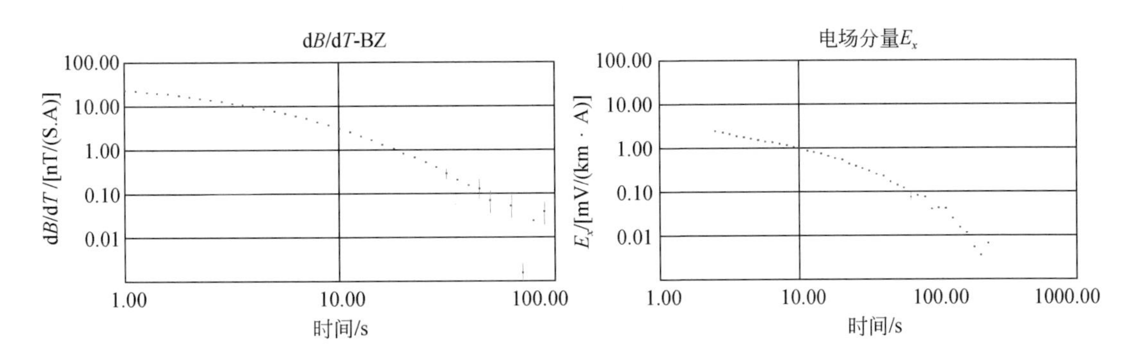

图 8.60　TL4 线 600 点实测 dB_z/dt 和 E_x 响应曲线

最终，通过试验选择，本次工作的具体参数如表 8.9 所示。

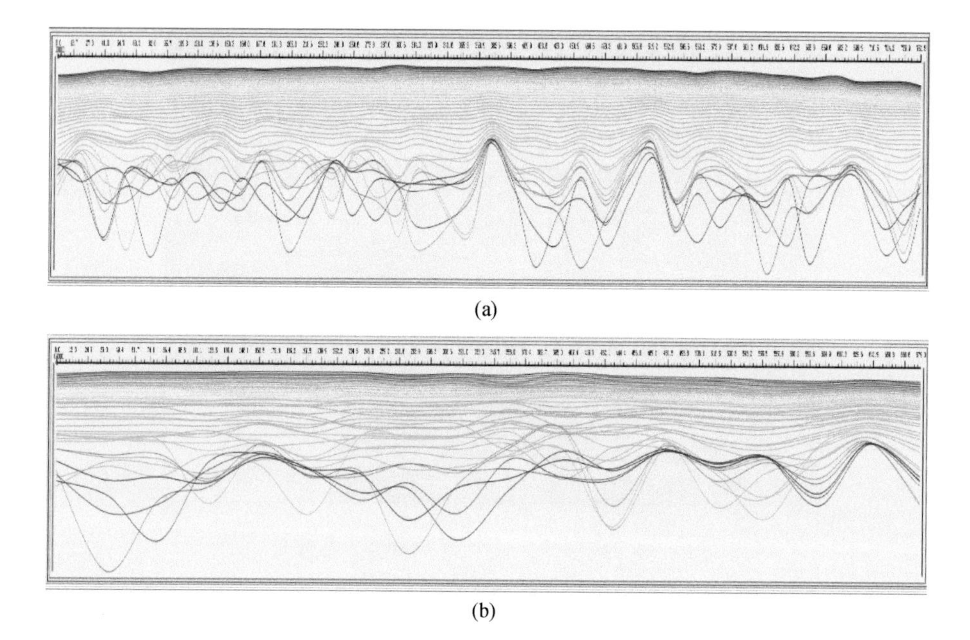

(a)

(b)

图 8.61 TL4 线实测 dB_z/dt(a) 和 E_x(b) 多测道响应曲线

表 8.9 工作参数

观测分量	发射源尺寸/m	发射电流/A	基频/Hz	探头面积/m²	电极距/m	偏移距/m	点距/m
dB_z/dt	600	14	2.5	40000	—	320 ~ 670	20
E_x	600	14	1	—	—	320 ~ 670	40

8.8.3 数据处理

我们首先进行的是单分量数据反演，对于两个分量的数据，反演模型设置一致，模型最大深度取 1000m，共包含 32 个电性层。同时，鉴于煤系地层良好的沉积成层性，反演中我们采取施加横向电阻率约束的拟二维反演。图 8.62 给出了 TL3 和 TL4 两条测线的单分量反演结果，图中左图为 E_x 分量结果，右图为 dB_z/dt 分量结果。

可以看出，两个分量的反演结果在浅部 400m 深度以浅一致性很好，都揭示了浅地表含水性较好的低阻的第四系浮土层（<50m），相对高阻的砂质黏土隔水层（50 ~ 150m）以及其下的新近系砾石、砂质黏土含水层（>200m）。但是受测区整体电阻率偏低、衰减延时短、数据信噪比较低等因素影响，dB_z/dt 分量的有效探测深度无法达到设置的 1000m，因此丧失了对更深部地层的分辨能力，导致 200m 深度以下全部显示为低阻。而 E_x 分量则继续反映出深部地层的电性分布，显示 300 ~ 500m 深度范围内存在一个相对高阻的隔水层，500 ~ 800m 深度范围内存在的多处低电阻率横向突变及圈闭，以及 800m 深度之下相对高阻的奥陶系灰岩地层。E_x 分量的反演结果基本与钻孔揭示的实际地层分布相吻合，但是观察其电阻率断面图可以发现存在多处的电阻率畸变现象，如纵向的条状异常、个别点的小异常圈闭等。

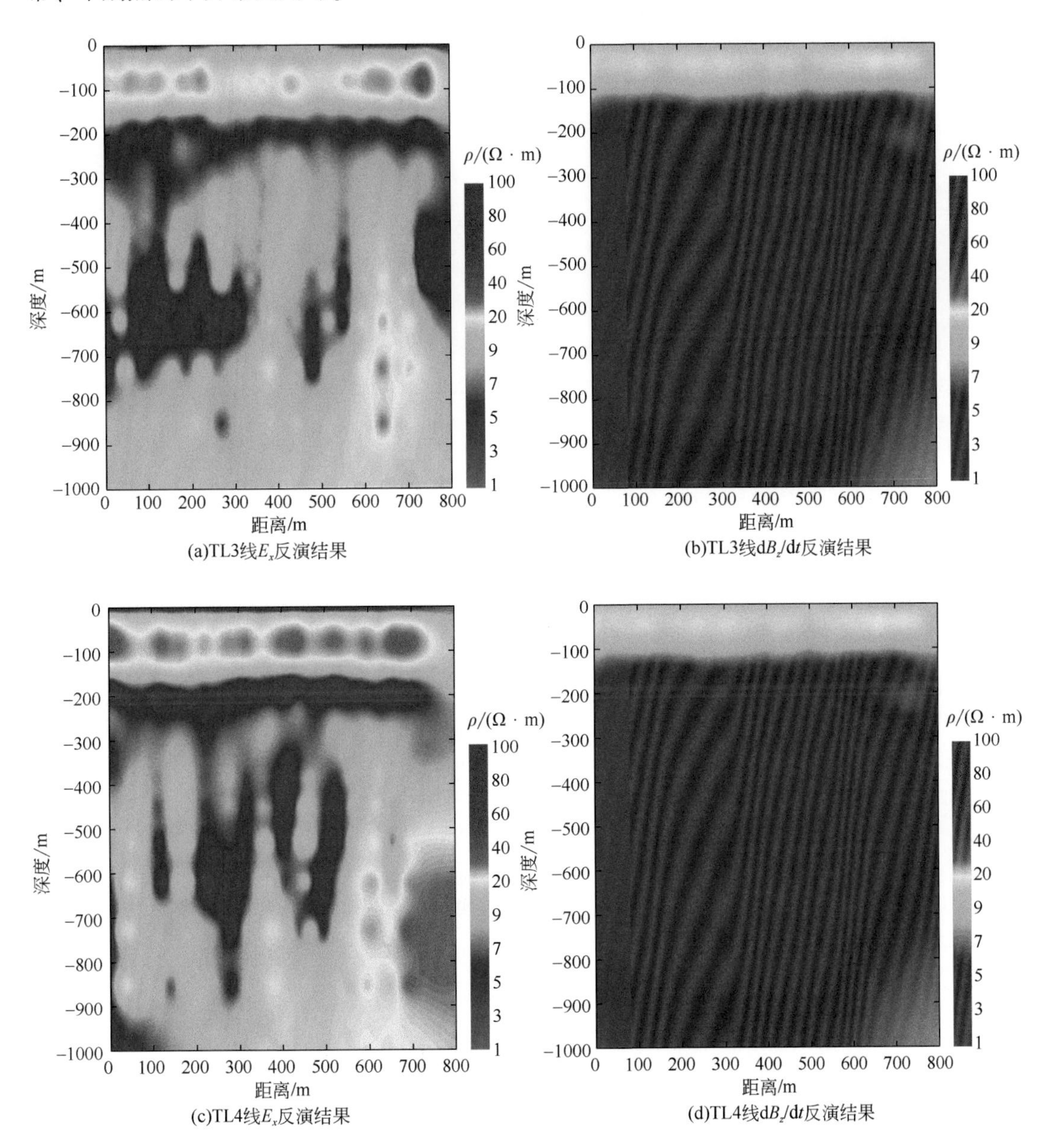

(a)TL3线E_x反演结果

(b)TL3线dB_z/dt反演结果

(c)TL4线E_x反演结果

(d)TL4线dB_z/dt反演结果

图 8.62　TL3 和 TL4 线单分量反演结果

为此，我们根据已有的理论研究和数值模拟结果，采取 dB_z/dt 和 E_x 两个分量联合反演的方式，对上述两条线的数据重新进行了反演计算，得到如图 8.63 所示的电阻率-深度断面图。可以看出，相较于单分量反演结果，利用联合反演方式得到的地层电性特征变化，表现的规律性更强，过渡更为自然，克服了纯 dB_z/dt 分量探测深度浅，E_x 分量畸变严重的缺点。

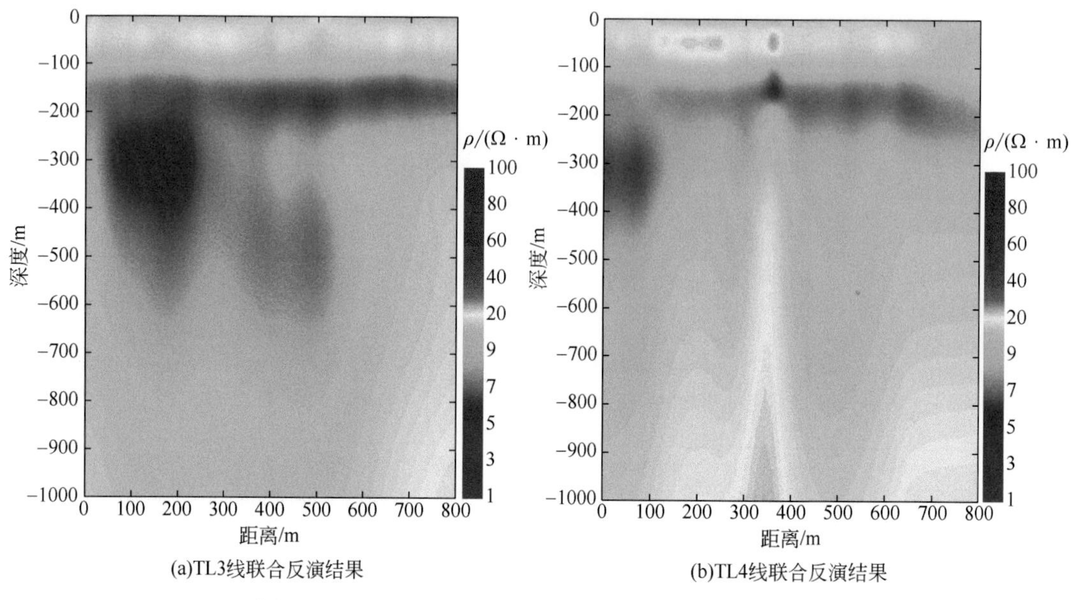

图 8.63 TL3 和 TL4 线 $\mathrm{d}B_z/\mathrm{d}t$ 和 E_x 分量联合反演结果

8.8.4 探测成果

根据单分量和多分量联合反演结果对比，我们对 8 条测线的数据都采用联合反演及拟二维反演的方式进行处理，得到电阻率-深度断面图。反演结果如图 8.64 所示。从各线的反演结果可以看出，测区地层在 1000m 深度内整体可分为四个电性层。第一层为浅地表的相对低阻层，电阻率约为 20Ω · m，厚度小于 50m，为含水性较好的第四系松散沉积物，

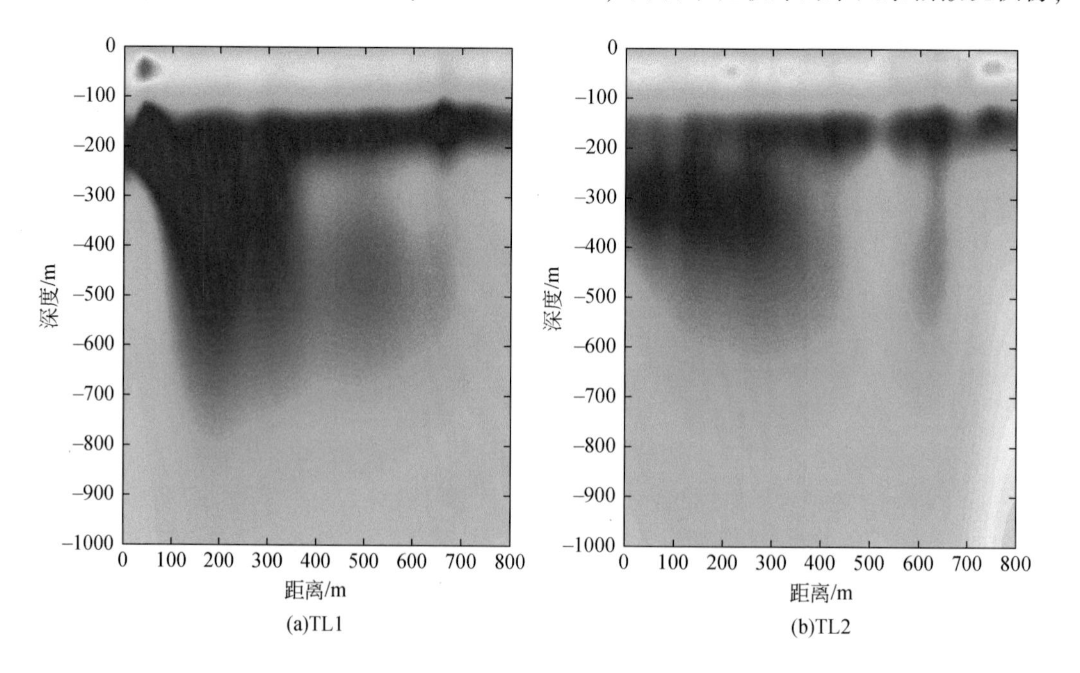

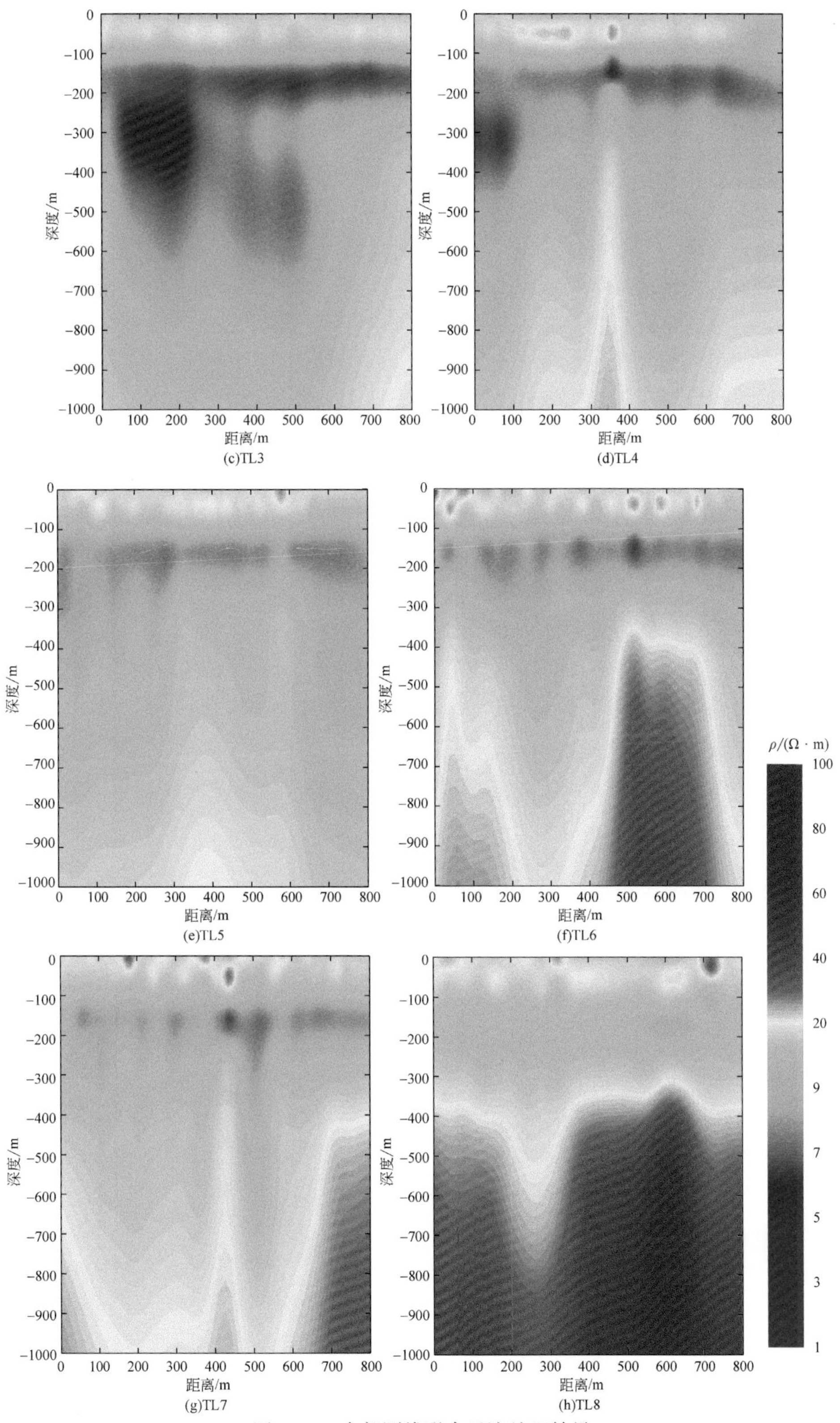

图 8.64　全部测线联合反演处理结果

岩性以浅黄色、少量浅灰色粉砂、黏土质砂、细砂为主。第二层呈相对高阻反映，顶底板埋深为 50 ~ 120m，电阻率为 30 ~ 50Ω · m，反映了含水性较差、隔水性较好的第四系地层（一含），岩性以较为致密的黏土和砂质黏土为主。第三层为厚度极不均匀的低阻层，电阻率一般小于 10Ω · m，该低阻层厚度在测线南段（大号点）相对稳定，约为 200m，呈较好的层状分布，而在北段及中间（小号点）处，低阻范围明显扩大，部分测线（如 TL1 线）可延伸至地下 900m 深度。根据已有钻孔资料，本区在地下 100 ~ 300m 深度范围内为含水性较好的古近系-新近系地层（三含和四含），岩性以粉砂、砾石、黏土为主。因此，反演结果中揭示的测线南段低阻层即为该含水层反映。而北段及中部的低阻区域，推测是本区广泛存在的陷落柱导致的。陷落柱造成地层稳定性破坏，形成了良好的导水和富水通道，沟通了下部奥灰裂隙水及上部古近系-新近系含水层，由此形成了大范围的低阻区域。根据各测线结果可以看出，该陷落柱范围较大，除 TL8 线外其他测线都有反映，但其含水性（低阻特性）由 TL1 至 TL7 线逐渐减弱。再往深部，地层电阻率整体都表现出升高的趋势，电阻率值大于 30Ω · m，代表含水性较差的二叠系地层和石炭系地层。

本次测量主要关注 10 煤底板灰岩地层的含水性，根据已有资料，该区 10 煤埋深为 700 ~ 800m，因此我们着重分析该深度附近的电阻率横向变化特征。为此，我们绘制了三个不同深度（-650m、-750m、-850m）的电阻率分布切面图，如图 8. 65 所示。从结果可以看出，三个深度处的电阻率分布非常类似，测区的西部（TL1 线至 TL5 线）电阻率整体偏低（小于 10Ω · m），表明该范围内地层含水性较好。继续往东，电阻率值逐渐升高，表明地层受陷落柱赋水或者奥灰水的影响逐渐减弱，地层含水性较差。因此，通过本次 SOTEM 探测，我们圈定了一处陷落柱，并对 10 煤顶底板地层的富水性做出了评价。

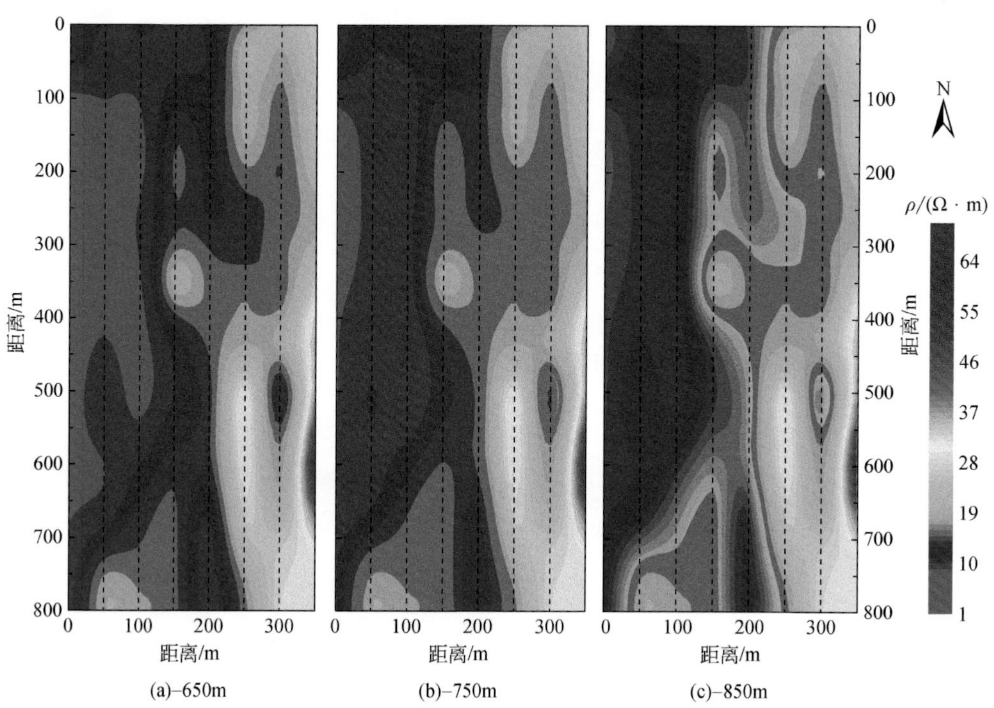

图 8. 65　10 煤附近不同深度处电阻率平面分布

第9章　地-井 SOTEM

地面发射、井中接收的地-井 TEM 是瞬变电磁法的一种重要工作形式，主要用于深部矿产资源的精细探测与定位。相较于地面装置，地-井 TEM 可提供地下介质体更丰富和更准确的几何形态，是寻找盲矿体的有利手段。传统地-井 TEM 采用地面铺设的不接地回线作为发射源，仅可获得对低阻目标体的高灵敏度探测。基于前述几章对接地导线源发射与短偏移距观测优势的论述，本章将地面 SOTEM 法扩展为地-井 SOTEM 法，并通过数值模拟与理论分析手段对该方法的一些基本特性进行介绍。

9.1　方法介绍

传统地面人工源电磁法在地面布置发射源并在地面进行电磁场信号接收。虽然地面施工方便、快捷，但是受制于电磁波传播机制和噪声环境，在地面进行瞬变电磁探测具有局限性，当目标体尺寸较小、埋藏深度较大、电磁干扰较严重时，探测深度和精度会受到极大影响。一方面，根据瞬变场频谱分析可知，随深度（或时间）增加高频电磁场（短波场）消耗殆尽，主要利用低频电磁场（长波场）进行深部目标体的探测。当目标体与背景电导率差异一定时，电磁法勘探的分辨率主要由电磁波长和目标体尺寸之间的关系决定。也就是说，目标体埋藏深度越大，对应可分辨的最小尺寸也就越大。根据牛之链（2007）的研究，中心回线或重叠回线装置对低阻层的可分辨厚度大概是埋深的5%，对高阻层的分辨厚度大概是埋深的25%，且分辨率大致按埋深的两次方降低。图9.1是电性源 TEM 装置激发的垂直磁场（H_z）对中间低阻模型（H 型地层）的分辨能力随电导率差异和埋深变化的关系。可以看出，随 σ_1/σ_2 和 d_1/d_2 增大，分辨能力逐渐降低。

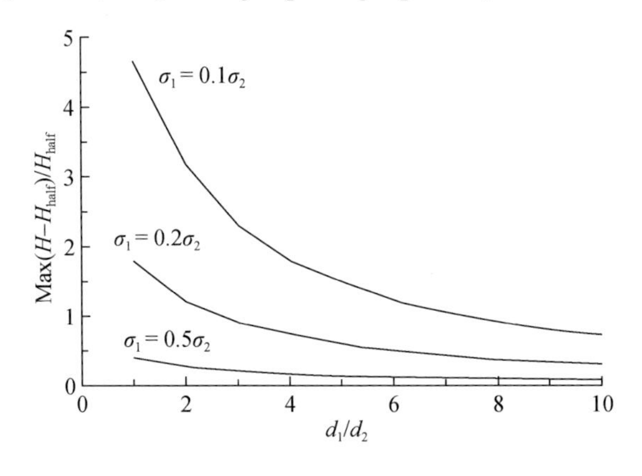

图9.1　电性源 TEM 装置对 H 型地层分辨能力变化曲线

d_1 代表第一层厚度（即埋深），d_2 代表中间层（即目标层）厚度，σ_1 代表第一层电导率，σ_2 代表中间层电导率，纵坐标表示 H 模型与对应均匀半空间之间垂直磁场响应的最大相对误差另一方面，随着城镇化建设逐渐推进，越来越多的电磁噪声及人文干扰影响瞬变电磁的勘探效果。特别是在人类聚集的城乡附近和开发程度较高的矿区，获得高质量的瞬变电磁信号已变得非常困难。实际工作中，勘探深度与精度主要依赖于仪器最小分辨电平以及异常信号与噪声水平之间的强弱关系，即信噪比。若噪声水平较强，则信号信噪比降低，可用信号的最晚延时时刻必然前移，导致较浅的探测深度和较低的探测精度。此外，当地表存在较厚低阻覆盖层时（如广大华北平原地区），也会严重限制地面瞬变电磁法的勘探深度。在解决该类地区的深部矿产勘探和煤田水文地质调查时，包括瞬变电磁法在内的地面人工源电磁法都显得力不从心。

瞬变电磁法不仅可以在地面进行工作，还可以在地下（井中）进行信号观测，即所谓的地-井装置。与传统的地面装置相比，地-井装置具有明显的优点：由于接收点离地下目标体更近，由目标体引起的异常受其他地层影响更小，因而更加明显；并且接收点位于地下，有效避免了地表存在的各种电磁干扰及低阻覆盖层的影响，使信号质量更高、穿透深度更大（Dyck，1991；牛之琏，2007）。此外，利用不同方位的钻孔进行多孔联合测量，可以获得不同耦合情况下的井中响应剖面，由此判断异常体的空间位置和延伸，实现对地下目标体的精确追踪定位（图 9. 2）。

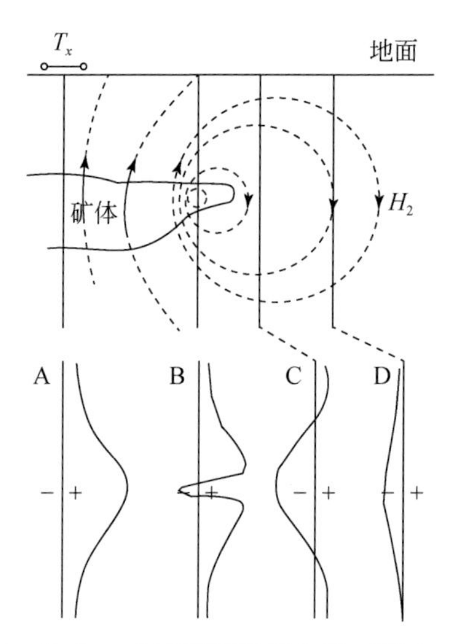

图 9. 2　地-井 TEM 响应静态特征曲线（据 Crone，1980）
A-穿过矿体中部；B-边部；C-近矿处；D-远矿处

当前，地-井瞬变电磁法主要以地面回线为发射源，该类型装置最早产生于 20 世纪 70 年代，并在 80 年代得到广泛的研究和应用（Eaton and Hohmann，1984；West and Ward，1988；Newman et al.，1989；Augustin et al.，1989），尤其在加拿大、澳大利亚和苏联等国家，利用地-井瞬变电磁法进行深部找矿取得了丰硕的成果（Boyd and Wiles，1984；Macnae and Staltari，1987；Irvine，1987）。我国于 20 世纪 80 年代开始地-井瞬变电磁法的研究和应用，其中中国地质科学院地球物理地球化学勘查研究所在此方面做了大量的工作（胡平，1995；胡平和石中英，1995）。然而，由于仪器设备、理论技术以及观测条件的限制，相较于地面 TEM 的广泛普及性，地-井瞬变电磁法在国内一直未形成体系化的研究和应用。近些年随着国外仪器设备的不断涌入、理论研究的逐渐成熟以及在危机矿山接替资源的紧迫要求下，地-井瞬变电磁法越来越受到国内的重视，针对方法理论和应用效果的研究逐渐多了起来（孟庆鑫和潘和平，2012；张杰等，2013；戴雪平，2013；杨毅等，2014；李建慧等，2015；杨海燕等，2016；武军杰等，2017）。并且经过近 20 年繁荣的地质勘探、开采和开发，国内广大矿区内形成了大量的钻孔，为实施地-井 TEM 观测提供了前所未有的条件。

相较于磁性源 TEM，电性源 TEM 具有更大的探测深度，且由电性源激发的瞬变场在地下具有更慢的衰减速度。因此可推测，实施电性源地-井 TEM 观测有望实现更大深度目标体的精细探测。同时基于短偏移距观测的高分辨、强幅值优点，我们将地面 SOTEM 进一步拓展为地-井 SOTEM，如图 9.3 所示。该方法大致可描述为：以铺设在地面的长接地导线为发射源，供以关断的双极性阶跃电流，然后利用专用探头在井中逐点接收不同深度处的瞬变响应。发射源一般铺设在距离接收钻孔 2000m 范围以内的区域。同时为获得目标体与发射源的不同耦合，得到丰富的目标体几何信息，可以在接收钻孔的四周不同方位布设多个发射源，依次观测不同源产生的响应；最后通过对实测井中响应的定性分析以及定量反演处理，获得地下目标体异常的地质解释。

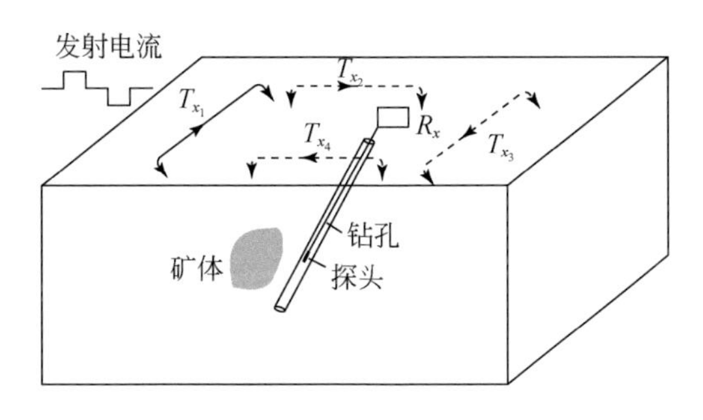

图 9.3　地-井 SOTEM 法装置示意图

9.2　地下电磁场扩散特性

地-井 SOTEM 主要关注地面以下电磁场的分布与扩散。对于一维地电模型，地面电性源在地下激发的瞬变电磁场的扩散与分布可参见 2.5.3 节内容。本节以二维模型的正演模拟结果为例，进一步分析时间域电磁场在地下的扩散特性。

设计如图 9.4 所示的二维模型。电阻率为 100Ω · m 的均匀半空间中，存在一个沿 y 方向无限延伸的板状异常体，其电阻率分别设为 10Ω · m（低阻异常）和 1000Ω · m（高阻异常）。异常体的位置、几何大小及发射的位置如图 9.4 所示。

我们首先计算了四个不同时刻地下空间的瞬变电场，并绘制对应的扩散图，低、高阻模型的结果分别示于图 9.5 和图 9.6。可以看出，随着时间的推移，电场逐渐向下向外扩散，但是极大值区域始终位于发射源的正下方，并以较慢的速度垂直向下扩散。当遇到低阻异常体时，电场扩散同样发生明显的畸变，电流受低阻体的吸引，电场等值线向低阻体聚集。而高阻体则对电场的扩散影响很小，从图 9.6 中几乎看不出等值线的畸变。

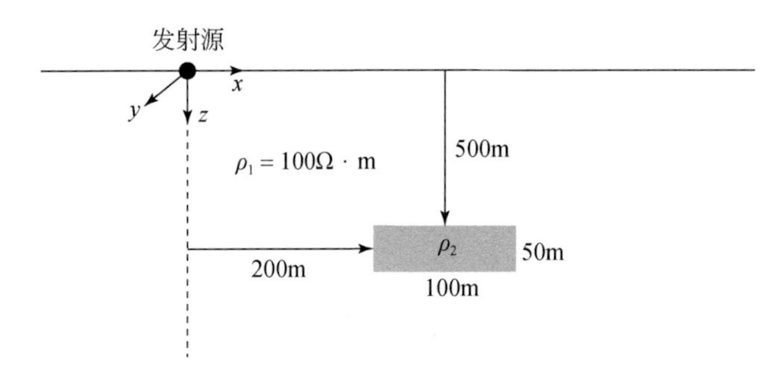

图 9.4　二维模型示意图

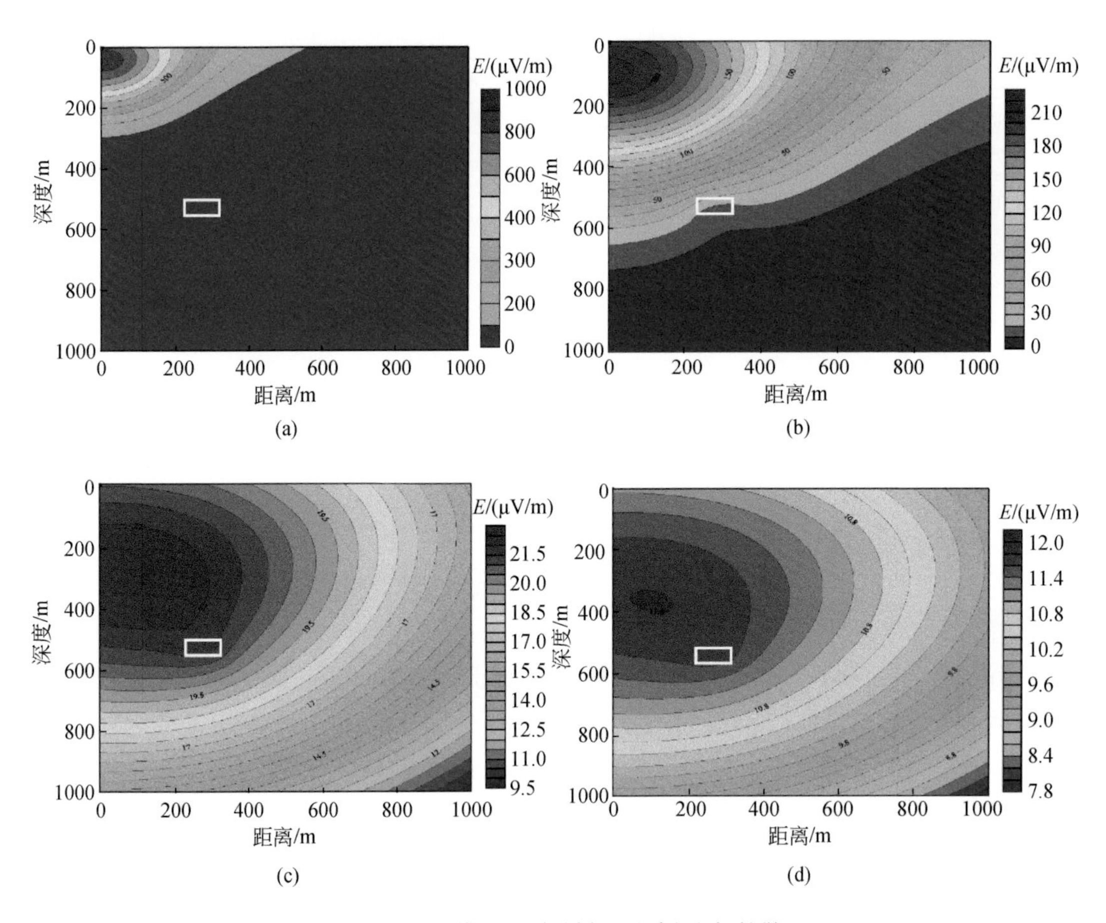

图 9.5　低阻模型不同时刻地下瞬变电场扩散

（a）t=0.1ms；（b）t=0.5ms；（c）t=5ms；（d）t=10ms

为了更清晰地描述两种异常体对电场扩散的影响，我们将含异常体模型的总电场减去不含异常体的半空间的电场，得到异常体产生的纯异常响应，并在同样的 x-z 平面区域内绘制等值线分布，如图 9.7 和图 9.8 所示。这两个图很清楚地显示出了低阻和高阻异常体的位置，但低阻体产生的纯异常要比高阻体在每个时刻都要大。另外需要注意的是，每个

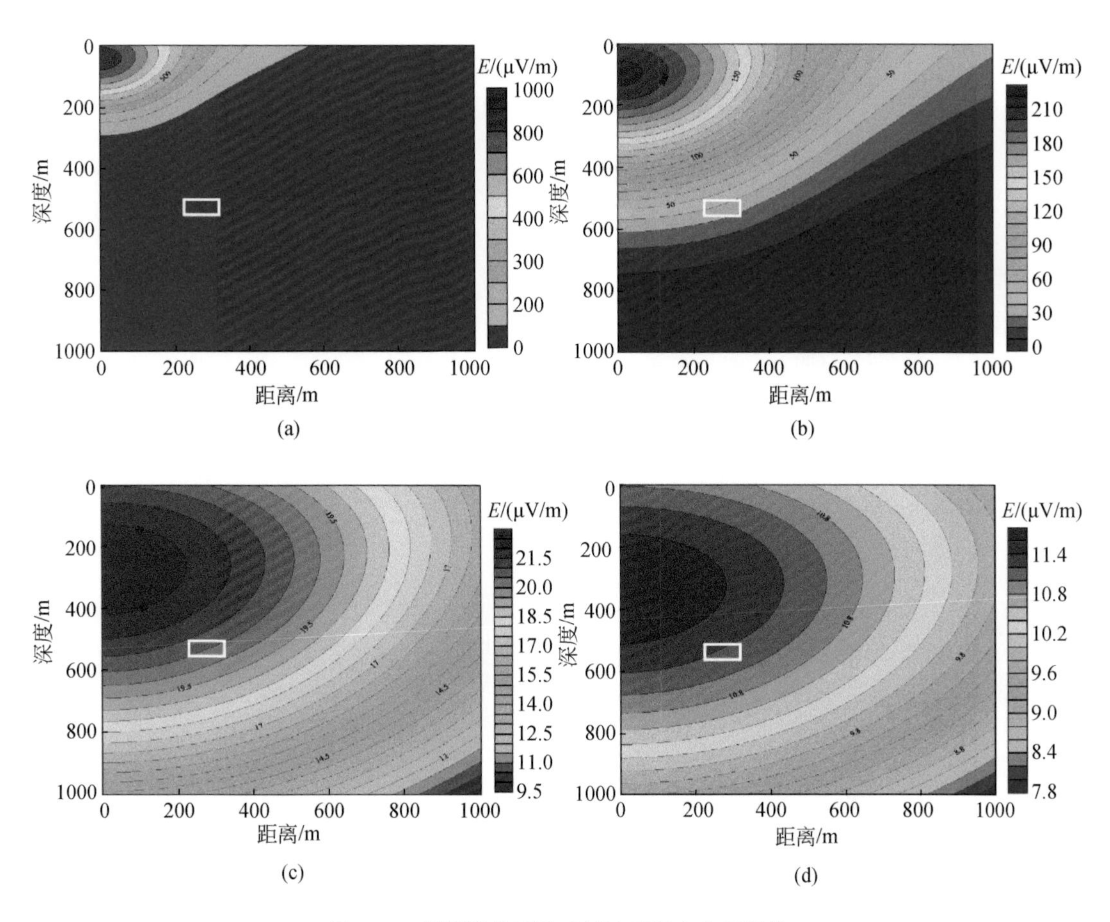

图 9.6　高阻模型不同时刻地下瞬变电场扩散

（a）$t=0.1$ms；（b）$t=0.5$ms；（c）$t=5$ms；（d）$t=10$ms

异常体在不同时刻产生的纯异常会出现变号的现象，低阻异常体在 0.1ms 和 0.5ms 产生负值的纯异常，而在 5ms 和 10ms 则产生正值的纯异常。高阻体的纯异常则刚好相反。这是电场穿过异常体之前和之后对电场的吸引与排斥方向不同造成的。

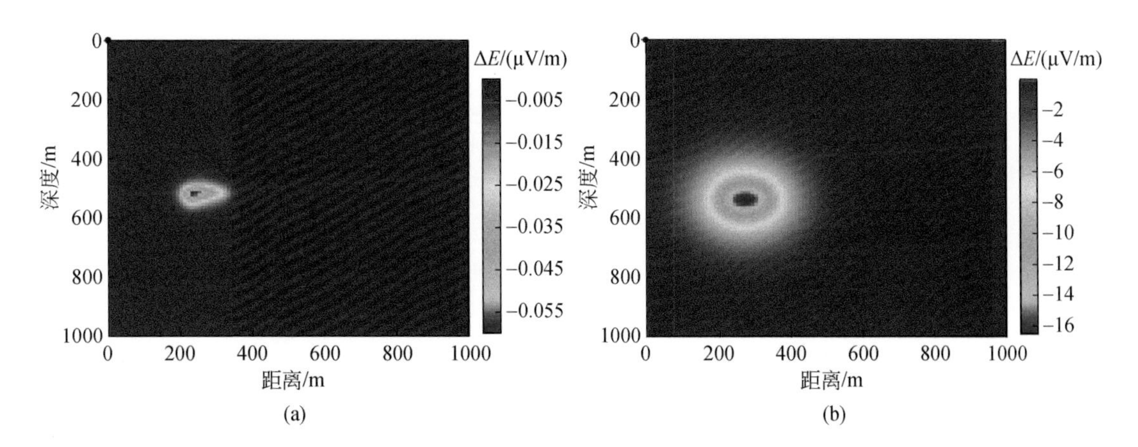

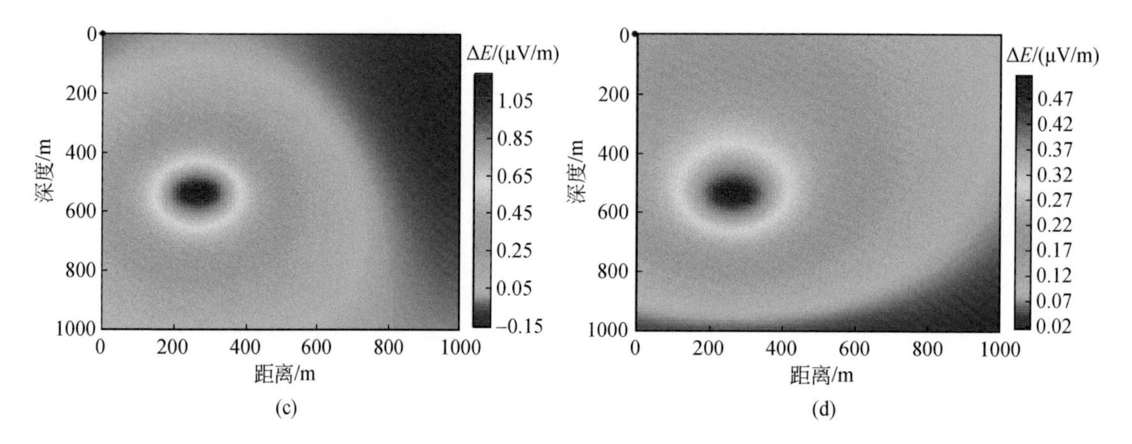

图 9.7　低阻模型不同时刻纯异常分布

(a) t=0.1ms；(b) t=0.5ms；(c) t=5ms；(d) t=10ms

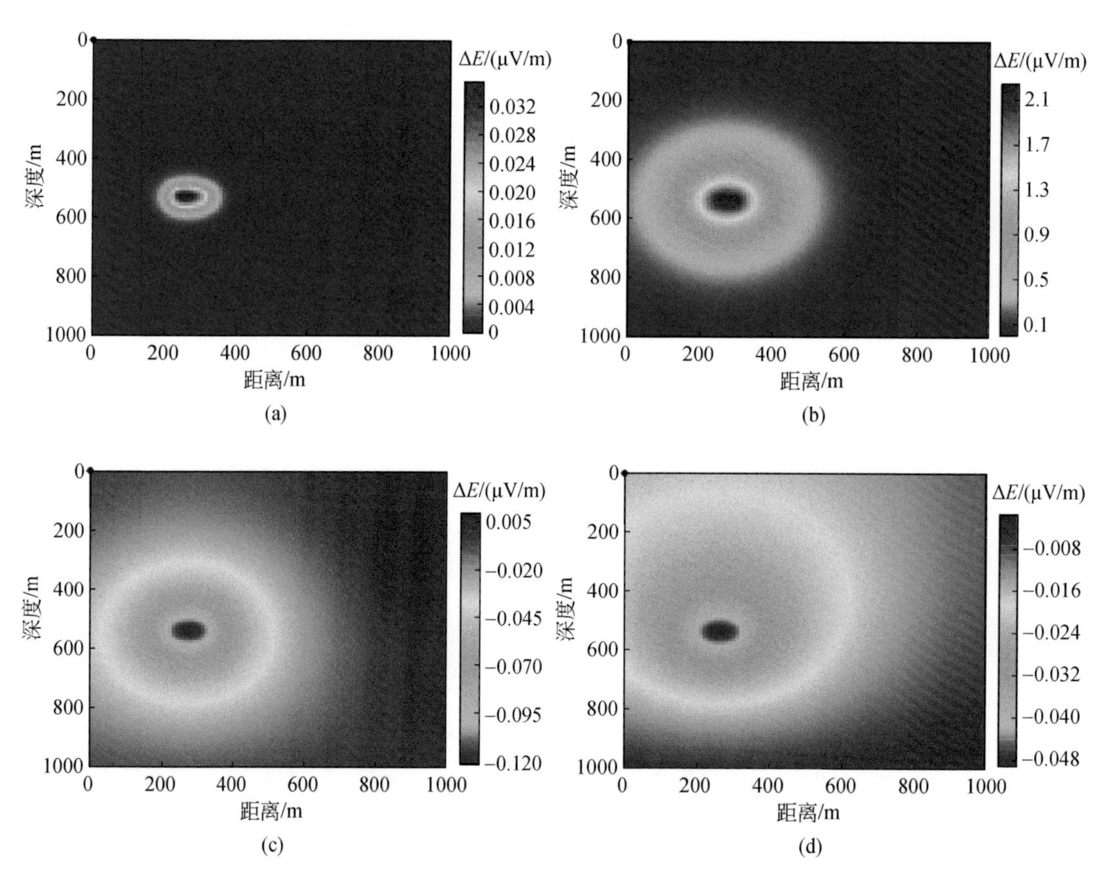

图 9.8　高阻模型不同时刻纯异常分布

(a) t=0.1ms；(b) t=0.5ms；(c) t=5ms；(d) t=10ms

9.3　响应特性分析

地-井瞬变电磁法的响应特性可以分为静态特性和动态特性两种。所谓静态特性又称空间特性或剖面曲线特性，主要反映的是发射源与目标物之间的耦合关系对异常形态及分布规律的影响。所谓动态特性又称时间特性，主要反映异常体中感应涡流随时间的衰变及在异常体内的扩散规律。研究地-井 SOTEM 响应的这两种特性，有助于对该方法的可行性进行定性分析，并为后续的数据处理解释提供理论基础。

1. 响应的静态特性

实际工作中通常无法事先准确确定发射源、钻孔及矿体三者间的相对位置，这就导致在不同方位布置发射源时会观测到不同形态的信号曲线。为了研究这种相对位置对响应特性的影响，计算了观测钻孔分别位于发射源与异常体之间、穿过异常体以及位于异常体外侧的响应剖面。图 9.9 和图 9.10 中的偏移距 1（r=100m）和偏移距 2（r=150m）代表钻孔处于发射源和异常体之间，偏移距 3（r=230m）、偏移距 4（r=250m）和偏移距 5（r=290m）代表钻孔穿过异常体，偏移距 6（r=350m）和偏移距 7（r=400m）代表钻孔位于异常体的外侧。图中展示了 10ms 和 100ms 时刻的响应。

对于低阻和高阻模型的垂直 *Emf* 计算结果分别如图 9.9 和图 9.10 所示。可以看出，地-井 SOTEM 的垂直 *Emf* 响应剖面对于低阻异常体具有非常明显的反应，而对于高阻异常体的反应则相对较弱。对于低阻异常，响应表现出向异常体两侧扩散的趋势，而对于高阻异常体，响应表现出向异常体中心收敛的趋势。不同偏移距处的响应剖面也表现出不同程度和不同方向的异常反应。对于低阻异常体，当钻孔位于发射源和异常体之间或穿过异常体靠近发射源的半部分时，随着测量点靠近异常体，响应幅值逐渐减小（有可能是负异常），并在异常体的水平中心位置的深度处出现极小值，而当钻孔位于异常体外侧或穿过异常体远离发射源半部分时，随着测量点靠近异常体，响应幅值逐渐增大。而对于高阻异常体，响应剖面则表现出刚好与低阻异常体相反的变化特征。而且从图 9.9 还可以看出，当钻孔穿过异常体正中心时，响应并不表现出最大的异常形态，这是因为异常体中心部分的涡流分布相较于异常体边缘地带更加均匀。

对于水平分量仅考虑三个偏移距，分别为代表钻孔处于异常体和发射源之间的 150m，钻孔穿过异常体的 250m 和钻孔位于异常体外侧的 350m，计算结果示于图 9.11 和图 9.12。很明显，水平分量的 *Emf* 剖面表现出完全不同的特性。一方面，随着深度的增加，*Emf* 值整体呈递减的趋势，并穿过零点变为负值，继续减小（绝对值增大）。因为水平 *Emf* 是电场对深度 z 求导求得的，因此，*Emf* 零点代表电场在此点为极大值点，例如在图 9.11 中，当偏移距为 150m 时，t=10ms 时水平 *Emf* 的零点位置大约为 475m，这与图 9.5（d）中电场极大值的位置一致。另一方面，在不存在异常体的深度处不同偏移距处的水平 *Emf* 趋于一致，特别是对于更晚的 t=100ms。这是因为单个无限长导线源产生的水平 *Emf* 的晚期信号的变化与 x 无关。而在存在异常体的深度，水平 *Emf* 曲线表现横向拉伸的变化，即异常体两侧水平 *Emf* 的绝对幅值出现突然的增大或减小，表现出 S 形［图 9.11（b）和图

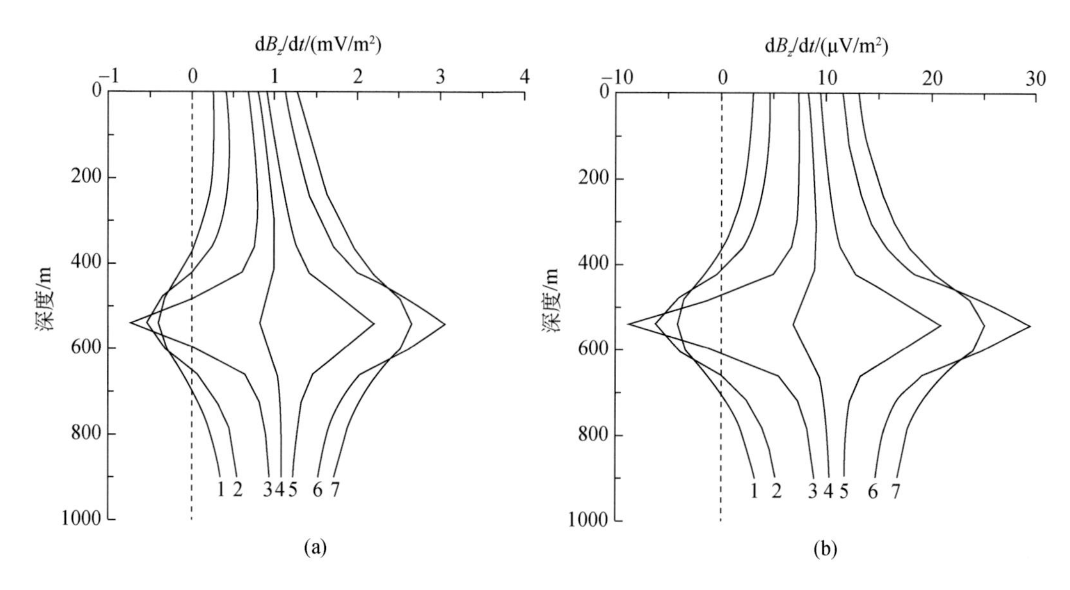

图 9. 9 低阻模型不同偏移距处井中垂直 *Emf* 响应剖面

（a） $t=10$ms；（b） $t=100$ms

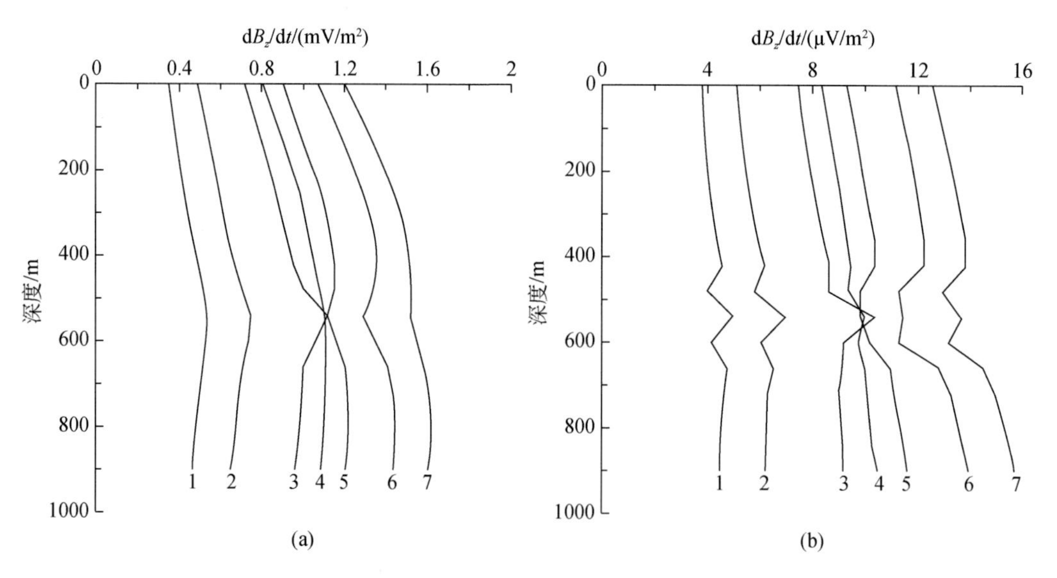

图 9. 10 高阻模型不同偏移距处井中垂直 *Emf* 响应剖面

（a） $t=10$ms；（b） $t=100$ms

9. 12］或反 S 形［图 9. 11（a）］的变化，这依赖于异常体对水平电场的吸引或排斥方向。三个偏移距处，其中在穿过异常体的钻孔中观测到的 *Emf* 曲线变化最为明显，其次为异常体外侧的钻孔，变化最不明显的是位于发射源和异常体之间的钻孔。另一个值得注意的是，三个偏移距处的 *Emf* 曲线大致相交于一点，而这个点所处深度大致为异常体中心的深度，这可为后期的数据解释提供非常有用的信息。与垂直 *Emf* 剖面的另一个不同点是，水

平 Emf 剖面在 $t=100\text{ms}$ 时对异常的反应不是非常明显，这是因为电性源水平电场在垂向的扩散速度较慢，水平电场极值扩散至异常体附近时（$t=100\text{ms}$），电场在此极值区域垂向变化相对较缓，因此产生的水平磁场变化也相对较小。与垂直 Emf 相同的是，水平 Emf 同样对低阻的敏感程度要高于高阻。

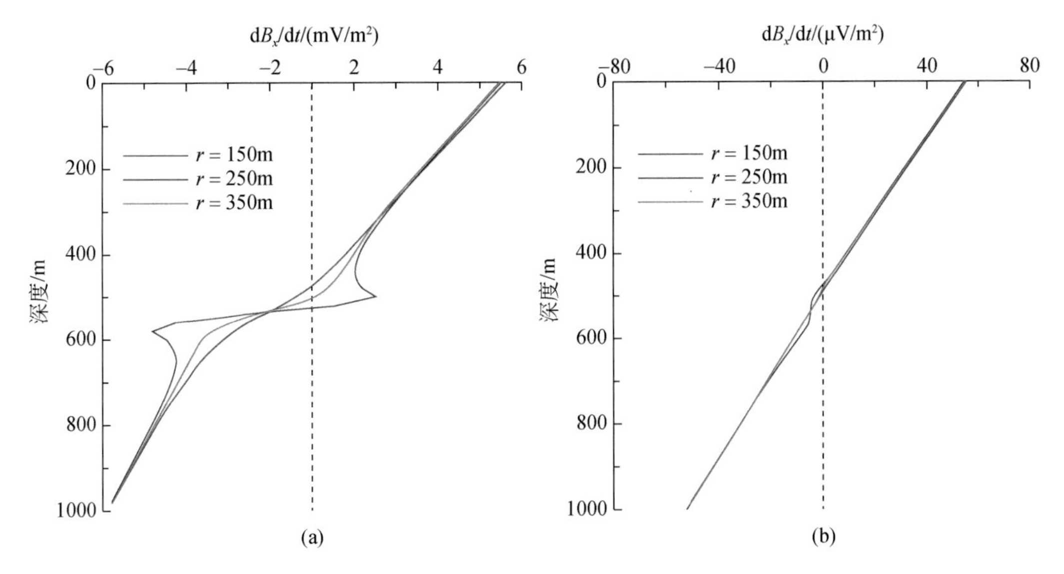

图 9.11　低阻模型不同偏移距处井中水平 Emf 响应剖面

（a）$t=10\text{ms}$；（b）$t=100\text{ms}$

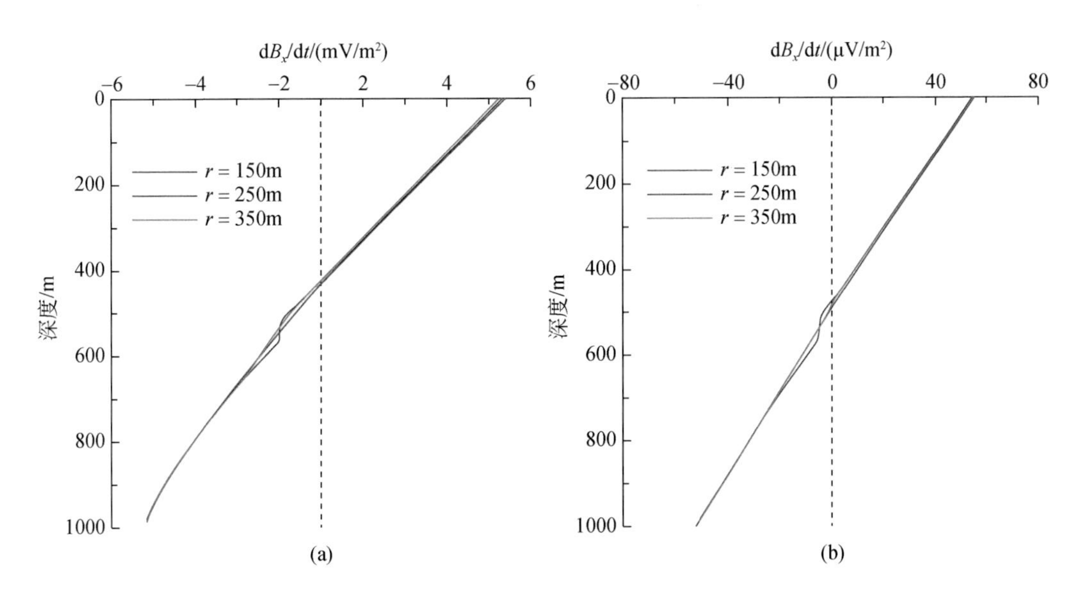

图 9.12　高阻模型不同偏移距处井中水平 Emf 响应剖面

（a）$t=10\text{ms}$；（b）$t=100\text{ms}$

2. 响应的动态特性

与地面瞬变电磁类似，地-井 SOTEM 实际测量时是在不同层位观测一段时间内的信号。根据不同时间段内的响应特性，也可将响应分成早、中、晚三个时期。图 9.13 为低阻异常体模型情况下三个偏移距处，在不同深度观测到的垂直 *Emf* 信号衰减曲线，其中图 9.13（a）为钻孔位于发射源和异常体之间时的观测结果，图 9.13（b）为钻孔穿过异常体中心时的观测结果，图 9.13（c）为钻孔位于异常体外侧时的观测结果。三个偏移距处的结果表现出某些类似的特性，首先当测量点处于较大深度时，早期垂直 *Emf* 信号表现出增强的变化趋势。这是因为在较早的时刻，信号刚由地表传播至地下较深处，信号正处于积累的阶段；其次当观测点与异常体处于同一深度时（$d=520\text{m}$）各偏移距处的响应的中、晚期曲线与其他层位相比都表现出较大的变化。但是，不同偏移距处的变化是不同的，其中当钻孔位于发射源和异常体之间时，响应变为负值；当钻孔穿过异常体时，响应发生非常快速的衰减，但未出现变号现象；当钻孔位于异常体外侧时，响应曲线的变化相对前两处没那么明显，但是衰减速度变慢，信号强度变大。

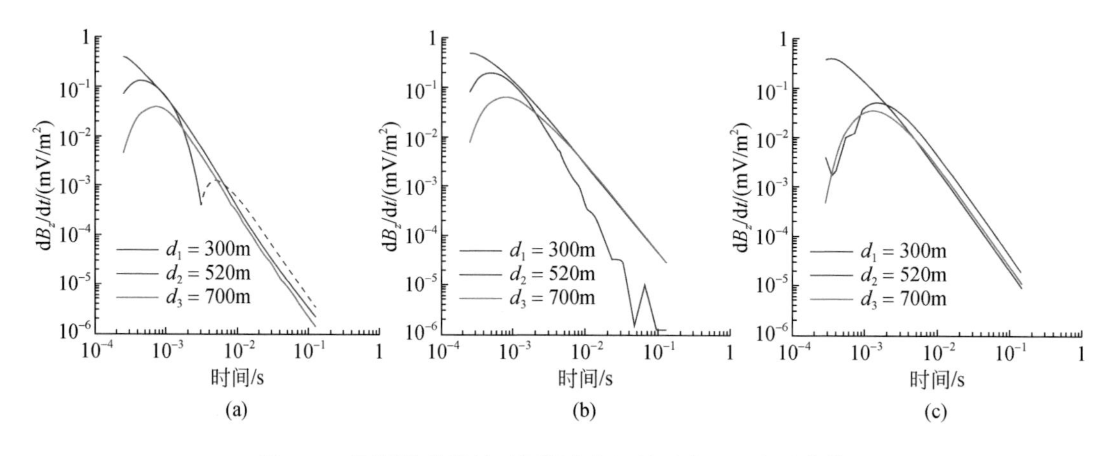

图 9.13　不同偏移距处不同深度位置的垂直 *Emf* 衰减曲线

（a）$r=150\text{m}$；（b）$r=250\text{m}$；（c）$r=350\text{m}$

根据前面的分析，水平 *Emf* 响应在不同深度处会出现变号现象。图 9.14 也表现出了这种现象，当观测深度为 300m 时，响应首先是正向的，代表电场强度在此时间段内是逐渐增加的，随时间推移逐渐变为负向，代表电场强度在此时间段内是逐渐减小的。深度为 520m 时，响应大部分时间内都为正向的，仅在最后 1～2 个时间道内出现符号反转，表明电场极大值在此时刻穿过该深度。而对于深度 700m 的情况，响应在观测时间范围内都是正值，表明电场极大值在此时间范围内尚未传播至 700m 的深度。另外，可以看出随着观测深度的增大，水平 *Emf* 信号的衰减速度逐渐减慢。与垂直 *Emf* 相比，当观测点深度与异常体深度相当时，响应曲线并未表现出明显的差别。

上述分析表明，发射源、异常体和观测井位之间的相对关系、异常体电性及观测深度是影响静态和动态特性的主要因素。通过分析两种特性，可以定性地判断上述参数，而事实上在实际的生产工作中，需要联合分析两种特性。

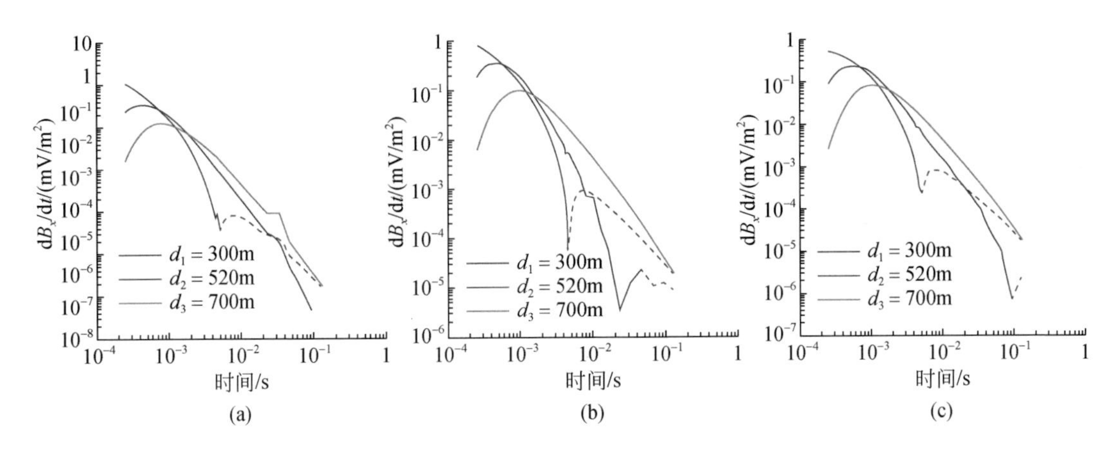

图 9.14　不同偏移距处不同深度位置的水平 *Emf* 衰减曲线

（a）$r=150m$；（b）$r=250m$；（c）$r=350m$

9.4　地表地质噪声影响分析

对于地面电磁法，当地表存在不均匀体或低阻覆盖层时，会对观测信号造成较严重的影响，从而导致错误的解释结果。那么对于在地下接收的地-井 TEM 法，上述影响是否仍然存在？下面将针对该问题开展研究和分析。

1. 地表局部不均匀体影响

地表局部不均匀体通常会引起地面电磁法观测结果的静态偏移效应，一般来说，低阻不均匀体比高阻不均匀体造成的影响更大。为研究地表不均匀体对地-井 SOTEM 数据的影响，在图 9.4 所示的模型中增加一个低阻异常体，位于发射源和矿体之间，距发射源 100m 处的地表，大小尺寸为 20m×20m，电阻率为 1Ω · m。

图 9.15 为四个不同时刻的电场扩散图，可以看出地表不均匀体对电场具有较强的吸引作用，使得电场极大值始终聚集在不均匀体附近，但是主矿体引起的电场畸变仍可见。图 9.16 所示的纯异常清楚地表现出两个异常体产生的纯异常程度，地表不均匀产生的纯

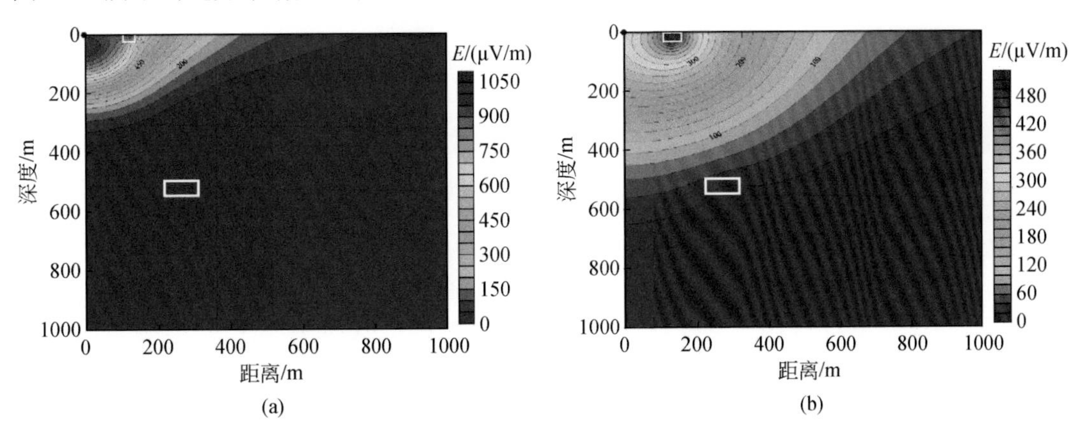

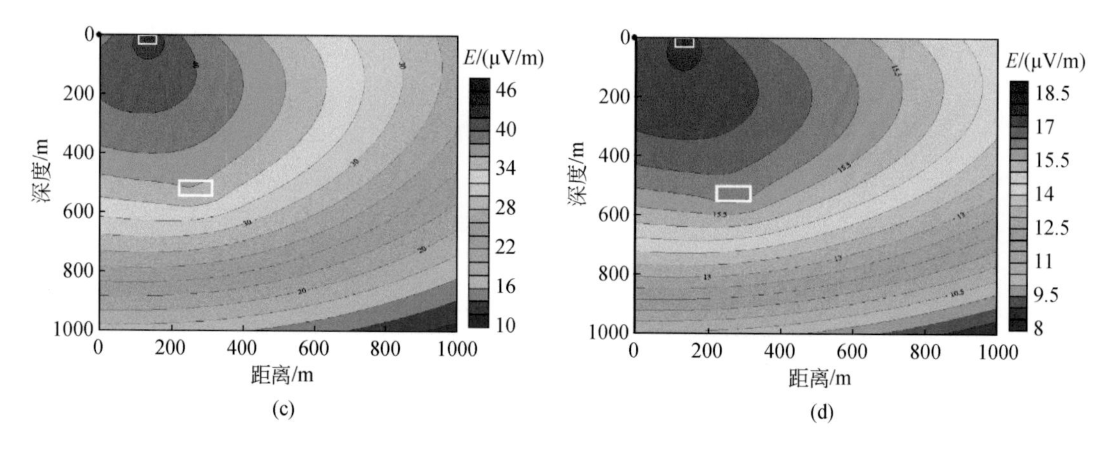

图 9.15　存在浅地表局部不均匀体时的电场扩散剖面

(a) $t=0.1$ms；(b) $t=0.5$ms；(c) $t=5$ms；(d) $t=10$ ms

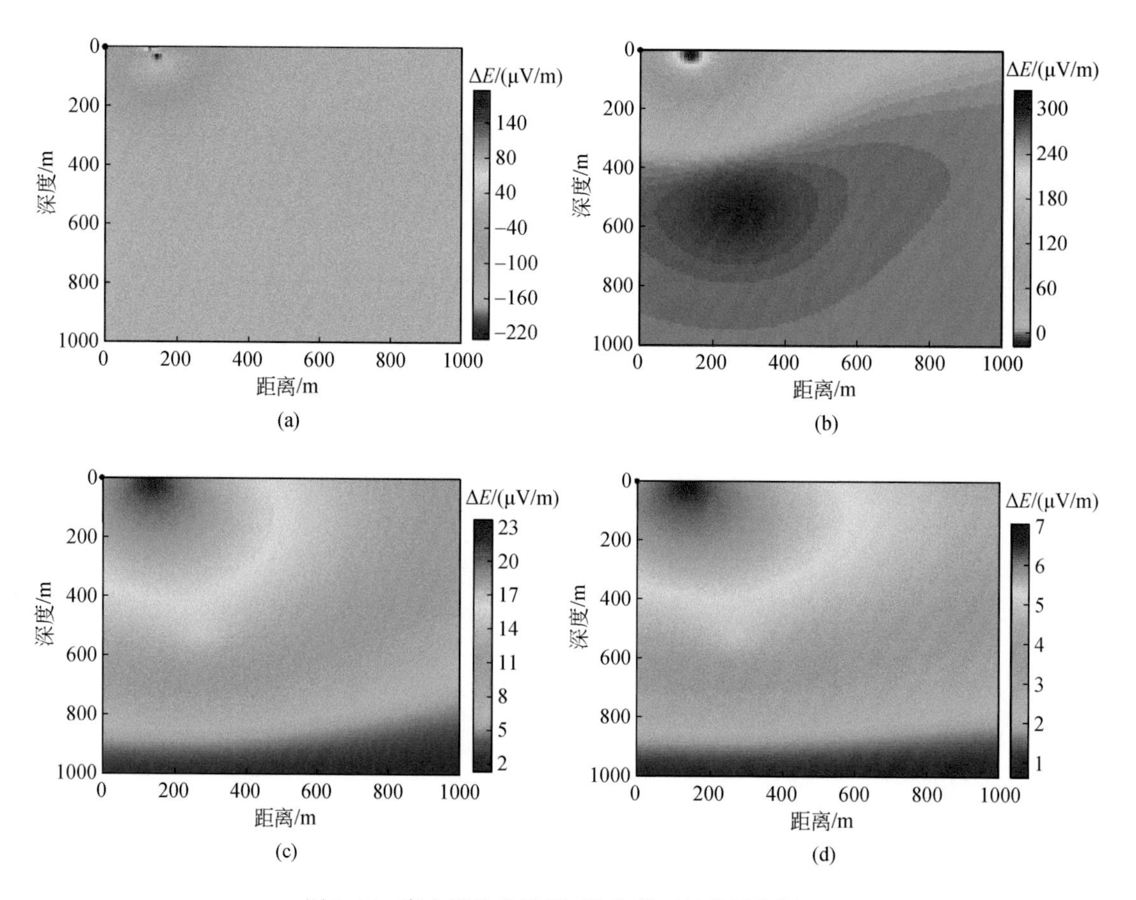

图 9.16　存在浅地表局部不均匀体时的纯异常剖面

(a) $t=0.1$ms；(b) $t=0.5$ms；(c) $t=5$ms；(d) $t=10$ms

异常贯穿于整个观测时间内，且影响范围随时间增大不断增大。而相较于图 9.5 所示的不存在浅部异常体情况，主异常体引起的纯异常很大程度上被掩盖了，变得没有那么明显。图 9.17 所示的垂直 *Emf* 剖面表明，局部异常体对靠近测井的观测结果影响更大，但影响主要集中于浅部观测结果。矿体附近引起的异常受影响程度不大，形态仍与图 9.9 类似。

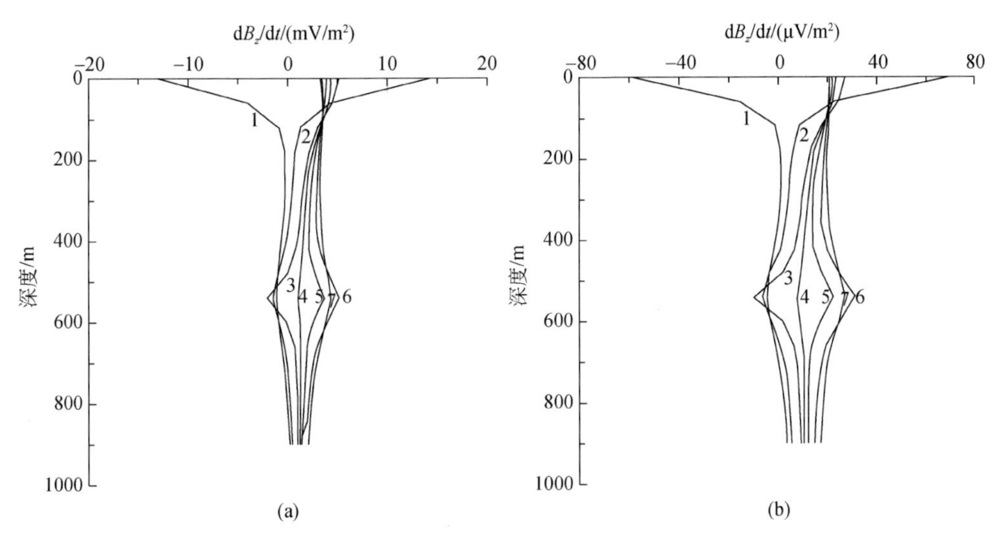

图 9.17　存在浅地表局部不均匀体时低阻模型不同偏移距处井中垂直 *Emf* 响应剖面

（a）$t=10$ms；（b）$t=100$ms

上述分析结果表明，地表局部不均匀体仍会对井下观测数据产生影响，但影响仅集中于浅部，对于深部矿体的探测效果影响不大。

2. 低阻覆盖层影响

另一个严重影响地面电磁法勘探效果的地质噪声是浅部低阻覆盖层，特别是当该低阻层厚度较大时，严重限制了电磁法的探测深度。这种情况在中国华北平原、澳大利亚等地常遇到。为研究低阻覆盖层对地-井 SOTEM 的影响，将图 9.4 所示的低阻模型中地表 300m 以上设置为电阻率为 10Ω · m 的低阻覆盖层。像上面一样，先绘制了瞬变电场的扩散图（图 9.18）。与不含低阻覆盖层的图 9.5 相比，电场的扩散速度明显慢得多，$t=10$ms

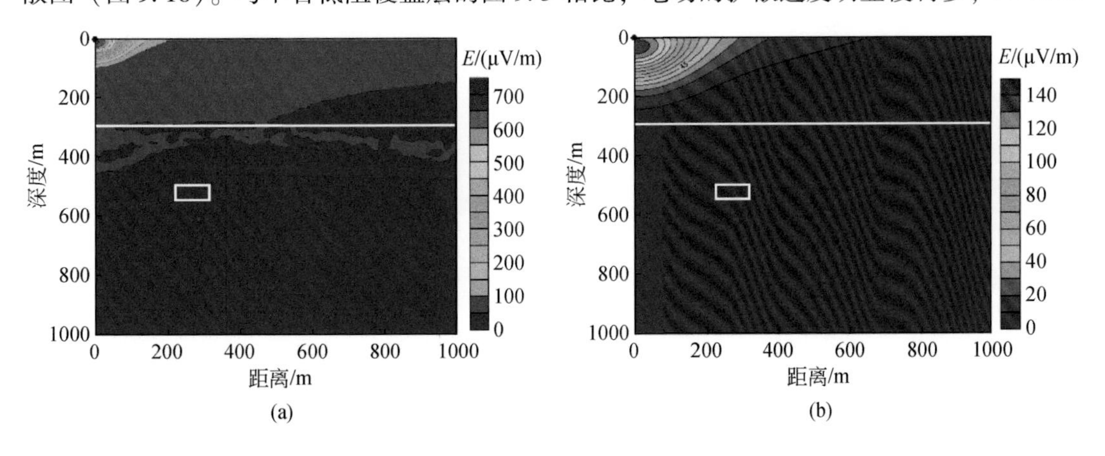

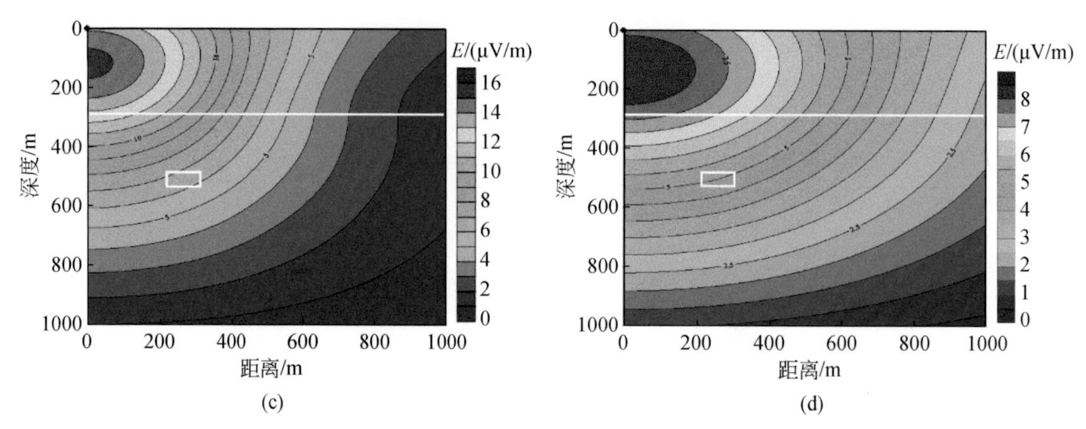

图 9.18　存在低阻覆盖层时的电场扩散剖面

（a）t=0.1ms；（b）t=0.5ms；（c）t=5ms；（d）t=10ms

时电场的极大值仍在低阻覆盖层内，导致下面低阻异常体造成的异常非常不明显。图 9.19 所示的纯异常图，更明显地表现出了这种特性，当存在低阻覆盖层时，纯异常主要表现在上覆低阻覆盖层区域，矩形异常体的纯异常非常小，并被淹没在低阻覆盖层造成的异常中。

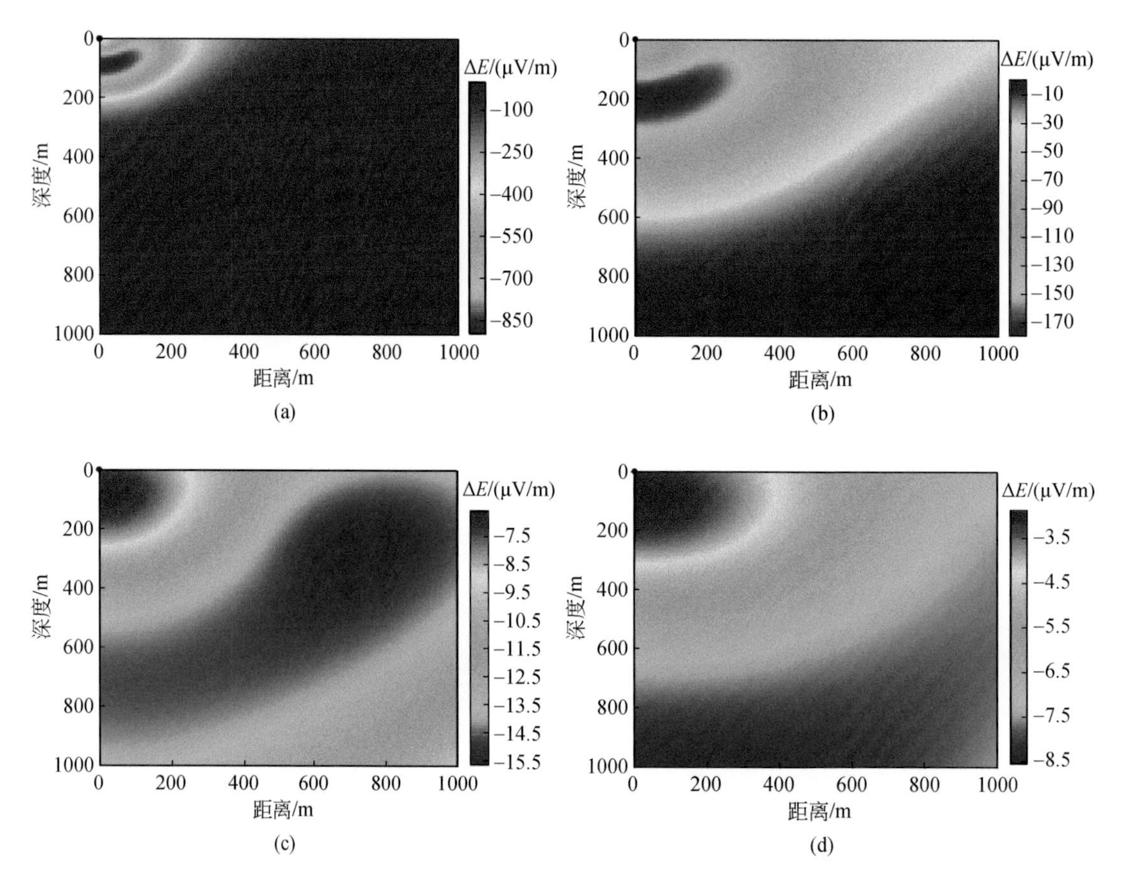

图 9.19　存在低阻覆盖层时的电场纯异常剖面

（a）t=0.1ms；（b）t=0.5ms；（c）t=5ms；（d）t=10ms

图9.20是10ms和100 ms时刻垂直 *Emf* 的井中响应剖面，从图中可以看出，曲线在低阻覆盖层区域表现出更明显的异常，特别是对于10ms时刻。而仅有靠近异常体处的观测结果对下部异常体有反应，远离异常体的井中响应几乎没有反应。随着时间的推移，电磁场在低阻覆盖层内的分布逐渐均匀，其造成的异常逐渐不明显，但是仍将异常体的异常掩盖。因此，低阻覆盖层特别是当其厚度较大时，同样会对地-井 SOTEM 的观测效果产生较严重的影响，导致深部异常不明显。但是考虑到地下微弱的噪声，因此相较于地面观测情况，井中观测的信噪比较高，对微弱异常的识别要好于地面情况。

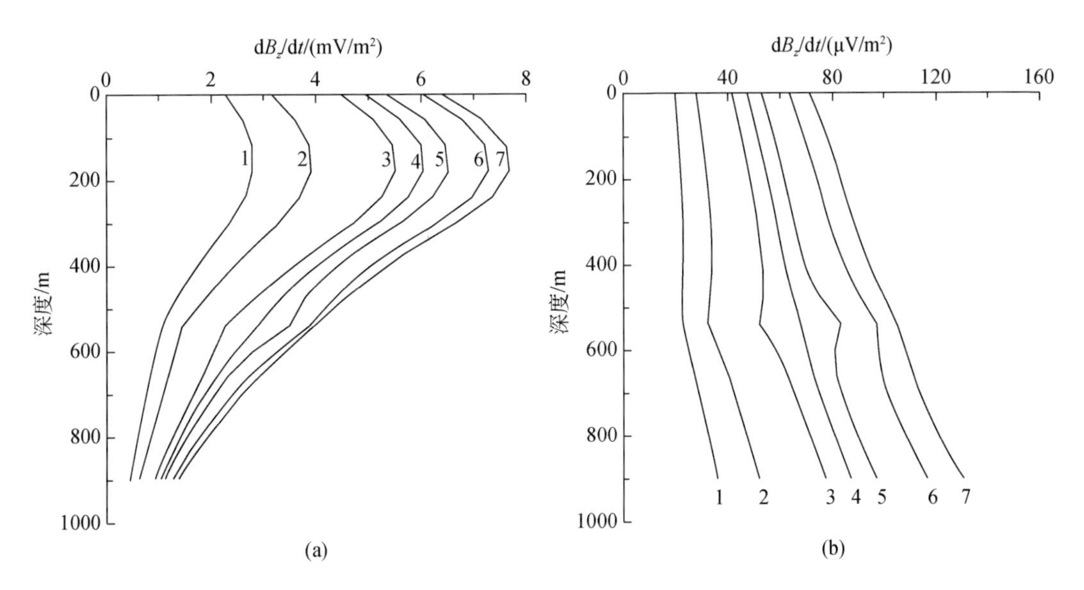

图9.20　存在低阻覆盖层时低阻模型不同偏移距处井中垂直 *Emf* 响应剖面

（a）$t=10$ms；（b）$t=100$ms

9.5　探测能力分析

接下来分析地-井 SOTEM 的探测能力，这里提到的探测能力有两方面的含义，其一是旁侧能力，其二是测深能力。旁侧能力就是电磁场对接收点两侧目标体的探测能力，这也是目前地-井 TEM 法的主要用途。通过在钻孔的不同深度处接收电磁场，并选取一定时间道的数据形成井中响应剖面，根据响应曲线表现出的畸变异常来判断旁侧目标体。测深能力就是指对观测点下伏目标体的探测能力，这与地面 TEM 一样，是通过不同时间的衰减曲线来进行解释的。下面将基于上述两种形式对地-井 SOTEM 的六个电磁场分量的旁侧及测深能力进行分析。

1. 旁侧能力

井中响应剖面是地-井 TEM 的经典数据表示形式，它通过固定时刻、不同深度处的电磁场值的变化特征来判断是否存在异常体及异常体的高低阻特性。以2.5.3节中表2.1所示的 H 和 K 模型为例，在深度2000m范围内以20m的间距计算了1ms、1.259ms、

1.585ms、1.995ms、2.512ms 和 3.162ms 六个时刻的响应，绘制成如图 9.21 ~ 图 9.26 所示的各分量井中响应剖面，接收钻孔的水平坐标为（250，500）。图中曲线颜色由深至浅表示时间由早到晚，各图的图（a）表示 H 型地层的结果，图（b）表示 K 型地层的结果。

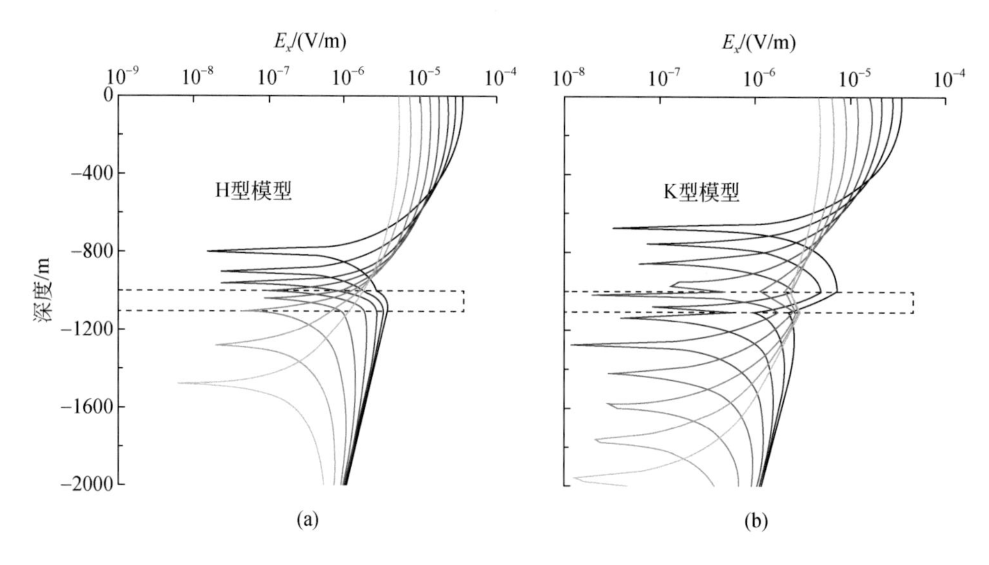

图 9.21　水平电场 E_x 分量井中响应剖面

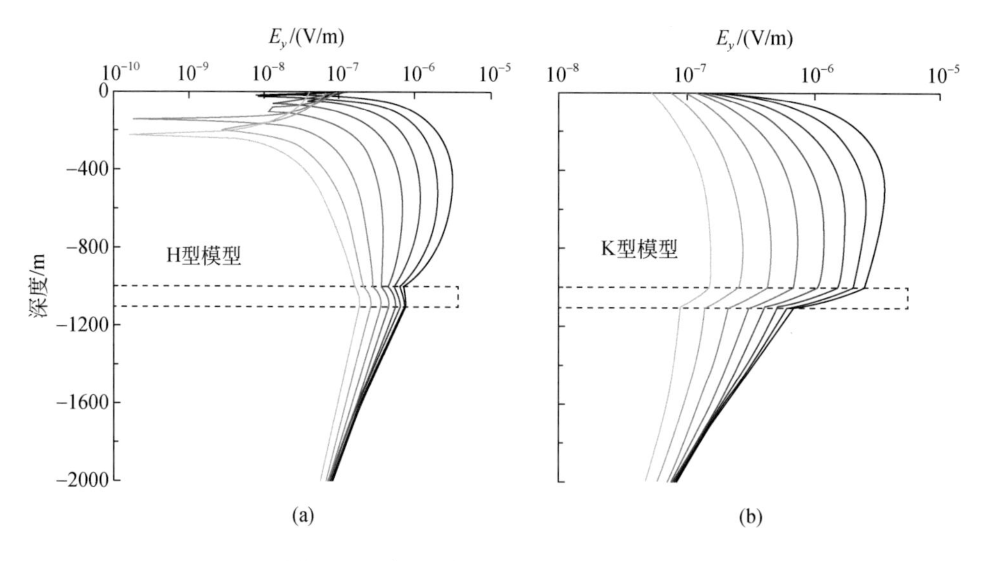

图 9.22　水平电场 E_y 分量井中响应剖面

下面依次分析各分量井中响应剖面的特性。水平电场 E_x 分量的场值随着深度增加会首先衰减至一个极小值，根据第 2 章中分析可知这个极小值是由上部电场和下部电场之间的弱值区域造成的。从该图也能看出，该极小值区域是随着时间逐渐向下移动的，并且 K 型地层中的移动速度要明显快于 H 型地层。该极小值的存在使得由异常体带来的影响被掩盖，很难从剖面中看出异常体带来的响应畸变。从 E_y 分量的响应剖面可以很明显地看出

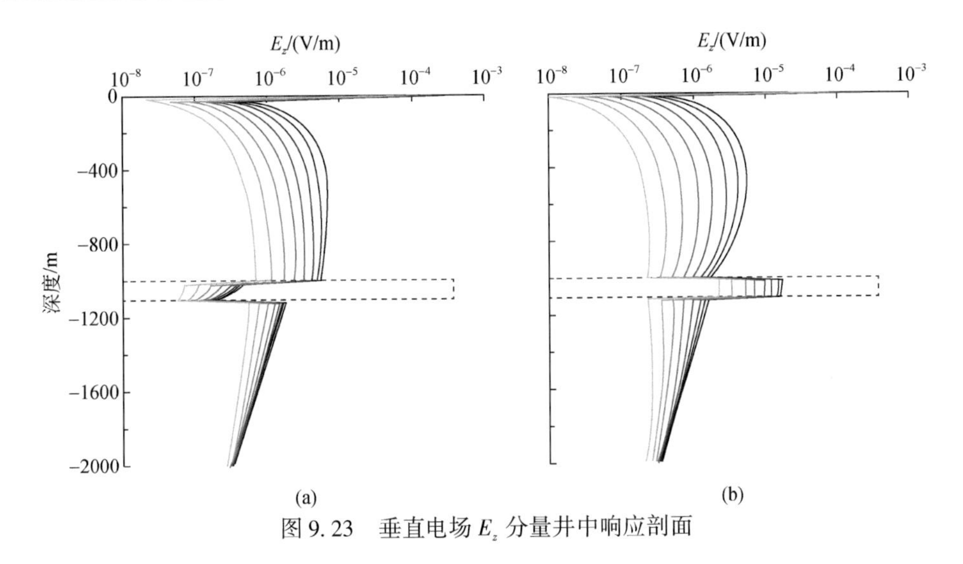

图 9.23　垂直电场 E_z 分量井中响应剖面

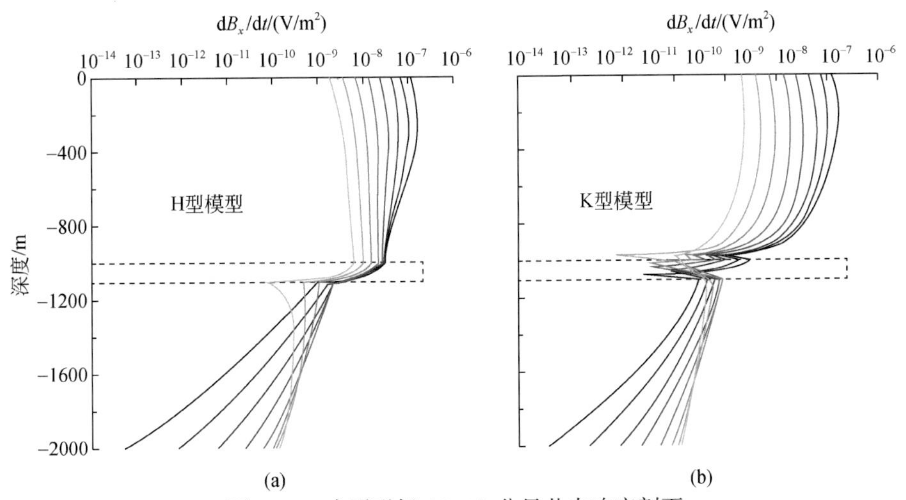

图 9.24　水平磁场 dB_x/dt 分量井中响应剖面

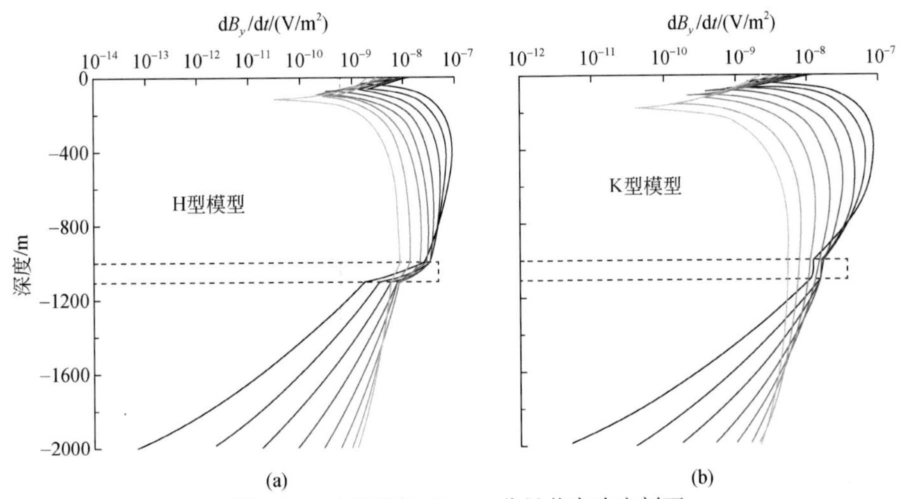

图 9.25　水平磁场 dB_y/dt 分量井中响应剖面

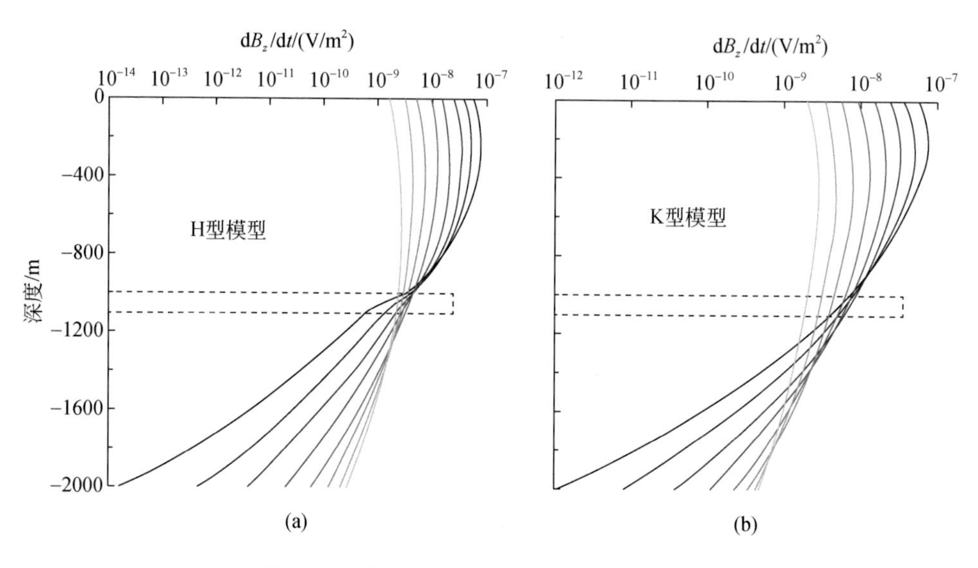

图 9.26　垂直磁场 dB_z/dt 分量井中响应剖面

低阻和高阻薄层对场值带来的影响，使得剖面曲线在异常层深度位置发生明显畸变。E_z 分量的剖面曲线无论是对于 H 型还是 K 型地层都表现出非常明显的异常特征，这是因为 E_z 分量在电性界面是不连续的，会发生电荷积累现象导致场值的大幅度减弱或增强。从图 9.23 也能很明显看出这一特性，当遇到低阻层时，E_z 场值会快速降低，使得剖面曲线发生内凹，而当遇到高阻层时，E_z 场值会快速增大，使得剖面曲线发生外凸。dB_x/dt 分量对高、低阻薄层的反映也非常明显，对于低阻薄层，场值会发生快速的降低，而对于高阻薄层，dB_x/dt 场值则在该薄层深度范围内发生急速降低然后增强再降低的一个振荡变化过程。从 dB_y/dt 分量的剖面曲线同样能够看到“返回电流”造成的极小值问题，但是其扩散速度要远小于 E_x 分量。该分量对异常电阻层也具有较明显的反映，但是对低阻薄层的反映能力要稍强于对高阻层。dB_z/dt 分量仅对低阻薄层具有一定的反映，而对高阻薄层的反映非常不明显。

综上分析可知，在所有六个电磁场分量中 E_y、E_z、dB_x/dt 和 dB_y/dt 分量对高、低阻薄层都具有较好的反映，其中尤其以 E_z 和 dB_x/dt 分量的反映最为明显。而 E_x 分量由于“返回电流”带来的极小值影响，使得电阻率异常带来的影响不明显，不易被分辨；而 dB_z/dt 分量仅对低阻薄层具有一定的反映，对高阻薄层很不敏感。

2. 测深能力

地-井 SOTEM 的第二个探测能力是测深能力，传统的回线源地-井 TEM 一般不讨论对接收点下方目标体的探测。事实上，由于井中测量更接近目标体，且噪声水平更小，利用井中观测到的衰减信号有可能对下伏深部的未知目标体具有更好的探测效果，且能够实现相较于地面观测更大的探测深度。这里同样以 H 型和 K 型地层为例，利用这两种模型与均匀半空间模型之间的响应相对误差来分析地下电磁场各分量在不同深度处的测深能力，并与地面情况相对比。这里需要说明的是，不同深度处观测到的所有电磁场分量的幅值仅在“早期”具有差别，随着时间推移，“晚期”信号幅值趋于一致，当然随着深度的逐渐增大，这里的“早期”范围会越来越大。提及该点的目的是要说明，地下观测并不能明显提高晚期信号的强度。

图9.27～图9.32是各分量在地表（$z=0$m）、深度400m和深度800m处与均匀半空间模型的相对误差曲线。其中由于E_y分量在均匀半空间的地表场值为零，E_z分量在地面场值为零，因此对于这两个分量仅给出了地下两个深度处的曲线，接收钻孔的水平坐标为(250，500)。下面我们依次分析各分量的相对误差曲线。地下观测的E_x分量的相对误差（图9.27）相较于地面情况在较早的时刻会有一个幅值很大的峰值，但这并不是异常电性层带来的，而是由前面提到的极小电场值造成的。将该峰值去掉后，我们会发现对于两种模型，三个深度处的相对误差幅值基本一致，也就是说地下观测E_x分量并不能显著提高它的测深能力。E_y分量仅考虑了地下两个深度处的曲线，从图9.28可以看出深度800m处的相对误差值要小于400m的情况，且H模型的相对误差极值要远大于K模型。E_z分量同样仅对比了地下两个深度的曲线，图9.29表明无论是在H型还是K型地层中两个深度处的误差曲线差别不大，误差极值基本一致，但是K型地层的极值要稍大于H型地层。由图9.30（a）可见，dB_x/dt分量对低阻薄层的探测能力与观测点深度的关系不大，三个深度处的误差极值差别很小，而且地表处的极值最大；但是对于高阻薄层［图9.30(b)］，地表处的误差值则很小，随着深度增大，误差极值也越来越大，这是因为在高阻薄层内由积累电荷形成的所有等效垂直电偶极子在地表产生的总水平磁场分量为零，因此在地表观测不能得到高阻薄层的信息。dB_y/dt分量由于“返回电流”的作用，地下观测得到的误差曲线也会存在幅值很大的峰值点（图9.31）。但是这与E_x分量的峰值情况存在三点不同，一是dB_y/dt分量的峰值时刻要晚于E_x，二是dB_y/dt分量的峰值时间范围要宽于E_x，三是H型和K型地层的峰值大小相差很大。因此，dB_y/dt分量的这种误差峰值是有用的，表征了该分量对地下目标体的分辨能力。最后，dB_z/dt分量的误差值是随着观测深度增加而增大的，但是变化幅度并不是很大；同样H型地层的误差极值要远大于K型地层（图9.32）。

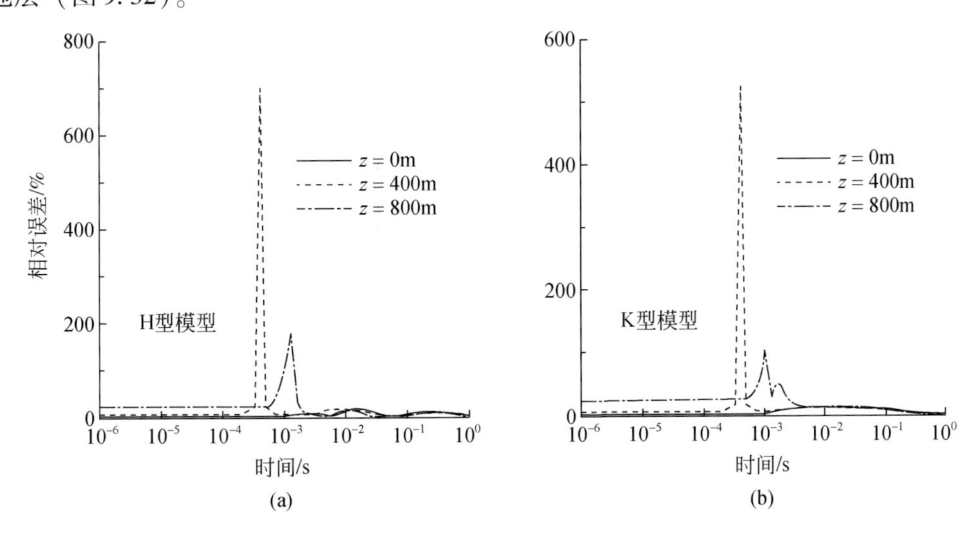

图9.27　水平电场E_x相对误差曲线

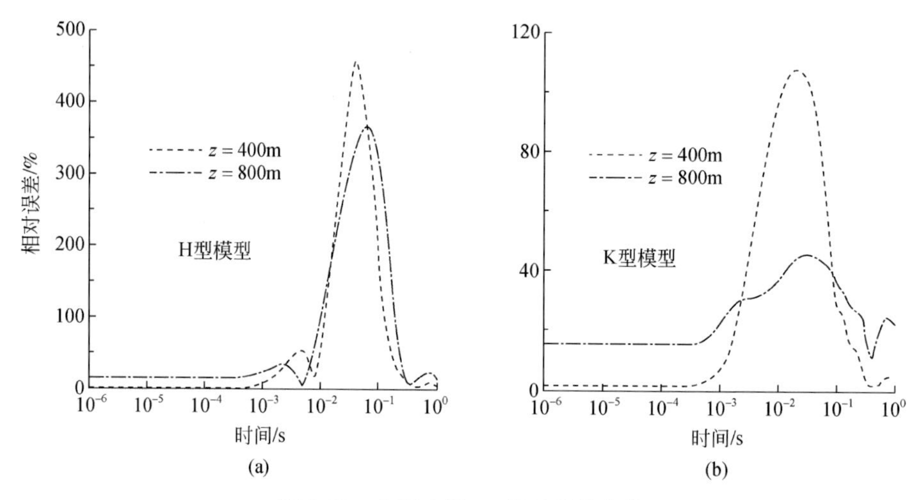

图 9.28　水平电场 E_y 相对误差曲线

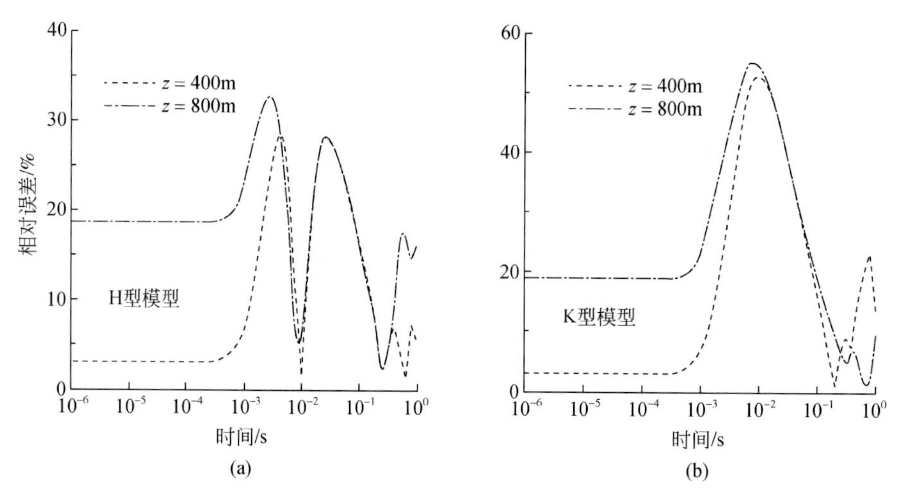

图 9.29　垂直电场 E_z 相对误差曲线

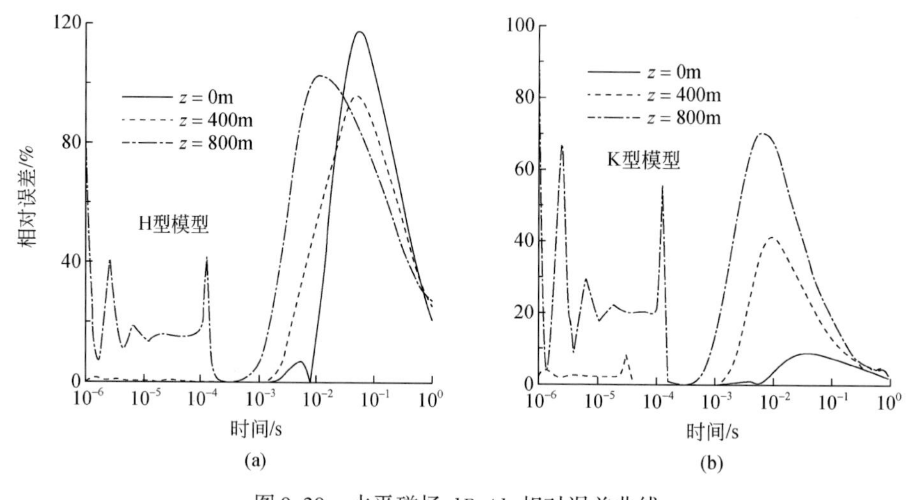

图 9.30　水平磁场 $\mathrm{d}B_x/\mathrm{d}t$ 相对误差曲线

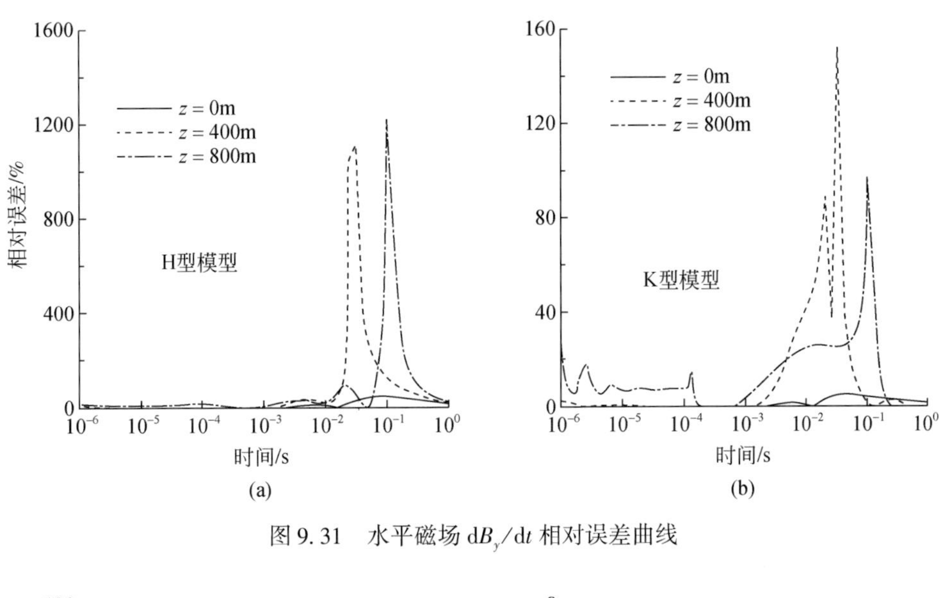

图 9.31　水平磁场 dB_y/dt 相对误差曲线

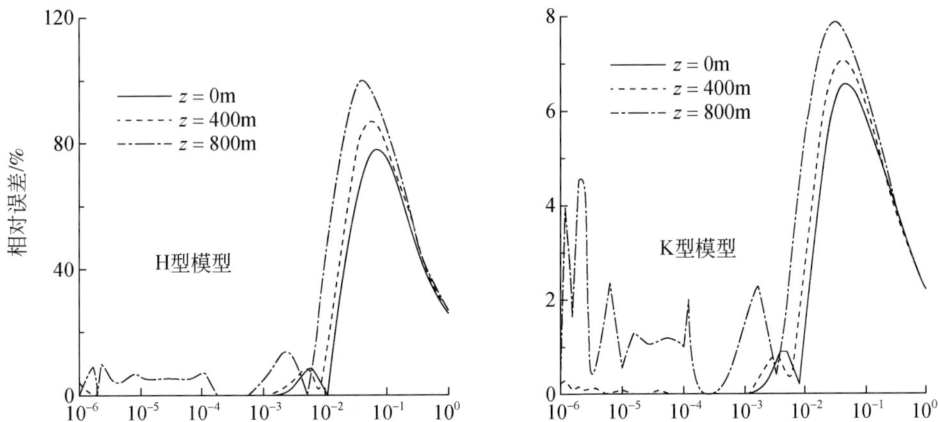

图 9.32　垂直磁场 dB_z/dt 相对误差曲线

综上分析可知，随着观测点深度增大，电磁场各分量对地下目标体的测深能力变化是不一样的。其中探测效果改善最明显的是水平磁场 dB_y/dt 分量以及探测高阻薄层时的 dB_z/dt 分量。

9.6　一 维 反 演

前面基于一维、二维正演计算研究和分析了地-井 SOTEM 的响应特性以及探测能力。结果表明地-井 SOTEM 对地下目标体具有较高的探测精度和探测深度，并且根据各分量的静态特性以及对应的发射源-接收钻孔几何耦合关系可以定性地对目标体的电性特征和位置进行判断。然而，为了获得更准确的地下目标体信息，还需要开展反演研究，以定量地对探测结果进行解释。本小节将以 AIRI 算法为例，评估地-井 SOTEM 数据的一维反演效果。

设计一个六层模型用来验证地-井 SOTEM 数据的反演效果。该模型包含了两个 100m 厚的低阻薄层，顶界面深度分别位于 300m 和 700m，模型具体参数如表 9.1 所示。正演计算中，发射源长 1000m（沿 x 轴布设，中点位于坐标原点），计算得到（500，250，0）、（500，250，250）、（500，250，550）三个点处三个磁场分量的时间导数（dB_x/dt，dB_y/dt，dB_z/dt）响应，并对响应数据添加 1% 的高斯白噪声。计算时窗范围为 0.1 ~ 100ms，包含 41 个时间道。

表 9.1　模型参数

层号	1	2	3	4	5	6
厚度/m	100	200	100	300	100	—
电阻率/(Ω · m)	100	500	50	500	50	1000

正演结果如图 9.33 所示。很明显，当观测点位于地下时，磁场响应会呈现先上升后下降的趋势，且随着观测点深度增加，上升段的时间范围越来越宽，且幅值越来越低，这是因为电磁场是逐渐由地表传播至地下深处的。对于 550m 深度处，早期段响应曲线表现出近线性且震荡的变化，这表明在该时间范围内电磁场尚未传播至该深度。需要注意的是 dB_y/dt 分量出现了变号现象，且随着观测点深度的增加，变号的时刻后移，这是受第 2 章中提及的“返回”电流造成的。

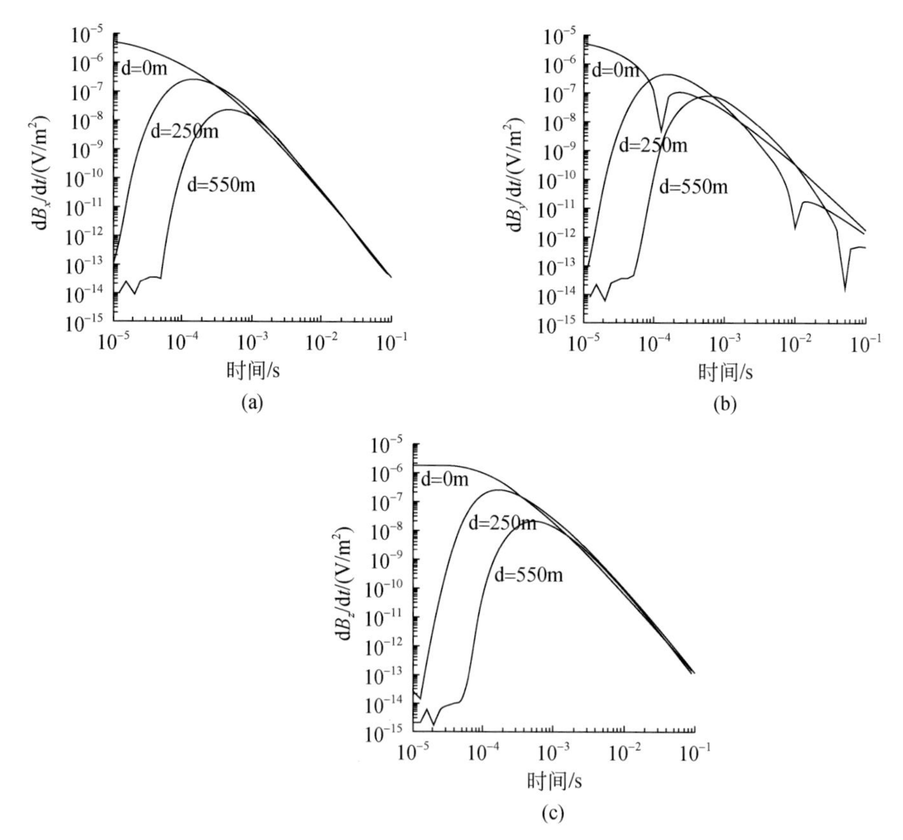

图 9.33　不同深度处不同分量一维正演结果

（a）dB_x/dt；（b）dB_y/dt；（c）dB_z/dt

反演中，模型最大深度取1000m，共分40层，各层厚度由浅至深以对数等间隔增加。经过几次反演尝试，发现不同分量和不同深度处的数据很难达到相同的拟合残差阈值，所以将各情况下的反演迭代次数都限制为20次。经过20次迭代，各分量各深度处数据的最终拟合残差见表9.2。可以看出，随着观测深度的增加，各分量的拟合残差越来越大，这与更深处接收到的信号中与地层电性结构无关的早期数据更多有关。另外，dB_y/dt的拟合误差总体上较大，这与其衰减曲线发生变号现象有关。在所有分量中，dB_z/dt因其具有相对简单的衰减，所以该分量的拟合误差最小。

表9.2　拟合残差表

接收点深度 / 分量	$z=0$m	$z=250$m	$z=550$m
dB_x/dt	0.40%	0.77%	1.22%
dB_y/dt	1.32%	1.19%	1.78%
dB_z/dt	0.31%	0.51%	0.73%

图9.34为不同深度处三个分量的反演结果，图中黑线代表真实模型，蓝线代表地表数据反演结果，绿线代表250m深度处反演结果，红线代表550m深度处反演结果。从反演结果可以看出，对于三个分量，地面数据和井中250m深度数据的反演结果基本一致，对上部三个地层的反映都比较准确，只是250m时对地表的电阻率反映不够准确，这是因为，当观测点位于地下时，早期的高频成分被大地滤掉，丧失了对浅部地层的分辨。无论是地表还是250m深度处的结果都丧失了对深部地层的细节，没有能够反演出第四层高阻和第五层低阻地层。对于电磁法来说这是可以理解的，随着探测深度的增加，电磁波的分辨能力逐渐下降，尤其是当存在低阻层的屏蔽时。当观测点位于550m深度时，反演结果表现出了较明显的不同，dB_x/dt分量的结果仅对第四层高阻层具有明显的反映，而对其他地层反演效果不佳。dB_y/dt分量的结果与地面和250m深度处的结果类似，但是第三层的深度信息出现了较大偏差。dB_z/dt分量反演效果最好，可以将六个电性层都分辨出来，只是深度上存在较大偏差。

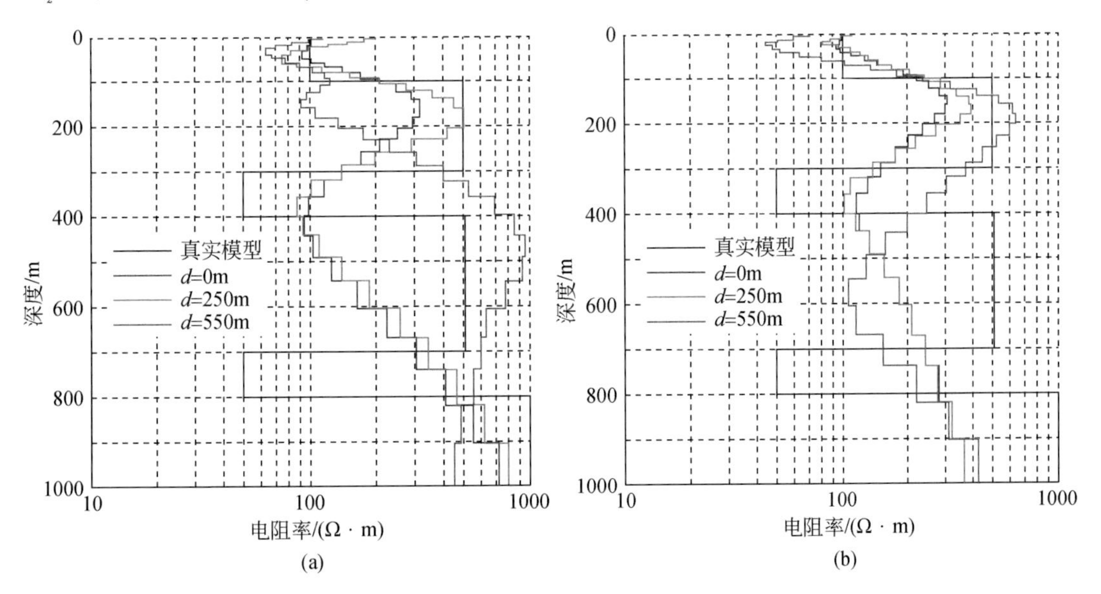

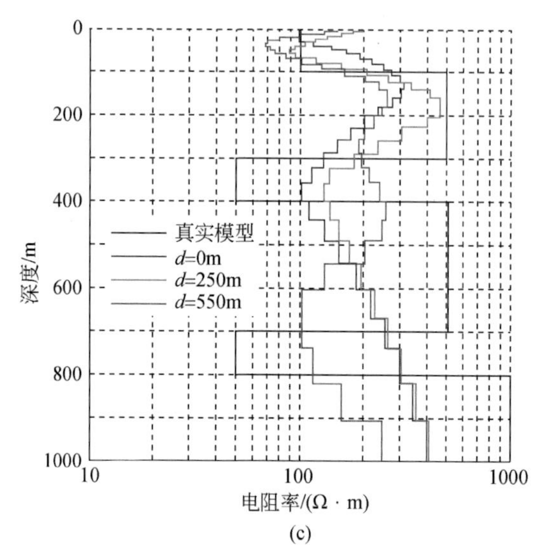

(c)

图 9.34　不同深度处三个分量的反演结果

(a) dB_x/dt；(b) dB_y/dt；(c) dB_z/dt

据前面的分析，当观测点位于地表或钻孔浅部时，反演结果对浅部地层的反映比较准确，而对深部信息丧失灵敏度，在井中深部进行观测时，可获得相对深部处的地层信息。因此，将地面和井中数据进行联合反演有望同时对浅部和深部的地层都得到很好的控制。鉴于地表和 250m 深度处的结果相差不大，我们仅选择地表和 550m 深度处的数据进行联合反演，反演参数与上述单一位置数据反演时所取一致，结果如图 9.35 所示。很明显，反演效果得到了很明显的改善，三个分量对所有六个地层都得到了很好的反映，尤其是反映出了 700m 深度左右的低阻层。由此可见，联合反演地表和井中数据，可以显著提高反演结果的精度，对浅部和深部地层同时获得准确的结果。然而，也应指出，垂直分量对深部高阻层的分辨不如其他两个水平分量准确，而水平分量对深部低阻层的深度信息恢复准确性较差。

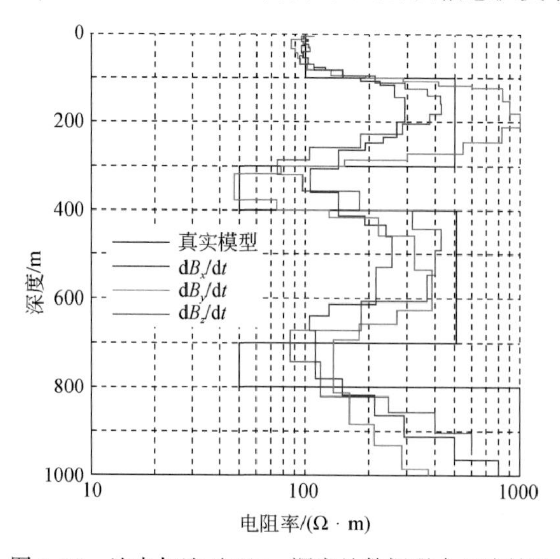

图 9.35　地表与地下 550m 深度处数据联合反演结果

第10章　SOTEM研究展望

近些年，随着大深度探测需求的增加，与“电性源”及“短偏移距”相关的研究工作也越来越多，表明该工作装置具有很大的潜力，并有待于进一步研发。笔者提出的SOTEM方法，将传统LOTEM的观测区域由远源区扩展至近源区，实现了强幅值、高分辨近源电磁信号的拾取与利用，显著提高了瞬变电磁法的探测深度、探测精度和施工效率。经过多年研究与实践，本书总结了笔者在SOTEM理论、方法、技术、应用等方面取得的一些进展和成果。目前，SOTEM的方法技术已基本成熟，可作为一种有力手段解决金属矿、煤田水文地质、工程、地下水资源等领域的大深度探测问题。

为进一步挖掘SOTEM的探测潜力，解决更为复杂的地质问题，适应更为特殊的观测环境，探得更深、更精、更快，还有诸多理论、技术、装备问题亟须解决。包括但不限于多源发射、多波形发射和场源附加效应等信号发射问题，地层波响应特征、观测场区优选等信号接收问题，噪声去除、约束反演和信息提取等信号处理问题，以及大功率发射、宽频带和高采样率接收专用装备问题等。为进一步完善SOTEM探测理论、优化SOTEM探测技术、研发SOTEM专用设备，本章对SOTEM后续研究阐述如下。

10.1　SOTEM专用装备研发

以SOTEM需求为引导，尽快研发短偏移瞬变电磁勘探仪，重点突破高稳流任意波形发射机、自适应可变阻尼低噪声传感器、宽带大动态范围接收机以及基于深度学习的多源数据处理等核心技术与方法，实现SOTEM“无影灯”观测方法，填补该领域的方法技术与装备空白，为我国第二深度空间矿产资源精细探测提供更为有力的技术支撑。

1. 发射机技术

在克服阴影效应方面：为实现“无影灯”观测，要求多台发射机协同工作，且每台发射机均能够发射彼此统计学无关的激励信号，这就要求发射机具有任意编码波形发射能力，与多台发射机同步协同工作能力。目前，现有发射机还无法实现多台发射机的协同工作。

在克服波形稳定性和展宽带宽方面：目前，近源电磁法通常采用两段接地的电缆作为发射天线。埋于地下的接地电极周围的电解液浓度会随发射机供电过程不断变化，离子浓度不断下降，导致发射机外阻抗环境也持续变化。现有发射机最高频点通常在8kHz左右，且波形长期稳定性较弱，误差通常大于10%/h。面向近源观测，需要将发射波形带宽进一步提升至20kHz量级，同时，还要面向克服阴影效应需求，需要相对长时间的连续发射，因此需要保证电流波形长时间稳定，要求误差小于5%/h。对于常规电磁法发射机，发射信号频率越高，越无法保持发射波形的长时间稳定。

2. 传感器技术

传感器的技术难题主要是因克服近源宽带效应而引起的。在电磁法中，一般配合使用电场与磁场传感器。近源方法提升了带宽需求，需要设计新的磁场传感器。电磁法中一般采用感应式磁场传感器。以传统远源方法 LOTEM 为例，观测信号带宽本身较窄，传感器谐振频率一般设置为 20kHz 左右，一方面能够充分保证响应曲线在 10kHz 以下具有良好的线性度，另一方面也便于获得更低的噪声水平。在此基础上，阻尼系数一般设置在 0.71 ~ 0.86 之间，以兼顾响应曲线的早期灵敏性与稳定性。对于近源观测，为保证 20kHz 以内响应曲线的良好线性度，传感器谐振频率一般需要设置在 35kHz 以上，导致传感器的电子学参数（主要是电容）发生显著变化，兼顾低噪声水平就已经较为困难，而大的观测带宽则意味着早期曲线受浅部电阻率影响更大，单一阻尼系数的适用区间更小，更容易在信号早期形成强烈震荡。传感器谐振频率、阻尼系数以及噪声水平，三者相互制约，单纯考虑增大传感器有效带宽，将导致传感器性能整体失衡。

3. 接收机技术

接收机技术难题主要也是因克服近源宽带效应而引起的。电磁法接收机的有效带宽由其前端模拟电路带宽决定，在满足方法对信号带宽要求的基础上，通常设计的比磁场传感器线性段带宽略小一些。同样以 LOTEM 为例，其传感器线性段带宽约 10kHz，其接收机模拟前端带宽约为 8kHz。LOTEM 是一种时域方法，其信号呈指数衰减形态（即衰减曲线）。在上述带宽范围内，衰减曲线上最早可用信号的延时通常在 200μs 量级，而最晚可用信号延时在 100ms 量级，在此时间范围内，信号动态范围一般在 100dB 左右。对于近源时域方法，观测信号的带宽须扩展至 20kHz 量级，导致最早可用信号延时将大幅提前至 50μs量级，结果将导致信号整体动态范围将超过 130dB，目前国内外主流电磁法接收机的有效动态范围均无法满足这一需求。

10.2　地质结构约束的反演和多元信息融合

SOTEM 区分地下电性异常目标的依据是目标与其周围媒质的电阻率差异。在实际探测过程中，当地下存在诸如高含盐度的地下水等局域异常体时，由于其在电阻率差异方面表现得与常规金属矿体非常类似，因此容易导致误判。此外，对于另一部分矿体，受其岩体、体量、品位等多方面因素影响，其电阻率与周围媒质差异相对有限，容易导致漏判。因此，如何能够引入其他探测资料开展协同分析，降低误判率与漏判率，成为影响 SOTEM 探测可靠性的关键问题。

经典的反演方法通常存在反演数据源较少、缺乏约束条件等问题，导致反演结果多解性增加；由于各个分量反演模型以及与地质结构信息之间有互相约束的特性，深部矿体异常非常微弱，地形结构一定程度上淹没了来自深部地质目标体的信息，导致虚假地质成果发生。

大力发展多元数据融合，将多种地球物理方法结合起来，优劣互补，成为地球物理找矿的新方向。矿床的成因尤其是矿化结构、成矿条件、成矿机制、控矿要素等因素都相当复杂性，因此在地质找矿的基础上仍需利用地球物理勘探方法进行精细探测。但地球物理观测系统的不完备性、物性反演结果的多解性，会造成矿产资源预测方面的困难。开展具有针对性的综合地球物理方法（重力、电磁法、地震）研究和勘探实践，使用多种地球物理资料进行联合反演，可有效克服单一地球物理数据的局限性，为地下结构研究提供更多约束。

对于常规模型驱动反演，能够从物理机制出发界定解的搜索空间，但在一定程度上，反演结果具有近似性和不确定性，反演过程容易陷入局部极小。数据驱动反演虽然不依赖模型，但是其有效性却本质地依赖网络拓扑和假设空间。可尝试通过同时求解模型族，实现模型驱动反演与数据驱动反演相结合，既充分利用模型驱动的宏观指导，又利用深度学习的强大建模能力，从而形成SOTEM反问题全新方法。

10.3 SOTEM拟地震成像

当前，我国对沉积型地层的探测需求较高，为了更清晰地刻画地层的边界、提高探测精度，我们将引入拟地震成像更准确地划分地层的边界，提升对物性界面的辨识能力。众所周知，地震勘探以波动方程为基础，是一种几何勘探方法，得益于地震波较短的波长，以及地震勘探多次叠加的观测方式，地震法的分辨率很高，能准确定位地层的边界，因此地震法被广泛应用于对沉积地层的勘探。受此启发，考虑将电磁扩散场经过某种变换，转换为拟地震波场，借鉴地震勘探中成熟的观测方式和成像方法，提升SOTEM对地下物性界面的分辨率。

电磁成像反演是一个不适定的逆过程，正则化方法是解决这类不适定反问题的常规方法，正则化方法可以解释为用一组与原不适定问题相“邻近”的适定问题的解去逼近原问题的解，用正则化方法进行求解时需要引入正则化参数，正则化参数的选取依赖于先验信息，很大程度上受人为主观因素的干扰，选取合适的正则化参数十分困难，导致求解精度不够高。针对观测数据纵向信息稀疏问题，虚拟波场信息提取不稳定，成像效果差等问题，进一步地，采用压缩感知和深度学习方法相结合中的SOTEM电磁法数据虚拟波场信息精细提取和成像剖面重建方法研究。

10.4 SOTEM的多场景拓展

接地导线源是人工源电磁法中最常用的一种发射源形式，无论是频率域的CSAMT，还是时间域的LOTEM和SOTEM，都利用该类型源进行激发信号。其主要原因一方面是两端接地的导线源不仅可以提供大的发射磁矩，而且可在地下感应出水平及垂直两个分量的感应电流，从而能够提供包含更多地下介质电性信息的电磁场信号；另一方面，接地导线源具有更好的地形适用性，易于布设且可观测范围较广，野外施工更为高效。前述章节主要介绍了地面SOTEM以及扩展出的地-井SOTEM，可用于解决大部分情况下的探测任务。而在实际应用中，还有一些特殊的应用场景，如地形起伏严重的山区、植被茂密的林区、水系大面积覆盖的沼泽湿地、环境恶劣的沙漠戈壁、潮汐明显的滩浅海等区域，传统地面施工存在人员无法进入、施工效率低下、探测精度受限等问题。因此，鉴于电性源激发及短偏移距观测的优越性，可在常规地面 SOTEM 的基础上拓展出更多的针对不同特殊应用场景的 SOTEM 装置类型。

1. 地-空 SOTEM

为克服地形地貌条件限制，在沙漠、戈壁、山地、湿地、水网密集区域进行大面积快速勘察，可利用地-空 SOTEM，如图 10.1 所示。在地面铺设长接地导线发射源，供以双极性阶跃电流，然后利用无人机搭载轻便接收线圈在空中逐点接收二次场响应，收发距离参考地面 SOTEM。

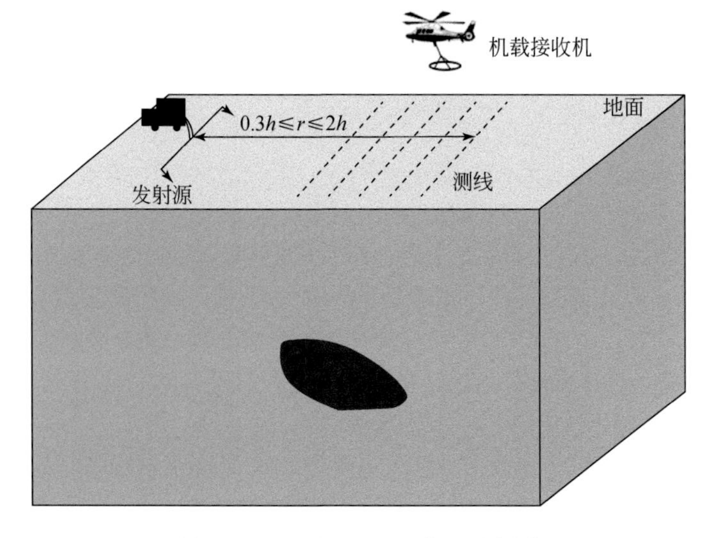

图 10.1　地-空 SOTEM 装置示意图

地-空 SOTEM 一般在低空区域采集磁场（或其时间导数）分量数据，飞行高度一般不超过 100m，因此，在数值计算、电磁场分布与扩散、数据反演等方面与地面 SOTEM 基本一致，可套用地面装置相关的结论与技术。相较于地面和地-井装置，地-空 SOTEM 的主要不同之处有两点：①噪声来源多，地-空 SOTEM 数据中除包含普遍存在的天电噪声、人文噪声、系统噪声等，还包含来自飞行器所产生的平台噪声、运动噪声、姿态噪声；②数据量大，地-空 SOTEM 一般观测区域大、采样点密集，生成巨大体量的数据体。因此，发展地-空 SOTEM 的关键突破点是多源噪声的有效去除以及海量数据的高精度、快速成像。此外，还需研发轻便型的高灵敏度接收机与传感器。

2. 陆-海 SOTEM

滩浅海是海岸线地区的主要地貌环境，是陆地与海洋的过渡地带，一般包括极浅海、潮间带、滩涂以及与之相连的陆地。滩浅海地区是港口、核电站、桥隧等国家重大工程建设的重点区域，也是当前油气、矿产、水资源开发的潜力区域。然而，处于海陆交互带的滩浅海地区一般地质结构复杂，地貌多变，海域水深动态变化大（一般为0～25m），水流湍急，涨潮为海，落潮为滩。特别是受潮汐和泥质、泥砂质等海滩沉积物影响，在0～2m水深区域内人员及普通船舶均无法通行，是人们常说的“人下不去、船到不了”的地带，加之陆地与海水介质不同带来的巨大物性差异，使得开展地球物理探测工作难度极大。滩浅海地区是全国海岸带物探工作程度最低的区域，成为当前地球物理探测工作的“瓶颈”。

针对滩浅海地区特殊的地貌环境，也可尝试利用SOTEM。将笨重的大功率发射源布置在岸上，然后根据测量区域的不同地貌、地形及水深情况，合理选择接收方式（人员地面接收、机载空中接收、船载水中或水面接收）在一定的偏移距范围内进行信号观测，如图10.2所示。通过让传统陆地装置“下水”、海洋装置“靠岸”，建立一种陆-海SOTEM探测装置。

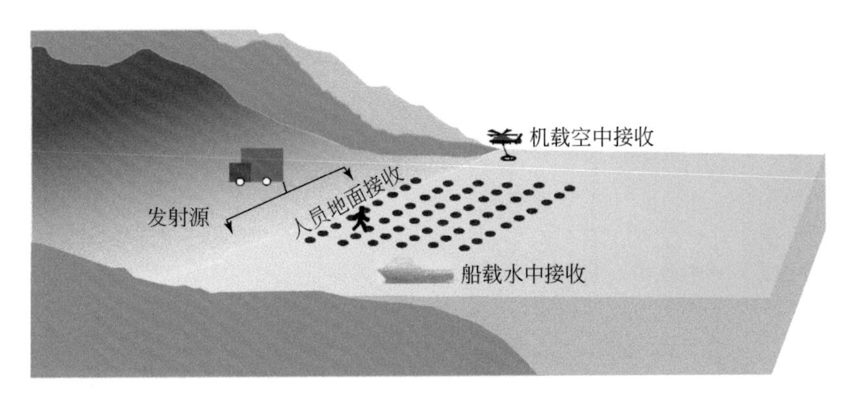

图10.2 陆-海SOTEM示意图

显然，这种工作装置与传统的纯陆地和纯海洋电磁勘探方法存在明显的不同之处。首先，发射和接收之间因介质不同而存在明显的横向电性差异，使得探测模型必须是三维的；其次，受海水涨退影响，接收区域的浅部电性结构是动态变化的；最后，超低阻海水层或浅海沉积物必然会对电磁场的探测能力带来一定影响。针对上述特殊性，如何实现陆-海模式下电磁场的精确计算，分析不同场景下电磁场的传播、扩散、分布特征，厘定其耦合机制，评估其探测能力，并从中提取地下电性结构信息，是发展该方法首先要解决的关键问题。

在展望SOTEM的发展之际，我们不禁回顾电磁勘探方法的前辈Kaufman和Keller，1983年在他们的经典著作*Frequency and Transient Soundings*中说过的话“（人工源）电磁法在大地构造测深中的定量使用还远远落在直流电法和大地电磁法的后面……，电磁法之所以进展缓慢，并不是说它的勘探能力差，而是因为电磁法对用户有更高的要求，包括仪器和基础理论方面的知识”。从那时到现在，人工源电磁法得到了充分的发展，获得了长足的进步。在此基础上，SOTEM作为新方法、新技术，一经出现便在第二空间矿产资源探测中取得了良好的应用效果。然而，正如当初人工源的发展一样，在曲面波占优的SOTEM中，需要对电磁理论有更深入的了解、更多的数学知识，需要功能更为强大的仪器，需要解决更多更复杂的问题。相信在各位同行的支持和共同努力下，必将SOTEM的发展推向一个新的阶段。

参考文献

白登海，Maxwell A M，卢健，等.2003. 时间域瞬变电磁法中心方式全程视电阻率的数值计算. 地球物理学报，46（5）：697-704.

常江浩，薛国强.2020. 电性源短偏移距瞬变电磁场扩散规律三维数值模拟. 地球科学与环境学报，42（06）：711-721+708.

陈贵生.2006. 瞬变电磁法在金属矿产勘查上的应用效果及存在问题探讨. 矿产与地质，20（4-5）：543-547.

陈明生.2014. 关于频率电磁测深几个问题的探讨（七）——解析广义逆矩阵反演法. 煤田地质与堪探，42（6）：87-92.

陈明生，闫述.1995. 论频率测深应用中的几个问题. 北京：地质出版社.

陈明生，闫述.2005. CSAMT勘察中场区、记录规则、阴影及场源复印效应的解析研究. 地球物理学报，48（4）：951-958.

陈小斌，赵国泽，汤吉，等.2005. 大地电磁自适应正则化反演算法. 地球物理学报，48（4）：937-946.

陈卫营.2015. 电性源短偏移距瞬变电磁法研究与应用. 中国科学院大学博士学位论文.

陈卫营，薛国强.2013. 瞬变电磁法多装置探测技术在煤矿采空区调查中的应用. 地球物理学进展，28（5）：2709-2717.

陈卫营，薛国强.2014. 接地导线源电磁场全域有效趋肤深度. 地球物理学报，57（7）：2314-2320.

陈卫营，薛国强.2015. 电性源瞬变电磁对薄层的探测能力. 物探与化探，39（4）：775-779.

陈卫营，韩思旭，薛国强.2019. 电性源地-井瞬变电磁法全分量响应特性与探测能力分析. 地球物理学报，62（5）：1969-1980.

陈卫营，薛国强，崔江伟，等.2016. SOTEM响应特性分析与最佳观测区域研究. 地球物理学报，59（2）：739-748.

陈卫营，李海，薛国强，等.2017. SOTEM数据一维OCCAM反演及其应用于三维模型的效果. 地球物理学报，60（9）：3667-3676.

程德福，林君，于生宝，等.2002. 瞬变电磁法弱信号检测技术研究. 吉林大学学报（信息科学版），（2）：1-5.

戴雪平.2013. 地-井瞬变电磁三维响应特征研究. 中国地质大学（北京）硕士学位论文.

底青云，王若.2008. 可控源音频大地电磁数据正反演及方法应用. 北京：科学出版社.

底青云，朱日祥，薛国强，等.2019. 我国深地资源电磁探测新技术研究进展. 地球物理学报，62（6）：2128-2138.

底青云，薛国强，殷长春，等.2020. 中国人工源电磁探测新方法. 中国科学：地球科学，50（9）：1219-1227.

董浩，魏文博，叶高峰.2014. 基于有限差分正演的带地形三维大地电磁反演方法. 地球物理学报，57（3）:939-952.

方文藻，李予国，李貅.1993. 瞬变电磁法探测原理. 西安：西北工业大学出版社.

冯恩信.2005. 电磁场与电磁波（第2版）. 西安：西安交通大学出版社.

葛德彪，杨谦，李林茜，魏兵.2014. TE波时域棱边有限元方法：线磁流辐射与散射分析. 伊犁师范学院学报（自然科学版），8（03）：52-60.
何继善 . 1990. 可控源音频大地电磁测深 CSAMT. 长沙：中南工业大学出版社 .
何继善 . 2010a. 广域电磁测深法研究 . 中南大学学报（自然科学版），41（3）：262-269.
何继善 . 2010b. 广域电磁法和伪随机信号电法 . 北京：高等教育出版社 .
何继善，薛国强 . 2018. 短偏移距电磁探测技术概述 . 地球物理学报，61（1）：1-8.
何青松，石艳玲，宋群会，等 . 2013. 用大功率长偏移距瞬变电磁测深圈定深层碳酸盐岩储层 . 地质与勘探，49（4）：731-736.
何一鸣，薛国强，赵炀 . 2020. 基于量子行为粒子群算法的航空瞬变电磁拟二维反演技术 . 地球科学与环境学报，42（6）：722-730.
何展翔，王绪本 . 2002. 时频电磁测深方法 . 第 18 届中国地球物理年会 .
胡建德 . 1989. 瞬变电磁测深和直流电测深资料的联合反演 . 石油地球物理勘探，24（5）：549-558.
胡平 . 1995. 地井瞬变电磁法（TEM）方法技术手册，地质矿产部“八五”科技攻关项目研究成果报告 .
胡平，石中英，1995. 地井 TEM 工作方法及解释技术研究成果报告，地质矿产部“八五”科技攻关项目研究成果报告 .
胡祥云，李焱，杨文采，等 . 2012. 大地电磁三维数据空间反演并行算法研究 . 地球物理学报，55（12）：3969-3978.
胡祖志，胡祥云，何展翔 . 2006. 大地电磁非线性共轭梯度拟三维反演 . 地球物理学报，49（4）：1226-1234.
华军，蒋延生，汪文秉 . 2001. 双重贝塞尔函数积分的数值计算 . 煤田地质与勘探，29（3）：58-62.
黄力军，陆桂福，刘瑞德 . 2004. 电性源瞬变电磁法在煤田水文地质调查中的应用 . 工程地球物理学报，1：174-177.
黄力军，陆桂福，刘瑞德 . 2005. 电性源瞬变电磁法在油田上的应用研究 . 物探与化探，29（4）：316-318.
嵇艳鞠，林君，朱凯光，等 . 2005. 利用瞬变电磁技术进行地下水资源勘察 . 地球物理学进展，20（3）：828-833.
嵇艳鞠，王远，徐江，等 . 2013. 无人飞艇长导线源时域地空电磁勘探系统及其应用 . 地球物理学报，56（11）：3640-3650.
蒋邦远 . 1998. 实用近区磁源瞬变电磁法勘探 . 北京：地质出版社 .
金建铭 . 1998. 电磁场有限元方法 . 王建国译，葛德彪校 . 西安：西安电子科技大学出版社 .
考夫曼 A A，凯勒 G V. 1987. 频率域和时间域电磁测深 . 王建谋译 . 北京：地质出版社 .
雷康信，薛国强，陈卫营，等 . 2020. 瞬变电磁法探测薄层的分辨能力与偏移距关系 . 地球科学与环境学报，42（6）：731-736.
李帝铨，谢维，程党性 . 2013. E-Ex 广域电磁法三维数值模拟 . 中国有色金属学报，23（9）：2459-2470.
李海，薛国强，钟华森，等 . 2016. 多道瞬变电磁法共中心点道集数据联合反演 . 地球物理学，59（12）：4439-4447.
李建慧，朱自强，鲁光银 . 2013. 回线源瞬变电磁法的三维正演研究 . 地球物理学进展，28（2）：754-765.
李建慧，刘树才，赵贤任，等 . 2007. 矩形发射回线瞬变电磁场分布特征研究 . 中国地球物理学会地球电磁学专业委员会 . 第 8 届中国国际地球电磁学讨论会论文集 .
李建慧，刘树才，焦险峰，等 . 2015. 地–井瞬变电磁法三维正演研究 . 石油地球物理勘探，50（3）：556-564.
李建慧，宋自强，曾思红，刘树才 . 2012. 瞬变电磁法正演计算进展 . 地球物理学进展，27（04）：

1393-1400.
李建平，李桐林，赵雪峰，等.2007. 层状介质任意形状回线源瞬变电磁全区视电阻率的研究. 地球物理学进展，22（6）：1777-1780.
李吉松，朴仕荣.1993. 电偶源瞬变电磁测深一维正演及视电阻率响应研究. 物探化探计算技术，15（2）：191-200.
李肃义，林君，阳贵红，等.2013. 电性源时域地空电磁数据小波去噪方法研究. 地球物理学报，9：3145-3152.
李貅.2002. 瞬变电磁测深的理论与应用. 西安：陕西科学技术出版社.
李貅. 胡伟明，薛国强.2021. 多辐射源地空瞬变电磁响应三维数值模拟研究. 地球物理学报，64（2）：716-723.
李学民，曹俊兴，何晓燕，等.2004. 用格子玻尔兹曼方法模拟非均匀介质中的电场响应. 地球物理学报，47（2）：349-353.
李予国，Constable S. 2010. 浅水区的瞬变电磁法：一维数值模拟结果分析. 地球物理学报，53（3）：737-742.
李毓茂.2012. 电磁频率测深方法与电偶源电磁频率测深量板. 徐州：中国矿业大学出版社.
李展辉，黄清华.2014. 复频率参数完全匹配层吸收边界在瞬变电磁法正演中的应用. 地球物理学报，57（04）：1292-1299.
刘长生，汤井田，任政勇，等.2010. 基于非结构化网格的三维大地电磁自适应矢量有限元模拟. 中南大学学报（自然科学版），41（5）：1855-1859.
刘云鹤，殷长春.2013. 三维频率域航空电磁反演研究. 地球物理学报，56：4278-4287.
马宇.2003. 基于小波分析的TEM快速成像方法研究. 长安大学硕士学位论文.
马振军，底青云，薛国强，等.2021. 地-空瞬变电磁法电阻率成像研究与应用. 地球物理学报，64（3）：1090-1105.
孟庆鑫，潘和平.2012. 地-井瞬变电磁异常特征数值模拟分析. 地球物理学报，55（3）：1046-1053.
米萨克 N · 纳比吉安.1992. 勘察地球物理电磁法第一卷理论. 赵经祥，王艳君译. 北京：地质出版社.
牛之琏.2007. 时间域电磁法原理. 长沙：中南大学出版社.
欧阳涛，底青云，薛国强. 等.2019. 利用多通道瞬变电磁法识别深部矿体. 地球物理学报，62（5）：1981-1990.
潘彤，喻忠鸿，薛国强，等.2021. 柴达木盆地南缘和北缘金属矿产资源地球物理勘查进展. 地球科学与环境学报，43（3）：568-586.
朴化荣.1990. 电磁测深法原理. 北京：地质出版社.
齐彦福，殷长春，王若，等.2015. 多通道瞬变电磁m序列全时正演模拟与反演. 地球物理学报，58（7）：2566-2577.
邱卫忠，闫述，薛国强，等.2011. CSAMT的各分量在山地精细勘探中的作用. 地球物理学进展，26（2）：664-668.
任政勇.2007. 基于非结构化网格的直流电阻率自适应有限元数值模拟. 中南大学硕士学位论文.
阮百尧，熊彬，徐世浙.2001. 三维地电断面电阻率测深有限元数值模拟. 中国地质大学学报——地球科学，26（1）：73-77.
邵敏，邱宁，何展翔.2008. 长偏移距瞬变电磁信号小波阈值去噪效果分析. 工程地球物理学报，5（1）：70-74.
石显新.2005. 瞬变电磁法勘探中的低阻屏蔽层问题研究. 煤炭科学研究总院博士学位论文.
石显新，闫述，傅君眉，等.2009. 瞬变电磁法中心回线装置资料解释方法的改进. 地球物理学报，52（7）：

1931-1936.
孙怀凤，李貅，李术才，戚志鹏，王祎鹏，苏茂鑫，薛翊国，刘斌 . 2013. 考虑关断时间的回线源激发 TEM 三维时域有限差分正演 . 地球物理学报，56（3）：1049-1064.
谭捍东 . 2003. 大地电磁法三维快速松弛反演 . 地球物理学报，46（6）：850-854.
汤井田，任政勇，化希瑞 . 2007. 地球物理学中的电磁场正演与反演 . 地球物理学进展，22（4）：1181-1194.
汤井田，周峰，任政勇 . 2018. 复杂地下异常体的可控源电磁法积分方程正演 . 地球物理学报，61（4）：1549-1562.
唐新功，胡文宝，严良俊 . 2004. 地堑地形对长偏移距瞬变电磁测深的影响研究 . 工程地球物理学报，1（4）：313-317.
滕吉文 . 2007. 中国地球物理学研究面临的机遇、发展空间和时代的挑战 . 地球物理学进展，22（4）：1101-1112.
王长青，祝西里 . 2011. 瞬变电磁场——理论和计算 . 北京：北京大学出版社 .
王贺元，薛国强，郭华 . 2018. 均匀半空间瞬变电磁场直接时域响应数值分析 . 地球物理学报，61（2）：750-755.
王华军 . 2008. 时间域瞬变电磁法全区视电阻率的平移算法 . 地球物理学报，51（6）：1936-1942.
王华军 . 2010. 阻尼系数对瞬变电磁观测信号的响应特征 . 地球物理学报，53（2）：428-434.
王家映 . 2006. 我国石油电法勘探评述 . 勘探地球物理进展，29（2）：77-81.
王若，王妙月，底青云，等 . 2016. 伪随机编码源激发下的时域电磁信号合成 . 地球物理学报，59（12）：4414-4423.
王若，王妙月，底青云，等 . 2018. 多通道瞬变电磁法 2D 有限元模拟，地球物理学报，61（2）：5084-5095.
王绪本，朱迎堂，赵锡奎 . 2009. 青藏高原东缘龙门山逆冲构造深部电性结构特征 . 地球物理学报，52（2）：564-571.
魏文博，金胜，叶高峰 . 2010. 中国大陆岩石圈导电性结构研究——大陆电磁参数“标注网实验（SinoProbe-01）”. 地质学报，84（6）：788-800.
翁爱华，刘云鹤，贾定宇 . 2012. 地面可控源频率测深三维非线性共轭梯度反演 . 地球物理学报，55（10）：3506-3515.
翁爱华，刘云鹤，陈玉玲，等 . 2010. 矩形大定源层状模型瞬变电磁响应计算 . 地球物理学报，53（3）：646-650.
吴小平，柳建新，段无悔 . 2010. 一种实用的时间域电磁测深解释方法 . 地球物理学进展，25（3）：898-903.
武军杰，李貅，智庆全，等 . 2017a. 电性源地-井瞬变电磁异常场响应特征初步分析 . 物探与化探，41（1）：129-135.
武军杰，李貅，智庆全，等 . 2017b. 电性源地-井瞬变电磁全域视电阻率定义 . 地球物理学报，60（4）：1595-1605.
武军杰，李貅，智庆全，等 . 2017c. 电性源地-井瞬变电磁法三分量响应特征分析 . 地球物理学进展，32（3）：1273-1278.
武欣，薛国强，底青云，等 . 2015. 伪随机编码源电磁响应的精细辨识 . 地球物理学报，58（8）：2792-2802.
武欣，薛国强，陈卫营，等 . 2016. 瞬变电磁探测系统（CASTEM）试验对比——安徽颖上大王庄铁矿 . 地球物理学报，59（12）：4448-4456.
武欣，薛国强，肖攀，等 . 2017. 瞬变电磁采样函数优化法降噪技术 . 地球物理学报，60（9）：

3677-3684.
肖骑彬，赵国泽，詹艳，等 . 2007. 大别山超高压变质带电性结构及其动力学意义初步研究 . 地球物理学报，50（3）：812-822.
徐义贤，王家映，1998. 大地电磁的多尺度反演 . 地球物理学报，41（5）：704-711.
许洋铖，林君，李肃义 . 2012. 全波形时间域航空电磁响应三维有限差分数值计算 . 地球物理学报，55（6）：2105-2114.
薛国强，宋建平，武军杰，等 . 2003. 瞬变电磁法探测公路隧道工程中的不良地质构造 . 地球科学与环境学报，(4)：73-75+79.
薛国强，李貅，郭文波，等 . 2006. 从瞬变电磁测深数据向平面波场数据的等效转换 . 地球物理学报，49（5）：1539-1545.
薛国强，李貅，底青云 . 2008. 瞬变电磁法正反演问题研究进展 . 地球物理学进展，51（3）：894-900.
薛国强，闫述，周楠楠 . 2011. 偶极子假设引起的大回线源瞬变电磁响应偏差分析 . 地球物理学报，54（9）：2389-2396.
薛国强，闫述，陈卫营 . 2016. 电磁测深数据地形影响的快速校正 . 地球物理学报，59（12）：4408-4413.
薛国强，陈卫营，周楠楠，等 . 2013. 接地源瞬变电磁短偏移深部探测技术 . 地球物理学报，56（1）：255-261.
薛国强，王贺元，闫述，等 . 2014a. 瞬变电磁场时域格林函数解 . 地球物理学报，57（2）：671-678.
薛国强，闫述，陈卫营 . 2014b. 接地源短偏移瞬变电磁法研究展望 . 地球物理学进展，29（5）：2347-2355.
薛国强，闫述，陈卫营，等 . 2015a. SOTEM 深部探测关键问题分析 . 地球物理学进展，30（1）：121-125.
薛国强，闫述，底青云，等 . 2015b. 多道瞬变电磁法（MTEM）技术分析 . 地球科学与环境学报，37（1）：94-100.
薛国强，陈卫营，武欣，等 . 2020. 电性源短偏移距瞬变电磁研究进展 . 中国矿业大学学报，49（2）：215-226.
薛国强，常江浩，雷康信，等 . 2021a. 瞬变电磁法三维模拟计算研究进展 . 地球科学与环境学报，43（3）：559-567.
薛国强，李海，陈卫营，等 . 2021b. 煤矿含水体瞬变电磁探测技术研究进展 . 煤炭学报，46（1）：77-85.
闫述，陈明生 . 2004. CSAMT 测深中的阴影和场源复印效应问题 . 石油地球物理勘探，39：8-10.
闫述，陈明生，付君眉 . 2002. 瞬变电磁场的直接时域数值分析 . 地球物理学报，45（2）：275-284.
闫述，薛国强，陈明生 . 2016. 磁性层状介质的 CSAMT 电场分量响应特征 . 地球物理学报，59（12）：4457-4463.
严良俊，胡文宝，陈清礼 . 2001. 长偏移距瞬变电磁测深法在碳酸盐岩覆盖区落实局部构造的应用效果 . 地震地质，23（2）：271-286.
杨海燕，邓居智，张华，等 . 2010. 矿井瞬变电磁法全空间视电阻率解释方法研究 . 地球物理学报，53（3）：651-656.
杨海燕，徐正玉，岳建华，等 . 2016. 覆盖层下三维板状体地-井瞬变电磁响应 . 物探与化探，40（1）：190-196.
杨毅，邓晓红，张杰，等 . 2014. 一种井中瞬变电磁异常反演方法 . 物探与化探，38（4）：855-859.
姚治龙，王庆乙，胡玉平，等 . 2001. 利用 TEM 测深校正 MT 静态偏移的技术问题 . 地震地质，23（2）：257-263.
殷长春，贲放，刘云鹤 . 2014a. 三维任意各向异性介质中海洋可控源电磁法正演研究 . 地球物理学报，（12）：4110-4122.

殷长春，齐彦福，刘云鹤，等. 2014b. 频率域航空电磁数据变维数贝叶斯反演研究. 地球物理学报，57：2971-2980.

于景邨，苏本玉，薛国强，等. 2019. 煤层顶板致灾水体井上下双磁源瞬变电磁响应及应用. 煤炭学报，44（8）：2356-2360.

张杰，邓晓红，郭鑫，等. 2013. 地-井 TEM 在危机矿山深部找矿中的应用实例. 物探与化探，37（1）：30-34.

赵国泽，陈小斌，汤吉. 2007. 中国地球电磁法新进展和发展趋势. 地球物理学进展，22（4）：1171-1180.

赵国泽，Nikolay P，黄清华. 2010. 地球电磁法研究新进展——“第 19 届国际地球电磁感应学术研讨会”专辑. 地球物理学报，53（3）：469-478.

赵宁，王绪本，秦策. 2016. 三维频率域可控源电磁反演研究. 地球物理学报，59（1）：330-341.

赵越，李含休，王伟鹏. 2017. 三维起伏地形条件下航空瞬变电磁响应特征分析. 地球物理学报，60：383-402.

周楠楠. 2016. 点电荷载流微元瞬变电磁理论研究. 中国科学院大学博士学位论文.

Alumbaugh D. 2002. Research Proposal on 3D Numerical Analysis of the Grounded Electric Source Transient, Electromagnetic Geophysical Method.

Anderson W L. 1979. Numerical integration of related Hankel transforms of orders 0 and 1 by adaptive digital filtering. Geophysics, 44（7）：1287-1305.

Augustin A M, Kennedy W D, Morrision H F, et al. 1989. A theoretical study of surface- to- borehole electromagnetic logging in cased holes. Geophysics, 54（1）：90-99.

Backas G E, Gilbert J F. 1970. Uniqueness in the inversion of inaccurate gross earth data. Philosophical Transactions, 266（1173）：123-192.

Bérenger J P. 1994. A perfectly matched layer for the absorption of electromagnetic waves. J. comput. phys., 127（2）:363-379.

Bibby H M, Hohmann G W. 1993. Three-dimensional interpretation of multi-source bipole-dipole resistivity data using the apparent resistivity tensor. Geophysical Prospecting, 41（6）：697-723.

Boateng C D, Khan M Y. 2020. Investigation of Groundwater In-rush Zone Using Petrophysical Logs and Short-offset Transient Electromagnetic（SOTEM）Data. Journal of Environmental and Engineering Geophysics, 25（3）：433-437.

Boerner D E, Wright J A, Thurlow J G, et al. 1993. Tensor CSAMT studies at the Buchans Mine in central Newfoundland. Geophysics, 58（1）：12-19.

Boschetto N B, Hohmann G W. 1991. Controlled-source audio frequency magnetotelluric responses of three-dimensional bodies. Geophysics, 56：255-264.

Boyd G W, Wiles C J. 1984. The Newmont drill-hole EMP system-examples from Australia. Geophysics, 49（7）：949-956.

Brodie R C, Sambridge M. 2012. Transdimensional Monte Carlo inversion of AEM data. ASEG Extended Abstracts,（1）：1-4.

Buselli G, Gameron M. 1988. Robust statistical methods for reduction sferics noise contaminating transient electromagnetic measurement. Geophysics, 41（4）：225-239.

Cagniard L. 1953. Basic theory of the magnetotelluric method of geophysical prospecting. Geophysics, 18（1）：605-635.

Caldwell T G, Bibby H M, Brown C. 2002. Controlled source apparent resistivity tensors and their relationship to the magnetotelluric impedance tensor. Geophysical Journal International, 151 (3): 755-770.

Chang J H, Xue G Q, Malekian R. 2019a. A Comparison of Surface-to-Coal Mine Roadway TEM and Surface TEM Responses to Water-Enriched Bodies. IEEE Access, 7: 167320-167328.

Chang J H, Yu J C, Li J J, et al. 2019b. Diffusion Law of Whole-Space Transient Electromagnetic Field Generated by the Underground Magnetic Source and Its Application. IEEE Access, 7: 63415-63425.

Chen K, Xue G Q, Chen W Y, et al. 2019a. Fine and Quantitative Evaluations of the Water Volumes in an Aquifer Above the Coal Seam Roof, Based on TEM. Mine Water and the Environment, 38: 49-59.

Chen K, Zhang J Y, Xue G Q, et al. 2019b. Feasibility of Monitoring Hydraulic Connections between Aquifers Using Time-lapse TEM: A Case History in Inner Mongolia, China. Journal of Environmental and Engineering Geophysics, 24 (3): 361-372.

Chen W Y, Xue G Q, Khan M Y. 2016. Quasi MT Inversion of Short-Offset Transient Electromagnetic Data. Pure and Applied Geophysics, 173: 2413-2422.

Chen W Y, Xue G Q, Muhammad Y K, et al. 2015. Application of short-offset TEM (SOTEM) technique in mapping water-enriched zones of coal stratum, an example from East China, Pure and Applied Geophysics, 172 (6): 1643-1651.

Chen W Y, Khan M Y, Xue G Q. 2017a. Response of surface-to-borehole SOTEM method on 2D earth. Journal of Geophysics and Engineering, 14: 987-997.

Chen W Y, Xue G Q, Khan M Y, et al. 2017b. Using SOTEM Method to Detect BIF Bodies Buried Under Very Thick and Conductive Quaternary Sediments, Huoqiu Deposit, China. Pure and Applied Geophysics, 174: 1013-1023.

Chen W Y, Xue G Q, Olatayo A L, et al. 2017c. A comparison of loop time-domain electromagnetic and short-offset transient electromagnetic methods for mapping water-enriched zones - A case history in Shaanxi, China. Geophysics, 82: B201-B208.

Chen W, Xue G Q, Zhou N N, et al. 2019. Delineating Ore-Forming Rock Using a Frequency Domain Controlled-Source Electromagnetic Method. Ore Geology Reviews, 115: 103167.

Chen W C, Weedon W N. 1994. A 3D perfectly matched medium from modified Maxwell's equations with stretched wordinates. Microwave and Optical Technology Letters, 7 (13): 599-604.

Coggon J. 1971. Electromagnetic and electrical modeling by the finite element method. Geophysics, 36 (1): 132-155.

Commer M, Newman G. 2004. A parallel finite-difference approach for 3D transient electromagnetic modeling with galvanic sources. Geophysics, 69 (5): 1192-1202.

Constable S C, Parker C G. 1987. Occam's inversion: A practical algorithm for generating smooth models from electromagnetic sounding data. Geophysics, 52 (2): 289-300.

Crone J D. 1980. Field results using borehole pulse EM methods. Technical note by Corne Geophysics, Toronto.

Davydycheva S, Rykhlinski N. 2011. Focused-source electromagnetic survey versus standard CSEM: 3D modeling in complex geometries. Geophysics, 76: F27-F41.

Di Q Y, Xue G Q, Fu C M. 2020a. An alternative tool of CSAMT for prospecting deep-buried ore deposit. Science Bulletin, 65 (8): 611-615.

Di Q Y, Xue G Q, Lei D. 2020b. Demonstration of the Newly Developed MTEM Systems for Gold Detection in China. Geological Journal, 55 (3): 1763-1770.

Di Q Y, Xue G Q, Lei D, et al. 2018. Geophysical survey over molybdenum mines using the newly developed MTEM system. Journal of Applied Geophysics, 158: 65-70.

Di Q Y, Xue G Q, Wang Z, et al. 2019. Development of the emerging electromagnetic methods for deep earth exploration. Acta Geologica Sinica-English Edition, 93 (S1): 313-317.

Dyck A V. 1991. Drill-hole electromagnetic methods. In: Nabighian M N (ed.). Electromagentic Methods in Applied Geophysics: Volume 2, Application, Parts A and B. Tulsa: Society of Exploration Geophysicists, 881-930.

Eaton P A, Hohmann G W. 1984. The influence of a conductive host on two-dimensional borehole transient electromagnetic response. Geophysics, 49 (7): 861-869.

Eaton P A, Homann G W. 1989. A rapid inversion technique for transient electromagnetic soundings. Physics of the Earth and Planetary Interiors, 53: 384-404.

Edwards R N, Chave A D. 1986. A transient electric dipole-dipole method for mapping the conductivity of the sea floor. Geophysics, 51 (4): 984-987.

Endo M, Cuma M, Zhdanov M S. 2008. A multigrid integral equation method for large-scale models with inhomogeneous backgrounds: Journal of Geophysics and Engineering, 5: 438-447.

Garcia X, Boerner D, Pedersen L B. 2003. Electric and magnetic galvanic distortion decomposition of tensor CSAMT data. Application to data from Buchans Min (Newfoundland, Canada). Geophysical Journal International, 154: 957-969.

Gedney S D. 1996. An anisotropic perfectly matched layer-absorbing medium for the truncation of FDTD lattices IEEE Transactions on Antennas and Propagation, 44: 1630-1639.

Gehrmann R A, Dettmer J, Schwalenberg K, et al. 2015. Trans-dimensional Bayesian inversion of controlled-source electromagnetic data in the German North Sea. Geophysical prospecting, 63: 1314-1333.

Gehrmann R A, Schwalenberg K, Riedel M, et al. 2016. Bayesian inversion of marine controlled source electromagnetic data offshore Vancouver Island, Canada. Geophysical Journal International, 204: 21-38.

Goldstein M A, Strangway D W. 1975. Audio-frequency magnetotellurics with a grounded electric dipole source. Geophysics, 40 (1): 669-683.

Green P J. 1995. Reversible jump Markov chain Monte Carlo computation and Bayesian determination. Biometrika, 4: 711-732.

Gunning J, Glinsky M E, Hedditch J. 2010. Resolution and uncertainty in 1D CSEM inversion: A Bayesian approach and open-source implementation. Geophysics, 75: F151-F171.

Guo Z W, Xue G Q, Liu J X, et al. 2020. Electromagnetic methods for mineral exploration in China: A review. Ore Geology Reviews, 118: 103357.

Hawkins R, Brodie R C, Sambridge M. 2017. Trans-dimensional Bayesian inversion of airborne electromagnetic data for 2D conductivity profiles. Exploration Geophysics, 49 (2): 134-147.

Hawkins R, Sambridge M. 2015. Geophysical imaging using trans- dimensional trees. Geophysical Journal International, 203: 972-1000.

He Z X, Liu X J, Qiu W T, et al. 2005. Mapping reservoir boundary by borehole-surface TFEM: Two case studies. The Leading Edge, 24: 896-900.

He Z X, Zhao Z, Liu H Y, et al. 2012. TFEM for oil detection: Case studies. The Leading Edge, 31: 518-521.

Hill D A, Wait J R. 1973. Subsurface electromagnetic fields of a grounded cable of finite length. Canadian Journal of Physics, 51: 1534-1540.

Hobbs B, Li G, Clarke C, et al. 2005. Inversion of multi-transient electromagnetic data, 68th Conference & Technical Exhibition, p. A015.

Hou D Y, Xue G Q, Zhou N N, et al. 2018. A new infinitesimal computational approach to calculating frequency-domain electromagnetic response. Journal of Applied Geophysics, 159: 312-318.

Hou D Y, Xue G Q, Zhou N N, et al. 2019a. Comparison between Different Apparent Resistivity Definitions of CSAMT. Journal of Environmental and Engineering Geophysics, 24: 119-127.

Hou D Y, Xue G Q, Zhou N N, et al. 2019b. Exploration of Deep Magnetite Deposit Under Thick and Conductive Overburden with Ex Component of SOTEM: A Case Study in China. Pure and Applied Geophysics, 176: 857-871.

Hördt A, Muller M. 2000. Understanding LOTEM data from mountainous terrain. Geophysics, 65 (4): 1113-1123.

Hördt A, Druskin V L, Knizhnerman L A, et al. 1992. Interpretation of 3-D effects in long-offset transient electromagnetic (LOTEM) soundings in the Münsterland area/Germany. Geophysics, 57 (9): 1127-1137.

Hördt A, Andrieux P, Neubauer F M, et al. 2000. A first attempt at monitoring underground gas storage by means of time-lapse multichannel transient electromagnetics. Geophysical Prospecting, 48: 489-509.

Irvine R J. 1987. Drillhole TEM surveys at Thalanga, Queensland. Exploration Geophysics, 18 (3): 285-293.

Jackson D B, Keller G V. 1972. An electromagnetic sounding survey of the summit of Kilauea Volcano, Hawaii. Journal of Geophysical Research, 77: 4957-4965.

Ji Y J, Li D S, Yu M M, et al. 2016a. A de-noising algorithm based on wavelet threshold-exponential adaptive window width-fitting for ground electrical source airborne transient electromagnetic signal. Journal of Applied Geophysics, 128: 1-7.

Ji Y J, Li D S, Yuan G Y, et al. 2016b. Noise reduction of time-domain electromagnetic data: application of a combined wavelet de-noising method. Radio Science, 51 (6): 680-689.

Jiang B Y. 1983. Applied near zone magnetic source transient electromagnetic exploration (in Chinese). Beijing: Geological Publishing House.

Kauahikaua J. 1978. Electromagnetic fields about a horizontal electric wire source of arbitrary length. Geophysics, 43: 1019-1022.

Kaufman A A, Keller G V. 1981. The magnetotelluric sounding method. Amsterdam: Elsevier scientific publishing company.

Kaufman A A, Keller G V. 1983. Frequency and transient soundings. Amsterdam: Elsevier scientific publishing company.

Keller G V, Rapolla A. 1974. Electrical prospecting methods in volcanic and geothermal environments. Physical Volcanology, 6: 133-166.

Khan M Y, Xue G Q, Chen W Y, et al. 2018. Analysis of Long-offset Transient Electromagnetic (LOTEM) Data in Time, Frequency, and Pseudo-seismic Domain. Journal of Environmental and Engineering Geophysics, 23: 15-32.

Knight J H, Raiche A P. 1982. Transient electromagnetic calculations using the Gaver-Stehfest inverse laplace transform method, Geophysics, 47 (1): 47-50.

Kuznetzov A N. 1982. Distorting effects during electromagnetic sounding of horizontally non uniform media using an artificial field source. Earth Physics, 18 (1): 130-137.

Kuo J T, Cho D H. 1980. Transient time-domain electromagnetics. Geophysics, 45: 271-291.

Kuzuoglu M, Mittra R. 1996. Frequency dependence of the constitutive parameters of causal perfectly matched absorbers. Microwave and Guided Wares Letters, IEEE, 6 (12): 447-449.

Lee T J, Suh J H, Kim H J, et al. 2002. Electromagnetic traveltime tomography using approximate wavefield transform. Geophysics, 67 (1): 68-76

Lemire D D. 2001. Baseline asymmetry, Tau projection, B-field estimation and automatic half-cycle rejection. THEM Geophysics Inc. Technical Report, 1-13.

Li H, Xue G Q, Zhou N N, et al. 2015. Appraisal of an Array TEM Method in Detecting a Mined-Out Area Beneath a Conductive Layer. Pure and Applied Geophysics, 172: 2917-2929.

Li H, Xue G Q, Zhao P. 2016a. Inversion of arbitrary segmented loop source TEM data over a layered earth. Journal of Applied Geophysics, 128: 87-95.

Li H, Xue G Q, Zhao P. 2017. A New Imaging Approach for Dipole-Dipole Time-Domain Electromagnetic Data Based on the q-Transform. Pure and Applied Geophysics, 174: 3939-3953.

Li H, Xue G Q, Di Q Y. 2018. Numerical Analysis of Land-Based Inline-Source Configuration for the Controlled-Source Electromagnetic Method. Journal of Environmental and Engineering Geophysics, 23: 47-59.

Li H, Di Q Y, Xue G Q. 2019a. A comparative study of inline and broadside time-domain controlled-source electromagnetic methods for mapping resistive targets on land. Geophysics, 84: B235-B246.

Li H, Xue G Q, He Y M. 2019b. Decoupling induced polarization effect from time domain electromagnetic data in Bayesian framework. Geophysics, 84 (6): A59-A63.

Li H, Xue G Q, Zhao, P, et al. 2016b. The Hilbert-Huang Transform-Based Denoising Method for the TEM Response of a PRBS Source Signal. Pure and Applied Geophysics, 173: 2777-2789.

Li X, Xue G Q, Zhi Q Q, et al. 2018. TEM Pseudo-Wave Field Extractions Using a Modified Algorithm. Journal of Environmental and Engineering Geophysics, 23: 33-45.

Li X, Bai D H, Ma X B, et al. 2019. Electrical resistivity structure of the Xiaojiang strike-slip fault system (SW China) and its tectonic implications. Journal of Asian Earth Sciences, 176: 57-67.

Lienert B R. 1979. Crustal electrical conductivities along the eastern flank of the Sierra Nevadas. Geophysics, 44: 1830-1845.

Lin C H, Tan H D, Tong T. Parallel rapid relaxation inversion of 3Dmagnetotelluric data. Applied Geophysics, 6 (1): 77-83.

Lin J, Kang LL, Liu C S, et al. 2019. The frequency-domain airborne electromagnetic method with a grounded electrical source. Geophysics, 84 (4): E269-E280.

Luo X L. 2010. Constraining the shape of a gravity anomalous body using reversible jump Markov chain Monte Carlo. Geophysical Journal International, 180: 1067-1079.

Ma Z J, Di Q Y, Lei D, et al. 2019. The optimal survey area of the semi-airborne TEM method. Journal of Applied Geophysics, 172: 103884.

Macnae J, Lamontagne Y, West G F. 1984. Noise processing techniques for time-domain EM system. Geophysics, 49 (7): 934-948.

Macnae J, Staltari. 1987. Classification of sign changes in Borehole TEM decays, Exploration Geophysics, 18 (3): 331-339.

Malinverno A. 2002. Parsimonious Bayesian Markov chain Monte Carlo inversion in a nonlinear geophysical problem. Geophysical Journal International, 151: 675-688.

Marquardt D W. 1963. An Algorithm for least-squares Estimation of Nonlinear Parameters. Journal of the society for Industrial and Applied Mathematics, 11 (2): 431-441.

McCracken K G, Pik J P, Harris R W. 1984. Noise in EM exploration system. Exploration Geophysics, 15 (3):169-174.

Meju J M. 1998. A simple method of transient electromagnetic data analysis. Geophysics, 63: 405-410.

Mitsuhata Y. 2000. 2-D electromagnetic modeling by finite-element method with a dipole source and topography.

Geophysics, 65: 465-475.

Mogi T, Kusunoki K, Kaieda H, et al. 2009. Grounded electrical-source airborne transient electromagnetic (GREATEM) survey of Mount Bandai, north-eastern Japan. Exploration Geophysics, 40: 1-7.

Morrison H F. 1969. Quantitative interpretation of transient electromagnetic fields over a layered half-space. Geophysical Prospecting, 17: 82-101.

Mulder W A, Wirianto M, Slob E C. 2008. Time-domain modeling of electromagnetic diffusion with a frequency-domain code, Geophysics, 73 (1): F1-F8

Nabighian M N. 1991. Electromagnetic Methods in Applied Geophysics, volume 2 Application, Part A and B, Society of Exploration Geophysicists. Tulsa.

Nestor H C, Alumbaugh D. 2011. Near Source Response of a resistivity layer to a vertical or horizontal electric dipole excitation. Geophysics, 76 (6): F353-F371.

Newman G A, Anderson W L, Hohmann G W. 1989. Effect of conductive host on borehole transient electromagnetic responses. Geophysics, 54 (5): 598-608.

Newman G A, Hohmann G W, Anderson W L. 1986. Transient electromagnetic response of a three-dimensional body in a layered earth. Geophysics, 51: 1608-1627.

Olalekan Fayemi, Di Q Y. 2016. 2D Multitransient Electromagnetic Response Modeling of South China Shale Gas Earth Model Using an Approximation of Finite Difference Time Domain with Uniaxial Perfectly Matched Layer, Discrete Dynamics in Nature and Society, 1-20.

Oristaglio M L, Hohmann G W. 1984. Diffusion of electromagnetic fields into a two dimensional earth: A finite-difference approach. Geophysics, 49 (7): 870-894.

Ray A, Key K. 2012. Bayesian inversion of marine CSEM data with a trans-dimensional self parametrizing algorithm. Geophysical Journal International, 191 (3): 1135-1151.

Ray A, Key K, Bodin T, et al. 2014. Bayesian inversion of marine CSEM data from the Scarborough gas field using a transdimensional 2-D parametrization. Geophysical Journal International, 199: 1847-1860.

Ren Z Y, Kalscheuer T, Greenhalgh S, et al. 2013. Agoal-oriented adaptive finite-element approach for planewave 3-D electromagnetic modeling. Geophysical Journal, 194 (2): 700-718.

Reninger P A, Martelet G, Deparis J, et al. 2011. Singular value decomposition as a denoising tool for airborne time domain electromagnetic data. Journal of Applied Geophysics, 75: 264-276.

Roden J A, Gedney S D. 2000. Convolution PML (CPML): An efficient FDTD implementation of the CFS-PML for arbitrary media. Microwave and Optical Technology Letters, 27: 334-339.

Sacks Z S, Kingsland D M, Lee R, et al. 1995. A perfectly matched anisotropic absorber for use as an absorbing bounding condition. IEEE Transactions on Antennas and Propagation, 43 (12): 1460-1463.

Shi X X, Yan S, Fu J M, et al. 2009. Improvement for interpretation of central loop transient electromagnetic method. Chinese Journal of Geophysics, 52 (7): 1931-1936.

Skokan C K. 1977. A time-domain electromagnetic survey of the East Rift Zone, Kilauea Volcano, Hawaii (No. PB-262705; T-1700). Colorado School of Mines, Golden (USA).

Skokan C K, Andersen H T. 1991. Deep long-offset transient electromagnetic surveys for crustal studies in the U. S. A, Physics of the Earth and Planetary Interiors, 66: 39-50.

Spies B R. 1988. Local noise prediction filtering for central induction transient electromagnetic sounding. Geophysics, 53 (8): 1068-1079.

Sternberg B K. 1979. Electrical resistivity structure of the crust in the southern extension of the Canadian Shield-Layered Earth Models. Journal of Geophysical Research: Solid Earth, 84: 212-228.

Sternberg B K, Washburne J C, Pellerin L. 1988. Correction for the static shift in magnetotellurics using transient electromagnetic soundings. Geophys, 53 (11): 1459-1468.

Strack. 2017. 电性源瞬变电磁测深技术. 薛国强, 周楠楠, 陈卫营, 等译. 北京: 科学出版社.

Strack K M. 1992. Exploration with Deep Transient Electromagnetic Method. New York: Elsevier.

Strack K M, Hanstein T H, LeBrocq K. 1989. Case histories of LOTEM surveys in hydrocarbon prospecting areas. First Break, 7: 467-477.

Strack K M, Lüschen E, Kötz A W. 1990. Long - offset transient electromagnetic (LOTEM) depth soundings applied to crustal studies in the Black Forest and Swabian Alb, Federal Republic of Germany. Geophysics, 55 (7): 834-842.

Stratton J A. 1941. Electromagnetic Theory. New York: McGraw-Hill Book Company Inc.

Tikhonov A N. 1946. On the transient electric current in a homogeneous conducting half-space. Izv. Akad. Nauk SSSR, Ser. Geograf. Geofiz, 10 (3): 213-231.

Tikhonov A N. 1963. Solution of ill-posed problems and the regularization method. Soviet Math Dokladi, (4): 1035-1038.

Titus W J, Titus S J, Davis J R. 2017. A Bayesian approach to modeling 2D gravity data using polygons. Geophysics, 82: G1-G21.

Turner M J, Clough R W, Martin N C, Topp L J. 1956. Stiffness and deflection analysis of complex structures. Journal of the Aeronautical Science, 23 (9): 805-823.

Wang T, Hohmann G W. 1993. A finite- difference time- domain solution for three- dimensional electromagnetic modeling. Geophysics, 58 (6): 797-809.

Wannamaker P E. 1997. Tensor CSAMT survey over theSulphur Springs thermal area, Valles Caldera, New Mexico, U. S. A., Part I: Implications for structure of the western caldera. Geophysics, 62 (2): 451-465.

West R C, Ward S H. 1988. The borehole transient electromagnetic response of a three-dimensional fracture zone in a conductive half-space, Geophysics, 53 (11): 1469-1478.

Wright D A. 2003. Detection of hydrocarbons and their movement in a reservoir using time-lapse multi-transient electromagnetic MTEM data. Ph. D. thesis, University of Edinburgh.

Wright D A, Ziolkowski A, Hobbs B A. 2001. Hydrocarbon detection with a multi- channel transient electromagnetic survey: Expanded Abstracts 71st SEG Meeting, San Antonio, 1435-1438.

Wu X, Fang G Y, Xue G Q, et al. 2019a. The Development and Applications of the Helicopter-borne Transient Electromagnetic System CAS-HTEM. Journal of Environmental and Engineering Geophysics, 24 (4): 653-663.

Wu X, Xue G Q, Fang G Y, et al. 2019b. The Development and Applications of the Semi- Airborne Electromagnetic System in China. IEEE Access, 7: 104956-104966.

Wu X, Xue G Q, Fang G. 2019c. High resolution inversion of helicopter-borne TEM data for determine lead-zinc mineralized body. Bollettino di Geofisica Teorica e Applicata, 60 (4): 629-644.

Wu X, Xue G Q, Wang S, et al. 2019d. The Suppression of Powerline Noise for the time-domain electromagnetic method with coded source based on independent component analysis. Journal of Environmental and Engineering Geophysics, 24 (4): 513-523.

Wu X, Xue G Q, Xiao P, et al. 2019e. The removal of the high-frequency motion-induced noise in helicopter-borne transient electromagnetic data based on wavelet neural network. Geophysics, 84 (1): K1-K9.

Wu X, Xue G Q, He Y M, et al. 2020a. Removal of the Multi-source Noise in Airborne Electromagnetic Data Based on Deep Learning. Geophysics, 85 (6): 1-72.

Wu X, Xue G Q, He Y M. 2020b. The Progress of the Helicopter-borne Transient Electromagnetic Method and

Technology in China. IEEE Access, 8: 32757-32766.

Xue G Q, Yan Y J, Li X. 2007. Pseudo-Seismic Wavelet Transformation of transient electromagnetic Response in geophysical exploration. Geophysical Research Letters, 34 (18): L16405.

Xue G Q, Bai C Y, Yan S, et al. 2012. Deep sounding TEM investigation method based on a modified fixed central-loop system. Journal of Applied Geophysics, 76: 23-32.

Xue G Q, Li X, Quan H J, et al. 2012a. Physical simulation and application of a new TEM configuration. Environmental Earth Sciences, 67: 1291-1298.

Xue G Q, Qin K Z, Li X, et al. 2012b. Discovery of a Large-scale Porphyry Molybdenum Deposit in Tibet through a Modified TEM Exploration Method. Journal of Environmental and Engineering Geophysics, 17: 19-25.

Xue G Q, Cheng J L, Zhou N N, et al. 2013. Detection and monitoring of water-filled voids using transient electromagnetic method: a case study in Shanxi, China. Environmental Earth Sciences, 70: 2263-2270.

Xue G Q, Gelius L J, Sakyi P A, et al. 2014a. Discovery of a hidden BIF deposit in Anhui province, China by integrated geological and geophysical investigations, Ore Geology Reviews, 63: 470-477.

Xue G Q, Zhou N N, Chen W Y, et al. 2014b. Research on the Application of a 3-m Transmitter Loop for TEM Surveys in Mountainous Areas. Journal of Environmental and Engineering Geophysics, 19: 3-12.

Xue G Q, Li X, Gelius L J, et al. 2015a. A New Apparent Resistivity Formula for In-loop Fast Sounding TEM Theory and Application. Journal of Environmental and Engineering Geophysics, 20: 107-118.

Xue G Q, Yan S, Gelius L J, et al. 2015b. Discovery of a Major Coal Deposit in China with the Use of a Modified CSAMT Method. Journal of Environmental and Engineering Geophysics, 20: 47-56.

Xue G Q, Chen K, Chen W Y, et al. 2016. The effect and application of "false extreme" in frequency-domain electromagnetic sounding. In Proceedings of the 7th International Conference on Environment and Engineering Geophysics, 71: 1-3.

Xue G Q, Chen W Y, Cui J W, et al. 2017. A Fast Topographic Correction Method for TEM Data. In Di Q Y, Xue G Q, Xia J. (eds). Technology and Application of Environmental and Engineering Geophysics. Springer Geophysics, Springer, Singapore.

Xue G Q, Chen K, Chen W Y, et al. 2018a. The Determination of the Burial Depth of Coal Measure Strata Using Electromagnetic Data. Journal of Environmental and Engineering Geophysics, 23 (1): 125-134.

Xue G Q, Chen W Y, Ma Z J, et al. 2018b. Identifying Deep Saturated Coal Bed Zones in China through the Use of Large Loop TEM. Journal of Environmental and Engineering Geophysics, 23: 135-142.

Xue G Q. 2018a. Introduction to the JEEG Special Issue of on Geophysics in China. Journal of Environmental and Engineering Geophysics, 23 (1): v-vii.

Xue G Q. 2018b. The Development of Near-source Electromagnetic Methods in China. Journal of Environmental and Engineering Geophysics, 23: 115-124.

Xue G Q, Chen W Y, Yan S. 2018c. Research study on the short offset time-domain electromagnetic method for deep exploration. Journal of Applied Geophysics, 155: 131-137.

Xue G Q, Hou D Y, Qiu W Z. 2018d. Identification of Double-layered Water filled Zones Using TEM: A Case Study in China. Journal of Environmental and Engineering Geophysics, 23: 297-304.

Xue G Q, Li X, Yu S B, et al. 2018e. The Application of Ground-airborne TEM Systems for Underground Cavity Detection in China. Journal of Environmental and Engineering Geophysics, 23: 103-113.

Xue G Q, Chen W, Cheng J L, et al. 2019a. A Review of Electrical and Electromagnetic Methods for Coal Mine Exploration in China. IEEE Access, 7: 177332-177341.

Xue G Q, Zhang L B, Hou D Y, et al. 2019b. Integrated geological and geophysical investigations for the discovery of deeply buried gold -polymetallic deposits in China. Geological Journal, 55 (3): 1771-1780.

Xue G Q, Zhang L B, Zhou N N, et al. 2019c. Developments measurements of TEM sounding in China. Geological Journal, 55 (3): 1636-1643.

Xue J J, Cheng J L, Xue G Q, et al. 2019a. Extracting Pseudo Wave Fields from Transient Electromagnetic Fields Using a Weighting Coefficients Approach. Journal of Environmental and Engineering Geophysics, 24 (3): 351-359.

Xue J J, Lu Y, Xue G Q, et al. 2019b. Constrained Inversion of TEM data to Investigate Deeply- Buried Ore Deposit. Bollettino di Geofisica Teorica e Applicata , 60 (4): 624-628.

Yan L J, Su Z L, Hu J H, 1997. Field trials of LOTEM in a very rugged area. The Leading Edge, 16 (4): 379-382.

Yan S, Fu J M. 2004. An analytical method to estimate shadow and source overprint effects in CSAMT sounding. Geophysics, 69 (1): 161-163.

Yan S, Xue G Q, Qiu W Z, et al. 2016. Feasibility of central loop TEM method for prospecting multilayer water-filled goaf, Applied Geophysics, 13 (4): 587-597.

Yang S. 1986. A single apparent resistivity expression for long- offset transient electromagnetic. Geophysics, 51 (6): 1291-1297.

Yao Z, Wang Q Y, HuY, et al. 2001. Technical problems of MT static- shift using TEM sounding correction. Seismology and Geology, 23 (2): 257-263.

Yee K. 1966. Numerical solution of mitial boundary value problems involving Maxwell's equations in isotropic media. IEEE, Transactions on Antennas and Propagation, 14: 302-307.

Zhang L, Li H, Xue G Q, et al. 2019. Magnetic viscosity effect on Grounded- wire TEM responses and its physical mechanism. IEEE Access, 8: 6140-6152.

Zhdanov M S. 2009. Geophysical Electromagnetic Theory and Methods. New York: Elsevier.

Zhou N N, Xue G Q. 2014. The ratio apparent resistivity definition of rectangular- loop TEM. Journal of Applied Geophysics, 103: 152-160.

Zhou N N, Xue G Q. 2018. Minimum depth of investigation for grounded-wire TEM due to self-transients. Journal of Applied Geophysics, 152: 203-207.

Zhou N N, Xue G Q, Wang H Y. 2013. Comparison of the time domain electromagnetic field from an infinitesimal point charge and dipole source. Applied Geophysics, 10 (3): 349-356.

Zhou N N, Xue G Q, Chen W Y, et al. 2015a. Large- depth hydrogeological detection in the North China- type coalfield through short- offset grounded- wire TEM. Environmental Earth Sciences, 74: 2393-2404.

Zhou N N, Xue G Q, Gelius L J, et al. 2015b. Analysis of the near- source error in TEM due to the dipole hypothesis. Journal of Applied Geophysics, 116: 75-83.

Zhou N N, Xue G Q, Hou D Y, et al. 2016a. Short- offset grounded- wire TEM method for efficient detection of mined- out areas in vegetation- covered mountainous coalfields. Exploration Geophysics, 48 (4): 374-382.

Zhou N N, Xue G Q, Li H, et al. 2016b. A Comparison of Different- Mode Fields Generated from Grounded- Wire Source Based on the 1D Model. Pure and Applied Geophysics, 173: 591-606.

Zhou N N, Xue G Q, Chen W Y, et al. 2017. A comparison of TEM data from different near- source systems. Journal of Geophysics and Engineering, 14: 487-501.

Zhou N N, Hou D Y, Xue G Q. 2018a. Effects of shadow and Source Overprint on Grounded- Wire Transient Electromagnetic Response. IEEE Geoscience and Remote Sensing Letter, 15 (8): 1169-1173.

Zhou N N, Xue G Q, Hou D Y, et al. 2018b. An Investigation of the Effect of Source Geometry on Grounded-

Wire TEM Surveying with Horizontal Electric Field. Journal of Environmental and Engineering Geophysics, 23: 143-151.

Zhou N N, Xue G Q, Li H, et al. 2018c. Investigation of Axial Electric Field Measurements with Grounded-Wire TEM Surveys. Pure and Applied Geophysics, 175: 365-373.

Ziolkowski A. 2002. first direct hydrocarbon detection and reservoir monitoring using transient electromagnetics. First break, 20 (4): 224-225.

Ziolkowski A. 2009. Optimisation of MTEM parameters. US: 20090230970. Patent. .

Ziolkowski A. 2010 . Short-offset transient electromagnetic geophysical surveying. US: 20100201367. Patent.

Ziolkowski A, Hobbs B, Wright D. 2007. Multi- transient electromagnetic demonstration survey in France. Geophysics, 72 (4): 197-209.

Ziolkowski A, Parr R, Wright D. et al. 2010. Multi-transient electromagnetic repeatability experiment over the north see harding field. Geophysical Prospecting, 58: 1159-1176.

Zonge K L, Hughes L J. 1991. Controlled source audio-frequency magnetotellurics//Nabighian M N. Electromagnetic Methods in Applied Geophysics. Tulsa: Society of Exploration Geophysicists: 713-810.

Zonge K L, Ostrander A G, Emer D F, et al. 1986. Controlled- source audio frequency magnetotelluric measurements. Society of Exploration Geophysicists, 5: 749-763.